高等学校教材

涂料与涂装科学技术基础

郑顺兴　主编

化学工业出版社

·北京·

本书从涂料和涂装技术的基础知识和原理入手，介绍常用的高分子树脂、颜料、溶剂、助剂，它们在涂料或漆膜中表现出的性能特征，以及对其性能的要求，把学生在无机化学、有机化学、高分子化学中学习到的基础理论和知识与在涂料中的实际应用联系起来，使他们既了解涂料对各种化合物的要求与需要，又能够以发展的眼光看待现有的材料和技术。涂装施工方法的种类很多，本书重点介绍目前工业企业应用的涂装方法，并对多种喷涂方法进行对比介绍，使读者对它们有一个整体的认识。本书还从技术的角度介绍了如何实现涂装过程，又介绍了相关国家专业标准的要求。

本教材从原理出发介绍涂料与涂装，适合表面工程中的涂装专业、精细化工专业、高分子材料专业的大学高年级学生学习，使他们能够看得懂相关的技术资料，并能理解相关的工业背景。

图书在版编目（CIP）数据

涂料与涂装科学技术基础/郑顺兴主编．—北京：化学工业出版社，2007.4（2023.6 重印）
高等学校教材
ISBN 978-7-122-00187-0

Ⅰ.涂…　Ⅱ.郑…　Ⅲ.涂料-高等学校-教材　Ⅳ.TQ63

中国版本图书馆 CIP 数据核字（2007）第 041808 号

责任编辑：杨　菁　彭喜英　　　　文字编辑：昝景岩
责任校对：洪雅姝　　　　装帧设计：尹琳琳

出版发行：化学工业出版社（北京市东城区青年湖南街 13 号　邮政编码 100011）
印　　装：天津盛通数码科技有限公司
787mm×1092mm　1/16　印张 19¾　字数 526 千字　　2023 年 6 月北京第 1 版第 9 次印刷

购书咨询：010-64518888　　　　售后服务：010-64518899
网　　址：http://www.cip.com.cn
凡购买本书，如有缺损质量问题，本社销售中心负责调换。

定　　价：58.00 元

前　言

本书是为学习过有机化学、高分子化学、物理化学的大学高年级学生编写的。大学生从学科的角度掌握了一些知识，但通常并不了解这些知识在工业实践中是如何应用的。将要参加工作的大学生需要了解工业实践方面的基本知识，更要能够从科学的角度理解这些知识。深造的大学生在读过硕士、博士学位后，通常在某个专业方向上进行过精深的研究，但相关的工业背景知识却往往不足。本书从原理出发介绍涂料与涂装，使他们能够看得懂相关的技术资料，并能理解相关的工业背景。

涂料与涂装的共同目的是为了得到符合性能要求的漆膜，有装饰、保护、标志或其他特殊的作用。工业上应用涂料很经济，漆膜厚度通常很薄，只有1mm的几分之一或十几分之一，就能达到要求的性能，因此，涂料与涂装在生产上被广泛应用，二者都涉及庞大的工业体系。我国涂料厂一千多家，年产涂料数百万吨，生产一千多个涂料品种。涂装是把涂料施工于产品表面，如建筑物、汽车、飞机、机床、轮船、家具等的表面。

涂料及其应用从远古时代就开始，是伴随人类文明一起发展起来的，但本书是站在目前工业实际应用的角度，介绍在工业上应用的涂料与涂装技术及其原理，以及有重要应用前景的技术。现代社会分工已经使涂料生产和涂料施工分别形成了独立的行业，涂料生产、研究人员在研制和生产一种涂料时，既要研究它的生产工艺，也要研究它的应用技术，研究形成漆膜的最佳条件。同样，从事涂装的工程技术人员也需要对工作对象有相当程度的了解，解决生产实践遇到的问题。我国一些工科高校很早就开设涂料与涂装方面的课程，20世纪80年代以后编写的涂装工艺学教材中，都花相当大的篇幅介绍涂料知识。

任何实际应用的工业技术都涉及多个学科的知识。涂料本身涉及高分子树脂、颜料、溶剂、助剂等组成成分，颜料在涂料中的分散及稳定问题，液体涂料控制黏度涉及的流变学；为得到要求色彩的平整、光滑、美丽的漆膜，需要了解颜色技术和涂装技术；达到要求的防腐蚀性能需要知道腐蚀原理等。涂料尽管很早就开始应用，但仅仅是一种实际的技术，高分子科学、流变学、色度学、胶体化学等学科的发展为从科学角度理解涂料与涂装提供了理论基础，而且也极大地促进了涂料与涂装技术的发展。在涂料及其施工方法的发展过程中，实践经验很重要。许多相关的书上主要介绍的是配方、工艺流程、操作技术等，尽管很实用，但一个大学生初接触这些东西，会感觉很陌生，很难理解。为便于读者理解，前人已经做了大量工作，如姜英涛的《涂料基础》、洪啸吟等的《涂料化学》、威克斯等的《有机涂料科学和技术》以及涂料工艺编辑委员会编写的《涂料工艺》（第三版）等专著，都有意地介绍涂料配方设计及应用原理。正是由于前人这些工作，我才能从教学角度选取材料编写本书。

本书从涂料和涂装技术基础知识和原理入手，介绍常用的高分子树脂、颜料、溶剂、助剂，它们在涂料或在漆膜中表现出的性能特征，以及对其性能的要求，这样就把学生在无机化学、有机化学、高分子化学中学习到的基础理论和知识与在涂料中的实际应用联系起来，既了解涂料对各种化合物的要求与需要，又能够以发展的眼光看待现有的材料和技术。

本书首先根据涂料的固化机理把涂料分类，就每一类的共性问题进行探讨，然后再介绍每一类中工业上应用的重要品种高分子的合成机理，如何调控得到要求的性能，以及涂料对其性能的要求，并从涂料的角度出发，探讨了涂料的应用机制问题。溶剂方面介绍了溶解力和溶剂挥发的理论，及在控制形成无缺陷漆膜方面的应用，根据 Hansen 溶解度参数发展出来的概念探讨了涂料体系。颜料在实现涂料装饰、保护等功能方面具有极其重要的作用，第 4 章介绍了颜料的基础知识，颜料发挥作用的机制，及其对漆膜性能的影响，还介绍颜料形成颜色的原理，以及颜色测量的原理。环保型涂料中的粉末涂料在家用电器上已经得到大规模的应用，水性涂料替代溶剂型涂料是减少有机溶剂用量的一个发展方向，本书花费相当大的篇幅结合有关专著进行了探讨。本书还介绍了涂料配方设计和生产的基础知识，具体涂料配方设计、涂料生产车间设计、生产线布置及有关重要参数的计算等都未涉及，请参考有关专业书籍。

涂装施工方法的种类很多，本书重点介绍目前工业企业应用的涂装方法，把部分涂装方法结合到涂料中叙述，如电泳涂装在水性涂料中介绍，粉末涂装在粉末涂料中介绍。本书还对多种喷涂方法进行了对比介绍，使读者对它们有一个整体的认识。

漆膜的病态和缺陷课堂上很难讲，本书为方便课堂讲解，根据表面张力原理探讨涂料成膜过程中的橘皮、回缩、流平、流挂、消泡等问题，并随后介绍流平剂、触变剂和消泡剂的使用以及厚浆涂料的原理。

涂装工艺包括选用涂料、漆前表面处理和设备、施工方法和设备、漆膜干燥的方法和设备，以及在保证漆膜质量的前提下，实现涂装的工业过程，是制备漆膜的核心步骤。涂装工艺的基本要素是选择适当的涂料和施工方法，以及如何组织来实现这样一个工业过程。本书既从技术的角度介绍了如何实现涂装过程，又介绍了相关国家专业标准的要求。在复合涂层概念的基础上，首先从漆膜附着力的原理出发，提出对涂料施工的要求，使学生理解漆前表面处理和为保证层间结合力要采取措施的原理，其次介绍了复合涂层中的各层对涂料性能的要求，以及涂料施工的技术要求。实现涂装工艺过程需要相关的设备，本书介绍了这些设备的原理、性能特征及应用，但需要注意的是，有关设备选择和使用中一些重要参数的计算，尽管在实际工作中很重要，但限于篇幅，本书并未涉及，请参考有关的专业书籍。

由于涂料与涂装涉及的知识面广，有关的专著通常篇幅宏大，内容庞杂。这方面的教材一般介绍一些简单、基础性的内容，尽管面面俱到，但因为涂料知识的内容庞杂，讲不深也讲不透，需要学生掌握记忆的名词又特别多，组织教学不容易，因此很多人对这方面的教学工作基本上都敬而远之。作者在阅读这些教材的时候，常常感觉深度不够，不足以使学生应付实际工作或进一步学习研究的需要，因此本书努力用明白流畅的语言叙述涂料和涂料制造、涂装施工方法、涂装工业过程的工艺原理，一方面把学生在各学科学到的基础知识与涂料和涂装联系起来，便于掌握，另一方面通过基本工艺和原理的学习，达到举一反三、触类旁通的效果，能够顺利地阅读有关技术文献，理解相关的工艺过程，为学生从事相关的技术工作奠定基础。

涂料是材料应用的一种形态，本书从应用原理的角度进行介绍，当然这些基本原理不仅仅限于涂料，在工业上有更广泛的应用，如油墨、黏合剂、照相软片上的涂料、贴花和化妆品、应用广泛的塑料层压制品等，这些产品并不属于涂料，但与涂料的基本原理是一样的。同样，涂装方法应用了工业上比较成熟的技术，这些技术的基本原理也不仅仅限于涂装，如粉末涂料生产时的熔融挤出技术用于塑料的挤出成型，粉末涂装时的除尘技术广泛用于各种场合的除尘，还有液体涂料喷涂时的雾化技术，漆前表面处理的除油、除锈、磷化和喷（砂）抛（丸）技术，对流和辐射干燥技术等。

编　者

2007 年元月

目录

第1章 绪 论

1.1 涂料的基本概念

1.1.1 涂料的定义

涂料是一类流体状态或粉末状态的物质，把它涂布于物体表面上，经过自然或人工的方法干燥固化形成一层薄膜，均匀地覆盖和良好地附着在物体表面上，具有防护和装饰的作用。这样形成的膜通称涂膜，又称漆膜或涂层。

涂料的应用无处不在。在室内，涂料在墙壁、家具上；在户外，涂料在房屋和汽车上。从飞机、轮船、跨海大桥，到不易觉察的电动机电线、电视机内印刷电路、录音录像带和光盘，都广泛地采用涂料。涂料是材料应用的一种形态，把学生在无机化学、有机化学、高分子化学中学习到的基本物质方面的知识在涂料课中进行应用和评价，即把这些基本物质方面的知识与在实际中的应用联系起来。涂料涉及的原理可以应用于广泛的材料，如油墨、纸张和织物生产上应用的聚合物，照相软片上的涂料，贴花和层压制品以及化妆品等，但通常不把它们包括在涂料中。

1.1.2 涂料的作用

涂料的主要作用是装饰和保护。实际使用中漆膜通常还发挥多种作用，归纳起来有以下几个方面。

(1) 装饰作用

最早的油漆主要用于装饰，现代涂料更是将这种作用发挥得淋漓尽致。涂料涂覆在物体表面上，可以改变物体原来的颜色，而且涂料本身可以很容易调配出各种各样的颜色。这些颜色既可以做到色泽鲜艳、光彩夺目，又可以做到幽静宜人。通过涂料的精心装饰，可以将火车、轮船、自行车等交通工具变得明快舒适，可使房屋建筑和大自然的景色相匹配，更可使许多家用器具不仅具有使用价值，而且成为一种装饰品。因此，涂料是美化生活环境不可缺少的，对于提高人们的物质生活与精神生活有不可估量的作用。

(2) 保护作用

物件暴露在大气之中，受到氧气、水分等的侵蚀，造成金属锈蚀、木材腐朽、水泥风化等破坏现象。在物件表面涂以涂料，形成一层保护膜，能够阻止或延迟这些破坏现象的发生和发展，使各种材料的使用寿命延长。

金属的腐蚀是世界上的最大浪费之一，它不仅腐蚀金属，而且会因为腐蚀引发严重事故。钢铁是最常用的金属材料，但钢铁在环境中从热力学上讲就不稳定，会自发生成它的高价氧化态，如 FeO(s) 的标准吉布斯函数 $\Delta_r G_m^{\ominus} = -244\text{kJ/mol}$，$Fe_2O_3$（赤铁矿）的为 $\Delta_r G_m^{\ominus} = -742.2\text{kJ/mol}$，$Fe_3O_4$（磁铁矿）的为 $\Delta_r G_m^{\ominus} = -1015.4\text{kJ/mol}$，因此钢铁表面需要保护才能在规定的服役期内保护材料免遭腐蚀。靠有机涂料在钢铁表面形成漆膜来保护钢铁是最常用的防腐蚀手段，目前钢铁防腐蚀费用的约 2/3 用于涂料和涂装上。

（3）标志作用

涂料的第三个作用是标志，特别是在交通道路上，通过涂料醒目的颜色可以制备各种标志牌和道路分离线，它们在黑夜里依然清晰明亮。在工厂中，各种管道、设备、槽车、容器常用不同颜色的涂料来区分其作用和所装物质的性质。电子工业上的各种器件也常用涂料的颜色来辨别其性能。有些涂料对外界条件具有明显的响应性质，如温致变色、光致变色涂料可起到警示的作用。

（4）特殊作用

涂料还可赋予物体一些特殊功能，例如，电子工业中使用的导电、导磁涂料；航空航天工业上的烧蚀涂料、温控涂料；军事上的伪装与隐形涂料等等，这些特殊功能涂料对于高技术的发展有着重要的作用。高科技的发展对材料的要求愈来愈高，而涂料是对物体进行改性最便宜和最简便的方法。因为不论物体的材质、大小和形状如何，都可以在表面上覆盖一层涂料从而得到新的功能。

1.1.3 涂料的组成

涂料有四个组成部分：主要成膜物质、颜料、溶剂和助剂。

（1）主要成膜物质

涂料要成为黏附于物体表面的薄膜，须有黏结剂，黏结剂就是涂料的主要成膜物质。按主要成膜物质，涂料可分为有机涂料和无机涂料，在工业上具有重要意义的是有机涂料，本书只介绍有机涂料。有机涂料的主要成膜物质中包括植物油和树脂（见表 1-1）。植物油是植物种子压榨后得到的油脂，如豆油、花生油等。树脂包含了聚合物和低聚物。树脂的原始含义为树木渗出物，如松香、生漆等。现在树脂也泛指合成的，还没有进一步应用的聚合物，如醇酸树脂、氨基树脂等。现代涂料主要以高分子树脂为主要成膜物质。主要成膜物质既可以单独形成漆膜，又可以黏结颜料颗粒等成膜，所以是构成涂料的基础物质，并且在很大程度上左右漆膜的性能。没有成膜物质的表面涂覆物不能称为涂料。

表 1-1 涂料中使用的主要成膜物质

植物油	桐油、亚麻仁油、豆油、蓖麻油等	
树脂	天然树脂	松香、生漆、虫胶、天然沥青等
	人造树脂	纤维素衍生物、氯化橡胶等
	合成树脂	醇酸树脂、氨基树脂、环氧树脂等

用作塑料、橡胶和纤维的多数聚合物相对分子质量在 10^4～10^6 之间，而用于涂料和黏结剂的聚合物的相对分子质量多数在 10000 以下，通常称为低聚物，含有 2～20 个链节。低聚物和聚合物之间没有明确界限。

主要成膜物质被称为漆基，加溶剂后配成黏稠的溶液，被称为漆料、基料。把颜料颗粒加进去充分地分散，而颜料不溶解在漆料中，制备出各种颜色不透明的涂料就是色漆。因此，漆料又称展色剂。

以植物油为基料的漆，有很好的韧性、气密性、水密性及坚固的附着力，具有很好的耐气候性，但也存在着保护作用有限、不适应现代工业技术快速高效等缺陷。

涂料中使用的树脂要赋予涂膜一定的保护与装饰性能，如光泽、硬度、弹性、耐水性、耐酸性等，在涂料中为了满足多方面的要求，常是多种树脂合用，或树脂与油合用。

一部分清漆中只含有一种高分子，但绝大多数涂料的主要成膜物质都是由多种组分构成的高分子混合物，从而利用每一种组分赋予漆膜的优点。

（2）颜料

颜料一般是0.2～10μm的粉末。它不溶于涂料所用的溶剂或漆料中，在涂料中仍以颗粒存在。颜料的主要目的是赋予涂料颜色和遮盖力，也就是使漆膜有颜色和不透明。颜料还起到提高涂料力学性能、改善涂料流变性、增强涂料的防锈保护效果、降低涂料成本的功能。另外，有的还赋予涂料某些特定功能，如防腐蚀、导电、阻燃等。颜料通过涂料生产过程中的搅拌、研磨、高速分散等加工过程，使其均匀分散在成膜物质或其溶液中而发挥作用。

涂料的主要功能——装饰和保护功能是通过颜料来实现的。颜料最重要的功能是构成漆膜的颜色，同时呈现要求的颜色。在颜料部分将学习颜色的相关知识及表达方法。遮盖是漆膜覆盖在底材上，使底材呈现不出原有颜色的能力。因为漆膜通常很薄，为达到遮盖功能，就需要研究颜料的遮盖力。颜料为实现保护功能，尤其是金属的防腐蚀，需要主要成膜物质形成的膜通透性小、附着力好，同时可利用防锈颜料的防腐蚀功能。

颜料分为防锈颜料、着色颜料、体质颜料三大类。着色颜料是颜料中使用最多的一种，不溶于水和油，具有美丽的颜色和遮盖力，在涂料中起着色作用和遮盖物体表面的作用，如锌铬黄（黄色）、铁红（红色）、群青（蓝色）、二氧化钛（白色）、炭黑（黑色）、氧化锌、锌钡白（白色）、铜粉（金黄色）等。防锈颜料具有特殊的防锈能力，用在涂料中涂在金属表面上，可防止金属的锈蚀，甚至漆膜略为擦破也不致生锈，因此具有较大的经济价值。体质颜料又称填充料，起不到很好的遮盖作用，也不能赋予膜以美丽的色彩。涂料中使用体质颜料，可节省好而贵的着色颜料。体质颜料多为惰性物质，与涂料其他组分不起化学作用。

（3）溶剂

溶剂是用来溶解或分散主要成膜物质使它成为流体的。尽管溶剂在形成漆膜的过程中挥发掉，但对于形成的漆膜质量非常重要，合理地选择和使用溶剂可以提高涂层性能，如外观、光泽、致密性等。挥发到空气中的有机溶剂对大气造成污染，对于溶剂的种类和用量各国都有严格的限制。常用的溶剂品种有：水、200号溶剂汽油、甲苯、二甲苯、乙醇、丁醇、乙酸乙酯、丙酮等。

（4）助剂

助剂在涂料中用量很少，一般不超过5%，如聚合反应催化剂、稳定剂、控制涂料流动性的助剂等。它们主要用于显著改善涂料生产加工、存储、涂布、成膜过程中某些方面的性能。并不是每种涂料都同时需要这些助剂，不同的涂料需要不同的助剂。

并不是每种涂料都同时具有主要成膜物质、颜料、溶剂和助剂。没有颜料的涂料是黏性透明流体，称为清漆。极少数涂料中只有植物油作为主要成膜物质，这些涂料称为清油。有颜料的涂料称为色漆。加有大量颜料的稠厚浆状体的涂料称为腻子。

涂料中没有溶剂又呈粉末状的为粉末涂料，以有机溶剂作溶剂的涂料称为溶剂型涂料，以水作主要溶剂的称为水性涂料。

涂料是工业上直接应用的一种高分子材料，它是由高分子、颜料颗粒、溶剂、各种助剂构成的，而工业上以同样形态应用的还有胶黏剂、层压复合材料中使用的胶液、有机摩擦材料的胶液等。由高分子出发制备工业上橡胶、塑料使用的各种添加剂，其基本原理也是同样的。本教材主要介绍这些工业上常用的物质及其使用的基本原理。

1.2 涂装的概念

涂料虽然作为商品在市场流通，实际是涂膜的半成品，涂料只有形成了涂膜，才能发挥其作用，具备使用价值。使涂料在被涂表面形成涂膜的过程，通称涂料施工，也称涂装。

涂装（organic finishing）是指将涂料涂布到清洁的（即经过表面处理的）被涂表面上，

经过干燥形成漆膜的工艺，由漆前表面处理、涂料涂布、涂料干燥三个基本工序组成。

① 被涂物的表面预处理　也称为漆前表面处理。其目的是为被涂底材和漆膜的黏结创造一个良好的条件，同时还能提高和改善漆膜的性能。如钢铁表面经过磷化处理，可以大大提高涂膜的防锈蚀性。漆前表面处理是涂装工艺取得良好效果的基础和关键，在现代化涂料施工中表面处理的技术特别受重视。

② 涂布　也称涂饰、涂漆，有时也被称作涂装。用不同的方法、工具和设备将涂料均匀地涂覆在被涂物件表面。涂布的质量直接影响涂膜的质量和涂装的效果。对不同的被涂物件和不同的涂料应该采用最适宜的涂布方法和设备。

③ 漆膜干燥　或称涂膜固化。将涂在被涂物件表面的湿涂膜固化成为连续的干涂膜。

涂装的分类方法很多。按照被涂物分类，有钢铁涂装、镀锌板涂装、铝合金涂装、塑料涂装、木材涂装、水泥制品涂装等。不同的材料需要不同的漆前表面处理方法，不同的材料对涂料性能的要求也不一样。按照工业产品的种类来分，有汽车涂装、船舶涂装、飞机涂装、建筑物涂装、家具涂装等。由于这些工业产品生产方法不同，服役的环境也不同，对漆膜各有各自特定的要求，因此采用的涂料和涂装方法也不同。按照涂层装饰性能来分，分为四个等级，即高级装饰性涂层（一级涂层）、装饰性涂层（二级涂层）、保护装饰性涂层（三级涂层）、一般综合性涂层（四级涂层）。第五级涂层是特种保护性涂层，其装饰性要求见前面四个等级。不同等级的涂层有不同的质量要求和相应的涂装工艺要求。按照 GB 4054—83 对涂覆标记的要求，产品设计图纸上应当标明涂装的等级。涂装的等级确定后，相应的涂层质量要求和涂装工艺过程也确定了。按照施工方法来分，有刷涂、空气喷涂、高压无空气喷涂、静电喷涂、静电粉末喷涂、电泳涂装等。相应的内容本书将进一步介绍。

1.3 涂料的分类和命名

1.3.1 涂料的分类

涂料应用历史悠久，使用范围广泛，品种近千种。根据长期形成的习惯，有以下几种分类方法。

① 按涂料形态分类　分为溶剂性涂料、高固体分涂料、水性涂料、非水分散涂料及粉末涂料等。其中非水分散涂料与乳胶漆相似，差别在于乳胶漆以水为分散介质，树脂依靠乳化剂的作用分散于水中，形成油/水结构的乳液，而非水分散涂料则是以脂肪烃为分散介质，形成油/油乳液。高固体分涂料通常是涂料的固含量高于70%的涂料。

② 按涂料用途分类　分为建筑涂料、工业用涂料和维护涂料。工业用涂料包括汽车涂料、船舶涂料、飞机涂料、木器涂料、皮革涂料、纸张涂料、卷材涂料、塑料涂料等工业化涂装用涂料。卷材涂料是生产预涂卷材用的涂料，预涂卷材是将成卷的金属薄板涂上涂料或层压上塑料薄膜后，以成卷或单张出售的有机材料/金属板材。它又被称为有机涂层钢板、彩色钢板、塑料复合钢板等，可以直接加工成型，不需要再进行涂装。预涂卷材主要用于建筑物的屋面或墙面等。

③ 按涂膜功能分类　有防锈漆、防腐漆、绝缘漆、防污漆、耐高温涂料、导电涂料等。涂料工业中的色漆主要是两大类品种：底漆和面漆。底漆注重附着牢固和防腐蚀保护作用好；面漆注重装饰和户外保护作用。两者配套使用，构成一个坚固的涂层，但其组成上有很大差别。面漆的涂层要具有良好的装饰与保护功能。常将面漆称为磁漆（也称为瓷漆），磁漆中选用耐光和着色良好的颜料，漆膜通常平整光滑、坚韧耐磨，像瓷器一样。

④ 按施工方法分类　有喷漆、浸渍漆、电泳漆、烘漆等。喷漆是用喷枪喷涂的涂料。

浸渍漆是把工件放入盛漆的容器中蘸上涂料的。靠电泳方法施工的水溶性漆称为电泳漆。烘漆是指必须经过一定温度的烘烤，才能干燥成膜的涂料品种，特别是用两种以上成膜物质混合组成的品种，在常温下不起反应，只有经过烘烤才能使分子间的官能团发生交联反应以便成膜。

⑤ 按成膜机理分类　有转化型涂料和非转化型涂料。非转化型涂料是热塑性涂料，包括挥发性涂料、热塑性粉末涂料、乳胶漆等。转化型涂料包括气干性涂料、固化剂固化干燥的涂料、烘烤固化的涂料及辐射固化涂料等。气干性是涂装后在室温下涂料与空气中的氧或潮气反应就自行干燥。

⑥ 按主要成膜物质分类　根据原化工部颁布的涂料分类方法，按主要成膜物质分成17类（参见表 1-2）。下面主要介绍该分类方法。

表 1-2　涂料按主要成膜物质分类

序号	涂料类别	代号	主要成膜物质
1	油脂漆	Y	天然植物油、鱼油、合成油
2	天然树脂漆	T	松香及其衍生物、大漆及其衍生物、虫胶、动物胶
3	酚醛树脂漆	F	改性酚醛树脂、甲苯树脂
4	沥青漆	L	天然沥青、石油沥青、煤焦沥青
5	醇酸树脂漆	C	醇酸树脂及改性醇酸树脂
6	氨基漆	A	三聚氰胺甲醛树脂、脲醛树脂等
7	硝基漆	Q	硝基纤维素、改性硝基纤维素
8	纤维素漆	M	苄基纤维素、乙基纤维素、羟甲基纤维素、醋酸丁酸纤维素等
9	过氯乙烯漆	G	过氯乙烯树脂、改性过氯乙烯树脂
10	乙烯树脂漆	X	氯乙烯共聚树脂、聚醋酸乙烯系列、含氟树脂、氯化聚丙烯等
11	丙烯酸漆	B	丙烯酸树脂
12	聚酯树脂漆	Z	聚酯树脂、不饱和聚酯树脂
13	环氧树脂漆	H	环氧-胺、环氧酯等
14	聚氨酯漆	S	聚氨酯树脂
15	元素有机漆	W	有机硅树脂、有机氟树脂
16	橡胶漆	J	氯化橡胶及其他合成橡胶
17	其他漆	E	无机高分子材料

1.3.2　我国涂料产品的命名原则

按国家标准 GB/T 2705—92 对我国涂料产品的分类，我国目前已存定型涂料产品（不包括辅助材料）近千个，主要由 17 大类的主要成膜物质组成。在涂料工业中，主要成膜物质是构成涂料的基础物质，它使涂料牢固附着于被涂物表面，形成连续的固体涂膜，颜、填料被其包裹、润湿和分散，形成涂料。成膜物质对涂料和涂膜的性质起决定作用，而且每种涂料中都含有主要成膜物质，其他的组分有的涂料中不一定含有。因此，涂料的分类主要以形成涂膜的成膜物质进行。

表 1-2 中的前三类产品以干性油和松香改性树脂为基本原料，经高温熬炼到一定黏度后，加入各种金属催干剂成为成膜物质，再加上第四类沥青树脂，习惯上含这四种主要成膜物质的涂料称为油基漆。它们的特点是施工性能较好，价廉，具有一般的保护性能，但干燥慢，力学性能较差，不能适应严酷腐蚀环境的防护需要。表 1-2 中第五类开始的各类树脂称为合成树脂，主要应用的有醇酸树脂、氨基树脂、丙烯酸树脂、环氧树脂、聚氨酯树脂、含氯和氟的聚合物树脂以及酚醛树脂等几大类。以这些树脂为主要成膜物质制成的涂料统称合成树脂涂料。它们是目前工业上应用广泛的涂料的主要成膜物质。

为帮助熟悉表 1-2 中的聚合物，从化学反应的角度来看，有这样几个反应。

① 酯化反应　多元醇和多元酸反应生成酯（—OH＋—COOH ⟶ —COO—）。表 1-2 中的聚酯树脂漆分为聚酯树脂、不饱和聚酯树脂，其中不饱和聚酯树脂分子中含有双键。醇酸树脂是用大量植物油改性的聚酯。天然树脂漆中的主要品种酯胶是松香（分子中含有羧基）与多元醇酯化生成的。硝基漆是纤维素（分子中含有羟基）与无机酸——硝酸的酯化产物。

② 氨基树脂与羟基的反应　每个氨基树脂分子中含有多个—NHOR 基团，氨基树脂与其他树脂分子上的羟基在加热的条件下发生反应（—NHOR＋聚合物—OH ⟶ —NHO—聚合物＋ROH↑）。氨基树脂起交联剂的作用。表 1-2 中的氨基漆是氨基树脂交联的醇酸树脂。通常的聚酯漆主要是氨基树脂交联的饱和聚酯。热固性丙烯酸漆主要是氨基树脂交联的羟基丙烯酸树脂。

③ 自由基聚合反应　植物油分子中有双键，在空气中氧气分子的作用下产生过氧化氢（—OOH），过氧化氢产生的自由基引发双键的聚合反应，双键相互之间形成新的 C—C 键，交联在一起。室温干燥的醇酸树脂漆、酚醛树脂漆、天然树脂漆、油脂漆、植物油改性环氧树脂（环氧酯）等，都是靠漆中结合进的植物油中的双键交联的。需要注意的是，这些漆中在其他的干燥方式下（如加热固化）就不一定采用这种交联方式。

不饱和聚酯漆中的不饱和聚酯树脂中的双键与作为溶剂的苯乙烯中的双键发生自由基聚合而交联。涂料中应用的高分子树脂如丙烯酸树脂、水性丙烯酸树脂以及其他乙烯树脂都是自由基聚合生成的。

④ 异氰酸根与羟基的反应　带有多个异氰酸根（—NCO）的树脂与带有多个羟基的树脂发生交联反应（—NCO＋聚合物—OH ⟶ —NHCOO—）。聚氨酯漆主要应用的就是该反应。

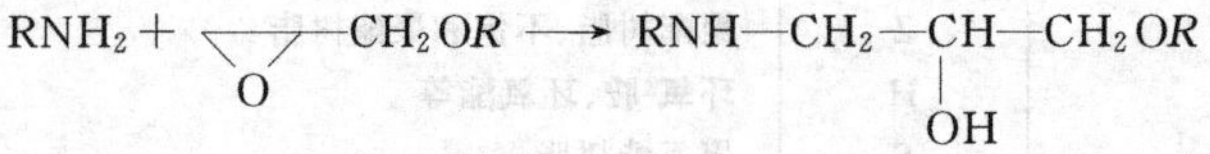

⑤ 环氧-胺　环氧树脂和多元有机胺反应发生交联，这就是双组分室温固化环氧树脂漆。

⑥ 甲醛缩合反应　甲醛与酚类缩合形成酚醛树脂（形成羟甲基—CH_2OH），与三聚氰胺、尿素等的氨基反应（形成羟甲基—CH_2OH）成为氨基树脂。为在有机溶剂中能溶解，通常还用丁醇把羟甲基—CH_2OH 醚化。

涂料的名称由三部分组成，即颜料或颜色的名称、主要成膜物质的名称、基本名称。

涂料的颜色位于最前面，如红色醇酸磁漆。若颜料对漆膜性能起显著作用，则可用颜料的名称代替颜色的名称，如锌黄酚醛防锈漆。

基本名称仍采用我国广泛使用的名称，如清漆、磁漆、底漆、粉末涂料等，见表 1-3。在成膜物质和基本名称之间，必要时可标明专业用途或特性等。如醇酸导电磁漆、白色硝基外用磁漆。

凡是烘烤干燥的漆，名称中都有“烘干”或“烘”字样。如果没有，即表明该漆常温干燥或烘烤干燥均可，如绿色环氧电容器烘漆、白色氨基烘干磁漆等。

不同的涂料组成的烘漆，各有其规定烘烤温度范围和烘烤时间，温度过高或时间过长，会使漆膜变色或发脆，降低耐久性能；温度过低或时间过短，则不能达到全部交联聚合的目的，这样即使固化成膜，其耐久性和光泽也不好。

需要注意的是，国际科技期刊上一般使用成膜物质称呼涂料，如醇酸树脂漆、氨基树脂漆、酚醛树脂漆、聚氨酯树脂漆、环氧树脂漆、聚酯树脂漆、丙烯酸树脂漆。我国行业内或涂料销售时通常采用基本名称，而不考虑涂料的组成，如家具漆、船舶漆、铅笔漆。

表 1-3 涂料的基本名称及代号

代号	基本名称	代号	基本名称	代号	基本名称
00	清油	22	木器漆	53	防锈漆
01	清漆	23	罐头漆	54	耐油漆
02	厚漆	30	(浸渍)绝缘漆	55	耐水漆
03	调和漆	31	(覆盖)绝缘漆	60	耐火漆
04	磁漆	32	(绝缘)磁漆	61	耐热漆
05	粉末涂料	33	(黏合)绝缘漆	62	示温漆
06	底漆	34	漆包线漆	63	涂布漆
07	腻子	35	硅钢片漆	64	可剥漆
09	大漆	36	电容器漆	66	感光涂料
11	电泳漆	37	电阻漆	67	隔热涂料
12	乳胶漆	38	半导体漆	80	地板漆
13	其他水性漆	40	防污漆	81	渔网漆
14	透明漆	41	水线漆	82	锅炉漆
15	斑纹漆	42	甲板漆	83	烟囱漆
16	锤纹漆	43	船壳漆	84	黑板漆
17	皱纹漆	44	船底漆	85	调色漆
18	裂纹漆	50	耐酸漆	86	标志漆、马路画线漆
19	晶纹漆	51	耐碱漆	98	胶液
20	铅笔漆	52	防腐漆	99	其他

注：基本名称代号划分如下：00～13 代表涂料的基本品种；14～19 代表美术漆；20～29 代表轻工用漆；30～39 代表绝缘漆；40～49 代表船舶漆；50～59 代表防腐蚀漆；60～79 代表特种漆；80～99 代表其他用途漆。

为了区别同一大类中的各个品种的涂料，同时也为了在产品设计图纸上表示方便，我们采用涂料的型号来表示涂料。涂料的型号包括三部分内容：主要成膜物质的种类代号、涂料的基本名称和序号。序号表示一大类涂料的各个品种之间在组成、配比、性能、用途方面的差异。例如：C04-2（C 代表醇酸树脂，04 代表磁漆，2 代表序号）是醇酸磁漆。Q01-17（Q 代表硝酸纤维素，01 代表清漆，17 代表序号）是硝基清漆。涂料序号的命名规则见表 1-4。

表 1-4 涂料产品的序号

涂料品种		序号 自干	序号 烘干
清漆、底漆、腻子		1～29	30 以上
磁漆	有光	1～49	50～59
	半光	60～69	70～79
	无光	80～89	90～99
专业用漆	清漆	1～9	10～29
	有光磁漆	39～49	50～59
	半光磁漆	60～64	65～69
	无光磁漆	70～74	75～79
	底漆	80～89	90～99

注：氨基漆不完全符合此规则。

涂料型号举例：Y53-31 红丹油性防锈漆；A04-81 黑色氨基无光烘干磁漆；H52-98 铁红环氧酚醛烘干防腐底漆；G64-1 过氯乙烯可剥漆；S54-31 白色聚氨酯耐油漆。

涂料辅助材料常用的有 5 种：稀释剂（代号为 X）；防潮剂（代号为 F）；催干剂（代号为 G）；脱漆剂（代号为 T）；固化剂（代号为 H）。

辅助材料的型号表示举例：X-5 是丙烯酸漆稀释剂，X-10 是聚氨酯漆稀释剂，其中 5

和10是序号，表示同一类型（稀释剂）中的不同品种。

国家标准GB/T 2705—92对涂料产品的分类有一定的局限性。除称呼起来名称太长、较繁琐外，还表现在涂料品种众多，按国标进行分类命名时，会产生大量重复和雷同现象，不利于厂家品牌的确立。因此，很多厂家又都有各自的产品命名，命名方法依据产品的性能、功用、特色而不同，有些涂料产品甚至有一个或多个不同的名称。选用涂料时，要仔细阅读生产厂家的说明书，对涂料性能有全面的了解。如某造漆厂生产的涂料产品既有厂家编号，又有产品性能特色代号，还有国家标准命名等。如615氯化橡胶铝粉防锈漆，又名CAC150氯化橡胶铝粉防锈漆，其国家标准命名为J44-26。

涂料分为17大类，我国生产的有近一千个品种。在目前工业实际应用中，并不是每个品种都应用得一样多，工业用漆主要集中在几个品种上：醇酸树脂漆、氨基树脂漆、酚醛树脂漆、聚氨酯树脂漆、环氧树脂漆、聚酯树脂漆、丙烯酸树脂漆、含氯和氟的聚合物树脂漆。

表面看来，涂料的种类和品种繁多，但从固化机理上看，涂料固化过程中的成膜方式有溶剂挥发成膜、油脂氧化聚合反应、热固性树脂基涂料固化成膜和聚合物粒子分散体凝聚成膜四种。溶剂挥发成膜和聚合物粒子分散体凝聚成膜属于物理过程。油脂氧化聚合反应是靠植物油中的双键发生自由基聚合而交联，我国产量很大的醇酸树脂漆、酚醛树脂漆、环氧酯漆都是靠这种方式发生交联的。热固性树脂基涂料固化成膜使用的化学反应主要是高分子树脂上的羟基与三聚氰胺甲醛树脂之间的反应（这包括工业上重要的两种涂料——氨基-醇酸漆和热固性丙烯酸漆）、环氧-胺固化体系以及异氰酸酯与羟基的反应。

1.3.3 应用范围广泛的基本品种

表1-3的基本名称是我国广泛使用的名称，00～13代表应用范围广泛涂料的基本品种。为进一步熟悉这些基本概念，现把这类涂料的基本品种简要介绍如下。

（1）清油

清油代号是“00”，又名熟油，俗名“鱼油”，是用干性油经过精漂（用NaOH稀溶液洗去油脂中的脂肪酸，同时还除去大部分油脂中的蛋白质、磷脂等，用白土将油脂中的色素吸附而除去），然后再加工使其聚合到一定的黏度，并加入催干剂而成的。它可以单独作为一种涂料应用，亦可用来调稀厚漆。

（2）清漆

清漆的代号是“01”，它和清油的区别是组成中含有各种树脂，主要用于物面或色漆外层罩光，分为下面两种。

① 油基清漆　该漆是用油脂与树脂熬炼后，加入溶剂等而成的，俗名凡立水。常见的品种有酯胶清漆、酚醛清漆等。它们和清油比较，干性快、漆膜硬、光泽好，抗水及耐化学药品性、绝缘性等方面都有所改进，其改进程度视油和树脂种类及其比例等因素而定。

② 树脂清漆　它的成膜物质中一般只有树脂和增韧剂（有的不含增韧剂）。常见的品种有醇酸、氨基、环氧、丙烯酸、硝基、过氯乙烯等清漆，其优点是漆膜坚韧、光亮、耐磨、抗化学药品性强，主要用于色漆罩光或单独使用。树脂清漆是现代涂料工业使用的主要清漆品种。

（3）厚漆

厚漆代号是“02”，俗名沿油，是用着色颜料、大量体质颜料和10%～20%精制干性油或炼豆油，并加入润湿剂研磨而成的稠厚浆状物。厚漆使用时，必须加入清油或清漆、溶剂、催干剂等调和均匀。厚漆中的油料因未经高温熬炼聚合，再加以人工调配难以均匀，其质量除Y02-2锌白厚漆外，一般均较调和漆差，适用于要求不高的建筑用漆和维修工程。

(4) 调和漆

调和漆的代号是“03”，是已经调和好的可直接使用的涂料，也称“调合漆”。它是以干性油为基料，加入颜料、溶剂、催干剂等配制而成。基料中可加入树脂，也可不加树脂。没有树脂的叫油性调和漆，含有树脂的叫磁性调和漆。在统一命名中，按所含树脂而分别称为酯胶调和漆、酚醛调和漆、醇酸调和漆等。调和漆中树脂与干性油的比例一般在1∶3以上。如果树脂与干性油之比为1∶2或树脂更多时，则称为磁漆。油性调和漆漆膜柔韧，容易涂刷，耐气候性好，但光泽和硬度较差，干燥慢。

在磁性调和漆中，醇酸调和漆适用于室外，而酯胶、酚醛调和漆适用于室内，所涂饰的物面初期光泽好，但耐久性较差。

(5) 磁漆

磁漆的代号是“04”，它和调和漆不同的是漆料中含树脂较多，并使用了鲜艳的着色颜料，漆膜坚硬耐磨，光亮美观。磁漆现在主要指面漆，尤其是有光面漆，因此选用耐候性好、颜色鲜艳的漆基颜料制成。用什么树脂制成，就称什么磁漆。

磁漆有三种分类方法：

① 按装饰性能分为有光、半光、无光磁漆。其中有光磁漆含颜料分少，光泽好。半光和无光磁漆都含有一定数量的体质颜料和消光剂，多用于仪器、仪表和室内墙壁的装饰。

② 按使用场所划分为内用与外用两种。外用磁漆所用的树脂和颜料是较能经受风、雨、霜、露侵蚀的，经强烈的紫外线照射也不易失光粉化。如Q04-2硝基外用磁漆、G04-9过氯乙烯外用磁漆等，适用于汽车、电车等室外器物涂装。内用磁漆切忌应用于室外。有些没有标明内用或外用的酚醛、硝基、醇酸等磁漆，可内用也可外用。

③ 漆料中含有干性油的酯胶、酚醛磁漆等，统称油基磁漆。靠溶剂挥发干燥成膜的硝基、过氯乙烯、热塑性丙烯酸磁漆，通称挥发性磁漆。

(6) 其他涂料

粉末涂料的代号是“05”，是不含溶剂的涂料，是由固体树脂、颜料、固化剂、流平剂等混合制成的细粉状涂料。底漆的代号是“06”，腻子的代号是“07”。底漆是直接施涂在物件表面上，作为涂层的基础。腻子是用来填补被涂物体的不平整部位（例如洞眼、砂眼、纹路、凹坑等），以提高底漆膜的平整性。它通常在底漆之上使用。腻子呈厚浆状，采用刮涂方法施工。在腻子干燥后还要经过人工或机械方法进行打磨平整。水溶漆、乳胶漆、电泳漆统称为水性漆，它们的代号分别是“08”、“12”、“11”。大漆的代号是“09”，是由天然生漆精制或改性制成的漆类的统称。这些涂料品种在后面的有关章节中进行具体介绍。

1.4 聚合物的玻璃化温度

涂料主要用的是无定形聚合物。当逐渐加热无定形材料时，分子内的原子振动幅度逐步加大，与邻近分子碰撞时，将邻近分子短时间内推开，形成“空洞”。在加热到玻璃化温度T_g时，分子间的暂时性“空洞”大到可以使邻近分子或聚合物链节嵌入。因此，T_g可以被认为是聚合物链节相对于邻近链节能移动的最低温度，是高分子链段被冻结（或激发）的温度。

高分子的T_g取决于分子的结构、组成、分子量等因素，决定形成的漆膜的强度、柔韧性、硬度等力学性能，在涂料科学上有极端的重要性。涂料工业上通常依靠调整共聚单体的组成、漆基中不同成分的组成来调整漆膜的T_g，使漆膜具有要求的力学性能和固化性能。第2章就每种具体的聚合物，讨论了如何调整其T_g，进而又如何影响涂料性能。

1.4.1 涂料溶液的 T_g

大部分液体涂料中使用聚合物溶液，这些溶液的 T_g 介于聚合物的 T_g 和溶剂的熔点之间。溶液的 T_g 随聚合物浓度的增加而增加。当溶剂的质量分数（w_s）小于 0.2 时，可用下面的公式表示：

$$T_{g溶液}=T_{g聚合物}-kw_s$$

式中，k 是常数；w_s 是溶剂的质量分数。

在更广泛的浓度范围内，该公式预测的结果较差，更精确的关系还没有建立。

中油度醇酸涂刷后，漆膜的 T_g 随溶剂的挥发而增加。当湿漆膜的 T_g 接近室温时，漆刷在湿漆膜表面上移动比较费力，表现为“口紧”，刷涂性稍差。

1.4.2 热固性涂料的 T_g

热固性涂料中的官能团需要发生交联反应。固化时的温度远高于漆膜的 T_g 时，官能团在漆膜中可以自由移动，相互之间的反应速率取决于官能团的浓度和反应的动力学参数。但反应温度远低于漆膜的 T_g 时，官能团在漆膜中不能自由运动，这时的反应速率受官能团移动速度的控制。

交联过程中树脂的分子量增大，T_g 也相应地增加。室温固化的漆膜刚开始时，漆膜的 T_g 比室温低，彻底固化后比室温高。当漆膜的 T_g 达到室温时，反应速率常数下跌三个数量级，但仍慢速进行，直到漆膜的 T_g 达到（T_g+50℃），反应才可认为完全停止。许多室温固化涂料的漆膜需要固化几周甚至几个月后，才能达到要求的性能。小分子物质对漆膜起增塑作用，能降低漆膜的 T_g，如水能增塑聚氨酯和环氧-胺涂料。小分子比聚合物链上的官能团更容易扩散到反应点。

固化时的温度远低于漆膜无溶剂时的 T_g，则溶剂蒸发后，漆膜基本不发生交联反应，这样的漆膜弱而脆。漆膜的干燥和交联不是一个概念，漆膜的干燥意味着用手接触是否发黏，而漆膜的交联要靠测定漆膜耐溶剂溶胀程度来评价。烘干涂料很少遇到交联反应由移动速度控制的情况，因为彻底固化的漆膜的 T_g 一般是低于烘烤温度的。

粉末涂料的 T_g 应高于贮存温度 50℃以上，才能使粉末在贮存时不结块，粉末涂料用树脂的 T_g 就比较高。为了使交联反应达到较高程度，烘温必须高于彻底固化后漆膜的 T_g，因此粉末涂料的烘温通常较高。

1.5 涂料的应用与发展

人类在生产和生活中使用多种装饰保护涂层，除由涂料形成的有机涂膜以外，还使用搪瓷、金属镀层（电镀层）、水泥涂层、橡胶塑料衬里或黏合膜等多种不同方式。涂料之所以能够长期应用和不断发展，是因为涂料得到的涂层具有以下特点。

① 涂装对象广泛　涂料能广泛应用在各种不同材质的物件表面，如金属、木材、水泥制品、塑料制品、皮革、纸制品、纺织品等都能涂饰使用。

② 能适应不同性能的要求　涂料能按不同的使用要求配制成不同的品种，而且涂料品种繁多，根据需要不断创新，因此涂料提供了一个广阔巨大的平台。

③ 涂料使用方法技术成熟，适应性好　既有用简单的方法和设备就可施工在被涂物件上得到所需要的涂膜，又有适应大批量现代工业生产的自动化流水涂装生产线。

④ 涂膜容易维护和更新　涂膜在其服役期内具有足够良好的保护和装饰性能，涂膜旧了可以擦洗或重涂，部分破损可以修补，易于整旧如新，可随时根据审美观点改变涂膜

外观。

⑤ 应用涂膜经济　根据涂料中使用的树脂、颜料或助剂特性，赋予涂料功能上的多样性。涂膜的厚度通常在 0.2mm 以下，就起到很有效的防护装饰及各种特殊作用，工业上大规模应用涂料是经济的。

由于涂料在各类产品和设备上的广泛使用，对涂料的需求总是非常旺盛，故现代涂料工业一直处在快速发展过程中，但竞争也极为激烈。1949 年以前，我国只有 13 个涂料厂，而根据不完全统计，到 1988 年我国已有 1023 个涂料厂。

从涂装方法来讲，涂装生产也由手工作业进入高效工业化生产方式。从刷涂、空气喷涂发展到目前的静电喷涂、高压无气喷涂、淋涂、辊涂、粉末涂装、电泳涂漆、自动涂装等现代工业涂装技术。

涂料发展面临的另一挑战是对涂料性能上的要求越来越高。随着生产和科技的发展，涂料被用于条件更为苛刻的环境中，因此要求涂料在性能上要有进一步的提高，例如石油工业中所用海上平台和油田管道的重防腐涂料，各种表面能很低的塑料用涂料，微电子工业中用的耐高温、导热性好但绝缘的封装材料，以及其他种种具有特殊性能的专用涂料。

另外，由于很多高性能的涂料经常需要高温烘烤，能量消耗很大，为了节约能量，特别是电能，在保证质量的前提下，降低烘烤温度或缩短烘烤时间，即达到“低温快干”，这促进了辐射固化技术和辐射固化用涂料的发展。

练　习　题

1. 涂料和涂装的定义是什么？涂料涂装的目的是什么？涂料的主要作用是什么？
2. 涂料由哪几部分组成，各起什么作用？
3. 解释清漆、磁漆。
4. 涂料有哪些分类方法？为什么以主要成膜物质对涂料分类很重要？
5. 涂料型号的各个符号或数字各代表什么意思？
6. 室温固化热固性涂料的玻璃化温度是如何影响漆膜形成的？热固性漆膜的干燥和交联有什么区别？

*7. 涂料与涂装的主要发展方向是什么？（带 * 的为选做题，全书同。）

第2章 涂料中常用的高分子树脂

涂料的主要成膜物质要求能够经过施工形成薄层涂膜，并具有涂膜所需要的各种性能。它还要能与涂料中加入的其他组分形成均匀的分散体。具备这些特性的化合物都可作为涂料的主要成膜物质，既可以是液态，也可以是固态。

液态涂料施工到被涂表面后，形成可流动的液态薄膜，即为湿膜。湿膜变成连续的干膜，才成为人们需要的涂膜。由湿膜变为干膜的过程称为干燥或固化。湿膜从能流动的液态逐步变为不易流动的固态，膜的流动性或黏度发生了变化。液态涂料根据施工方法的不同，通常施工黏度在0.05～1Pa·s之间。起初湿膜的黏度很低，要达到通常认为的涂膜全干阶段，膜的黏度至少要达到10^7Pa·s以上。

固态涂料多为粉末状，施工后黏附在被涂表面上，还不能形成连续的薄膜，需要从分散的粒子凝聚为连续涂膜。

涂料可分为靠溶剂挥发成膜的涂料和靠化学反应使成膜树脂分子量增大的涂料。

溶剂挥发成膜的涂料是将热塑性聚合物溶解在溶剂中，达到施工要求所需的黏度，然后涂布涂料，并使溶剂蒸发，形成漆膜。为得到性能满意的漆膜，热塑性聚合物的分子量通常很高，要达到施工所要求的溶液黏度，需要加入大量的有机溶剂，有机溶剂在成膜后挥发到空气中，既造成大气污染，又浪费大量的资源，因此，溶剂挥发型涂料的应用范围在逐渐下降。

化学成膜的涂料通常采用分子量比较小的树脂，这样溶液的黏度较小，可以提高涂料的固含量。涂料中的成膜物质在施工为薄膜状态下，交联成网状高聚物，形成热固性涂膜。聚合反应完全遵循高分子合成反应机理，可分为自由基聚合成膜和逐步缩合聚合成膜。

本章根据成膜方式分为溶剂挥发涂料、自由基聚合涂料和缩合聚合涂料三部分，分别进行叙述。涂料依据其不同的成膜机理分为三个类型：①常温固化成膜。这是最通用和最简便的成膜方式，大多数涂料都要求能在常温固化。在常温固化时要注意保持成膜环境清洁。②加热固化成膜。采用加热成膜工艺是根据涂料性质而决定的，要根据涂料性质和被涂物件情况选择适宜的工艺条件，如温度、时间等。加热固化即烘干的工艺常用的有蒸汽、电、远红外加热等方式，需要相应的设备。③特种固化成膜。现在属于此类的有紫外线固化工艺、电子束固化工艺，分别需要特定的设备。随着新的涂料的发展，特殊的成膜工艺也将不断出现。本章在介绍涂料时，从固化机理的角度说明每种涂料适合的成膜工艺。

2.1 挥发型涂料

成膜物质在涂料成膜过程中组成结构不发生变化，具有热塑性，受热软化，冷却后又变硬，多具有可溶解性。属于这类成膜物质的品种有：①天然树脂，如虫胶、天然沥青等。②天然高聚物的加工产品，如硝基纤维素、氯化橡胶等。③合成的高分子线型聚合物即热塑性树脂，如过氯乙烯树脂等。目前使用的主要是后两类。

目前正在使用的属于一些很有特色的品种。这类涂料主要用于室外施工，不能烘烤，而且对漆膜性能有特殊要求的场合。如本节介绍的硝基漆干燥快，漆膜易打磨抛光，制备装饰性强的漆膜，过去得到大规模的应用，而且应用领域也很广，目前在一些场合仍在使用。卤化聚合物的透水性低，可用于防腐蚀面漆。热塑性丙烯酸树脂具有高装饰和高耐候的优点，用过氯乙烯改性的品种还具有很好的防腐性能。

溶剂挥发型涂料因溶剂挥发快，刷涂易留下刷痕，为了得到平滑美观的漆膜，通常采用喷涂的方法进行施工。

例如，用带羟基的氯醋共聚物（M_n 为 23000）作基料制备的涂料，该氯醋共聚物的玻璃化温度为 79℃，溶剂挥发后就能得到有良好力学性能的漆膜。为达到喷涂施工所需的 0.1Pa·s 的黏度，采用甲乙酮（MEK）作溶剂，配制溶液的浓度为 19%（不挥发物质量分数）和 12%（不挥发物体积分数）。

MEK 在室温下蒸气压高，很快从涂层蒸发。喷涂时，相当大一部分 MEK 在离开喷枪到达工件的一段时间内，从漆雾中蒸发。随着溶剂从涂膜蒸发，黏度增加，施工后不久涂膜就达到触指干燥（用手指轻轻接触漆膜不粘手指）。然而，如果在 25℃干燥成膜，“干”膜含有百分之几的残留溶剂，实验已证明，在室温干燥几年后仍残留 2%～3%的溶剂。为了确保在合理时间内完全除尽溶剂，需要在一个明显高于聚合物 T_g 的温度下烘烤干燥。

2.1.1　纤维素聚合物

工业用纤维素的主要来源是木材和棉花。纤维素本身不溶解于水和有机溶剂中，但经过各种化学处理后取得的衍生物能在一定的溶剂中溶解，并在工业中得到广泛应用。

纤维素是以 β-葡萄糖为基环的多糖大分子，每个基环上有一个伯羟基和两个仲羟基，因此可以写为 $[C_6H_7O_2(OH)_3]_n$，下面以一个基环中三个羟基全部被取代为例示意其化学反应：

$$C_6H_7O_2(OH)_3 + 3HNO_3(\text{即 } HO—NO_2) \longrightarrow C_6H_7O_2(NO_2)_3 + 3H_2O$$

$$C_6H_7O_2(OH)_3 + 3CH_3COOH \longrightarrow C_6H_7O_2(CH_3COO)_3 + 3H_2O$$

硝酸纤维素是制造硝基漆的主要原料。醋酸丁酸纤维素与硝酸纤维素相比，具有更好的溶解性、耐水性、耐候性和力学性能，因此可用于制备金属闪光漆和修补漆。乙基纤维素可制造各种挥发型色漆，与硅聚合物拼用可制备常温干燥的耐高温漆。

纤维素漆中硝酸纤维素和醋酸丁酸纤维素比较重要，本节介绍它们在涂料中的应用。

（1）硝酸纤维素

$C_6H_7O_2(OH)_3$ 的一硝酸酯、二硝酸酯、三硝酸酯对应的含氮量分别为 6.76%、11.11%、14.14%。含氮量低于 10.5%的硝酸纤维素溶解性很差。工业上硝酸纤维素的含氮量控制在 10.5%～13.8%之间，含氮量 10.5%～11.2%的为 SS 型，是醇溶性的，多用于胶印油墨和塑料，高于 12.3%的常用于制造炸药。涂料工业应用含氮量 11.2%～12.2%的品种，为 RS 型，溶于酯类和酮类中，尤其是 11.7%～12.2%的品种。RS 型硝酸纤维素因高度易燃，通常用乙醇或异丙醇润湿装运，但 RS 型不溶于醇。

分子量高，同样浓度下溶液的黏度也高。高黏度的硝酸纤维素漆膜的机械强度、耐寒、耐久性好，但涂料的固含量低，而且黏度过高，漆膜不易流平，容易引起拉丝、橘皮、针孔等弊病。低黏度的硝酸纤维素漆膜的硬度和打磨性能好，但曝晒后降解严重。

单独用硝酸纤维素制成的漆光泽不高，附着力很差，并且不挥发分含量很低，在制漆时需加入一些混容性好的树脂，以克服其漆膜的缺陷，最常用短油度或中油度醇酸树脂。

硝酸纤维素作汽车修补用修补喷漆，因为它们较易打磨，漆膜比室温干燥的丙烯酸喷漆光泽好。硝酸纤维素清漆主要仍使用于木器漆，因为它们比任何其他涂料更大程度地提高木纹外观。木器用硝酸纤维素清漆最重要的特性是快干，通常十几分钟就干燥了，涂装后不久就可以堆放和装运，因为涂膜是热塑性的，损伤易修补。

(2) 醋酸丁酸纤维素

在涂料中经常使用的是混合醋酸丁酸酯（CAB）。CAB显示较浅的颜色和较好的保色性，和硝酸纤维素相比，操作危险性较小，主要用途是作为丙烯酸汽车涂料的一个组分。CAB有助于控制流动，特别是施工时促使铝粉立即定向到和涂料表面平行。最终涂膜的铝粉定向提高了金属闪光漆外观。

不同醋酸酯、丁酸酯、未酯化羟基比和不同分子量影响聚合物的溶解度和容忍度。用于丙烯酸喷漆的CAB中每个基环单元平均有2.2个醋酸酯基、0.6个丁酸酯基和0.2个未反应羟基。

2.1.2 卤化聚合物

卤化聚合物的透水性低，可用于防腐蚀面漆，有的在聚烯烃塑料中有足够的可溶性，使它们能用于聚烯烃塑料表面，为面漆提供附着力。

2.1.2.1 溶液型热塑性氯化聚合物

属这类漆的有氯乙烯醋酸乙烯（简称氯醋）共聚树脂漆、过氯乙烯树脂漆、氯乙烯偏二氯乙烯共聚树脂漆、氯磺化聚乙烯、氯化聚丙烯、氯化橡胶漆。它们都是挥发型的热塑性涂料，具有良好的耐化学性和一定的耐候性，缺点是固体含量较低（一般低于20%），需喷多次才能达到一定厚度。施工时挥发大量有机溶剂，影响了它们的广泛使用。另外，氯化聚合物发生热和光化学降解，在自动催化链反应中经历脱氯化氢作用，需要用稳定剂：有机锡酯（如二月桂酸二丁基锡）；钡、镉和锶皂；顺丁烯二酸酯和环氧化合物。

氯乙烯醋酸乙烯（简称氯醋）共聚树脂漆、过氯乙烯树脂漆、氯乙烯偏二氯乙烯共聚树脂是由聚氯乙烯树脂改性而成的。聚氯乙烯树脂性能坚韧，不易燃，对酸、碱、水和氧化剂稳定，无臭、无味，耐油性好，但不耐70℃以上的温度，难溶解，对金属的附着力差，因而很少单独用来制造涂料。通过对聚氯乙烯改性，保持其优良特性，增强其在有机溶剂中的溶解力和对金属的附着力，用于制造涂料。氯化聚合物的含氯量越高，屏蔽性能越好，防延燃性越好，但柔韧性和耐冲击性越低。

(1) 氯化橡胶

氯化橡胶是由天然橡胶经过塑炼降低分子量后溶于四氯化碳中，在约80～100℃下通入氯气而制得的白色物质，涉及的反应包括双键上氯的加成、取代和异戊二烯环化反应，分子结构不规整，有好的附着力。为了消除橡胶上的大多数双键，最终产品含氯量达65%。用水洗除去过量的氯和HCl，加入乙醇使聚合物沉淀，过滤干燥，可以制造多种分子量品级。因其本身性脆，还须加入增塑剂或增塑性好的树脂（例如醇酸、丙烯酸树脂）进行改性。

由于氯化橡胶涂层是水通透性能最低的品种之一，它的漆膜具有很好的屏蔽性能，用于制备化学稳定性高，耐水性、抗渗透性好的高效防腐涂料（船舶、集装箱、钢结构表面用的成膜材料），应用于重防腐蚀维修面漆。氯化橡胶涂料主要用于化工大气防腐蚀及船舶防腐蚀，也用于聚烯烃塑料过渡涂层。

氯化橡胶耐皂化，干燥快，在我国大量用于船舶漆、港湾结构等重防腐蚀场合。

由于氯化橡胶制造过程中应用四氯化碳等对大气污染的物质，德国BASF公司和Bayer公司已研制出代替氯化橡胶作防腐涂料的氯化树脂，如德国BASF公司的LaroflexMP树脂是75%氯乙烯和25%乙烯异丁基醚的共聚物。氯乙烯/乙烯异丁基醚共聚物耐腐蚀性优良，漆膜柔韧且溶解性好，用于钢铁、铝、锌表面，而且耐老化，保光保色性好，可用于白色漆中。

(2) 过氯乙烯

过氯乙烯树脂是由聚氯乙烯树脂（含氯量53%～56%）做原料，在四氯乙烷或氯代苯溶液中通入氯气进一步氯化而成的，其含氯量提高到65%，打破了聚氯乙烯树脂分子结构的规整性，使其溶解性和对金属的附着力得到改进。过氯乙烯比氯化橡胶膜致密，耐化学腐蚀优良，但分子结构比氯化橡胶规整，附着力差，必须有配套底漆，而且固含量低，需要 6～10 道施工才能达到所需的漆膜厚度。

(3) 氯乙烯偏二氯乙烯共聚树脂漆

此共聚树脂是由氯乙烯（70%～45%）与偏二氯乙烯（30%～55%）共聚而成的热塑性树脂。漆膜附着力比过氯乙烯漆好，其柔韧性、抗伸张性也好，故配制一般用途的漆可以不加入增韧剂。由于氯乙烯偏二氯乙烯共聚树脂配漆一般不用外加增塑剂，只要颜料严加选择（不用含铅化合物之类），形成的漆膜没有低分子物析出，对人体无毒，可以广泛用于饮水柜、食品包装容器、啤酒桶等涂料中。

(4) 氯醋共聚物

氯醋共聚物是氯乙烯和乙酸乙烯的共聚物，通常还采用少量能赋予特别性能的第三单体。乙酸乙烯降低 T_g 和扩大可采用的溶剂范围，例如质量比 86∶13∶1（摩尔比 81∶17∶1）和 M_w 为 75000 的氯乙烯、乙酸乙烯和顺丁烯二酸三元共聚物已用于饮料罐内壁涂料。顺丁烯二酸增进附着力，由于其施工固含量低，不挥发体积固含量（NVV）约 10%～12%，溶液型乙烯树脂的用途已在减少。氯乙烯/乙酸乙烯共聚物在有些应用上能代替氯化橡胶，因为原始材料不含双键，含氯量不需要像氯化橡胶这么高，可取得 52%、55%、58%氯含量的品级，性能据说可和氯化橡胶相比，优点是有较好的贮存稳定性。

氯醋共聚物需要酮类等强溶剂，在我国应用有限，可用作塑溶胶。

2.1.2.2　聚氯乙烯塑溶胶

高分子量聚氯乙烯或氯乙烯共聚物如氯醋共聚物（通常 M_w 在 100000）能用于高固含量涂料。它们是采用悬浮聚合的方法合成平均直径几个微米的聚氯乙烯颗粒。

增塑溶胶是聚氯乙烯树脂悬浮于增塑剂中所形成的混合物，其黏度范围可自倾泻性液体到稠厚的糊状。因为聚合物 T_g 比室温高得多，而且聚合物也部分结晶，在室温不能以明显速度溶解于增塑剂。增塑溶胶使用非挥发性液体或增塑剂作为唯一的分散介质，增塑剂中烷基链愈长，则其对树脂的溶解作用愈弱。一般塑溶胶作为涂料应用黏度太高，添加溶剂能降低黏度，必须选择溶解增塑剂但不显著溶胀聚合物的溶剂，一般用 20%或较少溶剂就能达到施工黏度。这些体系称为有机溶胶，但通常也称为塑溶胶。

增塑溶胶可采用辊涂方式涂布于成卷的冷轧钢板或涂锌钢板表面，经过流水线烘道，在 200℃左右（板温）烘干 1～2min。当塑溶胶加热到高于聚合物 T_g 和高于聚合物结晶区的熔点时，聚合物溶解于增塑剂，粒子凝聚成熔融态。冷却时，产品是以均相的聚合物和增塑剂溶液组成的塑料。增塑溶胶就形成均匀的各种色彩，平面或立体花纹（如木纹、布纹或皮革纹）的彩色涂层于钢板上，是卷钢涂料中的主要品种之一。成卷的彩色涂层钢板送到各用户厂，不必重复涂漆就可直接冲压、切割、铆接、胶合成各种几何形状的器具、物件和设备，由于增塑溶胶具有优良的室外耐久性、化学稳定性和耐温热性能等特点，适用于钢结构厂房用瓦楞板、船舶内舱隔墙板。增塑溶胶涂布于基料上或灌入模具中就变成均匀的聚氯乙烯塑料制品或薄膜。

抗石击涂料要能够吸收应力冲击的能量，而漆膜不破裂，实际上是一种阻尼涂料。聚氯乙烯塑溶胶抗石击性好，并可密封焊缝，在汽车抗石击涂料方面现在仍以它为主，但膜较厚，报废后造成的污染大，正逐渐用封闭弹性聚氨酯替代它。

2.1.2.3　氟化聚合物

聚偏氟乙烯（PVDF）烧结温度较低。PVDF 是作为丙烯酸树脂溶液的似塑溶胶状分散体用于卷材涂料的，熔结温度为 245℃，户外耐久性突出，但价格高且只可能是低光泽涂料。偏氟乙烯（VDF）的共聚物也用于粉末涂料。

羟官能单体的 VDF 共聚物能用多异氰酸酯交联，和 PVDF 比较，有优秀的湿附着力和耐腐蚀性。丙烯酸全氟化烷酯和甲基丙烯酸羟乙酯（HEMA）共聚形成可溶于溶剂的树脂，但是单体很贵。卤化氟乙烯/乙烯基醚共聚物用于建筑用钢板和在有限的程度用于汽车清漆。乙烯基醚和 CF_2 ═CFX 形成交替共聚物。以羟基和/或羧基取代的乙烯基醚共聚单体共聚，可以引入官能基。T_g 由氟化单体/乙烯基醚单体比和乙烯醚上烷基链长控制。有羟基的共聚物可以 MF 树脂或多异氰酸酯交联，户外保光性在 PVDF 和丙烯酸涂料之间。

2.1.3 热塑性丙烯酸酯

溶剂型热塑性丙烯酸涂料的固体含量太低（体积分数约为 12%），进入 20 世纪 70 年代后，用量急剧下降，代之而发展的是热固性丙烯酸涂料，尤其是高固含量的丙烯酸涂料。

热塑性丙烯酸涂料主要组分是聚甲基丙烯酸甲酯，使用共聚单体如丙烯酸丁酯、丙烯酸乙酯等改善漆膜的脆性和挥发溶剂的能力，以及与底材间的附着力，还可以用少量含极性基团的单体，如丙烯酸或甲基丙烯酸、丙烯酸或甲基丙烯酸的羟乙基酯或羟丙酯等，用以改善漆膜的附着力和对颜料的润湿能力。

平均分子量高的热塑性丙烯酸树脂保光性好，分子量过高，对于保光性的改善并不太明显，且将降低固体含量。分子量（M_w）高于 105000 时，喷涂时会有拉丝现象。一般要求聚合物重均分子量约为 90000，这种聚合物在室外使用有非常突出的保光性。分子量分布要求愈窄愈好，因为树脂中低分子量部分影响漆膜性能。因此，涂料中的热塑性丙烯酸树脂重均分子量为 80000～90000，M_w/M_n 的值介于 2.1～2.3，达到施工黏度时，不挥发物的体积分数仅在 11%～13%。

热塑性丙烯酸树脂涂料中通常加入与它混容的纤维素酯及过氯乙烯等。①硝酸纤维素。不必加入很大比例，就能明显地改善漆膜的流展性、溶剂释放性、热敏感性、打磨抛光性。有些品种中使用较高比例的硝酸纤维素，成为聚丙烯酸改性的硝基漆。②醋酸丁酸纤维素。很多效果与硝酸纤维素相仿，但其耐光性大大优于硝酸纤维素，不会降低涂料的最终户外使用效果，一般选用牌号为 CAB381-0.5（1/2s，丁酰基含量为 37%～38%）的品种。③过氯乙烯树脂。与聚丙烯酸树脂有极好的混容性，拼用后涂料的户外耐久性仍然很好，而且对热敏感性也得到明显改善。但涂料流展性、施工性能及溶剂释放性方面的改进效果不如纤维素酯。另外，过氯乙烯用量稍大时黏度增高明显，易出现拉丝现象。

热塑性丙烯酸漆尽管在某些性能上略逊于热固性品种，但其耐大气老化的主要性能却十分优越，在建筑方面，外墙、大桥栏杆、电视塔架等工程设施均长期处于强烈日光的暴晒之下，涂装时无法烘烤干燥，可以用热塑性丙烯酸漆进行涂饰。在各种车辆的翻新修补时，由于很多橡胶、塑料零件以及仪表等都已安装在车上，也用热塑性丙烯酸漆进行涂饰。塑料制品的表面以及木材制品等表面涂装时，如果要求具备一定的耐大气老化性能，热塑性丙烯酸酯漆是其理想的涂料。

热塑性丙烯酸漆多以 30%～40%的固含量供应，使用时还要加入约 30%～50%的稀释剂，其成膜物质中约 60%为聚甲基丙烯酸甲酯的共聚物，5%～20%为醋酸丁酸纤维素(CAB)，其余为增塑剂。

2.2 自由基聚合固化涂料

自由基聚合反应成膜形式有三种：①氧化聚合。氧化聚合属于自由基链式聚合反应，由油脂中的双键通过氧化聚合形成网状大分子结构。②自由基引发剂引发的聚合。不饱和聚酯涂料中含有不饱和基团双键，当引发剂分解产生自由基以后，作用于双键，产生链式反应而形成交联的涂膜。③能量引发聚合。采用紫外线或电子束能引发含共价键的化合物聚合。光固化涂料在光敏剂的存在下，以紫外线引发成膜，光敏剂产生自由基使聚合反应进行得非常迅速，涂料可在几分钟内固化成膜。利用电子辐射成膜的涂料通称电子束固化涂料。电子具有更大的能量，能直接激发含有共价键的单体或聚合物生成自由基，在以秒计的时间内完成聚合反应，从而使涂料固化成膜。

2.2.1　氧化聚合型涂料

氧化聚合型涂料指靠植物油油脂自动氧化交联的涂料，在目前使用的涂料中占相当大的比例，如室温干燥的长或中油度醇酸树脂、酯胶漆、酚醛漆、环氧酯漆等。我们首先学习植物油的类型、特性和干燥原理，再进一步学习这些漆的基本知识。

油基涂料在我国部分文献中通常指酯胶漆和酚醛漆，醇酸和环氧酯漆在过去属于较高档漆，单独以其名称称呼它们，但因为现在高性能树脂漆逐渐已占主流，这种区分已经没有意义，从实质上看，所有氧化聚合型涂料都可以看作是油基涂料，因此本书后面提到的油基涂料就是指所有的氧化聚合型涂料。油性涂料指主要成膜物质只是植物油（或有很少量树脂混入植物油中）的涂料。

常用“气干”表示这种干燥类型。气干是指涂膜吸收空气中的氧气进行氧化聚合而形成网状结构的干膜，专指成膜物中含有不饱和双键的醇酸树脂（包括改性品种）、油基树脂的涂膜干燥，有时也可称自干、常温干或冷固化。

2.2.1.1　油脂

(1) 油脂的成分和结构

涂料中使用的主要是植物油，还有动物油脂、合成的脂肪酸等。植物油油脂现在仍然是涂料最重要的原料之一。它们一般是甘油三脂肪酸酯，其结构为：

$$\begin{array}{l} CH_2OCOR^1 \\ | \\ CHOCOR^2 \\ | \\ CH_2OCOR^3 \end{array}$$

其中，R^1、R^2、R^3 并不一定相同。

植物油中主要的脂肪酸 R 有：

棕榈酸（软脂酸）　$CH_3(CH_2)_{14}COOH$

硬脂酸　$CH_3(CH_2)_{16}COOH$

油酸　$CH_3(CH_2)_7CH{=}CH(CH_2)_7COOH$

亚油酸　$CH_3(CH_2)_4CH{=}CHCH_2CH{=}CH(CH_2)_7COOH$

亚麻酸　$CH_3CH_2CH{=}CHCH_2CH{=}CHCH_2CH{=}CH(CH_2)_7COOH$

桐油酸　$CH_3(CH_2)_3CH{=}CHCH{=}CHCH{=}(CHCH_2)_7COOH$

蓖麻醇酸　$CH_3(CH_2)_5CH(OH)CH_2CH{=}CH(CH_2)_7COOH$

不同植物油中脂肪酸的组成不同，见表 2-1。即使同一种植物油，产地不同及其他方面因素不同，组成也有差别。

表 2-1　常见涂料用植物油的主要脂肪酸组成及碘值　　单位：%

植物油	棕榈酸	硬脂酸	油酸	蓖麻醇酸	亚油酸	亚麻酸	桐油酸	碘值/(gI_2/100g)
桐油			4～16		0～1		74～91	160～170
豆油	6～10	2～4	21～29		50～59	4～8		124～136
蓖麻油	0～1		0～9	80～92	3～4			81～90
亚麻油	4～7	2～5	9～38		3～43	25～58		170～204
红花油	11		13		75	1		130～150

植物油中因为含有双键，能够吸收空气中的氧气，发生氧化聚合形成漆膜，但不同的植物油干燥性能不同。根据油脂的不饱和程度，可分为干性油、半干性油和不干性油。干性油涂刷后，一般在室温下 2～5 天就可以自行干结成膜，干后的漆膜不溶解、不软化。半干性油干燥速度慢，涂后十几天甚至几十天才能结成黏而软的薄膜。干后的涂膜能够加热软化甚至熔融，比较容易溶于适当的有机溶剂中。不干性油涂后长时间也不能自行干结成膜，不能单独用来作涂料使用，主要与高分子树脂反应后应用或作增塑剂。

定量地表示油脂中双键量的多少是应用碘值这一概念。碘值定义为饱和油脂中 100g 双键所吸收碘的质量（g）。因为碘和碳碳双键一般不能形成稳定的加成产物，实际测定碘值所用的试剂为氯化碘或溴化碘的乙酸溶液，再换算为碘加成的质量。干性油的碘值大于 $140gI_2/100g$，半干性油的碘值为 $100\sim140gI_2/100g$，不干性油的碘值小于 $100gI_2/100g$。

共轭油脂比非共轭油脂的干燥速度快，如桐油酸含有三个共轭双键，它的干燥速度在常见的植物油中是最快的。非共轭油脂中起干燥交联作用的活性基团为二烯丙基（$—CH═CH—CH_2—CH═CH—$）。因为有与两个双键相连的亚甲基，与仅有一个双键相连的亚甲基相比，其反应性更强，自动氧化速度更快。

从表 2-1 可以看到，桐油中的主要成分是桐油酸，桐油酸含有三个共轭双键，在常用的干性油中干燥速度最快，但烘烤和老化后变色严重。亚麻油的碘值大，干燥也比较快，但亚麻酸含量高，亚麻酸也带三个双键，老化后泛黄，泛黄的机理还没有完全搞清。因此在制造不变色的醇酸树脂时，采用亚麻酸含量低的红花油，或含有 78%亚油酸的专有脂肪酸。

酸值用来表示油脂中游离脂肪酸的含量，用 KOH 中和来测定。中和 1g 油脂所需 KOH 的质量（mg）为酸值。

因为油脂中含有的不饱和脂肪酸在空气及细菌的作用下容易酸败变质，生成游离的脂肪酸，所以酸值表示油脂的新鲜程度。油脂越新鲜，酸值越小。碱漂是用 NaOH 稀溶液洗去油脂中的脂肪酸，同时还除去大部分油脂中的蛋白质、磷脂等。白土的主要成分为水合硅酸铝，能够将油脂中的色素吸附而除去。涂料工业使用的油脂通常用碱进行精制（碱漂）和加白土脱色（土漂）。只采用碱漂习惯上称为“单漂”，单漂油用于制油基树脂漆。碱漂加土漂称为“双漂”，双漂油用于制造油脂改性的合成树脂。

（2）常用的油脂

① 桐油　桐油的主要成分是桐油酸，桐油酸含有三个共轭双键，易氧化聚合，干燥快。桐油制成的涂料漆膜坚韧、耐水性好，但单独使用桐油或用量较多时，往往漆膜表面干燥过快而下层不干，使漆膜起皱失光。因此，经常把桐油与其他干性油共同炼制各种涂料。

桐油主要组成为共轭十八碳三烯的桐油酸。把生桐油加热到 260～280℃以上，使之发生聚合成为熟桐油。

② 亚麻油　也叫胡麻油。亚麻油的主要成分是亚油酸和亚麻酸。它的干性稍差于桐油和梓油，制成的涂料漆膜柔韧性、耐久性较桐油好，不易老化，但耐光性较差，易变黄，不宜制造白漆。

③ 梓油　俗称青油。它是由乌桕籽仁经压榨而制得的。它的干性比亚麻油好，用它制得的漆膜坚韧，泛黄性比亚麻油小，可用于制造白色涂料。

④ 豆油　豆油是半干性油，碘值是 $115gI_2/100g$，漆膜不易泛黄，常用于制造醇酸树脂漆、白色漆等。

⑤ 蓖麻油　蓖麻油的碘值是 $81\sim91gI_2/100g$，属不干性油，多用于制造不干性醇酸树脂，在氨基、硝基、过氯乙烯等漆类中使用。蓖麻油酸在第 12 个碳原子上有一个羟基，因此可以和带异氰酸根的分子反应，生成氨酯键。

$$R{-}OH + R{-}N{=}C{=}O \longrightarrow R{-}O{-}\overset{\overset{\large O}{\|}}{C}{-}NH{-}R$$

蓖麻油经高温脱水，即第 12 个碳原子上的羟基与相邻碳原子上的氢原子结合生成水分子离去，形成一个双键，可制成脱水蓖麻油。脱水蓖麻油属于干性油，干性比亚麻油快，漆膜不易泛黄，但发黏时间稍长。

⑥ 松浆油　松浆油又称塔油或塔尔油，从亚硫酸法造纸废液中提取，提取的方法是酸化并蒸馏造纸废液。粗松浆油是黑褐色的黏稠液体，组成因产地而异，一般含松香酸30%～38%，脂肪酸 40%～50%，酸值 180mgKOH/g，碘值 $140gI_2/100g$，还含有水和皂化物等杂质。用松浆油制成的漆的涂膜硬度、附着力和光泽性均较好，但颜色稍深。

(3) 油脂的应用

各种植物油经过精漂，除去杂质和色素后，再根据需要，用不同的油种比例和工艺条件进行高温熬炼，使其发生氧化、聚合、加成等化学反应，从而分子量增大，黏度提高，这样即可制得各种性能不同的熟油或通称为油脂漆的基料。

在涂料工业中，不同的油脂漆料加入催干剂或溶剂，即制得清油。如果把基料与颜料研磨，再加入其他辅助材料，即成为各色油性调和漆、油性防锈漆及油性厚漆等。油脂不仅用于制造油性漆，更重要的应用在于它是酚醛、酯胶、沥青、醇酸、氨酯油、环氧酯等树脂的一个主要组成部分，而且通常决定这些涂料的干燥机理。

(4) 植物油的干燥

1) 植物油的干燥原理　干燥期间所发生的化学反应十分复杂。干性油的干燥过程这里以亚麻仁油为例来说明。它的交联成膜分三个阶段：①导入期，天然抗氧化剂（主要是生育酚）被消耗；②快速氧化期，伴随着增重 10%，氧分子与脂肪酸中双键附近碳原子上活泼的氢反应生成过氧化氢基团；③复杂的自催化反应，消耗过氧化氢基团，产生自由基引发双键聚合并交联成膜。在催干剂的催化作用下，完成上述①、②、③三个阶段分别需要 4h、10h 和 50h。

过氧化氢基团分解形成自由基，夹在双键中间的亚甲基上的氢原子特别容易被夺取，形成共振稳定的自由基。在自由基链增长聚合过程中，自由基与自由基相互反应产生链终止，形成了 C—C 键、醚键和过氧键。应用 ^1H NMR 和 ^{13}C NMR 核磁共振对亚油酸乙酯在催干剂的存在下与氧反应的研究表明，主要的交联反应发生在醚基和过氧基上，仅有 5% 的交联反应是生成新的 C—C 键。另外，在反应混合物中还发现有相当数量的环氧基，大约 5 天后，环氧基的数量达到最大值，100 天后基本消失。

过氧化氢在重排和裂解过程中，产生醛、酮和低分子量副产物。油性漆和醇酸漆在干燥过程中会散发出一种独特的气味，是由这些挥发性的副产物以及有机溶剂引起的。醛是植物油中的油酸酯、亚油酸酯和亚麻酸酯自动氧化的主要副产物，也是干性油醇酸树脂固化时的产物。这种不受欢迎的气味是室内涂装用乳胶漆替代油性漆和醇酸漆的一个重要因素。

漆膜形成的后期阶段也同时发生链断裂反应，形成低分子量副产品。在漆膜使用期，这种缓慢连续的链断裂和交联反应继续进行，使漆膜缓慢地脆化、变色，产生挥发性副产物。油脂中带有三个双键的脂肪酸（如亚麻酸）所占的份额越大，变色现象就越严重。

2) 催干剂　很多年以前就发现植物油中加入某些金属氧化物（过去称为密陀僧、土子，内含 PbO 等）能够加速干燥，后来的研究表明，这些金属氧化物与脂肪酸反应生成皂，均匀地溶解在植物油中，具有催化植物油干燥的功能，被称为催干剂。最常用的催干剂为油溶性钴、锰、铅、锆、钙、锌的辛酸皂或环烷酸皂，其他金属皂（包括稀土）也使用。钴皂和锰皂称为面催干剂或表催干剂，主要是催化漆膜表面的干燥。铅皂和锆皂称为透催干剂，它们催化整个漆膜的干燥。钙皂和锌皂单独使用不起催干作用，但可以减少其他催干剂的用量。

在催干剂存在时，干性油脂肪酸的吸氧速度、过氧化物的生成、分解及自由基的聚合速度都会加快。不同金属的催干剂对氧化聚合的4个阶段的影响是不同的：钴盐、铅盐与吸氧有关；钴盐能加快过氧化物的生成；锰盐能有效地促使过氧化物分解；钙、锌盐则与过氧化物分解后的聚合有关。把能参与过氧化物生成和分解的催干剂称作活性催干剂，也叫主催干剂，旨在提高吸氧和活性的催干剂称为辅助催干剂。

钴皂和锰皂促使过氧化氢的分解，从而达到表面干燥的效果。

$$Co^{2+} + ROOH \longrightarrow RO\cdot + OH^- + Co^{3+}$$

$$Co^{3+} + ROOH \longrightarrow ROO\cdot + H^+ + Co^{2+}$$

经上述反应后形成水和自由基。钴在两种氧化状态之间循环，铈也有 Ce^{2+}、Ce^{3+}，与钴作用机理一样，但活性比钴弱些，稀土催干剂中主要是铈在起作用。

钴能使过氧化物分解所需的活化能降低90%，其他催干剂包括辅助催干剂，也能不同程度地降低氧化聚合的活化能。钴因为活性强，单独使用会造成漆膜表面干燥而内部不干，漆膜起皱，因此最好与其他催干剂配合使用。

催干剂几乎都是由几种金属皂混合使用的。铅催干剂由于铅的毒性，在许多场合不能应用。通常采用钴和（或）锰与锆相结合的方法，促进漆膜的整体干燥，并且常与钙混合使用。钙催干剂是辅助催干剂，不发生氧化还原反应，一般认为它优先吸附在颜料表面上，减少颜料表面对活性催干剂的吸收，从而促进漆膜干燥。

催干剂应尽可能保持最低用量。因为在体系中，催干剂不仅起催干作用，同时对干燥后漆膜的脆化、变色、开裂反应起催化作用。催干剂的用量与混合配比通常根据涂料的性能要求、干燥成膜环境等因素由设计师根据经验掌握。

3）防结皮剂　为了防止靠植物油氧化干燥的涂料在贮存放置期间发生氧化交联，增加涂料的贮存稳定性，涂料应密闭贮存在容器中，并加入挥发性阻聚剂。涂料涂布为薄膜时，阻聚剂挥发掉，允许交联反应进行。因为涂料表层与空气接触，在涂料表面发生聚合形成一层凝胶，通常称为涂料结皮，因此挥发性阻聚剂又称防结皮剂。

含有肟基（═NOH）的防结皮剂能与活性钴催干剂发生化学反应，生成络合物，而使钴催干剂暂时失去活性作用。但当涂料成膜后，随着溶剂挥发，具有较高蒸气压的肟类化合物很快就挥发掉了，于是络合物解体，钴盐重新发挥活性，起催干作用，促使漆膜快速氧化聚合。

肟类化合物现在广泛用作涂料防结皮剂（见表2-2），丁醛肟、环已酮肟与甲乙酮肟的防结皮效果最好。中、长油度的醇酸树脂涂料和环氧酯涂料中通常加防结皮剂，就是起阻聚剂的作用。

表2-2　涂料中常用的肟类防结皮剂

项　目	甲乙酮肟	丁醛肟	环已酮肟
外观	清澈无色液体，长期见光贮存变成微黄色	清澈无色液体	浅灰至微红色粉末
分子结构	$(H_5C_2)(H_3C)C{=}N{-}OH$	$H_7C_3C{=}N{-}OH$	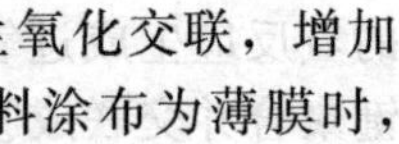
沸点/℃	151.5～154	151～155	≤204
闪点/℃	69	52	112
相对密度(25℃)	0.916	0.908	0.981
使用量(以漆量计)/%	0.1～0.3 清漆0.2左右	0.1～0.3 清漆0.2左右	0.2～0.4 清漆0.3左右

2.2.1.2　松香及其衍生物和酚醛树脂

天然树脂包括松香及其衍生物、大漆及其衍生物、虫胶、动物胶、石油树脂等，其中应用最广泛的是松香及其衍生物，或称改性松香。

(1) 松香及其衍生物

从赤松、黑松、油松等的活松树皮层分泌出的松脂，经水汽蒸馏提取出松节油后，制得的固体树脂叫脂松香。将松树砍伐后留在地上七年以上的陈松根劈碎，再用热有机溶剂溶出的松香，除去深色氧化物杂质后，得到的树脂叫做木松香。这两种松香为质硬而脆的浅黄至深棕色固体，性质相似，用处相同。

松香的主要成分为树脂酸（$C_{19}H_{29}COOH$），占 90%以上。树脂酸有多种同分异构体，松香酸最有代表性，熔点 170～172℃。松香很少直接用于制漆，因为以松香与植物油直接炼制的油漆比较软而发黏，保光性能很差，漆膜与水作用后往往会永久性变白并很快地受气候、摩擦或碱的作用而破坏。这些缺点一部分是由于松香的脆性，另一部分是由于它的酸值高和容易被氧化两种特性引起的。

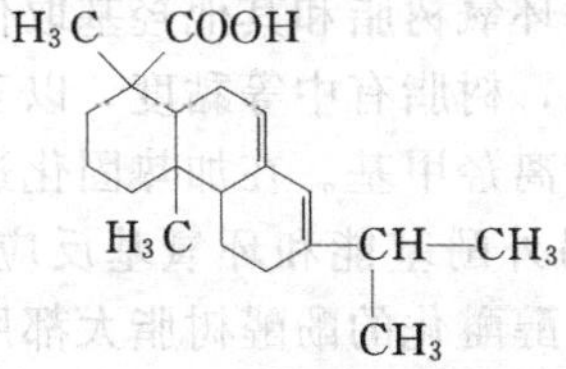

松香酸

由于天然松香的这些缺点，导致人们对松香加以改造制成改性松香，如酯胶、顺酐松香，松香与石灰反应制得钙化松香（钙脂）。

酯胶是由松香加热熔化后与甘油或季戊四醇作用制得的。它的酸值较低，抗水性比石灰松香好，而且与碱性颜料的反应可能性小，润湿性和溶剂释放性好。但漆膜不爽滑，遇热仍发黏，主要是树脂分子量仍然较小。因其价格低，来源方便，在制漆工业中获得大量应用，是改性松香中用量最大的一种。它通常与其他树脂拼用，改善漆膜的综合性能。

顺酐松香是顺丁烯二酸酐与松香甘油酯制得的加成物，颜色浅，耐光性强，不易泛黄，硬度较高，多用于制造油基清漆及浅白色漆，也用于硝基涂料中，提高漆膜硬度和光泽。其缺点是耐碱性差，而且制成的色漆容易增稠，与桐油合用易出网纹。

(2) 酚醛树脂

酚醛树脂是酚与醛在催化剂存在下缩合生成的产品，由于使用原料、催化剂以及反应条件的不同，可以获得一系列性能各异的树脂。低分子量的酚醛树脂是水溶性的，中等分子量的树脂可溶于有机溶剂中，而高分子量的是固体树脂。

① 热固性酚醛树脂　在碱性条件下，酚和醛的反应产物是邻和对羟甲基化酚的混合物。羟甲基化酚比未取代的酚更易和甲醛反应，快速形成 2,4-二羟甲基酚和 2,4,6-三羟甲基酚，在加热聚合时形成亚甲基桥。这种热固性酚醛树脂不适合用于涂料，因为其交联密度太高，形成的漆膜硬而脆，而且树脂的贮存稳定性有限。这种酚醛树脂溶于乙醇，而不溶于植物油。为使酚醛树脂溶于植物油，就采用大量松香改性制成松香改性酚醛树脂（松香约占树脂总量的 3/4）。

热固性酚醛树脂与松香在 170～180℃反应，再用甘油酯化得到红棕色透明的固体树脂。这种树脂的软化点比松香高 40～50℃，即树脂的分子量得到大幅度的提高，而且在植物油中溶解性良好，能够形成均匀的溶液。松香改性酚醛树脂制漆质量优于前几类松香衍生物树脂，特别是干燥快、光泽大、硬度高、耐水性好，是一个重要的品种。缺点是易泛黄，户外耐久性不及甘油松香酯好。松香改性酚醛树脂是仍在使用的主要酚醛树脂类型，大量用于廉价涂料，尤其用于底漆。最大用途是在油墨。油墨用酚醛树脂是在松香酯和/或松香锌或钙皂的存在下制备的。

② 热塑性酚醛树脂 采用对苯基苯酚、对叔丁基酚或对壬基酚和甲醛制备的热塑性酚醛树脂是油溶性的，因此被称为100%油溶性酚醛树脂或纯酚醛树脂。它们和干性油，特别是桐油或桐油、亚麻籽油混合物，一起配合使用制造涂料。这些涂料仍在少量用于船舶桅杆上，耐久性很好，另外用于制造金属的防锈底漆。

用油溶性酚醛树脂（松香改性酚醛树脂和纯酚醛树脂）制成的涂料要比用松香树脂制成的具有干燥快、漆膜坚硬光亮、耐水性好等优点，在与桐油合用时，这些性能更为突出。

松香改性酚醛树脂的质量由于含有大量松香而受影响，例如漆膜易变黄，不能用于制造白漆，柔韧性、耐候性都不如纯酚醛树脂好，但是由于成本低，所以仍大量采用。纯酚醛树脂不需改性即具有优良的油溶性，主要用作耐化学腐蚀、抗海水浸蚀等方面的涂料。

③ 酚醛树脂的醚衍生物 把热固性酚醛树脂的羟甲基部分转化为丁醚，能够增加其贮存稳定性以及与环氧树脂的相容性。烯丙基醚酚醛树脂和环氧树脂一起用于罐头内壁涂料。

丁醇醚化的酚醛树脂用于交联环氧树脂和其他羟基取代树脂，主要发生醚化和醚交换反应。丁醇醚化的酚醛树脂分子量低，树脂有中等黏度，以丁醇溶液供应。树脂的主要官能团是丁氧基甲醚，也有酚基和少量游离羟甲基。在加热固化过程中，游离羟甲基和丁氧基甲醚基发生缩合反应，挥发出丁醇。另外酚基能和环氧基反应，需要酸催化剂，例如磷酸或磺酸，利用封闭酸以延长贮存期。丁醇醚化的酚醛树脂大都用在绝缘涂料和罐头涂料上。

(3) 松香衍生物和酚醛树脂在涂料中的应用

松香衍生物和酚醛树脂油基树脂漆价格便宜、制造简便，所以至今在涂料品种结构中还占有很大的比例。松香衍生物和酚醛树脂与不同数量的干性油热炼后加入催干剂、溶剂和颜料等，即可制得各种长、中、短油度的酯胶清漆、磁漆、底漆或酯胶调和漆等产品。

目前一般均以桐油为主，辅以一定量的亚麻油、梓油等的聚合油。采用的溶剂一般是200#溶剂汽油和二甲苯。松香衍生物和酚醛树脂在这类漆中的作用为：缩短清漆的干燥时间；提高漆膜的硬度；改善漆膜的光泽；增强漆膜的耐水性及耐化学品性；提高漆膜的附着力及抗擦损性，但不同程度地降低了户外耐久性。

树脂与植物油的比例对漆膜的性能有重要影响，所以油度这个概念表示树脂与植物油的比例。树脂和油的质量之比在1：2以下者叫短油度，由于树脂多，故干燥快、光泽好、坚固耐磨，但脆性大，不耐日光及风雨寒冷变化，多用于涂刷室内器具。树脂与油的比例在1：3以上者，叫长油度，表现干性油的性能多，漆膜柔韧性好，耐久性强，但干燥慢，多用于室外建筑、钢铁表面等。树脂与油的比例在1：(2～3)的叫中油度，漆膜坚韧，耐久性居于短、长油度之间，可作室外用漆。

一种适用的产品常需几种树脂混合配制，漆的性能主要决定于用量多的树脂，例如在酯胶中加入钙酯质量会降低，如拼用酚醛树脂质量就会提高。但钙酯可提高稳定性，而酚醛树脂将使变黄倾向增大。所以如何搭配使用，要根据产品的使用要求。

酯胶清漆中可采用全桐油配方，但在长油度配方中保留1%～2%的亚麻聚合油作为冷却用油。酯胶清漆要具有好的柔韧性，油度比不应低于1：2.5，但如超过1：3，干燥时间延长，硬度下降。这类清漆应重点控制漆膜的回黏性。酚醛清漆是质量较好的一种木器清漆。这种清漆一般采用松香改性酚醛树脂为主，为提高耐水性及硬度，加入10%左右的松香铅皂，为了稳定铅皂，又加入5%的钙皂，油度比一般在1：(2.5～3.2)的范围内。采用1：(1～1.5)油度配方制造的酚醛清漆，虽然光泽更亮、硬度高，但产品的柔韧性降低，耐久性也不及长油度漆好，故一般常用于室内。清漆产品的不挥发分一般都控制在50%±5%的范围内。

酚醛磁漆一般不用填料，故漆料的油度在 1∶2.5 以上为宜。酯胶磁漆使用一定量的填料，漆料的油度就应放长一些（例如 1∶3），否则柔韧性不好，光泽降低，耐久性也会变差。纯酚醛树脂磁漆的油度比大都在 1∶(2～2.5) 之间，采用 100%桐油制造性能极好。纯酚醛树脂与松香改性酚醛树脂各半合用，具有良好的抗水性能，常用于耐水的磁漆料。这样漆料加入催干剂就可直接使用。

调和漆料采用甘油松香酯为主，有时并用 20%左右的松香钙皂，或少量的松香改性酚醛树脂。由于调和漆用于室外建筑，要求有好的户外耐久性，而且色漆配方中填料用量又很大，所以在制成调和漆后总油度应达到 1∶(3～5)。

酚醛树脂用于制造底漆和防锈漆时，油度选择变化范围较大，一般采用短、中油度居多。油溶性纯酚醛树脂制造的底漆可用于铝镁合金及黑色金属上，在湿热带地区及遭受海水侵蚀的地方使用具有较好的防锈性能。常见的黑色金属用底漆采用松香改性酚醛树脂或甘油松香酯，前者防锈性、耐水性较好，后者附着性好一些，辅以一定量的松香钙皂有利于底漆打磨。

2.2.1.3　生漆

生漆一般称为大漆、天然漆、国漆或土漆。生漆及其改性涂料具有优良的耐久性、耐酸性、耐溶剂性、耐磨、耐腐蚀、附着力强、漆膜坚固而光泽好等优点；缺点是不耐强碱及强氧化剂，干燥时间较长，施工时使人皮肤奇痒，甚至红肿溃烂，来源也受一定限制。大漆用汽油或松节油为溶剂，贮存期为一年。改性大漆的毒性大大减少，贮存也较稳定，所用溶剂为二甲苯或苯。

(1) 生漆的组成

生漆是一种天然的水乳胶漆，在显微镜下可以看到大小不一的水珠悬浮在植物油状的漆酚中，属于“油包水”型乳液。生漆的组成比较复杂，主要成分为漆酚、漆酶、树胶质、水分等，此外还含有少量其他物质和微量矿物质。各种成分的含量随漆树品种、产地、生长环境、割漆时期等的不同而有所差异。

① 漆酚　漆酚是生漆的主要成膜物质。漆酚在生漆中的含量为 50%～75%。生漆中的漆酚均是带有几种不同不饱和度的脂肪烃链的邻苯二酚衍生物。因此漆酚除了具备酚类芳烃化合物的特性外，还兼有脂肪族化合物的特性。每一种生漆的漆酚都由几种不同结构式的漆酚组成。

中国、日本、朝鲜所产生漆中漆酚主要含有氢化漆酚（又名饱和漆酚）、单烯漆酚、双烯漆酚和三烯漆酚等成分，其化学结构式如下：

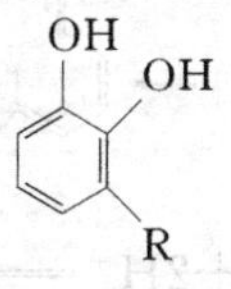

漆酚

$R_1 = -(CH_2)_{14}CH_3$　氢化漆酚

$R_2 = -(CH_2)_7CH{=}CH(CH_2)_5CH_3$　单烯漆酚

$R_3 = -(CH_2)_7CH{=}CHCH_2CH{=}CH(CH_2)_2CH_3$　双烯漆酚

$R_4 = -(CH_2)_7CH{=}CHCH_2CH{=}CHCH{=}CHCH_3$　含共轭双键的三烯漆酚

$R'_4 = -(CH_2)_7CH_2CH{=}CHCH{=}CHCH{=}CHCH_3$　共轭三烯漆酚

R_1 的漆酚是结晶体，在一般大漆中占漆酚总含量的 3%～5%。除 R_1 外，其他结构的漆酚在常温下均是液态，其中 R_4 共轭双键的三烯漆酚在我国生漆漆酚中的比例较高，如毛坝漆中 R_4 漆酚占其漆酚总量的 50%以上。R'_4 共轭三烯的双键是双键结构中最活泼的，并能发生位移。生漆的干燥性能等与其所含 R_4、R'_4 的比例有关，比例越高，漆液干燥速度越快，成膜性能越佳，因此生漆的质量越佳。生漆中漆酚含量越高，生漆质量越佳，漆酚结构式中的脂肪烃侧链含有共轭双键或双键数目越多，则生漆质量越佳。

② 漆酶　漆酶是一种含铜蛋白氧化酶或称含铜糖蛋白，可溶于水呈蓝色溶液而不溶于有机溶剂。漆酶在生漆中的含量一般为 1.5%～5%。在漆酶中氨基酸定向排列，其非极性基团朝向“油相”漆酚，极性基朝向水相，构成同一分子内的疏水区与亲水区。

漆酶能促进漆酚的氧化聚合而形成高分子聚合物，是生漆及其精制品在常温下自然干燥固化成膜过程中天然的生物催干剂。漆酶失去活性，在自然条件下生漆漆膜长期不干，而且漆酶还需要在水和氧气存在下才能发挥作用。

③ 树胶质　树胶质是生漆中不溶于有机溶剂而溶于水的部分，是多糖类物质，含量为 4%～7%。树胶质多糖结构的末端是酯基团，易与钙、镁、钠、钾等离子反应生成盐类化合物，类似表面活化剂，在生漆内起分散剂、稳定剂的作用。它能使生漆中各组分形成均匀分布的乳胶体，并能使乳胶体稳定、不易破坏变质等。树胶质也是生漆成膜过程中起重要作用的物质，它影响漆液涂层的流平性、漆膜的厚度和硬度等性能。

④ 水分　生漆内含 15%～40%的水分。一般说来，含水量低的生漆质量较好。但是生漆必须有一定的含水量，水不仅是构成乳胶——生漆自然形态的主要成分之一，而且是生漆在自然干燥成膜过程中漆酶发挥其作用的必要条件，即使是精制的生漆成品，也必须含有 4%～6%的水分，否则涂装后涂层将极难自干。

⑤ 其他成分　生漆内还含有一些其他物质，如倍半萜、烷烃、含氧化合物等，另外还含有微量的锰、镁、钾、钙、钠、铝、硫、硅等元素及其氧化物等。这些成分作用不清楚，并且不很明显。

(2) 生漆的干燥

生漆的干燥分为自然干燥和加热烘烤干燥。

① 自然干燥　生漆在常温下自然干燥时是氧化聚合成膜。该过程包括漆酚的酚基被漆酶催化氧化和侧链 R 基团中的双键自动氧化。生漆干燥时有一个显著的变色过程：乳白色→红棕色→浅褐色→深褐色→黑色。成膜过程中必须有氧和水的存在，漆酶中的 Cu^{2+} 才能发挥作用，漆酚的酚基才能交联，否则，漆膜长时间变硬。

漆酶把漆酚催化氧化生成漆酚醌。这个反应是瞬时发生的，这就是乳白色的漆液暴露在空气中，其表面部分很快地变成红棕色的主要原因。

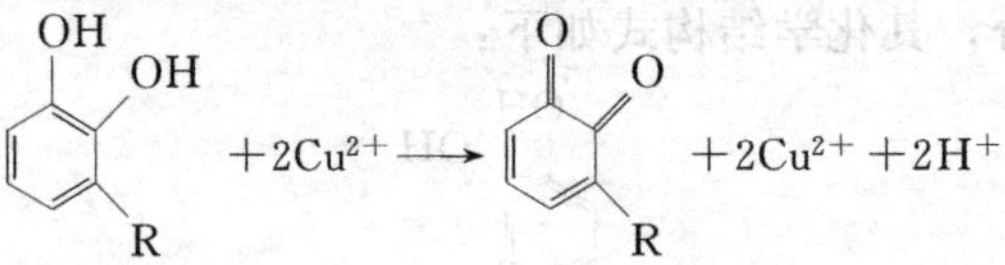

$$2Cu^+ + 1/2O_2 + 2H^+ = 2Cu^{2+} + H_2O$$

漆酚醌和三烯漆酚之间发生反应，生成羟基联苯型二聚体和共轭三烯二聚体，并且二聚体的增加和漆酚侧链的结构有关。漆酚含共轭双键的三烯含量越高，二聚体的增量越高，因而漆膜的干燥速度也越快。在此阶段中，生漆的颜色由红棕色转变为褐色。漆酚二聚体继续受漆酶氧化生成更高级的醌类，该醌类再继续氧化漆酚，生成漆酚多聚体。在此阶段，生漆由浅褐色转变为深褐色。

在温和适宜的条件下，漆酶的氧化作用阶段很快完成，然后漆膜进入漆酚侧链吸氧进行聚合反应的阶段。这个阶段完成的速度慢，漆膜的净重量开始逐渐增加。由于酚环侧链上含有很多不饱和键，其氧化聚合方式与干性油的相同。漆酚酚核发生的氧化聚合反应使得漆膜中出现已初具规模的立体交联结构，再进一步交联，更加致密完善。生漆的颜色由深褐色逐渐变黑，宏观上已固化成膜了。漆酶在完成催化作用后，酶的蛋白体也要参与交联，并可与漆酚作用生成有色体。树胶质是聚糖类物质，在成膜过程中也参与交联。

生漆在温度 20～30℃、相对湿度 80%～90%时约 8～12h 便可干燥。若在漆中加入 50%由 10%醋酸铵（或草酸铵）和 0.5%氧化锰组成的混合催干剂，则可使其干燥速度加快 2～4 倍。

② 烘烤干燥　当环境温度 70℃以上时，漆酶就几乎完全失去其活性，涂层不能自干。当温度升到 100℃以上时，生漆也能固化成膜，温度越高成膜越快。高温条件下的烘烤干燥成膜是以基本上不吸氧的自由基聚合反应为主，主要是侧链上的双键发生聚合反应。在高温成膜过程中没有醌式结构出现。生漆最适宜的烘烤温度为 140～150℃，烘烤时间为 1～2h。

(3) 生漆漆膜的性能和应用

生漆漆膜中因含有酚环结构，与酚醛树脂漆一样，耐酸而不耐强碱。强碱能缓慢降解交联的漆膜。弱碱对漆膜基本无影响。

纯生漆的黏度较高，漆液流动性差，涂刷费力，若在漆中加入 30%有机溶剂，可用刷涂法施工，若加入 50%汽油等有机溶剂则黏度大大降低，可喷涂。纯生漆黏度大，与钢铁材料的附着力仅为 $10kgf/cm^2$（1kgf＝9.80665N），加入有机溶剂后其附着力为 $46kgf/cm^2$，加入 1∶1 瓷粉后其附着力可达 $70～80kgf/cm^2$。生漆膜的外观黑色、有光泽，硬度 0.65，冲击强度略低于 30kgf·cm。纯生漆的漆膜由于硬度大，故弹性差，但加入适量瓷粉、石墨等填料，可改善漆膜弹性。生漆涂层热稳定性好，可经受 150℃突降至 200℃的温度骤变而不破裂，在 250℃高温下漆膜完好，其耐热性仅次于聚四氟乙烯树脂。

①用过滤除去杂质的净生漆加水制成的漆称为揩漆，用于揩涂红木家具。②用净生漆和熟油配制的称油基大漆，俗称广漆或金漆、笼罩漆，主要用于木制家具的涂装。③把净生漆加热脱水，活化，缩聚制得漆酚清漆，减少了生漆的毒性，可喷、刷，干燥快，多用于化工设备及要求耐酸的金属或木器的表面。④用净生漆室温翻晒脱水，加入氢氧化铁制成的精制大漆，习惯称推光漆，漆膜光亮如镜，用于纺织纱管、高级木器及美术品的涂料层。⑤将生漆中的漆酚用二甲苯等溶剂萃取出来，然后与树脂或油脂进行反应而制成改性大漆，没有生漆的毒性，如 T 09-17 漆酚环氧防腐蚀漆。

2.2.1.4　醇酸树脂

醇酸树脂是用脂肪酸改性的聚酯，即由多元酸、多元醇和脂肪酸合成。醇酸树脂涂料的干燥速度、光泽、硬度、耐久性都是油性漆所不能及的。醇酸树脂可以制成清漆、磁漆、底漆、腻子、水性漆；更可以与其他材料拼用，如与硝酸纤维素、过氯乙烯树脂、氯化橡胶拼用；或与氨基树脂、多异氰酸酯等共缩聚，制成其他体系的涂料。醇酸树脂及所制漆在涂料工业中占有重要的地位。

(1) 合成醇酸树脂的主要化学反应

醇酸树脂中使用的多元酸以邻苯二甲酸酐（通常称为“苯酐”）为主，还有间苯二甲酸；多元醇以甘油、季戊四醇为主；所采用的绝大多数脂肪酸是由植物油得到的。

① 醇解反应　植物油不能直接用于醇酸树脂的制造，需要通过醇解变成不完全酯后，才能溶解在邻苯二甲酸酐与甘油的混合物中，发生均相反应。

植物油与甘油或季戊四醇加热发生羧基重新分配的反应，这里以甘油为例示意：

$$\begin{array}{l} CH_2OCOR \\ | \\ CHOCOR \\ | \\ CH_2OCOR \end{array} + 2 \begin{array}{l} CH_2OH \\ | \\ CHOH \\ | \\ CH_2OH \end{array} \longrightarrow 3 \begin{array}{l} CH_2OH \\ | \\ CHOH \\ | \\ CH_2OCOR \end{array}$$

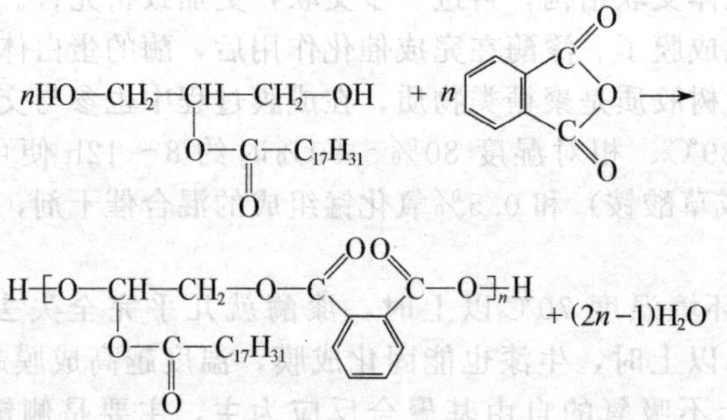

醇解反应在催化剂存在下在230～250℃下进行。反应在惰性气氛下进行，例如CO_2或N_2，使干性油的变色和二聚化降到最低。

常用的醇解催化剂有氧化钙、氧化铅、氢氧化锂，其中氢氧化锂催化效率最高。它们在反应物中形成脂肪酸皂，一方面加快反应的进行，另一方面帮助甘油混溶于植物油中。现在国外广泛使用钛酸四异丙酯、氢氧化锂和蓖麻油酸锂。

酸酯基团可以在甘油的任何一个羟甲基上，醇解反应生成甘油一酸酯、甘油二酸酯。合成醇酸树脂需要的不完全酯是混合物，包括甘油一酸酯、甘油二酸酯以及未反应的甘油和植物油。

② 酯化缩合反应　现在酯化缩合反应主要采用溶剂法，在加入邻苯二甲酸酐后，再加反应物量3%～5%的二甲苯等芳香烃溶剂。二甲苯加入量决定反应温度（见表2-3），而且还与水形成共沸物帮助脱水，分水后循环使用。反应通常在220～250℃下进行，在该阶段不需要通入惰性气体。

表 2-3　溶剂二甲苯用量与反应温度的关系

二甲苯用量/%	3	4	7
反应温度/℃	251～260	246～251	204～210

酯化程度的控制是定期取样测酸值与黏度。酸值可以采用自动滴定仪器快速检测，一般控制在5～10mgKOH/g的范围内。测定黏度通常采用简单的气泡法，但需要一定的时间。

醇酸树脂的分子量分布一般是宽而不均匀的。在制造醇酸树脂时，绝大多数用邻苯二甲酸酐，因原料充足，价格便宜，和多元醇形成半酯时是放热反应，反应温度较低。由于其邻位羧基能生成闭环内酯，所以可生成一定数量的低分子量树脂。分子量较低，就有较大的溶解度，便于施工而且漆的固体含量较高。

③ 其他反应　干性油的二聚化在醇解反应和酯化缩合反应进行的同时发生，生成二元酸，增加了二元酸/多元醇摩尔比。二聚化程度越大，树脂黏度越高。亚麻油比豆油有较高的二聚化程度。桐油二聚化程度特别显著，因易凝胶，制备纯桐油醇酸树脂是困难的。通常，需要高氧化交联官能度时，使用亚麻籽油和桐油的混合油脂。

（2）醇酸树脂的分类

① 根据干燥性能分类　醇酸树脂根据所用油（或脂肪酸）的品种不同，可分为干性醇酸树脂和不干性醇酸树脂。

干性醇酸树脂（或氧化型醇酸树脂）是以干性油、半干性油为主制得的。

大豆油是应用最广泛的植物油。亚麻油用于快干醇酸树脂中，亚麻籽油、桐油改性醇酸树脂制得的涂膜耐水性好，但颜色较深。脱水蓖麻油改性醇酸树脂制得的涂膜耐水性好，耐候性好，色浅，经烘烤或曝晒不变色，常与氨基树脂拼用制造烘干漆。

干性醇酸树脂中广泛应用的豆油是半干性油，但却获得满意的干燥性能。这是因为平均每个醇酸树脂分子上的脂肪酸数目大于 1，因此，尽管每个豆油分子上二烯丙基的平均数目约 2.0，每个醇酸树脂分子上二烯丙基的平均数目却相当大。另外，聚合反应后生成的芳香族聚酯刚性主链也增加了涂膜的 T_g，使涂膜很快达到表面干燥。

不干性醇酸树脂（或非氧化型醇酸树脂）是用饱和脂肪酸或蓖麻油、椰子油、棉籽油等不干性油制得的。它的主要用途是与硝酸纤维素合用，可起增韧剂和成膜物质的双重作用，改进硝基漆的附着力、耐久性、光泽及丰满度，干后的漆膜不会被一般溶剂咬起。另一用途是与氨基树脂合用，制造氨基醇酸烘漆。

② 根据油度分类　根据醇酸树脂中油脂（或脂肪酸）含量的不同，又可分为长、中、短油度醇酸树脂。但需要注意的是，醇酸树脂漆油度的划分标准与酯胶、酚醛漆的不同。

$$油度=\frac{油脂的质量}{醇酸树脂的质量-析出水的质量}$$

长油度醇酸树脂含油量在 60%以上，通常采用刷涂。其特点是耐候性优良，宜制作外用装饰漆、墙壁漆、船舶漆和金属保护漆，也广泛用于清漆。因此，长油度醇酸树脂漆又称户外醇酸树脂漆，但与其他成膜物质的混容性差，不能用于制备复合成膜物质为基础的涂料。

中油度醇酸树脂含油量在 50%～60%之间，其特点是干燥快、保光及耐候性较好，使用范围广泛。室温大气中干燥的醇酸树脂工业上用作标准漆料，如底漆和中涂层、维修漆和金属面漆。因此，中油度醇酸树脂漆又称通用醇酸树脂漆。不干性的中油度醇酸树脂常用作硝基漆的外增塑剂。

短油度醇酸树脂含油度在 50%以下，与其他树脂的混容性最好，如常与氨基树脂拼用制备烘漆、锤纹漆，与过氯乙烯树脂、硝化棉拼用制漆。

③ 油度与漆膜干燥性能的关系　油度表示脂肪酸与聚酯的比例。作为两个极端，用甘油和邻苯二甲酸制造的 100%聚酯树脂（油度为 0）是硬、脆的玻璃状物，植物油是低黏度的液体，而醇酸树脂介于两者之间。油度 45%的醇酸树脂是一个较硬的黏稠树脂状物，油度 65%的则是一个软的黏稠树脂状物。

醇酸树脂分子中芳香聚酯的比例增加（油度缩短）使树脂的 T_g 提高，达到漆膜表面干燥的速度快。脂肪链非极性部分的比例增加（油度提高），则提高自动氧化干燥性和交联密度，使漆膜柔韧性更好。常温自干的醇酸树脂既希望脂肪酸多些，增加交联密度，又希望芳香聚酯的比例增加，提高漆膜硬度。通常 50%油度能获得最佳表面干燥性，而且漆膜硬度也以 48%油度者为最大。常温自干性醇酸树脂的油度可在 50%左右。所以中油度醇酸树脂大量用于涂料工业中，既可常温自干，又可以烘干，用途很广。

中油度醇酸树脂漆的缺点为“口紧”，刷涂性稍差。刷涂性随油度的增加而改善，考虑漆膜强度等性能要求，以油度 60%～65%为宜，因此，长油度醇酸树脂漆用于户外，可刷涂。

（3）醇酸涂料的特点

醇酸树脂漆与其他油基漆相比，干燥快，漆膜光亮坚硬，耐候性和耐油性（汽油、润滑油）都很好，但由于以酯链为主链，还有残羟基与羧基，所以耐水性不如酚醛树脂桐油漆。

醇酸涂料的优点：①价格较低；②由于溶剂型醇酸涂料的表面张力低，很少有缩边、缩孔以及其他因表面张力驱动流动或表面张力差驱动流动所造成的漆膜缺陷，在醇酸树脂中颜料容易分散，不会造成絮凝；③通过自动氧化进行交联的能力，使空气干燥或低温烘干成为可能，从而避免了使用带潜在毒性危害的交联剂。

醇酸树脂的主要缺点有：①变色，醇酸树脂的烘烤保色性相当差，户外耐候性有限；②溶剂型醇酸树脂涂料中也难以达到极高的固体含量；③在烘烤炉中产生的烟，引起肉眼能看得见的空气污染；④耐皂化性差。

(4) 醇酸涂料的干燥

醇酸树脂漆膜固化的过程对于干性醇酸树脂就是侧链的不饱和脂肪酸进行氧化聚合的过程。不干性醇酸树脂就是预留的羟基与其他树脂发生缩合聚合的过程。

干性醇酸树脂基料用作低性能、价廉的户外涂料，采用金属盐催干剂，几小时内就可以气干，或在 60～80℃强制干燥 1h，或在 120～130℃下烘烤半小时也可干燥。但固化后的漆膜泛黄，在过烘烤时变成黄棕色，因此只能用于深色漆中。

三聚氰胺-甲醛树脂（MF）交联中油度醇酸树脂。中油度醇酸树脂分子上有许多羟基，可与各种交联剂交联，而三聚氰胺-甲醛交联剂价格低，交联后漆膜的性能也好，所以使用最广泛。醇酸树脂中使用的是豆油、脱水蓖麻油，而高度不饱和醇酸树脂由于其深色，很少用于面漆上。由于MF交联，可以不用金属催干剂，漆膜的颜色、保色性和抗脆化性都比长油度醇酸树脂的好。饱和脂肪酸醇酸具有最佳颜色、保色性和户外耐久性。

醇酸树脂上的羟基在室温下或强制干燥条件下与多异氰酸酯反应进行交联。

异佛尔酮二异氰酸酯（IPDI）的三聚体作交联剂，使用多异氰酸酯与醇酸树脂可以迅速产生不发黏的涂层，不需要金属催干剂，改善了漆膜的户外耐久性。

(5) 改性醇酸树脂

由于醇酸树脂中残留较多的 OH、COOH 基团，故涂膜耐水性差；树脂分子链上的酯基也使得涂膜不耐酸、碱的水解作用。采用硬树脂改性，如松香、纯酚醛树脂，能提高漆膜的硬度及耐水、耐化学性，同时也进一步提高底漆涂膜的附着力和防腐蚀性能。苯乙烯改性醇酸树脂漆有良好的干燥性和耐水性，属快干醇酸树脂面漆，但耐溶剂性较差，易咬底。丙烯酸改性醇酸树脂漆是较好的耐候性快干面漆。有机硅改性醇酸树脂漆有更好的耐候性，可用作户外金属结构件的耐候性面漆。

2.2.1.5 氨酯油

(1) 氨酯油的合成

氨酯油是先将干性油与多元醇发生醇解反应生成甘油一酸酯、甘油二酸酯等不完全酯，这些不完全酯再与二异氰酸酯反应合成的。二异氰酸酯与醇的反应示意如下：

$$n\mathrm{OCN{-}R{-}NCO} + n\mathrm{HO{-}R'{-}OH} \longrightarrow \mathrm{\left[O{-}\overset{\displaystyle O}{\overset{\|}{C}}{-}NH{-}R{-}NH{-}\overset{\displaystyle O}{\overset{\|}{C}}{-}O{-}R'\right]_n}$$

国内使用的二异氰酸酯有甲苯二异氰酸酯（TDI）、二苯甲烷二异氰酸酯（MDI）。

氨酯油的结构和醇酸树脂相似，但反应温度比醇酸树脂低。50℃下在不完全酯混合物中滴入二异氰酸酯，搅拌半小时后，升温到 80～90℃，并加入催化剂（二月桂酸二丁基锡，不挥发分总量的 0.02%）反应到异氰酸酯基团完全消失后，再加入带少量甲醇的溶剂，甲醇能彻底除去—NCO 基团。在氨酯油溶液中加入钴、铅、锰等催干剂，以油脂的不饱和双键在空气中氧化聚合干燥的涂料。

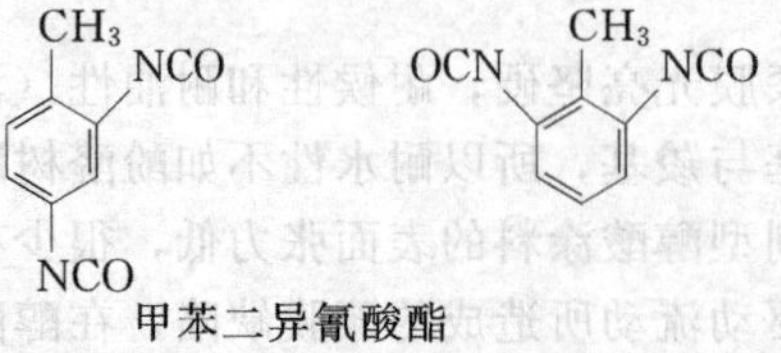

甲苯二异氰酸酯

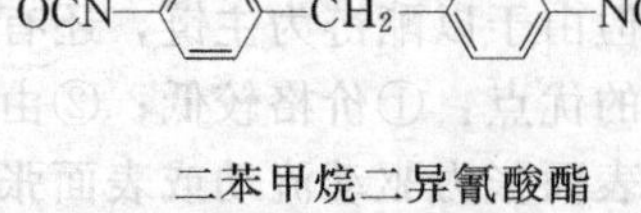

二苯甲烷二异氰酸酯

有时为降低成本，制造氨酯醇酸，即在醇解反应生成的不完全酯中加入苯酐充分酯化后，加溶剂充分脱水，然后逐渐加入二异氰酸酯，与树脂中剩余的羟基反应。氨酯醇酸干燥快，漆膜坚硬。

(2) 氨酯油的性能和应用

氨酯油比醇酸树脂干燥快、硬度高、耐磨性好、抗水性好，这主要是因为氨酯键之间可形成氢键，成膜快而硬，而醇酸的酯键之间不能形成氢键，分子间的内聚力较低，但氨酯油的润湿性稍低于醇酸，而且比醇酸的泛黄性大。

氨酯油的贮存稳定性良好，施工应用方便，也没有因含异氰酸酯引起中毒的问题，所以比醇酸漆的耐磨性好，干燥快，抗弱碱性好，作地板清漆、金属底漆，以及塑料件真空镀铝前的底漆等。氨酯醇酸的漆膜既硬又韧，耐石击、耐水，用作车辆和工业品的底漆、内用工业产品的面漆、浸渍底漆等。

2.2.1.6　环氧酯漆

(1) 环氧酯

环氧树脂是热塑性树脂，即在适当的溶剂中可溶解，加热可熔融，要形成具有适当性能的漆膜需要交联。环氧酯是植物油改性的环氧树脂。它的固化机理与中、长油度室温干燥的醇酸树脂一样：室温自干的环氧酯漆依靠不饱和脂肪酸进行氧化聚合；不干性环氧酯预留的羟基与其他树脂发生缩合聚合。

(2) 环氧酯的组成

① 双酚 A 环氧树脂　它是由双酚 A 和环氧氯丙烷在碱催化下反应生成的。

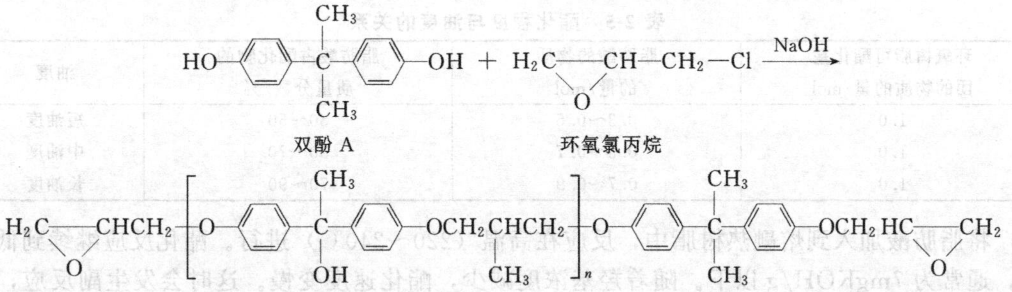

即通式中，$n=0$ 的纯化合物是结晶固体，但工业级为 $n=0.11\sim0.15$ 的液体（所谓标准液体树脂）。随着双酚 A/环氧氯丙烷比的增加，环氧树脂的分子量和 n 值增加，黏度也随分子量增加。n 值为 1 以上时，树脂就是无定形固体。随着分子量增加，环氧树脂分子上环氧基团所占的量减少，羟基基团数目增加。在一些更高分子量的环氧树脂中，环氧基所占的比例太小，以致树脂接近多官能醇，常称为苯氧基树脂。工业环氧树脂的官能度约为 1.9，有少量二醇端基。二醇端基降低了树脂的分子量，从而降低了树脂的黏度，而且能够增加漆膜的附着力。

环氧值是指 100g 环氧树脂中所含的环氧基的物质的量（mol）。

环氧树脂在涂料中应用量最大的为双酚 A 环氧树脂。双酚 A 环氧树脂制备的涂料具有优良的附着力和耐腐蚀性，但户外耐久性不好，因为树脂中的芳香基醚能直接吸收紫外线辐射，造成光氧化降解，因此主要应用于底漆。环氧涂料呈现出对金属的优良附着力和耐皂化性，特别是在水汽存在下，这种特性更显著。环氧涂料一般只需要涂一道就可。环氧树脂中羟基和环氧基都能与羧酸进行酯化反应。酯化当量可表示树脂中羟基和环氧基的总含量。在酯化反应时，1 个环氧基相当于 2 个羟基。表 2-4 是涂料中常用双酚 A 环氧树脂的规格。

表 2-4　涂料中常用双酚 A 环氧树脂的规格

树脂型号	软化点/℃	环氧值/(mol/100g)	平均分子量
E-44(旧 6101)	12～20	0.41～0.47	
E-20(旧 601)	64～76	0.18～0.22	900
E-12(旧 604)	85～95	0.09～0.14	1400
E-06(旧 607)	110～135	0.04～0.07	2900
E-03(旧 609)	135～155	0.02～0.045	

② 脂肪酸 制造常温干型环氧酯时，主要选用干性油脂肪酸，如亚麻油酸、桐油酸等。制造烘干型环氧酯时，常选用脱水蓖麻油酸、椰子油酸等。

环氧酯的性能与脂肪酸用量有密切关系：当脂肪酸用量增加时，黏度、硬度降低，对溶剂的溶解性增加，刷涂性、流平性改善。干燥速度以中油度最好，一般室外耐久性也较好。但环氧酯涂料中因含大量醚键，耐晒性不如醇酸树脂漆好。

长油度环氧酯可用200号溶剂汽油等脂肪烃溶剂溶解；中油度环氧酯则用二甲苯等芳烃溶剂溶解；短油度环氧酯可使用二甲苯与正丁醇混合溶剂溶解。

③ 环氧酯的酯化程度 在制备环氧酯时，通常是将环氧树脂部分酯化，因为这样可以更多地保留环氧树脂的特性。环氧酯能够被酯化基团（包括环氧基和羟基）酯化的程度一般在40%～80%。空气干燥的环氧酯的酯化程度在50%以上，含有足够的脂肪酸双键以便进行氧化聚合干燥。烘干环氧酯的酯化程度在50%以下，主要依靠酯化物中剩余的羟基和拼用树脂中的活泼基团进行交联干燥。

环氧酯酯化程度的表示方法有两种，一种是以脂肪酸的酯化当量数表示，如40%酯化脱水蓖麻油酸环氧酯，另一种是以所含脂肪酸的质量分数来表示，如40%脱水蓖麻油酸环氧酯。这两种表示方法的关系如表2-5所列。

表 2-5 酯化程度与油度的关系

环氧树脂可酯化基团的物质的量/mol	脂肪酸的物质的量/mol	脂肪酸占酯化物的质量分数/%	油度
1.0	0.3～0.5	30～50	短油度
1.0	0.5～0.7	50～70	中油度
1.0	0.7～0.9	70～90	长油度

将脂肪酸加入到熔融热树脂中，反应在高温（220～240℃）进行。酯化反应继续到低酸值，通常为7mgKOH/g以下。随着羟基浓度减少，酯化速度变慢。这时会发生副反应，包括环氧基和羟基发生的醚化反应，脂肪酸双键的聚合反应，特别是干性油脂肪酸（或其酯）的二聚化。这些副反应是要尽力避免的。

④ 脂肪族环氧酯 除采用双酚A环氧树脂外，也可以用带环氧官能团的丙烯酸共聚物（加入甲基丙烯酸缩水甘油酯单体制成）和脂肪酸反应制备环氧酯，这种环氧酯的户外耐久性比醇酸好，它是有多个脂肪酸酯侧链的丙烯酸树脂。根据树脂 T_g 的要求，选择适当丙烯酸酯共聚单体，聚合到适当的分子量，使其溶剂蒸发后得到指压干燥的涂膜，然后涂料中自动氧化交联。这种环氧酯涂料可用于室温下汽车的涂装，交联可较慢地进行，不需要用金属盐催干剂催化，漆膜户外耐久性较好。

(3) 环氧酯的性能和应用

环氧酯的性能：①环氧酯涂料为单组分包装，贮存稳定性好，涂料施工方便，而且可以配制成清漆、磁漆、底漆和腻子等不同的品种，具有较强的适应性。②环氧酯涂料可采用价廉的烃类作溶剂。③环氧酯作为烘干底漆时，在配方中加入少量MF树脂和环氧酯的部分游离羟基交联，补充通过植物油中双键自动氧化进行的交联，用作氨基醇酸涂料的配套底漆或中间涂层，烘干温度也较低（约120℃）。④环氧酯对铁、铝金属基材有很好的附着力，而且涂漆金属暴露在高湿度下仍保持附着力，耐腐蚀性较强。环氧酯的漆膜力学性能好，涂膜坚韧、耐冲击性好，而且与面漆配套性很好。因此，环氧酯主要是用于金属底漆和罐头涂料，即要求附着力和水解稳定性好的场合。在酸性腐蚀介质环境，可选用环氧酯氨基（或酚醛）底漆；在碱性腐蚀介质环境可选用环氧酯底漆；在钢铁表面上选用铁红环氧酯底漆；在铝合金表面上选用锌黄环氧酯底漆。⑤环氧酯涂料一般比醇酸树脂涂料的户外耐久性差，因为环氧酯中采用的主要是双酚A环氧树脂，而双酚A环氧树脂的耐老化性不好。

醇酸主链是酯键，而环氧酯主链是以 C—C 和醚键结合在一起的，两者中的脂肪酸都是以酯基结合到主链上的。环氧酯干漆膜中的酯键比醇酸树脂的少得多，因此环氧酯比醇酸树脂的耐水解和耐皂化性好。常温自干型中长油度的环氧酯涂料在保色性及耐候性方面接近中长油度醇酸涂料，但其抗水性、耐化学药品性与桐油酚醛涂料相近，可作为一般防腐蚀涂料。

环氧酯涂料广泛用于各种金属底漆，电器绝缘涂料，化工厂设备防腐蚀涂料，汽车、拖拉机及其他机器设备打底防护等领域，在湿热地区代替醇酸漆应用。

环氧酯绝缘烘漆是由中等分子量环氧树脂与干性植物油酸经高温酯化聚合后，以二甲苯丁醇稀释，加入适量氨基树脂配制而成的，适用于浸渍湿热带电机绕组、电器线圈，耐热130℃，可提高机械强度、电绝缘性，并使之具有良好的防潮、防霉菌、防盐雾性（称作三防性能）。

2.2.1.7 沥青漆

沥青漆使用历史悠久，具有突出的防水性，价格低，施工方便，目前仍有一定的市场。

(1) 沥青的分类和特点

沥青有三类：天然沥青、石油沥青和煤焦沥青，都用于制造涂料。

① 天然沥青　俗称黑胶，是从沥青矿中挖掘得到的，纯净的天然沥青与石油沥青成分相似。

② 石油沥青　是石油精馏分离出各种油后剩余的副产品，主要成分是脂肪烃。

③ 煤焦沥青　是煤炼制焦炭时得到的副产品煤焦油经过分馏后剩余的残渣。煤焦沥青呈黏稠状或固体状，主要成分是芳香烃和环烷烃，还含有挥发性物质，如蒽、萘、酚等，所以有毒性和臭味。

(2) 沥青在涂料中的应用

沥青因为加热熔融，冷时又开裂，直接作为漆膜不合适，需要有交联高分子形成网状的结构，把沥青固定起来。固定沥青漆膜的方法，根据沥青的性质分为以下两种：植物油氧化聚合交联和胺固化双酚 A 环氧树脂。

① 植物油只能加入到石油沥青、天然沥青中与之相混溶，不能加到煤焦油沥青中，因为植物油将分层析出。沥青漆中常用的是干性植物油，改善沥青漆的耐气候性、耐油性及力学性能，并提高漆膜的外观光泽，但耐碱性、抗水性有不同程度的下降。采用烘烤成膜的则性能优良，如缝纫机烘漆、自行车烘漆的漆膜光亮坚硬，具有良好的力学性能。

在石油沥青或天然沥青中加入少量三聚氰胺-甲醛树脂，可以显著提高涂层的电气绝缘性能，光泽、硬度也增加，但必须高温烘烤成膜。

② 双酚 A 环氧树脂可与煤焦沥青以任何比例相混溶，常用的环氧树脂品种为 E-20、E-42 等，制备环氧煤沥青漆，该漆需要有机胺固化环氧树脂。煤焦沥青加入环氧树脂以后，制成的防腐漆性能极为良好，不仅保持煤焦沥青固有的耐水、耐碱、抗菌性能，而且对被涂物的附着性、柔韧性、冲击性能都有很大提高。

煤焦沥青价格低廉，因此环氧沥青防腐蚀漆比纯环氧漆价格低得多，而且具有耐水性，涂膜附着力好且坚韧，但它不耐高浓度的酸和苯类溶剂，不能做浅色漆，不耐日光长期照射，因煤焦油有毒，不能用于饮用水设备上。

聚苯乙烯树脂与煤焦沥青配合，可以增进漆膜外观，提高电场绝缘性能，并可提高耐硫酸性能。异氰酸酯与煤焦沥青混溶，防腐性能、力学性能也有极大改进，是干燥迅速、力学性能优良的防腐漆。

2.2.1.8 油基涂料的总特征

这类涂料价格低，而且漆膜形成过程中不易产生橘皮、缩孔等弊病，颜料分散时不会造成絮凝（分散后又重新聚集），但烘烤保色性较差，户外耐久性有限。油基涂料的气干时间长，即使加入催干剂，室温下也需要较长时间才能彻底干燥。

醇酸树脂漆与其他油基漆相比，干燥快，漆膜光亮坚硬，耐候性和耐油性（汽油、润滑油）都很好，得到广泛应用。醇酸漆的耐水性不如酚醛漆，中油度醇酸漆的刷涂性也不如酚醛漆，但酚醛漆易变色，与酯胺漆一样，大量应用于底漆中。环氧酯漆的性能介于醇酸树脂和环氧-胺涂料之间，同时具有很好的硬度、可加工性、附着力和耐水性。

2.2.2 不饱和聚酯涂料

（1）不饱和聚酯树脂

不饱和聚酯树脂是溶解于苯乙烯的顺丁烯二酸聚酯。用自由基引发剂引发时，不饱和聚酯的苯乙烯溶液中，苯乙烯和聚酯上顺丁烯二酸酐的双键发生共聚，形成接枝共聚以及苯乙烯均聚的复杂混合物。苯乙烯作为溶剂是活性单体，参与聚合反应，所以不饱和聚酯漆通常认为是无溶剂（用于挥发的）漆。

制造不饱和聚酯常用邻苯二甲酸酐（PA）、顺丁烯二酸酐（MA）、丙二醇（部分采用乙二醇）。国内通常使用等摩尔邻苯二甲酸酐/顺丁烯二酸酐。聚酯/苯乙烯的典型使用比例为 70∶30。

室温交联时需要加入引发剂，如过氧化甲乙酮或过氧化环已酮，以及促进剂，如二甲基苯胺和环烷酸钴。钴盐起过氧化物和过氧化氢基分解为自由基的氧化-还原催化剂的作用，二甲基苯胺也是有效的促进剂，但易泛黄，用于深色漆中。

（2）氧阻聚

不饱和聚酯涂料施工时，漆膜上部表面暴露在空气中的，受氧阻聚的影响，在表面下完全聚合后，表面仍然是黏的。为避免氧阻聚的影响，可采用以下方法。

① 加苯乙烯石蜡溶液　在配方中掺入一些可溶的半结晶石蜡可克服氧阻聚的影响。涂料施工后，不溶的低表面张力的蜡粒浮上表面，形成蜡层。蜡层降低苯乙烯挥发损耗，并且隔绝漆膜表面与氧的直接接触，因此表面就可以固化。但蜡层是不平整的低光泽表面，通常需要打磨除去。施工时也可覆盖薄膜，对垂直面或曲面易产生流挂，故仅适用于平面的涂饰。

② 高强度 UV 固化　不饱和聚酯可用于 UV 固化涂料，使用一个光引发剂，暴露到 UV 辐射中产生自由基。使用高强度辐射源，在表面足够快地产生大量自由基，致使表面上的氧由于和自由基反应被消耗，不影响聚合。

③“气干型”不饱和聚酯漆　带有烯丙基、苯甲醚的共聚单体代替部分二醇用于不饱和聚酯漆，能制得在接触氧的条件下固化，而且表面不发黏的漆膜，被称为“气干型”不饱和聚酯漆。

自由基从被邻接双键和醚基氧二者活化的亚甲基夺取氢原子，再与氧分子反应形成过氧化氢。此反应消耗表面的一些氧，并在链反应中形成新的过氧化氢，用于产生自由基引发交联反应。

为赋予漆膜气干性，每 100g 树脂所含烯丙基需要 0.15mol 以上，若要提高漆膜表面硬度，需要达到 0.33mol，这提高了涂料的成本，主要用于高级木器漆，如立体音响的木壳等。

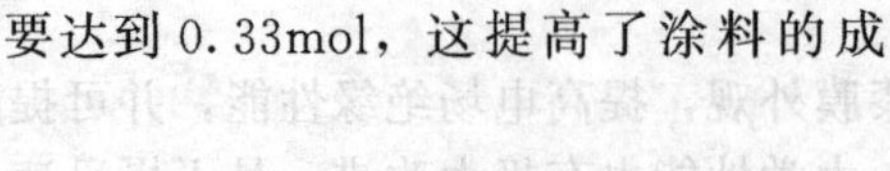

失水甘油烯丙基醚

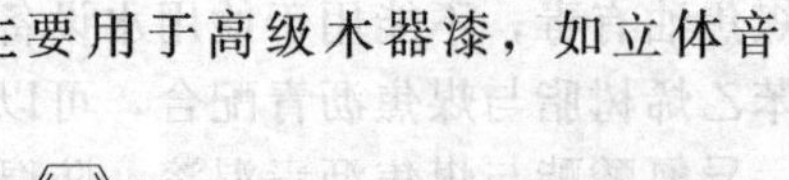

失水甘油苯甲醚

在水性不饱和聚酯树脂中也使用烯丙基醚。由 2mol MA 和 1mol 低分子量聚合二醇和二元醇的混合物反应进行部分酯化，进一步用 2mol 三羟甲基丙烷二烯丙基醚酯化。聚合的二醇酯链段是有效的乳化剂，使聚酯能被乳化在水中。用过氧化氢-钴引发剂，或用光引发剂和 UV 辐射固化成膜。

(3) 不饱和聚酯漆的应用

不饱和聚酯漆主要用于木器上，打磨抛光后漆膜有良好的外观、光亮和透明度。

不饱和聚酯漆一道相当于硝基漆三道的丰满度。不饱和聚酯尚有良好的耐溶剂、耐水、耐多种化学药品性，以及优良的耐磨性。缺点是漆膜不易修补，必须现配现用，需专用的双组分施工用具，漆膜擦痕比硝基漆显著。不饱和聚酯漆应用于金属表面，可用磷化底漆或聚氨酯漆打底，但胺固化的环氧底漆使烯丙基醚的干燥性能变差，从而使漆膜表面发黏。该漆用作金属贮槽内壁的防腐蚀涂料，效果很好。它对食品无污染、无毒，啤酒厂已广泛采用。

不饱和聚酯树脂腻子（称为原子灰）在金属铸件上用作表面填孔、补缝等修整表面，主要用于车辆修补，能一次刮成厚层，里外干透，性能优良，所以用量很大。近年来用气干型不饱和聚酯以提高腻子的附着力。

2.2.3 辐射固化涂料

辐射固化涂料是通过辐射引发的反应进行交联，而不是通过常规加热固化的方法。当这类涂料贮存在无辐射的环境下，就具有无限期的稳定性，而在施工后室温下暴露于辐照中就迅速产生交联反应。

辐射固化涂料有两大类别：①紫外线固化涂料，紫外线辐射到光敏剂上，产生自由基或阳离子，引发聚合反应。②电子束固化涂料，高能电子束引发涂料树脂电离和激发而产生交联反应。20 世纪 90 年代以来，由于低能电子加速器的发展，使电子束固化涂料也得到发展，扩大了辐射固化涂料的范围。

红外线和微波辐射也用于固化涂料，但这些体系不属于辐射固化涂料，因为它们的辐射转化成热，属于热固化的范畴。

辐射固化涂料往往要比常规型涂料价格高，因此工业上主要应用在紫外线固化和电子束固化能发挥其独特优点的地方。辐射固化过程中需要的能量与热固化过程相比是非常小的，因为不需要对工件进行加热。

2.2.3.1 自由基紫外线固化

(1) 紫外线固化设备

紫外线固化设备将电能转变为高强度紫外线，工业上使用的主要是中压汞蒸气灯，设备的投资费用低。目前广泛使用的是 2m 的管子，能量输出量一般为 80W/cm，也有 325W/cm 的。

在全部辐射固化施工应用中，紫外线设备差不多占 85%。以 60m/min 的速率运转的流水线，紫外线照射 0.5m 就可以固化。紫外线固化装置的总长度只需要 2m，有四个紫外线灯管就行。与之相比，热固化的烘道长度通常在 50m 以上。

紫外线固化设备大部分应用于薄而透明的涂层，或含颜料但很薄的印刷油墨。辐射固化技术过去只限用于平面工件，现在已经生产出固化立体产品的设备。

(2) 紫外线引发剂

紫外线中光的能量相对较低，只能使很少几类分子产生自由基，这些分子称为光引发剂，它们引发体系中乙烯基双键（主要是丙烯酸酯）的聚合。

工业上自由基光引发体系有两类：单分子光分解型和双分子反应型。单分子光分解型光引发剂中的2,2-二甲氧基-2-苯基苯乙酮以及2,2-二烷基-2-羟基苯乙酮类都具有良好的贮存稳定性，应用广泛。酰基氧膦光引发剂适用于色漆，其中2,4,6-三甲基苯甲酰氧化二苯基膦（TPO）已经商品化。

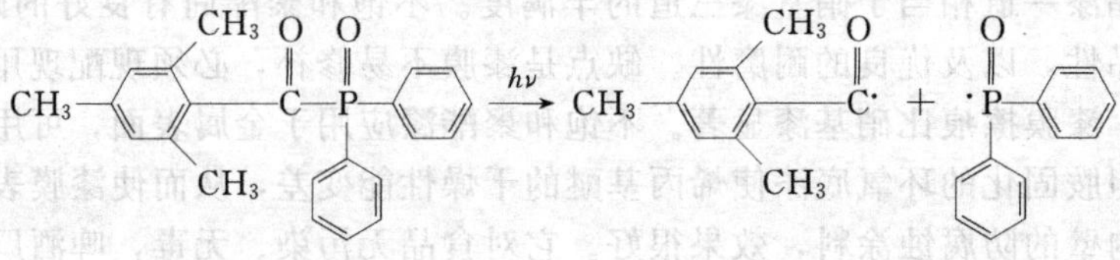

双分子反应型光引发剂是二芳基酮与含α-氢原子的叔胺组合而成的，二芳基酮光照不会分裂成自由基，但可以从含α-氢原子的叔胺上夺取氢而产生自由基，用于引发聚合。当涂料中的颜料强烈吸收紫外线时，就需要采用这种双分子引发剂。

双分子引发剂的另一个优点是降低氧分子的阻聚作用。因为叔胺α-碳原子上的自由基特别容易与氧反应，α-氢原子的数目通常很多，可用于与氧反应，能大幅度降低氧的浓度。

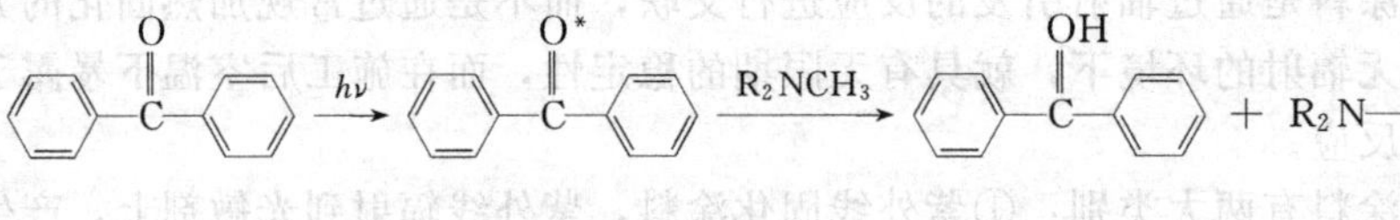

引发剂在涂料固化时仅部分消耗掉，还有部分留在漆膜里，能加速户外漆膜的光降解，而常规的紫外线稳定剂和抗氧剂会降低紫外线固化速率，又不能用于涂料中。因此，这种紫外线固化涂料仅限于户内应用。阳离子涂料和电子束固化涂料在户外不会产生自由基。

(3) 紫外线固化用树脂

紫外线引发自由基固化最常用的漆料是丙烯酸酯类。漆料由两类化合物组成：预聚物和活性稀释剂。

预聚物的一个分子上有多个官能团，能提高涂料的交联速率，但它们的黏度太高(10^3 Pa·s)，需要用单体来降低其黏度以便于施工。丙烯酸酯单体的黏度比预聚物的要低。最常用的是单、双和三官能团的丙烯酸酯混合物，又被称为涂料的活性稀释剂。

预聚物是光固化涂料的主体成分，漆料使用的两种主要类型的预聚物是环氧丙烯酸树脂(EA)、聚氨酯丙烯酸酯（PUA）。活性稀释剂使用的有三丙烯酸三羟甲基丙烷酯、三丙烯酸季戊四醇酯、二丙烯酸-1,6-己二醇酯、二丙烯酸三丙二醇酯。

(4) 紫外线光固化水基涂料

丙烯酸酯单体中有许多对皮肤有刺激性及毒性且气味大，因此，开发了紫外线光固化水基涂料。紫外线光固化水基涂料所用的树脂是低分子量的低聚体，不依靠加入单体（活性稀释剂）以调节其黏度和流变性，而是添加水性涂料常用的增稠剂调整流变性，在黏度较低的条件下进行施工作业，可采用喷涂、辊涂、幕涂，得到很薄的涂膜。涂膜的固化收缩率较小，涂膜对非吸收性底材的附着性可得到改善。在固化前涂层就处于干燥状态，可堆放。其缺点是水性系统的总固化周期较长。

目前紫外线光固化水基涂料有两种体系：①含外加表面活性剂的乳液，其缺点是留在紫外固化膜中的表面活性剂使涂层对水敏感。②在疏水性分子主链或末端引入亲水性基团，生成水溶性或水分散型树脂。在引入的亲水基团中，非离子基团的优点是不用有毒的有机中和剂，而离子基团形成凝聚体，在基体中通过物理交联，提高膜的力学性能。

2.2.3.2　阳离子紫外线固化

阳离子紫外线固化涂料是由光产生的强酸引发链进行阳离子聚合。阳离子光引发剂有二芳基碘鎓盐、三芳基硫鎓盐、烷基硫鎓盐、铁芳烃盐、磺酰氧基酮及三芳基硅氧醚。二芳基碘鎓盐光解可同时发生均裂和异裂，既产生超强酸，又产生活性自由基。因此碘鎓盐除可引发阳离子光聚合外，还可引发自由基聚合，这是碘鎓盐与硫鎓盐光引发剂的共同特点。一般自由基聚合在数十秒内完成聚合，阳离子聚合稍慢，需要数分钟或更长时间完成聚合。这两种光聚合不是真正的同步。

以三苯基硫鎓盐（略去阴离子）为例说明其机理：

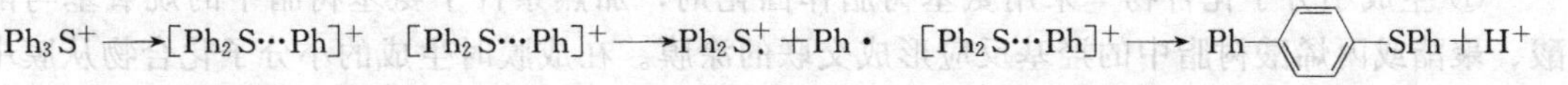

后一反应中产生的氢离子与阴离子结合即为强酸，生成的取代酚除对位结构外，还有邻位和间位异构体。

与自由基光固化体系相比，阳离子光固化体系具有如下特点：①固化时体积收缩小，形成聚合物的附着力更强。②不被氧气所阻聚，在空气氛围中可获得快速而完全的固化交联。③固化反应不易终止，适用于厚膜和色漆的光固化。④阳离子光聚合完成后，涂层中仍可能残存有质子酸，它对涂层本身和底材都有长期危害。阳离子光固化体系与自由基光固化相同，可用于涂料、油墨、黏合剂、电子工业的封装材料、光刻胶及印刷板材等领域。

20 世纪 80 年代末期出现的阳离子聚合，使用的预聚物有环氧化双酚 A 环氧树脂、环氧化硅氧烷树脂、环氧化聚丁二烯、环氧化天然橡胶等。环氧树脂中环氧基的均聚是工业上使用的阳离子聚合的主要类型。

2.2.3.3　颜料的影响

由于许多颜料吸收和/或散射紫外线辐射，它们就会在某些程度上抑制紫外线固化。

颜料在固化时引起的另一个问题是漆膜上层和下层吸收的紫外线辐射有显著差异，导致固化程度的显著差异，引起漆膜起皱，即如果漆膜表面固化而底层依然流动，当底层固化时漆膜就收缩，引起表面起皱。在无氧阻聚的情况下，起皱现象特别明显。

因为紫外线固化涂料无溶剂，在涂料中颜料体积浓度与最终漆膜中的颜料体积浓度一样，而且颜料也使涂料的黏度在固化过程中增加太快，短时间内就失去必要的流动性。颜料浓度不能太高，否则，颜料体积浓度接近临界颜料体积浓度，涂料的黏度太高。

辐射固化涂料不能用于低光泽的透明木器面漆。因为这种面漆是通过在挥发性的溶剂涂料中加入低浓度小粒径的二氧化硅来实现低光泽和透明的，溶剂挥发时，漆膜中产生对流，这些对流将二氧化硅颗粒带到漆膜表面，而表面的黏度增大，二氧化硅颗粒被固定在漆膜表面上，漆膜表面产生高颜料体积浓度，就得到低光泽和透明的漆膜。紫外线固化涂料中无溶剂，在漆膜表面就无颜料浓缩的机制。如果颜料含量达到低光泽所要求的程度，涂料黏度对施工来说太高。

紫外线固化涂料现在可以达到中等光泽涂料的程度。在涂料中加入小粒径的二氧化硅，固化时表面受到氧的阻聚没有固化，使底层先固化。这样，二氧化硅颗粒就向漆膜表面迁移，增加漆膜表面的颜料体积浓度，漆膜在惰性气氛内再次使表面彻底固化，得到中等光泽的透明漆膜。

2.2.3.4　电子束固化涂料

在 150～300kV 下，由钨丝阴极发射高能电子束，使丙烯酸酯聚合。聚合过程是电子束使一部分树脂直接激发形成激发态的树脂，另一部分则电离成为带正电荷的树脂和从树脂上电离出来的二次电子。带正电荷的树脂和二次电子再结合产生激发态的树脂。激发态树脂的共价键均裂产生自由基，引发丙烯酸酯聚合。

电子束固化涂料除不含光引发剂外，其他的与紫外线固化涂料完全相同，而且颜料不干扰固化，但固化反应也受空气中氧的阻聚，需要在惰性气氛中进行。

2.3 缩合聚合固化涂料

这类涂料的成膜物质分子上含有可反应官能团，一种是成膜反应过程中生成的小分子化合物从膜中逸出，另一种是不生成小分子化合物。

① 生成小分子化合物　采用氨基树脂作固化剂，加热条件下氨基树脂中的烷氧基与醇酸、聚酯或丙烯酸树脂中的羟基反应形成交联的涂膜。在成膜时生成的小分子化合物从膜中逸出。封闭型聚氨酯涂料在加热条件下释放出封闭剂而交联成膜。

② 不生成小分子化合物　常见的有胺-环氧树脂涂料和双组分聚氨酯涂料。它们大多分别包装，即所谓的双组分涂料。混合后发生交联反应，形成漆膜。氢转移聚合反应中还有湿固型聚氨酯涂料，涂布后湿膜吸收外界环境中的水分发生反应而成膜。

2.3.1 氨基树脂

使用最普遍的氨基树脂是由三聚氰胺（2,4,6-三氨基-1,3,5-三嗪）与甲醛合成的，在一些场合也可使用苯代三聚氰胺、脲、甘脲及（甲基）丙烯酰胺合成。三聚氰胺甲醛树脂又称为 MF 树脂。

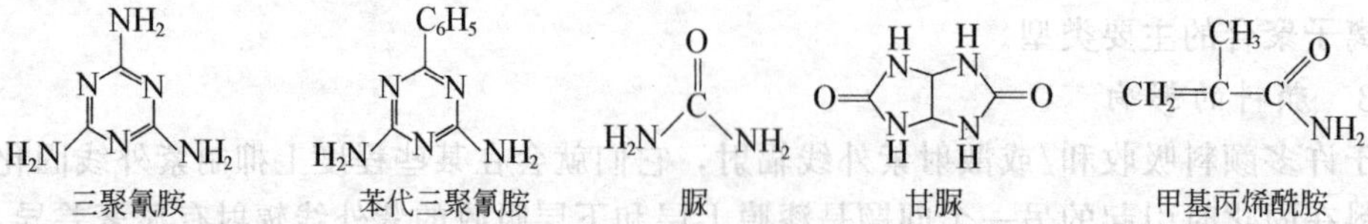

三聚氰胺　苯代三聚氰胺　脲　甘脲　甲基丙烯酰胺

氨基树脂是通过其中一种化合物的氨基（$-NH_2$）与甲醛（$H_2C=O$）反应生成羟甲基（$>NCH_2OH$），为稳定羟甲基化合物，增加树脂在有机溶剂中的溶解性，接着与醇（ROH）产生带有一般结构 $>NCH_2OR$ 的醚类。

在涂料工业上很少直接利用氨基树脂作为成膜物，因为由氨基树脂单独加热固化所得的涂膜硬而脆，且附着力差。氨基树脂通常用来和其他树脂如醇酸、聚酯、丙烯酸树脂等混合，作为它们的交联剂使用。氨基树脂作为交联剂，提高了与之共交联的基体树脂的硬度、光泽、耐化学性以及烘干速度，而基体树脂则克服了氨基树脂的脆性，改善了附着力。该漆在一定的温度经过短时间烘干后，形成强韧的三维结构涂层。

2.3.1.1　三聚氰胺甲醛树脂的合成

(1) 羟甲基化反应

三聚氰胺的氨基与甲醛在碱性条件下反应生成羟甲基，而且是可逆反应。

在甲醛过量的情况下，倾向于生成六羟甲基三聚氰胺（HMM）以及部分羟甲基化的三聚氰胺（包括三羟甲基三聚氰胺，TMM）的混合物。

六甲氧基甲基三聚氰胺树脂（HMMM）属于单体型高烷基化的三聚氰胺树脂，是一个6官能度单体化合物，外观为针状结晶，熔点55℃。工业级 HMMM 分子结构中含极少量的亚氨基和羟甲基。

$$-NH_2 + H-\overset{\overset{\displaystyle O}{\|}}{C}-H \rightleftharpoons -NH-CH_2OH$$

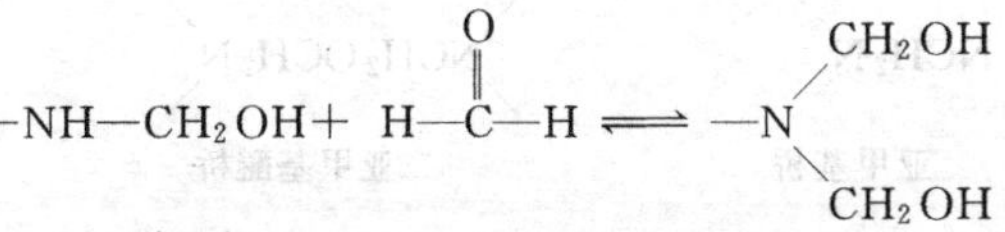

副反应

$$-NH-CH_2OH + H-\overset{O}{\overset{\|}{C}}-H \rightleftharpoons -NH-CH_2-O-CH_2OH$$

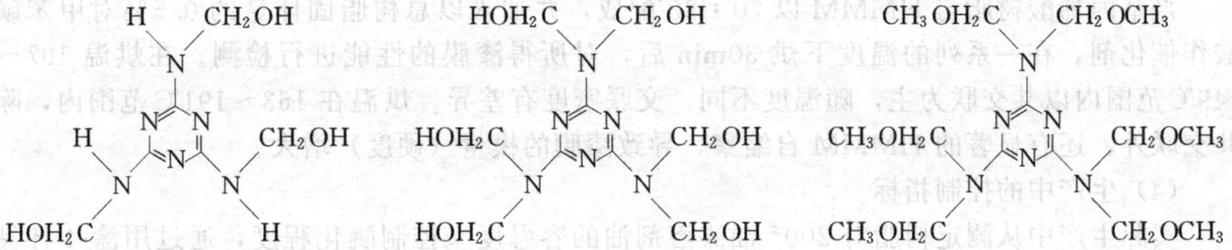

TMM　　　　HMM　　　　HMMM

(2) 醚化反应

羟甲基三聚氰胺具有亲水性，不溶于有机溶剂，可以直接应用于塑料、黏合剂、织物处理剂和纸张增强剂等方面，经进一步缩聚，成为体型产物。

羟甲基化反应后，加入酸和醇，酸中和上一步的碱性催化剂，并催化醚化反应。醚化后的树脂中具有一定数量的烷氧基，使原来分子的极性降低，并获得在有机溶剂中的溶解性、对醇酸树脂等的混容性和涂料贮存的稳定性。

以甲醇醚化，树脂仍具有水溶性、快固性，可用于水性涂料中作交联剂，也可与溶剂型醇酸树脂并用。用乙醇醚化的树脂可溶于乙醇，它固化速度慢于甲醚化产物。以丁醇醚化的树脂在有机溶剂中有较好的溶解性。单元醇的分子链越长，醚化物的溶解性越好，但固化速度越慢。以辛醇醚化时，和羟甲基树脂反应缓慢，因此，常用的是丁醇和甲醇。

丁醇醚化的树脂在溶解性、混容性、固化性、涂膜性能和成本等方面都较理想，又因原料易得、生产工艺简便，所以广泛应用于溶剂型涂料中。表 2-6 对 HMMM 和丁醚化三聚氰胺树脂的性能进行了比较。使用的丁醇有正丁醇和异丁醇，二者都是伯醇。低温固化时，异丁醇的反应活性比正丁醇树脂的高；高温固化时，二者无明显差别。丁醇醚化三聚氰胺树脂在贮存中是处于动态平衡的，丁氧基易脱落，丁氧基也可以从溶剂丁醇中得到补充，如果作为溶剂的丁醇含量不足，丁氧基脱落后就不易得到补充，破坏了动态平衡，随贮存期延长，树脂本身黏度逐渐上升。为了不影响贮存稳定性，溶剂中丁醇含量一般不低于 60%。

表 2-6 HMMM 和丁醚化三聚氰胺树脂性能比较

项　目	HMMM	丁醚化三聚氰胺树脂
结构	基本上是 6 官能度的单体化合物，不易自缩聚	3～4 官能度的聚合物，高温烘烤能自缩聚
交联反应基团	主要是 $-CH_2OCH_3$	主要是 $-CH_2OH$、$-CH_2OC_4H_9$
溶解性	溶于醇类、酮类、芳烃、酯类、醇醚类溶剂，部分溶于水	溶于各种有机溶剂，不溶于水
固化涂膜性能	硬度大，柔韧性大	硬度和柔韧性之间不易平衡
得到同样性能涂膜的交联剂用量	约 20%	约 30%
黏度	低	高
用途	卷材涂料、粉末涂料、水性涂料、纸张涂料、油墨制造、高固体涂料	各种溶剂型烘烤涂料

$>NCH_2N<$　　　　$>NCH_2OCH_2N<$

亚甲基桥　　　　二亚甲基醚桥

(3) 自缩合反应

在反应温度高于70℃时，自缩合反应使羟甲基化的三聚氰胺产生二聚体、三聚体及更高的聚合体，高温有利于发生自缩合反应。

羟基丙烯酸树脂与HMMM以70∶30配成，并加入以总树脂固体量的0.5%对甲苯磺酸作催化剂。在一系列的温度下烘30min后，对所得漆膜的性能进行检测。在烘温107～149℃范围内以共交联为主，随温度不同，交联密度有差异。烘温在163～191℃范围内，除共交联外，还有显著的HMMM自缩聚，导致漆膜的模量（硬度）增大。

(4) 生产中的控制指标

实际生产中从测定树脂对200#油漆溶剂油的容忍度来控制醚化程度，通过用涂-4杯黏度计测定树脂黏度控制缩聚程度。容忍度的测定方法为：称3g试样于100mL烧杯内，在25℃搅拌下以200#油漆溶剂油进行滴定，至试样溶液显示乳浊在15s内不消失为终点。1g试样可容忍200#油漆溶剂油的质量（g）为树脂的容忍度数值。200#油漆溶剂油使用前应标定其中芳烃含量，并调整到恒定值。容忍度间接表示了醚化程度。容忍度越大，醚化程度就越大，树脂的极性就越小。需要调整氨基树脂的醚化程度到适当的极性，以达到与共混树脂混容性良好的目的。

氨基树脂极性较大，但它分子中有极性小的基团（丁氧基），调整这些基团的比例可使氨基树脂与共混树脂互容。两种树脂的混容性有下列四种情况：①两种树脂混容性好，涂膜外观正常，光泽高。②两种树脂能混容，但涂膜烘干后表面有一层白雾。这是两者混容性不良的最轻程度。③两种树脂能混容，但涂膜烘干后皱皮无光。出现这种情况是两者基本上已不能混容，只是因为两者都能溶于丁醇，才成为暂时的稳定体系，在烘烤过程中，一旦丁醇挥发，两者彼此排斥，以致涂膜皱皮无光。④两种树脂不能混容。两者放在一起，体系浑浊，严重时分层析出。

不干性油醇酸的油度较短、极性较大，易与低丁醚化度氨基树脂相容。半干性油或干性油醇酸的油度较长，极性较小，它易与高丁醚化度氨基树脂相容。高醚化度氨基树脂固化速率较慢，涂膜硬度较低，所以选择氨基树脂时，在达到一定混容性条件下，醚化度不要太高。

(5) 三聚氰胺甲醛树脂的分类

三聚氰胺甲醛树脂根据官能团比例的不同，按照商业用途分为两类：Ⅰ类树脂（高醚化度）和Ⅱ类树脂（低醚化度）。

①Ⅰ类树脂是用相对较高的甲醛对三聚氰胺比例制备的，因此，大部分的N原子上有两个烷氧基甲基基团。Ⅰ类MF树脂的特征是醚化程度高，聚合度低。Ⅰ类树脂的聚合度低，可降低高固体涂料黏度。

20世纪70年代水性及高固体涂料的出现与发展使用的交联剂主要是甲醚化Ⅰ类MF树脂。它更容易与水性涂料中的水、溶剂及树脂混合物混合。

② Ⅱ类树脂是用较小的甲醛对三聚氰胺比例制备的，许多N原子上只有1个取代基。Ⅱ类MF树脂的特征是醚化程度低，平均聚合度为3或更大。

Ⅱ类树脂的甲醛/三聚氰胺及醇/甲醛之比的变化范围较大，可获得性能范围较广的Ⅱ类树脂，但在合成时无法制备极低聚合度的树脂。

与醇酸交联的Ⅱ类MF树脂醚化时采用的醇通常是正丁醇或异丁醇。这类树脂是比较经济的，它们较易混合到醇酸配方中，使用范围较广，即无需对配方进行严格控制，以生产具有合格施工特性及漆膜性能的涂料。

2.3.1.2　涂料中 MF 树脂的反应

(1) 交联反应

氨基树脂是烘烤型热固性涂料使用的主要交联剂。MF 树脂与丙烯酸树脂、聚酯、醇酸、环氧及聚氨酯树脂发生交联反应。

$$N-CH_2-OR \ +P-OH \longrightarrow \ N-CH_2-OP \ +R-OH$$

$$N-CH_2-OR \ +P-COOH \longrightarrow \ N-CH_2-O-\overset{\displaystyle O}{\underset{\displaystyle \|}{C}}-P \ +R-OH$$

$$N-CH_2-OR \ + \ P-NH-\overset{\displaystyle O}{\underset{\displaystyle \|}{C}}-P \longrightarrow \ N-CH_2-N-\overset{\displaystyle O}{\underset{\displaystyle \|}{C}}-O-P \ +R-OH$$

$$N-CH_2-OR \ + \ HO-\!\!\!\!\!\bigcirc\!\!\!\!\!-R' \longrightarrow \ N-CH_2-\!\!\!\!\!\bigcirc\!\!\!\!\!-OH \ +R-OH$$

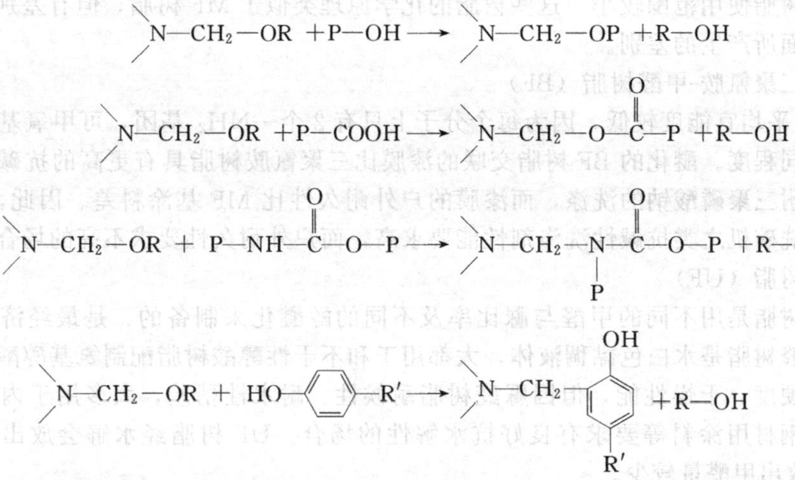

(2) MF 树脂反应机理

MF 树脂的醚类是通过相邻的 N 活化,其亲核反应活性比脂肪族醚类大得多。当亲核物是多元醇(POH)的羟基时,会发生醚交换反应形成交联的聚合物,该反应是用酸催化的。氨基树脂的醚类也与羧酸、氨基甲酸酯及带有未置换邻位的苯酚发生反应。与苯酚的反应形成 C—C 键,因此具有水解稳定性。

多元醇树脂(羟基官能丙烯酸、聚酯等)是使用最普遍的与 MF 树脂交联用树脂。丙烯酸多元醇与 MF 树脂总的交联反应速度比聚酯多元醇的快。多元醇的羟基基团既可与活性的烷氧基甲基基团进行醚交换反应,又可与 MF 树脂的羟甲基基团进行醚化反应。这些反应是可逆的,在加热的情况下产生的挥发性醇及水逸出漆膜,使漆膜形成交联。

带羧基的树脂与 MF 树脂反应形成相应的酯,但反应速度比相应羟基基团的慢。

(3) 固化工艺的选择

Ⅰ类树脂与大部分多元醇树脂进行共缩合反应的速度明显比自缩合的快。强酸催化剂如磺酸用于Ⅰ类树脂。弱酸催化剂如羧酸用于Ⅱ类树脂。Ⅱ类树脂的共缩合及自缩合反应的速度是相似的。漆膜最终的性能取决于自缩合及共缩合反应的程度。漆膜的最佳性能是在共缩合反应接近完成,自缩合反应部分完成时达到的。

(4) 催化剂

最广泛使用的催化剂是对甲苯磺酸(P-TSA 或 TsOH,$pK_a = -6$),漆膜的综合性能好。

对甲苯磺酸在室温下催化交联,会增加液态涂料的黏度。芳基磺酸的叔胺盐为潜固化剂,在常温下不具备催化性能,在高温下分解出酸,起催化作用。带有潜固化剂涂料的贮存稳定性接近未加催化剂的涂料,而且固化速度比使用游离芳基磺酸的有所降低。需低温固化的涂料不宜选用潜固化剂。常用的潜固化剂是对甲苯磺酸的吡啶盐(或其他胺盐)。

芳基磺酸的用量通常为 MF 树脂的 0.5%~1%。Ⅰ类 MF 树脂与多元醇的反应在 10~30min,110~130℃固化成膜。Ⅰ类 MF 树脂与多元醇的共缩合能用弱酸如羧酸类催化,需要提高固化温度,一般要求高于 140℃。

许多多元醇树脂中含有羧酸基团,在与Ⅱ类树脂交联时无需加催化剂。在高温(空气温度高至37.5℃）下短时间用于卷材涂料烘烤成膜时，需用强酸催化剂。

提高催化剂浓度可降低固化时间及温度，然而会降低贮存稳定性，因在室温下反应也是受酸催化的，而且漆膜中残余的酸也催化已交联键的水解，降低涂层的耐久性。

2.3.1.3 其他氨基树脂

其他氨基树脂使用范围较小。这些树脂的化学原理类似于MF树脂，但有差别，特别是在树脂碱性方面所产生的差别。

(1) 苯代三聚氰胺-甲醛树脂（BF）

BF树脂的平均官能度较低，因为每个分子上只有2个—NH_2基团，可甲氧基醚化或丁氧基醚化至不同程度。醚化的BF树脂交联的漆膜比三聚氰胺树脂具有更高的抗碱和碱性洗涤剂性能，如耐三聚磷酸钠的洗涤，而漆膜的户外耐久性比MF基涂料差。因此，BF树脂用于洗衣机及洗碗机之类抗碱性洗涤剂性能要求高，而户外耐久性要求不高的场合。

(2) 脲醛树脂（UF）

醚化脲醛树脂是用不同的甲醛与脲比率及不同的醇醚化来制备的，是最经济的氨基树脂。丁醚化脲醛树脂是水白色黏稠液体，大都用于和不干性醇酸树脂配制氨基醇酸烘漆，提高醇酸树脂的硬度、干燥性能，但因脲醛树脂耐候性、耐水性稍差，大多用于内用漆和底漆，不能用于钢材用涂料等要求有良好抗水解性的场合。UF树脂经水解会放出高浓度甲醛，MF树脂放出甲醛量较少。

由于丁醚化脲醛树脂活性最大，用酸性催化剂时可在室温下固化，故可用于双组分木器涂料，如木器家具、镶板及橱柜等，在此类应用中，能低温烘烤是主要的，而耐腐蚀性相对不重要。脲醛树脂用于锤纹漆时有较清晰的花纹。

(3) 甘脲-甲醛树脂（GF）

甘脲是由2mol尿素和1mol乙二醛反应生成的。甘脲与甲醛树脂反应，产生四羟甲基甘脲（TMGU）。四羟甲基甘脲在强酸催化下与醇反应形成四烷氧基甲基甘脲树脂（GF）。其中，四甲氧甲基甘脲是一种熔点相对较高的固体，用于粉末涂料的交联剂。

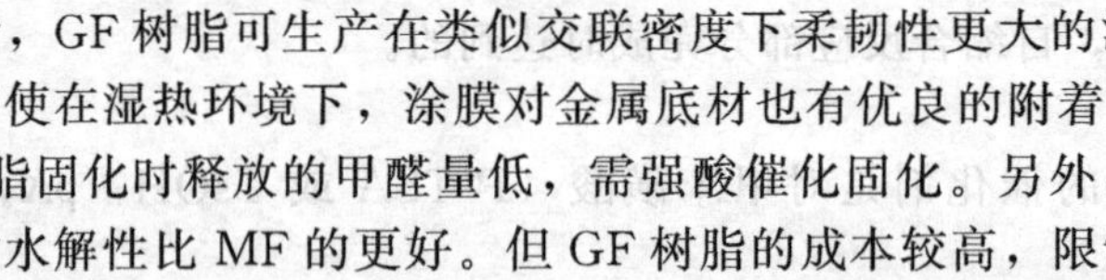

以醇和乙醇混合醚化的甘脲甲醛树脂既溶于水，也溶于有机溶剂。以丁醇醚化的甘脲甲醛树脂可溶于有机溶剂，不溶于水。它们室温下为液态。

相对于其他氨基树脂，GF树脂可生产在类似交联密度下柔韧性更大的涂料，用于如卷材涂料及罐头涂料中，即使在湿热环境下，涂膜对金属底材也有优良的附着力，其柔韧性和耐腐蚀性较突出。GF树脂固化时释放的甲醛量低，需强酸催化固化。另外，甘脲在酸性条件下交联多元醇漆膜的耐水解性比MF的更好。但GF树脂的成本较高，限制了它的应用。

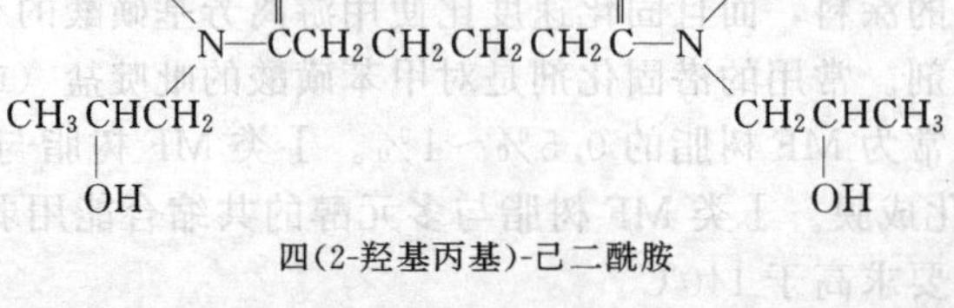

四(2-羟基丙基)-己二酰胺

β-羟基烷基酰胺的通式为［$RCH(OH)CH_2$］$_2$N(CO)R。它们与羧酸反应很易发生酯化，反应速率快，而且可以不用催化剂，因此，可以和多羧基化合物发生交联反应，而且固化时不像 MF 树脂那样释放甲醛。β-羟基烷基酰胺无毒，但固化温度高（最好 150℃）。

β-羟基烷基酰胺既可用于一般的有机溶剂，也可用于水性涂料中作为固化剂。2-羟基烷基酰胺可制成晶体用于粉末涂料。β-羟基烷基酰胺中的四（2-羟基丙基）-己二酰胺已经商品化。

2.3.1.4　氨基漆

(1) 氨基漆简介

通常的氨基漆由氨基树脂、短油度醇酸树脂、颜料、丁醇和二甲苯配制而成，需烘烤固化，涂膜光亮、丰满、坚硬，可打磨抛光，耐候性好，机械强度高，抗介质性也较好。

由于涂料树脂色泽浅，配成浅色漆不泛黄，是成本较低的高装饰性涂料。氨基烘漆的缺点是烘烤过度会造成涂膜发脆，对金属的附着力差，不能直接涂于金属表面。

氨基烘漆根据所用氨基树脂或醇酸树脂品种及其配比不同，呈现出不同的特性和用途，通常用于交通工具、机械产品、轻工产品、电器仪表、家用电器、医疗器械的涂装。

氨基树脂与醇酸树脂的比例，按高氨基［1∶(1～2.5)］、中氨基［1∶(2.5～5)］和低氨基［1∶(5～9)］划分，一般采用中氨基比例。

氨基树脂含量高时，所形成的漆膜光泽、硬度、耐水、耐油及绝缘性能好，但成本增高，且漆膜附着力降低，漆膜变脆，因此与不干性油醇酸树脂拼用，用于罩光漆及其他特种漆。氨基树脂含量低时，所成漆膜光泽、硬度、耐水、耐油等性能降低。它们都是与干性油醇酸树脂混合使用的。低氨基漆一般用于要求不甚高的场合。

清漆和白漆等外用漆采取接近高氨基比例，高氨基配方中可加些 50％油度蓖麻油醇酸树脂增韧；黑漆及低温干燥色漆中，氨基∶醇酸约 1∶4；其他色漆采用低氨基；普通氨基烘漆和二道底漆也采用低氨基以降低成本。

(2) 醇酸树脂

氨基烘漆中主要使用半干性油和不干性油改性的醇酸树脂，最常用的半干性油是豆油和茶油，这类醇酸树脂常用于色漆配方中。氨基树脂和醇酸树脂的比例一般为 1∶(4～5)。

不干性油（如椰子油、蓖麻油、花生油）醇酸树脂的保光保色性比豆油醇酸树脂好得多，特别是蓖麻油醇酸树脂，附着力优良，常用于浅色或白色烘漆配方中，氨基比为 1∶(2.5～3)。

以十一烯酸、合成脂肪酸（主要是 C_5～C_9 的低碳酸和 C_{10}～C_{20} 的中碳酸）代替不干性油可制醇酸树脂，因为它们是碳链较短的不干性脂肪酸，所以涂膜的耐水性、光泽、硬度、保光保色性都提高，但丰满度不如豆油改性醇酸树脂好。氨基树脂和醇酸树脂的比例一般为 1∶(2.8～3)。

氨基树脂（主要是三聚氰胺-甲醛树脂）交联涂料在施工及固化交联时会释放少量的甲醛气体，对每天都接触的施工者造成潜在的危害性。减少甲醛的危害除了改进通风外，还可以采用改变树脂、改变配方、导入甲醛脱除剂等方法。

聚丙烯酸酯（主要是甲基丙烯酸酯）改性的醇酸树脂制得的氨基烘漆的干性较好，保光保色性优良，可作罐头外壁涂料或用于对保光保色性要求较高的场合。

(3) 环氧树脂

环氧酯（植物油改性的环氧树脂，和醇酸树脂类似）和氨基树脂配合使用，其耐潮、耐盐雾和防霉性能比氨基醇酸烘漆好得多，适用于在湿热带使用的电器、电机、仪表等外壳的涂装。它的耐化学性虽不及未酯化的环氧树脂涂料，但装饰性胜于环氧树脂涂料，而略逊于氨基醇酸烘漆。氨基环氧酯烘漆的施工条件和氨基醇酸烘漆相近，一般 120℃下 2h 左右烘干；如用桐油酸、脱水蓖麻油酸环氧酯，干性可提高到 120℃烘 1h 固化。

2.3.2　丙烯酸涂料

用丙烯酸酯及甲基丙烯酸酯共聚合制备的丙烯酸树脂对光的吸收主峰，处在太阳光谱范围之外，所以用它制成的丙烯酸树脂具有特别优良的耐光性及耐户外老化性能。

丙烯酸树脂的表面张力居于醇酸和聚酯中间，因此，丙烯酸涂料对漆膜缺陷的敏感度也居中。通常，它们对金属表面的附着力在醇酸树脂和聚酯这两种涂料之下，因此丙烯酸涂料常用在底漆上作为面漆。

丙烯酸聚合物可以三种物理形式获得：固体颗粒、聚合物溶液和聚合物乳液，有溶剂型、水型、粉末型以及光敏性涂料。

2.3.2.1　丙烯酸树脂

（1）共聚单体组成对树脂性能的影响

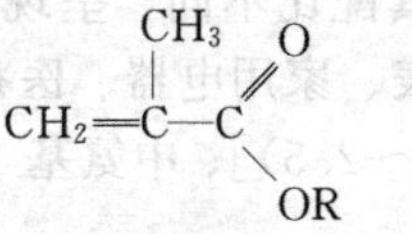

甲基丙烯酸酯

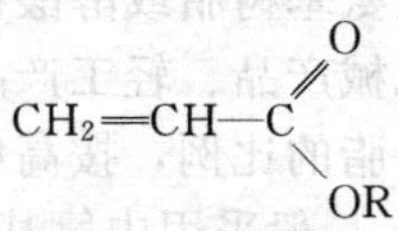

丙烯酸酯

丙烯酸树脂应用的单体有丙烯酸酯和甲基丙烯酸酯，其中甲酯、乙酯、异丁酯、正丁酯、2-乙基己酯、辛酯、月桂酯（$R=C_{12}H_{23}CH_2—$）和十八烷基酯是常用的品种。最常用的是甲基丙烯酸甲酯和丙烯酸丁酯。

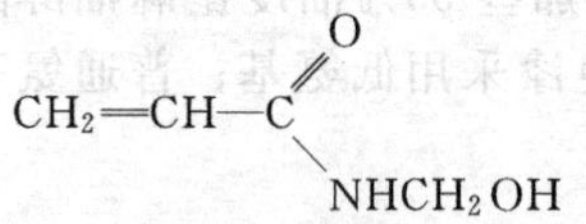

N-羟甲基丙烯酰胺

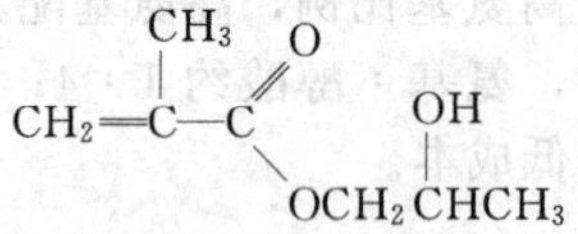

甲基丙烯酸-2-羟丙酯

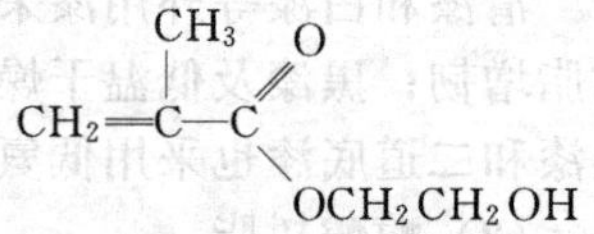

甲基丙烯酸羟乙酯

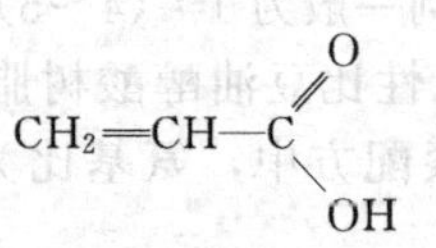

丙烯酸

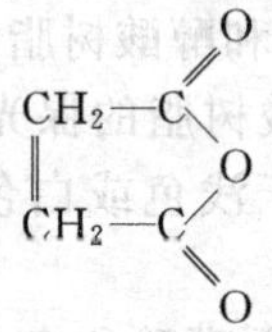

顺丁烯二酸酐

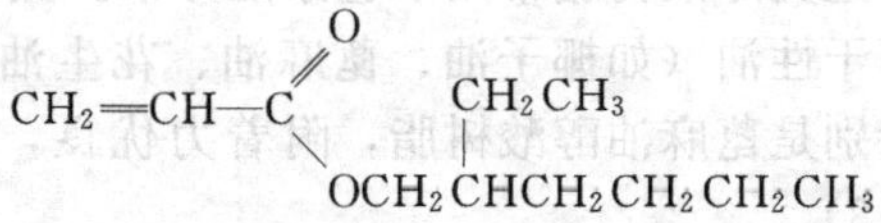

丙烯酸-2-乙基己酯

聚甲基丙烯酸酯由于*α*-位有甲基存在，干扰了C—C主链的旋转运动，而聚丙烯酸酯没有这种干扰，每个链段都可以旋转运动，因此聚甲基丙烯酸酯的硬度、脆化温度、拉伸强度都比聚丙烯酸酯的高，而柔韧性及延伸性则相反。

由于丙烯酸酯类树脂主链为C—C键，因而其耐水解性、耐酸碱性、耐氧化剂及耐其他化学品腐蚀性优异。丙烯酸酯类树脂存在*α*-H，甲基丙烯酸酯类树脂无*α*-H，所以丙烯酸酯类树脂的耐紫外线性和耐氧化性较甲基丙烯酸酯类树脂差。

选用不同的单体制备具有不同性能的聚合物（见表2-7），这些单体为丙烯酸聚合物类涂料的性能提供了广阔的空间。

（2）玻璃化温度

丙烯酸树脂的玻璃化温度直接影响涂层强度、硬度。调整树脂的玻璃化温度可以获得理想的柔韧性或脆性。树脂的玻璃化温度主要受分子量、主链结构取代基团的空间位阻和侧链的柔性以及分子间力的影响。聚合树脂往往通过共聚或共混的方法来得到满意的性能。

表 2-7　根据性能要求选用单体参考表

性能效果	选用单体
户外耐久性	甲基丙烯酸酯、丙烯酸酯
硬度	甲基丙烯酸甲酯、苯乙烯、(甲基)丙烯酰胺、(甲基)丙烯酸、丙烯腈
耐磨性	丙烯腈、甲基丙烯酰胺
光泽	苯乙烯、芳族不饱和化合物
保光、保色性	甲基丙烯酸酯、丙烯酸酯
柔韧性	丙烯酸乙酯、丙烯酸丁酯、丙烯酸-2-乙基己酯
耐溶剂、汽油、润滑油	丙烯腈、(甲基)丙烯酰胺、(甲基)丙烯酸
耐水性	苯乙烯、含环氧基单体、甲基丙烯酸甲酯、(甲基)丙烯酸高烷基酯
耐盐、耐洗涤剂	苯乙烯、含环氧基单体、丙烯酰胺、乙烯基甲苯
耐沾污	(甲基)丙烯酸低烷基酯
交联官能团	(甲基)丙烯酸羟烷基酯、丙烯酰胺、*N*-羟甲基丙烯酰胺、(甲基)丙烯酸缩水甘油酯、(甲基)丙烯酸、衣康酸、顺丁烯二酸酐

共聚后树脂的玻璃化温度 T_g 最简便的计算公式是 FOX 方程，误差为±5℃。

$$\frac{1}{T_g}=\frac{W_1}{T_{g1}}+\frac{W_2}{T_{g2}}+\frac{W_3}{T_{g3}}+\cdots$$

FOX 方程表示由 n 种共聚单体共聚合时，得到共聚物的玻璃化温度 T_g、共聚合单体的质量分数 W_n 和每种单体均聚物的玻璃化温度 T_{gn} 的关系。常见聚丙烯酸酯均聚物的玻璃化温度列于表 2-8。

表 2-8　常见聚丙烯酸酯均聚物的玻璃化温度　　单位：℃

烷基	甲酯	乙酯	异丙酯	正丙酯	异丁酯	正丁酯	叔丁酯	2-乙基己酯
聚甲基丙烯酸酯	105	65	81	33	48	20	107	
聚丙烯酸酯	8	−22	−5	−52	−24	−54	41	−85

其他烯类单体均聚物的玻璃化温度：苯乙烯为 100℃；丙烯腈为 96℃；醋酸乙烯为 30℃；甲基丙烯酸为 185℃；丙烯酸为 106℃。

(3) 热固性丙烯酸树脂

热固性丙烯酸树脂可以提高涂料的不挥发物含量，涂料施工后在固化过程中发生交联。热固性丙烯酸涂料除了有较高的固含量以外，还有更好的光泽和外观，更好的抗化学、抗溶剂及抗碱、抗热性等，缺点是不能长时间贮存。

热固性丙烯酸涂料通常采用 MF 树脂或多异氰酸酯作为交联剂。MF 树脂中的第Ⅰ类或第Ⅱ类均可使用。脂肪族异氰酸酯交联剂价格要比 MF 树脂高，但可以在较低温度下固化，常呈现出较好的耐环境酸蚀性。使用由双羧酸交联的带环氧官能团的丙烯酸树脂也可获得优良的耐环境酸蚀性。

① 羟基丙烯酸树脂与 MF 树脂的交联　含羟基丙烯酸树脂是目前工业生产的热固性丙烯酸漆中要求固化温度较低的一种，而且又能在高达 200℃的温度下过热烘烤迅速固化而不影响光泽及色泽。它具有较好的硬度、耐候性、保光保色性、附着力、挠曲性及耐水性，所以应用最广，约占各类热固性丙烯酸涂料总产量的 70%以上，应用最多的是轿车工业，轻工、家电产品上也多有应用。

目前国内较多应用的是部分醚化的丁氧基甲基三聚氰胺树脂。氨基树脂的含量影响着漆膜的交联程度，根据漆膜性能的需要来决定。羟基丙烯酸树脂与三聚氰胺-甲醛树脂（MF 树脂）交联固化所需烘烤温度较低，在 120～130℃，40min～1h，或在 140℃左右经 20～30min 即可很好地固化，如在共聚物分子中引入一些羧基或外加酸性催化剂，则可交联得更好或可缩短烘烤时间。

热固性丙烯酸-氨基涂料和氨基-醇酸涂料（即氨基漆）相比，它的户外稳定性好，保光性好，可用于闪光漆，但对于单色漆来说，丰满度不如热固性丙烯酸树脂。

热固性丙烯酸-氨基涂料与聚酯涂料一样，表面张力较大，施工性能不如氨基漆，易产生抽缩和缩孔，在涂料中加入极少量有机硅或丙烯酸长链烷基酯可以降低表面张力。

② 羟基与多异氰酸酯加成物反应　羟基树脂与多异氰酸酯加成物采用双组分包装，在常温下交联固化。固化后的漆膜具有优越的丰满度、光泽、耐磨、耐划伤、耐水、耐溶剂及耐化学腐蚀性，如采用脂肪族多异氰酸酯为固化剂时，更可有极优良的耐候性、保光保色性及柔韧性。其在航空、交通、机器、家电、轻工产品上有较多应用，车辆维修方面应用更广，在 ABS、聚氯乙烯、聚烯烃、聚碳酸酯等塑料表面进行涂装，效果也很突出。

③ 羧基与环氧树脂反应　带羧基的丙烯酸树脂是由丙烯酸或甲基丙烯酸作为单体共聚而成的，可与环氧树脂发生交联。其户外耐久性，保光、保色性不太好，较少用作户外涂料。它的附着力、耐沾污及耐化学品性能非常优异，多用于要求耐沾污、耐腐蚀的工业产品上，例如洗衣机、电冰箱、内用耐腐蚀卷钢，特别是应用于食品罐头内壁涂料，所需烘烤固化温度较高，一般要求 170℃，采用叔胺化合物催化剂（如三乙胺、*N*,*N*-二甲基苄胺、二甲基十二烷基胺等）时可降低至 150℃固化。

丙烯酸树脂的酸值一般为 77～117mgKOH/g。高分子量的环氧树脂与丙烯酸树脂不容，环氧树脂通常选用相对分子质量 900（E-20）以下的品种，如 E-51、E-42 等。

④ 环氧（缩水甘油）基丙烯酸树脂　以甲基丙烯酸缩水甘油酯（GMA）为共聚单体，可制备环氧官能团的丙烯酸树脂，将其用于粉末型汽车清漆中。它们可与二元羧酸或带羧基的丙烯酸树脂发生交联。这类树脂要求在 170℃以上的高温下烘烤固化，所用的缩水甘油酯单体稍具毒性并且成本较高，应用受到限制。

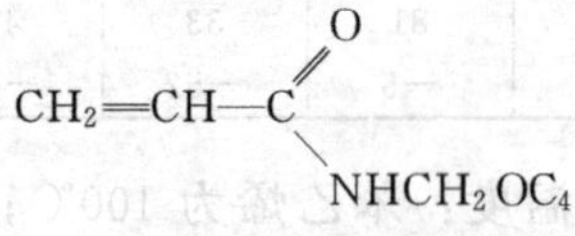

N-羟甲基丁醚丙烯酰胺

⑤ 带酰胺基团的丙烯酸树脂　带酰胺基团的丙烯酸树脂有多种使用方法。丙烯酰胺共聚物中的酰胺基可与三聚氰胺甲醛树脂发生交联反应，固化温度要高于羟基树脂。酰胺基与甲醛反应后醚化，可制备烷氧基甲基丙烯酰胺共聚物。这些树脂可作为带羟基丙烯酸树脂的交联剂。

将单体型丙烯酰胺的烷氧甲基衍生物，如 *N*-(异丁氧基甲基) 甲基丙烯酰胺作为共聚单体，与带羟基的共聚单体形成“自交联型”共聚物。带丙烯酰胺、甲基丙烯酸羟乙酯的共聚物可与甲醛反应，然后与醇类形成自交联树脂。

N-羟甲基型的自交联反应树脂制造时，常用（甲基）丙烯酰胺羟甲基丁醚作为功能型单体参与聚合，由于要求 170℃以上烘烤固化，应用受到限制。

⑥ 异氰酸酯基丙烯酸树脂　异丙烯基苄基二甲基单异氰酸酯（TMI）与丙烯酸酯共聚，制备含异氰酸酯基的丙烯酸树脂。它们可与多元醇或羟基丙烯酸树脂交联，也可与氨基甲酸羟丙酯反应，生成氨基甲酸酯基丙烯酸树脂。

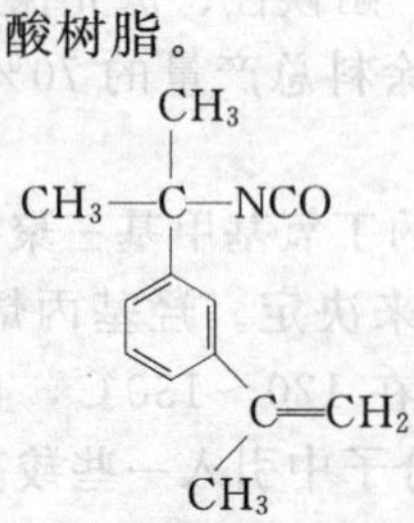

TMI

氨基甲酸酯基丙烯酸树脂与第Ⅰ类 MF 树脂交联形成的漆膜，其耐环境酸蚀能力优于 MF 交联的羟基丙烯酸树脂，而且还保持优异的耐擦毛性。氨基甲酸酯基丙烯酸酯树脂还可用丙烯酸树脂与尿素反应来制备，可通过羟基丙烯酸树脂上的羟基与丙二醇单甲醚上的氨基，用酸酯基间的酯交换反应来制备。

⑦ 三烷氧硅烷基丙烯酸树脂　以甲基丙烯酸三甲氧硅烷酯为共聚单体可制备三烷氧硅烷官能基丙烯酸树脂。用其制备的清漆可在潮气中交联固化，漆膜性能极佳。

2.3.2.2　羟基丙烯酸树脂

常规固体分带羟基的丙烯酸树脂是无官能团单体与带羟基单体的共聚物。无官能团单体通常是甲基丙烯酸甲酯、苯乙烯、丙烯酸丁酯。这类单体的混合物具有优异的户外耐久性，相对较高的 T_g，成本适中，因此适合作汽车面漆。为满足软质漆膜的应用要求，如卷钢涂料或罐听外壁涂料等，则在树脂组成中加较少量的甲基丙烯酸羟乙酯，以降低交联密度。

(1) 树脂中引入羟基的方法

引入羟基常用的方法有：①使用带羟基单体。常用的单体为两种羟乙酯（甲基丙烯酸羟乙酯、丙烯酸羟乙酯）、两种羟丙酯（甲基丙烯酸-2-羟丙酯、丙烯酸-2-羟丙酯）。在与氨基树脂交联反应的涂料中，四者对成品的质量没有显著的影响。②将甲基丙烯酸或丙烯酸的羧基共聚物与环氧化物（如环氧丙烷）反应。使用环氧丙烷的成本要低于甲基丙烯酸-2-羟丙酯，但工艺控制要求高。

(2) 树脂的配方设计

热固性丙烯酸树脂中的羟基用于和 MF 树脂交联，通常在体系中引入少量带羧基的甲基丙烯酸可减少涂料中颜料的絮凝。羧基还有助于交联。如果固化过程中采用酸性催化剂（如对甲苯磺酸等），可以不需考虑酸值的大小。

羟值过低，交联程度低，而太高虽能稍提高交联度，但效果不显著，从经济上来看也不合算，因为羟基单体的价格高。因此较理想的羟值为 44～60mgKOH/g，酸值为 35～50mgKOH/g。值得注意的是，不少国外实际配方中树脂的酸值大多在 20mgKOH/g 左右，很少有在 30mgKOH/g 以上者。

羟基丙烯酸树脂的分子量不能太低，分子量低意味着每单位质量的树脂中有更多的末端基。这些末端基对漆膜性能的影响更显著。偶氮引发剂能产生相对较少的副反应，形成的末端基的光化学活性最低，使用较多。

常规固体分涂料用的溶剂型羟基丙烯酸树脂的相对分子质量通常为 10000～20000，M_w/M_n 介于 2.3～3.3 之间。它是采用低浓度的单体溶液，通过自由基引发的链增长聚合反应来制备的。

一个典型的共聚配方如下：甲基丙烯酸甲酯（MMA）：苯乙烯（S）：丙烯酸丁酯（BA）：甲基丙烯酸羟乙酯（HEMA）：甲基丙烯酸（MAA）＝50：15：20：14：1（质量比）。树脂的 M_w 为 35000，M_n 为 15000（$M_w/M_n=2.3$）。该树脂每个聚合物分子中平均带有 16 个羟基官能团。

［例］甲基丙烯酸甲酯（MMA）：苯乙烯(S)：丙烯酸丁酯（BA）：甲基丙烯酸羟乙酯（HEMA）：甲基丙烯酸(MAA)＝50：15：20：14：1(质量比)，计算该树脂的 T_g、酸值、羟值。

解：根据 FOX 方程，分别代入数据得：

$$\frac{1}{T_g}=\frac{0.50}{105+273}+\frac{0.15}{100+273}+\frac{0.20}{273-54}+\frac{0.14}{273+55}+\frac{0.01}{273+185}=0.00309$$

$$T_g=324\text{K}=51℃$$

甲基丙烯酸甲酯（MMA）：苯乙烯（S）：丙烯酸丁酯（BA）：甲基丙烯酸羟乙酯（HE-

MA)∶甲基丙烯酸(MAA)=50∶15∶20∶14∶1(质量比),对应的摩尔比为54.3∶15.6∶16.9∶11.7∶1.5,如表2-9所列。

表 2-9 丙烯酸树脂配方计算

项 目	MMA	S	BA	HEMA	MAA
相对分子质量	100	104	128	130	86
100g 共聚物中占的质量/g	50	15	20	14	1
物质的量/mol	0.5	0.144	0.156	0.108	0.0116

羟值的测定方法有醋酸酐-吡啶法、邻苯二甲酸酐-吡啶法,表示每克树脂中的羟基相当于KOH的质量(mg)。共聚物中的羟基由甲基丙烯酸羟乙酯产生,1g共聚物中羟基的物质的量为0.00108mol,相当于KOH 60.5mg,即共聚物的羟值为60.5mg KOH/g。羧基由甲基丙烯酸产生,1g共聚物中羧基的物质的量为0.000116mol,相当于用KOH 6.5mg中和,即共聚物的酸值为6.5mg KOH/g。

用部分苯乙烯(S)取代MMA,苯乙烯含有苯环,光老化性能差,特别是当聚合链中有连续的苯乙烯链节时,苯乙烯(S)∶甲基丙烯酸甲酯(MMA)∶丙烯酸丁酯(BA)∶甲基丙烯酸羟乙酯(HEMA)∶丙烯酸=25∶25∶39∶10∶1(质量比)。

完全不用苯乙烯的配方为:甲基丙烯酸甲酯(MMA)∶丙烯酸丁酯(BA)∶甲基丙烯酸羟乙酯(HEMA)∶丙烯酸(AA)=50∶39∶10∶1(质量比)。根据FOX方程,可求得T_g=291K=8℃,共聚物的羟值为43mgKOH/g,酸值为7.7mgKOH/g。

羟基丙烯酸树脂的组成还要受到所选用的交联剂的影响。由于聚氨酯树脂中氢键的作用,用异氰酸酯交联的丙烯酸树脂的T_g要求低些,但羟值通常在55~130mgKOH/g,比较高。

2.3.3 聚酯涂料

聚酯树脂是由多元醇和多元酸缩合而成的,醇酸树脂也是聚酯,但在涂料工业中不称为聚酯。醇酸树脂是用多元醇和多元酸制备的,此外须有脂肪酸,通常是从植物油中得到的,因此醇酸树脂也被定义为植物油改性的聚酯,而涂料中使用的聚酯树脂有时称为无油醇酸树脂,用来和醇酸树脂区别。

早期的饱和聚酯由于原料品种的限制,合成的聚酯树脂在耐候性、对颜料的润湿分散性等方面存在问题,应用受到局限。20世纪80年代,上海振华造漆厂为了与上海宝钢的卷材生产流水线配套,从国外引进了卷材涂料生产技术,作为配套也引进了饱和聚酯的生产技术。随后,高性能饱和聚酯树脂品种相继开发和生产,扩大了应用领域。

聚酯涂料,特别是交联聚酯涂料具有良好的柔韧性和弹性,优良的耐冲击性、耐摩擦、耐污染性,尤其与金属有良好的黏附性、耐腐蚀性和耐候性。这些性能使得聚酯涂料在许多领域中是不可替代的。聚酯树脂改进了常规不干性油醇酸树脂氨基烘漆的缺点,如附着力、稳定性、柔韧性、硬度、光泽,以及在高达200℃过度烘烤时的保色性。漆层之间的附着力非常强,往往用作金属底面合一漆。

聚酯涂料的表面张力大,在施工时容易产生漆膜缺陷,必须控制涂料的流平性及消除缩孔现象。涂料中加有机硅助剂可以控制流平性。加入树脂量10%~20%的醋酸丁酸纤维(EAB-551-0.2),作为增稠剂可以消除缩孔现象。

2.3.3.1 聚酯树脂

① 涂料用聚酯树脂合成时,使用的多元醇要求价格低、酯化速度快,高温反应时尽可能不分解、不变色,而且容易与水分离,生成聚酯的黏度要低。根据这些要求,聚酯树脂常

用多元醇有：1,6-己二醇、新戊二醇（NPG）、三甲基戊二醇（TMPD）、环己烷二甲醇、三环癸烷二甲醇、三羟甲基丙烷、季戊四醇。

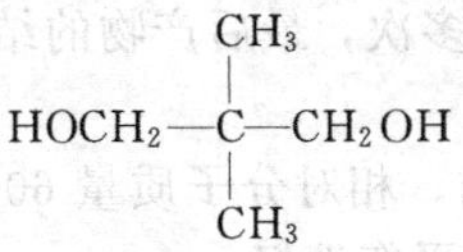

新戊二醇

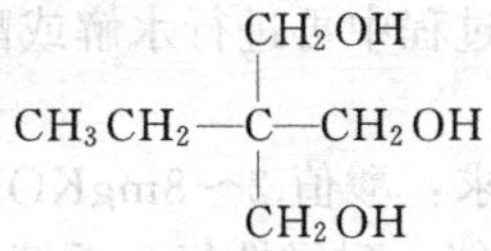

三羟甲基丙烷

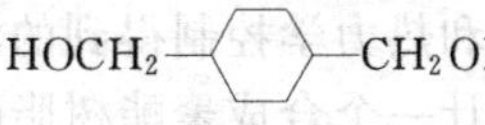

环己烷对二甲醇

应用得最广的是新戊二醇、三羟甲基丙烷和季戊四醇，都没有 β-位氢原子，耐候性好。

大多数二醇在强酸的存在下，在温度高于 200℃时开始分解，因此不能用强酸作酯化的催化剂。通常采用有机锡化合物和原钛酸酯作催化剂。

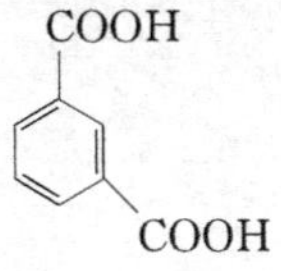

间苯二甲酸

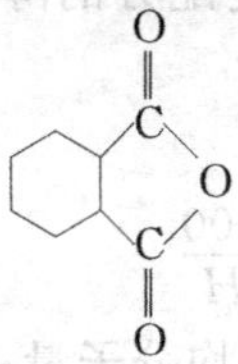

六氢苯二甲酸酐

$HOOCCH_2CH_2CH_2CH_2COOH$

己二酸

② 生产饱和聚酯的单体含羧基的有：邻苯二甲酸酐、间苯二甲酸、己二酸、癸二酸、偏苯三甲酸酐、六氢邻苯二甲酸酐、六氢苯二甲酸、5-叔丁基间苯二甲酸、十二烷酸、二聚脂肪酸。

大多数聚酯是用芳香族二元酸和脂肪族二元酸的混合物制造的，调节二者之比是调节树脂 T_g 的主要方法。间苯二甲酸是使用的主要芳香族酸，因为间苯二甲酸聚酯有优秀的户外耐久性和较大的耐水解稳定性。己二酸是使用最广的脂肪族二元酸。

2.3.3.2　聚酯树脂的性能

(1) 分子量

根据其分子量，聚酯可分为低分子量聚酯和高分子量聚酯。高分子量聚酯主要是线型的、相对分子质量从 10000～30000 的热塑性聚合物，在溶剂中具有优良的溶解性。涂层具有高度的柔韧性、优异的表面硬度和稳定性。高分子量线型聚酯做如卷材和罐头涂层之类的高柔性磁漆，和氨基树脂或其他交联剂一起进行交联固化。

低分子量聚酯相对分子质量为 500～7000，聚合度较低，具有许多功能性端基。通过改变制造工艺，低分子量聚酯可以制成线型的或支链型的，大多数情况下可以引入羟基或羧基，或同时引入这两种端基。低分子量聚酯本身不是满意的成膜物，需要和交联剂反应，以形成交联的涂层。氨基树脂和异氰酸酯就是羟基聚酯最常用的交联剂。环氧树脂和聚噁唑啉用作羧基聚酯的交联剂。

(2) 羟基封端聚酯

大多数涂料用聚酯是羟基封端的，即在制备过程中使用过量的羟基单体混合物。

酯化通常在 220～240℃进行，使用的催化剂有有机锡、原钛酸酯或乙酸锌。目前国内最常用二丁基二月桂酸锡，生产过程中，一般加入量为总反应物的 0.05%～0.25%。用 MF 树脂交联的聚酯树脂的酸值控制在 5～10mgKOH/g 树脂。用异氰酸酯交联的聚酯树脂的酸值低于 2mgKOH/g。常规聚酯-MF 通常 $M_n=2000\sim6000$，$M_w/M_n=2.5\sim4$，羟基平均官能度 4～10。

二醇通常是最易挥发的组分，因此一般必须使用一些过量二醇。过量二醇的量取决于特定的反应器和条件、分离水和二醇的效率、惰性气体流速、反应温度等。

酯化是可逆反应，因此反应速度取决于水的分离，特别是操作接近终点时，可以加入百分之几的回流溶剂，例如二甲苯，加速脱水和帮助挥发的二醇返回反应器。另一方法是，在操作后期，用惰性气体吹洗帮助除去最后的水。多元醇能经历自缩合形成聚醚，它也产生水。反应初期形成的酯基可以在酯化过程中再进行水解或酯交换好多次，最后产物的结构是动力学和热力学控制得到的混合物。

设计一个合成聚酯树脂的配方要求：酸值 2～8mgKOH/g 树脂，相对分子质量 6000 左右，羟值 50mgKOH/g 树脂。树脂性能：耐候性好，柔韧性和硬度平衡性好。

首先确定原料：根据耐候性、柔韧性要求，新戊二醇、三羟甲基丙烷、间苯二甲酸、己二酸耐候性都好；采用对苯二甲酸，价格低，可以调整分子量；锡类催化剂；二甲苯用于回流脱水。

树脂要求羟值 50mgKOH/g 树脂，可以确定配方的醇超量为 1.1。采用列管式冷凝器，二元醇损失少，故放大醇超量为 1.115。

根据经验公式：

$$f=\frac{56100}{MH}$$

式中，f 表示平均官能度；M 表示树脂的数均分子量；H 表示树脂的实测酸值。

根据分子量的要求和树脂柔韧性的要求确定树脂的官能度为 2.05。因为所用的酸均是二元酸，所以三羟甲基丙烷的用量为 2.5%（总当量）。根据树脂柔韧性和硬度平衡性方面的要求，确定己二酸用量为酸总量的 25%，对苯二甲酸的活性低，确定该原料的用量不能太大，否则树脂的反应时间太长，故定为 15%。余下 60%全部使用间苯二甲酸。配方见表 2-10。

表 2-10　饱和聚酯配方计算

组　分	质量份	组　分	质量份	组　分	质量份
新戊二醇	282.6	对苯二甲酸	62.25	催化剂	0.5
间苯二甲酸	249.0	三羟甲基丙烷	6.25	回流用溶剂	30
己二酸	91.25				

(3) 粉末涂料用聚酯树脂

粉末涂料用聚酯是脆性固体，T_g 在 50～60℃之间，是无定形的而不是结晶的，粉末涂料贮存时不会因为部分熔融而结块。用 TPA 和新戊二醇作主要单体的聚酯 T_g 较高，涂膜硬而韧，交联密度较低。1,4-环已烷二羧酸聚酯有较低 T_g 和较低熔融黏度，但如果 T_g 太低，可以全部或部分以氢化双酚 A 代替新戊二醇，使树脂粉末具备贮存稳定性。

羟端基聚酯以封闭异氰酸酯交联，羧端基聚酯以环氧树脂交联。其他交联剂包括 2-羟烷基酰胺和四甲氧基甲基甘脲。

2.3.3.3　聚酯的交联

聚酯树脂中应用最广的是端羟基聚酯，大多以 MF 树脂或多异氰酸酯交联。端羧基聚酯用环氧树脂、MF 树脂或 2-羟烷基酰胺交联。水稀释聚酯有端羟基和端羧基两种，通常用 MF 树脂交联。

氨基树脂占基料总量的 10%～35%。随着氨基树脂用量的增加，烘烤涂层硬度增加，弹性减小，耐溶剂和耐化学介质性增加，在卷材和高弹性罐头涂料中，含量可减少到 5%。

2.3.3.4　聚酯的改性

相对分子质量 1000～5000 的聚酯适合于进一步改性。通常不希望转化所有端基，以便留下可交联官能团用于涂层的固化，或用于提高涂层与基材的附着力。

环氧改性聚酯适合用酸性树脂或酸酐交联，因此不用氨基树脂交联，以避免甲醛和减小毒性，用于生产卷材涂料底漆和单涂层背面漆，对涂膜性能改善极为有利。

氨基丙烯酸漆和氨基聚酯漆相比，丙烯酸漆的施工性能、耐水性、耐酸碱性好，但涂膜的抗冲击性不够。聚酯漆硬度高、抗冲击性好，但施工性、耐水性、耐酸碱性不如丙烯酸漆。丙烯酸树脂改性聚酯可得到兼具两者优点，用于辐射固化的清漆、彩绘油墨和黏合剂的基料。

有机硅改性聚酯树脂具有良好的耐候性、保光保色性、耐热性和抗粉化性。若有机硅比例大，成本就很高；若聚酯树脂成分过多，就体现不出有机硅树脂的良好性能，产品的电绝缘性、耐候性、耐热性就下降。需要根据性能要求确定有机硅与聚酯树脂的比例。

2.3.3.5　聚酯涂料的应用

溶剂型聚酯涂料可使用各种常用的喷漆技术，最常用的是用于罐头和卷材涂料的辊涂，其次是用于旋转圆盘等的喷涂。

① 板材和卷材涂料　预涂板材和卷材迅速发展，聚酯涂料既可用于底涂，也可用于面涂。预涂卷材分为卷钢和卷铝。卷钢主要用于建筑、家电、交通等领域，卷铝用于作装饰材料。

② 罐头涂料　罐头涂料包括许多用于装饰性包装用金属的涂料。这包括各种罐，如食品罐、气溶胶罐、软管以及各种帽子和罩子。通常，先对平的板材进行涂装，然后印刷、堆积贮存、冲压和成型。常用的基材是马口铁、铝，还有少量的含铬铜。聚酯涂料具有优良的物理性能，特别是弹性与硬度平衡性，优良的附着力，不变黄和在罐头、软管内介质中的稳定性。

③ 汽车涂料　聚酯应用的独特领域是金属双层涂层中的底涂层和防石击涂料。由于汽车采用喷涂，主要使用低分子量支化聚酯。底漆中的低分子量支化聚酯与醋酸丁酸纤维素和三聚氰胺树脂一起使用。这种结合使金属片状颜料在施涂以后能很好地定位。聚酯使防石击涂料具有优良的弹性。由高级聚氨酯树脂制成的聚酯涂料用于车身经常发生石击的部分。

④ 工业涂料　聚酯涂料在汽车烘烤磁漆方面越来越重要，特别是高固含量的水性喷涂和浸渍用涂料。

2.3.4　聚氨酯漆

聚氨酯树脂即聚氨基甲酸酯树脂，指树脂中含有相当数量的氨酯键的树脂。ASTM D 16—82 规定，漆料的不挥发分中至少含有 10%结合的二异氰酸酯单体。在德国的工业标准中没有聚氨酯树脂，只有多异氰酸酯树脂，可见，异氰酸酯是聚氨酯的基础。

异氰酸酯化合物和多元醇聚合物反应生成含有氨基甲酸酯键（—NHCOO—）的聚合物，氨基甲酸酯键简称氨酯键。

2.3.4.1　异氰酸酯化合物的反应

异氰酸酯的—NCO 上的氧原子和氮原子都带部分负电荷，碳原子带部分正电荷，具有亲电子性。—NCO 易发生亲核反应。

—NCO 和—OH 之间的反应形成氨酯键，在高温下是可逆反应，用含单羟基的小分子（封闭剂）与—NCO 反应，再加入多羟基预聚物等组分，该涂料室温下稳定，烘烤固化时释放出单羟基的小分子（封闭剂），与多羟基预聚物反应交联。叔醇的氨酯键不稳定，但加热分解为烯烃、二氧化碳和胺。

$$\mathrm{R{-}N{=}C{=}O + R'{-}OH \longrightarrow R{-}NH{-}\overset{\overset{\Large O}{\|}}{C}{-}OR'}$$

$$\mathrm{R{-}NH{-}\overset{\overset{\Large O}{\|}}{C}{-}OR'} + \text{聚合物}\mathrm{{-}OH} \xrightarrow{\text{高温}} \mathrm{R{-}NH{-}\overset{\overset{\Large O}{\|}}{C}{-}O{-}}\text{聚合物} + \mathrm{R'{-}OH}\uparrow$$

在此生成氨酯键的反应中，一个分子中的活性氢原子转移到另一个分子中去，没有副产物析出（例如酯化反应有水生成），因而在反应过程中并不需抽除副产物以促使平衡的转化。它的工业产品在固化过程中也没有副产物分离出来（例如酚醛树脂固化时分出的水和甲醛），因而体积收缩较少，并可制无溶剂涂料。

工业上应用的多元醇聚合物有带端羟基的聚酯树脂、丙烯酸树脂、聚醚树脂，蓖麻油以及环氧树脂等。

异氰酸酯与氨酯键反应生成脲基甲酸酯，反应速度比与醇的反应速度慢得多，需要100℃以上进行。因此在制造加成物或预聚物时，若反应温度过高，会生成脲基甲酸酯而黏度升高乃至胶结。当使聚氨酯涂膜在高温烘烤时，也会生成脲基甲酸酯，提高交联密度。

$$R-N=C=O + R-NH-\overset{\overset{O}{\|}}{C}-OR' \longrightarrow R'O-\overset{\overset{O}{\|}}{C}-\overset{\underset{R}{|}}{N}-\overset{\overset{O}{\|}}{C}-NH-R$$

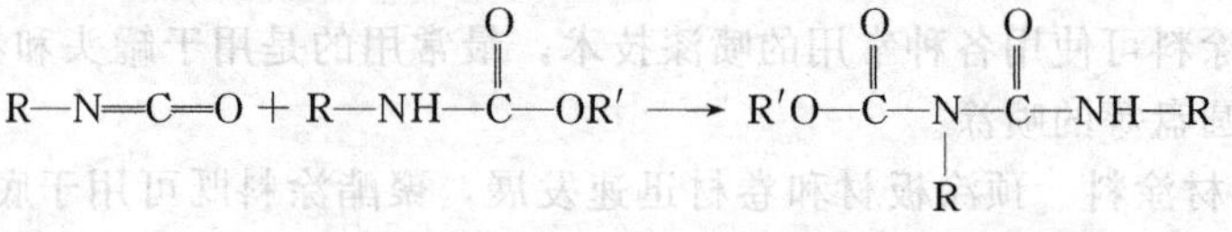

脲基甲酸酯

异氰酸酯与水反应生成不稳定的氨基甲酸，离解为胺和二氧化碳。胺比水更容易与另一个异氰酸酯反应形成脲。异氰酸酯与水的反应，第一步生成胺的速率很慢，因水与反应物不相溶，水必须经界面渗入或扩散进入体系内进而与异氰酸酯基反应生成胺，之后胺与异氰酸酯基反应强烈迅速形成脲，即第二步很快。

$$R-N=C=O + R'-NH_2 \longrightarrow R'-NH-\overset{\overset{O}{\|}}{C}-NH-R$$

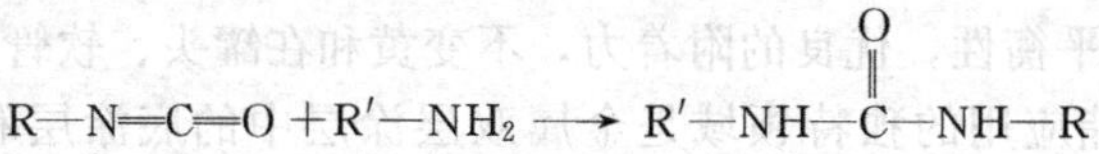

异氰酸酯和脲反应生成缩二脲，缩二脲的形成比氨酯键慢，但比脲基甲酸酯快。因为高挥发性的异氰酸酯毒性大，所以把异氰酸酯与脲反应生成挥发性很低的缩二脲来使用，这是实际应用中常采用的方法之一。己二异氰酸酯（HDI）挥发性大，特别有害，一般让它和少量水反应生成缩二脲，平均官能度得到提高（≥3），有良好的保色性和耐候性。

$$R-N=C=O + R'-NH-\overset{\overset{O}{\|}}{C}-NH-R' \longrightarrow R'-NH-\overset{\overset{O}{\|}}{C}-\overset{\underset{R}{|}}{N}-\overset{\overset{O}{\|}}{C}-NH-R'$$

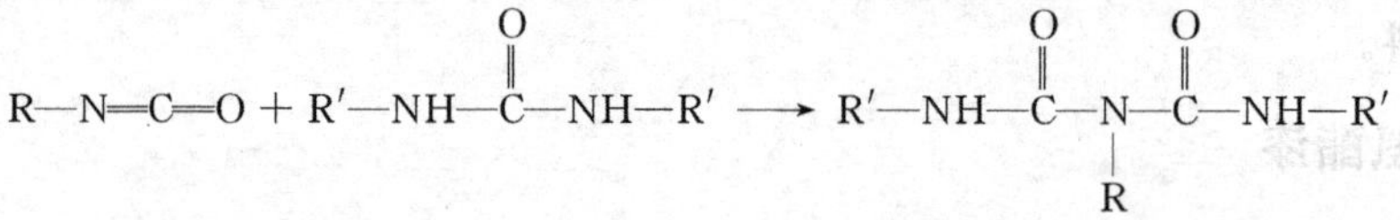

缩二脲

异氰酸酯互相反应生成二聚体，即二氮丁二酮，有机膦催化该反应，二氮丁二酮热分解再生成异氰酸酯，相当于封闭异氰酸酯。2,4-甲苯二异氰酸酯的二聚体在150℃开始分解，175℃完全分解。异佛尔酮二异氰酸酯（IPDI）的二聚体可用作粉末涂料的固化剂，在高温下分解使聚酯固化。

异氰酸酯互相反应生成三聚体，称为异氰脲酸酯，季铵化合物催化该反应，芳香族异氰酸酯用叔胺催化。异氰脲酸酯是稳定的，在150～200℃不分解。异氰脲酸酯大量用于多官能异氰酸酯，它的漆膜具有干燥快、耐温、耐候性好的特点。

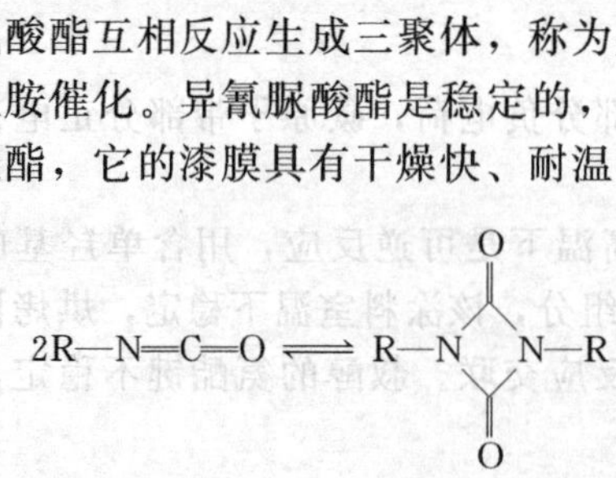

二氮丁二酮　　　　　　　　　　异氰脲酸酯

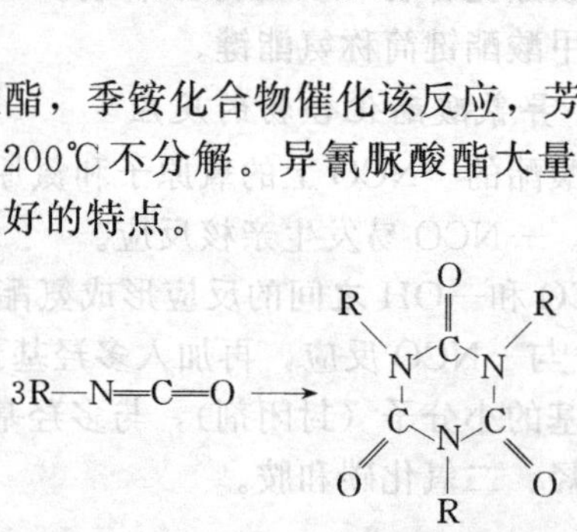

聚氨酯漆膜中，除含有大量的氨酯键外，还可能含有酯键、醚键、缩二脲键、脲基甲酸酯键、异氰脲酸酯键。

在聚氨酯高分子之间还存在氢键，这在高分子的分子间力（范德华力）的基础上又增加一种新的作用力，使分子间的相互作用增强，耐溶剂溶胀。聚氨酯有氢键，吸水形成新氢键，水能增塑涂料。在机械力下，氢键分离可吸收能量（氢键约 20～25kJ/mol），除去作用力后，又能重新形成氢键（或许在不同位置）。在可逆的氢键形成、分离、再形成过程中吸收能量，减少了共价键断裂导致高分子降解的可能性。因此，依靠在涂层中形成大量的氨酯键，可以使涂层耐磨性好。所以这种树脂用作涂料具有优异的性能，如较强的耐磨性，优良的附着力，优良的耐油、耐酸碱、耐水以及耐化学药品性。

2.3.4.2　异氰酸酯单体

多异氰酸酯单体分子中含有多个异氰酸酯基团。

异氰酸酯基团与芳香环直接相连的称为芳香族异氰酸酯，如甲苯二异氰酸酯（TDI）、二苯甲烷二异氰酸酯（MDI）、多亚甲基多苯基多异氰酸酯（PAPI）。这类单体制备的涂料的漆膜由于芳香环易变色而发黄。

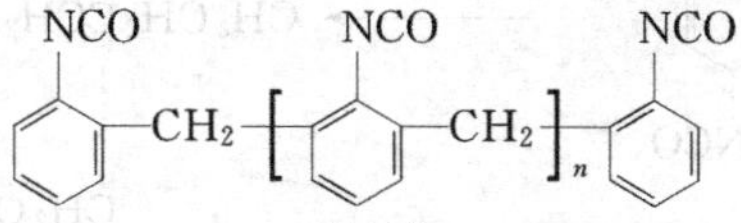

PAPI

异氰酸酯基团与脂肪族结构直接相连的称为脂肪族异氰酸酯，如已二异氰酸酯（HDI)、异佛尔酮二异氰酸酯（IPDI)、二环已基甲烷二异氰酸酯（H_{12}MDI)、三甲基已二异氰酸酯（TMDI)、亚苯二甲基二异氰酸酯（XDI）甲基苯乙烯异氰酸酯（TMI)。以脂肪族二异氰酸酯为基础的涂料，显示优越的户外耐久性。要注意，XDI 和 TMI 有芳香环，因为官能团不直接连到芳香环上，仍是脂肪族异氰酸酯，而且它们在户外耐久性和保色性方面与其他脂肪族异氰酸酯一样。

$OCN(CH_2)_6NCO$

HDI

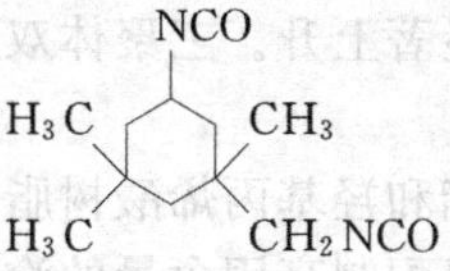

IPDI

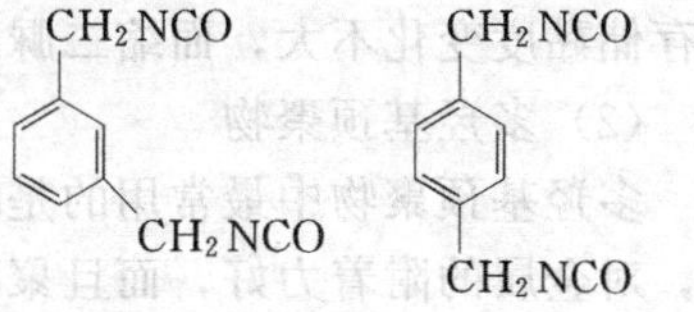

XDI

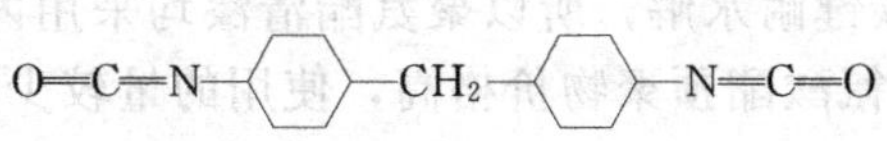

H_{12}MDI

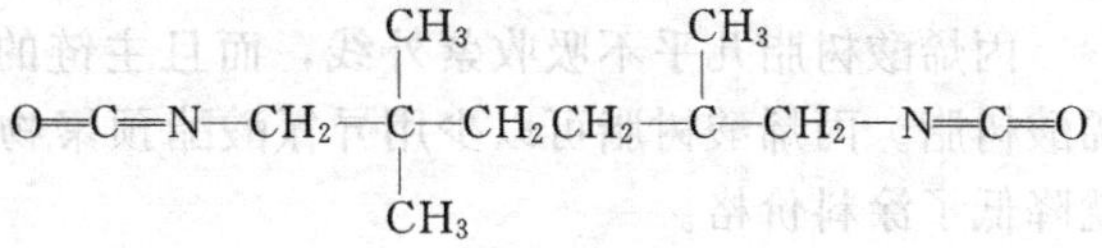

TMDI

多异氰酸酯中常用的有 TDI、MDI、HDI、IPDI 等。TDI 有 2,4-甲苯二异氰酸酯和 2,6-甲苯二异氰酸酯两种异构体。MDI 的熔点 39℃左右，不便于管道输送，但蒸气压远比 TDI 低，故毒性较低。

HDI 的三聚体应用更广泛，它比 HDI 缩二脲有更好的耐热性和户外耐久性。

IPDI 也很重要，异佛尔酮由丙酮三聚而得。IPDI 是顺式和反式异构体的混合物，分子中—NCO 基团的反应活性有差别。

单异氰酸酯中常见的是甲苯磺酰异氰酸酯。甲苯磺酰异氰酸酯因为磺酰基的吸电子性强，提高了相邻的 NCO 基团的活性，其反应活性超过芳香族异氰酸酯，因此，能优先与水反应而除去水，用作吸潮剂。它是单官能团化合物，不会导致黏度上升，但它的蒸气压较高，加入的量多，不利于劳动保护。

2.3.4.3　双组分聚氨酯涂料

聚氨酯涂料中应用量最大的是双组分涂料，一个包装内是多羟基预聚物、颜料、溶剂、催化剂、助剂，另一个包装内是异氰酸酯预聚物和溶剂，在施工前将二者混合使用。

(1) 多异氰酸酯组分

直接采用挥发性的二异氰酸酯（如 TDI、HDI 等）配制涂料，异氰酸酯挥发到空气中，危害工人健康，而且官能团只有两个，分子量又小，固化慢，所以必须把它加工成低挥发性的低聚物。通常采用较高黏度且每个分子上带较多 NCO 官能团的多异氰酸酯配制高固体涂料。

① 加成物型　最常用的是 3 分子 TDI 与 1 分子三羟基丙烷（TMP）的加成物。因为 TDI 的 4 位 NCO 的活性比 2 位的高，所以容易制造。

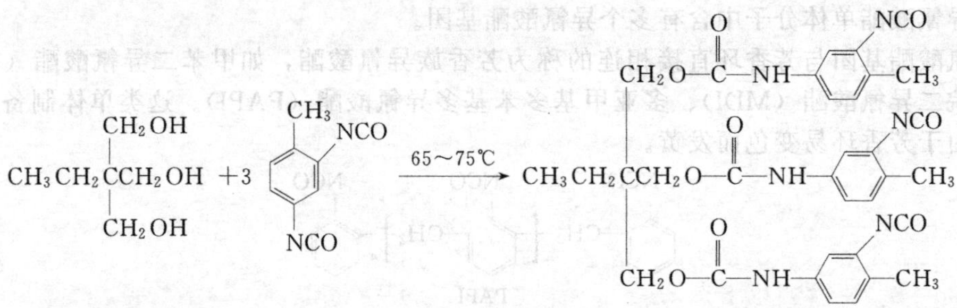

② 缩二脲异氰酸酯　3mol HDI 与 1mol 水反应生成产物，这种多异氰酸酯不会泛黄，耐候性好，用于制造常温固化的户外用漆。

③ 三聚体型多异氰酸酯　HDI 过去主要以缩二脲的形式使用，漆膜性能优良。近年发展起来的 HDI 三聚体应用量逐渐增加，有 TDI/MDI 混合三聚体、HDI 三聚体、IPDI 三聚体。

HDI 三聚体具有以下优点：HDI 三聚体的黏度比缩二脲的低，可以配制高固含量涂料。因为三聚体中不形成氢键，而缩二脲中分子间形成氢键，使黏度提高。三聚体很稳定，长时间存储黏度变化不大，而缩二脲的黏度会显著上升。三聚体双组分涂料主要用作木材清漆。

(2) 多羟基预聚物

多羟基预聚物中最常用的是端羟基聚酯和羟基丙烯酸树脂。端羟基聚酯漆膜的耐溶剂性好，对金属的附着力好，而且聚酯树脂可以配制高固含量的涂料。聚酯树脂对颜料的润湿性好，配成色漆后，聚酯和丙烯酸树脂的耐候性相差不大。

丙烯酸树脂几乎不吸收紫外线，而且主链的碳-碳键耐水解，所以聚氨酯清漆均采用丙烯酸树脂。丙烯酸树脂可以少用异氰酸酯预聚物，异氰酸酯预聚物价格高，使用的量较少，就降低了涂料价格。

耐化学腐蚀可选环氧、含羟基的氯醋共聚体。蓖麻油既可直接使用，也可以和多元醇进行酯交换形成蓖麻油醇解物后应用。由于蓖麻油中含有长链的脂肪酸，是疏水的，在聚氨酯涂料中引入蓖麻油及其衍生物，可赋予涂膜很好的韧性、耐水性和耐候性。

我国以蓖麻油为原料制醇解物 TDI 加成物为甲组分，以松香改性或脂肪酸改性醇酸树脂为乙组分的聚氨酯漆，即通常所说的 685 聚氨酯涂料，用作木器漆，占全国聚氨酯涂料中相当大的比例，价廉，性能佳，使用广泛。

(3) 聚氨酯涂料

① 室温固化的多异氰酸酯/多元醇涂料。若多异氰酸酯加入太少，不足以与羟基反应，则漆膜交联度较低，抗溶剂性、抗化学品性、抗水性下降，甚至漆膜发软。在室温固化的多异氰酸酯/多元醇涂料通常采用的 NCO∶OH 比为 1.1∶1。因为部分 NCO 来自溶剂，颜料和空气的水分反应产生脲，进行了交联。使用过量 NCO 使残留未反应羟基降至最低，也改善了漆膜的耐溶剂性，因为多余的 NCO 基吸收空气中的潮气转化成脲，增加交联密度，提高抗溶剂性、抗化学品性，漆的施工时限较长。飞机漆就以高达 2∶1 的 NCO∶OH 比配制。

② 双组分聚氨酯涂料的溶剂效应显著。异氰酸酯和醇的反应在带有氢键接受基团的介

质中进行得最慢，可以增加活化期，所以应尽量选择强氢键接受体型溶剂，而且树脂氢键接受基团的含量尽可能低。施工后溶剂挥发，反应速度加快。因为氢键接受能力强的溶剂往往黏度较高，通常使用中等氢键接受力的溶剂以获得较高固含量的涂料。氢键接受能力按下列顺序增加：脂肪烃、芳香烃、酯类和酮类、醚类、二醇二醚类。在脂肪烃中的反应速度可比在二醇二醚类溶剂中的快两个数量级。

③ 异氰酸酯和醇的反应可以由碱（叔胺、醇盐、羧酸盐）、金属盐或其螯合物、有机金属化合物、酸、氨酯来催化。

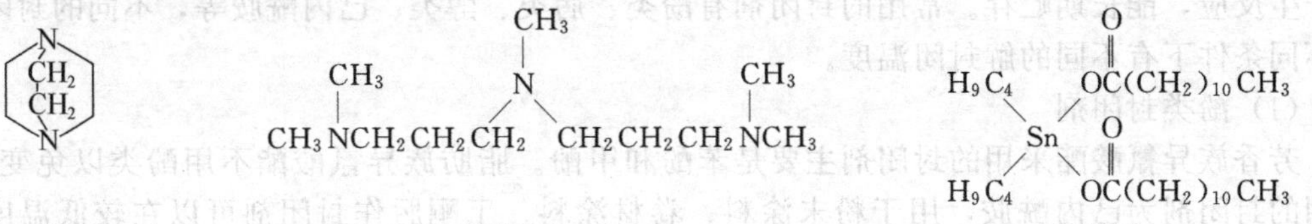

DABCO　　PMPTA　　DBTDL

涂料中常用叔胺和有机锡（Ⅳ）化合物，如三亚乙基二胺（DABCO，商标）、二月桂酸二丁基锡（DBTDL，缩写）。

二月桂酸二丁基锡有助于氨酯键形成而不足以使脲基甲酸酯形成或三聚化。锡催化剂的催化效率可用羧酸降低，在配方中添加一个挥发性酸，比如乙酸或甲酸，在活化期阶段，酸阻止反应，施工时酸挥发，阻止效应消失。

常用的胺类催化剂有甲基二乙醇胺、二甲基乙醇胺、三乙醇胺、乙二胺、己二胺、三亚乙基二胺、二乙烯三胺、3,3′-二氯-4,4′-二氨基二苯基甲烷（MOCA）等。胺催化剂对芳香族异氰酸酯比脂肪族异氰酸酯更有效。

叔胺类催化剂对促进异氰酸酯基与水反应特别有效，也用于低温固化及潮气固化型聚氨酯涂料。使用三亚乙基二胺作催化剂时，氨酯是主要产物，也形成少量脲基甲酸酯。2,4-戊烷二酮的锌配合物（znacac）、辛酸锡和季铵化合物（如四甲基辛酸铵）主要催化脲基甲酸酯的形成。

（4）双组分聚氨酯涂料固化工艺

双组分聚氨酯涂料的施工比较麻烦，要求也比较严格。

双组分聚氨酯涂料在大于70℃条件固化时，涂膜的耐水性、耐腐蚀性等均有提高。因为室温下固化成膜含有大量的氨酯键，涂膜内应力较大，如果加热到70℃以上，可消除内应力，提高涂膜的机械强度、附着力和耐化学腐蚀性能。

双组分聚氨酯涂料室温固化时形成的键主要是氨酯键。室温条件下固化需要相当长的时间，所以对涂料的物理和化学性能的检测至少需 15 天以上，甚至达 30 天才能完全固化。常温下施工，聚氨酯涂膜经 1～2 周之后完全固化，最好 15 天之后交付使用。

喷涂以采用高压无气喷涂为宜，这不但施工效率高，而且不会带入压缩空气含有的水等杂质。采用空气喷涂时，一定要净化空气，除去水及油污。小物件施工以刷涂为宜。喷两道以上，必须在头道未干之前即喷下一道漆，否则层间结合力不好。在固化已久的漆膜上喷涂聚氨酯漆必须经砂纸打磨后再施工，否则影响层间结合力。

冬季施工时，为了使涂料既有足够的使用期又有能够快速干燥的成膜性，不能加过多的催化剂，可以采取快干底漆法，将催化剂加到挥发性底漆中，加入量一般要大些。底漆快速干燥后，再涂面漆，这时底漆中的催化剂可以渗透到面漆中，从而加快面漆的成膜。

（5）弹性聚氨酯涂料

弹性聚氨酯涂料主要以常温自干型双组分形式应用，最突出的特点是具有类似橡胶的高弹性、高强度、高耐磨、高抗裂和高抗冲性能，适用于柔软织物、橡胶制品以及变形大的建筑场合，如体育运动场地铺面材料。

弹性聚氨酯贡献主链结构和柔顺性的原料主要是含端羟基长链聚合物的二元醇，而贡献刚性结构和强度的原料主要是芳香族二异氰酸酯。二元醇为线型聚酯、聚醚和聚酰胺树脂等。弹性聚氨酯可以看作柔性链段和刚性链段构成的嵌段聚合物。聚酯型弹性涂层用于耐油抗渗涂料；聚醚型不宜贮存油品，而耐水性极佳，用于聚氨酯弹性防水材料。

2.3.4.4 封闭型聚氨酯涂料

封闭型聚氨酯涂料是单组分的，因活性异氰酸酯已被封闭住，室温下不能与含羟基的树脂产生反应，能长期贮存。常用的封闭剂有酚类、肟类、醇类、己内酰胺等，不同的封闭剂在不同条件下有不同的解封闭温度。

(1) 酚类封闭剂

芳香族异氰酸酯采用的封闭剂主要是苯酚和甲酚。脂肪族异氰酸酯不用酚类以免变色，采用的封闭剂为己内酰胺，用于粉末涂料、卷材涂料。丁酮肟作封闭剂可以在较低温度固化，但易泛黄。己内酰胺封闭的 HDI 缩二脲及其他多异氰酸酯，异辛醇封闭的芳香族异氰酸酯用于阴极电泳漆。

国内最常见的是用苯酚封闭的 TDI/TMP（三羟甲基丙烷）加成物，和聚酯配成单组分聚氨酯涂料，常用作自焊电磁线漆及一般的聚氨酯烘漆。苯酚封闭 TDI 三聚异氰脲酸酯中含有稳定的三聚异氰脲酸酯环，比苯酚封闭的 TDI/TMP 加成物的耐温性要好得多。利用苯酚封闭的三聚甲苯二异氰酸酯，主要用于高温电磁线漆。

以苯酚为封闭剂的聚氨酯涂料的典型固化条件为 160℃，30min。用于铜丝漆包线涂料，首先浸涂，然后通过一个比铜丝直径适当大些的孔，滤去多余的涂料干燥（见图 2-1）。干燥用的烘箱可以设计燃烧酚的装置以清除污染。漆膜具有优良的耐擦伤性。因为氨酯键在高温下降解，可以方便地用电烙铁把漆膜烫掉，裸露出铜线、铝线，直接焊锡。把要涂漆的金属线浸在 375℃ 的锡浴中 3s，或 340℃ 8s 即可除去漆层，涂上光亮的锡层，对细的电磁线特别适用。

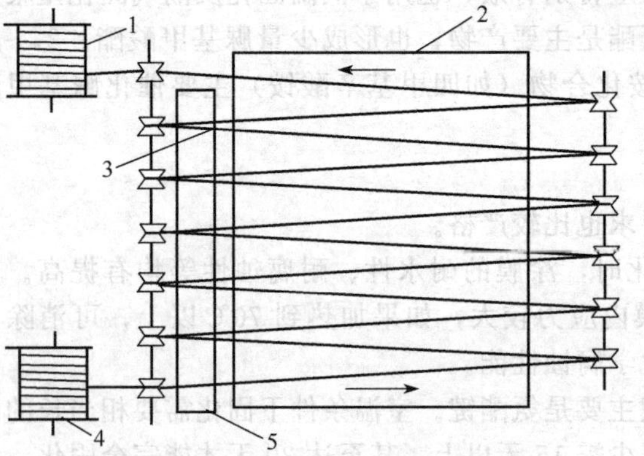

图 2-1 漆包线传动浸涂法涂装示意图

1—已浸过漆的漆包线；2—烘炉；3—模孔；4—未浸过漆的铜丝；5—盛有绝缘漆的贮槽

(2) 肟类封闭剂

肟（如丁酮肟）作封闭剂的反应活性大，如肟封闭异氰酸酯预聚物和氨端基聚酰胺配制的磁性金属氧化物涂料，辊涂到聚酯磁带上，既有足够的活化期，又可以在 80℃下快速固化以防聚酯磁带变形，具有优良的耐磨性和柔韧性。

(3) 阴极电泳漆

封闭型聚氨酯涂料最大的应用是阴极电泳漆。

双酚 A 环氧与多元胺反应生成具有氨基和羟基的预聚物，采用 2-乙基己醇封闭的异氰酸酯（在水中的水解稳定性好）作为交联剂，在水中用乳酸或甲酸中和以增加水溶性。作为面漆，用甲基丙烯酸 2-(*N*,*N*-二甲基胺）乙酯和甲基丙烯酸羟乙酯与封闭异氰酸酯组成阴极电泳漆。用封闭剂聚氨酯、聚酯树脂、环氧树脂等一起，可制备阴极电泳涂料，使含环氧基的聚合物季铵化，其分子中以—HNR 形式存在的氮含量大于 20%，以便获得优异的水溶性。

封闭型聚氨酯涂料另一大的应用是粉末涂料，主要封闭剂是己内酰胺，用得最广的异氰酸酯是 IPDI 异氰脲酸酯。因为需要高温固化且在烘箱内的集垢物难以清理，在烘炉内固化成膜时，释放出封闭剂，造成对环境大气的污染。当涂膜过厚时，由于封闭剂的释放，容易产生针孔或气泡。

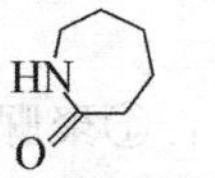

己内酰胺

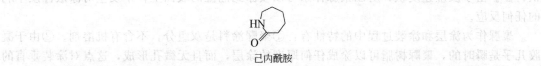

IPDI 二氮丁二酮的多元醇衍生物用作粉末涂料交联剂，受热分解产生异氰酸酯，不产生挥发性封闭剂。

2.3.4.5　潮气固化聚氨酯涂料

单组分湿固化聚氨酯涂料是由含羟基的高分子化合物，如聚酯树脂、聚醚树脂、环氧树脂、醇酸树脂及其蓖麻油醇解物等和过量的多异氰酸酯化合物反应制成的，使其 NCO/OH 摩尔比在 3 左右，或远大于 3。涂料中残留过量的 NCO 基团。该类涂料在施工应用中，和空气中的水分接触，使 NCO 基和 H_2O 反应，生成胺，放出二氧化碳，所生成的胺再和 NCO 基反应交联成脲键固化成膜。

单组分聚氨酯涂料施工方便，在相对湿度 50%～90%范围内，温度最低可在 0℃固化成膜。单组分聚氨酯既可以做成底漆，也可以制成面漆，两者配套性好。因为这类涂料是靠空气中的湿气固化成膜的，所以空气的湿度越高，固化时间越短，适用于金属及混凝土表面，是地下工程和洞穴中最常用的高性能防腐蚀涂料品种之一。

这类涂料常用蓖麻油醇解物和 TDI 反应而制成含有 NCO 基的预聚物。聚酯型单组分湿固化聚氨酯涂料有两种类型：一类利用环氧树脂改性聚酯制成单组分涂料；另一类则为羟端基醇酸树脂，利用含羟基的醇酸树脂制备单组分湿固化聚氨酯涂料，主要应用在木器家具等领域。

聚醚型单组分湿固化聚氨酯涂料采用低分子量二元聚醚或三元聚醚，有时将二者混合后，再与 TDI 制得端基为异氰酸酯的预聚物。近年流行的木器漆“水晶王”即采用该类型单组分湿固化涂料，施工方便，可喷涂、刷涂。

单组分潮气固化聚氨酯涂料中大多数使用羟端基聚酯和过量的低聚 MDI、TDI（如果需要保色性的话，加 IPDI）反应制成。异氰酸酯和水反应释放 CO_2，作为气泡滞留在涂膜中，特别是厚膜。潮气固化涂料的缺点是溶剂、颜料和其他组分要基本无水，因此它的主要用途是透明有光涂料，从颜料中除去吸附水分费用大，用分子筛可吸附水，但能降低光泽。使用一个水消除剂，比如原甲酸烷基酯或甲苯磺酰基异氰酸酯能制造着色的潮气固化涂料。

湿固化涂料因为固化反应速度太慢，可以加入催化剂加速其干燥成膜，一般采用 1,2,4-三甲基哌嗪和二月桂酸二丁基锡。除了湿气固化而形成脲键外，还有异氰脲酸酯和脲基甲酸酯键的生成。涂料的催化剂和预聚物是分装的，适用于木材和金属罩光以及混凝土表面。

2.3.4.6　聚脲

聚脲是在 20 世纪 70 年代开始发展起来的，由于固化时间短，只有 3s，使其实际应用受到限制。20 世纪 80 年代以来，复杂的双组分加热设备可以使聚脲迅速混合和分散，聚脲开始应用。20 世纪 80～90 年代期间，聚脲的化学改性产品的固化时间为 3s～25min 不等，使其实际应用显示了广阔的前景。

聚脲与双组分聚氨酯有密切的联系，它们都有一个组分是异氰酸酯材料，聚脲的第二组分是聚醚多元胺，而聚氨酯的第二组分是聚醚多元醇。聚氨酯需要催化剂加速组分的反应，而聚脲不需要催化剂。聚氨酯的反应对低温和潮气很敏感，低温下反应减慢，潮气通过生成二氧化碳来干扰反应，二氧化碳在聚氨酯中会产生气泡。聚脲不需要催化剂，可以在任何温度和潮气存在的条件下固化，因为胺与异氰酸酯的反应速率也比与多元醇或水的羟基反应要快得多。由于反应速度快，所以聚脲体系可以喷涂到潮湿的表面上，不发生对涂层性质不利的任何反应。

聚脲作为涂层和涂装过程中的特性有：①聚脲涂料是双组分，不含有机溶剂。②由于凝胶几乎是瞬时的，聚脲树脂可以涂成任何厚度的涂层，而且无微孔形成，这点对涂装垂直的和过顶的表面尤其重要，可在任意曲面、斜面及垂直面上喷涂成型，不产生流挂现象。涂有聚脲树脂的表面 5s 凝胶，1min 即在涂层表面上达到步行强度。如果需要重涂薄的斑点或漏涂点，则不需任何附加的准备就能够很快完成。甚至当产品涂在潮湿的或温度很低的表面上，聚脲也可以固化，如聚脲弹性体在低于－40℃下直接喷涂在水或冰的表面上快速形成涂层。③优异的物理力学性能。聚脲弹性体有良好的抗断裂性、耐磨性和附着力。在繁重的交通方面，耐磨性很重要，聚脲耐磨性优良。聚脲也能很好地与不同基材粘接，由于具有良好的韧性和附着性，即使和不同材料接触，也能维持好的密封性能。④优异的耐水性、耐化学性和热稳定性，在 150℃下可以长期使用，可承受 350℃的短时热冲击，对金属结构具有优异的防腐性。⑤聚脲体系可加入各种颜、填料，制成不同颜色的制品。配方体系任意可调，手感从软橡皮到硬弹性体，并可引入短切玻璃纤维对材料进行增强。⑥聚脲弹性体涂装设备要求有以下几点。平稳的物料输送系统；精确的物料计量系统；均匀的物料混合系统；良好的物料雾化系统；方便的物料清洗系统。⑦异氰酸酯能够引起对呼吸道的刺激，另外对皮肤也有轻度的刺激。用聚脲体系施工时，一定要有足够的通风面积，并且要戴上化学药品防护手套和眼镜。如果使用的聚脲体系是喷涂类型的，则必须戴上呼吸面罩。

2.3.5 环氧漆

环氧树脂是热塑性树脂，需要交联才能生成网状结构，具有性能优异的漆膜。

2.3.5.1 环氧树脂

环氧酯漆通常使用的是双酚 A 环氧树脂。热塑性酚醛树脂与环氧氯丙烷反应也能制备多官能团环氧树脂。每个分子上的环氧基为 2.2～5.5。氢化双酚 A 环氧树脂比相应的双酚 A 环氧树脂的 T_g 和黏度都低，有良好的户外耐久性，这是由于分子中没有吸收 UV 的芳香醚。

异氰脲酸三缩水甘油酯（TGIC）是用于聚酯粉末涂料的三官能环氧交联剂，漆膜具有优异的光化学稳定性。

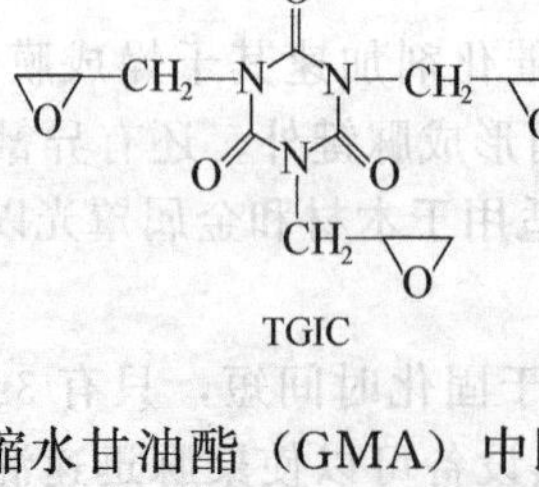

TGIC

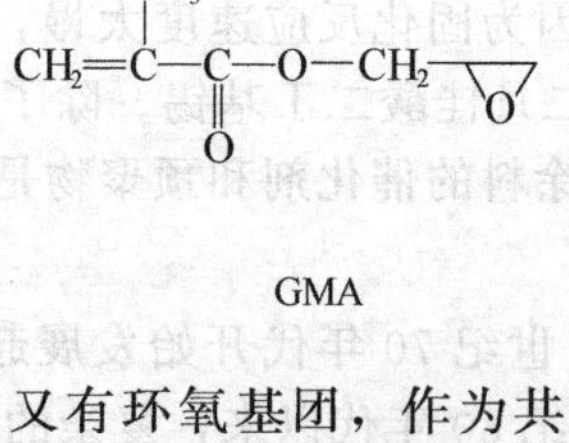

GMA

甲基丙烯酸缩水甘油酯（GMA）中既有双键，又有环氧基团，作为共聚单体与丙烯酸酯单体进行自由基聚合，树脂的户外耐久性和耐酸性优良，用于汽车面漆。

2.3.5.2 环氧树脂的固化

(1) 环氧-胺

环氧-胺涂料一般是双组分涂料，室温下完全固化需要一周的时间，在 10℃以上的温度下即能形成 3H 铅笔硬度的耐化学药品性涂膜，缺点是易泛黄、易粉化。虽然它在使用中出现泛黄和粉化，但其耐腐蚀性能不降低。

固化环氧树脂使用的有机胺，如乙二胺、己二胺以及二乙烯三胺等多烯多胺类易挥发，单独使用多元胺对人的皮肤和黏膜有刺激性，而且有机胺的用量少，精确地掌握其使用配比不容易，碱性强而易与空气中的 CO_2 生成盐等，因此通常使用有机胺改性后的产物，常使用环氧-胺加成物和聚酰胺。

1) 环氧-胺反应原理　环氧基在室温和伯胺反应形成仲胺，和仲胺反应形成叔胺，叔胺在较高温度反应形成季铵化合物。胺的反应活性随着胺的碱性强度增加而增强，随着胺的立体拥挤增大而减少。一般反应性顺序：伯胺＞仲胺≫叔胺。脂肪族胺比芳香族胺更易反应，后者碱性较弱。

该反应可由水、醇、叔胺和弱酸（特别是酚）催化，它以和环氧基上的氧配合化促使开环。强酸不是反应的有效催化剂，一个强酸（如 HCl）使氨基变成为胺盐。酚的酸性一方面

$$RNH_2 + \overset{O}{\triangle}{-}CH_2OR' \longrightarrow RNH{-}CH_2{-}\underset{OH}{CH}{-}CH_2OR' \xrightarrow{\overset{O}{\triangle}{-}CH_2OR'}$$

$$R'OCH_2{-}\underset{OH}{CH}{-}CH_2{-}\underset{R}{N}{-}CH_2{-}\underset{OH}{CH}{-}CH_2OR'$$

$$R_3N + \overset{O}{\triangle}{-}CH_2OR' \xrightarrow{加热} R_3\overset{+}{N}{-}CH_2{-}\underset{O^-}{CH}{-}CH_2OR'$$

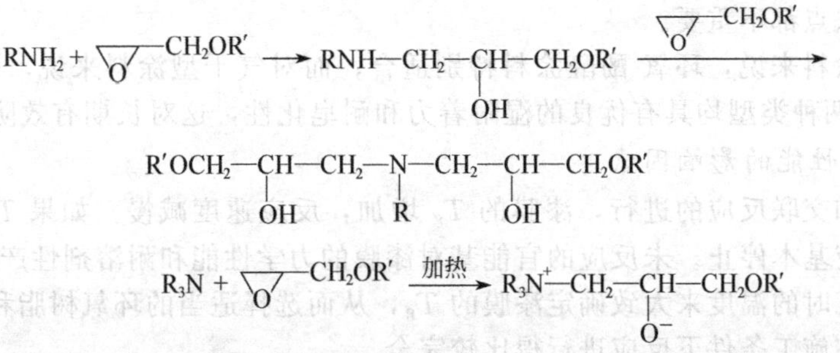

作为反应中的质子给体，和环氧基上的氧配合化促使开环；另一方面，ArO^- 可以作为质子受体，比 Cl^- 的碱性强得多，从反应后的胺上消去质子。因此，环氧树脂和常规的胺固化剂在 5℃ 以下固化速度太慢，就应用带酚羟基的有机胺来作为固化剂，酚羟基起催化剂的作用。2,4,6-三（二甲氨基甲基）酚，即 DMP-30 是环氧-胺反应的一个重要的催化剂。

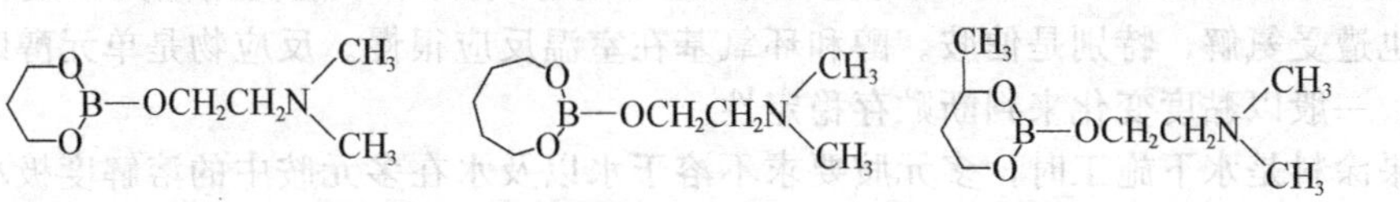

含噁硼杂环的硼胺配合物为液体，挥发性小、沸点高、刺激性小、黏度低、易与环氧树脂混容、操作方便；与环氧树脂混合 4～6 个月，黏度变化不大，贮存期长，固化物性能好。但由于它容易吸潮水解，所以使用时要注意干燥密封保存。其用量为 5～14 份，常用于环氧树脂无溶剂漆、浸渍漆等方面。

采用 594 硼胺配合物-环氧体系在室温下贮存使用期为 1 年，也属 B 级绝缘材料。

2) 常用的有机胺

① 环氧胺加成物　把有机胺制备成为胺加成物。用液体环氧树脂（$n=0.13$）和过量的多官能有机胺（如三乙烯四胺、二乙烯三胺）反应，然后真空蒸馏除去过量的胺，余下的就是有氨端基胺加成物。可以使用很多种有机胺制备胺加成物，得到有不同固化速度和双组分混合后有不同使用时间的一系列产品。因为加成物分子量增大，沸点和黏度增高，对人的皮肤和黏膜的刺激性随之大幅度减小。同时由于加成反应生成羟基，提高了固化反应活性。

② 聚酰胺　将有机胺与脂肪族羧酸反应生成氨端基的聚酰胺，相对分子质量在 500～

9000之间。通常使用二聚脂肪酸，由植物油加热聚合而成。聚酰胺的最大特点是添加量的容许范围比较宽，在双酚A环氧树脂中聚酰胺用量范围在60～150份，固化物的力学性能比较均衡，耐热冲击性优良。聚酰胺虽然是常温固化剂，但如果固化温度提高，因固化物的交联密度增加，其性能也能提高。脂肪族聚酰胺与环氧树脂固化后漆膜的性能比较接近环氧酯漆。

双酚A环氧树脂与脂肪族聚酰胺在溶剂中互相溶解，而无溶剂时二者一般不相容，因此，随有机溶剂的挥发，二者发生相分离，形成粗糙的漆膜表面（起粒）。两个组分混合后静置30min～1h，让二者初步发生反应，就可以防止起粒。

(2) 酚醛树脂

热固性和热塑性酚醛树脂与环氧基的反应是酸催化的，通常使用pTSA和磷酸。用醚化热固性酚醛树脂能增加贮存稳定性，通常使用丁醇醚化的酚醛树脂。

环氧-酚醛涂料用于高性能底漆，即使在有水存在时，对金属的附着力也很好，应用于饮料罐和食品罐的衬里。环氧-酚醛涂料烘烤时发生变色，户外耐久性也不好，但作为底漆或衬里，这些缺点都不重要。

对烘烤型涂料来说，环氧-酚醛涂料特别适合；而对气干型涂料来说，则一般可选用环氧-胺涂料。这两种类型均具有优良的湿附着力和耐皂化性，这对长期有效防腐是关键。

2.3.5.3 漆膜性能的影响因素

随着聚合和交联反应的进行，漆膜的T_g增加，反应速度减慢。如果T_g高于反应温度40～50℃，反应基本停止。未反应的官能基对漆膜的力学性能和耐溶剂性产生不良影响。需要考虑涂料施工时的温度来大致确定漆膜的T_g，从而选择适当的环氧树脂和胺交联剂组合，使胺和环氧基在施工条件下反应进行得比较完全。

环氧-胺涂料耐溶剂性有限，特别对酸性溶剂如乙酸敏感。交联密度越低时，水的渗透性就越大。BPA环氧的平均官能度约1.9，交联密度有限。使用较高官能度的环氧树脂可以提高漆膜的耐溶剂性。有时使用BPA环氧和热塑性酚醛环氧拼混料。胺通常是多官能的，一般最好以少量过量（约10%）的胺交联剂配制，确保环氧基充分反应。

氢键受体溶剂能延长涂料的活化期，但是环氧-胺涂料中不能使用酯类溶剂，因为它们在室温也遭受氨解，特别是伯胺。醇和环氧基在室温反应很慢。反应物是单元醇时，黏度变化不大。一般以黏度变化来判断贮存稳定性。

如果涂料是水下施工时，多元胺要求不溶于水以及水在多元胺中的溶解度极小。

2.3.5.4 环氧涂料的分类

根据固化机理的不同，环氧树脂涂料常分为以下三类：

① 常温固化型 由环氧树脂和固化剂以双组分包装形式使用，固化剂都采用有机胺。通常分为普通环氧涂料和煤焦沥青改性环氧涂料。

煤焦沥青改性环氧树脂涂料是黑色或灰色的，比普通涂料色彩差，但耐化学药品性能优良，且价格低廉，适合于不要求色彩的场合。常温固化环氧树脂涂料主要应用对象是不能进行烘烤的大型钢铁构件和混凝土结构件，而且与钢铁件在机加工前喷涂的防锈底漆（常称车间底漆）配套性好，用于如船底防锈漆、海上钻井平台、码头钢管桩等。

环氧沥青防腐蚀漆为2K涂料（双组分涂料），通常使用低分子量聚酰胺固化。地下输油管外壁防腐蚀和船底防锈漆的双酚A环氧树脂（E-54和E20混合物）与煤焦沥青配比约1∶1，可选用胺值400mgKOH/g的聚酰胺固化，同时起增韧作用；选用已二胺与苯酚、甲醛反应物，固化速度快。

② 自然干燥型 指环氧酯涂料，靠树脂中植物油的双键发生氧化聚合进行交联。

③ 烘干型 环氧树脂以酚醛、脲醛、MF树脂、热固性丙烯酸、醇酸和多异氰酸酯

作为固化剂制造的烘干型涂料。采用含羟甲基的烘烤温度低；含羧基或羟基的烘烤温度较高。

2.3.6　小节

缩合聚合固化涂料常用氨基树脂作交联剂，通常需要烘烤固化。氨基树脂作固化剂的主要有氨基漆、饱和聚酯漆和热固性丙烯酸漆。氨基漆中尽管有植物油脂肪酸，但因为烘烤固化，漆膜中无残留溶剂，而且漆膜中没有催干剂，所以漆膜在使用过程中无异味产生。

聚酯漆比相应的氨基漆漆膜的力学性能好，其颜色、保色性、户外耐久性及抗脆化性比大多数氨基漆好，附着力和耐冲击性与醇酸类似，比丙烯酸树脂的好，但聚酯漆膜易产生缩孔等弊病，需要加流平剂等助剂。聚酯漆易配制高固体分涂料。

热固性丙烯酸漆具有颜色浅、保色性及户外耐久性优良等特点，光化学性十分稳定，非常耐水解。丙烯酸涂料对漆膜缺陷的敏感度比聚酯小，而且对金属的附着力不如醇酸树脂和聚酯，因此丙烯酸涂料常用在底漆之上作为面漆。

双组分涂料，如双组分聚氨酯、环氧-胺，可室温固化。BPA 环氧树脂因为其户外耐久性不好，大多用于底漆。聚氨酯因漆膜内含有大量由氨酯键形成的氢键，所以漆膜具有很好的耐溶剂溶胀性和耐磨性。异氰酸酯需要在有水的场合下存储时，需要进行封闭处理。

丙烯酸树脂漆最典型的应用是乳胶漆、装饰性面漆；聚酯漆的是卷材涂料、粉末涂料；环氧漆的是底漆、地坪漆和电绝缘漆；聚氨酯漆的是木器漆、阴极电泳漆。

2.4　涂料应用机制

学习过涂料的基本原理后，就会发现涂料中有挥发型涂料、热固性涂料、双组分涂料、辐射交联涂料等应用形态。为什么有这么多涂料的应用形态呢？

挥发型涂料因溶剂含量很高，约 80%～90%（不挥发物体积分数，NVV），使用越来越少。工业上最重要的涂料都是热固性的。热固性树脂的分子量低，达到同样黏度需要溶剂较少。施工后溶剂挥发，漆膜中的不挥发分要发生聚合反应进行交联，形成立体网状结构，这样的漆膜不溶不熔，具有良好的性能。

热固性涂料要求涂料贮存时稳定性尽可能高，即贮存一年或几年时间而黏度没有显著增加，施工后涂膜的交联反应又要在尽可能低的温度下快速进行，以缩短固化时间。为达到这个目的，通常采用以下三种措施。

(1) 双组分涂料

使用双组分涂料是一个解决方法，一个组分内装有含反应基团的树脂，另一个组分中装交联剂或反应催化剂，使用前将两包装混合。双组分涂料往往称为 2K 涂料，K 代表德文的组分。双组分涂料使用时需要配制，有配错的可能，而且一般价格较贵。2K 涂料也有活化期的问题，两个组分混合后，要求在施工的期限内，黏度要保持足够低。双组分涂料在工业上大量使用，重要的双组分涂料如环氧-胺涂料、双组分聚氨酯涂料。

(2) 单组分涂料

湿漆膜中参与交联反应的官能团的浓度随着溶剂的挥发而增加，施工后交联反应的速度比涂料贮存时的要快，但不足以满足固化温度尽可能低，同时保持足够的贮存稳定性的要求。虽然采用冷冻的方法能延长贮存期，但增加了用户的费用。

在增加涂料贮存稳定性的同时，为节约能源，实现涂料在室温或稍高温下固化交联，可以采用这样几个方法。

① 使用紫外线辐射或电子辐射照在漆膜上，漆膜内产生的自由基引发涂料中的双键聚

合来交联涂料中的高分子，代替加热进行交联的反应。这就是辐射固化涂料。

② 使用大气组分作催化剂或反应剂的交联反应，如用在空气中的氧气或水蒸气存在的条件下，才能进行的交联反应。也可以将一个刚涂覆后的工件通过有催化剂的封闭空间，以发生交联反应。潮气固化聚氨酯涂料就是利用空气中的水蒸气作反应剂进行交联反应。

③ 将涂料密闭贮存在容器中，并加入挥发性阻聚剂。涂料涂布后，阻聚剂挥发掉，交联反应才能进行。中、长油度的醇酸树脂涂料和环氧酯涂料中通常加挥发性阻聚剂，如丁醛肟、环己酮肟或甲乙酮肟，能与催化剂钴离子发生化学反应，生成络合物，而使钴催干剂暂时失去活性作用。在厌氧性固化组成中，可以使用氧气作阻聚剂。

④ 在涂料中加入某种挥发性成分，作为可逆缩合交联反应的一个组分。当该成分挥发出去后，能够促使可逆缩合反应向交联反应方向进行。有些单官能挥发性反应物可以用作涂料溶剂，在贮存时可逆反应平衡有利于未交联一方，施工后溶剂蒸发时，有利于交联反应。使用挥发性的封闭剂，施工后使封闭剂挥发，发生交联反应，如溶胶-凝胶涂料。

氨基树脂作交联剂的涂料需低温固化时，要保持这种涂料的稳定性，须适量多加伯醇，抑制氨基树脂的反应活性。

⑤ 使用一个包有胶囊的反应物或催化剂，施工时，胶囊破裂。胶囊化在黏合剂上是有用的，但在涂料中不很有用，因为残留的胶囊外壳妨碍了漆膜外观。

⑥ 使用一个需经历相变的反应物。结晶的反应物或催化剂不溶于漆料，涂料就很稳定，加热到熔点以上时，熔融的可溶反应物或催化剂通过扩散参与交联反应。单组分环氧树脂-有机胺涂料就是采用这种结晶的固化剂。

反应物是固体，T_g 高于贮存温度50℃左右，基本上也不发生交联反应。粉末涂料把树脂和固化剂粉碎成粉末，均匀地混合在一起，室温下基本不发生反应，加热熔融后反应。

高固体分涂料中溶剂含量低，官能团浓度就比较高，配制贮存稳定的涂料就比较困难。高固体分涂料中树脂的分子量比较低，必须发生更多反应以达到所需交联涂膜的性能。为了得到交联密度适当的漆膜，就需要每个树脂分子上的官能团平均数目大，这就进一步提高了官能团的浓度，降低涂料的贮存稳定性。因此高固体分涂料更不可能解决低温固化和贮存稳定性之间的矛盾。

(3) 单组分涂料的动力学

对于单组分涂料，选定一个要应用的化学反应后，为了使所需固化温度尽可能低，同时保持足够的贮存稳定性，从化学反应的原理出发，又能得到什么启示呢？

这里需要解决化学反应速率与温度之间的关系问题。通常采用速率与温度相关的交联反应。Arrhenius 公式给出速率与温度之间的关系：

$$\ln k = \ln A - E_a/(RT)$$

式中，k 是反应速率常数；A 是指前因子；E_a 是反应的活化能；R 是气体常数；T 是热力学温度。

一个化学反应的活化能 E_a 在催化剂不变的情况下是一个固定值。指前因子 A 增大，反应速率常数 k 增大。这时如果温度 T 增大，同样增大 k；T 降低，就会降低 k，与 A 增大引起的 k 增大相抵消。因此，选定一个化学反应及其催化剂作为涂料的交联反应后，就希望指前因子 A 尽可能大，使涂料贮存时稳定，高温下快速固化。

指前因子 A 是随着反应进展到活化配合物状态时，由混乱度（熵）的变化控制的。影响 A 的三个重要的因素是：①单分子反应往往比多分子反应的 A 值大，即反应级数越大，A 值就越小。②开环反应的 A 值通常比较高。③极性较小的反应物，A 值较大。

因素③取决于反应介质，使用极性较小的溶剂，A 值就较大。常用的有机溶剂，如

200[#] 溶剂汽油、二甲苯的极性都很小。热固性有机溶剂类涂料如三聚氰胺甲醛树脂（MF 树脂）交联的羟基醇酸树脂、羟基丙烯酸树脂、羟基聚酯以及环氧树脂-有机胺等，首先得到大规模工业应用，与此不无关系。

虽然为了提高 A 值，希望发生单分子反应，但交联反应必须是双分子的。绕过这个问题的一个方法是使用封闭反应物 BX。BX 加热时发生单分子反应，释出反应物 B，而且最好是伴随着开环和减少极性，随后 A 和 B 交联。

$$RX \xrightleftharpoons{\text{加热}} B + X$$

$$A + B \longrightarrow A\text{—}B$$

封闭聚氨酯涂料就是单组分的，采用封闭异氰酸酯与羟基聚合物，二者在加热下小分子的封闭剂挥发，异氰酸酯预聚物与羟基聚合物反应交联。

另一途径是使用封闭催化剂 CX，此处 C 催化 A 和 B 交联：

$$CX \rightleftharpoons C + X$$

$$A + B \xrightarrow{\text{催化剂 C}} A\text{—}B$$

氨基树脂作交联剂的涂料中，用封闭催化剂对甲苯磺酸，常用的是对甲苯磺酸的吡啶盐(或其他胺盐)。解封闭反应使封闭剂或催化剂再生，交联反应应该比解封闭反应快，这样才能快速生成产物 A—B。

根据涂料对高分子的特殊要求，通过从涂料的应用机制进行探讨，一方面可以理解涂料为什么有多种应用形态，另一方面也可以拓展我们的思路，即根据这些原理，能否把碰到的新的化学反应或化合物应用于涂料中。

2.5 高固体分涂料

本节介绍提高涂料高固含量的方法、高固含量涂料的主要类型。

溶剂型涂料中大多数为热固性涂料。常规热固性涂料体积固体分（NVV）大，为 25%～35%。高固体分的金属闪光汽车面漆（或底色层）约 45%（NVV）左右，高固体分底漆约 50%（NVV）。高固体分的清漆或高光泽着色涂料则为 75%（NVV），甚至更高。高固体分涂料减少有机溶剂的用量。

VOC 除挥发性溶剂外，还包括交联反应产生的挥发性副产物，以及涂料中低分子量组分，而且挥发量随烘烤条件而变。

为得到高固含量的涂料，需要降低成膜树脂的黏度，通常使用的手段是采用低分子量和窄分子量分布的树脂，降低树脂的聚合度分布会使 T_g 转变范围的宽度变窄，也会对漆膜的力学性能造成不利影响。降低溶液黏度可以通过降低树脂的 T_g 来实现，但同时也降低了漆膜的 T_g，影响漆膜的性能，一般需要尽力避免。减少每个树脂分子上羟基数或羧基等极性官能团的平均数，减少羟基数或羧基数也相应降低了树脂分子间的氢键强度，从而降低了溶液黏度。脂肪烃促进树脂分子间及分子内的氢键键合，特别是羧基之间，因此增加树脂溶液的黏度。使用一些氢键受体（即电子对供体，用于接受氢原子核裸露表现出强的正电荷）溶剂如酮、酯，或氢键受体-给体溶剂如醇，在相等固含量下会使溶液黏度显著下降。

下面就每个品种树脂的具体情况进行讨论。

(1) 高固体分涂料用聚酯树脂

降低聚酯树脂 T_g 可采用降低芳香族/脂肪族二元酸比和使用无环多元醇，可以得到较低黏度的树脂溶液，但降低 T_g 有一个下限，低于下限，得不到所需的涂膜性能。

调节原料中羟基和羧基的比例就可合成树脂分子上有要求羟基平均数目的聚酯。如果每个聚酯分子上平均有5个羟基，其中有一个羟基未反应，对涂膜性能的影响较小。但是每个分子只有2个羟基，如果有一个羟基未反应，对涂膜性能的影响就相当大。通常在高固体分聚酯中，每个分子平均有2～3个羟基。制造低分子量聚酯树脂要求用二元酸/多元醇的典型摩尔比是2∶3，发生环化反应形成单官能材料的概率不大，最后反应结果都是端羟基。

涂膜烘烤干燥时，树脂的一些低分子量组成会挥发。这也要和有机溶剂一起计入挥发性有机物（VOC）的量。交联剂可以降低低分子量组分的挥发损耗。最好选择数均分子量800～1000的聚酯树脂以达到最低的VOC。分子量更小时，低分子量组分的挥发损耗太大。分子量分布宽，增加了挥发性的低分子量组分，而且黏度也较高，因此尽量狭窄的分子量分布能得到最低的树脂溶液黏度。

高固含量聚酯涂料采用低分子量饱和聚酯和单分子三聚氰胺甲醛树脂，体积固含量在65%～80%之间。由于分子量低，所得漆膜的弹性比通常溶剂型聚酯涂料低。高固含量聚酯涂料主要用于喷涂或浸涂。

(2) 高固体分羟基丙烯酸树脂

制备用于高固含量涂料的丙烯酸树脂是比较困难的。一般高固含量聚酯涂料的体积固体含量可达65%～70%，聚酯通过调整羧基和羟基的摩尔比，容易保证每个分子上平均有两个以上的羟基，但丙烯酸树脂却很难达到。

常规型热固性丙烯酸涂料使用M_w/M_n大约35000/15000的树脂，平均官能度为10～20，交联剂的M_w/M_n约为2000/800，平均官能度为3～7。NVV为45%的丙烯酸树脂M_w/M_n约8000/300，平均官能度为3～6。NVV为70%的高固体分丙烯酸树脂M_w/M_n必须在2000/800左右或更低，平均官能度小于2，即每个分子中平均不多于两个羟基。

使所有的分子上具有至少两个官能团是关键。传统的热固性丙烯酸树脂$M_n=15000$，数均聚合度$P_n=140$；假设高固体分热固性丙烯酸树脂$M_n=1070$，$P_n=10$。传统树脂中单独的分子上其羟基数平均为16，从统计学角度看，低于2个羟基的分子数是非常少的，因此几乎所有的分子都能参与交联。高固体分热固性丙烯酸树脂中单独的分子上其羟基数平均仅为1.2，相当一部分分子因为不带羟基，不能参与交联反应。这些不含羟基的分子或挥发，或作为增塑剂残留在漆膜中，对漆膜性能是不利的。带一个羟基的分子经交联反应后终止，在涂料中留下疏松的末端，而疏松的末端会严重降低网状结构的力学性能。分子量太低，在烘烤过程中部分漆基会挥发掉。平均官能度减少，要把漆膜性能控制在所需要的范围内，就难以控制涂料的配方和固化条件。

热固性树脂中单羟基低聚物的质量每增加一个百分点，热固性丙烯酸树脂与三聚氰胺-甲醛树脂组成的涂料的T_g降低近1℃。为解决这个问题，一是增加HEMA的量，如增至15%，二是使树脂的分子量分布尽量窄，极性基团的分布尽量均匀。后者在高固含量丙烯酸涂料中非常关键。

一个典型的高固体分热固性丙烯酸树脂的性质：苯乙烯（S）/甲基丙烯酸甲酯（MMA）/丙烯酸丁酯（BA）/丙烯酸羟乙酯（HEA）=15∶15∶40∶30（质量比），M_w为5200，M_n为2300。以该树脂为原料，以MF为交联剂，制成固含量较高的涂料，在甲戊酮（MAK）中不挥发物为65%。

偶氮类引发剂如偶氮二异丁腈（AIBN）很少发生支化，树脂的分子量分布狭窄。AIBN一般比过氧化苯甲酰更适合作引发剂的原因是漆膜具有更优异的户外耐久性。

通用丙烯酸白色涂料能满足中等耐候性要求，可喷涂的浓度约为54%～56%的体积分数（质量分数）70%～72%。国外一种市售丙烯酸树脂，M_n为1300，$M_w/M_n=1.7$，可与第Ⅰ类MF树脂配成白色涂料，可喷涂浓度为77%的质量分数。这些树脂所形成的漆膜虽然有发脆的趋势，但是漆膜坚硬，具有耐化学性及其他许多优良性能。

采用单体甲基丙烯酸酯（如 3,3,5-三甲基环己醇的甲基丙烯酸酯和甲基丙烯酸异冰片酯），二者同时使树脂具有相对低的黏度和高 T_g。它们可部分替代 MMA 和苯乙烯使用。

将组成上有差异而且相互混容的树脂混合。使用低分子量羟基封端的聚酯与丙烯酸树脂混合以降低黏度，但漆膜性能如户外耐久性和耐化学性，通常不如直接交联的热固性丙烯酸树脂-MF 涂料的性能优异。高固体分涂料用树脂和交联剂一般 M_n 低于 5000，容易混容，而分子量高的相应的树脂就可能不相容。低 M_n 树脂较宽的相容性就可配制基于不同类型树脂混合物的高固体分涂料，但在交联初期，随分子量增加，可能会发生相分离。需要配成清漆检验漆膜的透明性，漆膜出现浑浊表明相分离太严重，导致漆膜外观或性能受损。

高固含量丙烯酸树脂涂料在喷涂黏度下的体积固体含量现在可达 54%～56%（质量固体含量可达 70%～72%）。由于要保证实际上所有低分子量分子都有至少两个羟基官能团很困难，丙烯酸涂料不大可能制造出像聚酯那样高的固含量的涂料。

(3) 高固体分聚氨酯

双组分聚氨酯涂料可通过用羟基封端的脂肪族二醇类、低分子量酯或氨酯二醇类降低黏度。具有 M_n 为 310 的混合戊二酸、己二酸和壬二酸的 1,4-丁二醇酯黏度为 270mPa·s (25℃)，用多异氰酸酯作交联剂配成无溶剂涂料。这种涂料可用水稀释，用 MF 树脂则烘烤涂膜的硬度较低。

异氰脲酸酯、不对称三聚体、缩二脲和具有较低分子量的脲基甲酸酯的黏度均较低。它们与酮亚胺或位阻二元胺一起可制备极高固体分的清漆涂层。

大多数胺用于 2K 涂料，反应太快，现在开发了位阻胺以降低固化反应的速度。取代天冬氨酸酯在 $R=(CH_2)_6$ 时，它的黏度 20℃下仅 150mPa·s，与 HDI 交联的凝胶时间略小于 5min。正确选择异氰酸酯、取代天冬氨酸酯和催化剂，就可以配制很高固含量的 2K 涂料。

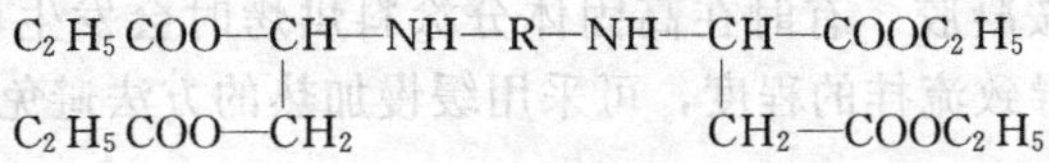

取代天冬氨酸酯

亚胺有酮亚胺和醛亚胺，二者都和异氰酸酯反应生成不饱和取代脲。没有水时，异丁基异氰酸酯和由甲胺和丙酮衍生的酮亚胺在 60℃反应 3h 生成异丁基甲基脲和环状不饱和取代脲。醛亚胺比酮亚胺水解更稳定，在水的存在下，和异氰酸酯进行直接反应的百分率比酮亚胺大。亚胺也可以水解生成游离胺，它和异氰酸酯反应。两个反应的比例取决于相对湿度、施工和固化之间的时间以及固化温度。

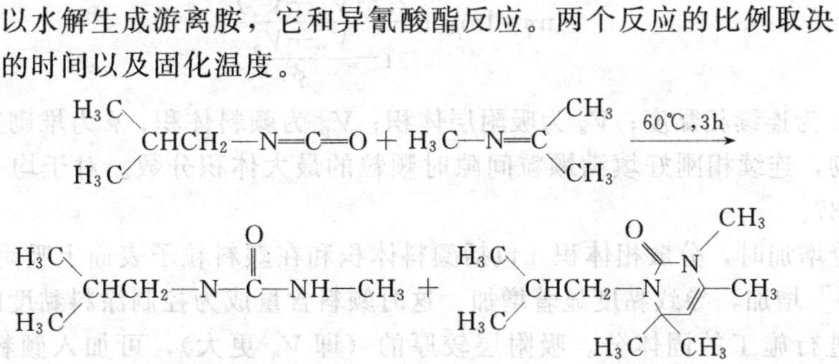

在直接反应中，并不从亚胺释放羰基化合物，因此 VOC 排放较低。两个反应的比例取决于相对湿度和施工与烘烤相隔时间。羧酸促进直接反应多于水反应，水和叔胺降低直接反应速度。

亚胺黏度很低，例如，双甲基异丁酮的乙二胺的缩亚胺的黏度为 5mPa·s。醛缩亚胺有利于直接反应，特别是在高于 60℃。亚胺容许配制很高固体分的 2K 涂料，比用多元醇有较长的活化期和较快的干燥速度。它们可单独使用，或者同羟官能聚酯或丙烯酸组合使用。

(4) 高固体分醇酸树脂

采用三羟甲基丙烷制造的醇酸树脂比甘油醇酸树脂的分子量和黏度都低。加速干燥的醇酸树脂涂料（在60～80℃范围内固化涂料）可以使用甲基丙烯酸酯单体。甲基丙烯酸十二烷基酯形成漆膜较软。甲基丙烯酸三羟甲基丙烷酯作活性稀释剂可得强度较好的漆膜，但漆的稳定性极差。

(5) 高固体分涂料的施工问题

① 固化窗口窄　在常规型涂料里，固化窗口相当大，即如果烘烤温度差±10℃，又如烘烤时间差±20%，多加或少加10%催化剂的话，漆膜性能几乎没有差异。在高固体分涂料里，其固化窗口较窄。如果每个树脂分子里有大数目的羟基而10%未反应，则在性能上变化很小。但如果每个分子里只有很少超过2个羟基且10%留下未反应，那么这些分子对漆膜性能就有不利的影响。

使用高固体分涂料时，必须仔细地控制在烘烤的时间和温度。高固体分涂料更易因涂料固化温度和固化时间的变化而发生的漆膜性能改变，因此在标准温度上下约10℃时要仔细检查漆膜性能。

② 涂装方法　热喷涂、高速静电盘和超临界流体喷涂都可使用更高黏度的涂料。涂装高固体分涂料造成喷涂流挂不能轻易地采用调节涂料中溶剂挥发速率或改变喷枪与底材之间的距离来加以控制，但可使用热喷涂或超临界流体喷涂流挂降到最低程度。

③ 高固体分涂料的漆膜缺陷问题　高固体分涂料容易发生的漆膜缺陷有絮凝、表面张力高、流挂，这些问题的产生及解决见第5章、第6章中相关的内容。当固体分增加时，颜料容易发生絮凝，需要使用有效的颜料分散剂。高表面张力涂料施工时有可能发生缩孔等漆膜缺陷，需要使用有效的防缩孔流平剂。

为避免流挂，可将触变剂加到作喷涂施工的高固体分涂料中，如气相二氧化硅、膨润土、硬脂酸锌以及聚酰胺凝胶。有时在高固体分涂料烘烤时会发生流挂。烘烤期间温度增加，使黏度降低到足以导致流挂的程度，可采用缓慢加热的方法避免这种流挂。

(6) 高固体分底漆

在常规底漆中，如果颜料不发生絮凝（颜料在涂料中不均匀分布，形成松散的聚集体），颜料对涂料黏度的影响相当少。然而在高固体分涂料中，尤其是高颜料含量的涂料中，吸附层厚度对黏度有显著的影响。吸附层对黏度的影响可从Mooney式中看到：

$$\ln\eta=\ln\eta_e+\frac{2.5(V_p+V_a)}{1-\dfrac{V_p+V_a}{\phi}}$$

式中，η_e为连续相黏度；V_a为吸附层体积；V_p为颜料体积；ϕ为堆砌系数，即颗粒紧密地随机堆砌，连续相刚好填满颗粒间隙时颗粒的最大体积分数。对于均一直径的球状颗粒，ϕ为0.637。

当固体分增加时，分散相体积［包括颜料体积和在颜料粒子表面上吸附层体积两方面，即(V_p+V_a)］增加，导致黏度显著增加。这时颜料含量成为控制涂料黏度的重要因素，限制了涂料能进行施工的固体分。吸附层较厚的（即V_a更大），可加入颜料的量（V_p）就更少。

在底漆中，颜料含量PVC为45%或更高时，颜料的加入显著增加了涂料的黏度，这时就需要降低固体分来进行施工。

因此，高固体分底漆是用比最佳PVC低得多的PVC来配制的。在最佳PVC下增加固体分就需要去开发适当的颜料分散体产生较薄的吸附层，而且价格适当。然而，即使吸附层厚度达到非常小的5nm，颜料体积固体分的上限可能不超过70%。

在底漆中，颜料含量高，通常在 CPVC 附近，因此涂料的光泽低，漆膜粗糙，表面积大，层间附着力好。颜料含量略大于 CPVC 的底漆的漆膜有些多孔，让面漆涂料渗透进孔内可以获得优异的层间附着力，而且不易塞住砂纸，更容易被打磨，成本也低。

由于高固体分底漆允许的颜料含量的限制，减少底漆有机溶剂用量应该大力发展水性底漆。目前广泛使用的电泳漆就是金属表面大规模应用的水性底漆。

练 习 题

1. 常见的挥发型涂料有哪几类，各有什么特色？涂料中常用的卤化聚合物有哪几类？
2. 油基涂料的干燥机理是什么？油度的长短对涂料性能有什么影响？催干剂和抗结皮剂各起什么作用？
3. 解释酯胶、松香改性酚醛树脂、纯酚醛树脂、户外醇酸树脂漆、通用醇酸树脂漆、环氧酯、氨酯油、MF 树脂、氨基漆、高固体分涂料、原子灰的概念。

*4. 常用油基涂料有哪几类，各有什么特点？它们共同的特点是什么？

5. 不饱和聚酯漆的干燥机理是什么？对于氧的阻聚作用，采用的措施有哪些？

*6. 比较紫外线固化和阳离子辐射固化涂料使用的树脂、固化机理、漆膜的特点。

7. 氨基树脂可以直接用来形成漆膜吗？它在涂料中对漆膜性能起什么作用？

*8. 氨基树脂可以和含有哪些官能团的树脂发生交联反应？它在涂料中的固化机理是什么？

9. 热固性丙烯酸涂料有什么主要特性？
10. 饱和聚酯涂料和氨基漆在组成和性能上有什么差别？
11. 聚氨酯漆为什么有单组分和双组分之分？就每类聚氨酯漆各举一各重要应用实例。
12. 环氧-胺涂料使用的胺有哪几类，各有什么特点？
13. 涂料为什么有许多应用形态，如双组分涂料、单组分涂料、辐射固化涂料、粉末涂料等？

*14. 制备高固体分涂料通常采用的方法有哪些？高固体分涂料的优、缺点是什么？

第3章 溶　剂

本章主要讨论涂料用有机溶剂的性质，如溶解力、挥发速率在涂料制备和成膜过程中发挥作用的理论和机制。为在涂料制备时能够选择到合适的溶剂，这些溶剂在成膜过程中能够控制漆膜的形成过程，以得到平整、光滑、无缺陷的漆膜。同时介绍关于有机溶剂使用安全性的基本概念。

3.1 涂料用溶剂

溶剂是指用来溶解或分散成膜物质以便于施工，并在涂膜形成过程中挥发掉的液体，也称挥发分。溶剂能降低涂料黏度。涂料溶剂除水外，都是可挥发的有机物。在纤维素等涂料中，为赋予涂膜柔韧性和增加附着力而使用的不挥发性液体称为增塑剂，不属于溶剂。

(1) 溶剂的作用及问题

溶剂对树脂的溶解能力，对树脂溶液的均匀性、黏度和贮存稳定性有决定性的影响。在涂膜干燥过程中，溶剂的挥发性又极大地影响了干燥速度、涂膜的结构和外观质量。溶剂的黏度、表面张力、与树脂的相互作用影响漆膜形成过程中的流挂、流平、爆孔等，从而影响漆膜的性能，但选择溶剂时通常并不考虑它对漆膜性能的影响。选择标准主要是溶剂的溶解能力、挥发性、闪点及价格，这也是有机溶剂最重要的特性。目前使用的主要是混合溶剂。涂料涂布后，溶剂应从漆膜中挥发掉，不残留溶剂，这样漆膜才具有较好的力学性能。

几乎所有溶剂均被美国环境保护署（EPA）列为光化学活性的挥发性有机化合物（VOC），从20世纪70年代就限定其用量以减少对空气的污染。在1990年，美国国会把某些常用溶剂列为危险空气污染物（hazardous air pollutants，HAP），更进一步限制了其应用。

(2) 常用的有机溶剂

脂肪烃是直链、支链或脂环类的碳氢化合物，价廉，密度低。松香水是最常用的脂肪烃，又叫200号溶剂汽油，是150～204℃收集的石油分馏产品。松香水中芳香烃含量越低，气味越小，但对树脂的溶解力越弱。

芳香烃比脂肪烃价格高些，但可溶解更多的树脂品种。甲苯、二甲苯和高闪点芳香烃在涂料工业中广泛应用。苯有毒，已禁用。甲苯和二甲苯也被列入HAP。

酮一般比酯便宜，而且酮的密度通常较小，按体积计价格更廉，但酮类有不愉快的气味。甲基乙基酮和甲基异丁基酮已列入HAP，限制使用。丙酮尽管气味大，但毒性不大，应用广泛。酯的用量在增加。挥发慢的酯，如丙二醇甲醚醋酸酯（1,2-丙二醇的衍生物）和乙二醇丁醚醋酸酯，比挥发慢的酮如异佛尔酮（IP）和甲基正戊基酮更常用，因为前者气味小。乙二醇乙醚的酯类曾广泛使用，但对人危害大，已限制使用。硝化碳氢化合物，如2-硝基丙烷，高极性氢键受体溶剂，它的高极性可提高涂料的电导率，用于调节静电喷涂涂料的电阻。

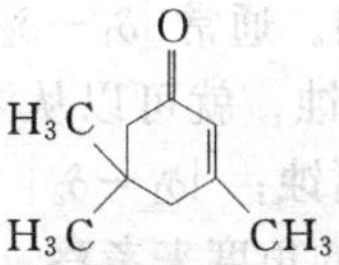

异佛尔酮

醇类最常用的是甲醇、乙醇、异丙醇、正丁醇、仲丁醇和异丁醇。许多乳胶漆中含有挥发慢、水溶，但不溶解聚合物的溶剂，如乙二醇或丙二醇。水稀释丙烯酸和水稀释聚酯用挥发慢的醚醇，如丙二醇丙醚、乙二醇丁醚或一缩乙二醇单丁醚。

在涂料施工时，常用稀释剂来调整涂料的黏度以符合施工要求。稀释剂用错，会使涂料浑浊析出，不能使用。稀释剂用量过多会使色漆遮盖力和光亮度变差；用量过少，漆液过稠，喷涂时涂膜流平性差，呈橘皮状，甚至起皱流挂。一定要正确选用稀释剂，最好选用造漆厂推荐的，按产品使用说明书进行配用。

3.2 溶解力

溶剂的溶解力指溶解高分子树脂形成均匀溶液的能力。高分子因为分子量大，溶解时需要首先大量吸收溶剂，体积膨胀，这是“溶胀”阶段，溶剂分子不断向内扩散，外表面的高分子全部被溶剂化而溶解，新的表面又逐渐被溶剂化而溶解，最终形成均匀的高分子溶液。

3.2.1 高分子的溶解及溶解度参数

高分子树脂和有机溶剂相互之间均匀混合过程的自由能 ΔG 减少，溶解才能自发进行。

$$\Delta G=\Delta H-T\Delta S<0 \tag{3-1}$$

式中，ΔH 为混合焓；ΔS 为混合熵变。

溶解过程是从有序到无序，熵总是在增加，ΔS 是正值，即 $T\Delta S$ 项总是正值。为了使 ΔG 为负值，要求热焓 ΔH 越小越好。对于极性高聚物溶解在极性溶剂中，因为高分子与溶剂间有强烈的相互作用，溶解时放热 $\Delta H<0$，使 $\Delta G<0$，溶解过程能够自发进行。

对于非极性高聚物，溶解过程吸热 $\Delta H>0$，只有在 $\Delta H<T\Delta S$ 的情况下才能满足式(3-1)，进行自发溶解。因此，提高温度 T 或者减小混合热 ΔH 都能促进自发溶解。如聚乙烯要在120℃以上才能溶于四氢萘、对二甲苯等非极性溶剂中，聚丙烯要在135℃以上才能溶于十氢萘中。

非极性高聚物与溶剂混合时的混合热可用经典的 Hildebrand 溶度公式计算：

$$\Delta H=V\Phi_1\Phi_2[(\Delta E_1/V_1)^{1/2}-(\Delta E_2/V_2)^{1/2}]^2 \tag{3-2}$$

式上，Φ_1 和 Φ_2 分别为溶剂和溶质的体积分数；V 是混合后的平均摩尔体积（$V=M/\rho$，M 是分子量，ρ 是密度）；V_1 和 V_2 分别为溶剂和溶质的摩尔体积；ΔE 是物质的摩尔蒸发能（$\Delta E=\Delta H-RT$，ΔH 是液体的蒸发潜热）；$\Delta E_1/V_1$ 和 $\Delta E_2/V_2$ 分别为溶剂和溶质的内聚能密度。

(1) 溶解度参数

内聚能密度的平方根称为溶解度参数，用 δ 表示：

$$\delta=(\Delta E/V)^{1/2} \tag{3-3}$$

δ 的常用单位为 $(cal/cm^3)^{1/2}$，简称为 h。在国际标准单位中，δ 的单位为 $(MPa)^{1/2}$。$1(MPa)^{1/2}=2.0455(cal/cm^3)^{1/2}$。用溶解度参数表示的 Hildebrand 溶度公式：

$$\Delta H=V\Phi_1\Phi_2(\delta_1-\delta_2)^2 \tag{3-4}$$

当 $\delta_1=\delta_2$ 时，$\Delta H=0$，这时的混合自由能 ΔG 由 ΔS 控制。如果溶解度参数之差很小，ΔH

也很小，混合自由能 ΔG 主要由 ΔS 控制。通常 $|\delta_1-\delta_2|<1.3\sim1.8$ 时，估计就能够溶解。反过来，如果希望漆膜能够耐一种溶剂腐蚀，就可以从溶解度参数 δ 来大致判断：$|\delta_1-\delta_2|<1.7$ 时不耐腐蚀；$|\delta_1-\delta_2|>2.5$ 时耐腐蚀；$|\delta_1-\delta_2|=1.7\sim2.5$ 时有条件地耐腐蚀。当然这只是从溶剂对漆膜高分子是否可能溶解的角度来考察，实际的漆膜腐蚀影响因素很多，如溶解度参数一样，线性的小分子溶解聚合物快，而结构复杂的分子慢，这是因为结构复杂的分子通常需要非常长的时间才能达到溶解平衡。

涂料中使用的溶剂大多为混合溶剂，它的溶解度参数 δ 可以近似用下式计算：

$$\delta=\phi_1\delta_1+\phi_2\delta_2+\phi_3\delta_3+\cdots \tag{3-5}$$

式中，ϕ 表示混合溶剂中，某组成溶剂的体积分数。

高分子一般是固体，它们的溶解度参数 δ 可以通过化学结构的计算求得（见附录Ⅱ），也可以由实验测定。常用的实验方法有反相色谱法。另外，可以用已知溶解度参数的溶剂对热塑性高分子进行溶解或对热固性高分子溶胀，根据溶解或溶胀程度进行测定。采用几种溶解度参数不同的溶剂溶解聚合物，求出聚合物在每种溶剂中的临界浓度，让临界浓度对溶解度参数作图，曲线上最大临界浓度所对应的溶解度参数就是该聚合物的溶解度参数。临界浓度是聚合物在溶剂中刚好达到相互缠绕时的浓度，即此时溶液中聚合物分子间有明显的相互作用。在临界浓度附近，聚合物溶液的表观黏度与浓度曲线上有一个明显的转折点。超过临界浓度，聚合物溶液的黏度突然增大。这种测定聚合物溶解度参数的方法不受溶剂本身黏度的影响。

但应注意的是，高分子的溶解度参数测定结果不是一个特定的值，而是在一个范围之内。

应用溶解度参数预测的准确性只有 50%，这是因为 Hildebrand 溶度公式推导的基础是非极性分子混合时无热或吸热的体系。体系混合时如果有氢键形成，就会放热，该公式的结果就不适合。如果体系混合时发生 Lewis 酸碱反应，即一方带有亲电子基团，另一方带有给电子基团，它们会发生溶剂化，促进高分子的溶解，这种情况下混合也放热。因此，高分子在溶剂中的溶解，除溶解度参数外，还需要考虑氢键和溶剂化作用。

(2) 氢键的强弱

根据有机化学上物质的亲电或亲核性质，涂料用溶剂可分为三个大类：弱氢键溶剂、氢键受体和氢键给体。

氢原子核外只有一个电子，与一个电负性比它大的原子形成共价键后，共享电子对偏离氢原子，使氢原子核裸露，表现出强的正电荷，可以与另一个带孤电子对的原子产生作用力。这种作用力既具有部分静电性，又具有部分价键的特性。当一个已经形成共价键的氢原子与另一个原子形成第二个键时，这第二个键称为氢键。

常见质子供给体（氢键给体）基团包括：—OH、═NH、—SH、—XH（X 为卤素）。重要的电子对供体（氢键受体）为醇、醚、酯、酮、羟基化合物中的氧原子，卤素原子及其相应离子，胺中的氮原子，芳香性化合物中的 π 电子体系。C 的电负性为 2.5，H 的为 2.1，它们之间电负性差不大，不能有效地作为质子供给体（氢键给体）和电子对供体（氢键受体），因此，脂肪烃和芳香烃（即碳氢化合物）是弱氢键溶剂。

美国涂料化学家 Burrell 在 1955 年提出，根据氢键的强弱把溶剂分为三类，而 Lieberman 给出一个数值来定量地表示氢键的强弱。

第一类（Ⅰ）：弱氢键溶剂（烃类、氯化烷烃、硝基化烷烃），氢键力平均值为 0.3；

第二类（Ⅱ）：中氢键溶剂（酮类、酯类、醚类、醇醚类），氢键力平均值为 1.0；

第三类（Ⅲ）：强氢键溶剂（醇、水），氢键力平均值为 1.7；

把氢键力的大小标在溶解度参数 δ 上，强氢键溶剂的溶解度参数为 δ_s（strong），中氢键溶剂的溶解度参数为 δ_m（middle），弱氢键溶剂的溶解度参数为 δ_p（poor）。混合溶剂氢键力的计算方法像式(3-5)那样，把δ换为每种溶剂的氢键力平均值。选择溶剂时要求树脂和溶剂的氢键力处于同一等级内，数值相同或相近，这样就可以把预测的准确程度提高到95%。

E-20环氧树脂为中等程度氢键溶解度参数（$\delta_m=8\sim13$），它可以选择的溶剂如醋酸正丁酯（$\delta_m=8.5$）、丙酮（$\delta_m=9.9$）。从溶剂化的角度来看，这是因为醋酸正丁酯和丙酮都有酮基，酮基是两性偶极基团。但E-20环氧树脂不溶于其他两组不同程度氢键力的溶剂，如正丁醇（$\delta_s=11.4$）、二甲苯（$\delta_p=8.8$）。但是，如果将70%（以体积计）的二甲苯和30%的正丁醇混合，该环氧树脂能够溶于这种混合溶剂。因为混合溶剂的氢键力$=0.7\times0.3+0.3\times1.7=0.72$，属于中等氢键力，溶解度参数$\delta=0.7\times8.8+0.3\times11.4=9.58$，都与该环氧树脂的相近。

同理，下列高聚物在两种溶剂组成的混合溶剂中可以溶解，但不溶于单独的一种溶剂：

聚甲基丙烯酸甲酯	苯胺/乙二醇单乙醚
环氧树脂	丁醇/2-硝基丙烷
聚酰胺	乙醇/二氯乙烷
氯化聚丙烯	环己醇/丙酮

这样的两种溶剂互为潜溶剂。因此，选择溶剂不再局限于该溶剂能否溶解高聚物，而是看混合溶剂总的溶解度参数和氢键等级是否与高聚物的相适应。

(3) 溶剂化作用

溶剂化作用是高分子和溶剂分子上的基团能够相互吸引，从而促进聚合物的溶解。根据Lewis酸碱反应，电子的接受体和给出体相互之间发生酸碱反应，它们相互之间作用力强，有利于互相均匀混合。

第一类溶剂有很弱的亲电子性质，即很弱的氢键受体，因为C的电负性稍大于氢；

第二类为给电子性溶剂，是氢键接受体，因为该类溶剂中都带有能给出孤电子对的氧；

第三类溶剂有羟基，是氢键接受体和氢键给出体，能够形成强的氢键。

当满足溶解度参数的要求时，第三类溶剂可以溶解第二类聚合物，这是因为溶剂和高分子之间存在溶剂化作用或氢键。第二类溶剂可以溶解第一类和第三类聚合物。而第二类溶剂不易溶解第二类聚合物，但含有酯基的有可能相互溶解，因为酯基是两性偶极基团。第一类溶剂不易溶解第一类聚合物。第三类溶剂与第三类高分子因相互之间能够形成氢键可溶解。

把聚碳酸酯（$\delta_m=9.5$）、聚氯乙烯（$\delta_p=9.7$）溶于氯仿（$\delta_p=9.3$）、二氯化碳（$\delta_p=9.7$）、环己酮（$\delta_m=9.9$）中。实验发现，聚碳酸酯不溶于环己酮，只溶于氯仿和二氯化碳；聚氯乙烯只溶于环己酮，不溶于氯仿和二氯化碳。这应用上述理论就可以解释：聚碳酸酯是第二类聚合物，环己酮是第二类溶剂，它们相互之间不易溶解；而氯仿和二氯化碳是第一类溶剂，可以与聚碳酸酯这个第二类聚合物相互之间溶解。聚氯乙烯是第一类聚合物，不易溶解于第一类溶剂氯仿和二氯化碳；而环己酮是第二类溶剂，可以溶解聚氯乙烯。

选择溶剂首先需要考虑溶解度参数，其次是氢键力等级，最后是溶剂化作用。

物质的相互溶解性能与分子量有关，溶剂的分子量较小，不需要考虑分子量，然而聚合物相互之间的混合溶解就不能简单地使用这种方法。聚合物分子量越大，相互之间的溶解性就越差。两种高分子的溶解度参数、氢键力等级、溶剂化很接近，也未必能够相互混溶在一起。

高固体分涂料用树脂和交联剂的M_n一般低于5000，比较容易混容。低分子量树脂较宽的相容性就可配制不同类型树脂混合物的高固体分涂料，但在交联初期随分子量增加，可能会发生相分离，如在高固体分涂料中，就可用低分子量羟基封端聚酯与丙烯酸树脂混合以降低黏度。

3.2.2 Hansen 溶解度参数

(1) Hansen 溶解度参数的理论

下面介绍选择溶剂的一个半定量理论。

Hansen 提出液体的内聚能密度是由三种力做的贡献，即色散力（非极性分子间力）ΔE_d、极性力 ΔE_p 和氢键 ΔE_h，相应地，溶解度参数 δ_t（为表示与 δ_d、δ_p、δ_h 的区别，δ 加下标 t）也由三部分 δ_d、δ_p、δ_h 组成。

$$\delta_t^2=\delta_d^2+\delta_p^2+\delta_h^2 \tag{3-6}$$

溶剂的 δ_d、δ_p、δ_h 可以通过近似计算得到，因计算方法不同，有几个不同的体系，涂料工业中常用的是 Crowley 体系和 Hansen 体系，ASTM D3132 中规定 Crowley 体系为标准方法，有相应的实验方法。Hansen 体系易于进行计算，表 3-1 列出部分溶剂 Hansen 体系的 δ_d、δ_p、δ_h 值，它们用一个三维空间坐标来表示。因为聚合物的 δ_d、δ_p、δ_h 值都有一个范围，当把 δ_d 坐标加倍，根据这些聚合物 δ_d、δ_p、δ_h 的数据，可以在三维空间坐标内绘出聚合物的溶解区，该溶解区呈球形，称为溶解球。坐标落在溶解球内的溶剂可以溶解，而球外的不溶。

表 3-1 部分溶剂的 Hansen 溶解度参数（$mPa^{1/2}$，25℃）（Hoy）

溶剂或聚合物	δ_t	δ_d	δ_p	δ_h	溶剂或聚合物	δ_t	δ_d	δ_p	δ_h
丙酮	19.7	13.0	9.8	11.0	邻二甲苯	18.2	16.5	7.2	2.4
正丁醇	23.7	15.0	10.0	15.4	对二甲苯	18.1	16.5	7.0	2.0
醋酸丁酯	17.8	14.5	7.8	6.8	乙苯	18.1	16.5	7.4	0
醋酸乙酯	18.2	13.4	8.6	8.9	双戊烯	17.3	16.3	5.8	0
正庚烷	15.3	15.3	0	0	丙二醇单甲醚	18.2	14.7	7.3	7.8
异丙醇	23.4	14.0	9.8	16.0	丙二醇单乙醚	21.1	13.5	8.6	13.8
甲乙酮(丁酮)	19.2	14.1	9.8	9.5	丙二醇甲醚醋酸酯	18.4	16.1	6.1	6.6
甲苯	18.2	16.5	7.2	2.0	丙二醇乙醚醋酸酯	18.6	14.5	8.2	8.2
水	48	12.2	22.8	40.4	间二甲苯	18.5	17.0	7.5	2.0

球的半径为 R：

$$R^2=4(\delta_{d_1}-\delta_{d_2})^2+(\delta_{p_1}-\delta_{p_2})^2+(\delta_{h_1}-\delta_{h_2})^2 \tag{3-7}$$

式中，δ_{d_1}、δ_{p_1}、δ_{h_1} 表示球面上溶剂的坐标；δ_{d_2}、δ_{p_2}、δ_{h_2} 表示聚合物的坐标。因为 δ_d 的坐标加倍，项前有系数 4。某一溶剂的坐标为 δ_{d_1}、δ_{p_1}、δ_{h_1}，距离球心聚合物坐标 δ_{d_2}、δ_{p_2}、δ_{h_2} 的距离为：

$$S^2=4(\delta_{d_1}-\delta_{d_2})^2+(\delta_{p_1}-\delta_{p_2})^2+(\delta_{h_1}-\delta_{h_2})^2 \tag{3-8}$$

$S<R$ 时，该溶剂才能溶解聚合物。

定义：$RED=S/R$，好的溶剂 RED 值小于 1。溶剂的溶解性能越差，RED 值越大。

色散力溶解度参数 δ_d 的取值一般为 7～10，可分为两个部分，上部（δ_d＝8.4～10）是高色散部分，一般为芳香族化合物，下部为脂肪族化合物，其值为 7.0～8.3。涂料的溶剂大部分在下部，色散力一般相差不大，可略去 δ_d 坐标，只在 δ_p 和 δ_h 二维坐标上考虑问题。

图 3-1 中横坐标是 δ_p，纵坐标为 δ_h，虚线为低色散力层，实线为高低色散力层，S 表示溶解区，I 表示不溶解区。溶剂的 δ_p、δ_h 所在的位置越靠近溶解区中央，溶剂对聚合物的溶解力就越强，越靠近曲线，溶解力就越弱，曲线外不溶解。

(2) Hansen 溶解度参数的应用

图 3-2(a) 为硝基纤维素溶解度参数区图。虚线内为可溶区，虚线外为不溶区。其中丙酮和甲基酮在溶解区内，己烷和丁醇在非溶解区。若丁醇和丙酮合用或甲基异丁基酮与己烷合用，在保证聚合物溶解的条件下，可以使用多少非溶剂呢？这可以用图解方法解答。在平

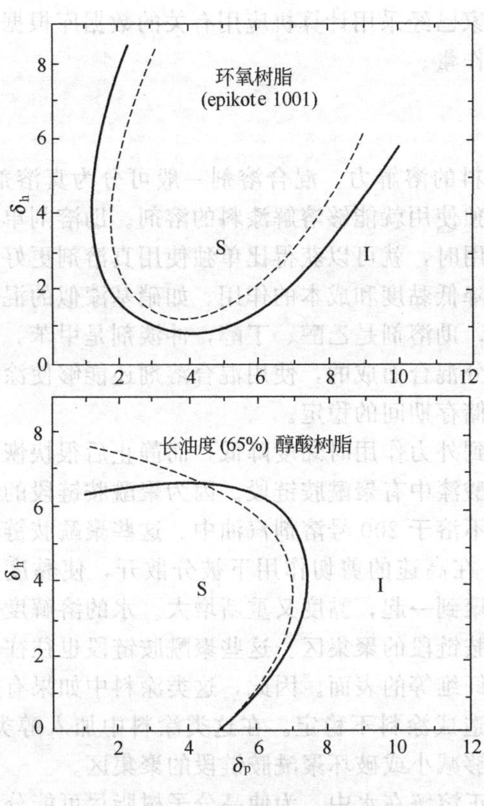

图 3-1 溶解度区图

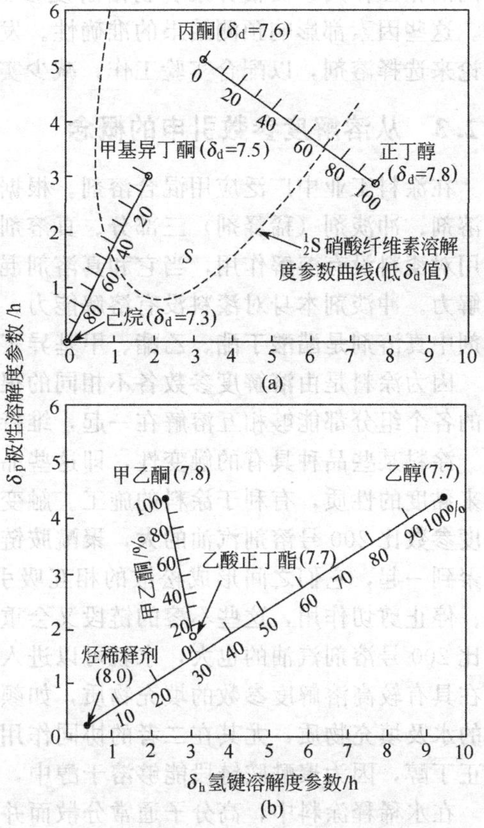

图 3-2 硝基纤维素溶解度参数区图

面坐标图中，将丁醇和丙酮用直线相连，并将其分成等分的百分标度，直线与硝基纤维素溶解区的边线相交，其交点相应于丁醇 71%、丙酮 29% 的混合溶液。同样甲基异丁基酮与已烷的连线与溶解区边线交点相当于已烷 46%、甲基异丁基酮 54%。这说明在溶液中加入一定量的非溶剂是可以的，这样可降低溶剂的成本。

图 3-2(b) 中乙醇和烃的连线经过溶解区，其比例从乙醇 50% 到乙醇 15% 左右，这说明两种非溶剂混合后可提高溶解性能，成为溶剂。若在乙醇与烃的混合溶剂中再加入少量第二种溶剂，如甲乙酮，可以更好地改善混合溶剂的性能，例如，用乙醇为 30% 的乙醇-烃混合溶剂与甲乙酮混合，可在乙醇-烃连线上 30% 乙醇处与甲乙酮作连线。它们全在溶解区内。当甲乙酮加入量为 10% 左右时，其溶解性能和纯的乙酸正丁酯相当。

(3) Hansen 溶解度参数的局限

将溶解度参数应用到别的问题上曾作过努力，但实际结果也无规律。例如，它不能正确地预测所有聚合物溶解性，不能用溶解参数来预测一个聚合物对另一个聚合物的溶解性（即二者的混溶性），并常给出不正确的预测。

Hansen 溶解度参数理论的初衷是好的，也取得了相当程度的成功，如 Hansen 曾将 22 种聚合物溶于由这些聚合物的非溶剂组成的 400 种混合溶剂中，结果仅有 10 种混合溶剂不溶解聚合物。但随着对三维溶解度参数认识的加深，它将溶解性涉及的复杂因素过分简单化了。难点可能来自两个相关的因素：第一是假设熵的变化可以忽略；第二是氢键溶解参数兼有给体和受体的效果，熵变化的重要效果是特别可能发生在氢键占重要地位的体系中。

当分子很大时，溶剂与聚合物分子间的相互作用必须足够大，以克服聚合物与聚合物分子间的相互作用，而估算聚合物溶解度参数的基团吸引常数时并未将分子量的因素考虑进去。这些因素都影响预测结果的准确性。发达国家已经采用计算机应用有关的数据库根据该理论来选择溶剂，以配合实验工作，减少实验工作量。

3.2.3　从溶解度参数引申的概念

在涂料工业中广泛应用混合溶剂。根据对漆料的溶解力，混合溶剂一般可分为真溶剂、助溶剂、冲淡剂（稀释剂）三部分。真溶剂是单独使用就能够溶解漆料的溶剂。助溶剂单独使用对漆料没有溶解作用，当它和真溶剂混合使用时，就可以获得比单独使用真溶剂更好的溶解力。冲淡剂本身对漆料没有溶解能力，只起降低黏度和成本的作用。如硝基漆似的混合溶剂中真溶剂是醋酸丁酯、乙酯、甲基异丁基酮，助溶剂是乙醇、丁醇，冲淡剂是甲苯。

因为涂料是由溶解度参数各不相同的很多组分混合而成的，使用混合溶剂还能够使涂料中的各个组分都能够相互溶解在一起，维持涂料储存期间的稳定。

涂料某些品种具有的触变性，即这些品种受到外力作用时黏度降低，而静止后很快恢复原来黏度的性质，有利于涂料的施工。触变型醇酸漆中有聚酰胺链段。因为聚酰胺链段的溶解度参数比 200 号溶剂汽油的大，聚酰胺链段并不溶于 200 号溶剂汽油中。这些聚酰胺链段积聚到一起，它们之间形成松散的相互吸引力，在高速的剪切作用下被分散开，使黏度降低；停止剪切作用，这些不溶的链段又会重新积聚到一起，黏度又重新增大。水的溶解度参数比 200 号溶剂汽油的也大，水就可以进入聚酰胺链段的聚集区。这些聚酰胺链段也往往聚集在具有较高溶解度参数的填充物质，如颜料、纤维等的表面。因此，这类涂料中如果有过量的水及填充物质，尤其在二者的协同作用下，造成涂料不稳定。在这类涂料中加入醇类，如正丁醇，因为聚酰胺链段能够溶于醇中，就能够减小或破坏聚酰胺链段的聚集区。

在水稀释涂料中，高分子通常分散而并不真正溶解在水中。为使高分子树脂尽可能分散而不聚集，并且促进成膜，在这类涂料中加入与高分子 Hansen 溶解度参数相似的醇类（成膜助剂），如乙醇、乙二醇、乙二醇醚等。如果成膜助剂与涂料中的高分子 Hansen 溶解度参数相似，成膜助剂就处在高分子所在的区域内；如果 Hansen 溶解度参数有差别，成膜助剂就处在高分子与溶剂水的界面或水中。

选择溶剂的规则原来是“相似相溶”（“like dissolves like”），在多组分的复杂混合体系中，变成各个组分寻找与它溶解度参数相似的“相似找相似”（“like seeks like”），即它的溶解度参数（分子的能量特征）决定它在哪里出现：亲水基团找水，憎水基团找油。

3.2.4　涂装中溶解力的测试方法

涂装工业上应用的溶剂溶解力测试方法有贝壳松脂-丁醇值（KB 值）法、苯胺点法、混合苯胺点法、溶剂指数法、稀释值法等。这些方法测试简单，应用方便。它们表示的是溶液的实际黏度，是溶剂溶解力、溶剂自身黏度等综合作用的结果。

KB 值法是测量烃类溶剂溶解力最常用的方法。按照贝壳松脂和丁醇 1∶5 的质量比配制标准溶液，在 25℃±2℃下，取 20g 标准溶液用烃类溶剂滴定至出现浑浊，所需烃类溶剂的体积（mL）就是该溶剂的 KB 值。KB 值越大，表示溶解能力越强。芳香烃的 KB 值比脂肪烃的大，溶解能力强。

苯胺点法是测定脂肪烃溶剂的溶解力。取相同体积的苯胺和溶剂混合，能够得到清澈溶液的最低温度称为苯胺点，此值越低，溶剂的溶解力就越强。混合苯胺点法是测定芳香烃溶剂的溶解力，使用的是待测溶剂 5mL、正庚烷 5mL 和苯胺 10mL，其他的与苯胺点法相同。

溶剂指数法是在等量条件下，用标准溶剂调稀涂料的黏度与待测溶剂调稀涂料的黏度的比值。该比值越大，待测溶剂的溶解力越强。稀释值法是用不同的溶剂稀释同量涂料到同一施工黏度所消耗溶剂量的比值，该法又称为定黏度法。消耗溶剂越多，表示该溶剂的溶解力越差。溶剂指数法和稀释值法是用树脂溶液的黏度来定义的，而高分子树脂溶液的黏度取决于溶剂对高分子的溶解力和溶剂的自身黏度。溶剂的溶解力越强，所形成的树脂溶液的黏度就越低。溶剂的自身黏度越高，树脂溶液的黏度就越大。

在溶液黏度为0.1～10Pa·s范围内，一个最简单的溶液和溶剂的关系式为：

$$\lg\eta_{溶液}=\lg\eta_{溶剂}+B(常数)。 \tag{3-9}$$

如两种溶剂（自身黏度分别为1.0mPa·s和1.2mPa·s）的黏度之差为0.2mPa·s，在50%的树脂溶液中可以产生2000 mPa·s的黏度差。

3.3 涂料的黏度

流体在外力作用下流动和变形，黏度是流体抗拒流动内部阻力的量度，也称为内摩擦力系数。黏度以对流体施加的外力与产生流动速度梯度的比值表示。外力有剪切力和拉伸力，剪切应力与剪切速率的比值称为剪切黏度，通称动力黏度，国际单位为帕·秒（Pa·s）。动力黏度与密度的比值称为运动黏度，单位是米^2/秒（m^2/s）。

流体流动分为牛顿型和非牛顿型。牛顿型流动是流体在一定温度下，在很宽的剪切速率范围内，黏度（剪切应力与剪切速率之比）值是常数。非牛顿型流体的黏度值随剪切应力的变化而改变。随着剪切应力的增加，黏度值降低的流体称为假塑性流体；切变应力增加，黏度值也随之增加的称为膨胀性流体；如果在流体流动发生以前必须施加一定的切变应力才能流动，低于这个屈服值，流体只能变形的称为塑性流体。非牛顿型流体的黏度通常称为表观（现）黏度。表观黏度是这个黏度值仅与一个剪切速率相关，在不同的剪切速率下，表现出不同的表观黏度值。

液体涂料中除溶剂型清漆和低黏度的色漆属于牛顿型流体以外，绝大多数的色漆属于非牛顿型中的假塑性流体或塑性流体，因此，它们的黏度值是它们的表观黏度。厚浆状的涂料如腻子习惯上称其黏度为稠度（consistency），表示的是其流动性。

液体涂料，特别是含有密度大颜料的色漆，为了在容器中能够长期贮存，通常保持较高的黏度值，这是涂料的原始黏度。施工时需要用稀释剂调整至较低的黏度，以适合不同施工方法的需要，这时的黏度称为施工黏度。

涂料的原始运动黏度因品种而异，一般清漆在150～300mm^2/s，磁漆在200～400mm^2/s，个别厚浆型品种能高达数万mm^2/s。施工黏度刷涂较高，在250mm^2/s左右，空气喷涂时的施工黏度通常要求50mm^2/s左右，无空气喷涂、淋涂或浸涂等要求的施工黏度各异。涂料的原始黏度和施工黏度随温度升降而变化，因此只能在同一温度条件下测定。

液体涂料的黏度检测方法有多种，分别适用于不同的品种，主要采用间接比较的测定方法。透明清漆和低黏度色漆的黏度检测以流出法为主，透明清漆以及溶剂法合成树脂时的黏度检测还采用气泡法和落球法。高黏度色漆是通过测定不同剪切速率下的应力来测定黏度的，同时还可测定液体其他的流变特性。

（1）流出法

通过测定液体涂料在一定容积的容器内流出的时间来表示涂料的黏度。依据使用的仪器可分为毛细管法和流量杯法（见图3-3）。这是比较常用的方法。

① 毛细管法是测定涂料黏度的一种经典方法，适用于测清澈透明的液体。毛细管黏度计有多种型号，如奥斯特瓦尔德黏度计（Ostwald viscometer）、赛波特黏度计（Saybolt viscometer）、坎农-芬斯克黏度计（Cannon-Fenske viscometer）、乌氏黏度计（Ubbelohde viscometer）等。各种黏度计又按毛细管内径尺寸不同，分别适用于不同范围黏度的测量。由

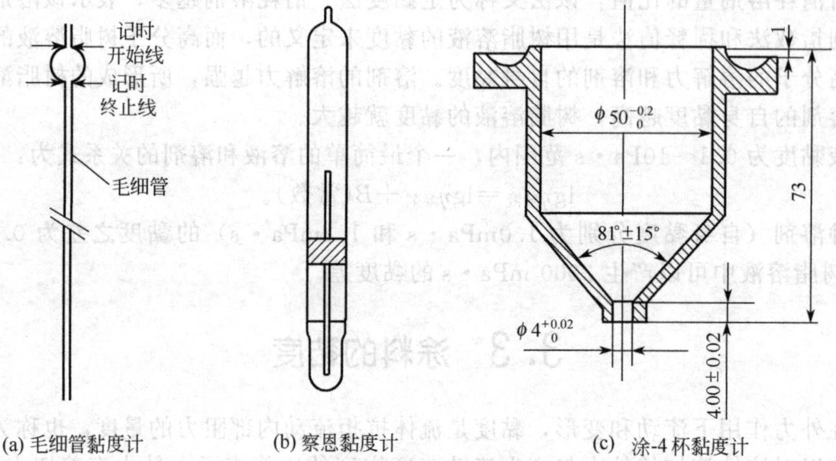

图 3-3 流出法黏度计

于毛细管黏度计易损坏，而且操作清洗均较麻烦，不适合用于工业生产，现主要用于校正其他黏度计。

② 流量杯法实质上是毛细管黏度计的工业化应用，将毛细管黏度计计时的起止线之间的容积放大，并把细长的毛细管改为粗短的小孔。由于容积大、流出孔又粗又短，因此操作、清洗均较方便，应用比较广泛。流量杯黏度计所测定的黏度为运动黏度，通常以一定量的试样从黏度杯流出需要的时间来表示，以秒作单位。这种黏度计适用于低黏度的清漆和色漆，但不适用于测定非牛顿型的涂料，如高稠度、高颜料分涂料。流量杯黏度计由于流出孔直径大、长度短，因而流动的稳定性较差，再加上流动过程中雷诺指数较大，因此，它不能代替毛细管黏度计用于科学研究方面。

世界各国使用的流量杯黏度计各有不同名称，都按流出孔径大小划分为不同型号。各种黏度杯的形状大致相同，但结构尺寸略有差别。我国通用涂-1 黏度计和涂-4 黏度计（GB 1723—79)，同时等效采用 ISO 流量杯（GB 6753.4—86)；美国 ASTM 规定采用的是福特(Ford) 杯和壳牌杯（Shell cup)；德国采用的称为 DI 黏度杯。它们都按孔径大小分为不同的型号，如 ISO 杯有 3#、4# 和 6# 三种。

每种型号的黏度杯都有其最佳的测量范围。我国涂-1 黏度计适用于测定流出时间大于 20s 的涂料，涂-4 黏度计适用于测定流出时间为 20～100s 的涂料。ISO 及福特杯则适用于测定流出时间为 30～90s 的涂料。低于或高于流出时间范围，测得的数据准确度就差。

用流出时间可换算成运动黏度，但各种黏度杯的换算公式不同。同样孔径大小的黏度杯因其结构尺寸不同，同样流出时间换算得到的运动黏度值也不同。运动黏度为 $300mm^2/s$ 的涂料样品，用涂-4 黏度计测得的流出时间为 80s；福特杯 4# 杯为 82s，而用 ISO 4# 杯超过 100s，须换用 ISO 6# 杯，测得的流出时间为 44s。在选用流量杯测定黏度时，需选择合适型号的黏度计，使测得的流出时间在规定范围的中间，并且注明使用何种型号的黏度计所测。

察恩黏度计（Zahn cup）适用于施工现场。它为圆柱形、球形底，配有较长提手，按其底部开有的小孔的尺寸分为 5 个型号，合成一套，分别测量不同黏度的产品，测定的范围为 $20\sim1200mm^2/s$。此种黏度计操作方便，适合现场使用。

(2) 落球法

落球法利用固体在液体中移动速度的快慢来测定液体的黏度，适用于测定黏度较高的透明涂料，如硝酸纤维素清漆及漆料，多用于生产控制。我国国家标准 GB 1723—79《涂料黏度测定法》规定了落球黏度计的规格和测试方法。

最简单的落球黏度计是由一根精确尺寸的玻璃管，内装满被测液体，用一钢质（或铝质、玻璃）小球沿管中心自由落下，取自由降落过程中的一段距离，测定其时间，以秒表示。垂直式落球黏度计测得的时间可以用斯托克斯（Stokes）公式近似换算成动力黏度（Pa·s）。

$$\eta=\frac{1}{18}\times\frac{d^2}{v}(\rho_s-\rho_F)g \tag{3-10}$$

式中，d 表示钢球直径，cm；v 表示钢球下降速度，cm/s；ρ_s 表示钢球的密度，g/cm^3；ρ_F 表示试样的密度，g/cm^3；g 为重力加速度，$980cm/s^2$。

偏心式落球黏度计是落球黏度计的改进产品，即赫伯勒（Höppler）黏度计。管子倾斜成一定的角度，使小球沿管壁稳定下滑，可避免小球在垂直降落过程中因偏离垂线而引起的测量误差。小球沿管壁下滑时，在管壁上映出银灰点，能测定不透明液体的黏度。

（3）气泡法

利用空气泡在液体中的移动速度来测定涂料产品的黏度，所测黏度也是运动黏度，只适用于透明清漆。

工业上常用 Gardner-Holdt 气泡黏度计，在一套同一规格的玻璃管内封入不同黏度的标准液，进行编号，将待测试样装入同样规格的管内，在相同温度下，和标准管一起翻转过来，比较管中气泡移动的速度，以与其最近似的标准管的编号表示其黏度，通称加氏标准管号黏度，由 A_5 起到 Z_{10}，现有 41 个档次（低黏度系 5 个；清漆系 20 个；高黏度系 12 个；橡胶系 4 个）。

也可不与标准管比较，测定气泡上升的时间，用时间（s）作为表示黏度的单位。编号、秒等这些条件黏度可以换算成标准的运动黏度或动力黏度。加氏标准管内径为 10.00mm±0.05mm，总长 113.0mm±0.5mm，在距管底 100mm±1mm 及 108mm±1mm 处，各划一道线，即液体装至 100mm±1mm 刻度处，并塞盖至 108mm±1mm 刻度处，气泡长度为 8mm±1mm。

（4）设定剪切速率测定法

高黏度的色漆是非牛顿型流体，在不同的剪切应力作用下产生不同的剪切速率，因而它们的黏度不是一个定值，用上面 3 种方法都不能测出它们的实际黏度值。在固定的剪切应力下改变剪切速率，得到涂料的表观黏度曲线，能够说明涂料的流变性。旋转黏度计是使涂料产生旋转流动，测量使其达到固定旋转速率时需要的应力，再换算成涂料的黏度。

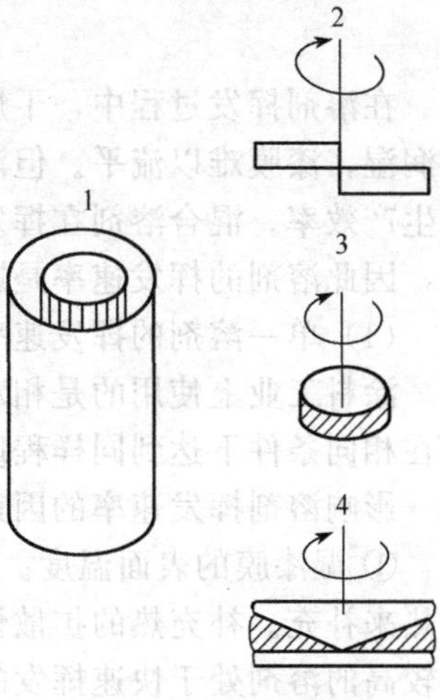

图 3-4 各种旋转黏度计的图形示意
1—同心圆筒式；2—桨式；3—转盘式；4—锥板式

最初旋转黏度计的构造为 2 个同心的圆筒，内筒可以转动。用电机带动，调节转速，使内筒在给定的较低转速（6～120r/min）下转动，测定内筒转动对外筒造成的力矩，就可换算成动力黏度的数值。现代的旋转黏度计有很多形式，都能自动显示数值和进行调节（见图 3-4）。不同的旋转黏度计分别适用于测试不同的涂料产品（见表 3-2）。

色漆的质量控制一般选用转盘式的，可测得几个转速下的黏度，由此作出流动曲线，可以测定触变性。转盘式旋转黏度计的测定方法在美国 ASTM D 2196—81 中有详细的规定。测定结果以 mPa·s 表示。

乳胶漆类大多使用浆式，如斯托默黏度计（Stormer viscometer）。特别黏稠的涂料通常采用锥板式旋转黏度计。我国国家标准 GB 9269—88《建筑涂料黏度的测定　斯托默黏度计

表 3-2 旋转黏度计的类型及应用

类型		应用
同心圆筒	内筒旋转 外筒旋转	适于测定油类和涂料的动力黏度及流变性质，测定的黏度范围较大
桨式		用于一般黏度和稠度的测定
转盘式		可测定动力黏度及流动曲线，以中等黏度最为合适
锥板式		测定较黏稠的涂料、油墨和其他物料的流变性质

法》规定了用斯托默黏度计测定涂料黏度的方法，适用于测定非牛顿型建筑涂料，测试结果以克雷布斯单位（Krebs unit，KU）表示。这种单位与运动黏度的换算关系取决于所测涂料的类型。

我国国家标准 GB 9751—88《涂料在高剪切速率下黏度的测定》等效采用了 ISO 标准，所用仪器为锥板式或圆筒形黏度计和浸没式黏度计（即转子和定子均浸没于涂料中的黏度计），检测涂料在 5000～20000s^{-1}的剪切速率下的动力黏度，以 Pa·s表示。

（5）厚漆、腻子稠度的测定

厚漆、腻子及其他厚浆型涂料是采用测定其稠度来反映其流动性能的。稠度的测定方法见我国国家标准 GB 1749—79（88）《厚漆、腻子稠度测定法》中的规定，取定量体积的试样，在固定压力下经过一定时间后，以试样流展扩散的直径表示，单位为 cm。

黏度是涂料施工过程，尤其是机械施工（如喷涂、辊涂、淋涂、浸涂等）过程中需要控制的一个重要参数，需要注意不同的涂料应用不同的测试设备，采用不同的黏度表达方法。

3.4 溶剂的挥发

在溶剂挥发过程中，干燥的漆膜逐渐形成。如果溶剂挥发得太快，涂料对基材没有足够的润湿，漆膜难以流平。但溶剂挥发得太慢，漆膜会因流挂而变得很薄，延长干燥时间，降低生产效率。混合溶剂在挥发过程中真溶剂挥发太快，就会使高分子树脂沉淀而产生漆膜缺陷，因此溶剂的挥发速率是影响涂料和漆膜质量的重要因素。

（1）单一溶剂的挥发速率

涂料工业上使用的是相对挥发速率，规定醋酸丁酯的挥发速率是 1，其他溶剂挥发速率用在相同条件下达到同样程度的挥发所需的时间与醋酸丁酯所需时间的比值来表示。

影响溶剂挥发速率的因素有：

① 湿漆膜的表面温度。随溶剂挥发，湿漆膜表面温度下降，同时漆膜内部和周围扩散的热来补充。补充热的扩散快，湿漆膜表面的温度下降不大；扩散慢，温度急剧下降。汽化热较高的溶剂处于快速挥发的环境中，冷却效果最大。

② 溶剂的蒸气压大，挥发就快。沸点与蒸气压不总是成正比。苯的沸点是 80℃，乙醇是 78℃，但在 25℃，它们的蒸气压各为 1.3kPa 和 0.79kPa，因而在相同条件下，苯比乙醇挥发快。同样，25℃醋酸正丁酯（沸点 126℃）比正丁醇（沸点 118℃）挥发得快。

③ 溶剂挥发发生在溶剂/空气界面。当喷涂施工时，从喷嘴出来的漆雾颗粒很小，表面积很大，溶剂挥发速率就很高。漆雾从离开喷嘴到工件表面的过程中，大部分溶剂就挥发了。当漆膜较厚时，树脂溶液的浓度和黏度的增大更慢些。

④ 挥发出去的溶剂不被快速带走，湿漆膜溶剂蒸气的分压增大就受到抑制。空气喷涂时溶剂的挥发速率明显地要大于无空气喷涂，就是因为前者流过液滴的空气流较大。空气流速在工件边缘上快，溶剂的挥发要比在中心的快。

（2）混合溶剂的挥发速率

混合溶剂的挥发速率等于各溶剂组分的挥发速率之和。因为混合溶剂大多不能被看作理想溶液，不能直接使用纯溶剂的挥发速率数据。混合溶剂的挥发速率 R 表示为：

$$R=\phi_1 r_1 R_1+\phi_2 r_2 R_2+\cdots \tag{3-11}$$

式中，ϕ 表示溶剂 i 的体积分数；r 表示混合溶剂中 i 的活度系数；R 表示溶剂 i 的挥发速率。

式(3-11) 表示混合溶剂瞬时的挥发速率，应用该式预测漆膜中剩余溶剂的变化方向，即某种溶剂在挥发过程中漆膜中剩余的量是增加或是减少。因为只有真溶剂在挥发过程中富集，才能使溶剂获得更高的溶解力，防止可能出现的漆膜弊病，如针孔/缩孔、发白等。

活度系数是混合溶剂中不同组分之间相互作用的量度，它的数值随混合溶剂中各个溶剂的类型及浓度而变化。图 3-5 提出一种简捷的估计方法。这种方法是基于溶剂的活度系数主要取决于其官能团的性质。官能团相似，活度系数也相似，与分子的大小和分子中的碳氢结构无关。要注意的是，同一类溶剂的体积要相加后在图 3-5 上查活度系数，如混合溶剂中体积分数二甲苯 30%，200 号溶剂汽油 20%，要用烃类 50%的体积分数来查。

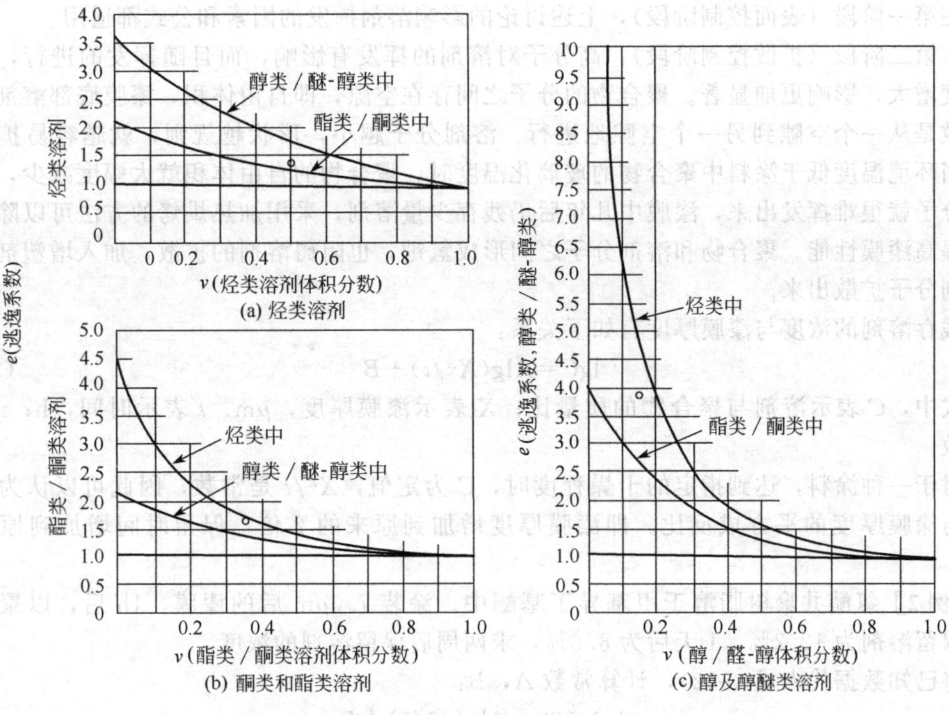

图 3-5　溶剂类型和溶液浓度所对应的活度系数

[例 1] 某硝基纤维素溶液的混合溶剂配方（体积分数）为：醋酸正丁酯（R=1.0）35%，乙醇（R=1.7）10%，丁醇（R=0.4）5%，甲苯（R=2.0）50%。计算该溶剂的相对挥发速率。

从图 3-5（标圆点的地方）中读出活度系数：醋酸正丁酯 r=1.6；乙醇和丁醇 r=3.9；甲苯 r=1.4。代入式(3-11)：

$$R=(0.35\times1.6\times1.0)+(0.50\times1.4\times2.0)+(0.10\times3.9\times1.7)+(0.05\times3.9\times0.4)$$
$$=0.56(\text{醋酸正丁酯})+1.4(\text{甲苯})+0.663(\text{乙醇})+0.078(\text{丁醇})=2.7$$

这里用挥发速率来近似代表蒸气相中各个溶剂的体积比。醋酸正丁酯在蒸气相中的体积分数为 0.56/2.7=0.21，相对于它在液相中 0.35 的体积分数，在挥发过程中，醋酸正丁酯要富集。甲苯在蒸气相中的体积分数为1.4/2.7=0.52，相对于在液相中的0.50，它在挥发过程中要减少。同样，乙醇在挥发过程中要减少，而丁醇富集。醋酸正丁酯对硝基纤维素溶解力强，在挥发过程中富集，就不会降低混合溶剂的溶解力。

活度系数也可以采用化学工程中的UNIFAC法来计算，其理论基础与溶解度参数的一样，液体的物理性质是由分子中各个基团和官能团共同作用结果的总和，从实验中测定的活度系数值引申出基团间相互作用的一些特性参数，用这些特性参数去计算混合溶剂的活度系数。目前已经有基于实验数据获得的大量特性参数，相关的数据处理和计算很复杂，它们是采用计算机进行计算的基础，可参阅有关专著（姜英涛．涂料基础．北京：化学工业出版社，1997：113～119.）。

（3）漆膜溶剂的挥发

溶剂的挥发可以分为两个阶段：第一阶段溶剂大量从漆膜表面挥发，挥发速率可以用式(3-11）来表示。这时溶剂分子的挥发受分子穿过漆膜气-液边界层表面扩散阻力的制约，即表面控制阶段。经过一个过渡期，进入第二阶段后，溶剂的挥发速率显著降低，溶剂需要首先扩散到漆膜表面，然后再挥发，即扩散控制阶段。

在第一阶段（表面控制阶段），上述讨论的影响溶剂挥发的因素和公式都适用。

在第二阶段（扩散控制阶段），高分子对溶剂的挥发有影响，而且随挥发的进行，漆膜的黏度增大，影响更加显著。聚合物的分子之间存在空隙，即自由体积，漆膜底部溶剂分子的扩散是从一个空隙到另一个空隙地进行。溶剂分子越小，形状越规则，就越容易扩散出来。当环境温度低于涂料中聚合物的玻璃化温度时，聚合物的自由体积就大幅度减少，底部溶剂分子就很难挥发出来，漆膜中几年后仍残存少量溶剂，采用加热烘烤的方法可以除去溶剂，提高漆膜性能。聚合物和溶剂分子之间形成氢键，也阻碍溶剂的扩散，加入增塑剂有利于溶剂分子扩散出来。

残存溶剂的浓度与漆膜厚度有如下关系：

$$\lg C = A\lg(X^2/t) + B \tag{3-12}$$

式中，C表示溶剂与聚合物的质量比；X表示漆膜厚度，μm；t表示时间，h；A、B为常数。

对于一种涂料，达到指定的干燥程度时，C为定值，X^2/t是常数，因此可以认为保留时间与涂膜厚度的平方成反比。即漆膜厚度增加到原来的2倍，保留时间增加到原来的4倍。

［例2］氯醋共聚树脂溶于甲基异丁基酮中。涂装7.0μm后的漆膜，1h后，以聚合物计，保留溶剂为12.2%，1天后为8.6%，求两周后保留溶剂的浓度。

将已知数据代入式(3-12)，计算常数A，B：

$$\lg 0.122 = A\lg(49/1) + B$$

$$\lg 0.086 = A\lg(49/24) + B$$

得到A=0.11，B=−1.10。而两周为t= 336h，则：

$$\lg C = 0.11\times\lg(49/336) - 1.10$$

解得C = 0.064（6.4%）

可以看到，在两周后仍然有相当大的溶剂保留量（6.4%）。

溶剂挥发速度过快，使湿膜表面温度下降至露点以下，则紧靠湿膜表面的空气中的水分凝结在湿膜表面上，经扩散面进入膜内，导致溶解能力不足而引起聚合物沉淀析出。施工现场的湿度应控制在相对湿度40%以下。当相对湿度很高时，可以加入防潮剂，即挥发速度比水慢的溶解性较好的溶剂，在漆膜未干前使进入膜内的水重新挥发出来。

溶剂平衡失当，在溶剂挥发过程中出现溶解能力不足而引起成膜聚合物沉淀析出。此时漆膜内出现相分离现象，从而使该膜出现发白的外观。当发白现象出现时，选用溶解性较好的溶剂在未干透的漆膜薄喷一道，可使发白消退。

应调整混合溶剂的配比，保证挥发过程中的溶剂对树脂的溶解力，不使某种成膜物质从溶液中析出。这样就不会产生发白现象，而且漆膜的附着力、光泽、耐久性等都会有所改善。

(4) 水和有机溶剂混合物的挥发

水和有机溶剂混合物的挥发表现出特有行为。

① 水在25℃、相对湿度（RH）0～5%时，相对挥发速率 $R=0.31$，但在 RH 100%时，$R=0$。乙二醇丁醚（$R=0.77$）的水溶液在低 RH 时，水挥发较快，残余溶液中的乙二醇丁醚将富集。在高 RH 时，乙二醇丁醚挥发得较快，残余溶液中的水将富集。在某个 RH，水和乙二醇丁醚的相对挥发速度相等，挥发后残余溶液的组成不变，这个 RH 称为临界相对湿度（CRH）。乙二醇丁醚水溶液的 CRH 约在 80%RH。溶剂的相对挥发速度比水大，即在任何 RH，溶剂的挥发总是比水快，就无 CRH。溶剂的相对挥发速度非常低，那么 CRH 将接近 100%RH。

② 在潮湿空气中，共沸加快水-溶剂的挥发，如在 40%RH，20%的乙二醇丁醚水溶液的 t_{90} 是 1820s，而水的是 2290s，即水与乙二醇丁醚一起挥发加快了挥发速率。

③ 乙二醇丁醚（沸点 171℃）、水和 26%乙二醇丁醚水溶液样品从室温移入 150℃的炉内，挥发掉 99%溶剂所需的时间分别为 2min、2.6min 和 2.5min。水的沸点尽管比乙二醇丁醚低得多，但水汽化热（沸点时，2260J/g）比乙二醇丁醚（沸点时 373J/g）的高，使水和水-溶剂混合物的升温速度变慢，挥发同样量的溶剂所需要的时间长。

(5) 固含量的测定

溶剂挥发后，涂料中的高分子树脂、颜料等形成干燥的漆膜，即不挥发分或固体分。测定不挥发分最常用的方法是加热烘烤除去蒸发成分。将涂料在一定温度下加热烘焙，干燥后剩余物质量与试样质量比较，以百分数表示。

我国国家标准 GB 1725—79（88）《涂料固体含量测定法》规定用玻璃培养皿和玻璃表面皿在鼓风恒温烘箱中测定，规定了对不同品种涂料的取样数量、烘焙温度，烘焙时间为 30min。如果产品标准对烘焙温度与时间有规定，则按产品标准规定进行。

目前还流行一种快速测定法，即将试样置于 10cm×15cm 的铝箔（或锡箔）上，立即折叠称量，然后打开放入恒温烘箱。此法取样少，约 0.2～0.5g，涂层厚度减薄，烘的时间也大大缩短。

国家标准 GB 9272—88《液态涂料内不挥发分容量的测定》中测定液体涂料在规定的温度和时间固化或干燥后所留下的干膜的体积，以百分数表示，测得的结果可用来计算涂料按一定干涂膜厚度要求施涂时所能涂装的面积大小。

3.5 有机溶剂的其他性质

有机溶剂是易燃易爆的化学品。在涂料的生产、存储、运输、涂装过程中，从安全性的角度出发，需要评价有机溶剂起火、爆炸的危险程度。

(1) 安全性

在涂料工厂最普遍的起火原因是静电，为了防止这种电荷的累积，所有的贮槽、管道等有溶剂或含溶剂的混合物应在任何时间都要接地。另外一个原因是电动机或电气错接产生的火花，所以工厂和实验室应用防爆电气设备。此外吸烟也是潜在的着火原因。

测定易燃性的仪器主要有两种；开杯和闭杯，二者测定的都是闪点，即可用炽热电线点火的最低溶剂温度。开杯的结果适宜指示暴露于空气，例如溢出时的危险程度。闭杯近似地指示在密闭容器中的危险程度。闭杯闪点低于开杯闪点。许多涂料采用混合溶剂，最宜用实验测定。

闪点是评价有机溶剂燃烧危险程度的一个重要指标。闪点是可燃性液体受热时，液体表面上的蒸气和空气混合物接触火源发生闪燃时的最低温度。所谓闪燃，是因为温度比较低，可燃性液体产生蒸气的速度慢，上部的蒸气燃烧后，新的蒸气补充不上来，造成燃烧一闪即逝的现象。闪点是达到可能燃烧的标志点。部分有机溶剂的闪点见表 3-5。

闪点测定方法见 GB 5208—85《涂料闪点测定法　快速平衡法》。

如果继续升高温度到某一点，可燃性液体的蒸气和空气混合物接触火源发生燃烧，移去火源后仍然能够继续燃烧，该温度称为着火点。达到着火点时，可燃性液体就能够形成连续的燃烧，用它评价起火或发生火灾的程度就太晚了。因此，一般采用闪点来评价物质发生火灾危险的程度。闪点越低，危险性就越大。表 3-3 为可燃性液体的易燃性分级标准。

表 3-3　可燃性液体的易燃性分级标准

类　别	易燃等级	闪点/℃	举　例
易燃液体	一级	＜28	甲苯、二甲苯、乙醇、醋酸酯类等
	二级	28～45	200 号溶剂汽油、丁醇、环己酮等
可燃液体	三级	45～120	乙二醇、异佛尔酮、乳酸丁酯等
	四级	＞120	甘油、二甘醇等

爆炸和燃烧没有本质上的差别，它属于剧烈地燃烧，产生的能量以冲击波的形式释放出来。可燃性体的蒸气和空气相混合，其浓度必须达到一定的范围，在这个范围内，遇到火源才能发生爆炸，超出这个范围是不会爆炸的。可燃性液体能发生爆炸的最低浓度称为爆炸下限，能发生爆炸的最高浓度称为爆炸上限。在爆炸下限以下和爆炸上限以上，由于氧气量不够或热量不足，不能发生爆炸。在爆炸下限和爆炸上限之间，可以发生爆炸，这个区间范围称为爆炸极限范围。爆炸极限范围通常以液体蒸气的体积分数表示。如 200 号溶剂汽油的爆炸下限为 1.4％（体积），爆炸上限为 5.9％（体积）。

(2) 电阻

采用静电喷涂方法，对涂料的电性能（电阻值、介电常数等）有要求。涂料的电阻值可以用电导率仪或旋转欧姆表来测定。一般采用的电阻值为 5～50MΩ·cm，生产上需要通过工艺实验来确定。调整涂料电阻值的方法有两种：靠溶剂调整或生产专用静电喷涂的涂料。因为调整涂料配方涉及涂料其他方面的性能，采用溶剂调整有时变得很有必要。

酮、醇及醇醚类溶剂极性强，电阻值低；酯、烃类溶剂极性较弱，电阻值高。实际工作中经常遇到不易带电的涂料，可分为两类：第一类不易接受静电荷，对于这类涂料要加入极性溶剂，改变其电性能以适合静电喷涂；第二类是电阻值特别高或特别低的涂料，这类涂料要加入适当的溶剂，将电阻值调整到合适的范围。通常是使用非极性溶剂为主，加入少量极性溶剂。如静电喷涂 A04-9 氨基烘漆时，其电阻值为 100 MΩ·cm，加入少量极性溶剂二丙酮醇（纯度 92％以上的二丙酮醇电阻值为 0.12 MΩ·cm，92％以下的二丙酮醇为 0.4 MΩ·cm），使其电阻值调整到 5～50MΩ·cm，然后用二甲苯调整到喷涂浓度进行施工。

附录Ⅰ　溶解度参数 δ 的计算及应用

溶解度参数 δ 既可以查表获得（部分有机溶剂的溶解度参数见表 3-5），又可以通过各种计算获得。常用的计算方法有沸点法、蒸气压法、表面张力法和化学结构法。

内聚能密度是在零压力下单位体积的液体变成气体的汽化热，它表示的是液体分子相互之间的吸引力，正是这种吸引力才能使液体分子聚集成为液体。因此它表示物质的一种基本性质。这种性质可以体现在物质性质的各个方面，如汽化热、沸点、蒸气压、表面张力、液体的热膨胀系数 α 和压缩系数 β、折射率、液体范德华气体方程的常数 a 或临界压力 P_C。因此可以利用这些性质来估算或计算溶解度参数 δ。液体分子相互之间的吸引力是由分子的结构决定的，也就是由分子中的原子和官能团对邻近分子能够产生的吸引力决定的，因此，可以从化学结构的角度来估算。

内聚能密度 ΔE 可以利用液体的摩尔汽化热 ΔH 来计算：

$$\Delta E=\Delta H-RT \tag{3-13}$$

用液体的范德华气体方程的常数 a（$L^2\cdot atm$）或临界压力 P_C（atm，1atm=101325Pa）估算溶解度参数 δ：

$$\delta\approx 1.2a^{1/2}/V \quad 或 \quad \delta\approx 1.25P_C^{1/2}$$

用液体的热膨胀系数 α 和压缩系数 β 估算溶解度参数：

$$\delta\approx(\alpha T/\beta)^{1/2}$$

用液体的折射率 n 估算溶解度参数 δ，其中 C 是聚合物的特性常数：

$$\delta\approx C^{1/2}[(n^2-1)/(n^2+1)]$$

沸点法主要用于酯类溶剂和烃类溶剂等没有氢键的溶剂，已知一种溶剂的沸点 T_b（用热力学温度 K 表示）和摩尔体积 V，就可以由式(3-14)计算：

$$\delta=[(23.7T_b+0.02T_b^2-2950)/V]^{1/2} \tag{3-14}$$

［例 3］甲苯的相对分子质量 $M=92.1$，密度 $\rho=0.866g/cm^3$，沸点 $T_b=111℃$，计算甲苯 25℃的溶解度参数 δ。

甲苯的摩尔体积 $V=M/\rho=92.1/0.866=106.4cm^3/mol$，$T_b=384K$，由式(3-14)得：

甲苯的溶解度参数 $\delta=[(23.7\times384+0.02\times384^2-2950)/106.4]^{1/2}=8.9(cal/cm^3)^{1/2}$

蒸气压法是由溶剂的蒸气压数据使用 Clapeyron 方程求出蒸发热 ΔH（单位为 cal/mol），而 $\Delta E=\Delta H-RT$［注意 $R=1.99cal/(mol\cdot K)$］，利用式(3-3)求出溶剂溶解度参数 δ。

表面张力法是用溶剂的表面张力数据来计算溶解度参数 δ：

$$\delta=K(\gamma/V^{1/3})^a \tag{3-15}$$

式中，γ 表示表面张力，$dyn/cm(10^{-3}N/m)$；K 和 a 是常数，见表 3-4。

表 3-4 不同溶剂的 K 和 a 值

溶剂类型	脂肪族烃类	芳香族烃	卤化物	酯、醚、酰胺	酮类	醇类
K	4.31	4.56	4.29	3.58	5.96	5.86
a	0.40	0.37	0.41	0.56	0.25	0.39

［例 4］醋酸正丁酯的表面张力为 25.2dyn/cm（20℃），摩尔体积 $V=132cm^3/mol$，根据式(3-15)：

$$\delta=3.58\times(25.2/132^{1/3})^{0.56}=8.8h$$

化学结构法从溶剂或聚合物重复单元的组成原子和官能团的摩尔引力常数 G 出发进行计算，能够得到它们的溶解度参数 δ。该法由 Small（见 J. Appl. Chem.，1953，3：71.）首先提出。他认为内聚能密度在分子中具有化学基团和原子的加和性，因此，将所有基团的摩尔引力常数 G 加起来，除以摩尔体积 V，就得到溶解度参数 δ：

$$\delta=\sum G/V \tag{3-16}$$

Small 给出的摩尔引力常数 G 表示从色散力产生的内聚能，适用于计算非极性溶剂和非极性聚合物，它的单位为 $cal^{1/2}\cdot cm^{3/2}\cdot mol^{-1}$。后来，Hoy 在 Small 摩尔引力常数的基础上，考虑氢键的作用，对摩尔引力常数 G 进行了修正（见 J. Paint Technolgy，1970，42：76.）。

表 3-5 部分溶剂的性质

溶 剂	沸点/℃	挥发速率	密度 /(g/cm³)	溶解度参数 /h	黏度 /mPa·s	闪点(闭杯) /℃	表面张力(20℃) /(mN/m)
200# 溶剂汽油	158～197	0.1	0.772	6.9		33	
甲苯	110～111	2.0	0.865	8.9	0.55	4	28.53
二甲苯	138～140	0.6	0.865	8.8	0.586(20℃)	27	28.08
乙醇	74～82	1.4	0.809	12.7	1.200	14	22.27
正丁醇	116～119	0.62	0.808	11.4	2.948	35	24.6
醋酸丁酯	118～128	1.0	0.872	8.5	0.671	23	25.09
醋酸乙酯	75～78	3.9	0.894	9.1	0.455	−4	23.75
甲乙酮	80	3.8	0.802	9.3	0.423(15℃)	−4	24.6(20℃)
甲基异丁基酮	116	1.6	0.799	8.4	0.546	16	23.9(20℃)
二丙酮醇	116.15	0.15		9.2	2.90(20℃)	9	31.0(20℃)
异佛尔酮	215.2	0.03	0.919	9.1	2.62(20℃)	96(开杯)	
1,1,1-三氯乙烷	74.0	1.5	1.325	9.6	0.903	无	25.56(20℃)
2-硝基丙烷	120.3	1.2		10.7	0.798		
乙二醇乙醚	135.0	0.4		9.9	2.05(20℃)	45	28.2
乙二醇丁醚	170.6	0.07	0.901	8.9	3.15	61	27.4
醋酸戊酯	130.0	0.87		8.5	0.924(20℃)	25	25.68(20℃)
醋酸己酯	164～176	0.17	0.874(20℃)		1.05(20℃)		25.7
醋酸庚酯	176～200	0.08	0.874(20℃)		1.24(20℃)		26.0
醋酸癸酯	230～248	0.01	0.873(20℃)		2.27(20℃)		27.0

注：1. 除注明外，都是 25℃下的数据。

2. 因为绝大多数文献上使用的是非标准国际单位，本表仍然采用这些数据。它们与标准国际单位的换算为：$1g/cm^3=1000kg/m^3$；$1h=1cal^{1/2}\cdot cm^{-3/2}\cdot mol^{-1}=2.045\times10^3 J^{1/2}\cdot m^{-3/2}\cdot mol^{-1}$；$1mPa\cdot s=10^{-3}Pa\cdot s$；$1m N/m=10^{-3}N/m$；$1M\Omega\cdot cm=10^4\Omega\cdot m$。

附录Ⅱ 有机溶剂挥发速率的测量

根据 ASTM D 3539—76（81）规定的方法，采用 Shell 薄膜挥发仪。实验条件为 25℃，相对湿度小于 5%，空气流动速度为 25L/min，将 0.7mL 待测溶剂滴在滤纸上，滤纸放在平衡盘上并在密闭容器中测定 90%质量的溶剂挥发所需的时间。也有直接把溶剂滴在平底铝盘上测定的。要注意的是，在滤纸和铝盘上分别测得的数据并不吻合，如醋酸乙酯在滤纸上的相对挥发速率为 4.0，在铝盘上为 6.0；水在滤纸上为 0.31，在铝盘上为 0.56。不同的材料对溶剂的挥发速率的影响也不同。部分有机溶剂的挥发速率见表 3-5。

影响溶剂挥发速率的因素有：

① 氢键 氢键的存在显著地降低溶剂的挥发速率。

② 温度 温度越高，溶剂的挥发速率越大，如醋酸丁酯在 25～35℃内，温度升高 1℃，相对挥发速率平均增加 6%，因此，混合溶剂要随季节调整组成，夏季用部分挥发速率慢的溶剂取代挥发快的溶剂。

③ 表面气流 大多数溶剂比空气重，挥发后积聚于漆膜表面，阻碍溶剂的挥发，表面气流能够吹散溶剂蒸气，使溶剂挥发速率加快。因此保持空气流通有助于漆膜干燥。

④ 比表面积 单位体积溶剂的表面积是比表面积。比表面积大，溶剂挥发就快。因此喷涂用的涂料与刷涂或浸涂的不同，喷涂时涂料被雾化成为细小的漆雾颗粒，比表面积很大，挥发速率就快，需要使用挥发速率慢的溶剂。

⑤ 高分子树脂 聚合物与溶剂分子间的吸引力也阻碍溶剂挥发，不同种类的高分子延缓溶剂挥发的程度不同，因此溶剂挥发速率的数据只能作为选择涂料溶剂的粗略指导。

练 习 题

*1. 已知二甲苯的溶解度参数 $\delta=8.8$，γ-丁内酯的溶解度参数 $\delta=12.6$，二甲苯和 γ-丁内

酯按照1/3的体积比混合，求混合溶剂的溶解度参数。

2. 解释为什么环氧树脂能够溶于（体积比）70％二甲苯和30％正丁醇组成的混合溶剂中，并计算该混合溶剂总的挥发速率，并预测在挥发过程中，哪种溶剂逐渐富集，哪种逐渐减少？（注：氨基漆通常使用的混合溶剂就是不同配比的二甲苯和丁醇混合物。）

*3. 天然橡胶的溶解度参数平均值为8.2，正己烷的为7.3，可以很好地溶解天然橡胶，但若加入适量甲醇可以增强溶解力，求甲醇的最佳加入量。

4. 溶剂从漆膜中挥发出来经过怎样的过程？为什么对于含有有机溶剂的腻子，在刮涂时不能一次刮得太厚？（提示：从残存溶剂的角度考虑。）

5. 解释松香水、真溶剂、助溶剂、稀释剂、VOC、HAP、溶解度参数、氢键给体、氢键受体、溶剂化作用、黏度、触变性、临界相对湿度、固含量、闪点。

第4章　颜　　料

颜料是一种微细的颗粒状物质，不溶于它所分散的介质中，而且颜料的物理性质和化学性质基本上不因分散介质而改变。在漆膜中颜料依靠树脂粘接在一起。

颜料是不溶性物质，而染料是可溶性着色物质，用于特种涂料，如木器家具的染色剂。某些颜料被称为色淀，色淀是一种因不可逆吸附在某些不溶性粉末上而转变成颜料的染料。

4.1　颜料的分类和性质

4.1.1　颜料的分类

① 从颜料的功能上来分类，如防锈颜料、磁性颜料、发光颜料、珠光颜料、导电颜料等。

② 颜料可分成无机颜料与有机颜料两大类，就其来源又可分为天然颜料和合成颜料。

天然颜料以矿物为来源的，如朱砂、红土、雄黄、孔雀绿以及重质碳酸钙、硅灰石、重晶石粉、滑石粉、云母粉、高岭土等；以生物为来源的，如来自动物的胭脂虫红、天然鱼鳞粉等，来自植物的有藤黄、茜素红、靛青等。合成颜料通过人工合成，如钛白、锌钡白、铅铬黄、铁蓝、铁红、红丹等无机颜料，以及大红粉、偶氮黄、酞菁蓝等有机颜料。

无机颜料是涂料工业中应用量最大的颜料。有机颜料价格昂贵，在涂料中的应用量远不及无机颜料，但增长较快。有机颜料在发达国家占颜料总用量的1/5～1/4。有机颜料价格通常比无机颜料高得多，而且对光、热不稳定，易渗色。渗色是因为有机颜料在溶剂中有微小的溶解度，当涂下道涂料时，下道涂料的溶剂把上道涂料中的有机颜料溶解，使有机颜料的颜色在下道涂料表面表现出来。底漆含有红色的有机颜料，面漆是白色的，干燥后，因为渗色，面漆可能是粉红色。

高装饰性涂料（特别是汽车涂料）用颜色鲜艳、着色力强的有机颜料与无机颜料配合使用，以提高漆膜的色度。由于环保和安全的要求，用有机颜料与钛白粉或金属氧化物混相颜料（尤其是钛镍黄和钛铬黄）混拼，以取代有毒的铬酸铅和镉系颜料。涂料工业上特别看好的是精细体质颜料，即经过微细化处理或表面包膜处理的体质颜料。它能提高涂料的使用性能和漆膜的应用性能，取代部分昂贵的着色颜料。精细体质颜料又称为颜料增量剂。

③ 以颜色分类是方便而实用的方法，颜料可分为白色、黄色、红色、蓝色、绿色、棕色、紫色、黑色，而不需顾及其来源或化学组成。

《染（颜）料索引》即采用以颜色分类的方法：P代表颜料，下一个字母表示色相，其数字由时间顺序来确定。如将颜料分成颜料黄（PY）、颜料橘黄（PO）、颜料红（PR）、颜料紫（PV）、颜料蓝（PB）、颜料绿（PG）、颜料棕（PBr）、颜料黑（PBk）、颜料白（PW）、金属颜料（PM）等十大类。同样颜色的颜料依次序编号排列，如钛白PW-6、锌钡白PW-5、铅铬黄PY-34、氧化铁红PR-101、酞菁蓝PB-15等。为了查找化学组成，又另有结构编号，如钛白为PW-6C. I. 77891、酞菁蓝是PB-15C. I. 74160，就可使颜料的制造者和应用者能查明所列入的颜料的组成及化学结构。因此国际颜料进出口贸易业中均已广泛采用颜色分类法。

中国的颜料国家标准 GB 3182—1995 也是采用颜色分类，每一种颜料的颜色有一标志，如白色为 BA、红色为 HO、黄色为 HU，再结合化学结构的代号和序号，组成颜料的型号，如金红石型钛白为 BA-01-03、中铬黄为 HU-02-02、氧化铁红为 HO-01-01、锌钡白为 BA-11-01、甲苯胺红为 HO-02-01、酞菁蓝 BGS 为 LA-61-02 等。

常用颜料及其化学组成为：a. 白色颜料，钛白粉（钛白）TiO_2、氧化锌（锌白）ZnO、立德粉（锌钡白）$ZnS \cdot BaSO_4$、硫化锌 ZnS、锑白 Sb_2O_3；b. 红色颜料，镉红 $nCdS \cdot CdSe$、铁红 Fe_2O_3、甲苯胺红（颜料猩红）；c. 黄色颜料，镉黄 $CdS \cdot BaSO_4$、铁黄 $Fe_2O_3 \cdot H_2O$、铅铬黄 $xPbCrO_4 \cdot yPbSO_4$、耐光黄 G（汉沙黄 G、耐晒黄）、联苯胺黄；d. 绿色颜料，氧化铬绿 Cr_2O_3、铬绿 $PbCrO_4 \cdot xPbSO_4 \cdot yFeNH_4[Fe(CN)_6]$；e. 蓝色颜料，铁蓝 $\{K_xF_y[F(CN)_6]_x \cdot nH_2O, (NH_4)_xFe_y[Fe(CN)_6]_z \cdot nH_2O\}$、群青 $Na_xAl_ySi_zO_iS_j$、酞菁蓝；f. 黑色颜料，炭黑、氧化铁黑 $(FeO)_x \cdot (Fe_2O_3)_y$；g. 金属颜料，铝粉 Al、锌粉 Zn、金粉 Cu_xZn_y；h. 体质颜料，碳酸钙 $CaCO_3$、硫酸钡 $BaSO_4$、滑石粉 $3MgO \cdot 4SiO_2 \cdot H_2O$、高岭土 $Al_2O_3 \cdot 2SiO_2 \cdot 2H_2O$、硅灰石 $CaSiO_3$、云母粉 $K_2O \cdot 3Al_2O_3 \cdot 6SiO_2 \cdot 2H_2O$。

4.1.2　漆膜颜料体积浓度

(1) 颜料体积浓度（PVC）

在色漆形成干漆膜的过程中，溶剂挥发，助剂的量很少，干漆膜中的主要成分是主要成膜物质和颜料。漆膜的功能是通过主要成膜物质和颜料来实现的。因此，决定干漆膜性能的也是主要成膜物质和颜料，它们各自的性能影响漆膜的性能，它们在漆膜中占有的体积之间的比例很显然对漆膜性能有重要影响。因此重点介绍了颜料体积浓度的概念及其在涂料中的应用。在干膜中颜料所占的体积分数叫颜料的体积浓度，用 PVC（pigment volume concentration）表示：

颜料体积浓度(PVC)＝ 颜料体积/漆膜的总体积

(2) 临界颜料体积浓度（CPVC）

当颜料吸附树脂，并且恰好在颜料紧密堆积的空隙间也充满树脂时，此时的 PVC 称为临界 PVC，用 CPVC 表示。

在 100g 颜料中，把亚麻油一滴滴加入，并随时用刮刀混合，初加油时，颜料仍保持松散状，但最后可使全部颜料黏结在一起成球，若继续再加油，体系即变稀。把全部颜料黏结在一起时所用的最小油量为颜料的吸油量（OA）。油量和颜料的 CPVC 具有内在的联系，吸油量其实是在 CPVC 时的吸油量，因此它们可通过下式换算：

$$CPVC=1/(1+OA\times\rho/93.5)$$

式中，ρ 为颜料的密度；93.5 为亚麻油的密度乘以 100 所得。

针状氧化锌的密度 $\rho=5.6\ g/cm^3$，实验得到其吸油量 OA＝19，计算用它配制涂料的 CPVC。

$$CPVC=1/(1+19\times5.6/93.5)=0.468(46.8\%)$$

对于混合颜料，采用下式计算：

$$CPVC=1/(1+\sum OA_i\times\rho_i\phi_i/93.5)$$

式中，ϕ_i 是某颜料的体积分数。

几何学上的 CPVC 值是一个明确的数值。但实际上，由于漆基润湿颜料的能力，以及颜料被湿润的难易程度等因素的影响，CPVC 值是一个狭窄的、多少有些模糊的过渡区间，在该区间两边，涂膜的性质呈现过渡态的变化。CPVC 值是根据配方中所采用颜料的含量求出的。对于许多体系来说，其 CPVC 值在 50%～60%，而配方的 CPVC 值的确切数据，只能通过试验积累的经验和涂膜性能检测数据测定。

基料组成影响吸附层的厚度，但具有给定颜料或颜料组合的 CPVC 却基本上不依赖于基料组成。CPVC 主要取决于涂料中颜料或颜料组成及颜料絮凝程度：①易被湿润的颜料或加入分散助剂后，会降低 CPVC 值。因为颜料分散得好，每个颜料颗粒上都能够吸附树脂，所以导致体系中 CPVC 值下降。②颜料组成相同时，颜料粒径越小，CPVC 就越低。对较小粒径颜料，其表面积对体积的比例就较大。因此，在较小颜料颗粒表面吸附的基料就多，在紧密填充的最终涂膜中颜料体积较小。③在紧密堆积的颜料中，粒径分布越广，小粒径的颗粒能填充大粒径颗粒形成的间隙中，间隙的体积就越小，所以 CPVC 越高。④用含絮凝颜料的涂料制成的涂膜，其 CPVC 低于那些不含絮凝颜料涂料制成的涂膜的 CPVC。絮凝是颜料在制成涂料已经均匀分散后，又重新聚集的现象。用含絮凝颜料聚集体的涂料制成的漆膜，颜料分布均匀性较低，因此无法确定哪里颜料浓度会局部过高。含溶剂树脂被陷入在颜料聚集体内。当涂膜干燥时，溶剂从陷入于絮凝颜料中的树脂溶液中扩散出来，导致填充空间的基料不足。有报道的一个例子是，当絮凝增加时，CPVC 从 43%降到 28%。

(3) 比体积浓度 (Δ)

PVC 和 CPVC 之比称为比体积浓度：

$$\text{比体积浓度}(\Delta)=\mathrm{PVC}/\mathrm{CPVC}$$

PVC 与漆膜的性能有很大的关系，如遮盖力、光泽、透过性、强度等。当 PVC 达到 CPVC 时，各种性能都有一个转折点。当 PVC 增加时，漆膜的光泽下降。当 PVC 达到 CPVC 时，Δ=1，高分子树脂恰好填满颜料紧密堆积所形成的空隙，见图 4-1。

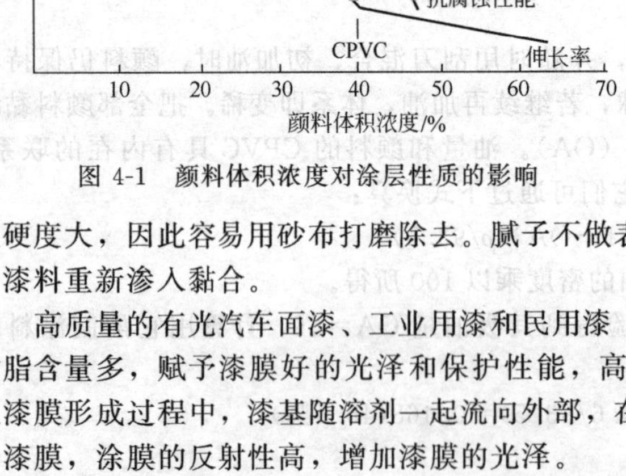

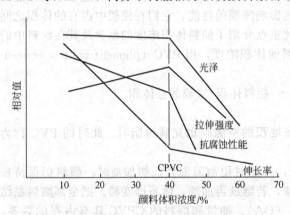

图 4-1　颜料体积浓度对涂层性质的影响

若颜料用量再继续增加 (Δ>1)，漆膜内就开始出现空隙，这时高分子树脂的量太少，部分的颜料颗粒没有被粘住，漆膜的透过性大大增加，因此防腐性能明显下降，防污能力也变差。但是由于漆膜里有了空气，增加了光的漫散射，使漆膜光泽（光泽是对光定向反射的结果，漫散射使定向反射光的比例减少）下降，遮盖力迅速增加，着色力也增加，但和漆膜强度有关的力学性能以及附着力却明显下降。

腻子的 Δ>1，漆膜的强度较小，而且硬度大，因此容易用砂布打磨除去。腻子不做表面涂层，腻子中的空隙能够被随后涂料中的漆料重新渗入黏合。

高质量的有光汽车面漆、工业用漆和民用漆（面漆），其 Δ 在 0.1～0.5，漆膜中高分子树脂含量多，赋予漆膜好的光泽和保护性能，高光泽涂料的 Δ 低，保证其漆基大大过量。在漆膜形成过程中，漆基随溶剂一起流向外部，在漆膜表面形成一个清漆层，得到一个平整的漆膜，涂膜的反射性高，增加漆膜的光泽。

半光的建筑用漆 Δ 在 0.6～0.8，其 Δ 值较高。平光（即无光）建筑漆的 Δ 值为 1.0 或接近 1.0 的水平。有时制备平光漆不是采取增大 Δ 值的方法，而采用加入消光剂来解决，这样可以发挥低 Δ 值时的涂膜性能，增加防污能力，降低涂膜的渗透性。

保养底漆的 Δ 值在 0.75～0.9 之间，可以得到最佳抗锈和抗起泡能力。富锌底漆的防锈原理是牺牲阳极保护钢铁，锌粉颗粒相互接触维持漆膜的导电性，而且漆膜需要一定的透水性以形成电解质溶液，因此 $\Delta>1$。木器底漆的 Δ 值宜在 0.95～1.05 之间，以保证涂膜的综合性能最佳。

虽然 PVC 值和 Δ 值对色漆配方设计有重要参考价值，但实际应用中，往往因为所用漆基与颜料的特性，色漆制造工艺的影响，以及加入分散助剂的作用，也会使 Δ 值的参考作用受到干扰。颜料的附聚导致堆积不紧密，因而 CPVC 值较低。相反，非常高效的分散助剂的应用，可能得到一个比预期要高的 CPVC 值。底漆按规定时间在球磨机中进行研磨分散，其 PVC 值已固定，而 CPVC 值随其在球磨机中研磨分散时间的增加而增加。如果加工过程中研磨分散时间未达到规定要求而过早出磨，Δ 值可能要高于设计的数值，颜料与漆基就没有完全湿润分散为均匀的分散体，导致涂膜的性能尤其是抗腐蚀性能明显下降。在色漆制造工艺中，需要解决 Δ 值与配方一致的问题。

4.1.3 颜料的通性

颜料使涂料具有着色、遮盖、保护等基本功能。颜料对漆膜着色是赋予漆膜需要的颜色。遮盖是漆膜覆盖在底材上，使底材呈现不出原有颜色的能力，靠颜料的遮盖力来实现。本节首先探讨了遮盖力的概念，又讨论了涂料配方设计中使用的着色力、吸油量的概念，以及颜料颗粒的大小、形状和粒度分布等基本性质。

(1) 遮盖力

颜料的遮盖力是漆膜内的颜料能够遮盖底材使不透露底材原有颜色的能力。把涂料施工在有黑白条的底材上，每遮盖 $1m^2$ 底材的表面积所需颜料的质量 (g) 即表示颜料的遮盖力，g/m^2。加入颜料后制成的色漆对表面的遮盖力称为色漆的遮盖力。遮盖力是评价色漆性能的一个重要指标，选用遮盖力强的颜料，可以使色漆中颜料用量少，也能达到覆盖底材的要求。

遮盖力是由于颜料的折射率和其周围介质（漆膜中的高分子树脂）的折射率之差造成的。当二者之差为零，即颜料的折射率和漆膜中的高分子树脂的折射率相等时，漆膜透明；二者之差越大，表现的遮盖力越强。遮盖力是颜料对光线产生散射和吸收的结果，其高低由涂料的组成决定。

碳酸钙在湿的状态下涂到墙上，由于它和水的折射率相差不大，看起来遮盖力差，但干燥之后，由空气取代水，折射率之差增大，遮盖力就大幅度增加。遮盖力还与颜料颗粒大小及其分布有关，颜料颗粒小，遮盖力强。对大多数颜料而言，最有效的颗粒尺寸为可见光波长的一半，即 0.2～0.4μm。在漆膜干燥过程中，颜料颗粒之间的距离减小，颜料颗粒之间空隙大小对遮盖力的影响为：

$$S=(0.75/\mathrm{PVC})^{1/3}-1.0$$

$$\mathrm{HP}=KS/(S+1)$$

式中，HP 为遮盖力；S 为颜料颗粒之间的空隙直径；K 为比例常数。

一种涂料的 PVC 是 4.5%，颜料颗粒间的平均距离为 1.54μm，HP = 0.61K，形成干漆膜后，PVC=15%，距离为 0.70μm，HP = 0.41K。漆膜干燥后颜料浓度增大，遮盖力降低。

目前色漆遮盖力的测定方法有下面 3 种。

① 单位面积质量法 测定遮盖单位面积所需的最小用漆量，用 g/m^2 表示遮盖力。通常采用黑白格玻璃板，也可用标准的黑白格纸。我国国家标准 GB 1726—79 (88)《涂料遮盖力测定法》规定了使用黑白格板，有刷涂法和喷涂法两种。

② 最小漆膜厚度法 利用遮盖住底面所需的最小湿膜厚度以测定色漆的遮盖力，所得结果以 μm 表示。测定仪是用一块黑白间半的光学玻璃平板，其边上标有毫米刻度，在其上

盖有一块在一端有一定高度的透明玻璃顶板，从而形成一个楔形空间，测定时在底板上倒上少量样品，来回移动顶板；一直到通过顶板及漆层看不到底板上的黑白分界线为止，记下从分界线至顶板前端的读数，由于楔形空间的角度是已知的，就可求出最小湿膜厚度，或者通过仪器所附的换算表换算出单位面积用漆量。此法用漆量少，测试速度快，但仍为目测，存在测试结果的准确性问题。

③ 反射率对比法　为了克服目测终点的困难，ISO 及各国标准均推荐采用反射率仪对遮盖力进行比较准确的评定，但这种方法主要适用于白色和浅色漆。把试样以不同厚度涂布于透明聚酯膜上，干燥之后置于黑、白玻璃板上，用反射率仪测定其反射率，R_B 是黑板上的反射率；R_W 是白板上的反射率，根据 $CR=R_B/R_W$，从而得出对比率 CR。

当对比率等于 0.98 时，即认为全部遮盖，根据漆膜厚度就可得出遮盖力。此法终点判断比较准确，能克服上述两方法的不足，但操作较复杂。我国已等效采用 ISO 标准，制定了国家标准 GB 9270—88《浅色漆对比率的测定　聚酯膜法》。利用此法还可测得不同的涂布率（m^2/L）时的对比率，即其相应的遮盖力。

(2) 着色力

着色力是一种彩色颜料与基准颜料混合后呈现它自身颜色强弱的能力。通常用白色颜料作基准去衡量彩色或黑色颜料对白色颜料的着色力。

(3) 颜料颗粒的大小、形状和粒度分布

大多数颜料的平均粒径为 0.01～1.0μm，但体质颜料和少量其他颜料的粒径较大（如表 4-1 所列）。颜料的粒径越小，分散度越大，遮盖力就越大，着色力也越大。粒径分布窄，颜色纯，性能好。

表 4-1　部分颜料的粒径大小

颜　料	粒径/μm	颜　料	粒径/μm
钛白粉	0.2～0.3	铬酸锶	0.3～20.0
铁红	0.3～0.4	水合氧化铝	0.4～60.0
天然结晶二氧化硅	1.5～9.0	云母铁矿	5.0～100.0

颜料主要以 3 种形状存在：瘤状，近似于球形，如钛白粉、立德粉；针状，如石棉、某些锌白，它们具有增强作用，能够改善涂料的力学性能；扁平状，如漂浮型铝粉浆、云母氧化铁，同样对涂料有增强作用，有些扁平状颜料还具有取向作用，平行排列于漆膜中，能够阻挡气体和水的渗透，具有好的防腐性和特殊外观。

颜料的粒径存在一定的分布范围，以粒子出现频率对粒径作图，呈现非正态分布，即向左偏斜的分布。这说明小粒径颗粒出现的概率大于大粒径颗粒出现的概率。在分布图上出现一个峰值，即某一粒径下颗粒出现的概率最大。我们希望在峰值的两侧曲线下降的速度越快越好，这说明粒径出现的概率集中，颗粒均匀度好，这时的颜料颜色纯，性能好。

(4) 吸油量

吸油量是按以下方法测定的：在 100g 的颜料中，把亚麻油一滴滴加入，并随时用刮刀混合，初加油时，颜料仍保持松散状，但最后可使全部颜料黏结在一起成球，若继续再加油，体系即变稀。把全部颜料黏结在一起时所用的最小油量为颜料的吸油量（OA）。

吸油量(OA)＝亚麻油量/100g 颜料

达到吸油量时，颜料表面吸满了油，颗粒间的空隙也充满了油，若再加入油黏度要下降。

吸油量用刮刀法，误差很大，现在已可用仪器来测定，如捏和机，在颜料和油逐步混合时，测量搅拌机的功率，功率最高时，即为吸油量，这种方法误差小。

4.2 颜　色

漆膜的一个重要功能是赋予物体的颜色。需要了解漆膜颜色的概念及颜色的测量方法。

颜色是光刺激我们的神经系统产生视觉反应，色刺激本身是一个物理过程，它并不是颜色，它需要经过大脑翻译才产生颜色的感觉。因此，颜色是一个心理物理现象。

4.2.1 光与颜色的关系

光是能够在人的视觉系统上引起明亮颜色感觉的电磁辐射。电磁波中能够作用于人们的眼睛，并引起视觉的部分只是一个很窄的波段，通常叫做可见光，每个人的可见光波长范围不同，但大多数在390～770nm。其中蓝光辐射的波长约小于480nm；绿光大致在480～560nm之间；黄光在560～590nm之间；橙色光在590～630nm之间；红光的波长大于630nm。红光和蓝光混合产生的紫色光尽管是一种普通的光，但在光谱中没有。白色是所有波长含量几乎相等的可见光。光谱色是单色光，是不能再被分解的光。

一般把反射光的反射率在75%以上的颜色称为白色，反射率在10%以下的颜色称为黑色；反射率在10%～75%之间的颜色称为灰色。任何物体都不会绝对反射、绝对吸收，所以绝对白色、绝对黑色是不存在的。人们凭借光才能看到物体的颜色，在黑暗中只能分辨出物体的轮廓，却看不见它的颜色，在不同的光源下物体又呈现出不同的颜色，因此，颜色是光的特性。

物体的颜色分为彩色和消色两大类。凡是对白光有选择性反射（透射）和吸收的物体，都是彩色物体。消色体对任何波长的单色光的反射（透射）能力都一样，没有选择性。消色是由物体反射（透射）光后，经过吸收，使反射（透射）出来的光减弱，但仍然保持组成白光的比例。

根据颜色产生的原因，把颜色分为相关色和非相关色。非相关色是色光与人们的视觉系统直接作用产生的，是从背景全暗的面上感知的颜色。在非常暗的房间用高亮度的手电筒照射一张浅棕色的纸，纸显橙色，这就是一种非相关色。相关色是在背景存在其他颜色时，观看某个面而被感知的颜色。刷有颜色的涂料就是在创造相关色。

4.2.2 影响颜色的因素

颜色有三个组分：光源、物体、观察者。这三个因素中任何一个发生变化，人都会感觉到颜色在改变。同一物体受到不同颜色或不同投射角度的光线照射，会产生不同的颜色效果。把向眼睛辐射光的照明体及所有色彩，例如颜料、染料或颜色样品等看成是色刺激源，使观察者产生颜色感知。因此，根据颜色是色刺激这样一个物理过程，人们可以用仪器对色刺激进行定量表达，颜色也就可以进行物理测量。色度学是测量颜色的科学。

我们关心的是涂装后漆膜的颜色，即在颜色的三个组分中由光源和物体相互作用的结果。下面首先从表面反射、吸收作用、散射三个方面讨论光源和物体的相互作用，以及它们的共同的相互作用，涂料工业中使用的标准光源。

(1) 表面反射

当光束到达物体表面时，一部分光线被物体表面反射，另一部分进入物体内部发生折射。若物体表面是光学级的平滑，则入射角与反射角相同，并对称分布于法线两侧时，这类反射称镜面反射，即像镜子一样的反射。入射光线垂直于物体表面（即与法线平行）时，入射角为0°，掠角是90°。反射光 R 随入射角变化以及在两相之间折射率的不同而改变。

大部分树脂的折射率约等于1.5，空气的折射率约等于1。当入射角接近0°时，约4%

的入射光被反射，96%折射进入漆膜。当入射角接近90°时，反射率近100%，没有光线进入漆膜。

漆膜的厚度很小（60～250nm）时，折射进入漆膜的光被反射出来，将产生干涉，由于干涉，某些波长反射光的强度得以增高，造成漆膜的颜色发生变化。

(2) 吸收作用

涂料中使用的染料、颜料以及某些带颜色的树脂统称为着色剂，着色剂吸收某一波长的光比另外一些波长的光更强。这些吸收作用是由它们的化学结构控制。每个着色剂有一个吸收光谱，控制吸收不同波长的光。同样量的着色剂，颗粒越小则吸收光的程度就越大。光束通过含着色剂介质的路程越长，则光被吸收的程度就越大。

(3) 散射

一束光线通过黑屋子时，能显示出空气中的尘粒，这是因为尘粒和光相互作用，使一部分光离开原来的方向，这就是光的散射。光射入含微细颜料颗粒的聚合物漆膜，便要发生散射。光散射的实质是质点分子中的电子在光波的电场作用下强迫振动，成为二次光源，向各个方向发射电磁波，这种波便称为散射光。光散射是全方位的，就是漫射光。

漆膜对于基材的遮盖分为：漆膜吸收照射在其上的光线，使不能达到底部（如加有炭黑的黑漆），无法看到基材的表面；光在颜料和成膜物之间的散射，使光不能达到基材的底部（如白色漆），也看不到基材的表面。白色颜料主要靠散射才有遮盖力。大部分彩色涂料靠吸收和散射同时起作用。具有高吸收能力的黑色颜料也有很强的遮盖力。在白色的钛白粉中加入少量的黑色颜料如炭黑，能在减少钛白粉用量的同时，达到要求的遮盖力。

光散射的程度取决于粒子和介质间折射率之差、粒子大小、膜厚度和粒子浓度。

① 不吸收光的颜料粒子的折射率和漆膜高分子的折射率之差增大，则散射程度急速增大。理想的白颜料不吸收光，要求有很高的折射率。金红石型二氧化钛的平均折射率为2.73，是一种理想的白颜料。锐钛型二氧化钛的折射率为2.55，与树脂的折射率之差较小，散射效率降低。

② 颗粒尺寸约等于光的波长时，散射量大。以光照射分散在树脂（折射率约为1.5）中不同粒径的金红石型二氧化钛时，颗粒减小，散射系数增加，散射效率也相应增加，直至达到粒径0.19μm为止。当颗粒进一步减小时，散射系数反而急剧下降。因此，商业上的金红石型二氧化钛有一系列的粒径范围。金红石型二氧化钛颜料生产平均粒径要稍大（0.2μm），颗粒尺寸非常小时，几乎不散射光，看起来是透明的。透明氧化铁的粒径在10～90nm，没有遮盖力。碳酸钙的散射系数$n=1.57$，即使在最佳粒径，散射效率也很低，遮盖性能也不好。

③ 金红石型二氧化钛粒子浓度增加，散射效率减小，减小得太多，光线透射部分增加，反射减少。在干膜中的金红石型颜料的体积分数（PVC）在18%以上时，由于采用二氧化钛颜料的成本上升，散射效率下降，对漆膜的遮盖力影响不大，经济上无吸引力。

(4) 表面反射、吸收和散射的共同作用

光在光滑表面产生的主要是镜面反射，随表面变得粗糙，镜面反射减少，漫反射增加。漫反射光占总反射光的百分数大，漆膜反映影像的清晰程度就小，鲜映性（影像的清晰程度）就小。汽车尤其是轿车面漆漆膜有鲜映性要求。观测漆膜时，光源一般是相对宽阔的光束或漫散光源。涂料采用吸收和散射光的颜料或颜料组合。因为眼睛不能区别光线是在漆膜表面上反射或膜中间被反射，或者达到了膜的底部表面上被反射的，所以眼睛作出反应时，是三个来源光线的综合。

同色异谱是光谱上不同的刺激产生相同的视觉反应，即用不同的材料能得到相同的颜色。

由于同色异谱现象的存在，就可以使用不同的着色剂，重新给出相同的颜色。这样有毒的颜料可用无毒的来代替，昂贵的着色剂可用便宜的来代替。然而颜色取决于光源、物体和观察者这三者的相互作用，光源或观察者的变化可能会导致颜色的误配。由不同着色剂制得的颜色在特定光源照射下、由特定观察者观察时，颜色是匹配的。如果照明或观察者发生变化，颜色就不再匹配，这也是同色异谱现象。

如果吸收很弱的情况下发生散射（如白光），并且不再发生二次以上的散射，颜料浓度和漆膜厚度对漆膜颜色的影响就能用简单的方程式作模型进行计算。然而，吸收较强和光线多次散射的共同作用使这些计算公式变得很复杂。Kubelka-Munk 方程式就表达这些关系，可用来进行配色计算。

(5) 标准照明体

照明体是一种光源数学上的描述。黑体在冷的时候显示黑色，受热后发光，先为暗红色，随温度升高，越来越亮，越来越白。黑体的颜色只取决于其温度，而与光谱功率分布的组成无关。黑体的温度称为色温，白炽光中的钨丝就接近黑体。很多非黑体的光源可以用黑体色温来描述，与具有相同亮度刺激的颜色最相似的黑体辐射体的温度称为相关色温，用 K 表示。

任何光源发出的光都可用在每个波长发射的相对功率来表示，把 560nm 处的功率定义为 1，可以测量得到整个光谱的相对功率。CIE 定义许多光谱的功率分布用于描述颜色，这些特定的相对光谱功率分布参数在 CIE 的术语中被称为标准照明体。白炽光表示为标准照明体 A，它与色温 2856K 的黑体辐射相同。自然白昼光表示为标准照明体 D。在北半球，从阴天北面的天空来的太阳光是自然白昼光。D 系列标准指具有较宽相关色温范围的白昼光光谱功率分布的照明体。

涂料工业、塑料工业以及纺织工业都采用 D65，它的相关色温是 6500K 的 CIE 白昼光。印刷领域和计算机工业采用 D50。F 系列照明体用于荧光灯。

4.2.3 颜色的属性及表征

(1) 颜色的三属性

表示颜色的三个坐标（三个属性）是色相（hue）、亮度（value）和彩度（chroma）。

① 色相 当可见光（波长 400～700nm）从短波向长波移动时，人们会感到一系列不同的颜色：紫、蓝、绿、黄、橙、红等，这就是色相，又称色调。

只有彩色才有色调。物体受到白光的照射，吸收一部分波长，反射一部分波长，反射的光就是人眼看到的颜色，即对光谱某个波长选择性反射形成彩色。色相是颜色的光谱特性，相应于一定波长的光。色调分为 5 个主色调：红（R)、黄（Y)、绿（G)、蓝（B)、紫（P)。

白色、黑色和灰色是对可见光谱无选择性吸收的结果，是没有色相的颜色，属于消色，又称中性色，它们的差别仅在于明度。彩色包括颜色的三个特性：色调、明度和饱和度；消色只有明度。

② 明度 又称亮度，是物体反射光的量度。明度是颜色光亮度，是通过与一系列灰色标准样卡相对照而得到的。明亮彩色的漆膜意味着它反射了大部分投射在其上面的光。浅蓝有高的亮度，而同样色相的深蓝有低的亮度。其中白色的漆膜反射能力最强，明度最高，亮度 10 是纯白。黑色的不能反射任何光，亮度 0 是纯黑。同一色调可以有不同的明度，比如红色就有红紫、深红、浅红、粉红等之分。不同色调也有不同的明度，在太阳光谱中，紫明度最低，红和绿明度中等，黄明度最高，所以人们感到黄色最亮。

③ 彩度 又称饱和度或纯度，表示颜色偏离相同灰色的程度。它代表颜色的纯粹程度，

最接近光谱色的是最纯粹的光，彩度就高。光谱色中，不含白光成分是纯净的。彩度可分为0～20档，每种颜色所达到的最高彩度值不同，彩度低于0.5即为无彩色。

消色的纯度最低，当光刺激中混入消色的成分时，纯度即降低。亮红有一个高的彩度，而相同的色相和亮度的灰光红却是低彩度。

人类的眼睛能辨别几千种颜色。定义识别颜色主要有两个体系：一种使用颜色样卡，另一种从数学上鉴定颜色。用色调、明度和饱和度建立标度，就能用数字来测量颜色。

(2) 孟塞尔颜色系统

1905年，美国画家孟塞尔（A. H. Munsell）发明了一种立体的模型，把表征颜色的三个参数全部表现出来，在立体模型中的每一部位各代表一个特定的颜色。

色相以红（R）、黄（Y）、绿（G）、蓝（B）、紫（P）为五个主色调，再加上五个主色调之间的黄红（YR）、黄绿（GY）、蓝绿（BG）、紫蓝（PB）、红紫（RP）的五色，共十个色相，再将两色相之间分成1～10个数字，于是共得100个色相，将此100种色相用环状排列成色相环，成为表示颜色的第一个坐标。明度分为11级。明度（V）以白色＝10，黑色＝0，中间色＝5，明度轴垂直立于色相环的中心，成为表示颜色的第二个坐标。彩度的高低用明度轴与色相环的距离表示，中心轴（即明度轴）上的彩度为0，离中心轴愈远，离色相环愈近，彩度愈高。最高彩度的值定为12，0～12分为6个间隔。如果一个色卡标明为G5/6，就表示色卡为绿色，明度为5，彩度为6。5R4/6表示红砖色，5R为色调，明度为4，彩度为6。对于消色，用NV/表示，V是明度数值。如N9/，就是非常接近白色的颜色。

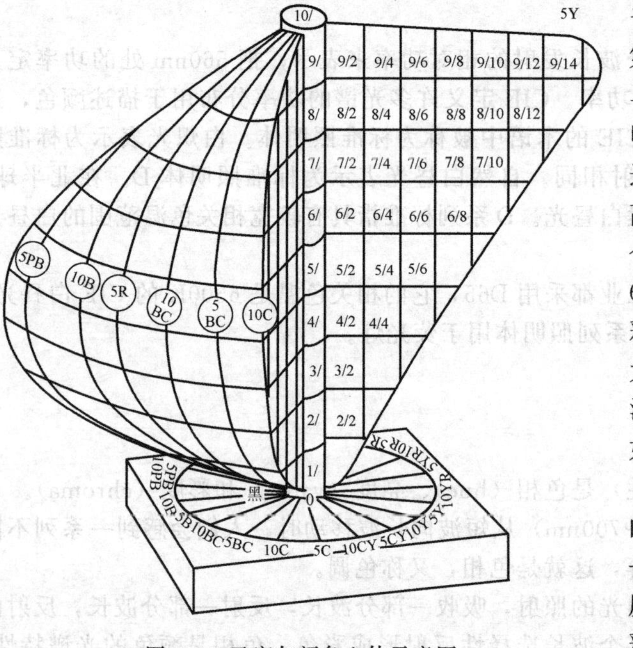

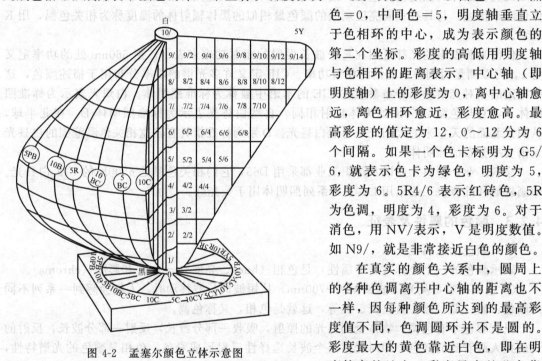

图 4-2 孟塞尔颜色立体示意图

在真实的颜色关系中，圆周上的各种色调离开中心轴的距离也不一样，因每种颜色所达到的最高彩度值不同，色调圆环并不是圆的。彩度最大的黄色靠近白色，即在明度较高的地方。彩度最大的蓝色靠近黑色，在明度较低的地方，因此色立体中部的色调环应该是倾斜的，黄色部分较高，蓝色部分低，见图4-2。

目前，涂料工业中对漆膜颜色的规定标准是以孟塞尔坐标系统为准。国内对颜料颜色的检测大多还是使用目测法。在相同条件下，将颜料分散到展色剂中，然后刮涂到纸上，在日光下或标准光源下与标准样品进行平行比较进行判断。国际上对于比色的条件有严格的规定，但目测法只能文字评述，而且人眼对色调、饱和度的细微差别难以精确辨别，因此就需采用仪器测量。

涂料工业中使用排好序的着色样品，这就是色卡。每个色卡样品对应一个配方。涂料生产者和使用者依靠色卡来交流对颜色的需要。

孟塞尔色卡是按照使所有相邻色卡之间有相等目测差来制备的 。色卡标明颜色，看到孟塞尔色卡就能知道该颜色。孟塞尔卡片有高光泽和低光泽两套可购。如果与半光材料比较，二者中任何一个都可能导致显著的差错。采用孟塞尔体系中的色卡时，要求光源是规定的D65，材料表面的粗糙度要相同，因为粗糙度决定漆膜的光泽，须在相同的光泽下进行比较。

对漆膜颜色的测定和评判，我国国家标准有：GB/T 3181—1995 规定了漆膜颜色标准，包括了目前经常生产和使用的主要色漆产品的颜色，由83个颜色组成；GB/T 6749—1997 规定了漆膜颜色的表示方法；GB/T 9761—88 规定了色漆和清漆色漆的目视比色方法；GSB/T G51001—94 提供了漆膜颜色的标准样卡（色卡），该颜色系统的色空间均匀性好。

颜色标准名称采用习惯名称，例如大红、深黄、中绿、淡灰等，见表4-2。

表4-2 部分涂料颜色、孟塞尔颜色标号和对应的国家标准颜色编号

颜　色	孟塞尔颜色标号 HV/C	GB/T 3181—95 的颜色编号	GSB G51001 的颜色编号
黑色	1.0		
棕色	2.4YR2.1/3.7	YR05	57
铁红色	9.8R2.8/7.1	R01	64
珍珠色	3.0Y8.9/2.8	Y03	43
天蓝色	5.9B6.8/7.4	PB09	10
银灰色	1.9G6.0/0.6	B04	74

(3) CIE（国际照明委员会）颜色体系

国际照明委员会（CIE）用数字表示颜色的方法中，较为著名的两种方法为Yxy色空间法和$L^*a^*b^*$色空间法。对同一颜色，孟塞尔颜色系统、Yxy色空间法和和$L^*a^*b^*$色空间法相互之间有复杂的换算关系。

CIE颜色体系是基于光源、物体和标准观察者的数学描述。光源由其相对能量分布规定，物体由其反射率（或透射率）光谱具体指定，观察者由CIE标准人类观察者表具体规定。光通过物体时的反射（或透射）用分光光度计来定量测量。因为反射一般是漫散射，所以要使用带有积分球的分光光度计，把全部反射光线取样检测，而不是仅在某些狭小的角。

用光源、物体和标准观察者相互作用的结果来规定颜色，使用X、Y、Z三刺激值。三刺激值是通过将CIE标准照明体的相对光谱功率、物体的反射或透过因数、标准观察者函数与可见光谱中所有的波长相乘，乘积之和进行归一化处理得到的。三刺激值可以看作三维空间的三个变量，空间的每个点代表一种颜色。色度计是测量CIE三刺激值的仪器。

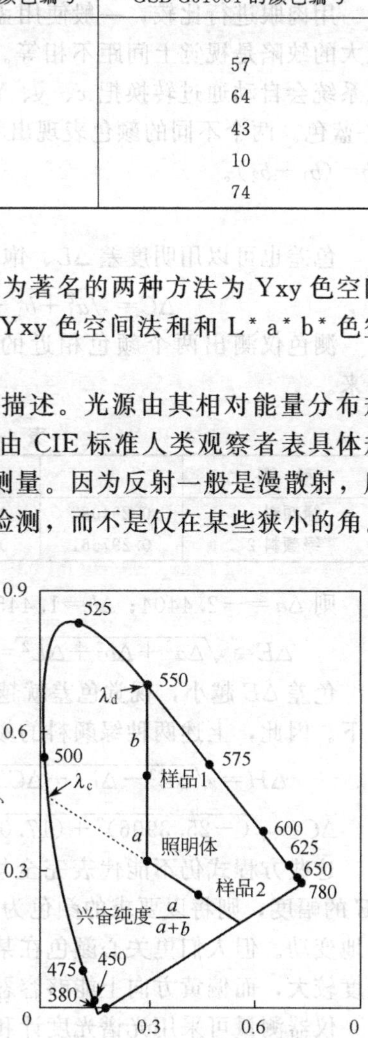

图4-3 CIE光谱轨迹图

为了在一个平面坐标上表示颜色，将三刺激值转换为色品值x、y、z。

$$x = X/(X+Y+Z);\ y = Y/(X+Y+Z);$$
$$z = Z/(X+Y+Z)$$

因为$x+y+z=1$，所以表示一个彩色只需要x、y为轴的平面坐标就可以。x、y表示与明度无关的颜色信息，被称为色品度。x、y为轴的平面坐标图称为色品图或色度图。每个波长的色品值可计算出来并标在图上，得到CIE光谱轨迹图，见图4-3。

轨迹的末端连接成的直线称为紫色线（即从380nm点到780nm点的连线），因为在CIE颜色空间中没有紫色，紫色相的位置就沿此线。在CIE坐标图上，标准照明体与样品1、样品2各占据一点，从照明体到样品1的连接线延长与光谱轨迹相交，交点λ_d为样品1的主波长。而从照明体到样品2的连接线的延长线与紫色线相交，此时用反向的延长线与光谱轨迹相交，交点λ_c，称为补主波长。主波长λ_d和兴奋纯度分别与色调和饱和度有联系，但视觉上不均匀。在马蹄形的光谱轨迹以外的点都不代表真实颜色。CIE 三刺激值系统仅仅是判断两种颜色是否匹配（如果它们具有相同的三刺激值，它们就是匹配的，否则不匹配）。利用 CIE 色品图也只能判断两种颜色的色品是否相同，而不能告诉我们这两种颜色看起来的视觉感知如何。第三个坐标和明度有关，定义为明度因数 Y（注意，不是三刺激值的 Y）。明度的坐标轴垂直于平面。$Y=100$ 表示 100%反射所有可见光波长的完全白色的物体，或 100%透射所有可见光波长的完全无色样品。通常 Y 小于 100。Y 越大，颜色越亮，光谱轨迹包括的面积越小。用色度计和光谱辐射计可以得到 x、y、Y，即色度坐标和明度因数。光谱辐射计是测量光源光谱的仪器。

用肉眼进行比较，一般使用孟塞尔体系，因为该体系在视觉上分布均匀，而 CIE 体系最大的缺陷是视觉上间距不相等。为使 x、y、Y 更符合视觉观察的结果，测色仪中的计算机系统会自动通过转换把 x、y、Y 变成 L、a、b，其中 L 表示明度，a 表示红-绿色，b 表示黄-蓝色。两个不同的颜色表现出不同的 L、a、b 数值，则 $\Delta L=(L_1-L_2)$；$\Delta a=a_1-a_2)$；$\Delta b=(b_1-b_2)$。

$$\Delta E=\sqrt{\Delta a^2+\Delta b^2+\Delta L^2}$$

色差也可以用明度差 ΔL、饱和度差 ΔC 以及色调差 ΔH 来定义：

$$\Delta C=\sqrt{a_1^2+b_1^2}-\sqrt{a_2^2+b_2^2} \qquad \Delta H=\sqrt{\Delta E^2-\Delta L^2-\Delta C^2}$$

测色仪测出两个颜色相近的绿颜料的色差，见表 4-3，测色仪可以把这些数据打印出来。

表 4-3 两个颜色相近的绿颜料的色差

颜 料	x	y	Y	a	b	L
绿颜料 1	0.294082	0.459320	7.1148	−25.3906	17.0898	32.0625
绿颜料 2	0.297561	0.447204	6.9601	−22.9492	15.6445	31.7031

则 $\Delta a=-2.4404$；$\Delta b=1.4453$；$\Delta L=0.3594$

$$\Delta E=\sqrt{\Delta a^2+\Delta b^2+\Delta L^2}=\sqrt{(-2.4404)^2+(1.4453)^2+(0.3594)^2}=2.8590$$

色差 ΔE 越小，视觉色差就越小。颜料的色差一般要求在 10 以下，更精细的情况下在 3 以下。因此，上述两种绿颜料的颜色很接近。

$$\Delta H=\sqrt{\Delta E^2-\Delta L^2-\Delta C^2}=\sqrt{(2.8590)^2-(0.3594)^2-(2.8319)^2}=0.1583$$

$$\Delta C=\sqrt{(-25.3906)^2+(17.0898)^2}-\sqrt{(-22.9492)^2+(15.6445)^2}=2.8319$$

这些方程式仍不能代表完全均匀的色空间。在编写颜色规范时，如果规定一个固定的 ΔE 的幅度，则将以要求的颜色为中心、ΔE 为半径画个圆，即容许从中心向任何方向上相同地变动。但人们更关心颜色在某个方向上的偏差，如对于白色的偏差，偏蓝方向上的容忍程度较大，而偏黄方向上能够容忍的程度则较小。

仪器测量可采用光谱光度计和色度计等。光度计是测定物体的反射率或透射率随波长的变化，由光学辐射源、限定测量几何条件的光学系统、分光的组件、探测器、转换光信号成其他形式的信号处理系统组成，有许多用途，为测色设计的仪器波长为 380～780nm。

使用带有积分球的反射分光光度计进行测色时，将反射曲线用屏幕显示，储存及计算所需数据，测定可在几秒内完成。为取得最精确的数据，用每个波长进行反射率测量，波长范围为 380～770nm 的反射率值用于累积总数。对于大多数情况，则从 400～700nm 以间隔 20nm 测量 16 次，精确度已足够。

色度计是一类直接测量 CIE 色坐标的仪器，探测器系统对入射光的反应与标准观察者一致。色度计有为测定光源设计的，也有为测定材料设计的。在测量材料时，色度计设计成模拟 CIE 标准照明体（照明体 C 或 D65），最常用45/0 几何条件（即 45°环形照明，垂直观察）。色度计中的一部分是色差计，色差计侧重色差测量而不是绝对测量，用于质量控制。

国际上对颜色的评价一般用色差计。一台精确校准的色差计使颜色量化简便易行，得到以各种色空间表示的测量结果，按照国际标准用数字来表达颜色。简易型测色仪只可计算色差，不能计算混合颜色的配比。高级的色差计有多种功能，进行生产控制，除控制颜色外，还可控制配方，进行称量等。

色差的测定不单纯是判断两个颜色的差距，更重要的还是对颜料混合后效果的评价。通过已知的若干种颜色的基础数据（即 x、y、Y 等）储存在测色仪中的计算机内，然后把我们所要求的混合色的颜色数据输入计算机中，就可打印出所需颜色的各种比例配方，一类是按色差大小顺序排列的，即配色的质量优劣程度，另一类是按各种颜色配方混合后价格顺序排列的，它也给出每种配方的 ΔE 值，这样就可综合考虑出最佳配方，既考虑到色差的质量要求，又兼顾到成本的需要。

由于色差计总是利用同一光源和照明方法来测量，测定条件总是一样的，无论在昼间或夜间，室内还是室外，也不掺杂观察者的个人因素，测定的数值总是量化和精确的，因此色彩色差计能够揭示细微的颜色变化，用数值来表示色差，便于调色和保存资料。尽管仪器测量比目测精确度更高，但一定要非常小心，以保证仪器测量与目视的判断接近或一致。这就要求仔细选择色度计的几何条件、标准观察者以及光源。一种材料只有通过非常仔细的操作，仪器测量才能与目视测量有很好的相关性。

4.2.4 目测对比

目前国内对涂料色彩的检测大多还用目测法。目测对比法在对色差要求不高的情况下是简单易行的，也不需要多少理论基础和特殊设施。但若要求精确就需要具有一定的观测条件和具有一定色度学知识的观测者检测，观测者丰富的经验直接影响检测结果的准确性。目视比色法用各种标准色卡相对比时，标准色卡要制作得很准确，应以光谱颜色为标准，这样才能使与标准色卡相对比的颜色达到高准确度。目测法规定在相同的实验条件下（包括严格按照上述的规则制作试板，选择光源、背景、角度和观察者等）进行平行比较。

具体操作如下：将试板与参照标准板并排放置，使相应的边互相接触或重叠。眼睛至样板的距离约为 500mm，为改善比色角度，试板位置应经常互换。色光差异的评级分为：近、似、稍、较差 4 级。颜色对比的内容是要对比色相、明亮度和纯度。对比颜色与使用的对比色板面积有很大关系，色板面积小，则对比的准确度差距大，面积大的色板，其色彩的色相、明亮度和纯度的呈现都比较有层次，对比起来容易找出差距。色差相差多少，认为是合格的，需要使用者与生产厂家或调色者自行制订，一般对于高档汽车、家具的颜色要求极为严格。在大面积涂装时，要求所施工范围内采用同一品种，无肉眼色差分别的涂料，尤其在修补过程中，颜色的略微差异，就会影响整体效果，不能产生“打补丁”的错误。

在用肉眼评判漆膜色彩时，许多外在条件影响我们查看颜色。若观察者的心情不同，对颜色有不同的评判，因此，在测定时必须规定实验试板的制作、光源等条件。国家标准 GB 9761—88 在对色漆的比色评判时，做出了详细的规定，见有关书籍（如虞胜安主编．高级涂装工技术与实例．南京：江苏科学技术出版社，2006.）。

4.3 漆膜的装饰性

将颜料加入涂料中不仅为了使漆膜能够充分地遮盖住底材，而且使漆膜呈现需要的颜色和光泽，即要求的装饰性。上面介绍了漆膜的遮盖力、颜色的概念及颜色的测量，本节介绍如何调出要求的颜色和漆膜光泽的概念，以及如何控制漆膜的光泽。

4.3.1 涂料的调色

合理的色彩布置在创造舒适的作业、工作和生活环境方面具有重要意义。许多颜色已成为世界通用的一种语言。红色多用于提示危险的标志。黄鱼是醒目色，在交通管理中用作警示作用。蓝色是冷色，在工业中用作管道设备上的标志。绿色是背景色包，对人的心理不起刺激作用，不易产生视觉疲劳，给人以安全感，工业中多用作安全色。

(1) 颜色的混合

颜色的混合有两种类型，即加色法和减色法。

用加色法进行的颜色混合中，颜色的基本色有三个，即红（R)(700nm)、绿（G)(546.1nm）和蓝（B)（435.8nm）的单色光。用这三种颜色的光点投射在屏幕上互相很靠近，我们看到的颜色是靠得很近的光点的叠加色，它取决于三个颜色的比例，三个颜色等量相加得白色光。用三者适当的比例，所有颜色均可得到。

现以加法三原色（又称色光三原色）为例介绍颜色混合的其他概念。

① 三原色　红、黄、蓝是基本色，用任何颜色也不能调配出来的三个颜色。

② 间色　两种基本色以不同的比例相混而成的一种颜色称为间色。间色也只有三个，即红色＋蓝色＝紫色；黄色＋蓝色＝绿色；红色＋黄色＝橙色。

③ 复色　两间色与其他色相混调或三原色之间不等量混调而成的颜色，称为“复色”，可调出很多颜色。

④ 补色　两个原色可配成一个间色，而另一个原色则称为“补色”。两个间色相加混调也会成为一个复色，而与其对应的另一个间色也称为补色。

⑤ 消色　原色和复色中加入一定量的白色，可调配出粉红、浅红等深浅不一的多种颜色，如再加入黑色，则可调出棕色等明亮度和色相不同的多种颜色。黑色和白色起到了消色的作用，因此，白色和黑色称为“消色”。

在涂料中遇到的所有混合颜色几乎都是减色法混合，即从白色光中吸收（减去）某些波长的光，在添加第二种彩色颜料时，从白色光中吸收（减去）另一些波长的光。

减色法混合中的原色是青色、品红、黄色（即一些书上的红、黄、蓝三原色)。把理想的青色和理想的品红等量混合得到蓝色。同样地，青色和黄色产生绿色，品红和黄色产生红色。全部三种理想的吸收颜色的等量混合物吸收全部光则产生黑色。因此，三原色有加法三原色和减法三原色（又称色料三原色)。

(2) 配制复色涂料

当现有涂料的颜色不能满足要求时，可用现有的涂料或色浆，调配出要求的颜色。配色是一项比较复杂而细致的工作，因为颜色的种类非常多，需要了解各种颜料的性能，也需要对色彩差异的准确判断。

配色可以利用测色和配色仪器以及计算机程序，通过色差仪或光谱光度计，分析来样色板的颜色及成分，以数字的形式记录测量的颜色，将其输入调色、配色软件程序，计算出各种颜色的比例，及需要加入何种颜色来达到数值指标，再进行配色，既准确又迅速。在汽车修补行业，电脑测色、调色系统已开始广泛应用。

人工配制复色漆主要凭实践经验，按需要的色彩样板来识别出存在几种单色组成，按单色的大致比例是多少，做小样调配试验，然后进行配制。

配色时颜色调配的层次非常重要。首先找出主色和依次相混调的颜色，最后才是补色和消色。两个相近的色相一般都可以调配出鲜艳明快的颜色，颜色柔和。补色是调整灰色用的，所有颜色与其补色相调配，都只能调成灰色调和较深的色调。因此，在调配颜色时，补色一定要很慢地少量加入，否则一旦加量过多，则很难再调整过来。消色同样也是要少量地分次加入，一旦加多，也很难调整。白色的加入或作为主色尚可调整，而黑色则很难调过来。过量加入补色和消色的结果一方面是难以调控，另一方面是调配量越调越多，浪费时间和原材料，使用不完则难以保管。

对于复色调配，应当主、次色次序分清，按比例顺序逐步加入。用补色和消色进行最后的慎重调整，首先要调配好色相，然后再调整明度和纯度，使调配颜色有秩序地按步进行，按主次顺序加入色料，用这种调配方法才能调得又快又准确。

4.3.2 漆膜的光泽

(1) 光泽的概念

光泽是物体表面定向选择地反射光的性质。漫反射还可以由粗糙的漆膜表面产生，漆膜表面不平整，有一定粗糙度时，光束的入射角就不一定与光束和表面的几何角相同。光线在小的表面上由镜面角反射。因为表面粗糙，表面上有许多小的面取向于所有可能的角度上，导致一束光会在所有方向上反射，这也是漫反射。漫反射的表面具有低光泽。

完美的镜面反射面是一面理想的镜子，能正确地显示原来的像。镜面反射在总的反射（镜面反射＋漫反射）中所占比例的降低，显示的像逐渐变得模糊不清。完全呈漫反射时，镜中像就看不到。因此，漫反射占总反射的百分数越大，漆膜反映影像的清晰程度就越小，鲜映性（影像的清晰程度）就越小。表面粗糙程度增加，镜面反射减少，而漫反射增加。

高光泽表面的反射光中大部分是按镜面角反射的，低光泽表面主要以非镜面角反射。

光泽的高低不仅决定于反射光的量，也取决于镜面反射光强度和漫反射光强度的对比。在漆膜表面平滑程度相同、表面反射作用相同的条件下，黑色漆膜和白色漆膜相比，黑色就显得光泽更好，因为白色散射进入漆膜的光，导致漫反射程度增大，黑色尽管反射出的光量少，但漫反射程度也很小。因此，制备一个白色涂料时，要使它带有高光泽黑色涂料一样的高光泽是不可能的。彩色涂料可能的光泽是处于黑白之间。较暗的颜色可能的光泽较高。光泽影响色彩，反过来，色彩也影响光泽。

光泽也受观察者和物体之间距离的影响。观察者紧挨着漆膜时，能够凭视力分辨出漆膜表面的不平整，会判断表面是粗糙的高光泽表面。观察者对同一表面离开得足够远，不能凭视力分辨出表面的不平整，将判断表面是光滑的低光泽表面。

从不同的角度观察，物体的颜色和光泽都可能发生变化。以连续角度来测量试样的光学性能的仪器叫变角光谱光度计。只在几个角度下测量时的仪器叫做多角光谱光度计。测量光泽是将亮度因数记录成观察角的函数。

(2) 光泽的测量

光泽一般不用肉眼来测量评定。漆膜的光泽差异很大，所有人的评定都将是一致的；差异较小时，则评定经常不一致。若光泽差异很小，同一个观察者也不能前后一致地评定一系列样板的光泽。

理想的测角光度计要求入射光束直径接近零。但实际仪器的光束直径不可能接近零，因为它必须有足够的光强度用于反射，使得所有角度的反射光在通用的光电检测器上都能给出一个可测量的响应（信号）。实际的仪器上有一个光源照射在一条细长的缝隙上，通过缝隙射向样板表面。反射光线通过另一缝隙到达光电检测器。研究用仪器的照明物的入射角和观察角均能独立地变化，但这种仪器昂贵，维修保养又相对困难，仅用于研究，或作为标定较低级仪器的标准。

广泛采用的是镜面光泽计。这种仪器在不同的反射光强度下读数有显著的不同，而观察者对这样的不同是相对不敏感的。此外在光泽计中裂开的缝隙约2°，而人类眼睛的分辨率的限度约0.0005°。所以，当观察者紧靠物体时，光泽计比眼睛对图像的清晰敏感度差，在光泽计中样板和缝隙之间的距离是固定的，而一个人观察一块样板可以是任何距离。最广泛使用的光泽计也称反射计，是简化的测角光度计。入射角和观察角为20°、60°、85°，是涂料工业中最常用的测量角度。图4-4是一个光泽计的略图。

使用光泽计的第一步是用两个标准板校准仪器，一个是高光泽板，另一个是低光泽板。需要使用选择的角度校准好的标准板。当仪器用第一块板校正后，第二个标准板不能给出标准读数时，可能的原因是标准板的一块或两块是脏的或者被划伤，或者板未校正位置，光源变坏或光度计失灵。黑色和白色标准板均可使用。白色标准板用于亮色，黑的标准板用于暗色。白和黑色的标准板，即便表面粗糙度相等，在镜面时的反射（光泽）也不相同。因此，所有不同颜色都有标准板是不可行的。

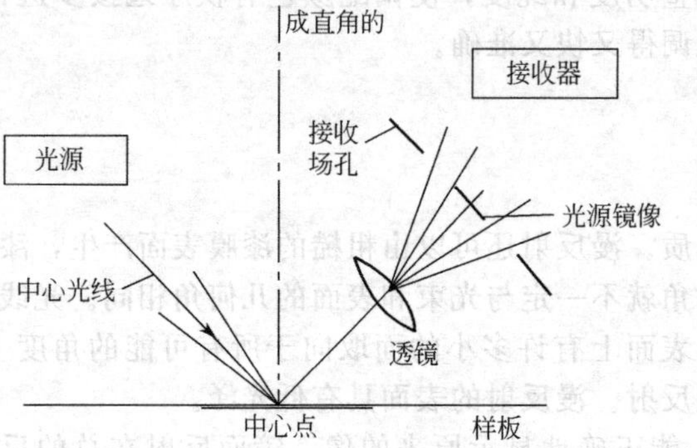

图4-4 光泽计的图解绘制

在正常的操作过程中，首先测量60°的光泽。若读数超过70，则应该做20°的读数。因为与60°读数相比，20°读数更靠近光泽计读数的中间点，精确度更高。低光泽样板一般在60°和85°测量。85°角读数可能同掠角光泽有关系。需要报告在什么角度进行的测量。应进行多次测量并对数据进行统计分析，这可减少漆膜表面局部不平整或污垢粒子对光泽计读数的影响。假如刷痕方向是平行于入射角所在的平面，轻微的刷痕不影响读数。两个实验室之间比较结果时，需要核对两个仪器的一致性。在每个仪器上测量标准板，至少做三次白的和三次黑的标准板，读数误差要控制在±3%之内，但在低光泽范围内，即使±2%也是很高的误差。

国内通常用光泽计以不同的角度测定相对的反射率来定量表示光泽。将平行光以一定的角度α投射到表面上，测定从表面上以同样角度α反射出的光。不同角度下测得的反射光强度是不同的，一般用45°或60°角测量。按60°光泽计测量的结果，可将涂料的光泽分为如下等级：高光泽70%以上；半光泽或中光泽70%～30%；蛋壳光30%～6%；蛋壳光到平光6%～2%；平光2%以下。

漆膜表面光的入射角不同，反射光强度也不同。测量漆膜时，首先固定入射角度，美国（ASTM D523）中规定，漆膜光泽与测量光入射角的关系见表4-4。

表4-4 漆膜光泽与测量光入射角的关系

入射角度	85°	60°	20°
适用范围	低光泽漆膜	一般光泽漆膜	高光泽漆膜

目前的光泽计主要是多角光泽计（0°、20°、45°、60°、75°、85°）和变角光泽计（20°～85°之间均可测定）。

（3）影响漆膜光泽的主要因素

1）漆膜表面的粗糙度

① 颜料的作用。漆膜中浮在表面的颜料影响平面的平滑度，使表面不平整。表面粗糙度是随着比体积浓度（Δ）的变化而变化的。

溶剂型高光泽涂层表面微米级尺度的范围内，干漆膜中含极少的颜料，颜料浓度很低，对漆膜的光泽影响极小。在刚涂的湿漆膜中，树脂溶液和颜料粒子能自由移动。随着溶剂挥发，湿漆膜的黏度增加，颜料粒子移动缓慢。树脂溶液却能够随溶剂继续移动，最后导致表面层含少量颜料，再罩一层清漆能明显增加光泽。大粒子在小粒子前停止了移动，絮凝粒子就将先停止移动，而稳定好的小粒子仍能移动。

当 PVC 增加时，表面层的颜料量增加，光泽减小。颜料凝集体在分散过程中未被打碎，将使光泽减低。絮凝的颜料体系有较低的 CPVC，故而在相同 PVC 时，比体积浓度（Δ）增大，可能产生低光泽。

② 流平性差会使光泽减小。有刷痕的漆膜，表面看来有光泽，但实际上漆膜是波状的。漆膜的皱纹和橘皮会使光泽降得更低。漆膜表面的不平整可能是涂料流平性差造成的，也可能是在粗糙的底材上施工的结果。

③ 漆膜在应用期间光泽会发生变化。粉化的表面光泽明显降低。漆膜暴露在外后，挥发性成分挥发导致漆膜收缩，表面粗糙性增加，降低漆膜光泽。

2）树脂的分子结构　当表面具有相同平滑度时，光泽的高低和漆膜的分子性质有关，特别是和成膜物的摩尔折光度（R）有关，如下式所示：

$$R=[(n^2-1)M]/[(n^2+1)d]$$

式中，M 为分子量；d 为密度；n 为折射率。

R 的数值反映了分子的结构特征，R 值愈大，光泽愈高。一般含有不饱和键的分子具有较高的 R 值，具有共轭体系的 R 值更高。

因此，醇酸树脂涂料的光泽高于干性油的，丙烯酸酯和苯乙烯共聚物涂料（苯丙涂料）的光泽高于丙烯酸酯和乙酸乙烯酯共聚物涂料（乙丙涂料）的，不饱和聚酯涂料具有很高的光泽。

当颜料体积浓度较低时，醇酸树脂的油度愈短，光泽愈好，在高颜料体积浓度时，油度愈长，光泽愈好。前者成膜物本身的摩尔折光度（R）对光泽的贡献大，而后一种情况是涂料的流平性对光泽的贡献大，油度短意味着含苯环的量多，油度长意味着涂料流动性好。

基料的折射率增加，漆膜的光泽也增加，但不同基料之间折射率的差别是很小的，与表面粗糙度的影响相比，基料折射率的影响很小。金属的折射率非常高，金属闪光涂料的漆膜通常光泽高。为了获得高光泽漆膜，成膜物应选择较高折射率的聚合物，涂料配方中的多种组成的相容性要好，在成膜过程中不能有聚合物析出，而且涂料要有很好的流平性，涂料的颜料体积浓度不能高。为使颜料在漆膜中可形成梯度分布，表层的颜料较少，颜料粒子不能过细，密度不能过小。

（4）鲜映性

鲜映性是指涂膜表面反映影像（或投影）的清晰程度，以 DOI 值表示（distinctness of image）。它能表征与涂膜装饰性相关的一些性能（如光泽、平滑度、丰满度等）的综合指标，测定内容实际是涂膜的散射和漫反射的综合效应。它可用来对飞机、汽车、精密仪器、家用电器，特别是高级轿车车身等的涂膜的装饰性进行等级评定。

鲜映性测定仪的关键装置是一系列标准的鲜映性数码板，以数码表示等级，分为 0.1、0.2、0.3、0.4、0.5、0.6、0.7、0.8、0.9、1.0、1.2、1.5、2.0 共 13 个等级，称为 DOI 值。每个 DOI 值旁印有几个数字，随着 DOI 值升高，印的数字越来越小，用肉眼不容易辨认。观察被测表面并读取可清晰地看到的 DOI 值旁的数字，即为相应的鲜映性。

（5）雾影

雾影系高光泽漆膜由于光线照射而产生的漫反射现象。雾影只在高光泽条件下产生，光泽必须在 90% 以上（用 20°法测定）。

鲜映性测定仪是测量散射和漫反射的综合效应，且以散射为主，而目前人们倾向于把这两个因素分开来测定雾影。雾影光泽仪是一台双光束光泽仪，其中参比光束可以消除温度对光泽以及颜色对雾影的影响，主接收器接受漆膜的光泽，而副接收器则接受反射光周围的雾影。雾影值最高可达1000，但评价涂料时，雾影值在250以下就足够，故仪器测试范围为0～250。油漆厂生产的产品其雾影值应在20以下。

4.3.3 消光

平光的漆膜具有更优雅和华丽的外表，特别是室内涂料，如家具漆，强光泽刺激眼睛。消光就要使表面有粗糙度，但肉眼观察到的粗糙会影响漆膜美观，所以应该形成细致的粗糙面。

粗糙可以由漆膜干燥时溶剂的挥发（或反应）产生的漆膜收缩而形成，也可以通过调节涂料流变性以及提高颜料体积浓度或选择颜料品种来形成，还可以在涂料中加消光剂来形成。消光剂主要有气相二氧化硅和石蜡或聚烯烃粉末。

气相二氧化硅粒径极小（平均粒径 0.012μm，粒径范围 0.004～0.17μm），而且表面上多孔，易漂浮于表面。当涂料刚涂布后，漆膜是有光泽的，溶剂挥发后漆膜变薄，二氧化硅浮在漆膜表面，形成细致的粗糙面，才变成平光。蜡或聚烯烃粉末密度小，也易漂浮于漆膜表面，达到消光的效果。若 SiO_2 表面用石蜡处理，可以使漆膜有良好的手感。蜡浮在漆膜表面不仅增加了漆膜粗糙度，而且它的摩尔折光度也很低。

用少量气相二氧化硅就可以使漆膜既具有低的光泽，又有高度的透明性。当溶剂从漆中挥发时，SiO_2 颗粒保持移动，达到膜的表面，使黏度变高，结果漆膜表面的气相二氧化硅浓度比漆膜中的平均浓度还要高，在相当低的PVC时光泽减小。

4.3.4 闪光

闪光颜料就是效应颜料，效应颜料是随角异色效应颜料的简称。这类涂料我国通常称为金属闪光漆。

闪光涂料由成膜物、透明的彩色颜料（或染料）和金属闪光颜料及溶剂等组成。此种涂料涂布在基材上以后，颜料片状粉末可在溶剂挥发过程中定向地平行排列。金属片有很高的反射光的能力，在入射光照射下，由于不同角度反射出的光的光程不同，有的经金属片的多次反射才射出表面，有的仅经一次反射，这样一来，不同方向的光强度是不同的。俯视时（入射角小）看到的反射光明亮但彩度不饱和，因为光程短，光吸收量低，射出的光含白光成分多。侧视（入射角大）时反射出来的光较弱，但彩度饱和鲜艳，因为光程长，光的吸收量高，射出的光含白光成分低。

当垂直于漆膜表面观察时，漆膜显示出较强的面色；平行于漆膜观察时，漆膜出现面色的补色，也就是随观察角度的不同，能出现不同明度、纯度、色调的颜色的现象称为随角异色效应。这是由效应颜料对入射光产生不同的散射和反射引起的。

效应颜料可分为三部分：一是金属片状颜料，如铝粉；二是似金属片状颜料，如珠光颜料、片状铜钛菁、云母氧化铁、石墨片、二硫化钼等，主要是云母系颜料；三是超细透明金属氧化物，如超细 TiO_2、超细 MgO、超细 Sb_2O_3、超细硫酸钡、超细 ZnO 等，其中超细 TiO_2 已达实用化。

常用的有铝、钼、锌和不锈钢等片状粉末以及珠光颜料，但最常用的是铝粉，在细片状铝粉上沉积一层透明的赤铁矿型氧化铁，形成效应颜料。

(1) 铝粉颜料

铝粉颜料是由高纯铝熔化后喷成细雾，在惰性气体中冷却，加入溶剂、润滑剂，再经球磨机研磨而成的，或用铝片机械压制成铝箔，再经球磨机研磨成细小的鳞片状。铝粉颜料的片状粒子的厚度一般为 0.1～2.0μm，直径 0.5～200μm。铝粉易在空中飞扬，遇火星易发生爆炸，为了安全，常在铝粉中加入 35%的 200 号溶剂汽油调成浆状，以粉状和浆状供应。

浮性铝粉是在湿法球磨制造工艺中采用饱和脂肪酸作润滑剂，脂肪酸被吸附在铝粉表面，使其疏水和亲油而形成的，当形成漆膜时，溶剂挥发，铝粉上浮且平行分布于漆膜表面，形成连续的保护层。非浮性铝粉是采用油酸作润滑剂，均匀地平行分布于整个漆膜中。非浮性铝粉颜料可用各种溶剂，而浮型铝粉颜料为获得好的漂浮性，只能用非极性溶剂，而且需要高表面张力（至少为 2.7×10^{-4}N/cm）的脂肪族或芳香族溶剂，如松香水、二甲苯、甲苯、高闪点的石脑油，而醇类和酮类极性溶剂使其漂浮性下降。为防止水分与铝反应生成氢气而造成涨听效应，应严格控制涂料中的水分，使其在 0.15%以下。水性涂料中应用的铝粉颜料需要在铝粉颗粒上包覆无机或无机-有机膜，防止铝与水发生反应。

铝粉颜料呈细小光滑的鳞片状，浮型的外观可有平光、银白到像镀铬膜一样的高亮度。非浮型的可显现出金属质感，并具有不同程度的闪烁性和色彩变化。

铝粉颜料在一般保护性涂膜中可均匀平行排列达 12 层之多，片与片之间又被基料所封闭，这样的漆膜结构，完全可屏蔽外界气体、水分、光线等对底材的侵蚀，因而具有耐久的保护作用。

铝粉颜料不透明，对可见光、红外光和紫外光都有很高的反射率（全反射率高达75%～80%），有保温、隔热的作用。铝粉的不透明以及本色呈灰色，使它具有显著的减色效应，能使所加入的透明彩色颜料的颜色因饱和度下降而发灰发暗。

铝粉颜料用量最大的三种涂料是：屋顶涂料和海洋涂料多用浮型铝粉颜料，因反射紫外线和红外线能力强而延长涂料寿命，对光和热的高反射性和耐腐蚀性。保护涂料可用浮型铝粉颜料，也可用非浮型铝粉颜料。装饰性涂料用非浮型铝粉颜料，利用其随角异色等光学效应。

(2) 珠光颜料

珠光颜料是具有珍珠光泽的颜料，柔和、深邃、带有彩虹色。天然珠光颜料是从鱼鳞中提取的，用于化妆品。人工合成的有云母系、氯氧化铋系和碱式碳酸铅系珠光颜料。其中云母系珠光颜料因无毒，具有优异的性能而应用广泛。云母的化学成分是 $K_2O\cdot3Al_2O_3\cdot6SiO_2\cdot2H_2O$，云母矿研磨成细粉后，漂去杂质，过滤、干燥即成。

云母系珠光颜料是由在规定三维几何尺寸（径厚比约 50）的透明云母片上，沉积一层或多层具有高折射率并且也呈透明状态的珠光膜而成。珠光膜透明，而且大都是极细的纳米级粒子的致密排列而成。因珠光膜有很高的折射率，与云母形成折射率差。当入射的白光照在珠光颜料上时，入射光分解为反射色光和透射色光（后者为前者的补色），产生干涉色。所以珠光颜料又称干涉型颜料。对云母钛珠光颜料而言，只有珠光膜的光学厚度达到一定值时，才能产生可以觉察出来的干涉色。

珠光膜可为金属氧化物，如 TiO_2、Fe_2O_3、TiO_2-Fe_2O_3、TiO_2-Cr_2O_3 等，也可为无机盐，如 $FeTiO_3$ 等，还可为有机颜料或染料以及炭黑等。最广泛应用的是超细 TiO_2。

当 TiO_2 珠光膜的光学厚度在 100～140nm 时，其反射色为银白色，在白背景色上几乎看不到透射色光。随着 TiO_2 珠光膜光学厚度的增大，在 200～370nm，除反射出不同的反射色光外，还透射出较强的透射色光，形成明显的干涉色，称为干涉型珠光颜料。因能焕发出像雨后彩虹那样的彩色光，故又称虹彩型珠光颜料。在干涉型珠光颜料上再沉积一层吸收光的珠光膜，如 Fe_2O_3，就形成组合颜料，这种颜料具有双颜色效应。这种珠光颜料呈明亮的金色，着色力强，遮盖力也得到改进。用 Cr_2O_3 取代 Fe_2O_3 时，成为蓝绿色的组合颜料。云母上直接包覆 Fe_2O_3 的珠光颜料具有铜色或青铜色。汽车面漆中常用的珠光颜料粒径在 5～25μm 和 10～40μm。粒径大，珠光效果好，但遮盖力下降。

银白色类云母钛珠光颜料与铝粉颜料和透明彩色颜料拼用时，有使涂膜颜色纯度提高的作用，并使漆膜具有单独用铝粉时所没有的柔和缎光光泽。云母系珠光颜料具有优异的随角异色效应，没有铝粉颜料使颜色变暗的减色效应。

云母系珠光颜料主要应用领域是涂料、塑料、印刷油墨和化妆品。加有珠光颜料的内墙多彩涂料称幻彩涂料。在涂料中，云母系珠光颜料的用量：汽车面漆、建材用涂料和塑料涂料为5%～10%，粉末涂料为2%～7%，耐热涂料为1%～3%。

4.4 漆膜的保护性

除装饰作用外，颜料能够显著改善漆膜的性能和功能，如提高漆膜对被涂表面的附着力，提高漆膜的机械强度、防腐能力、耐温、耐水、耐油和抗老化性能等，这些就是漆膜的保护性。对金属，尤其是对钢铁而言，最重要的是漆膜的防腐蚀性能。漆膜的防腐蚀性能是由高分子树脂和颜料共同实现的。本节介绍了漆膜防腐蚀的机理，以及对高分子树脂、颜料提出的要求，还介绍了工业上常用漆膜防腐蚀的措施。

为防腐蚀，钢铁涂漆前需要喷砂或制备化学转化层（如磷化）（见9.2）；然后涂底漆，底漆漆膜提供基本的腐蚀控制；底漆层与面漆层之间为中涂层，中涂层与面漆层通过减少氧气和水分的通透量，提高防腐蚀效果；面漆赋予漆膜光泽、户外耐久性和耐磨性等性能。

4.4.1 漆膜防腐蚀的概念

1950年以前，人们普遍认为涂层靠屏蔽作用来保护钢铁，阻止水和氧气达到钢铁表面。但后来的研究发现，漆膜的渗透性足够高，通过漆膜的水和氧气的速率高于裸钢腐蚀时消耗的水和氧气的速率，即漆膜的屏蔽作用不能解释漆膜保护的有效性。

Funke通过研究，提出湿附着力的概念。水透过漆膜时，能够置换钢铁表面上漆膜占据的一些位置，这时漆膜对钢铁表面呈现的是湿附着力。如果这种湿附着力小，就使漆膜从钢铁表面起泡脱落。如果这种湿附着力足够大，在钢铁表面不发生位移，就能够保护钢铁不受腐蚀。因此漆膜的防腐蚀重要的是达到高水平的湿附着力。另外，低的透水性和透氧性也有助于防腐蚀，因为它们可以延迟湿附着力的丧失。

完整的漆膜可以通过提高漆膜的湿附着力和降低漆膜的透水性和透氧性来保护金属。但在有些场合下，由于其他的设计要求，漆膜不能完全覆盖钢铁表面，而有的漆膜由于机械损伤或其他的因素，在服役期内漆膜会破裂。在这些情况下，采用的技术有抑制阴极脱层、含钝化颜料的底漆、富锌底漆三种。因此漆膜的防腐蚀分为完整漆膜的防腐蚀和不完整漆膜的防腐蚀两个方面。

4.4.2 完整漆膜的防腐蚀

（1）漆膜的湿附着力

起屏蔽作用的底漆要具有优异的湿附着力，而且这种底漆要彻底地渗进金属表面的微细缝隙中。提高漆膜的湿附着力，可以着重从以下几个方面进行。

① 涂装前必须清洁钢铁表面，除去任何油污和盐。钢铁表面最好进行磷化处理，生成磷酸盐膜，随后进行电泳涂底漆，漆膜表现出优异的湿附着力。

② 要求漆膜完整性好，否则腐蚀会从漆膜缺损处开始。涂料黏度要尽量低，采用慢挥发和慢交联的涂料，以保证涂料在液态下停留足够长的时间，完全浸入工件表面的微孔中。如果可能的话，尽量采用烘烤底漆。

③ 湿附着力要求涂层不仅强力地吸附在工件表面，且水透入漆膜时不被水解吸附。烘

烤底漆通常防腐蚀较好，因为在较高温度下，树脂分子有更多机会在钢铁表面取向。氨基能够促进湿附着力，不易在钢铁表面被水排挤走。磷酸酯基也可以促进湿附着力，环氧树脂的磷酸酯能够提高漆膜的附着力。

④ 树脂的抗皂化性要好。因为吸氧腐蚀在阴极产生氢氧根离子 OH^-，pH 甚至会达到 14，它催化诸如酯类基团的水解（皂化），降低漆膜的湿附着力。酰胺基团比酯类基团的耐水解（皂化）性好。环氧树脂的湿附着力和抗皂化性好，环氧酯底漆比醇酸底漆表现出更大的抗皂化性，环氧-胺和环氧/酚醛底漆抗腐蚀性好，但环氧/酚醛底漆需要高温固化。

⑤ 漆膜中应避免残留水溶性组分，否则易引起漆膜起泡。漆膜的残留溶剂若有亲水性溶剂，这种溶剂与干漆膜不相溶，作为分离相保留下来，导致漆膜起泡。底漆中不宜有氧化锌，氧化锌与水和二氧化碳反应，生成微溶于水的氢氧化锌和碳酸锌，导致漆膜起泡。锌铬黄之类的钝化颜料，除非微溶于水，否则不能起作用，故其在漆膜中的存在会导致起泡。

（2）影响漆膜通透性的因素

① 漆膜的玻璃化温度 T_g　漆膜无缺陷时，水和氧气经过自由体积空穴透过漆膜。温度高于 T_g，自由体积增加，水和氧气的透过速率增大，因此防腐蚀漆膜的 T_g 要高于服役环境的温度。气干型涂料的 T_g 不能远高于室温，因为环境的温度 T 小于 T_g 时，漆膜中的官能团扩散速度太慢，固化交联反应速度也很慢，此类涂料的防腐蚀性能有限。烘漆经过烘烤干燥后，漆膜的交联密度增大，使漆膜的 T_g 较高，可以获得较好的耐腐蚀性。

② 主要成膜物质　树脂上有盐类基团（如水溶性涂料的羧酸铵盐），高聚物链上有聚环氧乙烷、有机硅树脂等亲水性较强的链节时，水的透过性高，不能配制高性能的气干型涂料。

氯乙烯和偏氯乙烯的共聚物、氯化橡胶、过氯乙烯等水的透过性很低，用于配制防腐蚀面漆。氟碳聚合物的水透过率低而且润湿性好，含羟基的偏氟乙烯用含异氰酸酯基团的组分交联，仅一道的漆膜也具有良好的防腐蚀性能。

③ 颜料　提高颜料含量能降低漆膜的渗透性，提高防腐蚀性能，因为氧和水分子不能穿过颜料颗粒，PVC（颜料体积浓度）增加，则透过性减少，但若 PVC 超过 CPVC（临界颜料体积浓度），漆膜中有空隙，有助于水和氧透过漆膜。底漆的 PVC 比（CPVC）稍低点，以降低氧气和水分的渗透性，形成比较粗糙的表面，可以提高面漆对底漆的附着力。

片状颜料像羽毛一样，平行于涂层表面排列，能大幅度降低水和氧的透过率。云母粉、滑石粉、云母氧化铁、玻璃鳞片、金属都是片状颜料。铝粉广泛应用于海水、大气腐蚀性场合；强酸强碱性场合用玻璃鳞片、云母氧化铁、不锈钢片和镍片。玻璃鳞片需要用硅烷处理的，通常用于贮槽衬里，用于外壁的不多。不锈钢片和镍片价格较贵。

④ 多道涂覆　首先采用功能不同的底、中、面漆层，其次同一种涂层一次施工不能太厚，这样能提高漆膜的防腐蚀性能。

底漆对底材需要彻底地渗透，漆膜的湿附着力要好，而且要保证覆盖全面、完整。多道施工底漆是为了确保整个金属表面完全被涂覆。因为底漆膜不能太厚，一般 0.2μm，甚至薄到 10nm 也可以，底漆膜厚，产生收缩应力，损害漆膜的湿附着力。底漆彻底固化之前用施工面漆来提高层间附着力。面漆要能使漆膜的透过性达到最小，厚漆膜阻缓水和氧到达金属表面，但漆膜弯曲时不能开裂，要有足够的力学性能。气干重防腐蚀漆膜的厚度可达 400μm 以上。

一次施工达到一定的厚度时，最后的溶剂挥发能引起漆膜收缩产生裂纹，这种微观缺陷能延伸过漆膜，到达底材表面。若漆膜足够厚，就到不了底材，能显著降低水和氧通过。

多层涂装时，单层涂层厚度低于产生缺陷的厚度，因此，漆膜内部没有缺陷，比相同厚度的单层涂层的保护更好。烘烤漆膜也不易产生这类缺陷，烘烤能够保证漆膜中的溶剂彻底挥发，常见的烘漆即使漆膜较薄，也具有很好的防腐蚀效果。

(3) 涂料的漆基

双组分环氧-胺（2K）底漆广泛应用，具有良好的附着力和优异的耐皂化性。环氧-胺涂料耐乙酸（或类似有机酸）性能不是很好。乙酸能溶入涂膜，胺的存在促进了这一效应，尤其是当交联密度不足的时候。酚醛环氧树脂具有较高的平均官能度，而且通常比 BPA 环氧的耐有机酸性更好。环氧-胺涂料应用于海洋重防腐环境、腐蚀性贮槽衬里、贮油罐内壁涂料。环氧煤焦沥青漆有突出的抗水性，而且价格较低。环氧-聚酰胺涂料还可用于水下施工。

卤化聚合物用作面漆的基料，它们的潮气和氧气渗透性较低。氯化橡胶耐皂化，干燥快，在我国大量用于船舶漆、港湾结构等重防腐蚀场合。过氯乙烯比氯化橡胶膜致密，耐化学腐蚀优良，但分子结构比氯化橡胶规整，附着力差，必须有配套底漆，而且固含量低。由于它们没有交联，因此保留了对溶剂的敏感性，不适用于炼油厂和化工厂。

双组分聚氨酯涂料能低温固化，固化后涂膜有很好的耐溶剂性，正越来越多地采用，尤其适用于要求耐磨性的场合。潮气固化聚氨酯也可以应用。

醇酸涂料的耐皂化性能和户外耐久性较差，但以醇酸为基料的涂料通常具有较低的成本和中等程度的 VOC 释放。由于它们的表面张力较低，所以用醇酸作基料的涂料在施工期间不易形成涂膜缺陷，也有使用。

4.4.3 不完整漆膜的防腐蚀

(1) 抑制阴极脱层

漆膜被凿穿，水和氧到达露出的钢铁表面，腐蚀就开始。如果底漆的湿附着力不够，水在漆膜下爬进，漆膜松脱，面积越来越大，这称为阴极脱层。阴极脱层的一个特例是丝状腐蚀。如果湿附着力在局部尺度上有波动，腐蚀的细丝在漆膜下随机地蔓延发展，但其丝迹永不与另一丝交叉。这些腐蚀的细丝通常自擦伤的边缘起，丝的头沿最差湿附着力的方向增长。丝头部之后的氧将亚铁离子氧化，生成氢氧化铁沉淀，使金属表面钝化。含颜料的漆膜下难以见到丝状腐蚀。

要抑制阴极脱层，就要求漆膜的湿附着力好，抗皂化性好，而且漆膜中要有颜料。

(2) 含钝化颜料的底漆

钝化颜料在阳极区上使金属表面钝化，促进形成屏蔽层，这些颜料必须具有某种最低限度的水溶性。若水溶性太高，则颜料从漆膜浸出太快，限制其防腐蚀的有效时间。要使颜料有效，则漆膜必须容许水透过以便溶解颜料。所以采用钝化颜料的涂料暴露于潮湿条件会导致起泡。这些颜料宜用于这样的场合：漆膜破损后要重点保护底材，而不太关注漆膜起泡。

红丹 Pb_3O_4 中含有 2%～15%的 PbO，自 19 世纪中期起就用作钝化颜料。油性红丹底漆用作气干底漆，涂覆于生锈油腻的钢铁表面上。当钢铁表面不能清洗时，特别适合选用油性红丹底漆，因为即使在有油污的钢铁表面，干性油也能润湿并附着在上面，而且干性油的黏度很低，可以在钢铁表面的铁锈和尘粒之间渗透，但红丹由于毒性限制，只能用于一些特殊场合。

铬酸盐颜料作为钝化颜料被广泛应用。铬酸根离子在低浓度时会加速腐蚀，作为钝化剂要求有最低的临界浓度：25℃时，CrO_4^{2-} 为 10^{-3} mol/L。锌黄（铬酸锌钾的复盐 $4ZnO \cdot K_2O \cdot 4CrO_3 \cdot 3H_2O$）的溶解度为 1.1×10^{-2} mol/L，广泛用于底漆。四碱式锌黄（$5ZnO \cdot CrO_3 \cdot 4H_2O$）溶解度为 2×10^{-4} mol/L，溶解度较低，应用于磷化底漆。铬酸锶（$SrCrO_4$）的溶解度为 5×10^{-3} mol/L，正好合适，用于底漆，特别是乳胶底漆，而水溶性更大的锌黄会引起贮藏稳定性问题。铬酸锶因为不含结晶水，耐热可达 540℃，应用于烘漆或耐温漆中。

可溶性铬酸盐类对人致癌，不要吸入它的喷雾、砂磨尘末或焊接烟雾，在某些国家已被禁用。人们开发了毒性较低的钝化颜料，其中磷酸锌和磷酸铝应用较广。

磷酸锌的成分是 $Zn_3(PO_4)_2 \cdot 2H_2O$，微溶解生成二价磷酸根，与在阳极区的 Fe^{2+} 反应，生成屏蔽性沉淀 $Zn_2Fe(PO_4)_2 \cdot 4H_2O$，引起阳极极化。$Zn^{2+}$ 与阴极区的 OH^- 生成难溶的 $Zn(OH)_2$，引起阴极极化。磷酸锌中引进 Al^{3+}，能提高溶解性，加快水解速度，防腐蚀性与锌黄相当，因此实际使用的有磷酸锌铝、碱式磷酸锌、碱式磷酸锌钼等。磷酸锌防锈漆的 PVC 不宜太高，耐蚀性与锌黄或红丹防锈漆相当。

同样道理，磷酸铝也采用锌、硅改性提高防腐蚀性，因为三聚磷酸盐 $(P_3O_{10})^{5-}$ 的络和能力强，在钢铁表面生成致密钝化膜而阻止腐蚀。磷硅酸钙和钡、硼硅酸钙和钡在增加应用，另外还有碱式钼酸锌和钼酸锌钙、偏硼酸钡等钝化颜料。5-硝基间苯二甲酸的锌盐、2-苯并噻唑硫代琥珀酸的锌盐已被推荐作为钝化颜料。

底漆基料中醇酸的成本较低，而且容易润湿油腻的表面，但耐皂化性能欠佳。环氧-胺底漆具有很好的耐皂化性和良好的湿态附着力。环氧酯的成本和性能介于二者之间。

苯丙乳液和偏氯乙烯/丙烯酸乳液中的聚合物耐皂化，用作底漆基料时需要提高湿附着力，最好的方法是在乳液的树脂上引进氨基。

丙烯酸-2-(二甲氨基) 乙酯、甲基丙烯酰胺乙基乙烯基脲作为共聚单体，可在乳液聚合物中引入氨基。醇酸、环氧酯或其他改性干性油乳化后加入乳胶涂料中，也可提高湿附着力，因为施工后，乳胶颗粒破裂，醇酸、环氧酯等树脂能渗入钢材表面的缝隙中。环氧酯比醇酸更具水解稳定性，具有更好的防腐蚀性。

喷砂处理过的钢材上有水时，立刻会产生锈蚀，称作闪锈。用乳胶漆会发生闪锈，加入 2-氨基-2-甲基-丙烷-1-醇（AMP）之类的胺，以及硫醇取代的化合物可防止闪锈。与钢材表面许多缝隙的尺寸相比，乳液颗粒要大得多，不能渗透到缝隙中，需要用钝化颜料，钝化颜料的多价离子浓度要足够低，使乳液的贮藏稳定性不会受到影响，但又要高到足以起到钝化作用，在乳胶漆中可采用铬酸锶，也可用磷酸锌、锌-钙的钼酸盐以及硼硅酸钙。

桥梁维护涂料可用乳胶底漆，也用无机富锌底漆，都用乳胶面漆。有些体系经户外曝晒 5 年后性能仍然很好。要求施工温度必须在 10℃以上，且相对湿度在 75%以下。

(3) 富锌底漆的阴极保护

富锌底漆的作用类似镀锌钢铁，它的锌粉含量按体积计通常超过 80%，远超过 CPVC，这样才能保证锌粉颗粒之间以及锌粉颗粒与钢铁之间的良好接触，而且漆膜是多孔的，容许水进入，形成腐蚀电池，锌作为牺牲阳极，产生 $Zn(OH)_2$ 和 $ZnCO_3$ 以填塞空隙，与残存的锌一起形成了屏蔽层。

富锌底漆分为无机的、有机的和水性的。无机富锌底漆的基料是正硅酸四乙酯与限量的水反应生成的预聚物，溶剂是乙醇或异丙醇，因醇有助于保持贮藏稳定性。通常还加有其他挥发较慢的醇类，使漆膜较好地流平。涂装后，醇挥发掉，空气中水分完成低聚物的水解，产生聚硅酸膜。由于锌粉表面存在氧化锌，会部分转化为锌盐。

当无机富锌底漆施工之后，交联受相对湿度的影响。在较低湿度，尤其是当温度比较高的时候，耐磨性之类的性能会受到不良影响。如果必须在热天施工，施工后必须马上对涂层进行喷水雾养护。无机底漆通常比有机底漆能更好地提供保护。在海岸环境下，无机底漆估计服役 6 年，与使用 3 年的有机底漆相当。

有机富锌底漆中的基料通常是环氧树脂。由于这种有机底漆能更好地容忍除油不彻底的底材，喷涂方便，且与一些面漆有较好的相溶性。

水性富锌底漆的基料是硅酸钾、钠和/或锂同硅溶胶分散体的混合物，该漆在海洋环境中的石油和天然气生产设施上性能良好，像溶剂型富锌漆一样有效。

富锌底漆上需要面漆层以减低锌粉腐蚀，保护其不受物理损伤，改进外观，但面漆的漆料黏度不能太小，否则渗透进入富锌底漆漆膜的孔中，显著降低锌粉颗粒之间以及锌粉颗粒与钢铁之间的导电性，降低防腐蚀效果。

通常可先喷涂一层非常薄、挥发快的面漆，使溶剂从薄涂层中快速挥发，涂层的黏度迅速上升，封闭住孔穴。同时封闭孔穴也能使厚层面漆施工时基本不发生针孔和起泡。薄层面漆需要着色，能够使喷涂者施工时知道是否完全覆盖。由于锌表面有碱性的氧化锌、氢氧化锌和碳酸锌，与底漆接触的面漆必须抗皂化，可采用双组分聚氨酯、乙烯系或氯化橡胶涂料。有时在富锌底漆上施工环氧中涂层，接着是聚氨酯面涂层。

乳胶漆涂膜具有较高的潮气和氧气渗透性，没有基料渗入孔穴中，是富锌底漆上理想的第一道涂层，由于耐皂化的要求，要采用偏氯乙烯/丙烯酸酯共聚物乳液作为乳胶漆的基料。偏氯乙烯也降低了潮气对这种涂膜的渗透性，而面漆要求渗透性越低越好，还可以通过采用片状颜料使渗透性进一步降低。

4.5 涂料中常用的颜料

4.5.1 白色颜料

大部分涂料都含有白颜料。白颜料不仅用于白色涂料中，还用于有色涂料中以获得较浅的颜色。许多彩色颜料只能得到透明漆膜，而白色颜料可提供遮盖力。理想的白颜料不吸收可见光，折射率高。

白色遮盖型颜料中最重要的是钛白粉，它具有优异的颜料性能，而且安全无毒，其用量在发达国家占涂料用颜料总量的90%以上。立德粉也是白色遮盖型颜料，性能不如钛白粉，由于我国钡资源丰富，立德粉在我国得到大规模的生产和应用，尤其是在中、低档涂料中。氧化锌在涂料中用量不大，很少作为白色遮盖型颜料使用。白色颜料的主要性能对比见表4-5。

表 4-5 白色颜料的主要性能对比

白色颜料	密度/(g/cm³)	折射率	消色力(Reynolds)	消色力(相对值)	遮盖力(相对值)	遮盖力/(m²/kg 颜料)
金红石型钛白粉	4.2	2.76	1650	100	100	30.1
锐钛型钛白粉	3.9	2.55	1270	77	78	23.6
硫化锌	4.0	2.37	660	40	39	11.9
氧化锌	5.6	2.02	200	12	14	4.1
立德粉	4.2	1.84	260	16	18	5.1
碱式碳酸铅	6.1	2.00	150	9	12	3.7

(1) 钛白粉

钛白粉的成分为二氧化钛（TiO_2）。二氧化钛有3种晶型：金红石型、锐钛型和板钛型。金红石型、锐钛型同属四方晶系，在工业上得到广泛的应用。金红石型钛白粉比锐钛型钛白粉的原子排列要致密得多，因此金红石型钛白粉的密度大，稳定性好。锐钛型 TiO_2 易粉化，在涂料工业很少使用，主要用于造纸和化纤。板钛型属于斜方晶系，无工业价值。

现代涂料工业对 TiO_2 的要求主要是耐久性好和光泽高。耐久性与 TiO_2 的粉化相关，光泽与粒径分布和所用包覆物的组成有关。

钛白粉根据粉化程度分为不抗（自由）、中等和高抗三类。抗粉化性与耐久性有区别，耐久性包括抗粉化性、保光性和保色性等，但实践中二者相当一致，抗粉化性也可以说明耐久性。

锐钛型和未经表面处理的金红石型 TiO_2 有光化学活性，能够催化分解树脂，粉化性强，耐久性差。超耐久性 TiO_2 采用致密 SiO_2-Al_2O_3 来包覆 TiO_2 颗粒，或用 ZrO_2-Al_2O_3 包覆。

为提高漆膜的光泽，要控制 TiO_2 粒径，使其分布尽可能地窄。涂料用的 TiO_2 平均粒径在 0.2～0.3μm。从理论上说，当 TiO_2 晶体粒径小于 0.19μm 时，便没有遮盖力。实际上，TiO_2 晶体不可避免地发生聚集，这一阈值远小于 0.19μm。超细 TiO_2 的粒径为 0.01～0.05μm，就是透明的 TiO_2，用在透明涂料和随角异色汽车面漆中。

粒径 0.2～0.3μm 的为小粒径，小粒径金红石型 TiO_2 光泽高、白度好，主要适用于低 PVC 的高光泽涂料。因为粒径小，在涂膜中增加入射光的散射点数目，提高漆膜的遮盖力，但抗粉化性差些。0.3～0.4μm 的为中粒径，中粒径金红石型是 TiO_2 颜料的主体，各项性能比较平衡，抗粉化性能也好，广泛应用于各种涂料中，其中有些牌号被称为通用型 TiO_2。0.4～0.5μm 为大粒径，大粒径 TiO_2 有两种，一种是平光乳胶漆用的海绵状铝硅包膜（包膜量高达 10%～20%）TiO_2，具有很高的吸油量和吸水量，干燥后空气取代溶剂的部分位置，能发挥干遮盖效果，多用于超 CPVC 的配方中，以降低 TiO_2 的用量；另一种是金属罐听用的印铁油墨和某些家用电器涂料用 TiO_2，因为一次成膜，且漆膜大都非常薄，为了达到最大遮盖力，PVC 必须很高，如果采用小粒径 TiO_2，由于粒子数太多，不可避免地会造成颜料颗粒聚集，致使一部分粒子因接受不到入射光而起不到散射点的作用，从而导致光散射效率的下降，所以用大粒径 TiO_2 尤为合适。超细 TiO_2 粒径大约为普通颜料级 TiO_2 粒径的 1/10 左右（10～50nm），没有遮盖力，又称透明 TiO_2。超细 TiO_2 的最佳粒径是 20～30nm，在充分散射的同时，还能透射可见光，但对紫外线能够进行有效的屏蔽，比普通颜料级 TiO_2 的屏蔽效果还好。超细 TiO_2 主要应用于汽车闪光面漆、护肤用品、食品包装材料、木材制品保护剂和耐久性透明涂料中。

(2) 其他白色颜料

① 氧化锌（ZnO）　又名锌白。氧化锌的消色力和遮盖力都不好，但具有良好的耐光、耐热（其熔点 1975℃±25℃）和耐候性，不粉化，适用于外用漆，尤其适用于含硫化物的环境，因为反应产生的硫化锌也是一种白色颜料，它有防霉作用。氧化锌有一定的水溶性，在潮湿环境中易起泡。

氧化锌有碱性，可与漆料中的脂肪酸作用生成锌皂，制漆后有变稠的倾向，但锌皂能够提高漆膜的坚韧性。含铅氧化锌中有用碱式硫酸铅的，也有用氧化铅的。含铅氧化锌防锈性能好，制漆后不易变稠，有时用于制造防锈底漆。

② 立德粉　又名锌钡白，是由如下反应生成的：

$$BaS + ZnSO_4 \longrightarrow ZnS \cdot BaSO_4$$

沉淀经过水洗、煅烧后，用冷水浸、过滤，干燥粉碎后就成为立德粉。一般立德粉中 ZnS 含量 28%～30%，$BaSO_4$ 含量 70%～72%，有的品种 ZnS 含量高达 60%。立德粉的遮盖力只相当于钛白粉的 20%～25%；从漆膜的室外使用寿命看，用钛白粉作颜料的漆膜比立德粉的高 3 倍，不用于制造高质量的户外用涂料。立德粉有化学惰性和耐碱性，并赋予漆膜致密性和耐磨性，可用于涂装碱性底材表面，如涂石灰墙面或混凝土墙面的乳胶漆中，因此立德粉广泛用于室内装饰涂料中。它也可用于氯化橡胶和聚氨脂的耐碱性涂料中。立德粉不耐酸，遇酸分解产生硫化氢。

③ 锑白（Sb_2O_3）　价格高，主要用于防火涂料中，与含氯树脂作用能够阻止火焰蔓延。

4.5.2　有色颜料

(1) 氧化铁颜料

氧化铁颜料因其无毒、化学稳定性好、能吸收紫外线、色谱范围广和价格低廉而成为仅次于钛白粉的第二大无机颜料。氧化铁颜料从来源上可分为天然氧化铁和合成氧化铁。它们都包括铁红 Fe_2O_3、铁黄 $FeO(OH)$、铁黑 $(FeO)_x\cdot(Fe_2O_3)_y$、铁棕 $(Fe,Cr)_2O_3$ 等品种。

天然氧化铁的产量占氧化铁的1/3，主要用于中低档涂料。合成氧化铁纯度高、粒径均匀、颗粒均匀、色相好，应用的档次也更高。

绿矾煅烧生产的铁红颗粒呈球形；沉淀生产的铁红颗粒是菱形，颗粒软而且易分散；铁黑煅烧（把 FeO 氧化为 Fe_2O_3）生产的铁红颗粒是球形；铁黄煅烧生成的是针形的铁红。由于原料、制造工艺不同，铁红的物理性能有很大差别，用途也不同。

铁红是红色粉末，色光范围从浅橘色到深蓝色。铁红耐碱、耐稀酸，耐热达1200℃，对光稳定，并强烈吸收紫外线。铁红的遮盖力很强，除炭黑外它是最高的，着色力也比较好，在溶剂型漆、水性漆、防锈底漆和面漆中广泛应用。铁红在生产过程中用 SiO_2-Al_2O_3 进行表面处理后，易分散，具有抗絮凝性，称为抗絮凝氧化铁。

铁黄超过177℃就脱水变成铁红 Fe_2O_3。铁黄主色调为黄色，能够强烈吸收蓝色和紫外线，保护高分子免于降解。铁黑的分子式为 $(FeO)_x\cdot(Fe_2O_3)_y$，用于制造黑色金属保护漆，因为铁黑能产生有韧性、无孔隙、高耐候性的漆膜，又因具有碱性而产生防锈效果。铁黑具有磁性，用于制造磁性油墨。铁棕一般是由铁黄、铁黑、铁红进行机械混配而成，可以从浅棕色到深巧克力色。

透明氧化铁的粒径在10～90nm，没有遮盖力，是透明或半透明的。因为透明氧化铁颗粒细，制漆时难以分散，一般以预分散色浆供应。它的生产方法与液相沉淀合成氧化铁类似，但工艺的核心是控制粒径，有红、黄、黑、棕等颜色。透明氧化铁对紫外线有较强的吸收能力，每平方米含有2g透明铁红就达到完全吸收紫外线的作用，用于木材着色可以使木材的自然纹理更加鲜明；透明氧化铁有优异的耐候性，色彩比较鲜艳，价格相对便宜，可以取代部分对应的有机颜料，与铝粉或珠光颜料配合，制造具有随角异色的汽车面漆，这种透明氧化铁要求有高的透明性和分散性。

(2) 黑色颜料

黑色颜料常用的是炭黑和铁黑，其中最重要的是炭黑，铁黑在氧化铁颜料中介绍。95%的炭黑用于橡胶工业，如轮胎等，少量用于涂料、油墨、塑料中。

炭黑的主要成分是碳，含量一般在95%以上。不同级别的炭黑其粒子的平均尺寸不同，最小的粒子粒径可小到50nm，而最粗的可达到500nm。干燥状态下，成团的胶粒聚集在一起，形成不同松紧的堆集，制漆时被重新分散成胶粒状态。胶粒中的炭粒具有多少不定的分支小链，叫做从生结构或炭黑链，使炭黑结构复杂，吸油量增加。

炭黑化学性能稳定，与碱和酸都不反应。炭黑吸收紫外线并转化为热能，还能捕集由聚合物降解产生的自由基，涂料中加入炭黑能够阻碍聚合物的降解，提高涂料的耐光和耐高温性能。炭黑的遮盖力很强，着色力、耐候性优良，因此是最广泛使用的黑色颜料。

(3) 黄色颜料

无机黄色颜料中有镉黄 $CdS\cdot BaSO_4$、铁黄 $Fe_2O_3\cdot H_2O$、铅铬黄 $xPbCrO_4\cdot yPbSO_4$。氧化铁黄［FeO(OH)］系低彩度棕黄色颜料，当加热到150℃以上时，脱水而形成低彩度红色铁红。

铬酸铅颜料都是以铬酸铅为主要成分，常用的有五种：樱草铬黄、柠檬铬黄、中铬黄、橘铬黄和钼铬红。中铬黄为红色调黄色粉末，其组成接近纯铬酸铅，呈现浅红相黄色。柠檬铬黄是一种浅铬黄，即柠檬黄色粉末，分子式为 $PbCrO_4\cdot xPbSO_4$。樱草铬黄分子式为 $PbCrO_4\cdot xPbSO_4$，为绿色调黄色粉末，具有非常浅的绿色调。橘铬黄的颜色为橘黄色（橙黄），表示为 $PbCrO_4 \cdot xPbO$，橘铬黄要在碱性条件下将铬酸铅转化为碱式铬酸铅。钼铬红从橘红色到红色，分子式为 $PbCrO_4 \cdot xPbMoO_4 \cdot yPbSO_4$，是一种明亮的橙红色。

铬酸铅颜料在暴露于大气的条件下可变暗褪色，而且耐光、热和化学作用性能不好，需要进行表面处理。现在铬酸铅颜料广泛应用于多元包膜系统，如 SiO_2-Al_2O_3、SiO_2-ZrO_2、SiO_2-Sb_2O_3、Sb_2O_3-SiO_2-Al_2O_3 系统，这里 SiO_2 包膜都是致密状。包膜分为重包膜和轻包膜，重包膜改进上述性能的程度大，但在颜色纯度和明度方面不如轻包膜。我国铬酸铅颜料的粒径在 0.8～1.5μm，国外一般采用在高湍动下进行快速沉淀反应，可以使铬酸铅颜料的平均粒径降到 0.50μm，小粒径能够提高颜料的遮盖力和着色力。

铬黄颜色鲜艳、易分散、价格相对便宜，用于生产黄色和绿色涂料。中铬黄主要用于路标漆。重包膜的钼铬红具有优异的保色性和抗 SiO_2 侵蚀的能力，广泛用于高质量的外用场合，如汽车面漆和卷材涂料，工业污染程度高的场合，如隧道、海洋设施等。

因为环保要求，美国要求室内家具涂料的铅含量不超过 0.06%。需要黄色时一般采用钛白粉与有机颜料混拼，单芳基黄是它们主要的代替物，或有机颜料与金红石混相颜料钛镍黄、钛铬黄混拼。另外还开发了如铋黄、安全黄等黄色颜料。

钛黄的制造是将其他金属离子引入锐钛型二氧化钛结晶体中，接着煅烧使之转化成金红石型结晶结构。其中绿光黄色调基于所加锑和镍；红光黄色调品级含有锑和铬。它们耐户外曝晒，耐化学、耐热和耐溶剂性均佳，然而只能生产出相当弱的黄色，而且能被制造的颜色范围也受限制。

钒酸铋为嫩黄色，着色力一般，耐光、耐候、耐化学品性能优异，耐热 200℃以上，属无机类产品，但颜色亮丽。铋黄的分子式为 $BiVO_4 \cdot nBi_2MoO_6$，$n=0.2 \sim 2$，n 值大，色调偏绿色。它的颜料性能非常优异，但价格贵。安全黄是氮化的立德粉颗粒作内核，在外面包覆一层改性的汉沙黄，用于水性路标漆和工业涂料中代替中铬黄。

双偶氮颜料如 PY13 又称联苯胺黄，具有高着色力和高彩度，耐溶剂、热和化学性均优。双芳基黄颜料对光相当稳定，但在户外曝晒时仍会褪色，尤其作浅色用时。由于它们的着色强度高及密度低，相比而言制漆的成本就相当低，主要用于色调上需要有明亮黄色的内用漆，也用于浅色以及像铅笔漆那样的用途中。

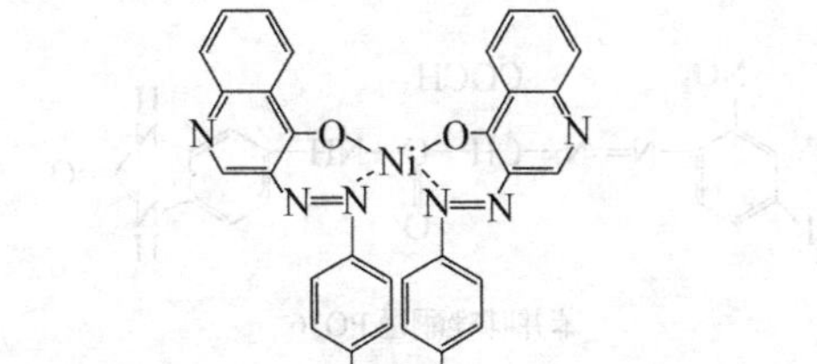

双芳基黄 PY13

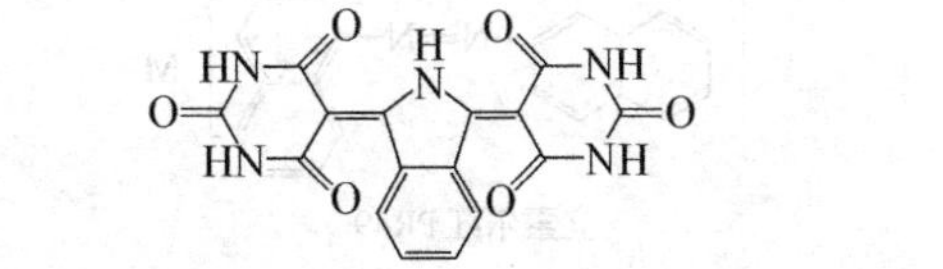

单芳基黄 PY74

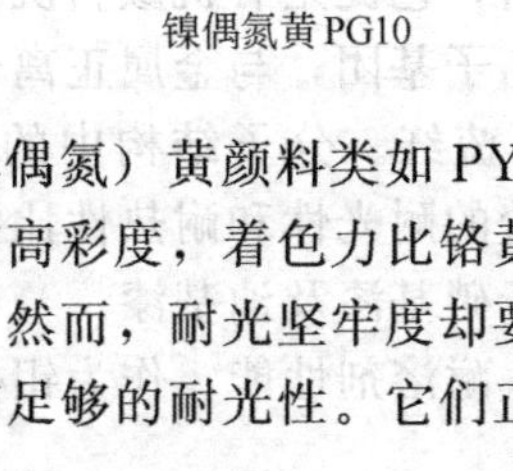

镍偶氮黄 PG10

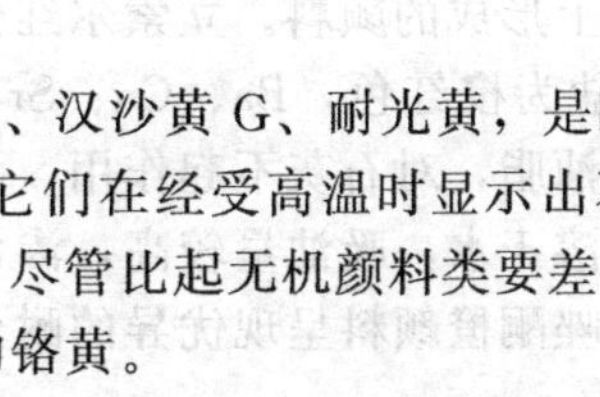

异吲哚啉 PY139

单芳基（单偶氮）黄颜料类如 PY74 又称耐晒黄 G、汉沙黄 G、耐光黄，是略带红光的柠檬黄色，具有高彩度，着色力比铬黄高 4～5 倍，但它们在经受高温时显示出不良的耐渗色性并会升华。然而，耐光坚牢度却要比双芳基类好，尽管比起无机颜料类要差，但用于户外涂料中已具有足够的耐光性。它们正取代路标漆中的铬黄。

镍偶氮黄 PG10 是带很强绿光的黄色弱色料，归为绿色一类。镍偶氮黄具有优异的户外耐久性和耐热性，漆膜透明，主要用于汽车闪光漆。还原黄颜料类如异吲哚啉黄 PY139 是具有优异户外耐久性和耐热、耐溶剂性的透明颜料，价格高，只用在要求突出性能时（如汽车闪光漆）。

(4) 红色颜料

氧化铁红（Fe_2O_3）性能优且价廉，具有热稳定性。

① 甲苯胺红 PR3，又名颜料猩红、吐鲁定红，是鲜红色粉末。甲苯胺红颜料价格中等，是明亮的红色偶氮颜料，具有高着色力，在深色中有良好的户外耐久性，良好的耐化学性，足够的耐热性，可用于水性漆、气干或烘干磁漆中，但显示光雾和白化现象，对过度研磨敏感。甲苯胺红溶于某些溶剂中，如遇硝基漆易渗色。

② 大红粉属于萘酚红类，是具有不同环取代物（Cl、OCH_3、NO_2 等）的不溶性偶氮类颜料。它们比永久红类更耐酸碱、肥皂，且具有尚好的户外耐久性和耐溶剂性。大红粉为我国涂料工业、印刷工业、塑料及文教部门常用的红色颜料，颜色鲜艳，耐光，耐酸碱、耐热性都较好，有较好的遮盖力，有微小的渗色问题。

③ 永固红 2B 是一种耐渗色高彩度的红色偶氮颜料，它可被用来做成钙盐、钡盐或锰盐。锰盐比钙盐或钡盐的户外耐久性要高。偶氮颜料是用于涂料和油墨中最大量的有机颜料。然而，其中许多又对碱敏感，不适用于某些乳胶漆中。

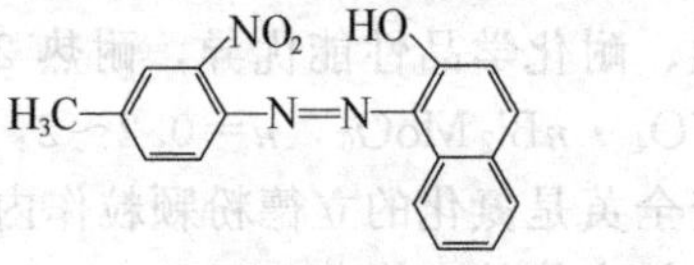
甲苯胺红 PR3

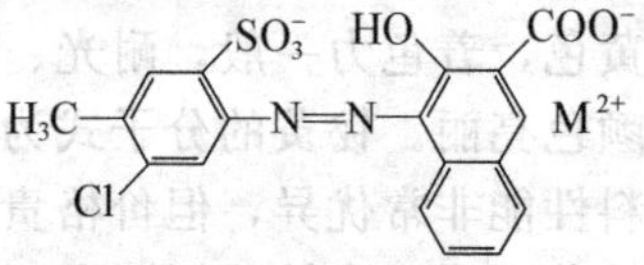
永固红 PR48

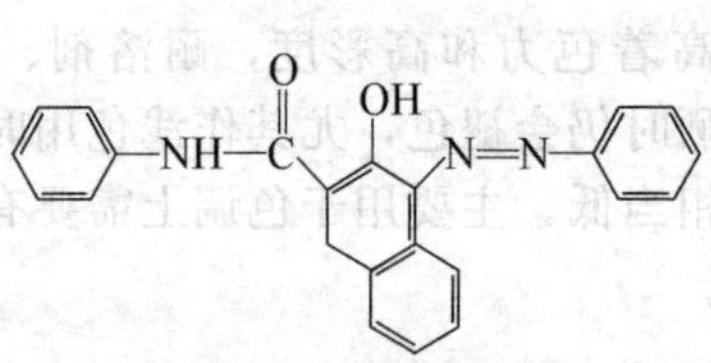
萘酚红的通用结构

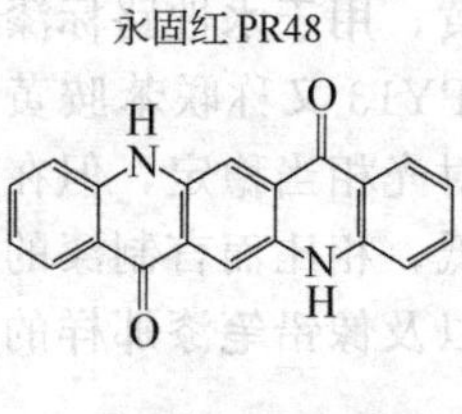
喹吖啶酮红的环结构

喹吖啶酮颜料不渗色，耐热和耐化学性好，且有突出的户外耐久性，即使在浅色情况下也如此。然而其价格高。依照取代基和晶形的不同，有各种各样的橙色、栗红色、猩红色、桃红色和紫色颜料供应。

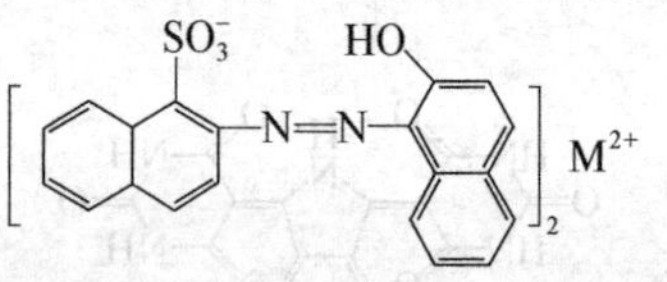
立索尔红 PR49

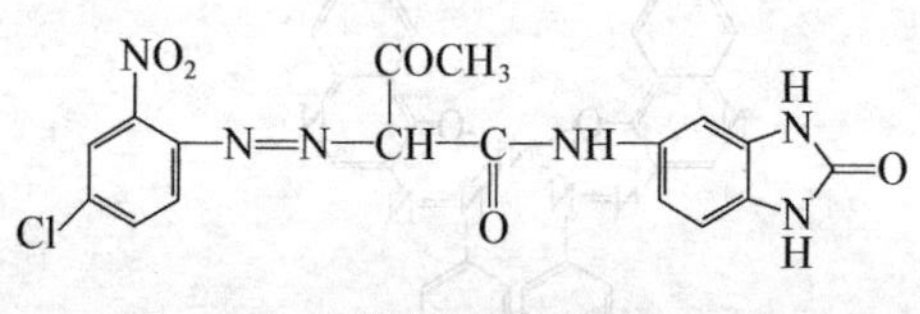
苯并咪唑酮橙 PO36

立索尔红是蓝光色淀性红，是一种色淀性偶氮颜料，色淀是有机颜料沉积在无机物（如氢氧化铝）上形成的颜料。立索尔红分子结构中有负离子基团，与金属正离子形成盐。立索尔红中 Na 盐为橙红色，Ba、Ca、Sr 盐依次从暗红到蓝红。分子结构中的钠盐微溶于水，不溶于醇和油脂，对石灰不起作用，耐光性中等。钡盐的耐光性和耐热性比钠盐好，耐酸性较好，极难溶于水，吸油量较高，渗色性较小，适用于硝基漆及油基漆。

苯并咪唑酮橙颜料呈现优异的耐光坚牢度和耐热、耐溶剂性能，作为铅橘橙替代物。

(5) 蓝色颜料

群青是一种复杂的硅铝酸的配合物，其化学组成不同，色相也不同。

蓝色系列：浅色 $Na_6Al_6Si_6O_{24}S_2$，中色 $Na_7Al_6Si_6O_{24}S_3$，深色 $Na_8Al_6Si_6O_{24}S_4$；紫色的群青钠含量低一些：$H_2Na_4Al_6Si_6O_{24}S_2$；群青还有粉红色和绿色的。群青突出的特性是颜色鲜艳，耐久性好。天然群青产量小，目前合成的群青占主导地位。无论何种颜色的群青，在溶剂型涂料中遮盖力都很弱，在水性涂料中呈现遮盖力。群青的着色力也弱，为 1，酞菁蓝为 14.5，铁蓝为 7.5。群青耐光、耐候、耐热，因此耐久性很好。群青耐碱不耐酸，遇酸分解变黄。深色的群青粒径 3～5μm，冲淡后呈红相；浅色群青粒径 0.5～1μm，冲淡后呈绿相。

铁蓝是一种深蓝色粉末。铁蓝的化学成分至今不很确定，通式可以表示为 $K_xFe_y[Fe(CN)_6]_x \cdot nH_2O$，$(NH_4)_xFe_y[Fe(CN)_6]_z \cdot nH_2O$。铁蓝是具有较好性能和强烈红相色调的蓝色料。自 20 世纪 30 年代以来，它已不断为酞菁蓝所取代，因为后者具有较高的着色力。不同比例的铁蓝和铬黄共结晶体称为铬绿。铁蓝主要用于油墨中。在涂料工业中，铁蓝用于制备天蓝色的浅色漆，但不能与碱性颜料如立德粉相配，也不能用于水性涂料等碱性涂料中。

有机蓝中重要的蓝颜料是铜酞菁颜料，通常称为酞菁蓝，呈现突出的户外耐久性、耐渗色性和耐化学性，对热稳定，具有高着色力。高着色力和很低的密度表示其使用成本中等。酞菁蓝外观是深蓝色粉末，有三种结晶形式：α 型、β 型和很少使用的 ε 型。涂料工业中最重要的是 β 型酞菁蓝。β 型为具有相当绿色调的蓝色，且稳定。酞菁蓝的缺点是在有机溶剂中结晶和在漆料中絮凝，β 型酞菁蓝抗结晶性好，可在溶剂型涂料中应用。α 型较红，一些 α 型品种可能在涂料贮存或烘烤期间出现变色和颜色强度变化问题。更稳定的 α 型颜料是通过加入不同助剂，使其晶型稳定并将分散体的絮凝问题降低至最小程度得到的。

(6) 绿色颜料

铬绿是由带绿相的铬黄（如樱草铬黄）和铁蓝拼混而成的，从很浅的黄绿色（含铁蓝 2%～3%）到很深的绿色（含铁蓝 60%～65%）。铬绿可近似表示为 $PbCrO_4 \cdot xPbSO_4 \cdot yFeNH_4[Fe(CN)_6]$。铬绿在使用时存在黄蓝分离的问题，漆膜未干燥前有漂浮倾向，即在涂料中颜料的分散状态与在漆膜中不同，漆膜在施工干燥过程中颜色发生变化，可能会产生条纹或色变，有时需要添加助剂。由于铬黄和铁蓝都不耐碱，铬绿应避免与碱性颜料如碳酸钙、立德粉等共同使用，也不能在 $pH>7$ 的水性涂料中应用。铬绿具有良好的遮盖力和着色力，耐久性也较好，能在 149℃下烘烤。尽管铬绿性能一般，铅又有一定的毒性，但其价格低，因此仍是绿色颜料中用量最大的颜料。

氧化铬绿的成分是 Cr_2O_3，从浅绿色到深绿色，颜色不鲜艳，遮盖力不如铬绿，着色力在绿色颜料中较差，密度 5.09～5.40g/cm³，吸油量 12%～14%。氧化铬绿突出的优点是坚牢度非常好，有很强的化学稳定性，不溶于酸碱，耐光性很强，可耐 1000℃的高温，应用于耐热漆的制造。坚牢度是有机颜料对光、热、气候、溶剂和化学品呈现出的惰性。坚牢度高，惰性就大。

酞菁蓝的苯环上发生卤代反应，卤素如氯、溴取代氢，就生成绿色颜料，成为酞菁绿。酞菁绿为深绿色至绿色，溴取代的数量越多，颜色越浅。酞菁绿颜色鲜艳，着色力强，与酞菁蓝一样具有优良的颜料性能，而且没有结晶问题，仍有絮凝问题，可加入苯甲酸铝解决。

4.5.3 体质颜料

体质颜料几乎不吸收光，折射率均在 1.7 以下，与基料的接近，几乎不产生光散射，遮盖力、着色力都很差，但价廉，主要功能是在漆膜中占有体积，另外还可以调节涂料的流动

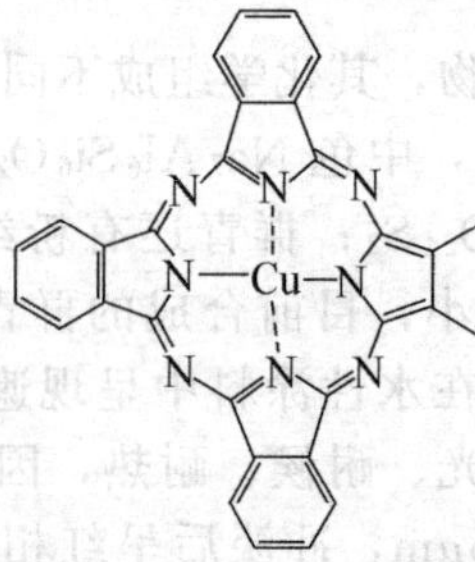

酞菁蓝 PB15

性能、漆膜的光泽和力学性能。

天然碳酸钙称为重质碳酸钙，为磨细的石灰石粉或混合碳酸钙镁矿（白云石），用于腻子等。合成碳酸钙又称轻质碳酸钙，较白，价格较高，根据粒径不同，分为普通沉淀 $CaCO_3$、微细 $CaCO_3$、超细 $CaCO_3$ 和活性 $CaCO_3$，主要用于平光漆和水性涂料，有光漆少量应用，中和漆料的酸性。碳酸钙一般不用于外用乳胶漆中，因水和二氧化碳可透过乳胶漆膜，反应生成碳酸氢钙，溶于水并从漆膜中渗透出来，水蒸发后起霜，起霜在暗色漆上特别显著。

硅酸铝类有膨润土、瓷土、云母（硅酸铝钾）等。瓷土又称高岭土、黏土、白土，质地松软、洁白，耐稀酸稀碱，多用于底漆、水性涂料等，可以提高漆膜硬度，使漆膜不易龟裂，防止颜料沉底。云母具有片状结构，弹性大，在沥青漆和水性涂料中可以防止龟裂，改善涂刷性。

硅酸镁有滑石粉、石棉。滑石粉是片状和纤维状混合物，能减少蒸汽渗透，阻止颜料沉底结块，有消光作用，提高漆膜硬度，多用于底漆和腻子。石棉为纤维状，增强漆膜特别有效，但被吸入时会引起肺癌。天然二氧化硅有石英砂和硅藻土，耐磨性好，用于道路涂料。由石英砂得到的石英粉不易研磨，易沉底，在涂料中应用有限。硅藻土在平光涂料中可以提高遮盖力。

重晶石（硫酸钡）用于汽车底漆中，提高漆膜的硬度，用于底漆、腻子、地板漆和防锈漆中。

粉状聚丙烯是不溶性物，故起着体质颜料的作用。高 T_g 的乳胶如聚苯乙烯乳胶，可用作为乳胶漆中的惰性颜料。合成纤维如芳族聚酰胺纤维等可增加涂膜的机械强度。

随着颜料精制技术的发展（如超微细技术、表面处理技术、沉淀技术），体质颜料的粒径范围可以从小于 0.1μm 到超过 3000μm，而通常用到的体质颜料粒径均在 0.2～20μm 内。超细体质颜料有较高的表面积，吸油值也非常高，而吸油值越高，涂料的 CPVC 越低。高吸油值的体质颜料如超细二氧化硅（白炭黑）可以作为消光剂使用，因为只需要少量二氧化硅即可大大降低涂料的光泽。在涂料配方中，应尽量避免使用这种体质颜料，因为它们降低涂料的 CPVC，从而降低涂料的流动性。因为购买颜料时通常是按重量计算的，若涂料按体积出售，就应尽量用密度较小的体质颜料。这就是为什么中等粒径的碳酸钙大受欢迎的原因，而且这种体质颜料成本低、密度低、吸油值低。碳酸钙用于低成本内墙涂料中，需要与其他体质颜料如瓷土、滑石粉或云母一起使用，以提高涂料的坚硬性和耐久性。

练 习 题

1. 颜料的主要作用是什么？为什么颜料不能溶解在涂料的基料中？
2. 涂料的颜料体积浓度是怎么影响涂料的性能的？

*3. 影响遮盖力的主要因素有哪些？颜料颗粒散射是如何影响漆膜性能的？

4. 测色仪测出的色差 ΔE 表示什么意思？一种漆膜原始与曝晒一年后测得的色差 ΔE 很小，表示什么意思？同色异谱有什么应用？色度计和色差计有何不同？

*5. 比较目测与仪器测色的优、缺点。利用这两种手段如何给涂料调色？

6. 影响漆膜光泽的主要因素有哪些？如何增加漆膜光泽？如何消光？

*7. 闪光的原理是什么？如何使漆膜具有闪光的效果？

*8. 铝粉在漆膜中有什么应用？

9. 完整的漆膜如何防腐蚀？需要选择什么样的漆基和颜料？

10. 不完整漆膜防腐蚀的机理是什么？

11. 解释下列名词：色淀、渗色、遮盖力、色调、明度、饱和度、光泽、平光。

第5章 涂料生产和色漆的制备

涂料生产是把树脂加入溶剂制成漆料，然后再用漆料配成清漆或色漆。清漆是由漆料加适当助剂在常温下配制而成的。色漆是含有颜料的涂料，其生产过程就是把颜料稳定地分散于漆料中的过程，是涂料中生产量最大、品种最多的产品。本章主要讨论漆料的生产工艺、色漆的配方、颜料的分散及稳定、色漆的生产工艺和设备。

5.1 涂料的生产概述

5.1.1 漆料的生产工艺

漆料是液态清漆和色漆的半成品。有的高分子树脂直接就以漆料的形式生产，如醇酸树脂、配制乳胶漆的乳液等。高分子树脂（环氧树脂、硝基纤维素、过氯乙烯树脂等）需要溶解于溶剂中成为漆料。将树脂加入溶解釜内，搅拌下既可常温也可以加热升温使树脂溶解，然后经过净化，贮存于贮罐中备用。

有些漆料需要由几种不同品种的成膜物质在一定温度下炼制，如酯胶漆料、酚醛树脂漆料和热制法沥青漆料，包括配料、热炼、稀释和净化4个工序。树脂、植物油经计量装入热炼釜中，迅速升温至规定温度（一般为270～280℃），保持一定时间（根据漆料油度长短而定），达到规定黏度后迅速输送至稀释罐（用真空抽送或泵送）中，降温后用相应溶剂稀释，经净化后送至贮罐。这种工艺特别强调快速升温和快速降温。

涂料用树脂分为以醇酸树脂、氨基树脂、丙烯酸树脂和乳液为代表的树脂生产工艺三类，其中，以丙烯酸树脂和乳液为代表的树脂生产工艺见6.1.1乳胶漆。

(1) 醇酸树脂类生产工艺

醇酸树脂的生产过程包括醇解、酯化、兑稀和过滤等，通常为间歇式生产，国际上已发展连续式生产。醇解和酯化反应的温度都在200～250℃，反应过程有4%的水生成，需脱水，采用溶剂法，回流物量约8%。达到终点时需要快速停止反应。反应物稀释成一定浓度的树脂溶液。反应过程容易生成胶粒杂质，需要过滤净化。间歇式溶剂法的生产工艺流程如图5-1所示，物料通过计量罐1、2放入反应釜7内，通过加热器升至反应温度，进行醇解和酯化反应，水分由分水器4分出。溶剂冷凝后回到釜内。酯化反应至终点，用高温齿轮泵8抽送物料至兑稀罐6，用溶剂稀释后净化。

醇酸树脂间歇式工艺适用于各种规模的生产。大批量生产普遍采用仪表控制，正在推广计算机程序控制的生产方式。这种生产工艺在经过必要的调整以后，可以生产通过酯化反应生成的其他树脂品种，如聚酯树脂和环氧酯。

连续式醇酸树脂生产工艺适宜于大批量生产。物料都经过预先加热，醇解在塔式两段连续理想混合流反应器中进行，酯化在五段理想混合流反应器中进行，物料加热到240～260℃进行反应。其反应时间缩短，反应设备容积缩小，大大提高了生产效率，设备配置比较复杂，但在大规模生产时显示了优越性。

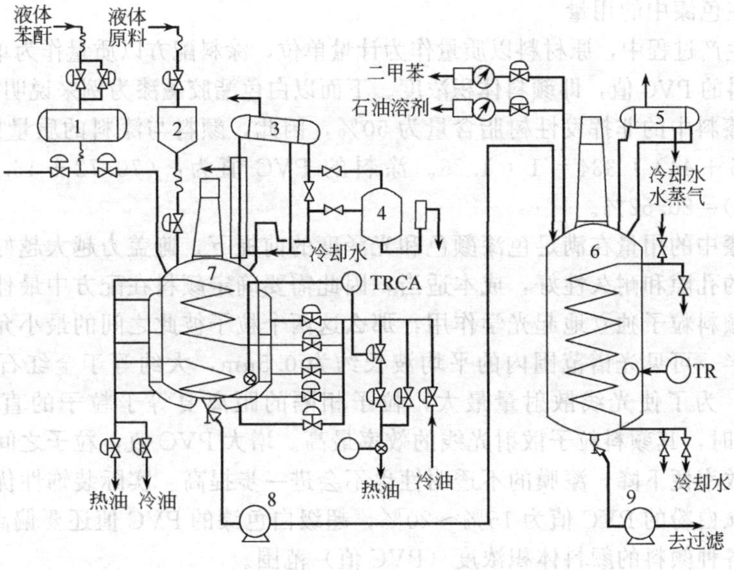

图 5-1　醇酸树脂工艺流程简图

1—液体苯酐计量罐；2—液体原料计量罐；3—冷凝器；4—分水器；5—冷凝器；6—兑稀（稀释）罐；7—反应釜；8—高温齿轮泵；9—内齿泵

（2）氨基树脂类生产工艺

涂料用氨基树脂反应温度较低，约在100℃，也有大量水分分出，在醚化过程中还要大量蒸出醇，需要抽真空降压操作。典型的合成工艺如图 5-2 所示。

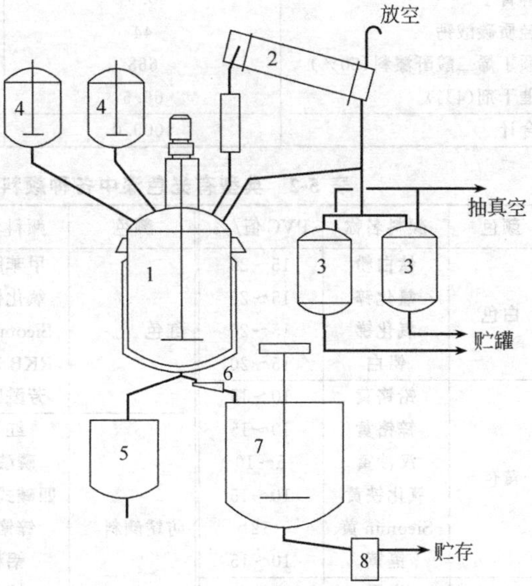

图 5-2　氨基树脂工艺流程示意图

1—反应釜；2—冷凝器；3—蒸出物接收器；4—原料计量罐；5—废水贮罐；6—筛网过滤器；7—中间贮罐；8—过滤器

物料通过计量加入反应釜 1 中，升温进行甲基化反应，降温放置，分水，再进行醚化，蒸出水分，并在适当真空度下蒸出丁醇，调整到控制的固体分、黏度等指标，经过筛网过滤器 6，送入中间贮罐 7，再经检测合格后，过滤贮存。蒸馏出的水分和丁醇量约占总投料量的 30%。因蒸出速度较快，故需要冷凝面积较大的冷凝器 2 和蒸出物接收器 3，并附有计量装置。产品得率约为投料量的 45%。反应温度低，通常可用蒸汽加热。蒸出物料的量大，所用冷凝器的面积要大。同时抽真空设备为生产过程所必需。

5.1.2　色漆配方制订程序

色漆是由黏性的漆料、粉末状的颜料及少量的助剂组成的多相混合物。体系中的混合物之间相互作用复杂、相界面多，导致体系不稳定，容易发生分离。色漆应该是相对稳定、分离现象被消除或极大延缓的液态黏性体系，而且施工后漆膜的颜色和各部位的性能是均匀一致的。色漆的生产不仅仅是把颜料漆料混合起来，搅拌均匀就行，而是通过复杂的过程将颜料“分散”在漆料中，形成稳定的体系。

(1) 颜料在色漆中的用量

在色漆的生产过程中，原材料以质量作为计量单位，涂料配方以质量作为单位，但设计时要分析的是涂料的 PVC 值，即颜料体积浓度。下面以白色酯胶磁漆为例来说明（见表 5-1）。

该配方中漆料中的非挥发性树脂含量为 50%，因此，颜料与漆料的质量比（即颜基比）为：(221＋0.5＋44)∶334＝1∶1.26。涂料的 PVC 值为：(70.72＋16.41)/(70.72＋16.41＋337.42)＝20.52%。

颜料在色漆中的用量在满足色漆颜色和光泽度的前提下，遮盖力越大越好，而且要求黏度适宜，漆膜的孔隙和耐久性好，成本适当，因此需要确定颜料在配方中最佳的 PVC。

如果两个颜料粒子独立地起光学作用，那么这两个粒子彼此之间的最小允许距离为入射光线波长的一半。可见光谱范围内的平均波长约为 0.5μm，大约等于金红石型钛白粉粒径的两倍。因此，为了使光线散射量最大，粒子相隔的距离要等于粒子的直径。钛白粉的 PVC 值达 12%时，其颜料粒子散射光线的效率最高。增大 PVC 值，粒子之间的光学相互作用增加，散射效率便下降，漆膜的不透明性也不会进一步提高。实际装饰性优良的有光醇酸磁漆配方中，钛白粉的 PVC 值为 15%～20%，超级白色漆的 PVC 值还要偏高。表 5-2 是典型有光色漆中各种颜料的颜料体积浓度（PVC 值）范围。

表 5-1　白色酯胶磁漆

项　目	质量/kg	比体积/(L/kg)	干漆膜中的体积/L
钛白粉(锐钛型)	221	0.32	70.72
群青	0.5	—	—
轻质碳酸钙	44	0.373	16.41
顺丁烯二酸酐漆料(50%)	668	1.13	337.42
催干剂(4%)	66.5	1.10	2.93
合计	1000.0		427.48

表 5-2　典型有光色漆中各种颜料的颜料体积浓度（PVC 值）范围

颜色	颜料名称	PVC 值/%	颜色	颜料名称	PVC 值/%	颜色	颜料名称	PVC 值/%
白色	钛白粉	15～20	红色	甲苯胺红	10～15	功能颜料	珠光颜料	3～5
	氧化锌	15～20		氧化铁红	10～15		不锈钢粉	5～15
	氧化锑	15～20		Sicomin 红	10～15	绿色	氧化铬绿	10～15
	铅白	15～20		RKB 70 红	10～15		铅铬绿	10～15
黄色	铅铬黄	10～15		芳酰胺红	5～10		酞菁绿	6
	锌铬黄	10～15	防锈颜料	红丹	30～35		颜料绿 B	5～10
	汉沙黄	5～10		磷酸锌	25～30		酞菁铬绿	10
	氧化铁黄	10～15		四碱式锌黄	20～25	蓝色	铁蓝	10～15
	Sieomin 黄	12		锌铬黄	30～40		群青	10～15
	镉黄	10～15		铝粉	5～15		酞菁蓝	5～10
黑色	炭黑	1～5		锌粉	60～70		阴丹士林蓝	5
	氧化铁黑	10～15						

(2) 基础配方（标准配方）的拟订

要求设计一种用于交通工具的户外常温干燥型涂料，质量指标参照 C04-2 醇酸磁漆（Ⅰ）型国家标准，颜色为白色。现将其配方拟订程序叙述如下：根据标准要求，首先考虑选用哪种类型醇酸树脂，以哪种颜料为主，然后确定该漆的不挥发物含量（固体分，%）是多少，再依次进行颜料、溶剂、助剂等的选择。漆基的选择，因是户外用且为白色，因此要选用不易泛黄的干性油改性长油度醇酸树脂为漆基。价格合适的豆油改性长油度醇酸树脂是首选漆基。颜料的选择，以选用抗粉化性的金红石型钛白粉为主，因为该漆为常温干燥，且施工时能喷、能刷。溶剂选用时应考虑混合溶剂，以 200 号溶剂汽油和二甲苯或芳烃溶剂搭配使用，但二甲苯或芳烃用量应满足制漆工艺和施工成膜时流平性的要求。

在选好漆基与颜料后，再配助剂等，其中催干剂是关键材料，一般不宜过量太多，尤其是不能用显色明显的锰催干剂，否则会影响白度，以保证涂膜的综合性能达到最佳状态。

关于磁漆的颜料体积浓度（PVC 值）的确定，有光醇酸磁漆的 PVC 值在 3%～20%范围内，而白色颜料中钛白粉的用量，其 PVC 值以 15%为准，即该漆的颜料/漆基体积比是 15/85。若换算成质量比（颜基比），则为 15×4.2(钛白粉密度)/(85×1.1)(漆基密度)＝63/93.5＝40.26/59.74。

在确定颜基比后，先将漆基制成 50%的溶液，在实验室制小样，将钛白粉与部分醇酸树脂液按一定比例配制成色浆，用研磨机分散到规定细度，然后将剩余的漆基调入，混合搅拌均匀，加入规定量的催干剂，并用适量溶剂把黏度调整到规定要求，再经过滤即可得到初步样品。

按照质量标准要求，对样品的质量和性能进行检测，判断是否完全符合标准要求，若有不达标的项目，则需再进行调整，包括颜基比和溶剂、催干剂等的变动，直至满意为止。必要时还要和国内外以及竞争者产品进行平行对比和综合评价。在产品质量评价时，除物化性能外，还应进行人工加速老化或天然曝晒试验，以及贮存稳定性考察（例如结皮性、沉淀性等）。如果所选用的漆基及颜料等已掌握其户外耐候性数据，则可通过用紫外线灯管加速老化的方法考察；如果是选用新的漆基或新的颜料，则必须通过人工老化仪的试验。在完成上述试验后，再经过经济评价，确认可以达到预先要求的质量成本时，这个白色磁漆的基础配方拟订工作即告一段落。其基础配方列于表 5-3。

表 5-3 白色磁漆的基础配方

原材料名称	配方组成/kg	原材料名称	配方组成/kg
长油度豆油改性醇酸树脂液(50%)	187.0	环烷酸钙液(5%Ca)	0.41
钛白粉(金红石型)	63.0	环烷酸锌液(5%Zn)	0.41
环烷酸铅液(10%Pb)	0.51	防结皮剂液(25%)	2.0
环烷酸钴液(5%Co)	0.41	二甲苯	适量

（3）生产配方的拟订

在经过试验后，所拟订出的色漆基础配方称为标准配方。在投入生产时，还需根据所选色漆生产工艺的不同，再拟订一个生产配方。为了提高色漆的生产效率和制漆稳定性，要根据所选用研磨分散设备的特点，找出最佳研磨漆浆的配方及选好分散助剂。因此，生产配方与基础配方的不同之处主要是：生产配方要确定使用的颜料浆中，颜料与漆基的配比以及其他助剂、溶剂的加入方式，而配方中的 PVC 要求基本不变。

5.2 颜料的分散及稳定

颜料的粒度影响颜料的着色力、透明度、户外耐久性、耐溶剂性及其他性能，因此要求平均粒度恒定。然而，大多数颜料制造涉及在水中的沉淀，将沉淀的颜料进行过滤并将滤饼干燥。在干燥期间，颜料粒子以凝集的形式胶结在一起，因此颜料为聚集体（aggresates）的干燥粉末，必须将这些聚集体分散以使之粉碎成其原有粒度，从而制成稳定的分散体。

5.2.1 颜料分散的过程

颜料在涂料中有效地分散，不仅影响涂料的色彩和装饰功能，而且还影响涂料的附着力、耐久性、机械强度，以及高固含量涂料和水性涂料的化学性质。颜料的分散经过三个过程：润湿、分散和稳定。

① 润湿　颜料表面的水分、空气被漆料置换，并在颜料表面形成新的包覆膜的过程称为润湿。

润湿要求基料的表面张力低于颜料的表面自由能。溶剂型漆的润湿问题不大，因为有机溶剂及其构成漆料的表面张力一般总是低于颜料的表面张力。在水性漆中，由于水的表面张力较高，对于有机颜料的润湿便有困难，需要加润湿剂以降低水的表面张力。润湿时首先要求溶剂渗入颜料聚集体中去。当溶剂黏度低时，润湿的速度可以很快。颜料制造时所形成的颗粒（初级粒子）粒径通常为5nm到1μm，而聚集体是由几万或几十万初级粒子聚集组成的，粒径可达100μm以上，黏性的漆料润湿聚集体内部需要时间。因此预混合好的漆浆通常在搅拌下升温到50℃后，静置过夜，次日再进行研磨分散，使颜料颗粒表面充分润湿。

② 研磨与分散　在颜料的制备过程中，颜料的颗粒大小是按规定要求控制的，但因为颜料微细粒子形成聚集体，需将它们重新分散开来。涂料中主要使用剪切力来分散。

研磨设备的剪切速度是由机械设计决定的。需要选择能转移足够剪切应力到聚集体的合适分散机械，并将研磨料配成在选定的机械上分散达到最高效率。当剪切速度一定时，剪切力是和黏度成比例的，黏度高，剪切力大，对于研磨是有利的。为了以最快速度分离聚集体，研磨料的黏度应与设备能最有效率地操作的黏度一样高。这样，颜料聚集体上就受到了最高的剪切应力，分离就能在最短的时间内完成。

润湿时希望漆料的黏度低，而研磨时需要高黏度。这时可以多加颜料少加聚合物，而且对新生表面润湿的速度必须大于分离的速度。否则，部分已分离的初级粒子又聚集了，还得再次分离，从而降低了研磨效率，延长了研磨时间。

研磨是色漆生产中能量消耗最大的工序，每吨磁漆需要电能100～500kW·h。选用高效的研磨设备时，不仅考虑研磨时间，而且要求漆浆能达到稳定的分散状态，颜料能发挥最佳性能。

5.2.2　分散体系的稳定

絮凝是颜料分散后的再聚集。在絮凝时，颜料分散后形成的粒子又形成松散的聚集体，当受弱的外力作用时，聚集体破裂；外力停止作用，聚集体立即或稍迟恢复原状。当絮凝发生时，低剪切黏度增大，并且体系成为剪切变稀。

絮凝是粒子相互之间作用力（包括吸引力和排斥力）作用的结果。当作用力大于零，即吸引力大于排斥力时，粒子之间就产生絮凝。作用力大，絮凝程度就增加，涂料的遮盖力、光泽、流动性、流平性变差。当作用力小于零，即吸引力小于排斥力时，粒子之间就产生反絮凝。反絮凝使涂料生成明显的硬性沉淀。因此，从兼顾涂料各个方面性能的角度出发，希望涂料处于轻微的絮凝状态。

(1) 分散稳定的机理

颜料分散以后，仍有絮凝倾向，为此需要将已分散了的粒子保护起来。

分散体稳定的机理为电荷相斥和熵相斥。电荷相斥时，颗粒表面有过多的静电荷，最常见的是负电荷。例如，聚合物表面吸附阴离子表面活性剂，表面活性剂分子以长的亲油的碳氢端取向在聚合物上，亲水盐基团在外围，并与水缔合。这样，颗粒的表面就覆盖着阴离子。

阴离子外又缔合着阳离子。这层表面的阳离子称为Stern层。Stern层的行为犹如颗粒的一部分，它又吸引阴离子形成扩散层。当两个颗粒相互接近时，它们带负电荷的扩散层相互排斥，稳定了分散体。盐影响扩散层的稳定性，尤其是与稳定化电荷相反电荷的多价离子，因而在乳液聚合中用的是去离子水，在乳胶漆生产中也常用。

使颜料表面带电，即在表面形成双电层，利用相反电荷的排斥力，使颗粒保持稳定，可加一些表面活性剂或无机分散剂，如多磷酸盐及羟基胺等。

颗粒外层相斥又称熵、位阻和渗透相斥。如果颗粒的外层是亲水的，那么吸水后表面会溶胀。当溶胀层足够厚，颗粒不能相互接近到足以絮凝，则称为位阻相斥。例如一个非离子表面活性剂（亲油的非极性链段和相当长的、重复的乙氧基的亲水链段）吸附在乳胶颗粒表面上，亲水的乙氧基位于外表面，并以氢键结合水来吸附更多的水，水可进入吸附层。当颗粒相互接近时，两个吸附层压缩，使体系无规性减少，相当于熵降低。抗拒熵的降低就导致相斥，故称之为熵相斥。水在吸附层中是平衡的，将水逐出也就导致熵的降低。因为压缩时吸附层中的水减少，而水有回复到平衡浓度的倾向，又称为渗透相斥。颜料表面有一个吸附层，当吸附层达到一定厚度（大于8～9nm）时，它们相互之间的排斥力可以保护粒子不聚集。

水性分散体系主要依靠电荷的稳定作用。溶剂型涂料因为有机溶剂的极性较弱，主要依靠熵保护的稳定化机理。水性分散体系和溶剂型涂料的稳定分别讨论。

（2）溶剂型涂料的稳定作用

颜料颗粒表面需要树脂中的极性基团如—COOH、—OH等吸附在上面，形成有一定厚度的吸附层。当两个颜料颗粒相互接近时，吸附层就受到挤压，使熵减少，产生熵排斥力。

① 吸附层厚度 Rehacek等的研究发现，树脂加溶剂的吸附层小于9～10nm，分散体不稳定而发生絮凝。没有树脂的混合溶剂吸附层厚度0.6～0.8nm，会发生絮凝。表面活性剂和缔合溶剂的吸附层为4.5nm，就能抗絮凝。因为树脂的吸附层厚度不均匀，表面活性剂的较均匀，所以虽不那样厚而能起稳定化作用。

② 树脂极性基团密度 沿着树脂链带有大量极性基团，因吸附点太多，吸附层就较薄。沿着树脂链带有少量极性基团，极性基团吸附在颜料表面，在极性基团间的较长链段可以被溶剂溶胀，伸出颜料表面，这样吸附层就较厚。极性基团间的较长链段与溶剂相互作用越强，则吸附层内溶剂越多，吸附层就越厚。

③ 树脂分子量 树脂在极性颜料表面的吸附有多个吸附点时，影响吸附层厚度的是分子量。在一双酚A环氧树脂的MEK溶液中分散TiO_2的吸附层厚度随着环氧树脂分子量的增大，可从7nm增大到25nm。分子量最低时，7nm厚的吸附层不足以防止絮凝。较高分子量的环氧树脂溶液中，分散是稳定的。

④ 溶剂极性和用量的影响 树脂和溶剂在颜料表面吸附存在竞争。当树脂浓度足够高时，吸附的是被溶剂溶胀的树脂。在较低浓度，树脂和溶剂都吸附，所以吸附层平均厚度不足以防止絮凝。硝基纤维素、聚氨酯和酚氧树脂（高分子量环氧树脂）在磁性氧化铁颜料上的吸附时，用甲苯作溶剂比四氢呋喃更有利，因为四氢呋喃与颜料表面相互作用强而与树脂的作用弱，影响吸附层的厚度，从而影响稳定性。

有时将溶剂加入稳定的颜料分散体中也会发生絮凝。这是因为树脂对溶剂之比刚有足够吸附的树脂来稳定，加入的虽是同一溶剂但移动了平衡，溶剂取代了部分树脂，从而降低吸附层平均厚度到临界稳定水平以下而絮凝了。这称为“溶剂冲击”。

大多数的常规溶剂型涂料用树脂（常规醇酸、聚酯和热固性丙烯酸树脂）都能稳定颜料分散体。如果有稳定问题，就要使用高分子量的树脂或在研磨料中使用羟基、酰氨基、羧酸基或其他极性基团数更多的树脂。树脂中最高分子量组分会被选择吸附。

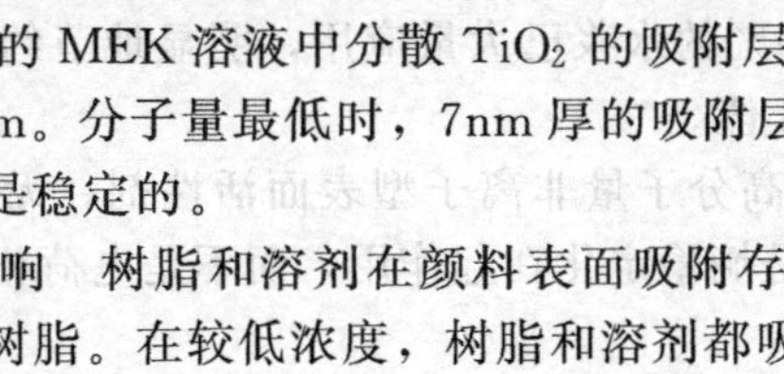

卵磷脂

当颜料/树脂-溶剂的配合不能防止絮凝时，才用如多官能度表面活性剂那样的助剂，但这类助剂可有效地稳定分散体，也干扰其他性质，如影响对金属的附着力。

常用的稳定助剂如卵磷脂，具有多个官能团，是从豆油中提取的。它可强劲地吸附在许多颜料表面，因而用量比大多数的表面活性剂少。

高固体分涂料因为分子量较小，每个树脂分子上的官能团数目也较少，不能稳定颜料，就需要使用有效的颜料分散剂。最有效的分散剂是极性端有几个官能团，极性小的尾端要足够长，使吸附层至少 10nm 厚。如多己内酯多元醇-多乙烯亚胺嵌段共聚物；用甲苯二异氰酸酯封端的多己内酯再与三乙烯四胺反应的产物；用基团转移聚合，先加甲基丙烯酸酯，然后加甲基丙烯酸失水甘油酯制成的丙烯酸树脂，再与多胺或多羧酸反应的产物；以多羟基硬脂酸制得的低分子量聚酯。

(3) 水性介质的分散

水作为溶剂的特点是水的表面张力大，有时水与颜料表面相互作用强，这都容易产生稳定性问题。在乳胶漆中，还要使乳液和颜料分散体的稳定性相互不产生不利的影响。

无机颜料如 TiO_2、氧化铁和大部分的惰性颜料有高度的极性表面，所以水的润湿无问题，但吸附的水层不能抗絮凝。大多数有机颜料需要用表面活性剂来润湿表面。有些有机颜料是用无机氧化物表面处理过的，这些极性黏附表面层更易为水所润湿。

水性介质分散稳定化的主要机理是电荷相斥。分散体的稳定性决定于 pH 值，因为 pH 值影响颜料表面的电荷。任何颜料、分散剂和水的组合都有一个表面电荷为零的 pH 值，该 pH 值称为等电点（i_{ep}）。在等电点上无电荷相斥；高于等电点，表面带负电荷，低于等电点带正电荷。分散体的稳定性在 $i_{ep}\pm1$ 个 pH 单位内因表面带电荷量太少而最差。各种颜料的 i_{ep} 值不同，例如高岭土为 4.8，$CaCO_3$ 为 9，金红石 TiO_2 为 5.7～5.8。

有用于水性涂料的特殊处理的 TiO_2 颜料，表面处理量在某些情况下可使 TiO_2 含量可低至 75%。由于遮盖力与实际 TiO_2 含量相关，所以高程度处理的颜料要多加才能获得相等的遮盖力。TiO_2 含量高至 80%的水浆已大量应用，明显地节约了成本。它是用带羧基分散剂稳定化的，并用胺控制 pH 值。

TiO_2 水性分散体若采用高分子量非离子型表面活性剂，无论在分散还是在干燥中，都有最大抗絮凝性。这时主要是熵稳定化在起作用，而不是电荷相斥，故不会受 pH 值的变动影响。

大多数乳胶漆配方中都含有几种颜料和表面活性剂，而且各种颜料的 i_{ep} 不同。为此，采取的措施是：①通常几种表面活性剂配合使用，非离子表面活性剂常与阴离子表面活性剂一起用。聚合型阴离子表面活性剂（如丙烯酸和丙烯酸羟乙酯共聚物盐）具有成盐基，可强劲地吸附在颜料的极性表面，羟基可与水相互作用；非极性的中间部分可提高吸附层的厚度。②常加三聚磷酸钾，它的碱性可保证 pH 值处于所有颜料的 i_{ep} 以上。三聚磷酸钾是用于涂料的，其钠盐是用于洗衣粉的。用钾盐后，干膜不易为水萃取出来而成为表面上的浮污。有机颜料通常表面自由能总低于水的表面张力，所以需用阴离子型或非离子型表面活性剂来降低水的表面张力才能润湿颜料表面。在水性分散体中，许多有机颜料采用具有亲水亲油链段的嵌段共聚物来稳定，同时，嵌段共聚物也可以稳定乳胶颗粒。涂料配方含有几种不同表面活性剂时，要注意加入的顺序，加入的次序也会影响体系是否絮凝。

(4) 存放期间的稳定性

稳定的颜料分散体，在存放时不致发生颜料沉降，以及由于颜料与介质间的物理或化学作用导致体系黏度增加。

尽可能用粒子半径小、密度低的颜料及高黏度的漆料来防止颜料沉降。粒子吸附层厚，既可防止絮凝，又可防止沉降。溶剂型涂料可使用触变剂如氢化蓖麻油、有机膨润土（蒙脱土)、醇铝等来防止颜料沉降。触变性即当涂料放置静止时，成为胶冻状，黏度很高；当施工时，涂料上加一个大的剪切力，涂料快速运动起来，黏度迅速大幅度降低。

从漆料角度来看，颜料颗粒的吸附层中低分子量的聚合物增加，高分子量的聚合物转移到漆料中去，造成漆料黏度升高。如，低分子量的醇酸树脂因含有较多的极性基团（羟基、羧基等），容易被吸附而取代高分子量的聚合物。从颜料角度来看，酸性漆料（如植物油降解为脂肪酸）与碱性颜料相互之间发生反应；铝粉与酸性漆料之间发生反应，这些都造成黏度增加。作为水性涂料分散剂的多聚磷酸盐能够水解为正磷酸盐，成为絮凝剂，造成漆料黏度升高。

5.2.3 工艺配方

标准配方虽然决定了色漆产品的最终组成，但是却不能直接用它配制研磨漆浆。

用以制造颜料分散体的树脂（和/或分散剂）、溶剂和颜料的组合称为研磨料。研磨料要配得在最适合的分散设备中，以最佳的效率来分散颜料。颜料分散机械是涂料工厂中最昂贵的机械，投资最大，运转成本最高，所以要在单位时间内分散尽可能多的颜料量。

研磨料中颜料含量较高即意味着更高的生产效率。用尽可能低的基料黏度就可将颜料体积提到最高。单用溶剂可给出低黏度、快润湿和高颜料含量的浆料，但不能稳定分散体，防止絮凝，因而在研磨料中必须含有树脂（或超分散剂）。为了能有最大的颜料含量，在稳定的前提下，希望采用最稀的树脂溶液浓度。

在色漆生产中，通常是将全部颜料和部分漆料以及需要在研磨漆浆中加入的助剂（如分散剂、湿润剂、防沉剂等）一起经过预混合和研磨分散而制得研磨漆浆。在调漆阶段再向研磨漆浆中加入余下的漆料、溶剂和助剂（如催干剂、防结皮剂、流平剂等），混合均匀后制得色漆产品。在保证标准配方规定的各种原料配比的前提下，将投料量按比例扩大并将物料分成研磨漆浆加料和调色制漆加料两部分后所形成的配方，就是工艺配方，或称生产配方。

工艺配方设计首先要确定研磨漆浆的组成，即研磨漆浆中颜料和固体树脂及溶剂的配比，从而确定研磨漆浆的加料量。标准配方中其余的就成了调色制漆的加料量。只有工艺配方才是直接用于色漆生产的指令性技术文件。

研磨漆浆的组成随着颜料的不同，所选用研磨分散设备的不同以及研磨制浆方式的不同，也会有所不同，而以合理的研磨漆浆进行生产也是节省能源、提高劳动生产率的一个重要途径。

5.2.4 研磨漆浆的方式

颜料有的易分散，有的难分散，如果将它们混合在一起进行研磨，势必造成难分散的影响易分散的。因此，色漆生产宜采取单颜料磨浆的方式，以便保证质量，降低消耗。

采用炭黑和重质碳酸钙制备黑色漆时，首先分别将炭黑、重质碳酸钙与油料预混合后研磨成细度为 20～30μm 的浆，再混合得黑色漆。如果将炭黑和重质碳酸钙一起和油料研磨，制成的漆就是深灰色的，而且遮盖力明显降低。这是由于难分散的炭黑受到了大颗粒的重质碳酸钙的影响，未能得到充分分散，着色力也没有充分发挥出来。

以砂磨机为研磨分散设备时，制备研磨漆浆可以采用以下 3 种不同的方式。

① 单颜料磨浆法　对于含有多种颜料的磁漆，可以采用单颜料磨浆的方法制备单颜色研磨漆浆，而在调色制漆时采用混合单色漆浆的方法，调配出规定颜色的磁漆产品。由于每种颜料单独分散，因此可以根据颜料的特征选择适用的研磨设备和操作条件。这有利于发挥颜料的最佳性能和设备的最大生产能力。但是，若磁漆的品种及花色较多的话，则需要大量带搅拌器的单颜料漆浆贮罐，需要使用的设备多。单色漆浆计量及输送工作强度较大，因此

该方法适用于花色较多的生产场合。

② 多种颜料混合磨浆法 将色漆产品配方中使用的颜料和填料一并混合，以砂磨机研磨制成多颜料研磨漆浆的方法，使用这种漆浆补加漆料、溶剂及助剂后直接可制成底漆或单色漆；用少量调色浆调整颜色后也可以制得复色磁漆，因此具有设备利用率高、辅助装置少的优点。但研磨分散效率降低，生产能力下降，容易影响产品质量。漆浆由于每批颜色波动，使调色工作的难度增大，容易造成不同批次产品色差增加。故该方法适用于生产底漆、单色漆和磁漆花色品种有限的色漆车间。

③ 综合颜料磨浆法 该方法系上述两种方法的折中。将复色漆配方中某几种颜料混合制成混合颜料的研磨漆浆，同时将个别难分散的颜料（或对其他颜料干扰比较大的颜料）在另一条分散线上单独研磨，制成单颜料漆浆，然后在制漆罐中将二者混合调色制漆。

将主色浆（可以是单纯的着色颜料，也可以是着色颜料与填料的混合物）在一条固定的研磨分散线上制成主色浆，将各种调色颜料在另一条小型研磨分散线制成调色浆，然后混合调色，制成一系列颜色的成品漆。该方式在一定程度上发挥了上述两种方法的优点而避免了其不足。目前这种方法已广泛用于以白色颜料为主色浆而调入少量其他颜色的调色浆，制备多种颜色系列的浅色磁漆的色漆车间。

5.2.5 研磨漆浆的组成

对于不同的研磨设备，研磨漆浆的组成也不同。

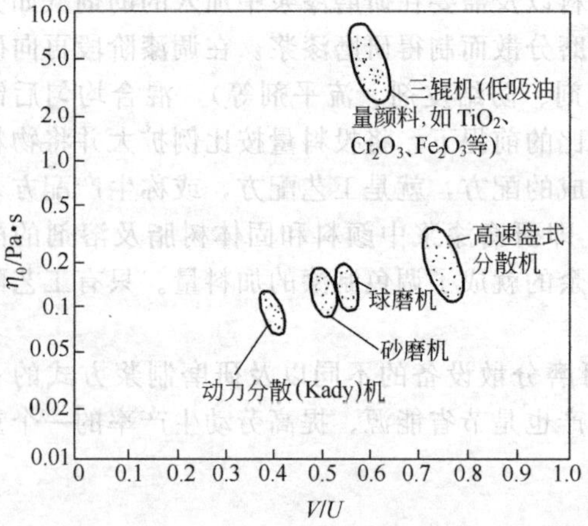

图 5-3 分散设备的最佳研磨浆组成图

图 5-3 是常见研磨设备的最佳研磨浆组成图。竖坐标 η_0 是研磨浆中漆料的黏度；横坐标为 V/U。其中，V 是研磨浆中颜料的体积分数；U 是终极颜料体积分数，是恰好用漆料充满堆积颜料空隙的颜料体积分数。U 与临界颜料体积浓度的概念相似，但临界颜料体积浓度指的是高分子树脂而不是漆料（树脂＋溶剂）。

三辊机要求高黏度（高固体分）的漆料及高颜料体积分数的颜料组成的研磨漆浆。砂磨机、球磨机要求以低黏度的漆料及低颜料体积分数的颜料组成的研磨漆浆。高速分散机则以低黏度的漆料及高颜料体积分数的颜料组成研磨漆浆。

丹尼尔流动点法对特定颜料给出最适宜的树脂浓度的估计。它是有效地设计研磨料配方的工具，尤其是使用球磨和砂磨及类似设备时。

先配制一系列不同浓度的树脂溶液。将每一溶液逐渐加到已称量的颜料中，用油漆调墨刀进行捏和。当加一定数量的树脂溶液后，颜料被漆料黏结成一个紧密的球体，且无多余的树脂溶液存在，此点即为球点（ball point），该点类似于颜料吸油量测定的终点。

到达球点后，再向其中滴加树脂溶液，则会有游离的液体存在，漆浆开始向液体过渡，当快速而连续滴加树脂溶液并不断用油漆调墨刀搅匀的同时，可不时以调墨刀挑起漆浆并将调墨刀呈与水平夹角 45°状，令漆浆自由滑落，当达到某一点，即沿调墨刀要滴下的漆浆在下滴一段时间后又收缩回来，回弹到调墨刀尖部，此即为丹尼尔流动点测定的终点，即丹尼尔流动点（flow point）。达到该点时的漆浆组成达到了塑性流动状态，而其中颜料含量又最高，以此漆浆进行研磨时砂磨机（或球磨机）的分散效率最高。油漆调墨刀既作分散机械又作黏度计。在该曲线上的分散体有大致相同的黏度（剪切黏度约 10Pa·s）。将每个溶液到流动点所需的体积对溶液浓度作图（见图 5-4），得等黏度曲线。任何一个树脂/溶剂/颜料的组合能成为稳定分散体的，必然在曲线上有一最小值。该最小点相当于用该颜料可制得稳定分散体的树脂量在该溶剂中的最小浓度。

由该法测得的数据有两方面的实用价值：一是可以据此计算求得砂磨机或球磨机的研磨漆浆的适宜组成；二是依据被测定颜料达到球点和流动点时消耗树脂溶液数量上的差别，判断该颜料分散的难易，两点数值差异越小，说明该颜料越易分散。如果在接近最低树脂浓度的稳定分散体中再加溶剂，就会絮凝。有时没有最小值出现，这意味着用这个树脂/溶剂/颜料的组合不能制得稳定的分散体。

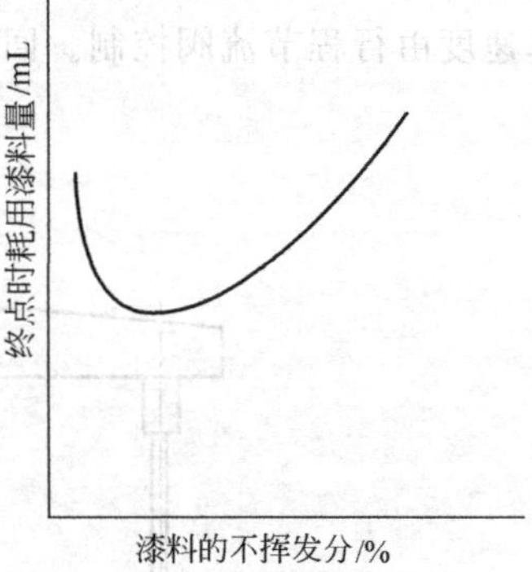

图 5-4 丹尼尔流动曲线图

丹尼尔流动点法得到的研磨漆浆颜料含量高，工业生产中需要适当降低颜料含量以得到稳定的研磨漆浆。丹尼尔流动点法测定烦琐。工业上针对不同的研磨方法、不同的漆料、不同的颜料，有多种经验型数据列表或图示方法，都可以很方便地计算出研磨漆浆的组成。

5.3 分散设备和工艺

为了取得既经济又高效的分散方式，色漆的生产过程通常采用 4 个步骤。

① 预分散 将颜料在带有搅拌器的设备中先与部分漆料混合，制得属于半成品的拌和色浆，简称拌和浆。

② 研磨分散 将拌和浆通过各种研磨设备进行分散，得到颜料色浆。

③ 调漆 在带有搅拌器的调漆罐中，向颜料色浆中加入余下的漆料及其他助剂、溶剂，必要时进行调色以达到色漆质量要求。

④ 净化包装 通过不同过滤设备除去机械杂质及粗粒，然后包装为成品。

色漆的生产过去主要是间歇式，现在已出现连续式生产。适应连续生产的设备特别是研磨分散设备近年发展较快。色漆的生产工艺一般按所用研磨分散设备来划分，最常用的为砂磨分散工艺、辊磨分散工艺和球磨分散工艺。色漆的生产通常按所生产品种形成专业生产线，避免不同品种间的干扰。

制造和使用颜料分散体有三个阶段：①预混合，即将干颜料拌入漆料中并消除结块；②施加足够的剪切应力分离颜料聚集体；③调稀成漆，即将颜料分散体与配方中的剩余组分混合而成漆。

5.3.1 分散设备

预混合以混合为主，并起到粗分散的作用。过去色漆的研磨分散设备以辊磨机为主，与其配套的预混合设备是各种类型的搅浆机。近年来，研磨分散设备以砂磨机为主，与其配套的也改用高速分散机，这是目前使用最广的预分散设备。

(1) 高速分散机

高速分散机的主轴下端装有分散叶轮，在垂直放置的圆柱形桶中主轴带动叶轮高速旋转，进行混合和分散。

目前使用的高速分散机有两种安装形式，见高速分散机结构简图（图 5-5）。图 (a) 为落地式，适用于配合可移动的漆浆罐。图 (b) 为台架式，安装在操作台上。由于机头可以升降后旋转，所以一台高速分散机可配 2～4 个固定容器轮流使用。高速分散机的机身装有液压升降和回转装置。液压升降装置由齿轮油泵提供压力使机头上升，下降时依靠自重，下降速度由行程节流阀控制。回转装置可使机头回转 360°。

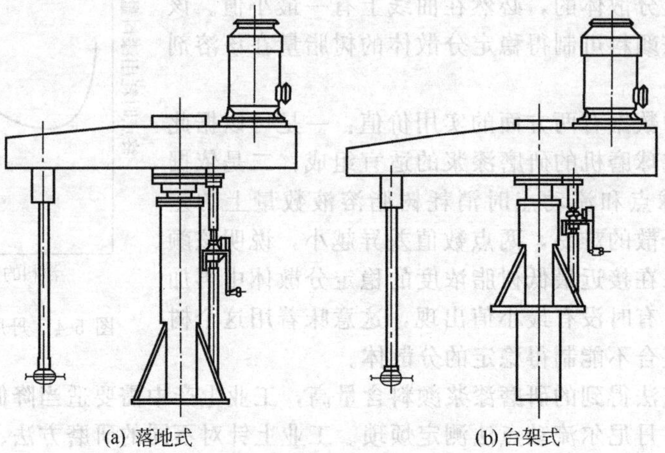

图 5-5 高速分散机结构简图

高速分散机的关键部件是锯齿圆盘式叶轮。叶轮的高速旋转使搅拌槽内的漆浆呈现滚动的环流，并产生很大的旋涡。位于漆浆顶部的颜料粒子，很快呈螺旋状下降到旋涡的底部。在叶轮边缘 2.5～5cm 处，形成一个湍流区。在这个区域中，颜料粒子受到较强的剪切和冲击作用，使其很快分散到漆浆中。在此区域之外，形成上、下两个流束，使漆浆得到充分的循环和翻动。如图 5-6 所示。

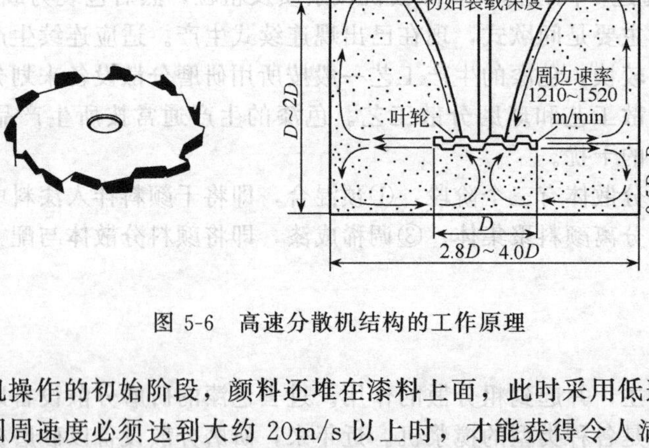

图 5-6 高速分散机结构的工作原理

在高速分散机操作的初始阶段，颜料还堆在漆料上面，此时采用低速进行混合后，再提高转速，叶轮的圆周速度必须达到大约 20m/s 以上时，才能获得令人满意的分散效果。但转速也不可过高，否则会造成漆浆飞溅和使圆盘叶轮过多暴露而混入空气，增加功率消耗。一般叶轮的最高圆周速度约为 25～30m/s。分散阶段大约需 15min。降低速度后投入剩下的配方组分而调稀成漆。在生产乳胶漆时，乳胶不能进入分散阶段，因为大多数乳胶经受高剪切会胶凝，应在低速度调稀成漆阶段加入。

为了使叶轮下部区域达到层流状态，一方面不能过度提高叶轮的圆周速度，另一方面要适当提高漆浆的黏度，并降低叶轮的位置。要获得以层流为主的流动，最低黏度一般在 3Pa·s

以上。黏度越高，施加在聚集体上的剪切应力越大，因而分散越快。该黏度应定在电动机的峰值功率上。

为了尽量提高效率，颜料用量应尽量提高。溶剂型涂料只要能分散稳定而不絮凝，所用的基料中树脂含量越小越好。丹尼尔流动点可以用来估计树脂/溶剂比，然后决定漆料与颜料之比在电动机的峰值电流强度下运转，从而有一个高剪切速率下的合适黏度。对乳胶漆颜料的水中分散，常将水溶聚合物加入来提高分散时的黏度。

高速分散机在使用中离心力将物料推上槽边。假使研磨料是牛顿流体，尺寸和操作条件适当，则整个物料均匀混合，并反复地通过近盘边的最高剪切区。但假使研磨料是剪切变稀的，槽边上物料的上端因剪切低而黏度高，就在壁上粘住了，使混合不完全。有些研磨料含有使最终涂料剪切变稀的颜料，为解决粘壁问题，可将给出剪切变稀效果的颜料在分离完成后再慢慢地加入。减小粘壁问题的好方法是，在分散槽内有慢速的刮板沿着槽内壁上部转动，同时高速盘在槽中央快速旋转。

高速分散机与其他分散设备相比，投资和操作成本最低，不需另行预混合，调稀成漆可在同一槽内完成，换色清洗也比较方便，采用加盖的槽溶剂损耗低；主要缺点是施加在颜料聚集体上的剪切应力较低，所以只能用于容易分离的颜料。

(2) 球磨机

球磨机是一个圆柱形的容器，水平地架着，部分装载钢球或卵石。将研磨料各组分加入球磨后，旋转时使球在一边抬起，然后向较低的一边瀑布似的滚下，如图 5-7 所示。当球相互滚过它们间的研磨料薄层时，强劲的剪切和冲击施加在颜料聚集体上。

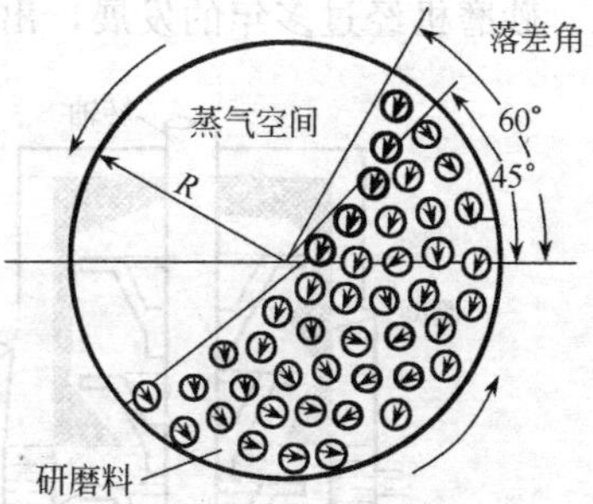

图 5-7　球磨示意图

球磨机有钢球磨和石球磨两种类型。钢球磨的球和内衬都是钢的，石球磨的球和内衬都是陶瓷的。钢球的优点是密度大，因而剪切也大，运转时间较短，但有些磨损，如在钢球磨内分散 TiO_2，产物将是灰色而不是白色的，分散底漆有时用钢球磨，底漆一般是灰色的。当变色产生问题时，使用石球磨。

球磨机直径大的效率高，因为球滚下路径长。操作效率决定于加料，球应加到半满，这可给出最长的滚动距离。研磨料应在球磨机静止时刚刚盖没球，填满球的间隙。加得太多，研磨时间就需要延长。球径一致，半满时球的体积约占球磨总体积的 32%。研磨料的体积在最佳效率时约稍大于 18%。假使球径不一，堆砌系数大了，给研磨料的空间就少了。

球磨的分散效率取决于球的运动形式，希望形成图 5-7 所失的瀑流。在正常情况下，球的瀑流角为 45°，难分散的颜料适当提高转速，瀑流角可达到 60°，分散效率有所提高。转速太快则球的瀑流角超过 60°，球是坠下而不是瀑布状滚下，这就减少了剪切，并会引起球的破损。如果转速再快，球由于离心作用（贴壁运转），施加的分散作用少。球磨是否处于最有效的运动状态可以从运行噪声加以判断。噪声过大，说明球被甩出漆浆之外；球上提不够或漆浆黏度太大，转速过高，球和漆浆贴附于壁上，则几乎没有声音。

研磨效率还受研磨料黏度的影响。黏度太低，球磨损厉害；太高则球滚动慢，效率下降。最佳黏度决定于球的大小和密度。球越大、密度越高则最佳黏度越高。黏度通常在 1Pa・s左右。

达满意分离所需要的时间随聚集体分离难易而定。最少常为 6～8h，即使难分离的颜料也不会超过 24h。如果需要 72h 或更长的时间，应该是配方不好或球磨填装不对造成的。

球磨投资虽较高，但运转费用低，不需预混合，并且运转时不需照管。有时，调稀成漆就在球磨内进行，当然一般是另外进行的。球磨在运转中没有挥发损耗，除了最难分离的颜料外，球磨都能分散。球磨不易清洗，故适宜只制一种分散体，即一料出清就投下一料，不必清洗。假使要在同一球磨内制备一系列的颜色，那么应以最浅的开始逐一向最深的颜色进行。球磨的另一难点是投料量是不能变的。

球磨在出料后，有相当量还留在磨内，这必须清洗，清洗后的料可加入下批料中。清洗不能单用溶剂，如果研磨料中树脂溶液浓度稍高于丹尼尔流动点曲线的最小点，那么溶剂的加入将会使分散体絮凝，故清洗应使用不低于研磨料中所用的树脂溶液浓度。

实验室球磨与生产用球磨无直接联系，因为球磨的效率与其直径相关。生产用球磨机的直径为1.25～2.5m。实验室用瓷罐磨的直径一般小于30cm，转速一般比理想要求的低。它与生产用球磨机相关性差。实验室用 Quikee 磨更适宜，分散更快，并大致与生产用的球磨机相似。这是一个钢制容器，用30mm的钢珠装得半满，加足够的研磨料，比盖住钢珠稍多些。然后在油漆振动机上振动，易分离颜料需5～10min，难分离颜料可能需要1h。在钢珠会影响颜色的情况下也可用瓷罐和玻璃珠、砂或瓷珠。

(3) 砂磨机

砂磨机避开了球磨机对批量的限制，是当前最主要的研磨分散设备。最初研磨介质用的是直径约0.7mm的砂，故称为砂磨机。现在仍有用砂的，但常用的是粒径1～3mm的玻璃珠。砂磨机经过多年的发展，出现立式砂磨机和卧式砂磨机两大类。

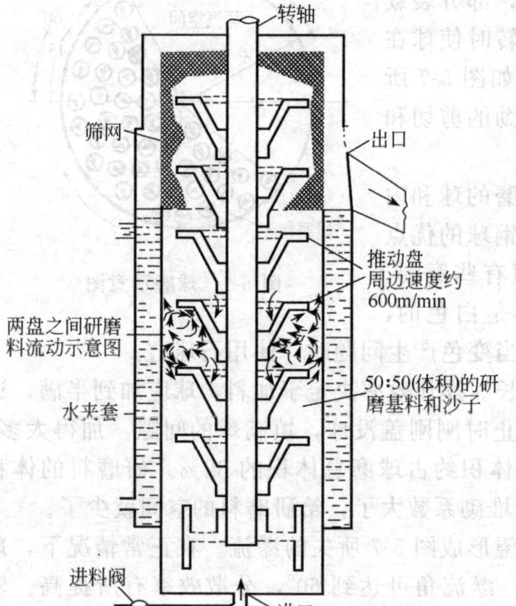

图 5-8 砂磨机示意图

常规的立式砂磨机由带夹套的筒体和分散轴、分散盘、平衡轮等组成。砂磨机的示意图见图5-8。

筒体中盛有适量的玻璃珠或砂子等研磨介质。分散轴上安装数个（如8～10个）分散盘。

经预分散的漆浆用送料泵从底部输入，送料泵的流量可以调节。底阀是个特制的单向阀，防止停泵后玻璃珠倒流入管道和送料泵。

当漆浆送入后，启动砂磨机，分散轴带动分散盘高速旋转，分散盘外缘圆周速度达到10m/s左右（分散轴转速因分散盘大小不同，常在600～1500r/min之间）。靠近分散盘面的漆浆和玻璃珠受黏度阻力作用，随着分散盘运转，抛向砂机的筒壁，又返回到中心区。这时形成的湍流总体流型可大体描绘为双环形滚动方式。这种双环状运动产生良好的分散效果，特别是在靠近分散盘表面处，以及分散盘外缘与筒壁之间的区域。

漆浆在上升过程中，多次回转于两个分散盘之间作高度湍流。颜料粒子在这里受到高速运动玻璃珠的剪切和冲击作用，颜料分散在漆料中。分散后的漆浆通过筛网从出口溢出，玻璃珠则被筛网截留。

砂磨机效率高（比球磨机要高出很多倍）的原因，一是研磨介质球体在砂磨机中获得了高速度（约10m/s），所以作用在球体上的离心力要比重力大几十倍甚至一百多倍，使球体间相互碰撞、摩擦产生很强的冲击和剪切作用。二是研磨介质球体直径很小（常用1～3mm），而数量非常之多，所以单位容积中研磨介质互相碰撞的接触点很多。

漆浆在砂磨机中受到分散盘和砂子的激烈搅拌会引起温度升高，所以砂磨机的筒体装有冷却水夹套，进行冷却。研磨料中树脂溶液浓度应稍大于丹尼尔流动点曲线的最小点。研磨料的黏度越大，逗留在磨内的时间越长，剪切的程度越大。对易分离的颜料，可用较低的黏度使通过速度较快，一般黏度在 0.3～1.5Pa·s。难分离颜料需要磨二或三道（或串联着的一组磨），也有砂磨机设计成可将部分研磨料自动地再循环的。砂磨的投资和运转成本较低。它需另行预混合，并需独立调稀成漆工序，批量可大可小。清洗是问题，一般某些磨保留着专用于相似的颜色，以尽量减少清洗。只要聚集体比研磨介质小，砂磨机对分离颜料聚集体是有效的。实验室砂磨与生产砂磨相关性很好。实验室砂磨是将预混合后研磨料从上面倒入而不是底部进入。

砂磨机是高效的分散设备，生产能力高、分散精度好、能耗低、噪声小、溶剂挥发少、结构简单、便于维护、能连续生产，因此，在多种类型的磁漆和底漆生产中获得广泛的应用。

（4）三辊机

以前在涂料工业中广泛使用于制备颜料分散体的三辊机，现在用得少了。

三辊磨的主要部件为安装在机架上的 3 个辊筒（见图 5-9）。3 个辊筒的排列可以平放、斜放或立放，以平放居多。两个辊筒间的距离可以调节，一般是中辊固定不动，前辊和后辊都可以分别在机架的导轨上前后移动，进行调节。调节的方法可以手动（通过手轮和丝杠），也可以用液压调节。3 个辊筒以不同的速度作相反方向转动。前辊为快辊（也叫刮漆辊），后辊为慢辊（也叫加料辊），前辊、中辊与后辊的速度比过去采用 1∶2∶4，现代大多采用 1∶3∶9。

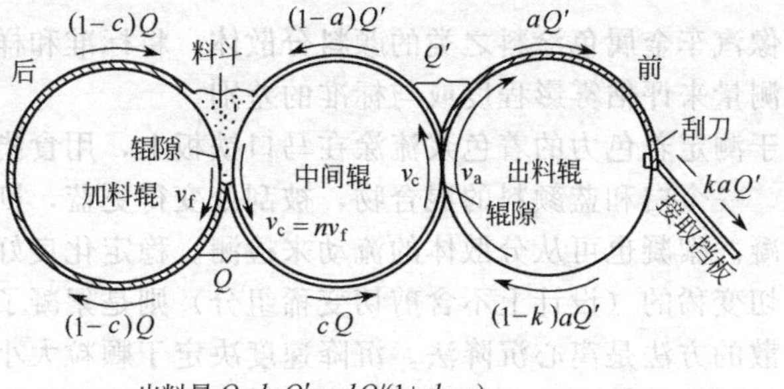

出料量 $Q_m = kaQ' = cakQ/(1+ak-a)$

图 5-9　三辊磨示意图

研磨料经受每对辊间所产生的剪切而将聚集体分离。研磨料的黏度比其他所讨论过的方法高，在 5～10Pa·s 或更高。由于研磨料是暴露在辊上，所以用的溶剂必须蒸气压低，以尽量减少挥发。

开动机器并在后辊与中辊中间加入漆浆后，由于辊筒向内转动，漆浆被拉向加料缝处，由于间隙越来越小，大部分漆浆都不能通过，被迫回到加料沟顶部中心，然后再一次被向内转动的辊筒带下去，形成在加料沟内不断翻滚，作循环流动。加料沟内这种循环流动产生相当强的混合和剪切作用。而强烈的剪切作用发生在通过加料缝的瞬间，因为加料缝的间隙小（约 10～50μm），且相邻的两辊筒有一个速度差。此时，浆中的颜料团粒破裂，被分散到漆料中。通过加料缝的漆浆，小部分黏附在后辊上，并回到加料沟，大部分黏附在中辊上，进入中辊与前辊之间的刮漆缝。在刮漆缝，由于间隙更小，且前辊与中辊的速度差更大，故漆浆受到更为强烈的剪切作用，颜料团粒又一次被分散。通过刮漆缝的漆浆，小部分回到中辊，大部分转向前辊，最后被刮刀刮至刮刀架（出料斗），最后流入漆浆罐。若细度未达到要求，可再次循环操作。

三辊机投资和运转成本较高，需要熟练操作工，需要预混合，调稀成漆要另外进行，优点是剪切速率高，所以可操作难以分离的颜料，批量随意，容易清洗，目前大多用在无溶剂或含挥发性小的溶剂而黏度高的分散中。三辊机在实验室使用很方便。

(5) 二辊机

二辊机的剪切速率比三辊机更大，常用于无溶剂高分子/颜料体系。它可分离最难分离的聚集体，故常用于很贵颜料的分散。如果获得剩下的10%～20%潜在颜色，意味着在生产成本上有显著差别，才能证明它高的投资和运转成本的经济价值。二辊机特别适宜分散用于透明色漆的颜料，这就是要将所有颜料聚集体基本上分离到最终颗粒大小（或至少尽量减少）以消除光散射。另一用途是分散炭黑颜料以达到需要的乌黑程度，因为这只在实质上完全分离后才能达到。二辊机的投资和运转成本很高，挥发物完全逸出，需要预混合，并且需要制成液态分散体才能进入涂料。仅有几个涂料公司操作二辊机，对于只能采用二辊机来制取的颜料分散体，大多数情况下是购自专业生产厂。

(6) 分散程度评估

评价分散程度是建立标准配方、最佳操作方法和品质控制的关键。评估分散程度要看聚集体分离是否完全，分离后是否絮凝。白色和有色颜料最有效的评估方法是比较着色力。

对白色分散体，可称出少量样品与少量标准有色分散体如蓝色进行混合，同时以相同比例把标准白和该标准蓝混合后，在白纸上把这两个着色样品相邻放置，用刮刀一起下刮，可比较两样品的颜色。如果产物比标准的颜色深，则这批白色分散体的着色力低，意味着分散程度不好。对有色分散体如蓝色，可用相同步骤，只是标准蓝和产品蓝都与相同比例的标准白混合。

同样也可以评估像汽车金属色涂料之类的颜料分散体，将标准和样品在玻璃板上相邻并排刮，用目测或仪器测量来评估雾影程度或与标准的差别。

检验絮凝可将用于测定着色力的着色浆流涂在马口铁板上，用食指轻刮。如果颜色有变化，则分散体已絮凝。一个白和蓝颜料的混合物，被刮处变得更蓝，则蓝颜料已絮凝；变得更浅，则白颜料已絮凝。絮凝也可从分散体的流动来检测。稳定化良好的分散体的流动性是牛顿型的，如果是剪切变稀的（设计上不含剪切变稀组分）则是絮凝了。

另一评估颜料分散的方法是离心沉降法。沉降速度决定于颗粒大小和分散相与介质的密度差。分离好、稳定好的分散体沉降分离慢，但完全沉降后，沉降物量少。分离好而稳定差的分散体沉降快，沉降物庞大。因为絮凝物沉降较快，又因为包着连续相，故形成庞大的沉降物。絮凝的沉降物搅拌或摇动后比未絮凝的易恢复到均匀的悬浮。如果颜料较快地沉降或离心成结实的一层，那是分离未完全，因为在沉降物中聚集体较大，所以沉降更快。对于开发工作和产品品质控制，离心沉降试验能够给出足够的定性或半定量信息。作为研究，可以测定定量数据，从离心速度计算絮凝程度。用显微镜检验分散体时必须注意样品的制备过程，在使用溶剂稀释样品时，则有可能发生絮凝，就不一定是颜料造成的絮凝。

絮凝梯度技术可能是液态和干漆膜中颜料分散程度定量研究最快速和准确的方法。该方法用2500nm红外光测定漆膜的散射程度与膜厚的关系。颗粒对较长波长光的散射比可见光更强，而且颜料与基料间的折射率差在2500nm下更显著。以散射对漆膜厚度作图给出一直线，它的斜率随絮凝的增大而增大。该技术已证明可用于测定各种颜料的絮凝［Hall J E, Benoit R, etc. J Coat Technol, 1988, 60 (756): 49.］。红外反射测定法也可用于测定液态分散体样品的絮凝程度。

在涂料工业中最广泛用以测定研磨细度的方法是刮板细度计，能表明大的颜料聚集体是否破碎、是否有杂物颗粒存在等，并且它测试快速，约需半分钟，但得到的数值不能用来评估分散。

将分散体样品放在板的零读数之前，用刮刀往下刮，然后举起板，立即横着刮的样品找在哪个刻度上开始见到凸出的颗粒或随颗粒下刮所形成的条纹，据称读数越大，分散越好。该仪器无法测定分散程度。首先，制造满意分散体的主要问题是防止絮凝，然而它完全不能测出絮凝，因为在刮下时已破碎了任何絮凝。次之，合适地分散的颜料颗粒比细度计槽深要小得多。一个涂料的总颜料含量中，仅有约 0.1%TiO_2，分散体就不能通过细度计。

5.3.2 色漆生产工艺过程

(1) 设计工艺配方的程序

工艺配方是直接用于色漆生产的指令性技术文件，是进行具体生产操作的依据。在标准配方的基础上设计工艺配方，可依据以下程序进行：①首先确定采取哪一类型的研磨分散设备，从而确定相应的生产工艺过程。确定配料罐、调漆罐等设备的容器规格。②确定采取研磨漆浆的方式，单颜色磨浆法、多种颜（填）料磨浆法或综合颜料磨浆法。③综合考虑上述研磨制浆方法、原料分配方式的影响及设备容量大小，将“标准配方”规定的原材料数量进行投料量的扩大计算。④确定研磨漆浆以及调色漆浆的组成。⑤计算出调色制漆加料数量。⑥根据助剂本身的要求，确定哪些助剂加入研磨漆浆中一起研磨，哪些助剂在调色制漆阶段加入混合，然后把配方量的助剂量分别列入“研磨漆浆加料”及“调色制漆加料”中。

(2) 选择研磨分散设备

选择好研磨分散设备，就确定了色漆生产工艺过程的基本模式。选用研磨分散设备的依据是由下面 4 个因素综合决定的。

1) 研磨漆浆的流动状况　①易流动的，如磁漆、头道底漆等；②膏状的，如厚漆、腻子及部分厚浆型美术漆等；③色片，如硝基、过氯乙烯及聚乙烯醇缩丁醛等为基料的高颜料组分，在 20～30℃下为固体，受热后成为可混炼的塑性物质；④固体粉末状态的，如各类粉末涂料产品，其颜料在漆料中的分散过程是在熔融态树脂中进行的，而最终产品是固体粉末状态的。

2) 颜料分散的难易程度　①细颗粒且易分散的合成颜料。原始粒子的粒径皆小于 1μm，且比较容易分散于漆料之中，如钛白粉、立德粉、氧化锌等无机颜料及大红粉、甲苯胺红等有机颜料。②细颗粒而难分散的合成颜料。尽管其原始粒子的粒径也属于细颗粒型的，但是其结构及表面状态决定了它难于分散在漆料之中，如炭黑、铁蓝等。③粗颗粒的天然颜料和填料。其原始粒子的粒径约 5～40μm，甚至更大一些，如天然氧化铁红（红土）、硫酸钡、碳酸钙、滑石粉等。④微粉化的天然颜料和填料。其原始粒子的粒径为 1～10μm，甚至更小一些，如经超微粉碎的天然氧化铁红、沉淀硫酸钡、碳酸钙、滑石粉等。⑤磨蚀性颜料。如红丹及未微粉化的氧化铁红等。

3) 漆料对颜料的湿润性　①湿润性能好的，如油基漆料、天然树脂漆料、酚醛树脂漆料及醇酸树脂漆料等；②湿润性能中等的，一般合成树脂漆料包括环氧树脂漆料、丙烯酸树脂漆料和聚酯漆料等；③湿润性能差的，如硝基纤维素溶液、过氯乙烯树脂等。

4) 加工精度　①低精度的产品细度大于 40μm；②中等精度的细度在 15～20μm；③高精度的细度小于 15μm。

砂磨机适用于分散易流动的漆浆，但不适用于生产膏状或厚浆型的漆浆。球磨机同样也适用于分散易流动的漆浆，不仅适用于分散任何品种的颜料，而且对于分散粗颗粒的颜料、填料、磨蚀性颜料和细颗粒又难分散的合成颜料有着突出的效果，但其研磨细度难以达到 15μm 以下，且清洗换色困难，故不适于加工高精度的漆浆及经常调换花色品种的场合。

三辊机生产能力一般较低，结构较复杂，手工操作劳动强度大，敞开操作溶剂挥发损失大，故应用范围受到一定限制。但它适用于高黏度或厚浆型的漆浆，因而被广泛用于厚漆、腻子及部分厚浆状美术漆生产。三辊机易于加工细颗粒而又难分散的合成颜料及细度要求为5～10μm的高精度产品。由于三辊机中不等速运转的两辊间能产生巨大的剪切力，导致高固体含量的漆料对颜料润湿充分，从而有利于获得较好的产品质量，因而被一些厂家用来生产高质量的面漆。由于三辊机清洗换色比较方便，也常和砂磨机配合应用，用于制造复色磁漆用的少量调色浆。双辊机仅在生产过氯乙烯树脂漆及黑色、铁蓝色硝基漆色片中应用，然后靠溶解色片来制漆。

(3) 色漆生产工艺过程

选择了分散设备，也就选择了相应的工艺类型。目前常见的工艺类型有砂磨机工艺、球磨机工艺、三辊机工艺和轧片工艺4种。

砂磨机分散工艺首先在高速分散机搅拌下于预混合罐中进行预混合，再以砂磨机研磨分散至细度合格，输送到制漆罐中进行调色制漆，最后经过滤净化后包装、入库。由于砂磨机研磨漆浆黏度较低，易于流动，大批量生产时可以机械泵为动力，通过管道进行输送，小批量、多品种生产也可用容器移动的方式进行漆浆的转移。

球磨机工艺的预混合与研磨分散在球磨筒内一并进行，研磨漆浆可用管道输送（以机械泵或静位差为动力）和活动容器运送两种方式输入调漆罐调漆，再经过滤净化后包装、入库。

三辊机的漆浆较稠，故一般用换罐式搅拌机混合，以活动容器运送的方式实现漆浆的传送，为了达到稠厚漆浆净化的目的，有时往往与单辊机串联使用进行工艺组合。

练 习 题

1. 涂料的标准配方是如何制订的？它能直接用于生产吗？
2. 颜料在涂料中是如何分散的？就水性涂料和溶剂性涂料分别讨论影响其稳定性的因素。
3. 工艺配方的主要内容是什么？什么是研磨漆浆？研磨漆浆的成分如何确定？
4. 比较砂磨机、球磨机、三辊机的原理和特点。
*5. 如何评价颜料研磨分散的效果？
*6. 如何设计涂料的工艺配方？
7. 为什么涂料中的颜料在配方中有各自最佳的PVC值？

第6章 水性涂料和粉末涂料

6.1 水性涂料

由于常规的溶剂型涂料中有机溶剂含量平均50%，在干燥过程中溶剂挥发造成大气污染，浪费资源，因此，当前涂料工业大力发展环境友好型涂料。目前国外规定水性涂料中VOC含量小于250g/L。由于水分散体涂料制备工艺多样、品种齐全、施工方法选择余地大，而且可根据使用目的选择制备工艺、品种和施工方法，在性价比方面有优势，因此，水性涂料具有很大的发展潜力，在涂料工业整体向环境友好方向转化发展中起支柱性作用。

水性（water born）涂料分为水溶性、水乳化和水分散三类。一般用成膜物的粒子尺寸范围界定：粒子尺寸在0.001μm（1nm）以下者是水溶性涂料；粒子尺寸在0.1μm以上者称为乳胶涂料；粒子尺寸介于二者之间（1～100nm）的称为水分散涂料，也简称为水分散体和微乳胶，在胶体的尺寸范围。

以分散相的粒子尺寸大小来界定和分类，乳液型和水稀释涂料中有些品种的粒子尺寸相近，难以清晰区分。用微乳液聚合技术制备的微乳液，分散质（相）粒子尺寸在10～100nm，涂膜致密性好。微乳液从制备方法上来看是乳胶涂料，按其粒子尺寸应该是水分散涂料。

乳液型和水稀释型涂料在微观上都分相。乳液是在表面活性剂帮助下，树脂直接分散在水中。水稀释型是树脂形成的胺盐先溶于有机溶剂中，再加水分散，不用表面活性剂。乳胶漆作为建筑涂料辊涂施工到建筑物上。乳胶漆在镀锌金属表面的附着性好，少量的乳胶涂料用于工业产品制造。

水稀释涂料树脂的分子量与普通溶剂型热固性涂料树脂的相当，而有机溶剂含量又与高固体分涂料的相当。这种涂料施工时的稀释黏度基本上与分子量无关。

水稀释丙烯酸树脂M_w/M_n的量是35000/15000，每个分子上平均有10个羟基及5个羧酸，与Ⅰ类MF交联剂一起达到的实际性能相当于常规溶液型丙烯酸磁漆。固化窗口可与常规热固性丙烯酸漆相似。水稀释有光丙烯酸涂料中由于仅20%的挥发分是有机溶剂，涂料单位体积所排放的VOC比较低，VOC的量相当于约60NVV的丙烯酸溶液所排放溶剂的量。

水稀释树脂的一个重要应用是电泳涂料，采用电泳工艺涂装，在底漆涂装中取代溶剂型涂料，获得广泛应用。水稀释涂料还可用于喷漆、浸涂等场合，如罐头内壁涂料。水稀释性涂料已广泛应用于汽车、轻工产品、皮革等方面。

水作为溶剂的优点是无毒、无异味、不燃，并且大幅度地降低有机溶剂使用量，但在涂装流水线上应用时，存在的问题有：①水挥发比有机溶剂要慢得多，而且受大气中相对湿度的影响，对施工工艺的控制要求较高。②水会加速设备的腐蚀，需要使用耐腐蚀设备。静电喷涂施工时，因水能导电，需要使用特种适配器。这都增加设备的投资。

6.1.1 乳胶漆

乳胶漆安全无毒、施工方便、干燥快、气味小，更重要的是分子量很高，无需交联即可提供极佳的力学性能。乳胶的黏度与分子量无关，故它们可用相对较高的固含量来施工。在配制乳胶漆时，不能将乳液与颜料加在一起进行砂磨或研磨，大多采用色浆法，即先将颜料高速搅拌预分散后，加入分散剂通过研磨设备制成颜料浆，再与乳液调成涂料。如将乳液与颜料直接混合过磨，颜料与乳液混合性不好，分散不易均匀，而且乳液中的水分会被颜、填料吸收而造成破乳、絮凝。制备乳胶漆首先需要通过乳液聚合合成要求的乳液。

6.1.1.1 乳液聚合的原料

乳液聚合是采用乳化剂把单体乳化于水中，用水溶性自由基引发的聚合。甲基丙烯酸甲酯和丙烯酸丁酯是不溶于水的单体，加入水中可以分为两层，搅拌可以分散成悬浮体系。在体系中加入乳化剂（即表面活性剂），如十二烷基硫酸钠后，则搅拌下可得到比悬浮体更细的乳液。因有乳化剂分子包围，分散了的单体不易碰撞而结合，就能形成稳定的乳液。

(1) 单体

乳液聚合用单体要求能进行自由基聚合且不与水反应，常用不溶或稍溶于水的单体，水溶的共聚单体仅少量使用。

常用的单体有甲基丙烯酸甲酯、丙烯酸乙酯、丙烯酸丁酯、醋酸乙烯酯、苯乙烯等。偏氯乙烯/丙烯酸酯共聚乳胶的膜具有异常低的水渗透性。甲基丙烯酸（MAA）和丙烯酸（AA）可提供羧酸基作为交联点，降低表面活性剂用量。丙烯酸羟乙酯（HEA）和甲基丙烯酸羟乙酯（HEMA）提供可交联的羟基。*N*-乙基乙烯脲甲基丙烯酰胺可增进湿附着力。

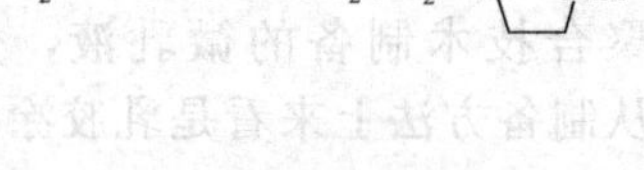

(2) 引发剂

用于乳液聚合的主要引发剂是水溶性的过硫酸盐，尤其是过硫酸铵。

过硫酸盐在水中热分裂成硫酸离子自由基而引发聚合。硫酸离子自由基还能夺取水的氢，形成酸性硫酸离子和氢氧自由基。酸性硫酸离子会使 pH 值下降，所以常需加缓冲剂。

$$^{-}O_3S—O—O—SO_3^{-} \longrightarrow 2\,^{-}O_3S—O\cdot \qquad ^{-}O_3S—O\cdot + H_2O \longrightarrow HSO_4^{-} + HO\cdot$$

要在较低温度快速聚合，可用还原剂加速自由基的产生。使用亚铁盐、硫代硫酸盐和过硫酸盐的混合物比单独用过硫酸盐反应更快。这种引发类型又称为氧化还原乳液聚合。用氧化还原体系聚合可在室温引发，反应热可加热反应物到达期望温度（常是 50～80℃），并需要冷却以免过热。

为了提高单体的转化率（>99%），通常在最终阶段加入第二种更亲油的引发剂，如叔丁基过氧化氢，它在聚合物颗粒中比在水中更易溶。因为此时大部分未反应的单体是溶入聚合物颗粒中，所以在反应最后阶段比过硫酸铵更为有效。即使这样，乳胶仍然含有一些未反应的单体。

(3) 表面活性剂及其作用机理

表面活性剂保持聚合物颗粒的分散稳定和防止乳胶在贮存时胶凝。

① 表面活性剂 一般用阴离子和非离子表面活性剂，如十二烷基硫酸钠、壬基酚多乙氧基化物。

$CH_3(CH_2)_{10}CH_2OSO_3^{-}\,Na^{+}$

十二烷基硫酸钠

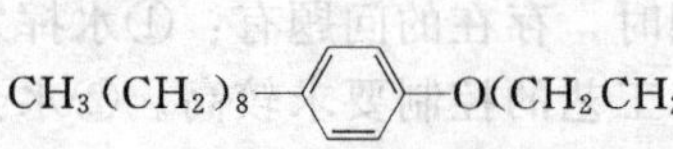

$n=20～40$

壬基酚多乙氧基化物

表面活性剂在水中的浓度超过其溶解度后，非极性端相互缔合成簇，称为胶束。胶束含有 30～100 个表面活性剂分子，每个分子的亲油部分取向中心，亲水部分向外与水接触。刚开始形成胶束时的浓度称为临界胶束浓度（CMC），不同表面活性剂的 CMC 差距大，约从 $10^{-7}\sim10^{-3}$g/L。

② 表面活性剂的稳定作用 主要是电荷相斥，非离子表面活性剂主要是熵相斥。阴离子表面活性剂基本导致刚性颗粒，这样的乳胶在较高固体含量下有低的黏度。而非离子表面活性剂在颗粒表面有较厚的、溶胀的熵稳定化层，从而导致较高的黏度。以熵稳定化的乳胶颗粒表面层不是刚性的，在施加剪切应力后会变形，具有剪切变稀特性。

在乳液聚合中一般同时用阴离子和非离子表面活性剂。阴表面活性剂比非离子的产生更多的颗粒，故颗粒较小，而且粒度分布较宽。非离子表面活性剂的颗粒较大，粒度分布窄。

阴离子表面活性剂的用量是按聚合物计的 0.5%～2%，价格较低。非离子表面活性剂的用量是 2%～6%，对稳定乳胶、防止在冻融循环时发生凝胶更有效，对抗盐（特别是多价阳离子盐）的凝胶作用更好些，对 pH 值的改变不敏感。

③ 表面活性剂的副作用 所有表面活性剂都会使乳胶漆膜有水敏感性。建筑物在施工乳胶漆后，未干燥前就受雨淋，漆膜有水渍。钢铁上乳胶漆膜的耐腐蚀性有限。

“无皂”乳液是不用常规的表面活性剂，而是用亲水性共聚单体，如（甲基）丙烯酸或丙烯酸羟乙酯硫酸铵，这些单体参与共聚得到的树脂有聚合型表面活性剂的功能。“无皂”乳液降低了由表面活性剂引起的水敏感性。

用可聚型表面活性剂可降低漆膜对水的敏感性。含烯丙醇、环氧丁烷、环氧乙烷和磺酸盐端基的表面活性剂用来制取醋酸乙烯酯/丙烯酸丁酯乳液，在聚合中表面活性剂完全参与反应。

非离子表面活性剂有许多可被夺去的氢，会形成接枝共聚物，起增塑作用，降低聚结温度。加入少量易形成接枝的水溶性聚合物（有些称为保护胶体），可使熵稳定性更好。常用的是聚乙烯醇（PVA），它有许多可被引发剂自由基夺去的氢，而在 PVA 链上形成自由基，单体就接枝在 PVA 链上聚合增长。一个 PVA 分子上这种接枝可多于 1。当接枝链较长时，就变得疏水而与颗粒中其他聚合物分子缔合，使亲水的 PVA 处于颗粒的表面，形成了熵稳定层，比吸附的表面活性剂分子层更厚，有效地提高了乳胶颗粒的稳定性。因为水溶表面活性剂需用量少，漆膜的水敏感性就降低了。用羟乙基纤维素（HEC）也有接枝发生，而且乳胶具有触变性，单体-HEC 接枝改进乳胶稳定性的同时，还有利于形成大颗粒、宽粒度分布的乳液。

(4) 其他助剂

在乳液聚合工艺中有时用缓冲剂，保护敏感单体，防止水解，以及保护敏感表面活性剂的活性。

6.1.1.2 乳液聚合

(1) 基本反应设备

乳液聚合大多是用分批加料或滴加加料的方式进行的。单体和引发剂按比例，根据聚合反应的速度逐渐加入，保证在任何时间单体浓度都很低，即在“单体饥饿”条件下进行聚合。

这种聚合方法的共聚物组分与投入单体的组成大致相同，而与单体的相对竞聚率无关，在聚合进程中还可通过改变投入单体的组成，得到期望性能的乳胶粒子。这种供料方式还容易解决聚合热的散发问题。分批加料或滴加加料的设备如图 6-1 所示。

(2) 乳液聚合的场所

在涂料用的大多数体系中，至少有一个单体有些水溶性。甲基丙烯酸甲酯（MMA）和丙烯酸乙酯在水中的溶解度约为 1%。因此乳液聚合的体系中有三相：一是水相，其中溶有少量乳化剂、少量单体、引发剂等；二是油相，即乳化了的单体液滴，直径为 500nm～

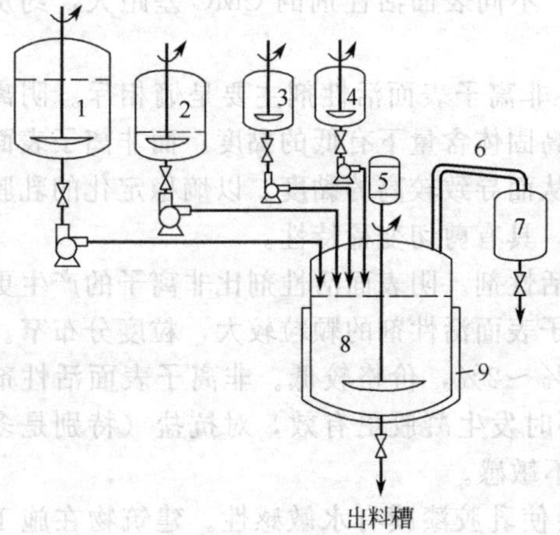

图 6-1 半连续分批工艺生产单元示意

1—主要单体投料槽；2—辅助单体投料槽；3,4—引发剂投料槽；5—搅拌电动机；6—冷凝器；7—受热；8—反应釜；9—冷、热夹套

1μm；三是胶束相，胶束的直径大至5nm，若溶有单体可大至10nm左右。此三相组成是动态平衡，在聚合过程中随时变动，但胶束的数量通常远远大于单体液滴的数量。乳液聚合的引发剂溶于水。若使用不溶于水的引发剂，则大部分聚合发生在单体乳液液滴中，形成大而不稳定的颗粒，这就是悬浮聚合。

聚合的引发和链开始增长有三个场所：①在胶束中；②在水相中（所谓均相成核）；③在乳液液滴中。在任何聚合反应中，这三种方式都可发生。

① 水相 当单体中至少有一种在一定程度上可溶于水时，引发主要发生在水相中。自由基与一个单体分子反应，形成的新自由基时可溶于水，这个自由基可进一步成长为低聚物，在水中的溶解度降低。这就发生了下述三种情况：这个带自由基的低聚物进入胶束并继续链增长；溶液中的表面活性剂可吸附在这个带自由基的低聚物分子的表面上；该低聚物可进入单体液滴。这三种情况都会形成一个为表面活性剂所稳定的聚合物颗粒。该颗粒迅速吸取单体，颗粒内继续链增长。表面活性剂被吸附在成长中低聚物链的表面上的情况下，当颗粒数目太大时，溶液中的表面活性剂量太少，不足以稳定它们，颗粒就聚结成较大的粒子以减少表面积，直至表面活性剂浓度刚好足以使之稳定为止。

② 胶束 当单体都是低水溶性的，引发主要在胶束内发生。单体在胶束内迅速聚合而形成由表面活性剂稳定的聚合物颗粒。当聚合物颗粒增大，表面扩大而需要更多表面活性剂时，就吸收溶液中的表面活性剂分子来满足，而溶液中的表面活性剂则由胶束的溶解来补充。聚合物颗粒继续成长直至未反应单体或引发剂用完；引发剂要足够，以保证高的单体转化。在聚合过程的中后期，聚合反应在基本固定数目的颗粒内进行。因为单位体积内的颗粒数目与胶束浓度相关，胶束浓度高，颗粒数目就多，因而在聚合完成时的颗粒就小。在相同的表面活性剂浓度下，CMC低的表面活性剂比CMC高的给出较小的乳胶颗粒。

③ 乳液液滴 在单体乳液液滴中引发聚合受条件的限制。因为在大多场合，单体乳液液滴较大，它们的表面积比数目更大的胶束小，所以引发自由基或成长中的低聚物自由基进单体乳液液滴的概率小。然而，如果搅拌速度很高和/或用高表面活性剂浓度，则单体乳液液滴变小，而使乳液滴内链增长的概率增大。自由基形成的速度越快，颗粒数目越多，体积越小。

(3) 乳胶的性能

① 分批和半连续分批工艺制得乳胶的相对分子质量一般很高，常超过1000000，而且分子量分布较宽。尽管乳液聚合制得聚合物的分子量很高，但乳胶颗粒中聚合物的分子量并不影响乳胶的黏度，使乳胶漆可配制成比高分子量聚合物溶液更高的固体含量。

② 乳液聚合生产的乳胶一般是球状颗粒。几个颗粒相互融合形成非球形凸角状颗粒，在同一浓度下的黏度比球状颗粒的高。非球形凸角状颗粒会剪切变稀，即在低剪切速率下，有较高的高剪切黏度，故可减少增稠剂的用量而降低成本，而且对粉化表面有更好的附着。

6.1.1.3 其他乳液聚合工艺

① 种子乳液聚合 先制备小颗粒的种子乳胶，固体含量为10%～20%。或制一大批量的种子乳胶，将其稀释成3%～10%固体含量而分批用于许多批中。在种子乳胶中慢慢地加

入单体和引发剂，聚合主要发生在种子颗粒中，得到颗粒数目恒定的乳胶。增大种子颗粒数，则得到平均粒度较小的乳胶。

② 顺序聚合　在单体饥饿条件下聚合制乳胶时，聚合过程中可以改变投入单体的组成，得到不同性能的乳胶颗粒。核-壳形态的颗粒中，核的组成反映前期投入单体的组成，而近表面的壳反映的是后期投入单体的组成。在聚合中连续地改变投入单体的组成，有可能制得渐变梯度形态的乳胶颗粒。

丙烯酸酯聚合物性能好，醋酸乙烯酯价格低，用顺序聚合制成核-壳乳胶，丙烯酸酯聚合物成为壳而聚醋酸乙烯成为核，可达到提高丙烯酸类乳胶中的醋酸乙烯含量、降低成本而不降低性质的目的。

③ 微乳液聚合　乳胶粒子直径通常为 0.05～0.5μm（50～500nm），微乳液的珠滴直径在 10～100nm 范围内。微珠滴是靠乳化剂和助乳化剂（极性的醇类）形成一层复合膜或界面来维持其稳定性的。微乳液的另一个特征是结构的可变性大，可连续地从 W/O 型结构向 O/W 型结构转变。体系内富含水时，油相以均匀小液滴的形式分散在水中，形成 O/W 型正相微乳液。当体系内富含油时，水相以均匀的小珠滴形式分散在连续相油中，形成 W/O 型反相微乳液；当体系内水和油的量相当时，水相和油相同时为连续相，两者无规连接，称为双连续相结构。

O/W 型微乳液体系的表面活性剂浓度很高，而且需助乳化剂。在 W/O 型微乳液中，单体可部分地分布在油-水相界面上，起到乳化剂的作用，制备反相微乳液比正相微乳液容易。

因为微乳液的直径非常小，表面张力非常低，故有极好的渗透性、润湿性、透明性、流平性和流变性，可用于对木器、石材、织物、纸张、水泥、金属等进行高质量高光泽性涂装。

6.1.1.4 乳液聚合物的类型

工业上应用最多的是丙烯酸酯乳液和醋酸乙烯乳液。同醋酸乙烯乳液相比，丙烯酸乳液对颜料的黏结力大，耐水性、耐碱性、耐光性比较好，施工性良好，而且弹性、延伸性能好，特别适于在温度变化剧烈和膨胀系数相差很大的场合使用。

（1）丙烯酸类乳胶

丙烯酸乳胶包括全丙、苯丙和乙丙乳胶。全丙乳胶中主要由硬单体甲基丙烯酸甲酯（34%～37%）和软单体丙烯酸丁酯（62%～64%）为共聚单体聚合而成，具有良好的耐候性、保色性、抗水解性及物理力学性能。苯乙烯较甲基丙烯酸甲酯便宜，而且玻璃化温度相近，因此可用苯乙烯代替甲基丙烯酸甲酯，得到苯丙乳胶。醋酸乙烯酯价格更便宜，乙丙乳胶性能比纯醋酸乙烯酯乳胶要好得多，用于室内涂装可满足使用要求。

户外房屋用涂料一般配成低光泽涂料，对耐粘连性的要求中等。这种乳胶漆含有大量颜填料，颜填料有助于耐粘连性的提高。乳胶的 T_g 值约 5～15℃。

丙烯酸乳液存在“热粘冷脆”的现象，耐溶剂性、耐湿擦性和耐磨性都较差。通过各种途径对纯丙烯酸乳液进行改性，如聚氨酯和环氧树脂。

用聚氨酯对丙烯酸乳液进行改性，综合两者的优点，得到性能更优良的乳液。采用 2% 的 TMI 单体参与共聚，在室温下得到稳定的乳液。该乳液的成膜温度较低，而玻璃化温度较高，涂膜的力学性能提高了近 50%，磨耗性提高 10 倍，其他性能如硬度、干燥性能、光泽等也得到提高。

（2）醋酸乙烯酯乳胶

醋酸乙烯酯（VAc）比（甲基）丙烯酸酯单体价廉，然而，PVAc 乳胶在光化学稳定性和耐水解方面都比丙烯酸类乳胶差。PVAc 乳胶主要用于不暴露在高湿度下的户内涂料，如平光内墙漆。

乙烯-醋酸乙烯共聚物（EVA）中 VAc 含量在 70％～90％的共聚物通常用乳液聚合工艺在中、高压力下生产制得乳液。该乳液具有永久的柔韧性，较好的耐酸碱性、耐紫外线老化性，良好的混溶性、成膜性、黏结性，主要用于制造水分散黏合剂、涂料等，如室内乳胶漆。所得防水涂料涂于黄麻、无纺布和玻纤布基材上，具有较好的防水效果。

（3）其他乳胶

乳胶漆膜比醇酸漆膜更透水，用于木材可减少起泡，作为金属用漆不利于防腐蚀。用于金属的乳胶需要有低潮气透过性。降低透水性可用偏氯乙烯作为共聚单体。虽然潮气透过性大大降低，然而含氯共聚物易发生光降解。

① 氯磺化聚乙烯乳液　制氯磺化聚乙烯乳液通常采用氯磺化聚乙烯 30 的产品，先在有机溶剂中配成含胶量 15％～25％（质量分数）的胶液。在乳化器中，加乳化剂、水和胶液，搅拌制备磺化聚乙烯乳液，然后在蒸发器中减压脱出有机溶剂。该类涂料一般为双组分，A 组分为树脂，B 组分为固化剂。A 组分以氯磺化聚乙烯为主，添加其他改性树脂如环氧树脂、酚醛树脂、丙烯酸树脂等。B 组分常用的有氧化铅、氧化镁、环氧树脂胺加成物等。将 A、B 两组分按一定比例混合，固化交联成膜。水性氯磺化聚乙烯涂料近年已在我国得到迅速发展，主要应用领域是温热、潮湿、易长霉、有腐蚀的环境下建筑设施的防护装饰，如地下洞库、军事地下工程等的厂房设施、石油化工建筑等。

② 偏氯乙烯共聚物乳胶　偏氯乙烯、氯乙烯、丙烯酸丁酯用乳液聚合法制得的三元共聚水乳胶，制成地板漆，用喷涂法或刷涂法涂于地板表面，光色泽均匀，耐水性、耐磨性、防潮性、阻燃性都很好。

（4）热固性乳胶

热固性乳胶现在产量还远不能与热塑性乳胶相比，本书讨论中如未特别指明，就仅针对热塑性乳胶，不包括热固性乳胶。热固性乳胶通常是双组分的。因为热固性乳胶的 T_g 较低，不加成膜溶剂可聚结，成膜后需要交联提高模量，获得所需的抗粘连性等。若施工前已发生显著交联，对聚结不利，需要二罐装，因此，热固性乳胶是双组分，主要用于工业涂装。

丙烯酸氨基涂料由于保光保色性优良，在装饰性要求较高的汽车、家电等工业涂料中占重要位置。由于水稀释丙烯酸树脂相对分子质量较低，影响涂膜的装饰性与保护性。欧美国家采用丙烯酸乳液制备热固化涂料，即羟基丙烯酸乳液和六甲氧甲基三聚氰胺（HMMM）热固化涂料，用作汽车等工业涂装。

羟基聚合物用（甲基）丙烯酸羟乙酯作为共聚单体就可容易制得，用脲甲醛（UF）或三聚氰胺甲醛（MF）树脂作为交联剂。氨基树脂渗入乳胶颗粒慢，结果使交联不均一。为此，在聚合前先将 MF 树脂溶解在混合单体中，将 pH 值控制在 5 以上，可使过早交联降至最小。加入催化剂后的使用期 1～2 天。在固化前，MF 树脂有增塑作用，可降低成膜温度。配制双组分热固性乳胶，一个组分是树脂的乳胶，另一个组分是催化剂。

羧酸官能乳胶是用（甲基）丙烯酸制成的。这种乳胶可用锌或锆的铵复盐交联。当漆膜干后，氨挥发了，就形成盐交联。碳化二亚胺类可用作交联剂，碳二亚胺和羧酸反应较快，而和水反应相当慢，它和羧酸反应得到 N 酰基脲。室温下交联在几天内发生，60～127℃下固化时间 5～30min，温度越高，漆膜性能越好。

N 酰基脲

环乙亚胺和三羟甲基三丙烯酸酯加成产物用作羧酸乳胶交联剂，适用期为 48~72h。环乙亚胺类和羧酸反应比与水的反应快得多。环乙亚胺毒性高，聚合后的毒性仍有争论。

环氧硅烷也与羧酸官能乳胶交联，如 β-(3,4-环氧环己基) 乙基三乙氧基硅烷，可提高硬度和抗溶剂性，尤其是在 116℃ 烘 10min 后。高 COOH 含量的乳胶与等当量的环氧硅烷具有最大的性能改进，贮存稳定性据称至少一年。交联可以被催化，如用 1-(2-三甲基硅烷基) 丙基-1H-咪唑。

$$CH_3CH_2C(CH_2OCCH_2CH_2-N\triangleleft)_3 \qquad N\,\triangle\, + R'COOH \longrightarrow \begin{array}{l} R'-C-NHCH_2CH_2OR \\[2pt] 或 \\[2pt] R'-C-OCH_2CH_2NHR \end{array}$$

环乙亚胺与丙烯酸酯加成产物

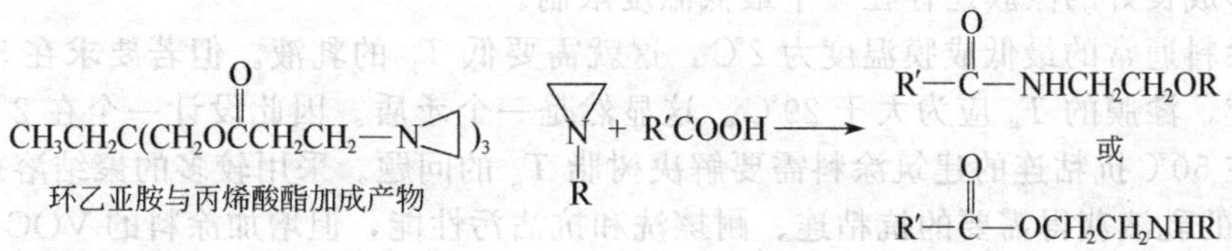

TMI 与水反应缓慢，可用于热固乳胶。乙酰乙酯乳胶可与多胺交联，但聚结前的适用期短。

用带烯丙基单体制得的乳胶，能室温交联并长期贮存稳定，施工后暴露于空气而交联，固化机理与醇酸树脂一样，用于建筑涂料。将干性醇酸树脂溶于单体作乳液聚合而制成醇酸/丙烯酸类杂化乳胶，醇酸树脂接枝在丙烯酸类主链上，加入催化剂可室温交联。

稳定的热固乳胶可用甲基丙烯酸三丁氧硅烷基丙酯作为共聚单体制得。丁氧基衍生物与乙氧基衍生物不同，有足够的水解稳定性可作乳液聚合而有与水有大的反应。制得的乳胶有一年以上的贮存稳定性，然而有机锡催化可在一周内交联。

在工业中，热固性乳胶漆的局限性表现在：①流水线及烘道中水的蒸发引起腐蚀，而且乳胶聚合物的 T_g 要高，这样可以使漆膜的水分完全蒸发后再成膜；②乳胶涂料的爆泡问题；③乳胶涂料的流动性问题，因为许多工业涂料的流平性要求比建筑涂料更严格。乳胶漆与水稀释树脂结合起来使用流动性能比乳胶涂料好，其应用逐渐增加。

6.1.1.5　乳液的干燥成膜

(1) 粒子凝聚成膜机理

乳液成膜的过程为：水和水溶性溶剂蒸发后使乳液粒子紧密堆积；粒子在紧密堆积过程中发生变形，导致形成或多或少的连续却柔软的膜；在经过一个较慢的凝结过程中，粒子内和粒子间的聚合物分子相互扩散，跨越粒子边界且高分子之间缠卷形成增强薄膜。一个粒子表面的高分子只需相互扩散到另一个粒子表面内非常小的距离就能形成高强度的膜。该距离比典型的乳液粒子直径小得多。这种成膜机理称为粒子凝聚成膜机理。

乳胶漆形成漆膜的粒子凝聚成膜机理不仅用于乳胶漆，而且也用于水性聚氨酯分散体、有机溶胶、粉末涂料。水性聚氨酯分散体是由极细聚氨酯粒子分散在强极性溶剂中形成的透明状分散体，因可以用水稀释，减少有机溶剂在涂料中的使用。有机溶胶是聚氯乙烯的细微颗粒分散而不溶解在增塑剂中形成的液体分散体系。乳胶漆是细小的聚合物乳胶粒子在粒子与水界面通过表面活性剂的作用均匀分散在水中。粉末涂料在加热时粉末颗粒熔融凝结成膜。

(2) 乳液的最低成膜温度

一个特定乳液发生足够聚结形成连续膜的最低温度叫做最低成膜温度（MFFT 或 MFT）。

MFFT 是将样品放在有温度梯度的金属条上测量的，干燥后连续透明的薄膜和白垩化部分明显形成时，测量分界处温度即为最低成膜温度。控制最低成膜温度的主要因素是粒子里聚合物的 T_g，还受乳液中的表面活性剂以及保护胶体和水等的影响。聚甲基丙烯酸甲酯

(PMMA) 的 T_g 为 105℃，因此在室温不能从 PMMA 乳液形成有用的膜，而是得到一层极易成粉的材料。聚合物中加入增塑剂，可以降低其 T_g 和最低成膜温度。因为不挥发性增塑剂永久地降低漆膜的 T_g，大多数乳胶漆使用挥发性增塑剂。

(3) 成膜助剂

挥发性增塑剂又被称作成膜助剂。成膜助剂溶解在聚合物粒子中，降低 T_g，使漆膜在较低温度时形成。在成膜后，成膜助剂缓慢地从漆膜中扩散并蒸发。然而，即使使用成膜溶剂，需要形成良好的漆膜还存在一个最低温度限制。

建筑涂料通常的最低成膜温度为 2℃，这就需要低 T_g 的乳液。但若要求在 50℃下漆膜不发生粘连，漆膜的 T_g 应为大于 29℃。这显然是一个矛盾。因此设计一个在 2℃施工能成膜且还要在 50℃抗粘连的建筑涂料需要解决树脂 T_g 的问题。采用较多的聚结溶剂可以使具有较高 T_g 的乳液获得需要的抗粘连、耐擦洗和抗沾污性能，但增加涂料的 VOC。因此需要选择最有效的聚结溶剂，用量尽可能少，如 2,2,4-三甲基-3-戊二醇单异丁酸酯（texanol），简称 22413 异丁酸酯，用量为乳液的 2%～5%。

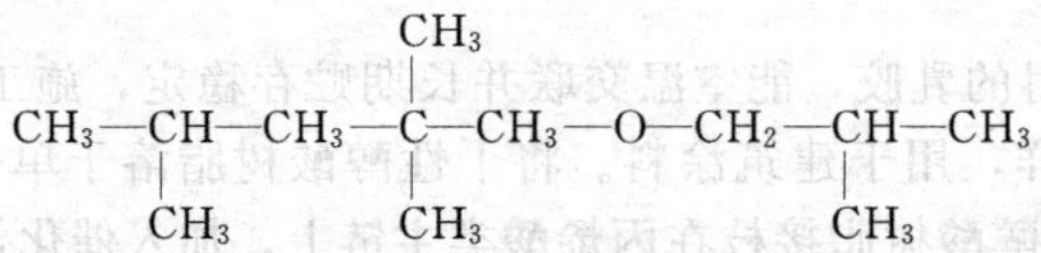

22413 异丁酸酯

将丙烯酸放在共聚单体之后部分投入反应中，可降低成膜助剂用量，因为水与羧酸盐缔合而增塑颗粒表面，可降低成膜助剂的需要。

把不同 T_g 及粒度的乳胶混合进行使用，或者采用具有梯度 T_g 连续聚合粒子的乳胶，然而，采用高和低 T_g 乳液的混合物，要求该混合物必须是透明的，求它们之间的折射率差异要小，高 T_g 乳液的粒径要小，以获得好的漆膜。热固性乳胶可使用低 T_g 的聚合物，这样漆膜可在低温时形成，交联后可产生所需要的抗粘连性及其他性能。

单组分乳胶漆中带有烯丙基的树脂能自动氧化交联，醇酸/丙烯酸杂化乳胶采用干性醇酸树脂溶解在聚合的单体中来制备。带有三烷氧甲硅烷基团的聚合物可以水解交联。

疏水改性的聚丙烯酸铵盐类缔合型增稠剂改善了耐冻融稳定性，但降低漆膜的耐碱性。在交联型乳液中采用这些缔合型增稠剂，能得到具有较低 VOC 的满意有光磁漆。

6.1.1.6 乳胶漆

乳胶漆中的添加剂可以分：用于分散颜料的分散剂和润湿剂、用于保护涂料和涂膜的防腐剂和防霉剂、调整涂料黏度的增稠剂、防止生产和施工时产生泡沫的消泡剂。

乳胶涂料以水作为分散介质，黏度通常都较低，涂料在贮存中颜料易发生沉降，在立面墙壁上施工还会发生流挂现象，需加入一定量的增稠剂。

建筑涂料生产厂一般外购乳液。国外乳胶漆的生产大都是大公司生产乳胶和助剂，乳胶漆的生产则由一些中小厂经营。生产乳胶涂料的主要设备有：高速搅拌机（无级变速）；砂磨机（立式，开启式）；配漆罐若干，最好为不锈钢的；低速搅拌机与配漆罐配合；筛网过滤、研磨抽料用齿轮泵。如生产厂自制色浆，最好有三辊磨，用来制备各色色浆。

(1) 乳胶漆的光泽

乳胶不容易配制高光泽涂料。溶剂型涂料在成膜过程中能够形成无颜料或低颜料量的漆膜上层表面，使漆膜有光泽。乳胶涂料有树脂和颜料粒子两个分散相。乳胶漆在挥发分蒸发后颜料及乳胶粒子随机分布，即乳胶漆聚结时不会像醇酸磁漆表面那样形成清漆层，产生光泽困难。

许多无颜料的乳胶漆膜也不透明，是因为漆膜形成了雾影。雾影是由于分散剂和水溶性聚合物在乳胶聚合物中不完全溶解而造成的，减小漆膜的光泽。涂膜的一个液态成分不溶解于树脂基料中，它会以小滴形式从膜中分离，来到表面，涂膜变得凹凸不平，这是起霜，起霜会降低漆膜的光泽。用带溶剂的湿布可以把霜擦掉，但起霜通常会再出现。

乳胶涂料不容易达到好的流平性，而表面粗糙使光泽减小。为提高光泽，尽可能降低制造乳液时表面活性剂的用量，也可以使用表面活性剂含量极低或带能聚合的表面活性剂的乳胶，选择相溶性好的颜料分散剂。采用细粒径的乳液可以降低乳胶漆涂膜表面中颜料对基料的比例，可稍微提高光泽。运用相互混溶的水溶性树脂和乳液的混合物来获得高光泽。高光泽乳胶涂料的 PVC 通常为 8%～16%。

最初用醇酸磁漆作建筑涂料，后被乳胶漆代替。醇酸磁漆的漆膜初期光泽高，在户外曝晒 1～2 年后光泽消失变成了平光。乳胶漆漆膜开始光泽较低，但几年后光泽变化不大，因此乳胶漆的保光性好。

(2) 乳胶涂料的流平

乳胶涂料的流平往往比溶剂型的差。在乳胶涂料中，通常使用缔合型增稠剂解决流平问题。

缔合型增稠剂是沿主链有非极性烃基作为空间阻隔的中低分子量亲水聚合物，如疏水改性的乙氧基聚氨酯、苯乙烯-顺丁烯二酸酐三元共聚物和疏水改性碱溶胀乳液。这样的增稠剂使乳胶漆在高剪切速率下有较高的黏度，从而可以施工较厚的湿膜，降低在低剪切速率下的黏度，改善流平性，流平速率取决于湿膜厚度。

(3) 乳胶漆的湿附着力

乳胶漆的湿附着力差。当刚干燥的乳胶漆漆膜被水润湿之后，一些涂膜可以从旧漆膜表面片状剥离。施工时通过洗去油腻物质，并打磨将表面粗化可以提高湿态附着力。但即使经过了这样的表面处理，许多乳胶漆仍没表现出良好的湿态附着力。湿态附着力随漆膜形成后时间的延长而提高，但它在几个星期甚至是几个月内仍有此缺点。

在乳液树脂中引入少量的氢键，如甲基丙烯酰胺亚乙基脲之类的可极性化共聚单体，能提高湿态附着力和湿态耐擦洗性。

6.1.2 水稀释涂料

常用的工业涂料都可以制备水稀释涂料，由于水稀释性相对分子质量较小，所以制备的涂料都是热固型的，需要进一步的交联。所有的电泳涂料都是水稀释涂料。此外，水稀释涂料特别适合于浸涂施工，可避免发生火灾。水稀释马来酸酯化环氧酯用于喷涂或浸涂，涂布于钢材表面作底漆。饮料罐用内衬是采用接枝苯乙烯、丙烯酸酯和丙烯酸的双酚 A 环氧树脂制备的水稀释涂料。

水稀释丙烯酸涂料主要用于装饰性面漆，在工业涂装、工业维修中取代溶剂型涂料用于装饰性面漆。水稀释聚氨酯具有极佳的抗皂化性，而且漆膜具有极佳的性能，但比丙烯酸树脂价格高。水稀释性醇酸、聚酯工艺操作易于实行，但产品贮存中酯键的抗水解性差，要精心设计才可达到工业化要求。水稀释环氧漆用于重防腐蚀，部分品种达到溶剂型涂料的水平。

6.1.2.1 水稀释性丙烯酸树脂

水稀释丙烯酸涂料由丙烯酸或甲基丙烯酸、丙烯酸羟烷基酯等共聚制成，用六甲氧甲基三聚氰胺交联固化（140℃左右）。

水稀释丙烯酸树脂是在助溶剂（有机溶剂）中进行聚合反应的，然后在有机溶剂的胺盐溶液中经水稀释后，形成相当稳定的高分子分散体，受水或溶剂作用而溶胀。施工时用水稀释到要求的黏度，烘烤能交联成抗水性坚韧的漆膜，交联剂是三聚氰胺-甲醛树脂。除溶剂和比例较高的丙烯酸外，水稀释丙烯酸树脂与传统固体分的热固性丙烯酸树脂很接近。

(1) 典型的水稀释性丙烯酸树脂

一个典型的水稀释性丙烯酸树脂由MMA/BA/HEMA/AA的共聚物组成，质量比为60∶22.2∶10∶7.8。M_w/M_n 的量分别为35000和15000。树脂的 T_g＝52℃，共聚物的羟值为43mg KOH/g，酸值为60.5mg KOH/g。该树脂在偶氮引发剂作用下，通过自由基聚合反应形成。单体一般通过滴加的方式加入，采用链转移剂控制相对分子质量的大小和分布。

$CH_3CH_2CH_2OCH_2CH(OH)CH_3$

1-(*n*-丙氧基)-2-丙醇

$C_4H_9OCH_2CH_2OH$

2-丁氧基乙醇

要得到一个具有理想的物理性能、光泽及平整度的漆膜，就必须使胺中和了的树脂在水及有机助溶剂的混合物中能很好地溶解并保持其互溶性直至烘干为止。助溶剂不仅对溶解性及黏度起着调节的作用，同时还对整个涂料体系的混溶性、润湿性及成膜过程的流变性起着极大的作用。水溶性丙烯酸树脂漆中效果最好并最常用的助溶剂为醇醚类溶剂和醇类溶剂。1-(*n*-丙氧基)-2-丙醇、2-丁氧基乙醇和丁醇是水稀释性丙烯酸树脂最常用的溶剂。

水稀释性丙烯酸树脂的酸值一般在40～60mg KOH/g之间。通过蒸馏，带走少部分溶剂并去掉残留的单体，树脂是浓溶液。制成的溶剂型树脂内含有适量的助溶剂。首先用树脂研磨色浆，然后加胺、水进行成盐及水性化的过程。

加胺量往往比理论上中和所有的羧酸基团所需胺的量要少，其比值称为中和度（EN）。当胺的用量为羧酸基团理论值的75%时，中和度为75。

(2) 水稀释过程中的异常现象

水稀释性树脂用水稀释后，其黏度变化出现异常。

图6-2为一个水稀释性丙烯酸树脂黏度的对数值随浓度发生变化的曲线。为便于比较，将水稀释性丙烯酸树脂在叔丁醇中的稀释曲线以及乳胶漆典型的稀释曲线也列在图中。

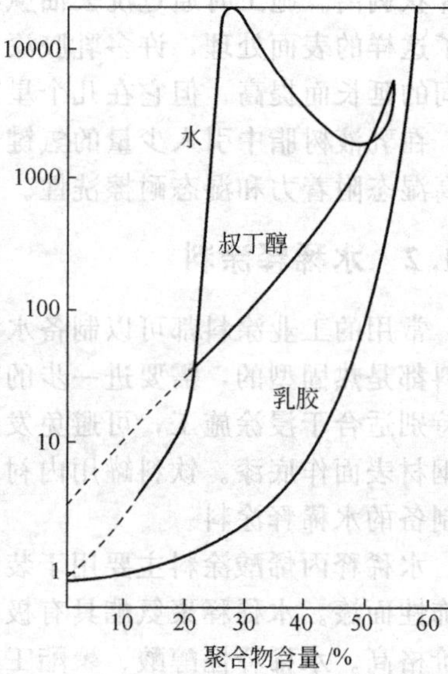

图6-2 水稀释性树脂的典型稀释曲线

水稀释丙烯酸树脂采用甲基丙烯酸丁酯与丙烯酸（90∶10）的共聚物，配成54%的叔丁醇溶液，并且用二甲基乙醇胺中和到EN＝75，然后用水稀释，测溶液黏度随浓度的变化。

水稀释丙烯酸树脂溶液用叔丁醇稀释的曲线几乎是线性的。这是典型的树脂在溶解性良好的溶剂中表现出来的黏度对数与浓度的关系。

① 黏度异常　在稀释的初期阶段，水稀释涂料黏度的下降速度比用叔丁醇稀释的下降速度还要快。这可能是在稀释前不同分子上离子对的缔合作用使体系的黏度较高。用水稀释时，水与离子对发生强烈的缔合作用，把分子间的离子对分开，造成黏度迅速降低。继续用水稀释后，黏度在一个小区间内变化很小，然后回升，达到一个最高值，进一步稀释使黏度快速下降。施工黏度为0.1Pa·s时，固体含量一般在20%～30%（体积分数）。

树脂的胺盐中继续加水，有机溶剂在混合溶剂（水＋叔丁醇）中所占的比例降至某一点，使一部分树脂分子不再溶于混合溶剂。这些树脂分子不会沉降，分子中的非极性部分会互相缔合形成聚集体。分子中非极性部分主要在聚集体内部，而高极性的羧酸盐基团则在聚集体的外围。继续稀释时，愈来愈多的分子加入到聚集体中。一旦聚集体形成，体系便从一个均匀的较高分散状态变成了聚集体的分散液。当聚集体数量增多、体积增大时，黏度上升。当黏度最大时，树脂主要是以高溶胀的聚集体在含溶剂的水中形成的分散液。进一步稀释时，黏度快速下降。原因有两个：第一是由于稀释效应，使聚集体在体系中所占的体积分数降低，这种作用引起的下降幅度比只靠溶剂稀释所引起黏度的下降幅度更大。第二是聚集体溶胀的减少。在整个稀释过程中，在聚集体和连续相之间，叔丁醇和水的分配在不断变化。水加得越多，进入连续相的叔丁醇就越多，从而使溶胀的聚集体收缩。

从水稀释曲线上看，在峰值的中间区域，分散体处于高度剪切稀化状态，溶胀的聚集体颗粒易变形，一旦施以剪切，颗粒容易发生扭曲变形，结果当剪切速率提高时，体系的黏度下降。用水稀释时，一部分叔丁醇从聚集体中分离出来进入到连续相中，这样聚集体变得愈来愈小，难以发生扭曲变形。进一步稀释阶段，体系的黏度较低，即使在一定的剪切速率下，作用在聚集体上的剪切压力也是很小的，从而减少了扭曲变形的概率，因此，在施工黏度时仅发生很微小的剪切稀化现象。

黏度-浓度稀释曲线的形状是随具体条件而变化的。有时候黏度的峰值非常高——高于初始状态未经稀释时的原始黏度，而有时候其黏度在稀释曲线仅有一个肩部。

分子量对黏度的影响在不同的稀释阶段是不同的。稀释曲线峰值区域的黏度完全依赖于分子量。当分子量增大时，聚集体颗粒内部的黏度较高，因此它们难以扭曲变形，故整个体系黏度在任何给定的剪切速率下降得不多。黏度的峰值过高，会出现稀释困难的问题。限制分子量的大小是有必要的，这样涂料在适当的混合设备中能充分搅拌，完成整个稀释循环。进一步用水稀释至施工黏度时，其黏度与分子量无关。黏度对分子量的依赖性除浓度外，还取决于溶剂的结构以及溶剂/水的比例。

② pH值反常　水稀释性树脂的另一个异常现象是中和羧酸所用胺的用量低于理论值，但体系的pH值仍大于7（一般为8.5～9.5）。

在稀释过程中，聚集体形成时，许多羧酸基团都在表面附近，所有或几乎所有的羧酸基团都能被水溶性胺中和。然而还有许多羧酸基团在聚集体内部。二甲基乙醇胺分布于连续相（水/溶剂）中、聚集体的表面区域和聚集体的内部。因为DMAE及其盐在水中的溶解性很强，因此主要集中在连续相（水/溶剂）中、聚集体的表面区域，在聚集体内一部分羧酸未被中和。即使只用了中和所有的羧酸基团所必需胺用量的75%，也足以中和聚集体表面或表面附近的羧酸基团。在连续相中测得的pH值反映的是连续相中所表现出的酸碱性。因为胺的加入，连续相构成缓冲溶液，对pH值的变化影响不大，因此pH值不适合作为质量控制指标。

(3) 水稀释性丙烯酸树脂的影响因素

丙烯酸树脂配方的关键是选用单体，通过单体的组合来满足漆膜的技术要求。羧基含量、玻璃化温度也是很重要的影响因素。

① 实践证明，在含丙烯酸10%～20%（摩尔分数）之间，而树脂的酸值在50～100mg KOH/g之间并含有一定比例的羟基，共聚树脂就具有足够的水溶性、足够的交联官能团，漆膜也具有良好的物理性能。

② 水稀释性丙烯酸树脂的相对分子质量较小，需要交联。由于水稀释性涂料中含有较多的亲水基团和润湿分散剂等，导致涂膜的耐水性和耐溶剂性能下降。为了克服上述缺陷，使水分散丙烯酸涂料达到或接近溶剂型涂料的水平，最有效的方法是提高涂膜的交联度。

三聚氰胺-甲醛树脂是最常用的涂料交联剂，Ⅰ类和Ⅱ类甲醚化氨基树脂可与这些体系混容，通过与热固性丙烯酸树脂中的羟基和羧基反应而交联。和与羧基交联产生的酯键相比，羟基的反应速度较快，形成的醚键对水解稳定性更强。因此，最终漆膜的交联密度取决于羧基和羟基官能度的总和。一般希望尽可能通过羟基获得更多的交联，通过改变羟基的量来调整交联密度。尽可能少用羧基的另一好处是减少中和所需要的胺。胺的相对价格较高，而且属于有机挥发物。

③ 胺作中和剂在成膜过程中会挥发掉，对漆膜无不良影响。

选择胺时不仅要考虑对分散体稳定性的影响，而且还要考虑对贮存稳定性和涂料固化性能的影响。在贮存期间，胺降低氨基树脂的反应，这样可提高涂料的贮存稳定性。普遍使用带羟基的胺，如二甲基乙醇胺（DMAE）。

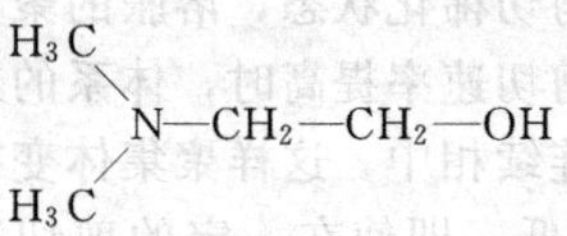

二甲基乙醇胺

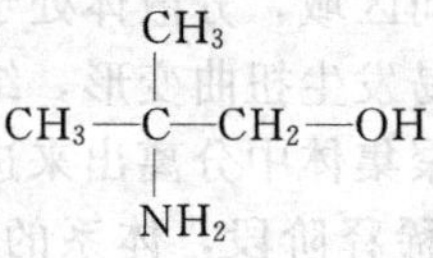

2-甲基-2-氨基丙醇

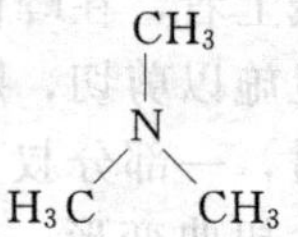

三乙胺

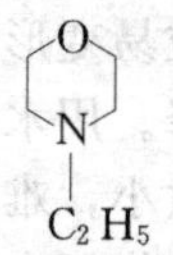

N-乙基吗啉

水稀释性丙烯酸树脂的中和度（EN）在 60～100 之间就能达到形成稳定分散体、防止发生多相分离的效果，常用的中和度（EN）在 70～85 之间，很少达到 100。中和使用的胺都有一个最低用量。一般采用较少化学计量的胺，因为胺的含量越低，完全稀释体系的黏度就越低，即在施工时体系的固体分越高。涂料用太多的水稀释时会使黏度降得过低，在体系中可加入少量的胺，黏度会回升。

（4）水稀释性环氧改性丙烯酸树脂

20 世纪 70 年代前，食品罐头内壁涂料都是使用溶剂型涂料，美国 J. Woo 等人使用环氧接枝丙烯酸水分散体涂料，用于罐头内壁的喷涂涂装。现在该涂料已经成为金属食品罐内壁用的主要涂料。环氧接枝丙烯酸水分散体涂料不但已成功地用于铝罐头内壁涂装，而且还能用于其他金属表面的底漆，以及 ABS 树脂、聚烯烃、聚酯和尼龙等塑料表面涂装。因为酯键容易被水解，需要避免，利用接枝共聚的方法，在高分子量的环氧树脂分子上接枝含羧基的共聚单体，形成碳-碳共价键连接，再用碱将其中和，可以得到极为稳定的水分散体。高分子量环氧树脂与聚丙烯酸支链虽以共价键相连，但两者并不相容，形成微观非均相的聚合物，也称高分子合金，在性能上不但保留了各自主要的性质，而且具有协同效应，产生新的性质，从而提高了漆膜的综合性能。

环氧接枝丙烯酸所用的环氧为双酚 A 环氧（数均分子量在 4000～10000）。丙烯酸树脂中甲基丙烯酸和苯乙烯是必用的。对于包装不同的饮料食品可有不同的配比，如甲基丙烯酸/苯乙烯的摩尔比为 2/1。选用甲基丙烯酸、苯乙烯和丙烯酸乙酯为混合单体时，其比例可为 65∶34∶1，此配比可在较大范围内变化。混合单体与环氧树脂的比例可为树脂总量的 20％～30％，得到接枝共聚物的酸值为 80～90mgKOH/g，以确保树脂的水分散性。

在醇醚类溶剂中进行接枝共聚合，引发剂为过氧化苯甲酰，反应温度为 130℃左右。

反应过程产生的自由基既能引发单体聚合，也能从环氧树脂中夺取氢。氢的夺取使环氧主链上的自由基成为与乙烯单体共聚的引发点，得到以羧基取代的丙烯酸/苯乙烯接枝共聚物。产品是丙烯酸接枝共聚物、未接枝丙烯酸共聚物和未反应的环氧树脂的混合物。混合物用二甲基乙醇胺中和，加入氨基树脂作交联剂，以水稀释，得到水分散体涂料。

环氧接枝丙烯酸聚合物在加热下能自交联，但配方中也可加入固化剂，多为水溶性或水分散性的氨基树脂，如Ⅰ级 MF 树脂。有时乳液和分散体混拼以降低成本。

6.1.2.2　水稀释性聚氨酯

水稀释性聚氨酯中最重要的是 20 世纪 60 年代后期发展起来的阴极电泳涂料。

水稀释性聚氨酯中无游离的异氰酸酯单体存在，没有毒性，它的低温成膜性好，不需要成膜助剂，一般不需外加乳化剂进行分散。它可借助不同途径改性，和丙烯酸或乙烯类水分散体、醇酸、聚酯树脂水分散体掺混，相互改性，提高各自的性能，综合性能接近溶剂型聚氨酯涂料的性能。

(1) 乳化法

在有机溶剂中用二官能度的聚醚或聚酯和过量的二异氰酸酯反应，制备带端异氰酸酯基的预聚物。这种预聚物加入适当的乳化剂，借助强力机械分散，可在水中形成乳液或分散体。预聚物的分子量越低，黏度也越低，越易分散，但分子量越高，分散后的稳定性却越大。加入少量有机溶剂使聚氨酯易于乳化。

在乳化剂存在下，将预聚体和水混合，冷却到50℃左右，然后在均化器中使其分散成乳液，通常将这种乳液和二胺扩链剂反应，以形成分子量更高的聚氨酯聚脲乳液。

乳液的粒子较粗，影响分散体的稳定性。虽然可以通过选择新型乳化剂克服这些缺点，但外加乳化剂对涂料性能或多或少会带来一些副作用。采用此法制备聚氨酯乳液的关键是选择合适的乳化剂，最常用的乳化剂有十二烷基硫酸钠、季铵盐类等阴离子表面活性剂以及苯酚氧化乙烯、苯酚氧化丙烯等非离子型表面活性剂等。这种乳液适用于织物和皮革。

(2) 自乳化法

自乳化法是在聚氨酯分子骨架上引入离子中心，然后用中和剂中和后进行分散，在水分散过程中不用乳化剂，树脂自动分散于水中。这里以引入离子中心的物质分类叙述。

1) 磺酸盐取代的二胺　也称为丙酮法，是生产上广泛应用的方法。将聚酯二醇或聚醚二醇和多异氰酸酯制成含 NCO 端基的较高黏度预聚物，加入丙酮稀释，然后加一个磺酸盐取代的二胺 $H_2NCH_2CH_2NHCH_2CH_2SO_3^- Na^+$ 进行扩链和离子化（阴离子），黏度急剧上升，以水稀释，最后蒸馏除去丙酮，得到无溶剂或很少溶剂的聚氨酯-脲。磺酸盐取代物起电荷排斥的稳定作用，可用无取代和磺酸盐取代的二胺混合物来调节每个分子的磺酸平均数。

树脂的分散体粒径小，分布范围 30～10000nm，可根据需要来控制，工艺简易且重现性好，产品质量高。制成织物用的硬涂层模量低，具有优良手感，但有机溶剂消耗大。

2) 二羟甲基丙酸（DMPA）　先制成含二羟甲基丙酸的异氰酸酯封端的预聚物，二羟甲基丙酸的两个羟基和 NCO 基反应，但因位阻羧基不反应，用胺中和后离子化。在丙酮存在下，加水和多元胺扩链，多元胺和 NCO 的反应比 H_2O 与 NCO 的反应快得多，扩链剂能增大树脂的分子量，提高漆膜的抗溶剂性。完成反应后减压蒸去溶剂即可。

DMPA 的含量越多，则分散体粒子粒径越小，分散体稳定性也越好，但漆的膜耐水性越差，要控制合适的 DMPA 用量。该工艺虽然避免像丙酮法那样使用大量溶剂，但产品质量稍逊。

① 丙烯酸改性聚氨酯水分散体　在二羟甲基丙酸制造的羟端基聚氨酯水分散体的存在下，将丙烯酸单体乳液聚合，使表面活性剂的用量降至极低。以 IPDI 聚丙二醇/DMPA 的氨酯化合物和苯乙烯/丙烯酸甲酯/丙烯酸丁酯为基础形成的漆膜，可在低温成膜。

② 羟基聚氨酯　用两步法可制较低黏度的聚氨酯分散体。先用二异氰酸酯、二元醇、DMPA 制端 NCO 预聚物，然后和三元醇反应得到羟基聚氨酯。用 *N*-甲基吡咯烷酮作溶剂，进一步降低树脂黏度。这种分散体能以 MF 树脂或封闭异氰酸酯交联。醇封闭异氰酸酯用于阴极电泳漆。

③ 无溶剂法制造分散体　IPDI、聚己内酯二醇、聚四氢呋喃二醇和 DMPA 按 NCO：OH=1.6：1 的比例反应制得端 NCO 预聚物，用水合肼扩链，用三乙胺中和后分散于水中。

3) 其他自乳化法

① 在非离子型亲水性基团中，最好用聚氧化乙烯或聚乙烯二醇来制备聚氨酯树脂。将

二官能度聚醚和过量二异氰酸酯反应，制备含端NCO的预聚物，然后在溶剂中使用*N*-烷基二醇胺扩链，生成分子量较高的中间体，使聚氨酯主链上含有叔氨基。

② 采用二元聚醚和1,2,4-偏苯三酸酐反应生成单酯，再用二元聚醚和单酯的混合物与二异氰酸酯反应生成预聚体，溶解在有机溶剂中，然后用有机胺中和，在强烈搅拌下加去离子水乳化，真空脱溶剂，制得性能优异的阴离子型聚氨酯乳液。

③ 首先合成含亲水基团的异氰酸酯封端的预聚物，接着在加热条件下（≥130℃），用过量的尿素在熔融体中进行封闭，形成缩二脲离聚体。这种生成物易分散在水中，在均相中通过与甲醛反应而羟甲基化（在50～130℃之间），降低pH以进行分散体之间的缩聚反应，从而实现链的扩展。该工艺过程需要特殊的搅拌器，因为即使在100℃左右，黏度仍很高。用此法制得的水分散聚氨酯通常是支链状的，分子量低，涂膜固化要在50℃以上。

(3) 自乳化法的改进

采用封闭型二元胺（酮亚胺）作潜扩链剂，加入亲水性NCO封端预聚物，不发生反应。当加入水时，酮亚胺水解速度比异氰酸酯与水反应的速度要快，很快释放出的二元胺与NCO反应，使聚合物扩链，生成聚氨酯-脲。扩链与分散同时发生，黏度上升到相转化（W/O，O/W）发生为止。

该法利用酮亚胺水解来减慢二元胺对NCO预聚物的扩链速度，使分散体粒子均匀，产品质量可以和丙酮法媲美，而且工艺简便。在工艺过程中需用功率大的搅拌机。

聚氨酯水分散体是分散在水中的线型热塑性聚氨酯，缺少像双组分溶剂型聚氨酯涂膜所能得到的交联密度和高分子量，因而涂膜的耐水性和耐溶剂性较差。

近年来，以二乙烯三胺作扩链剂，并让氨基过量，将预聚物溶液加入到二乙烯三胺的酮溶液中，室温反应即可生成相对分子质量为10000～25000的聚氨酯聚脲，再于酸性水溶液中经搅拌形成稳定的聚氨酯乳液。用二乙基三胺部分或全部代替二元胺扩链，增加分散体的交联度，改进漆膜的抗溶剂性。这种树脂在抗张强度和模量上比双组分溶剂型的好，而耐溶剂性不如溶剂型的。

在制造端NCO聚合物时可加入少量三官能异氰酸酯，得到低交联度的预聚物。交联度要求既足够低以便于凝聚成连续膜，但又足够高以显著提高涂膜性能。因为氨酯和水能以强氢键键合，粒子以水溶胀使聚合物增塑，因此聚氨酯乳液可以有较高的T_g。

将高黏度离子化的熔融聚氨酯（相对分子质量3000～10000）冷却，粉碎成粉末，在施工前加水产生自分散过程，形成透明的分散体，然后加交联剂涂覆在底材上。交联剂可采用三聚氰胺树脂或其他甲醛衍生物，以及封闭型聚异氰酸酯。

(4) 水分散双组分（2K）聚氨酯涂料

水分散双组分（2K）聚氨酯涂料中，一个组分是水分散的脂肪族多异氰酸酯，另一个组分是羟基封端的聚氨酯。用于双组分水性聚氨酯的固化剂（NCO组分）本身不含水，但可以制成含亲水基团的，在与羟基组分混合后易于被乳化分散。尽量在使用前混合。涂装生产线上可提供两个组分强烈混合的装置，缩短与水接触的时间。

1) 原理　NCO与羟基或水反应的速度要远小于水的蒸发速度。这样，涂料涂覆在底材上后，大多数NCO来不及和水反应，水就蒸发了，不影响固化反应。

TMXDI和水混合后在40～60℃下，前15min内没有发现明显反应。$H_{12}MDI$与H_2O在24℃下保持4h，异氰酸酯基在水中的反应只有5%，20h后，也只有25%。这为双组分水性聚氨酯的两个组分在使用前混合的活化期（使用寿命）提供了理论依据。

要得到实用价值的涂料，还需要：①含羟基的组分对端NCO预聚物组分（特别是未经亲水改性的端NCO预聚物）能起乳化剂作用，并且粒径要尽可能小，以利于两个组分在水中更好地混合。②端NCO预聚物的黏度要尽可能小，从而减少有机溶剂的用量，同时又能保证与含羟基组分很好地混合。另外，还要适应施工的要求。

2）普通水分散双组分聚氨酯 羟基组分可以是含一定羟基的聚氨酯水分散体，也可以是水性丙烯酸树脂。含一定羟基的聚氨酯水分散体作为羟基组分，对端 NCO 预聚物组分乳化分散效果好，但一般不用二羟甲基丙酸引入离子中心，因为二羟甲基丙酸使水能扩散进入端 NCO 预聚物组分中，导致交联。水性聚酯与水性丙烯酸酯相比，水性聚酯消耗 NCO 较快，所以一般采用水性丙烯酸树脂作羟基组分。

端 NCO 预聚物可采用低黏度多异氰酸酯如 HDI 二聚体及三聚体的混合物，也可用 HDI、IPDI 等来制备。

从原理上，芳香族异氰酸酯也可用于制备水性双组分聚氨酯涂料固化剂，但它与水的反应速度比脂肪族和脂环族异氰酸酯快得多，因而配制的双组分聚氨酯水分散体涂料使用寿命短，只适用于双口喷枪的喷涂系统中。

羟基封端的聚氨酯带有从二羟甲基丙酸生成的羧酸基团。采用 NCO 与 OH 的比例为 2∶1，多余的 N═C═O 用于抵消与水可能的反应，用于 2K 水分散汽车清漆，其性能和溶剂型 2K 聚氨酯汽车清漆基本一样。

3）大分子单体技术 采用前述的单组分聚氨酯水分散体的制备方法制水分散体，或者需要从体系中去除有机溶剂，增加回收溶剂的工序，提高能耗，而且水分散稳定需用足够量的亲水基团，给涂膜性能带来负面影响。为克服这些不足，近年来应用大分子单体技术。

大分子单体中用氨基代替固化用的羟基组分，因 NH_2 与 NCO 反应活性比与 OH 的活性大几倍，减少 NCO 与 H_2O 的反应。大分子单体是含氨基的接枝共聚或嵌段共聚的丙烯酸多元醇酯，用乙烯基封端，既可和不饱和单体共聚合，又可起表面活性剂的作用。

端 NCO 预聚物采用憎水性的 HDI 三聚体或 IPDI 三聚体，要用高剪切力将三聚体分散于水中。大分子单体和三聚体相容性较好，不用高剪切力分散，可得到透明涂膜，涂膜硬度和耐溶剂性优于溶剂型聚氨酯工业涂料。

二酮酸锆主要催化 NCO 与羟基的反应而不是与水的反应，可选择它作催化剂，具有非常高的选择性，和二丁基二月桂酸锡相比具有较少起泡（与水反应生成的 CO_2）、使用寿命（活化期）较长和光泽较高等优点。水分散双组分（2K）聚氨酯涂料施工中尽量控制好相对湿度与温度，以促使涂膜中水快速蒸发。采用先进的组合喷枪，两组分施涂前混合很好。

6.1.2.3 水稀释性聚酯树脂

聚酯一般不溶于水，需在聚酯分子结构中引入聚环氧乙烷链段，或离子基团，如羧基或磺化间苯二甲酸盐，获得适当的水溶性，制备水分散液。通常需要使用丁二醇醚等助溶剂。树脂中有酯键的存在，不能使用伯醇作助溶剂，可以使用仲醇作助溶剂，因为在 160℃ 稀释以及在树脂贮存时，伯醇易发生酯交换反应。

为避免酯键水解对聚酯稳定性造成的影响，水稀释聚酯用于周转快的工业涂料；还可制成聚酯粉末，涂装施工时把粉末搅入热的二甲基乙醇胺水溶液形成分散体。另一个问题是端羟基和羧酸基分子内反应，形成一些低分子量无官能团的环状聚酯。涂层烘烤时，环状聚酯从涂层挥发，逐渐聚集在烘道中温度较低处，滴落到通过烘道的产品上。因为量少，滴落是涂装线运转几周或几个月后才开始的。

用低分子量低羟端基聚酯配制水稀释聚酯涂料，在仅有聚酯-Ⅰ类 MF 树脂构成的基料中，能够溶解高达 20% 的水，使溶液黏度下降一半。这可以制造无溶剂涂料，涂料中不需要助溶剂和胺，水解问题也相应地减少。

水稀释聚酯涂料显示反常的黏度稀释曲线，如同水稀释丙烯酸树脂的一样。水性聚酯-三聚氰胺涂料由高羧基含量的饱和聚酯组成，酸值是 45～55mgKOH/g，相对分子质量大约为 2000。这些聚酯与水溶性三聚氰胺甲醛树脂如六甲氧基甲基三聚氰胺的配比为（70∶

30)～(85：15)。由于羧基可以使反应加速，可以不使用催化剂。在聚酯与三聚氰胺树脂混合之前，聚酯的羧基须用胺，通常是二甲基乙醇胺中和。助溶剂如丁二醇醚可用来降低黏度，提高颜料润湿性，延长贮存期，提高涂料的稀释性。

高分子量（相对分子质量约4000，酸值是20mgKOH/g）的聚酯与三聚氰胺树脂反应固化时，释放出的污染物少，可辊涂，固化后的漆膜具有较高的柔韧性和抗冲击性。

6.1.2.4 水性醇酸树脂

水性醇酸树脂中包括醇酸乳液和水稀释醇酸树脂。

(1) 醇酸树脂乳液

先按常规的醇酸树脂工艺制成疏水性的醇酸树脂，然后，机械搅拌分散在带表面活性剂的水中。分散体的粒径小，分布窄，分散体就稳定。油度较长的醇酸树脂分散的粒径小，再采用阴离子和非离子表面活性剂，分散的效果好。

短油度醇酸树脂在室温下是固体，把它加热到90℃熔融，并在搅拌下缓慢加入带表面活性剂的90℃热水，就可以形成水包油乳液。同样的方法可以制备其他油度的醇酸乳液。(Weissenborn P K，Progress in Organic Coatings，2000，40 (1～4)：253～266.)

醇酸乳液在国外已大量使用，漆膜60°光泽高，有优良的保光和抗泛黄性，但20°光泽低、固含量低、开罐时间短（易结皮）、对被涂表面润湿性差，低温施工受限制（最低成膜温度较高）。

以醇酸乳液为基础的水性气干醇酸涂料在工业维修中获得了广泛应用，涂料性能达到同类溶剂型醇酸的水平，但其涂膜干燥性能仍需研究。

(2) 醇酸丙烯酸杂化乳液

先制成长油度醇酸树脂，在表面活性剂和去离子水存在下，调整pH使偏碱性，用高剪切力搅拌均匀，加入单体制成预乳液。然后，将预乳液加入带有引发剂、表面活性剂和水的反应釜中，进行自由基聚合，醇酸接枝在丙烯酸聚合物上，得到醇酸丙烯酸杂化乳液。

① 杂化树脂的耐水解性好。②醇酸乳液不需共溶剂就得到好的成膜性，但涂膜需要较长时间才能达到不发黏的程度；丙烯酸分散体达到不发黏状态很快，但需要加共溶剂以提供好的成膜性；杂化体涂膜达到不发黏状态和丙烯酸分散体基本相似，但不需要加共溶剂就可获得好的成膜性。③醇酸-丙烯酸杂化体的均一性比相同组成的冷混合体要好很多，最低成膜温度5℃，相同组成的冷混合体是21℃。④醇酸-丙烯酸杂化体通过改变丙烯酸部分或醇酸部分的组成，或改变两者的比例，可以改进杂化体的平均粒径、粒度分布、转化率和涂膜性能、光泽、硬度和干燥时间，使杂化体具有广泛的应用范围。

(3) 水稀释醇酸

水稀释醇酸树脂是使用仲醇或醚醇作溶剂制造的酸值在50mgKOH/g左右的醇酸树脂，用氨水或胺中和羧基形成盐，能用水稀释。如果羧基是由间苯二甲酸或偏苯三甲酸引进的，羧基易从树脂分子上脱离，使树脂在水中失去稳定性。

引入稳定羧基的方法通常是使顺丁烯二酸酐中的双键加成到醇酸树脂中的不饱和脂肪酸上，然后酸酐在水中用胺解，产生羧酸胺盐，由于顺丁烯二酸酐是以C—C键连接在树脂分子上的，水解不掉。用丙烯酸树脂与醇解后的植物油反应合成水稀释醇酸，其主链是以C—C键连接的，不易水解。(Wang C C，Lin G，Pae J H，Jones F N，Ye H J，Shen W D. Journal of Coatings Technology 2000，72 (904)：55～61.) 醇酸树脂分子的主链是酯键，仍会发生水解，但它的水解不会造成稳定性问题，因为水解产生的是羟基和羧基。

在醇酸树脂的分子上引进少量（质量分数3%）磺酸基钠盐，树脂的水分散性好，干燥时间短，而且漆膜的硬度和耐水性好。(Rokicki G，Lukasik L. Surface Coatings International Part B-Coatings Transactions 2001，84 (3)：223～229.)

水稀释醇酸树脂涂布后，水、溶剂和胺首先蒸发，然后涂膜自动氧化交联。然而因为树脂中残留的羧基多，降低了涂膜的耐水性，特别是耐碱性。气干型水稀释醇酸涂料性能上不如溶剂型涂料，因为酯键的水解导致贮存寿命有限，而且在胺从漆膜中挥发之前，漆膜对水敏感。在漆膜干燥后期，胺的挥发是受胺在漆膜中的扩散速度控制的，与胺本身的挥发性无关。为加速此阶段胺的挥发，可使用碱性较弱的胺，如 *N*-甲基吗啉。

自乳化分散气干性醇酸涂料希望能集中水稀释和醇酸乳液的优点，还希望能集中溶剂型醇酸和醇酸乳胶的优点。在醇酸树脂结构中引入非离子型的亲水基团，使醇酸树脂有自乳化分散特性，如用聚乙二醇代替部分多元醇制醇酸。聚乙二醇的分子量越大，自分散性越好，但漆膜回黏性越差。

(4) 水性醇酸的干燥

因为醇酸树脂分子主链上酯键水解使醇酸树脂降解，使漆膜干率下降，即产生“失干”现象，而且催干剂在水中活性降低，因为以水为主要溶剂，氧在水中的溶解度比在有机溶剂中的溶解度要小很多，水会减慢吸氧速率，延长诱导期。自动氧化初始阶段是激发氧分子，激发态的氧在醇酸树脂涂膜中保留时间长，易于和醇酸反应，从而缩短诱导期。激发态的氧在苯中的寿命是 24μs，而在水中只有 2μs，在四氯化碳中有 700μs。氧在水中较小的溶解度和较短的激发态寿命使水性气干醇酸树脂吸氧速度慢，干燥时间延长。这些作用的共同结果是使水性气干涂料表干时间明显延长。

6.1.2.5 水稀释性环氧树脂涂料

(1) 水稀释环氧酯

以乙烯基不饱和二元羧酸（或酐）与环氧酯的脂肪酸上的双键进行加成反应引入羧基，应用最广的是顺丁烯二酸酐与脱水蓖麻油脂肪酸反应制备的，加叔胺（如二甲基乙醇胺），在水中酸酐开环生成胺盐，还需要加入助溶剂，如丙二醇乙醚、丙二醇丁醚、正丁醇等。水稀释型环氧酯在水中形成分散体，水解稳定性比相应醇酸的好，可用于电泳底漆，也可用于喷涂底漆、浸渍底漆，还可作二道底漆，性能和溶剂型的底漆相当。

为作为面漆使用，采用丙烯酸酯改性环氧酯，环氧酯分子与丙烯酸酯单体接枝共聚可得到丙烯酸改性环氧酯。丙烯酸改性环氧酯还可以制成核壳结构：把环氧树脂、二聚脂肪酸和巯基丙酸反应制成含—SH 端基的环氧酯作为核，然后在自由基引发剂作用下，通过—SH 的链转移，与（甲基）丙烯酸等单体形成接枝共聚物作为壳，最后用胺中和，得到水分散性树脂。这种树脂可制成清漆与色漆，具有优异的漆膜性能，抗石击性特别好。

使丙烯酸酯改性环氧酯中含羧基与双键，用胺中和，得到水分散性树脂，应用于光固化水稀释涂料中，VOC 含量低，而且固化速度快，可用于卷钢、铝材等金属表面的涂装。

(2) 水性环氧-胺

水分散体环氧-胺体系有两个组分，一个是疏水性的液体或固体环氧树脂，另一组分是水可稀释的胺类固化剂。这类涂料种类多，其中以表面活性剂和环氧树脂或聚酰胺反应制造的“自乳化”环氧树脂和聚酰胺，可以达到或接近溶剂型涂料的性能。

水分散体环氧由于含水量高，在涂料活化期内环氧基损失较多。因此，这类环氧涂料用两种环氧树脂的混合物：双酚 A 环氧树脂和中等分子量多官能的酚醛环氧树脂。环氧树脂都需在分子中引入亲水基团，如用聚乙二醇、醇醚化合物或非离子表面活性剂进行改性，使其具有自乳化性能。

固化剂树脂的氨基在有机溶剂的浓溶液中以盐酸中和，以水稀释时，由于溶剂的溶胀，形成胺盐基在外围的聚集体，悬浮在连续水相中。当环氧树脂溶液混入时，它进入固化剂树脂的聚集体中。这样，环氧基和氯化氨基隔离，容许几天的活化期。涂料施工后，水和溶剂蒸发，在同一相内留下了氯化胺和环氧基，反应生成氯醇和伯胺，然后，胺再和另外的环氧基反应。BPA 环氧树脂每个分子中环氧基少于 1.9 个，且约 1/3 被转化为氯醇，需要用多官能团的酚醛环氧，使每个分子的平均环氧基数目大于 2。

环氧树脂和固化剂都是水分散体，两组分混合后是相互分离的，当干燥成膜时，可认为发生去乳化作用，该过程发生得很快，两者分散相的黏度都比较低，匹配性又比较好，就能均匀混合，漆膜固化很均匀。树脂和固化剂都具有一定的疏水性，涂膜的耐水性得到很大的改进。将亲水性的非离子表面活性剂连接到树脂和固化剂的分子中，降低了表面活性剂的用量，不需再用乙酸中和使其盐基化，也降低了涂料对水的敏感性。这种涂料的 VOC 很低，干燥速度快，同时硬度发展也快，24h 面漆硬度可达到 HB，底漆硬度可达到 1H，抗冲性和耐溶剂性等性能都得到改进。漆膜均匀光滑，达到溶剂型涂料的水平。

为减少漆膜中的氯离子，可使用弱酸性溶剂硝基烷烃，形成胺盐，使环氧-胺乳液稳定并能以水稀释。施工后硝基烷烃蒸发，产生游离胺。这样，胺-硝基烷烃组合物起过渡性乳化剂作用。氨基转化为盐延长了混合组成的活化期，因为极性盐的基团向水定向，而环氧基是在乳液粒子内部。

$$RNH_2 + R_2CHNO_2 \rightleftharpoons RNH_3^+ R_2C{=}NO_2^-$$

环氧的溶胶-凝胶体系是以水性环氧涂料为基础的，在成膜过程中实现纳米粒子和环氧树脂分子、氨基的复合交联，形成杂化涂膜。在航空器（如飞机）的铝合金底材，传统涂装是磷化底漆＋环氧系底漆＋面漆，而采用环氧的溶胶-凝胶杂化体系，只需涂两层，涂层间实现无层间界面的交联，性能优于传统的涂层。

双酚 A 环氧树脂与二乙醇胺进行开环反应，然后用乙酸中和，所得的水分散性阳离子树脂可以用封闭型异氰酸酯交联，广泛地应用于阴极电沉积涂料，特别是用作汽车的底漆。

6.1.2.6 水稀释树脂涂料存在的问题

(1) 施工时的固含量低

采用喷涂、辊涂或淋涂施工时，固含量约 20%～30%（NVV）。固含量低意味着为达到相同的干膜厚度，湿膜厚度需要更厚。在汽车金属闪光涂料中，固含量低是个优点，能使铝粉颜料在漆膜中达到较好的取向，获得好的闪光效果。

(2) 湿度的影响

水稀释树脂涂料的黏度强烈地取决于水与溶剂的比例。空气的湿度影响涂料中余留的水与溶剂的比例。临界相对湿度是在该湿度下，水和溶剂以与涂料组成中相同的比例挥发，即水和溶剂在挥发过程中都不富集。当环境湿度大于临界相对湿度时，水因挥发慢而富集，导致涂膜的黏度过低而流挂。相对分子质量为 82000 的树脂在低于 60% 的湿度下就不流挂，而相对分子质量为 42000 的树脂则在低于 50% 的相对湿度下才不流挂，分子量高的树脂可在更高湿度的环境下使用。

施工时如果 RH（相对湿度）超过 70%，水的挥发速率极低，100% 时，水就不挥发。如果湿度极高而又必须施工时，需要冷却空气，使空气中的水冷凝出来一些，然后重新加热空气，再进行施工。工厂施工的涂料一般要求涂料临界 RH 较高，如 60%。

(3) 起泡和爆孔

漆膜近表面处形成气泡称为起泡（blistering）。湿膜表层黏度很高，溶剂的气泡上升到表层而不破裂，就是起泡。气泡在漆膜表面破裂却未流平，称为爆孔（popping）。表层黏度足够高，溶剂的气泡可破裂而不能流平就是爆孔，很细小的爆孔称为针孔。

① 表面层黏度　爆孔和起泡发生在湿漆膜开始干燥时，表层溶剂挥发快，使表层的黏度比底层的高，进入烘道后，底层的溶剂逸出所形成的气泡，不能容易地穿过高黏度的表层。温度升高，气泡膨胀，最终穿过表层而破裂成爆孔，此时湿膜黏度已高到不可流动来流平爆孔。湿漆膜在进入烘道前晾干时间更长；对烘道的分区间加热，即烘道的第一部分是较

低温区，在表面黏度过分提高前，水能通过漆膜扩散出去；在进入烘烤烘道之前，使用红外加热型烘道驱逐大部分的水，都可以减少爆孔。

溶剂挥发越快，越容易爆孔，在混合溶剂中加挥发慢的良溶剂能减小爆孔，它可将表层的黏度保持足够低，使之在黏度变得太高之前让气泡穿过并流平，但挥发慢的溶剂，如醇醚类，常引起流挂，而挥发性快的溶剂如仲丁醇可以防止流挂。在潮湿环境下施工时，水挥发慢，湿漆膜的黏度太低易流挂，这时加入挥发性快的溶剂尤其必要。因此涂装场所通常把相对湿度控制在 30%～70%，再调整助溶剂与水之间的比例，以防止流挂。

② 水的汽化热为 2260J/g，比有机溶剂的高，如乙二醇丁醚的为 373J/g。水较高的汽化热使湿膜升温速度减慢，使漆膜表面干燥而内部有溶剂，增加了爆孔的可能。同样，水会与树脂分子中的极性基团在室温下形成较强的氢键而不易挥发，在胺蒸发前，极性羧基铵盐基团容易保留水分，在较高温度下，氢键破坏而水就释放出来，这也增加了爆孔的可能。

乳液聚合物的 T_g 越低，越易发生爆孔。因为在水未完全挥发前，低 T_g 乳胶漆膜表面聚结得更好，阻止水的挥发。

③ 在标准条件下制备样板、晾干和烘烤，然后测定其不发生爆孔的最大膜厚，该膜厚称为爆孔的临界膜厚。水性烘漆的临界膜厚较低，爆孔比相应溶剂型涂料的严重。T_g 高的树脂远较 T_g 低的容易爆孔，水稀释的树脂又远较溶剂稀释的树脂容易爆孔。

爆孔的概率随膜厚增大而增加，因为膜厚的增大造成溶剂含量的梯度增大。爆泡可通过喷涂更多的道数，即每次的湿涂层更薄来减少。

④ 爆孔也会由陷入湿膜的空气泡造成。湿膜表层是高黏度，空气泡可留在湿膜内进烘道，然后升温膨胀，穿过表层而破裂。机械搅拌生成的气泡也是引起爆孔的因素。在喷涂水性涂料时，易将空气泡陷入。用辊涂或帘涂施工的薄涂层很少有爆孔问题，因为其漆膜与喷涂相比，没有空气泡截留问题。晾干时间较长，帘涂较厚，漆膜也不出现爆孔。

为喷涂厚度均匀的漆膜，确保所有的施工部位有足够的涂料，实际漆膜厚度会比平均漆膜厚度要厚。用高压无空气喷涂时，因为在高压下更多空气溶于涂料中，就更容易产生空气泡。使用超临界二氧化碳喷涂可以减少爆孔，因为二氧化碳在漆雾颗粒处在喷枪及被涂表面之间时挥发掉。

⑤ 残留在底漆中的溶剂，在面漆干燥时也会造成起泡和爆孔。涂装塑料时，溶剂会溶于塑料内，烘烤时造成起泡或爆孔。

6.2 电泳涂装

电泳涂装的原理发明于 20 世纪 30 年代，但开发这一技术并获得工业应用是在 1963 年以后。电泳涂装技术始于 1959 年美国福特汽车公司对汽车应用阳极电泳底漆的研究，并于 1963 年建成第一代电泳涂装设备。1965 年，福特汽车公司的电泳涂装系统生产了几百万个汽车车轮、许多整体车身，以及大量的汽车模型、工具和标准件。据估计，目前美国有 1500 条电沉积涂装生产线，世界其他各国约有 1500 条电沉积涂装生产线。电泳涂装是近 30 年来发展起来的一种特殊涂膜形成方法，是对水性涂料最具有实际意义的施工工艺。

6.2.1 电泳涂料

电泳涂料几乎都是热固性基料的涂料，需要加热烘烤固化。根据被涂物在电泳涂装过程中所处的电极不同，电泳涂料可分为阳极电泳涂料和阴极电泳涂料两种。

(1) 阳极电泳涂料

阳极电沉积涂料的树脂分子中含有羧基，用弱碱（常用*N*,*N*-二甲氨基乙醇、一乙醇胺、二乙醇胺、三乙醇胺等）中和形成盐。树脂先溶于有机溶剂中，借机械方法分散在水中，形成水分散体。在直流电场作用下，带负电荷的树脂包裹着颜料，一起向阳极泳动，并沉积在阳极表面。常用的阳极电泳涂料有纯酚醛、环氧酯、聚丁二烯等阳极电泳涂料。

早期的阳极电泳涂料是以马来酸接枝亚麻仁油为基料，该涂料的稳定性好，但对钢铁的附着力差。马来酸化环氧酯对钢铁附着力优良，使用甲乙醚化的Ⅰ级三聚氰胺甲醛树脂交联，在电泳时交联剂能以恒定比例沉积。水稀释性环氧酯涂料附着力和防腐性能较好，用量较大，但也只适合用作底漆，因芳香族环氧树脂耐光性差。

马来酸化聚丁二烯在槽中不会水解，因为分子中是C—C键。1,2-聚丁二烯低聚物顺酐化后，用胺中和，制成具有快干、耐水性及抗化学腐蚀性较好、泳透力（即电泳涂装中背离对电极的工件表面上涂上漆的能力）高的涂料，但由于分子中含大量双键，易泛黄老化，也只用于底漆。

由于环氧酯、纯酚醛电泳漆的稳定性差、涂膜易返粗、泳透力低、耐腐蚀性和耐盐雾性低，现在主要采用聚丁二烯阳极电泳涂料。该涂料经磷化后电泳涂料的漆膜耐盐雾性达240～400h，而且价格低于环氧阴极电泳漆，得到广泛的应用。

以丙烯酸共聚物为基料的阳极电泳涂料作面漆使用，在电沉积过程中阳极产生三价铁离子，与树脂上的羧酸形成不溶性盐，导致变成红棕色。磷酸锌磷化膜可降低变色性。

阳极电泳涂料用于铝表面，不会变色，而且对铝氧化物层的保护性比阴极电泳涂料好。

(2) 阴极电泳涂料

阴极电泳涂料所用的树脂骨架中含有大量的氨基，用有机酸（甲酸、乙酸、乳酸等）中和为弱酸弱碱盐。阴极电泳涂料是用多元胺和双酚A环氧树脂反应产生的，交联剂是2-乙基己醇部分封闭的异氰酸酯，用低分子量羧酸进行中和。因为阴极电泳涂料的槽液呈酸性，就要求工件磷化膜能耐酸腐蚀，需要使用锌-铁磷化膜，镀锌钢材用锌-锰-镍磷酸盐处理。

在电场作用下，季铵阳离子树脂连同分散于其中的颜料，沉积到作为阴极的工件上。由于阴极电泳漆涂装时被涂物是阴极，所以电泳时金属底材不被溶解。由于它的树脂中含有大量氨基，本身具有抑制腐蚀的作用，所以阴极电泳涂膜的防腐能力比阳极电泳涂膜的高3～4倍。阴极电泳漆的泳透力强。因此阴极电泳涂料广泛用于车辆（尤其是轿车）的底漆涂装，也用于一些防锈性要求较高的机电产品的底漆涂装。

用双酚A环氧树脂、TDI、MDI制备的阴极电泳涂料只能作底漆使用。面漆需要用丙烯酸树脂［如甲基丙烯酸2-(*N*,*N*-二甲基胺）乙酯和甲基丙烯酸羟乙酯的共聚物］和封闭的脂肪族二异氰酸酯制备。另一种方法是用甲基丙烯酸缩水甘油酯作为共聚单体制备的丙烯酸树脂，侧链上的环氧基与有机胺反应产生氨基，与有机酸中和形成阴极电泳涂料。

6.2.2 电泳涂装原理

电泳涂料中树脂分子的尺寸处于胶体（10^{-9}～10^{-7}m）范围内，而颜料颗粒的尺寸处于微米级，因此，电泳涂料是一个复杂的体系。电泳涂装过程大致通过电解、电泳、电沉积、电渗四个过程实现。

(1) 电解

电泳时因为阴阳极间的电压相当大（250～350V），阴、阳极上同时发生电解水的反应。在阴极上放出氢气（$2H^+ + 2e^- \longrightarrow H_2$），使阴极表面的pH上升。阳极上放出氧气，使阳极表面的 pH 下降，作为阳极的钢铁也会溶解（$4OH^- - 4e^- = O_2 + 2H_2O$；$Fe - 2e^- = Fe^{2+}$）。

水的电解反应改变电极表面的 pH 值，才使树脂的沉积成为可能。电泳槽液的电导越大，电解就越剧烈，生成的气泡就越多，而气泡多也是造成电泳漆膜针孔和粗糙的根本原因。

（2）电泳

树脂的胶体粒子在直流电场的作用下，移向带异种电荷的电极。胶体粒子受水的阻力，移动速度慢，如在水中泳动，称为电泳。

（3）电沉积

电泳涂料在电极上沉积析出称为电沉积。阳极电泳涂料槽液的 pH 为 7.5～8.5，电解时阳极表面的 pH 下降到 3～4。阳极表面的氢离子与电泳来的羧酸根离子结合成为羧酸而沉积（$H^+ + RCOO^- = RCOOH\downarrow$），因为羧酸根的溶解度很大，羧酸的溶解度很小。

在阳极上还发生 $Fe - 2e^- = Fe^{2+}$ 的反应，Fe^{2+} 与 $RCOO^-$ 生成铁皂，使漆膜颜色变深，并且降低漆膜的耐腐蚀性。但阳极电泳漆膜的耐腐蚀性不如阴极电泳漆膜的，根本原因在于阳极电泳漆树脂的稳定性差。

同样，在阴极电泳涂装时，带正电荷的树脂电泳向阴极，带负电荷的小分子羧酸离子则在阳极聚集。阴极电泳涂料槽液中的 pH 为 5.5～6.5，电解时电极表面 pH 上升到约 12，使电泳来的阴离子析出。这里以二元胺为例（$OH^- + R_2NH_2^+ = H_2O + R_2NH\downarrow$），铵在水中的溶解度很大，而有机胺的则很小。阴极电泳涂装的阳极材料可以选用石墨、不锈钢或镀氧化钌薄膜的不锈钢，以防止金属离子析出污染漆液。

因为在电泳涂装过程中，当工件某处沉积的漆膜较厚时，此处导电性下降，沉积的新漆膜的速率大幅度下降，而漆膜较薄或没有漆膜的部位可以继续沉积，最后使整个电泳涂层的厚度基本均匀一致，而且电泳涂层的边缘覆盖性好，能使喷涂、浸涂等涂装不到的复杂工件全面涂装，尤其是阴极电泳涂膜，由于它的泳透力高，所以更适合形状较复杂的被涂工件涂装，如汽车内腔表面焊缝、边缘及小轿车车门内最凹的地方等处也能沉积成膜。阴极电泳很容易通过电压调整，使漆膜厚度控制在 10～35μm 范围内。

（4）电渗

刚沉积到工件表面的涂膜是多孔的疏松结构，含水量很高。在电场的持续作用下，电极反应产生的离子（H^+ 或 OH^-）通过这种疏松结构的膜，向槽液中移动，并在漆膜的表面与树脂发生反应，生成新的沉积膜。同时，漆膜内部的水与离子（即 H^+ 或 OH^-）一起从涂膜中渗出来，使涂膜脱水，形成致密的漆膜，这种现象称为电渗。电渗性好的电泳涂料，泳涂后的湿漆膜用手触摸时，不粘手。随工件带出的槽液用水冲洗掉，湿漆膜直接进行烘烤得到结构致密、平整光滑的涂层。

6.2.3 电泳设备

电泳涂装设备分为连续式和间歇式两大类。连续式组成流水线，适合大批量生产，应用很广。间歇垂直升降式用于批量较小的涂装作业，用微机控制各工序，工艺过程可灵活变化，备受关注。

电泳涂装设备一般由电泳槽、贮备槽、槽液循环过滤系统、超滤（UF）装置、电极和极液循环系统、调温系统、纯水制备系统、直流电源及供电系统、涂料补给装置、电泳后的清洗装置、电泳室（防尘罩）、电气控制柜等组成，与输送被除物的设备、烘干室、强冷室等组成电泳涂装生产线，见图 6-3。

电泳槽槽体的大小及形状需根据工件大小、形状和施工工艺确定。在保证一定的极间距

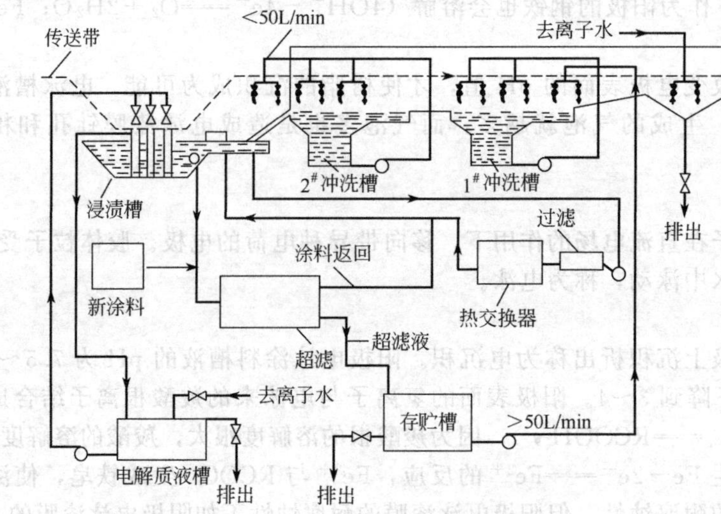

图 6-3 电泳涂装流程图

离条件下，应尽可能设计小些。槽内装有过滤装置及温度调节装置，以保证漆液一定的温度及除去循环漆液中的杂质和气泡。搅拌装置多采用循环泵，漆液每小时循环4～6次，使工作漆液保持均匀一致。当循环泵开动时，槽内液面应均匀翻动。还需要补充调整涂料成分，控制槽液的pH值，用隔膜电极除去中和剂和用超滤装置排除低分子量成分、无机离子等。电泳电源采用直流电源，整流设备可采用硅整流器或可控硅。水洗装置用于电泳涂装前后工件表面附漆的冲洗，需加压设备，常用的是一种带螺旋体的淋洗喷嘴。烘烤装置用来促进电泳涂料的干燥成膜，可采用电阻炉、感应电热炉和红外线烘烤设备。烘房设计要有预热、加热和后热三段，应根据涂料的品种和工件的情况制订。

(1) 电泳槽及电泳室

船形电泳槽适于连续电泳涂装生产线，矩形电泳槽适用间歇式生产线，槽底都采用圆弧过渡，避免死角造成的沉淀。槽体与溢流辅槽相连。主槽与辅槽之间有一个调堰，用于调节主槽液面高度并排除槽液表面的泡沫。溢流辅槽的体积通常为主槽的1/10，槽底为锥形，锥顶接循环管道，保证漆液的循环。辅槽上应安装40～80目过滤网，以滤去漆液中的泡沫和杂质。

电泳贮备槽用于主槽清理、维修时存放槽液。电泳槽液中含有少量有机溶剂，需要排风换气系统，生产期间换气次数为15～30次/h。

(2) 循环搅拌及过滤系统

阴极电泳漆槽液的固体分一般为18%～20%，槽液黏度很低，颜料极易沉淀，因此涂装过程中槽液循环系统起搅拌的作用。槽液的液面流速为0.2～0.3m/s，槽底部的流速最低为0.4m/s。

电泳槽液配后，就应连续搅拌，因故障停止搅拌时间不应超过24h，月累计停止搅拌不应超过72h。循环搅拌系统要采用不间断电源，可采用双回路供电或采用备用发电机。

过滤器要安装在超滤液循环回路中，目的是为除去尘埃颗粒，及时排除工件表面产生的气体。常用的过滤器有滤袋式和滤芯式两种。滤袋式过滤器安装在金属结构的支撑桶中。槽液的流速和压力低，涂料易沉淀，过滤效果就差；而流速太高、压力太大，易使过滤器堵塞。所以，要控制通过过滤器的槽液的流速和压力，以确保循环过滤系统稳定正常运转。

(3) 槽液温度控制系统

槽液温度的高低会影响槽液的稳定性和漆膜质量。在相同的电压下，槽液温度升高黏度就下降，泳动加快，析出效率提高，漆膜增厚。槽液温度过高也加速电解，使漆膜变粗，产生橘皮与针孔，而且溶剂易挥发，涂料易变质。反之，槽液温度过低，会使漆膜变薄，不丰满。要将槽温控制在规定温度±1℃。阴极电泳槽液工作温度一般为 27～28℃，厚膜阴极电泳为 29～35℃。

不锈钢热交换器被安装在槽液循环管路中。在气温较高或连续生产时，槽液温度会明显上升，须用冷水进行冷却，在冬季则需要 40～45℃的热水加热。

(4) 直流电源

直流电是由交流电经过整流器转换成的。汽车车身阴极电泳的直流电源电压应能在 0～500V 之间可调，涂装零部件的电压可适当低些，一般采用工件接地的方式。

(5) 电极装置

阳极电泳极板采用普通钢板或不锈钢板制作，而阴极电泳极板采用不锈钢、石墨板或钛合金板制作。极板一般是以数块设置在主槽两侧。若涂汽车车身等较大工件时，需在底部和顶部布设阳极。阴极电泳的极板面积：工件面积＝1：4；阳极电泳的极板面积：工件面积＝1：1。现在阴极电泳采用盒板式或管式阳极，既可设置在电泳槽两侧，又可设置在槽底和顶部，更换方便。

电极与工件之间的距离为极间距。极间距过小会使极间电阻值下降，局部电流过大而得不到均一漆膜。极间距过大使极间电阻增大，得不到完整漆膜，一般极间距为 10～80cm。

(6) 电泳原漆补加系统

电泳涂料分为单组分和双组分，按供应状态分为高固体分（65%～75%）、低固体分（约 40%），按中和度分为完全中和及未完全中和。配制高固体分、高黏度和未完全中和的电泳涂料要用涂料补加装置（补漆槽、电动搅拌机、过滤器以及输送和内循环泵等），该装置用管道与电泳槽相连接，先在补漆槽中与槽液（或去离子水）充分混合，必要时补加中和剂，调 pH 值，连续搅拌 20～30min 后，通过过滤器将调好的涂料泵入电泳槽。另一种方法是直接用泵分别将颜料浆和漆液注入两条槽液循环管路中，注入颜料浆的速度要≤38L/min，注入漆液的速度≤76L/min。

(7) 超滤系统

超滤系统能将冲洗工件后的漆液进行浓缩回收，并能除去槽液中大部分离子，维护槽液的稳定，延长槽液的使用寿命。超滤是将槽液在 0.3～0.5MPa 压力下通过有特定孔径的半透膜，使槽液中颜料、高分子树脂（相对分子质量大于 5000）不透过半透膜，而水、有机溶剂、无机离子和低分子树脂部分通过半透膜被滤去。槽液通过泵增大压力，通过过滤器和超滤装置，其中一部分漆液直接进入电泳槽，另一部分进入超滤液贮槽，用于冲洗从电泳槽中出来的工件。

(8) 电泳后冲洗系统

工件离开电泳槽时会在工件表面带上浮漆，最好在 1min 内冲洗掉。冲洗设备有浸渍式、喷淋式和喷浸结合式。选择设备要根据被涂物的结构及涂膜装饰性要求，如汽车车身内部较复杂，需选用 6 道喷浸结合式的清洗工艺：电泳—槽上超滤液冲洗—循环超滤液喷洗—超滤液浸洗—新鲜超滤液喷洗—循环去离子水洗（浸或喷）—新鲜去离子喷洗。对涂膜装饰性要求不高的被涂物，如车架线等，洗 1～2 次就行。

由于电沉积涂层未经烘干固化，机械强度很低，喷淋压力过大，造成涂层被冲脱落，而且喷射压力过高还易起泡，喷淋压力为 0.08～0.12MPa。要选用产生泡沫最少的喷嘴类型，如莲蓬头型或螺旋型喷嘴。喷嘴与工件距离为 250～300mm，喷嘴之间的距离为 200～250mm。

6.2.4 电泳涂装工艺

(1) 表面前处理对电泳漆膜的影响

铸件一般采用喷砂或喷丸进行除油除锈，用棉纱清除工件表面的浮尘，用 80～120# 砂纸清除表面残留杂物。钢铁表面需要除油和除锈，对漆膜表面要求高时，要进行磷化和钝化，具体工艺见 9.2 漆前表面处理。

黑色金属工件如果不在电泳前进行磷化处理，漆膜表面粗糙，耐腐蚀性能较差。磷化处理时，要选用锌盐磷化膜，防腐蚀效果较好，厚度约 1～2μm，而且要求磷化膜结晶细致而均匀。因为磷化膜厚会使磷化膜的电阻增大，电泳漆膜变薄。磷化膜不均匀，导电能力不一致，漆膜不均匀。磷化膜结晶粗糙，电泳漆膜粗糙，附着力下降。也广泛采用铁盐磷化。

(2) 电泳涂装工艺

① 槽液的组成　阴极电泳时，槽液的固体分为 18%～20%，阳极电泳时，为 10%～15%。固体分过高会使电沉积速度加快，漆膜厚且臃肿。固体分低使电沉积性能变差，漆膜变薄，泳透力降低，槽液稳定性变差。

颜基比为槽液中颜料与树脂之比。市售阳极电泳涂料的固体分约 50%，施工时需用蒸馏水稀释至 10%～15%，颜基比为 1∶2。高光泽电泳涂料的颜基比可控制在 1∶4。

阳极电泳时，树脂包裹着颜料一起向阳极泳动并沉积在阳极工件表面，沉积到工件上的颜基比与槽液中的颜基比有差异，所以沉积过程中颜基比在变化，如 70%树脂和 30%颜料组成的槽液，沉积的涂层中含有 68%树脂和 32%颜料。槽液中的颜料含量会逐渐下降，必须随时添加颜料含量高的涂料来调节。

② 槽液 pH 值及其调整　阴极电泳槽液的 pH 为 5.5～6.5，不同品种的 pH 范围不一样。pH 过高（即中和用的小分子羧酸量太少）使树脂的水溶性和电沉积性变差，漆膜附着力不好。pH 值过低会使再溶解加剧，漆膜变薄，漆膜丰满度差。

阴极电泳时阳极上发生的反应（以醋酸根为例）：

$$4Ac^- + 2H_2O \longrightarrow O_2 + 4HAc + 4e^-$$

生成的 HAc 使槽液的酸性增强，所以必须经常调整 pH。调整 pH 值的方法一般采用隔膜极罩法或补加低中和度涂料，现在大型阴板电泳涂装线上常用阳极隔膜法。

同样，阳极电泳的阴极上发生的反应（以氨为例）：

$$2NH_4^+ + 2H_2O \longrightarrow O_2 + 2NH_3 + 2H^+$$

NH_3 使槽液呈碱性，pH 在 7.5～8.5。pH 过低（即中和用的小分子胺量太少）影响树脂的水溶性，轻则电泳液变成乳浊状，重则树脂从电泳液中析出，无法电泳涂装。pH 过高会使水解加剧，气泡增多，涂层外观质量差，泳透力下降，用隔膜极罩法调整 pH。

隔膜极罩是由不导电的半透膜制作的，将其裁成长方形，然后固定在绝缘栅架内，在罩内注入去离子水，将工件的对电极插入其中。阳极（或阴极）生成的 HAc（或 NH_3）在罩内聚集，加入新的去离子水定期冲洗罩内的液体，以除去 HAc（或 NH_3），达到调节槽液 pH 值的目的。

③ 电泳电压　阴极电泳电压比阳极电泳的高得多。阳极电泳电压在钢铁工件上为 40～70V，铝和铝合金 60～100V，镀锌件 70～85V。G1083 阴极电泳漆的电压为 250～350V。

电压过高使电流增大，电解反应加剧，电极表面产生大量气体，使漆膜粗糙甚至被击穿。击穿时的电压叫破坏电压或击穿电压。电压过低，漆膜泳透力变差，背着对电极的工件表面泳不上漆，此时的电压叫临界电压。要选用的电压在临界电压与破坏电压之间，在此范围内，漆膜厚度随电压的升高而增厚。生产上应通过实验选用对漆膜外观和涂装质量最适宜的电压范围。

④ 电泳时间　从通电开始到电沉积终止的时间。电泳开始时，电流值很大，随时间增加电流逐渐下降，最后变得很小。这是因为随时间增加，漆膜厚度不断增加，电阻值相应增大。

电泳时间过短得不到均一完整的漆膜，太长使生产效率降低，漆膜过厚且外观不平整。表面几何形状复杂的工件可适当提高电泳电压和延长电泳时间。电泳时间 1.5～2min 就可，为保证漆膜更完整，工业上采用 2～4min。

⑤ 泳透力　泳透力是电泳涂装中背离对电极的工件表面上涂上漆的能力，直接影响工件各部位涂膜的均一性。阴极电泳涂料的泳透力较阳极电泳涂料的强得多。泳透力高的涂料不用辅助电极也能确保被涂物内腔与缝隙表面涂上漆。

提高泳透力可采用较高的电泳电压；槽液导电要好，有利于电流传输到工件凹处；增大空腔的进口及增加开口的周长；狭缝比圆孔更能增加泳透力。

6.2.5　电泳涂装的特点

(1) 电泳涂装的优点

电泳涂装与传统涂料涂装完全不同，它是水性涂料体系，具有突出的优点：①易于自动化生产。电泳涂装在整体上容易实现从漆前表面处理到电泳底漆、烘干自动化流水线生产，减轻了劳动强度，提高了劳动生产率。②涂层覆盖性、厚度均匀性好。③ 漆膜外观好。电泳涂装后湿膜可以直接进行烘烤，而且在烘烤过程中不会产生流痕、积漆等弊病，烘烤时有较好的展平性，涂膜外观好于其他涂装方法。④涂料的利用率高。电泳槽液的黏度较低，工件带出涂料的损耗少。超滤循环水系统能把用水冲洗工件得到的很低浓度的涂料回收利用，因此，涂料的有效利用率可以高达 95%。⑤安全环保。溶剂主要是水，有机溶剂含量很低。与其他水溶性涂料相比，电泳涂装采用超滤循环水系统和封闭式水洗，能够大大减少废水处理量，减少对环境的污染。

(2) 电泳涂装工艺局限性

① 设备投资大，费用高，尤其是阴极电泳涂装的槽液 pH 值在弱酸范围内，对设备存在腐蚀，需要用不锈钢制作，费用高。②生产管理要求高。涂料需要不断地补充，且要控制涂料的组成；要调整槽液的 pH 值；搅拌、超滤、调温等装置均须连续稳定地运转，否则槽液参数不合格，影响生产。槽液和设备的管理比较严格。③工艺本身的局限性。电泳涂装不便换色，漆膜颜色单一，而且底漆本身的耐候性差，不能用于面漆；烘干温度高（180℃），不能耐高温（160～185℃）的被涂物，不适合电泳涂装；不同的金属制品不宜同时进行电泳涂装，因为它们的破坏电压不同；挂具需要进行经常清理以确保导电性；工件不能导电、小批量生产的场合、箱形等漂浮工件，都不适合电泳涂装。

6.3　粉末涂料

粉末涂料通常由树脂、固化剂（在热塑性粉末涂料中不需要）、颜料和助剂组成，把固态高分子熔融，将颜料和其他组分分散在其中并粉碎制备的。粉末涂料以粉末状态进行涂装，然后加热熔融流平，固化成膜。粉末涂层具有优异的性能，易于施涂、易实现工业自动化、节约能源和资源，广泛用于汽车和家用电器行业。

粉末涂料的应用早期主要是在容器、管道的防腐蚀方面和电绝缘方面，以热塑性粉末涂料和流化床浸涂涂装工艺为主。现在其用途就内防腐蚀涂装为主转向了装饰性涂装领域，涉及各国国民经济的许多领域，诸如家用电器、建筑材料、交通器材、金属构件、汽车工业、农用机械、电讯设备、管道等。我国粉末涂料主要应用市场是家用电器，其用粉量占总用量的 70%以上。

6.3.1 粉末涂料的基料

粉末涂料通常分为热塑性和热固性粉末涂料两大类。热塑性粉末涂料中应用范围较广的是聚乙烯和聚氯乙烯粉末涂料，通常树脂分子量较高，有较好的耐化学性、柔韧性和弯曲性，但熔融时是黏稠的，在高温烘烤时，流动和流平性仍然不好，而且热塑性涂料难于粉碎成细粒度，这样就仅能施工为较厚的涂膜，且与金属的附着力差，需要涂底漆或用改性树脂来改进，因此现在使用的主要是热固性粉末涂料。

热固性粉末涂料由较低聚合度的预聚体树脂，在固化剂存在下经一定温度烘烤（或光辐射）固化，交联成网状结构的聚合物。由于预聚体树脂分子量低，所以有较好的流平性、润湿性，能牢固地黏附于金属工件表面，并且固化后有较好的装饰性和防腐蚀性。热固性粉末涂料的品种有环氧、环氧聚酯、聚酯/TGIC、聚氨酯、聚丙烯酸、UV 固化树脂粉末涂料和氟树脂等粉末涂料等，其中聚氨酯、丙烯酸和氟树脂粉末涂料是耐候性粉末涂料。在这些品种中，环氧/聚酯粉末涂料产量最大，其次是聚酯/TGIC 和环氧粉末，再其次是聚氨酯粉末涂料，丙烯酸粉末涂料的产量很少，氟树脂粉末涂料的产量更少。

粉末涂料在贮存时必须不结块（开始凝聚）和发生交联，烘烤时必须熔融、流平成所需的漆膜并发生交联。因此粉末涂料的基料需要控制主要性能指标：T_g、M_n、f_n。热固性粉末涂料的树脂一般是无定形聚合物，为防止粉末结块，基料（基本树脂＋交联剂）的最低 T_g 值为 45～50℃。一个典型的粉末涂料基料的 T_g 为 50℃，能在 40℃以下输送和贮存，在 80℃左右熔融。在烘房加热时，黏度短时间内快速地降至 10Pa·s 左右，使漆膜流动和流平，在 130～200℃加热 15min 交联。UV 固化粉末涂料能低至 100℃固化。

(1) 环氧类粉末涂料

粉末涂料常用 E-12 型 BPA 环氧树脂。装饰性涂料使用较低分子量环氧树脂，n 值低到 2.5，以便流动性更好，获得装饰性好的漆膜。保护性涂料的 n 值可高达 8。

环氧值较高（环氧当量低）的环氧树脂固化交联密度大，涂膜具有较高的光泽和优良的耐溶剂、耐化学品及耐沸水等性能；反之，将使粉末涂料的贮存稳定性较好，涂膜的柔韧性与耐冲击性提高，而涂层的硬度与附着力无重大差别。热塑性酚醛环氧树脂或热塑性酚醛环氧和 BPA 环氧拼混物比单独 BPA 树脂具有更高的交联密度。

环氧粉末树脂涂料常用的交联剂是双氰胺。在常温下，双氰胺则是相当稳定的，是一种潜交联剂。将双氰胺充分粉碎分散在液体树脂内，其贮存稳定性可达 6 个月，双氰胺在 145～165℃能使环氧树脂在 30min 内固化。双氰胺在常温下是固体，可与固体树脂共同粉碎，制成粉末涂料，贮存稳定性良好。使用量为 100 份 E-20 树脂用 2.5～4 份双氰胺。

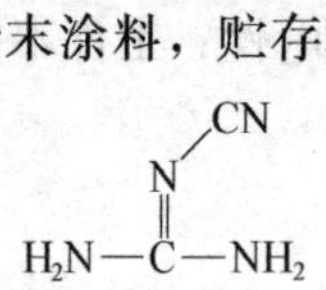
双氰胺

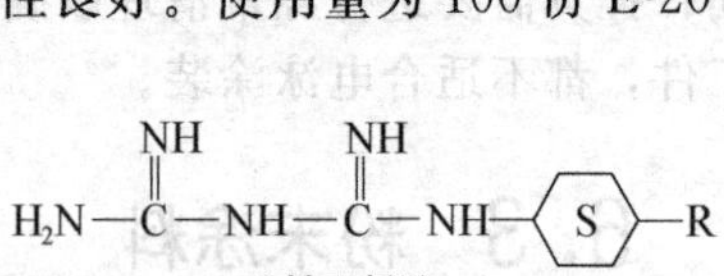
改性双氰胺

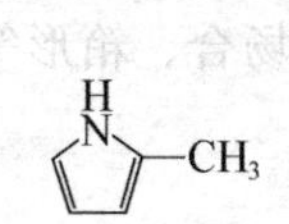
2-甲基咪唑

双氰胺在 130℃以下不与环氧树脂反应，对涂膜不着色且不易泛黄，价廉易得，因此使用很普遍，但它的熔点高，与环氧树脂的混容性差，因此反应温度高，需要在 200℃下烘烤 30min。为此，在使用中常需添加少量固化促进剂咪唑类化合物，常用 2-甲基咪唑。

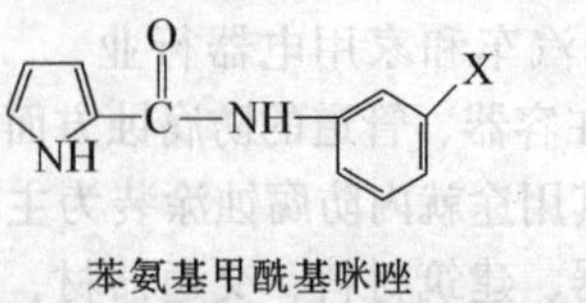
苯氨基甲酰基咪唑

用芳香族化合物对双氰胺进行改性，改性双氰胺更易溶于环氧树脂，降低固化温度，比较容易形成均匀漆膜。

苯氨基甲酰基咪唑是一种新的固化促进剂，将它添加到环氧/聚酯混合型粉末涂料中，可使烘烤温度下降到 120～140℃，且有半年以上的贮存期。

酚醛树脂用作交联剂增强耐腐蚀性能，用 2-甲基咪唑作催化剂。热塑性酚醛树脂和环氧树脂起固化反应，主要是通过酚羟基与环氧基的加成反应进行的，因此无挥发性物质产生，适宜于制造一次涂膜厚度在 300μm 以上的粉末涂料。涂层具有优良的抗化学品性能、耐热性和电绝缘性。

酸酐能使环氧树脂形成交联密度高、耐热性良好、耐药品性能优良（除耐强碱性差一些之外）的固化产物。尤其是电绝缘性能最为突出，所以作为电子、电器绝缘用的环氧粉末涂料一般都采用酸酐作固化剂。但是大多数的酸酐会升华，有刺激性气体产生，以及贮存稳定性差等缺陷，因此选择上要慎重，可采用升华性小的四氢苯二甲酸酐、甲基四氢苯二甲酸酐。聚壬二酸酐固化产物有一定的韧性，耐热冲击，电绝缘性优良。

二酰肼除了单独用作环氧粉末涂料的固化剂之外，还可以作为环氧/双氰胺粉末涂料体系的固化促进剂。己二酸酰肼和双酚 A 型环氧树脂等组成的粉末涂料具有稳定性好、涂层致密度高、无针孔等优点，已成功地应用于钢管内壁的涂覆。

环氧类粉末涂料的力学性能非常优越，缺点是耐候性不理想、烘烤后涂膜有泛黄性，所以不宜制作浅色漆膜，也不适合在户外应用。

(2) 聚酯

热固性粉末涂料的聚酯一般是无定形的，玻璃化温度高于 55℃，软化点在 100～120℃之间，它们和颜料的相容性良好。

端羧基聚酯的酸值在 20～100mg KOH/g，相应的数均相对分子质量在 2000～8000 之间。中、高酸值（45～85mgKOH/g）的聚酯均用于环氧/聚酯混合型粉末涂料中。这类粉末的装饰性、施工性、贮存稳定性和价格等方面都具有优势，是目前应用最为广泛的一种，在家用电器、建筑材料、机械制造和室内制品等范围内的应用日益扩大。低、中酸值（20～45mgKOH/g）的聚酯用异氰脲酸三缩水甘油酯（TGIC）作固化剂，制备耐候性卓越的粉末涂料。

端羟基聚酯树脂和封闭型异氰酸酯配合制耐候性杰出、耐腐蚀性优良的薄层化粉末涂料，应用前景十分广阔，特别是在汽车工业部门和建筑材料方面的应用更好。此外，还有端羟基聚酯用烷氧基甲基三聚氰胺固化的粉末涂料。

羧基聚酯树脂与环氧树脂（固化剂）配合而成环氧/聚酯粉末涂料产量很大。用其他交联剂如 TGIC、封闭型脂肪族异氰酸酯代替 BPA 环氧能使户外耐久性进一步改善，可使用羧酸官能或羟基官能聚酯树脂。异氰脲酸三缩水甘油酯（TGIC）有 3 个环氧基具有很高的活性，能和含有氨基、羧酸基的化合物或聚合物生成交联密度大的产物，再加上三嗪杂环的母体，因此产物具有很高的耐热性、耐燃性和硬度。TGIC 发生交联反应时没有小分子物质放出，可以制得较厚的不产生针孔的涂膜。TGIC 用作有碱性催化剂的羧基聚酯的交联剂，典型的基料含有 4％～10％TGIC 和 90％～96％的羧酸端基聚酯。

聚酯/TGIC 粉末涂料有良好的户外耐久性和力学性能，主要缺点是长期贮存易产生橘皮，固化过程中涂膜流平性稍差，有一定的毒性。

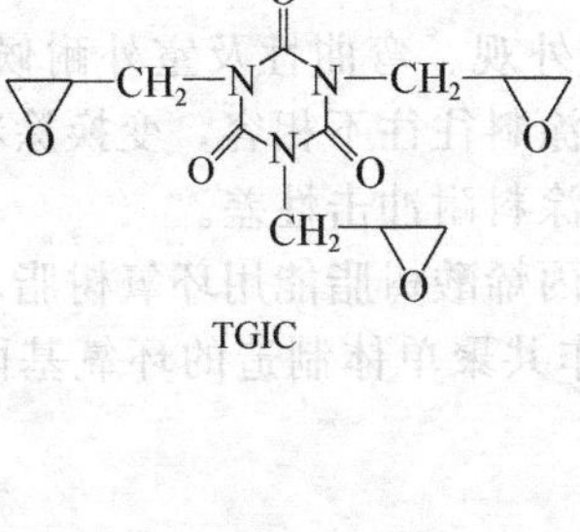

TGIC

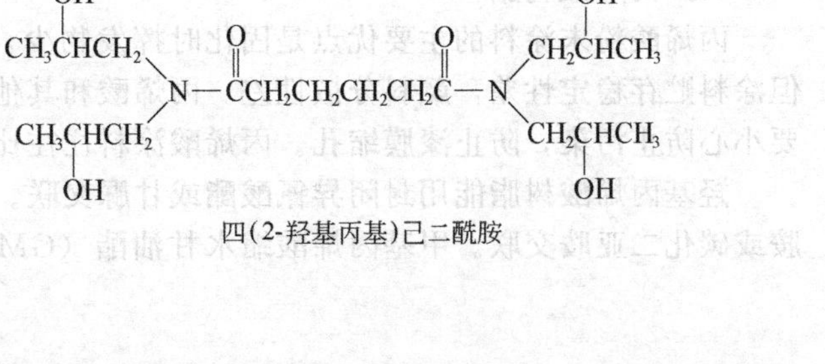

四(2-羟基丙基)己二酰胺

TGIC是当前最主要的粉末涂料用耐候性固化剂，与低酸值聚酯树脂配合可制得耐候性优良的粉末涂料，具有优良的耐候性、力学性能、耐热性、耐化学药品性；与含羧基丙烯酸树脂配合，可制得流平性出色、耐候性优良的高光泽、高装饰性丙烯酸粉末涂料。

β-羟烷基酰胺是多羟基化合物，常见的如四（2-羟烷基）双酰胺。由于羟基处于β-位，受N原子影响，活性很高，易与羧基起酯化反应，故即使不加催化剂，仍能很好地与聚酯树脂交联。β-羟烷基酰胺与TGIC一样，都可用于酸值为30～35mgKOH/g的羧基聚酯，其涂膜的耐候性也基本接近TGIC的，而且前者有更好的流平性及更出色的耐冲击性。β-羟烷基酰胺毒性非常低，无刺激性，对皮肤无过敏反应。β-羟烷基酰胺不需要加入促进剂，固化温度最低为150℃，20～25min；而TGIC的为190～200℃，15～20min。但交联时释放出水，漆膜厚时可能起泡。

四羟甲基甲基甘脲也用作羟官能树脂的交联剂。因为产生甲醇副产物，漆膜厚度不能太厚，以避免喷泡或气泡滞留。要使甲醇从涂膜中释放出来，就要降低交联反应的速度，用甲基甲苯磺酰亚胺作催化剂，和一个固体胺如四甲基哌啶醇作阻聚剂。也能用甲苯磺酰胺改性的三聚氰胺-甲醛树脂作羟官能聚酯的交联剂。用一种固化速度调节剂2-甲基咪唑来缓冲，可使喷泡降至最低。

（3）聚酯/封闭型异氰酸酯

以封闭型异氰酸酯为交联剂的聚酯粉末涂料，其交联的产物为聚氨酯树脂，也称为聚氨酯粉末涂料。聚氨酯粉末涂料漆膜的力学性能和外观都好，耐候性也比较好，是综合性能良好的品种，很适合于高档家用电器的涂装，缺点是涂膜耐污染性差，表面硬度较低。使用封闭型脂肪族异氰酸酯作羟基聚酯的交联剂，涂料的户外耐久性等于或稍好于聚酯/TGIC的，而且还有聚氨酯涂料的典型优良力学性能和耐磨性。封闭异氰酸酯-聚酯粉末涂料流动性好，因为解封闭释出的未反应交联剂或封闭剂是良好的增塑剂。

封闭用的异氰酸酯有IPDI、H12MDI、TMXDI的低分子量预聚物。TMXDI的封闭异氰酸酯因为空间拥挤，解封闭温度比较低。封闭剂常用己内酰胺，但己内酰胺在烘烤时挥发，蓄积在烘道内，而且解封闭温度也较高。用IPDI和二元醇制造的低聚二氮丁二酮热分解产生异氰酸酯，交联羟基官能基料而不释放挥发性封闭剂。异氰酸酯二聚体固化剂简称U固化刑，在交联时无封闭剂和其他分子释放，能生产从高光到无光，从清漆到色漆的各类粉末涂料，在烘烤条件（180℃/15min）下粉末涂料固化。

采用U固化剂，将羟值30mgKOH/g的聚酯与羟值300mgKOH/g的聚酯相拼混时，两者活性上的差别在涂膜形成时产生缺陷，使表面结构变得粗糙，从而获得有杰出流平性、良好力学性能和耐化学品的无光粉末涂料。羟值为300mgKOH/g的聚酯在拼混物中的比例为25％时，达到的光泽水平最低，光泽为10％～15％，漆膜中显示明显的相分离，但漆膜的流平性优良，力学性能良好，耐丙酮性良好。羟值为300mgKOH/g的聚酯在拼混物中的比例为90％时，得到的是高光泽的平整表面。

户外使用的聚酯粉末涂料的降解速度主要由聚酯主链分解控制，超耐候性聚酯中用间苯二甲酸代替对苯二甲酸，很显著地提高耐候性。用超耐候性聚酯和聚氨酯交联剂混合，可制得具有优异耐候性的色漆、清漆及无光漆。

（4）丙烯酸树脂

丙烯酸粉末涂料的主要优点是固化时挥发物少，涂膜外观、弯曲性及室外耐候性优良，但涂料贮存稳定性差，颜料分散性差。丙烯酸和其他粉末涂料往往不相容，变换涂料类型时要小心防止污染，防止漆膜缩孔。丙烯酸涂料往往比聚酯涂料耐冲击性差。

羟基丙烯酸树脂能用封闭异氰酸酯或甘脲交联。羧基丙烯酸树脂能用环氧树脂、羟基酰胺或碳化二亚胺交联。甲基丙烯酸缩水甘油酯（GMA）作共聚单体制造的环氧基丙烯酸酯可用二羧酸如十二烷二酸［$HOOC(CH_2)_{10}COOH$］或羧酸官能树脂交联。

一个汽车用二道底漆的环氧官能丙烯酸树脂要求 M_n 低于 2500，T_g 高于 80℃，熔融黏度在 150℃时低于 40Pa·s。这种树脂能用 GMA 15%～35%、甲基丙烯酸丁酯（BMA）5%～15%，其余为甲基丙烯酸甲酯（MMA）和苯乙烯制造。这种作为汽车清漆来评价的丙烯酸树脂的 M_n 为 3000，M_w/M_n 为 1.8，T_g 为 60℃。

（5）UV 固化粉末涂料

传统的粉末涂料固化温度在 180～220℃，固化时间 10～30min，只用于金属表面。我国最近研制的低温固化粉末涂料的固化温度也在 150℃。

采用紫外线固化粉末涂料固化温度在 100～120℃，涂层熔融流平期间不发生固化，能保证涂层充分流平并驱除涂层中的空气，不会出现橘皮、缩孔和平整度上的缺陷，流平后在熔融状态照射 UV 引发聚合。

自由基和阳离子固化的粉末涂料均已制成。自由基引发粉末涂料可以得到高装饰效果并有较好的耐候性；阳离子聚合粉末应用在一些热敏性基材上，如木制品、塑料等。

用非结晶型树脂和具有适宜熔点的结晶性单体的混合物组成涂料的漆基，结晶成分能在室温下保持良好的贮存稳定性，加热时显著降低熔融黏度，而非结晶成分则决定了黏度降低的程度，避免熔融时出现流挂。

自由基固化涂料使用丙烯酸酯化环氧树脂和/或丙烯酸酯化聚酯或不饱和顺丁烯二酸聚酯。阳离子 UV 固化涂料用 BPA 环氧树脂作基料，加入光引发剂。

静电喷涂施工后，粉末在红外灯下 100～120℃熔融，然后在 UV 灯下固化，涂膜趁热用 UV 在 1s 或更短时间内固化。因为黏度在被 UV 引发固化前并未增加，因此可以控制红外灯照射熔融后的流平时间，以获得良好的流平。

美国 Baldor 公司用 UV 固化粉末涂料涂装已经装配好的摩托车，用标准电晕荷电喷枪施工粉末色漆，固化温度只需达到 120℃，可确保摩托车内热敏感的部件不受损坏。DSM 树脂公司开发了 UV 固化的顺丁烯二酸不饱和聚酯和乙烯基醚聚氨酯粉末涂料体系，适用于木材和塑料，固化时顺丁烯二酸的双键和乙烯基的双键基本上交替聚合。这种粉末涂料用摩擦静电喷枪涂装于木材上，用 IR 辐射 30s 可使木材受热低于 80℃，又确保涂层熔融流平，并用 UV 于 5s 内使涂膜交联固化，得到表面平整光滑、边缘覆盖良好、厚度约 50～100μm 的涂层。为提高耐候性，涂料加 UV 吸收剂和一种位阻胺光稳定剂（HALS）的组合起保护作用。

如同任何其他 UV 固化体系，颜料能干扰固化，因为颜料可吸收 UV，限制了涂膜的厚度，主要用于清漆。紫外线固化粉末涂料用于热敏底材，如木材、部分塑料、热敏合金等。

（6）热固性氟树脂粉末涂料

传统的氟树脂粉末涂料是采用聚偏氟乙烯等高熔点（180℃以上）的热塑性树脂，固化时需要高温烘烤。为满足特殊用途的涂装要求，近年来，含有羟基、羧基等交联性反应基团的氟烯烃-烷基烯基醚的交替共聚物（FEVE）为主体的系列氟树脂（熔点 100℃）开发成功，应用氨基树脂或封闭多异氰酸酯进行交联，制成热固性氟树脂粉末涂料。此涂料可在已有的粉末涂装线上进行涂装，所得涂膜具有非常优良的耐阳光照射和耐化学药品性能。

（7）热塑性粉末涂料基料

热塑性粉末涂料基料有氯乙烯共聚物，以及在有限的程度上使用聚酰胺（尼龙）、含氟聚合物和热塑性聚酯。

高氯乙烯含量的共聚物加稳定剂和少量增塑剂（常常是苯二甲酸酯）制备的粉末涂料，共聚物的 T_g 可高于环境温度。PVC 的部分结晶性增加抗结块性，氯乙烯系粉末通常以流化床施工为 0.2mm 或更厚的漆膜。尼龙 11 和尼龙 12 粉末涂料显示出特殊的耐磨性和耐洗涤剂性，可用于减摩涂料和需要常清洗或杀菌的涂层上。含氟聚合物如聚偏氟乙烯和乙烯/三氟氯乙烯共聚物具有特殊户外耐久性，也用于耐环境腐蚀的场合。热塑性聚酯涂料有时使用聚对苯二甲酸乙二醇酯碎片或回收料制造。聚烯烃粉末涂料可用于地毯背衬，用于金属则附着力较差。乙烯/丙烯酸（EAA）和乙烯/甲基丙烯酸共聚物涂料有优异的附着力。热塑性聚酯粉末涂料最大的优点是成膜速度快，仅仅需要熔融，不需要反应固化。为了使成膜速度加快，宜选用高分子量的部分结晶聚酯，这类涂料主要用于罐头焊缝涂装。

6.3.2 粉末涂料的性能

粉末涂料要求生产时基本不交联；贮存时不结块、稳定性好；在尽可能低的烘温下聚结、脱气和流平，有综合平衡的流动和流平性；在尽可能低的温度和尽可能短的时间内交联；在要求的膜厚范围达到可接受的外观和保护性能。交联前容易流动的涂料能形成平整的漆膜，但是由边角加热较快造成的表面引力差异驱动的流动，会使它们从边角流掉。

(1) 流动和流平

要防止粉末涂料结块，就要 T_g 足够高，而要在尽可能低的温度聚结和流平，就要 T_g 足够低。如果一个粉末涂料树脂的反应性高，并且烘温比漆膜的 T_g 高得多，就可以低温短时间烘烤，但这种组成在生产粉末涂料时会发生早期交联，并且在粉末涂料的熔融时，黏度迅速增加，使涂料不能很好地聚结和流平，因此粉末涂料需要有一个适当的 T_g 和反应性。

一个粗略的经验法则是：最低的烘烤温度要高出生产粉末涂料时的熔融挤出温度 50℃，高出未固化粉末 T_g 约 70～80℃。这样，T_g 为 55℃的粉末最低烘温约 125～135℃。靠改变树脂的化学组成和分子量来控制树脂的 T_g。在 T_g 相同时，应选用分子量较高、链的柔韧较大的树脂，因为分子量较高就有足够的贮存稳定性，链的柔韧较大在烘烤时具有更好的流动性。使用超临界 CO_2 作溶剂，可以在较低温度生产粉末涂料，从而使用更有反应性的配方。

粉末熔融后，黏度立即升到很高，但随着温度升高，黏度急剧下降。交联反应开始后树脂分子量增加，黏度趋于稳定，然后随着涂料接近胶化，又快速增加。漆膜的流动性取决于达到的最低黏度和在这一黏度停留的时间，这叫做流动窗口。

黏度对温度的关系不遵循 Arrhenius 关系式，而是取决于漆膜的自由体积，而控制自由体积的最重要因素是 $T-T_g$。动态机械分析（DMA）表明，目前广泛应用的装饰性粉末涂料（环氧/聚酯混合型涂料、TGIC 聚酯涂料和封闭异氰酸酯-聚酯）涂膜的 T_g 值 89～92℃。固化后漆膜交联间的平均相对分子量 M_c 在 2500～3000 的狭窄范围内。用改性双氰胺交联的保护性环氧粉末涂料固化膜的 T_g 为 117℃，M_c 为 2200。粉末涂料比相同用途的液体涂料 T_g 高，但交联密度低。DMA 研究显示，TiO_2 对 T_g 基本上没有影响，与液体涂料相比，粉末涂料的颜料-基料相互作用较弱。

低熔融黏度促进流平。表面张力是较薄的和/或液体涂膜流平的主要驱动力，但较厚的和/或稍较黏稠的涂膜流平比用表面张力预期的要好。表面张力有差异的流动能引起粉末涂料的缩孔，需要添加少量助剂如聚丙烯酸辛酯衍生物以消除缩孔。

许多粉末涂料含有 0.1%～1%的苯偶姻（熔点 133～134℃），起抗针孔剂和脱气助剂的作用。苯偶姻能增塑熔融物并增加聚酯-甘脲配方的流动窗口，即在粉末熔融时它熔化，降低 T_g，促进聚结和脱气，改善流平。其他固体增塑剂，例如硬脂酸铝和一个分散在固体二氧化硅载体上的固体乙炔二醇表面活性剂具有和苯偶姻类似的效果。

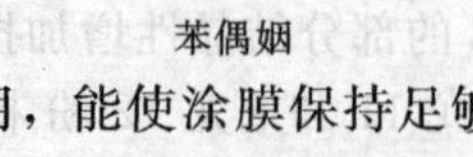

苯偶姻

安息香起着一个固态溶剂的作用，能使涂膜保持足够长时间的开通，使空气能有充裕的时间从涂膜中释放出去，但有黄变倾向。

（2）流平剂

在粉末涂料涂膜形成过程中，流平的推动力是表面张力，阻力是熔融后的黏度。由于粉末涂料的树脂和交联剂的固有特性，且又不含有低表面张力的溶剂，致使其对底材的湿润性较溶剂型涂料困难得多，缩孔也会由于对底材的润湿不足而形成。流平剂通过降低或改变表面张力和界面张力，还通过促进固化中表面张力的平均化来控制表面缺陷。好的流平剂将能降低体系的熔融强度，从面有助于熔融混合和颜料分散，同时提高底材的湿润性，改善涂层的流动、流平，有助于去除表面缺陷和有利于空气的释除。

粉末粒子愈小，其热容量愈低，熔融需时也就愈少，从面可较快地聚结成膜进而流平，产生较好的外观；而大的粒子熔融所需时间较小粒子要长，产生橘皮效应的概率也就大。

常用的流平剂有丙烯酸酯均聚物和共聚物及改性聚硅氧烷。聚丙烯酸酯类具有较好的综合效果，在消除橘皮、抗缩孔、增加涂层的平整性、提高表面光泽、耐黄变性以及价格上都具有优势。丙烯酸配液态流平剂的用量为总粉量的0.7%～1.5%（一般为1%）；固态流平剂通常是由吸收剂（载体）吸收液态流平剂制成，用量为总粉量的3%～5%（一般为4%）。流平剂用量太少会造成缩孔、橘皮、缩边及其他表面缺陷；用量太多则会产生雾影、失光及至涂附着力和层间附着力下降等问题。不同的体系流平剂用量也不同。

醋酸丁酸纤维素、聚乙烯醇缩丁醛、聚乙烯-醋酸乙烯共聚物主要用于热塑性粉末涂料（聚乙烯粉末）。

流平剂均与基料树脂有一定的不相容性，在涂膜固化过程中迅速向涂层表面迁移，往往会对涂膜光泽造成负面影响，为此，近年来新开发了两类功能性流平剂，带有活性官能团的高分子聚合物和脂肪酸酯聚合物。带活性官能团流平剂的主体化合物是同时带有羟基和羧基的丙烯酸酯共聚物，具有流平促进剂与润湿促进剂的双重效用。它与粉末涂料基料树脂反应，形成牢固结合。由于这些活性基团只是整个流平剂大分子支链的一部分，虽然这几个点已与基料树脂键合，但链上的其他部分仍能自由伸展，向涂层表面迁移而起流平作用。

流平剂中的羧基既亲水又电离，降低了涂料自身的电阻，提高了导电性，从而大大降低了静电喷涂时所需的电压（20kV），提高了喷涂时的上粉率，同时也有利于消除由静电吸附而引起的粉末再凝结现象，改善涂料的流平性和抗缩孔能力。

脂肪酸酯（如蓖麻油脂肪酸）聚合物主要是通过降低体系的黏度来达到涂料流平的目的。由于它可使体系的黏度降得很低，因此可以制得厚度小于40μm的涂膜（通常粉末涂料涂膜厚度60μm）。但它不能起到消除缩孔的效果，还必须使用普通的流平剂。

（3）光泽

与液体涂料相比，粉末涂料更难达到低光泽，并且生产中很难控制中等的光泽程度以得到好的重复性。因为没有挥发性溶剂，粉末的颜料体积浓度等于最终涂膜的PVC，而当PVC增大到接近CPVC时，熔融粉末的黏度就太高，漆膜不能流平。即使PVC在20%左右，漆膜的流平问题也由于熔融黏度的增加而明显增多。制备低光泽和半光粉末涂料不采用增大PVC的办法，而是加入聚乙烯超微蜡和对流动性影响较小的惰性颜料。在环氧/聚酯粉末中，既可使用添加伴有蜡的有机金属催化剂，又可使用大大超过化学计算量的环氧树脂和高酸值聚酯并高温固化，这都可降低漆膜的光泽。

拼混有明显不同反应性或不良相容性的两个基本树脂或两个不同的交联剂可降低漆膜的光泽。四甲氧基甲基甘脲（TMMGU）交联聚酯涂料，通过选择催化剂如环己基氨基磺酸（cyclamicacid）和甲烷磺酸亚锡，能得到平整无光面漆。使用胺封闭催化剂，如2-甲氨基-2-甲基丙醇封闭的对甲苯磺酸，也能用TMMGU交联剂配制出皱纹粉末涂料。

一个典型的粉末涂料配方应含有：①50%～60%的基料（包括树脂和固化剂）；

②30%～50%的颜料；③2%～5%的流平剂和其他助剂。

6.3.3 粉末涂料的制造

粉末涂料的制造提出了和液体涂料制造有很大不同的生产和质量控制问题。喷雾干燥法是将溶剂型涂料通过喷雾干燥设备进行脱溶剂、干燥得到粉末。此法生产流程长，成本高，因此应用受到限制，目前，仅用于丙烯酸粉末涂料和水分散粉末涂料用树脂的制造。熔融混合法是干法生产粉末涂料的一种，是国内外制造粉末涂料采用最多的方法。

粉末涂料的生产主要采用熔融挤出混合工艺：预混合—熔融挤出混合—冷却—粗粉碎—细粉碎—分级过筛（见图 6-4)，其中熔融挤出混合和细粉碎是关键步骤。

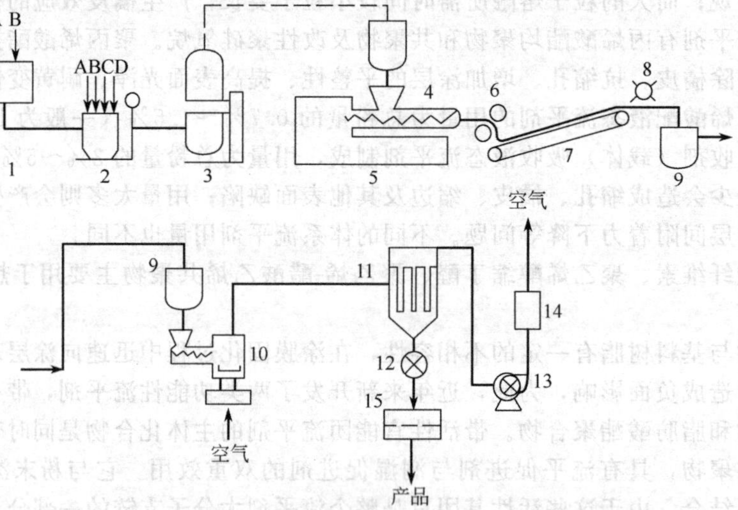

图 6-4 熔融挤出混合法制造粉末涂料的工艺流程图

A—树脂；B—固化剂；C—颜料；D—添加剂；1—粗粉碎机；2—称量；3—预混合；4—加料漏斗；5—挤出机；6—压榨辊；7—冷却带；8—粗粉碎机；9—物料容器；10—粉碎机；11—袋滤器；12—旋转阀；13—高压排风扇；14—消声器；15—电动筛

粉末涂料的主要组分必须是固体，使用了一些液体助剂，但是必须被熔化入固体组分之一中制造母料，然后轧碎。轧碎组分、树脂、交联剂、颜料和助剂以间歇法预混合。使用了多种预混机保证混合物的组分均匀、完全。将预混合物通过料斗以连续法供料给挤出机。挤出机料筒保持在适度高于基料 T_g 的温度。通过挤出机，树脂和其他低熔点或低 T_g 材料熔融，其他组分分散在熔体中。挤出机在高剪切速率下运转，很有效地分离颜料聚集体。熔体通过一个型板挤出，或通过窄缝挤出生成平片，或通过一系列圆孔生成“通心面”。为了减少热暴露，熔体一般通过有较大孔径的型板，以“香肠”挤出到冷却辊筒，压平成板材并冷却。挤出材料被放置在传送带上进一步冷却。在传送带末端，材料已足够进行粗碎。在此阶段，它是脆性未交联固体。

通常使用两种类型的挤出机：单螺杆和双螺杆。两种类型都有一个强有力的电动机转动螺杆，将材料送至料筒。螺杆和料筒设计成能充分混合物料并可对物料施加高剪切速率。一台流行的单螺杆挤出机除了螺杆径向旋转外，使用往返动作以达到混合和分散。双螺杆挤出机使用螺杆段和捏和段的组合。两者都能将大多数颜料良好分散。它们用较高黏度配方在高剪切速率下运转，有效地分离颜料聚集体，然而，在分离颜料聚集体和生产速度之间有所折中。生产能力可通过在单位时间使更多物料通过挤出机而增加。在挤出机内的停留时间有时被压缩到 10s 或更少，但停留时间太短，颜料特别是有些有机颜料的分散不好，可能造成不良显色和颜色易变性。然后可使用多种粉碎机将颗粒粉碎。

熔融挤出混合使用的阻尼式单螺杆挤出机或双螺杆挤出机伴随着粉末涂料的发展不断改进，朝着高效、高能和自洁型的方向发展。

针盘研磨机和锤式破碎机以安装在快速转盘上的销钉或落锤敲击气送颗粒来粉碎。较新型的对向气流粉碎机使颗粒相互高速撞击，可粉碎得到小直径（$<12\mu m$）的粉末，用于薄层涂膜。热固性挤出物是脆性的，较易粉碎，但是热塑性的通常十分坚韧，难以粉碎。有时需要用液氮冷却粉碎机，或者以颗粒和干冰一起研磨，使温度远远低于基料的 T_g，这样可以抵消研磨过程的热效应。即使如此，通常也仅能得到大粒度的热塑性粉末。有些粉碎机将粉末部分地分级，过大颗粒自动地返回供进一步粉碎。通常需要以过筛和/或以空气分级器进行粒径分级。粗粒部分送回粉碎机进一步降低粒径。过细粉收集在袋式过滤器返回并通过挤出机重新加工。最后，需要将分级的粉末进行大批均匀地拼混。细粉碎设备多数采用空气分级磨，即 ACM 粉碎机，其在应用中也不断得以改进，转子速度不断提高，目前可达 140m/s，机后采用双旋风分离器，以确保获得符合薄层涂装的较小粒度和较窄粒度分布的粉末。

使用超临界 CO_2 作溶剂粉末涂料原材料和液态 CO_2 在压力下预混，而后仍在压力下送入挤出机，称为 VAMP 技术。挤出机能在比常规工艺过程允许的更低的温度下操作，减少了在挤出机内过早交联的危险。当混合物从挤出机中出来，CO_2 迅速蒸发，降低了温度并粉碎了大部分的产品。然后产品进行分级，粒径较大部分以常规方式粉碎。据说此法生产的颜料分散优良。

超声驻波雾化工艺是将挤出料直接馈送入一个谐振的超声波场中，在此通过产生的超声交变压力将挤出料雾化成细小球形的粉末粒子，因此，就不需要将挤出料轧片、冷却、破碎和高能研磨等工序了。这种球形的粉末粒子在喷涂输送期间，具有粉末云波动低，粒子表面上的电荷分布较均匀的优点，粉末在底材上的沉积更为均匀，有利于薄涂。

GMA 环氧官能丙烯酸/二羧酸采用悬浮方法可制备具有狭窄分子量分布的汽车清漆粉末，把树脂和交联剂制备成水分散体，蒸馏去除溶剂后进行离心处理、水洗和干燥。粒径分布比常规粉碎方法制得的粉末狭窄得多。

溶剂型涂料中分子量和分子量分布的微小差别能通过改变涂料固体分进行调节。粉末涂料没有作这种调节的溶剂。保持粉末涂料质量均一的方法是确保原料在分子量、分子量分布以及单体组成上没有显著变化。生产热固性粉末涂料时，为了在挤出机的高温下不发生过多的交联，原料经过挤出机的进行速度应尽可能地快，同时颜料聚集体又要达到必要的混合和分散。热固性粉末涂料生产时应尽量减少返工。返工能导致分子量增加，施工后出现聚结不完全或流平不良的粉末。在极端情况下，返工材料会在挤出机胶化。在任何一批涂料中加入的超微粉碎机的细粉量很有限。如果需要返工，最好在几个新批次中各加入有限量的返工料，而不是返工料单独使用。使用超临界 CO_2 工艺可减少返工对分子量的影响。

返工的缺点是特别影响配色。粉末涂料配色比液体涂料难。不能将几批粉末拼混进行配色，必须在挤出机配料中使用适当的颜料比。在实验室操作，用估计的所需色料比的挤出混合物，使颜色匹配是行得通的。然后将其颜色和标准核对。必要时在原始批次中加入估计的增加量的颜料并再次通过挤出机和粉碎机，将颜色调整到和标准相匹配，在实验室或许可能再来第三次。使用计算机配色程序能使所需次数维持在极少，但是在生产上几乎第一次就要有正确的混合料。小部分的生产批次料进行挤出并核对颜色能最大限度减少潜在问题。如果颜色匹配是令人满意的，则继续操作。如果颜色需要调整，将原始批料粉碎后和所需的增加量的颜料一起从料斗回收。在颜料生产上，批次之间有些颜色变化是不可避免的。对于精密配色的粉末涂料，要求颜料制造厂提供可选择的、具有狭窄公差限度的几批料。在大生产运转的情况，为了批次之间的差别得到平衡，在粉碎前将几个挤出机批次进行拼混。若足够地小心，除了那些要求最为严格的用途外，几乎所有用途，颜色的重现性都是令人满意的。

薄涂膜（$<50\mu m$）需要降低粒径，控制粒径分布。粒径分布能通过一组分级筛，并将残留在各个筛子的部分称量，或以激光衍射粒径分析仪来测量。

6.4 粉末涂装

粉末涂料的涂装起始于20世纪40年代，当时研究成功了火焰喷涂法、流化床法等粉末热熔施工方法。这些方法涂装必须在高温下进行。这给正确控制涂膜厚度和保证批量生产中涂膜的质量带来了困难，返修工作比较麻烦，而且工作环境恶劣。60年代，法国SAMES公司发明的粉末静电涂装技术，为粉末冷涂装工艺的应用奠定了基础。几乎所有用粉末涂料喷的薄膜都是这种方法施工的。流化床、静电流化床和火焰喷涂等热熔施工方法主要用于保护性的厚膜。

粉末涂料的涂装中目前应用最广泛的是静电粉末喷涂法，其次是流化床浸涂法。静电粉末喷涂分为两种类型：电晕放电喷枪和摩擦带电喷枪，最常用的是电晕放电喷枪。

6.4.1 高压静电喷涂

6.4.1.1 原理

喷枪上接负高压，工件上接正高压，在工件和喷枪之间就形成高压静电场。当电场强度足够高时，喷枪针尖端的电子便有相当大的动能冲击附近空气，使空气分子电离产生新的电子和离子，在喷枪针附近形成电离的空气区，这就是电晕放电。电晕放电使空气的绝缘性局部被破坏，离子化的空气在电场力的作用下，移向正电极。继续升高电压到某一值，空气绝缘层将被彻底破坏，形成很强的离子流，就产生火花放电。火花放电会使涂装作业造成火灾。

工件在喷涂时应先接地带正电。在净化压缩空气作用下，粉末涂料由供粉器通过输粉管进入静电喷粉枪。喷枪头部装有金属环或极针作为负电极，金属环的端部具有尖锐的边缘，当电极接通高压电后，尖端产生电晕放电，在电极附近产生电离的空气区。粉末从静电喷粉枪头部喷出时，通过电离的空气区获得负电荷成为带电粉末，在气流和电场作用下飞向接地工件。因粉末颗粒都带负电荷，阻止了颗粒的聚集。

当粉末颗粒吸附在工件表面上时，它们自身所带的负电荷不能立即释放，要保持相当长的时间，使粉末颗粒吸附在工件表面上，而且要能达到很高的堆积密度。只有这样，在随后的烘烤中漆膜内的气泡少，才能得到平滑的漆膜。

粉末涂料颗粒带电量与高压电场强度和粉末粒子在电场中时间的长短有关。粉末涂料颗粒带电量可以表示为：

$$Q=0.5CEt^2$$

式中，E是高压电场强度；t是在电场中的时间。

因为粉末粒子的绝缘电阻很高（要求体积电阻为$10^9\sim10^{13}\Omega\cdot cm$），最初到达被涂物表面的粉末通过导电的工件把电荷释放出去，而随后到达的带电粉末由于有最初的粉末层的阻挡，其所带的电荷不能立即减少，正负电荷的吸引使带电粉末附着在工件上。

粉末静电喷涂过程可以分为三个阶段：第一阶段，带负电荷的粉末在静电场中沿着电力线飞向工件，粉末均匀地吸附于正极的工件表面；第二阶段，工件对粉末的吸引力大于粉末之间相互排斥的力，于是粉末密集地堆积，形成一定厚度的涂层；第三阶段，随着粉末沉积层的不断加厚，正负电荷的吸引力减少到带电粉末由于同性相斥而不再附着。因此，当粉末层达到一定的厚度时，就不再继续增加厚度，粉末静电喷涂能够得到厚度均匀的漆膜。未附着在底材的粉末粒子（过喷）回收，通常和新的粉末拼混再利用。吸附在工件表面的粉末经加热后，就能使原来“松散”堆积在表面的固体颗粒熔融固化成均匀、连续、平整、光滑的涂膜。粉末静电喷涂过程是带电荷的粉末涂料沉积到接地的导电工件上面，在非导电工件（如塑料、橡胶、玻璃等）上很难沉积。

粉末静电喷涂的特点是工件可以在室温下涂装；粉末的利用率高，可达 95%以上；涂膜均匀、平滑、无流挂现象，即使在工件尖锐的边缘和粗糙的表面也能形成连续、平整、光滑的除膜，便于实现“工业化”流水线生产。

6.4.1.2 粉末静电喷涂的主要设备和方式

粉末静电喷涂工艺的设备有：静电粉末喷枪、喷粉室、供粉和粉末回收装置，见图6-5。

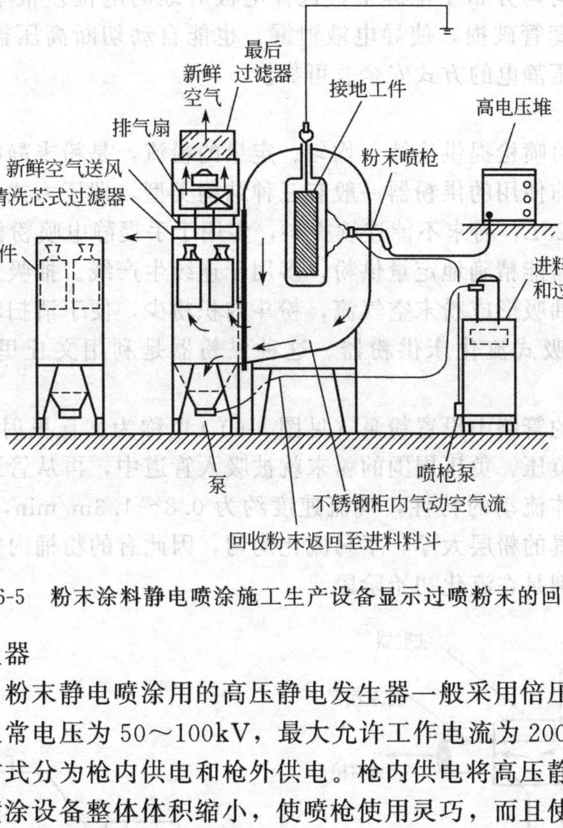

图 6-5 粉末涂料静电喷涂施工生产设备显示过喷粉末的回收

（1）高压静电发生器

从安全角度考虑，粉末静电喷涂用的高压静电发生器一般采用倍压电路，要求发生器输出高电压和低电流，通常电压为 50～100kV，最大允许工作电流为 200～300μA。

高压静电的输入方式分为枪内供电和枪外供电。枪内供电将高压静电发生器微型化，置于枪内。这就使静电喷涂设备整体体积缩小，使喷枪使用灵巧，而且使操作者安全，减少高压泄漏。枪外供电将高压静电发生器放在枪体外面，高压通过金属电缆输送到喷枪内的放电针上。金属电缆通过一根限流电阻和放电针连接，限流电阻起短路保护作用。因为一旦枪尖与工件表面接近，若没有限流电阻，短路电流就太大，不但要损坏静电发生器，而且易引起喷枪与工件间打火，造成火灾和爆炸。然而，尽管有限流电阻的存在，还是存在不安全因素，即限流电阻前的电缆线上电压并没有降低，打火的危险依然存在。无论是枪内供电还是枪外供电的喷枪，枪体一定要接地。

（2）高压静电喷粉枪

常用的静电喷粉枪分手提式和固定式两种。这种喷粉枪的优点是可以喷涂几乎任何类型的粉末，能喷出不同的图案形状，漆膜厚度容易控制，而且涂装效率高。但由于空气电离和粉末层的电离排斥，当涂膜厚度控制不当时，涂膜外观的平整性差一些，使被涂物的凹陷部位难以涂上涂料（法拉第屏蔽效应）。高压静电喷粉枪喷粉量为50～400g/min，喷粉图形的直径为150～450mm，沉积效率大于80%，环抱效应好。

内带电式喷枪（枪内供电）是使粉末通过枪身内的极针与环状电极之间的空气电离区带电，这个电晕放电空间的电场强度大约为6～8kV/cm，而喷枪与工件之间外电场强度较小，为0.3～1.7kV/cm。外带电式喷枪（枪外供电）是通过枪口与工件之间的电晕放电空间使粉末带上电荷，外电场强度较大，可达1.0～3.5kV/cm。内带电喷枪的外电场强度较小，法拉第屏蔽效应也小，当喷粉量较大时，尤其是喷涂形状复杂、附有凹角的工件时，一般应采用内带电式喷枪。外带电式喷枪的电场强度较大，涂覆效率较高，应用范围相对较广，适用性也强。目前已研制出内带电和外带电相结合的双电极组合式喷枪，已在生产实际中得到应用。

（3）液体电缆

液体电缆使电压均匀分布于电缆上，这样电极对地的电位差很小，消除了喷枪打火现象。即使液体电缆外套管破损，使导电液泄漏，也能自动切断高压输出，不会发生触电事故，因此这种供给高压静电的方式安全、可靠。

（4）供粉器

供粉器的作用是给喷枪提供连续、均匀、定量的粉流，是粉末静电喷涂取得高效率、高质量的关键设备。目前使用的供粉器一般有三种结构类型，即压力式、抽吸式和机械式。压力式供粉器容积15～25L，粉末不能连续投料，多用于手提静电喷粉枪供粉，不适合于自动生产线。机械式供粉器能精确地定量供粉，多用于连续生产线。抽吸式利用文丘里原理，使粉斗内粉末被空气流抽吸形成粉末空气流，粉斗内积粉少，便于清扫和换色，适应性强。生产中应用最多的是抽吸式流化床供粉器。这种供粉器是利用文丘里泵的抽吸作用来输送粉末。

在压缩空气通过的管路中设置粉泵（见图6-6）（也称为文丘里射流泵），高速压缩空气流会使吸粉管口产生负压，负压周围的粉末就被吸入管道中，再从管道中送至喷枪。流化床内的粉末具有类似液体流动的特性，气流速度约为0.8～1.3m/min，能保证粉末不断向吸粉口流动。粉桶中放置的粉层太厚，不易流化均匀，因此有的粉桶内安装搅拌器来达到粉末流化均匀的目的，特别是在流化初始阶段。

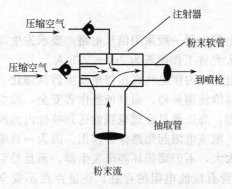

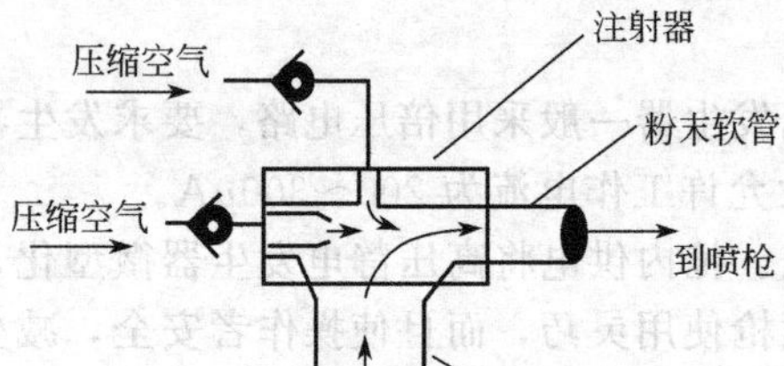

图6-6 粉泵的结构

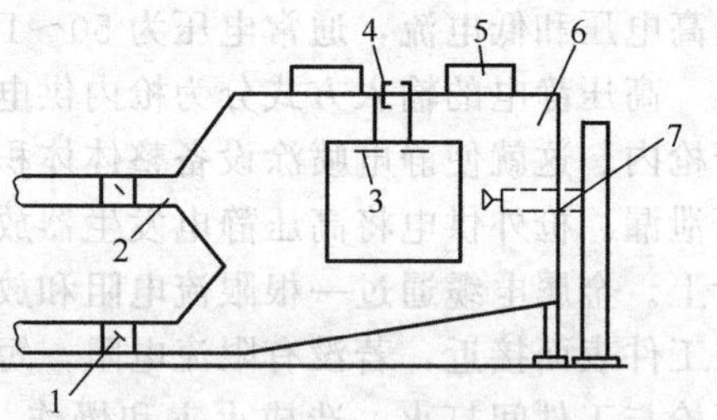

图6-7 喷粉室示意图

1—蝶阀；2—风管；3—密封条；4—工件回转机构；5—照明灯；6—室体；7—喷粉枪

（5）喷粉柜

喷粉柜又称粉末喷涂室（如图6-7所示），可用金属板或塑料板加工而成。喷粉柜是由四面墙、天花板和地面构成的小房间。喷粉柜中空气流通的方式一般有三种：第一种是空气向下吸走，在底部制成漏斗状的吸风口，适用于大型喷粉柜。第二种是空气水平方向吸入，为背部抽风型，粉末通过工件后作为排气而吸入，适于直线型传送带，喷涂板状的工件。第三种是两种方式的组合，从底部和背部两个方向排风，空气流通较为均匀。喷粉柜的风量应掌握在不能将喷涂在工件表面的粉末涂层吹掉，也不能让粉末从喷粉室开空口部位飞扬出来。喷粉柜内粉末浓度应低于该粉末爆炸极限的下限值。喷粉柜窗口的风速以 0.5m/s 左右为宜。

目前已经有设计独特的粉末喷房（如 sure clean），具有结构紧凑、高效、换色速度快（可在 10min 内快速换色）、粉末浪费少等特点，可适应小批量和无定色喷涂的要求。

(6) 粉末回收装置

粉末涂料在静电喷涂过程中，工件的上粉率大约为 50%～70%左右，约有 30%～50%的粉末飞扬在喷涂室空中或散落在喷涂室底面。这些粉末须通过回收装置搜集，经重新过筛后利用。粉末回收装置的种类较多，在生产实际应用中效果较好的回收装置有下面几种。

1）旋风布袋二级回收器　该回收器的旋风分离器与喷粉柜相连接，收集了大部分的回收粉末，占粉末回收总量的 70%～90%。当高速气流通过旋风分离器的倒锥形分离器上部圆筒部分时，气流就在圆筒内部高速旋转，产生离心力。粉末涂料借助离心力沉积于倒锥形筒的底部得以回收。过细的粉末随气流从上部带出（见图 6-8）。从旋风分离器出来的细粉末气流进入布袋回收器，将旋风分离器回收不到的细粉全部回收，总回收效率可达 99%以上。

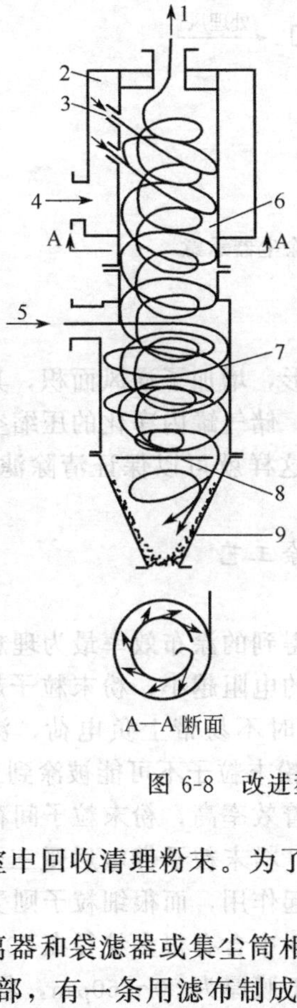

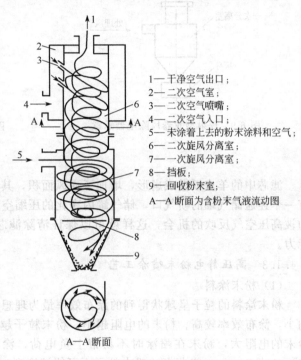

1—干净空气出口；
2—二次空气室；
3—二次空气喷嘴；
4—二次空气入口；
5—未涂着上去的粉末涂料和空气；
6—二次旋风分离室；
7—一次旋风分离室；
8—挡板；
9—回收粉末室；
A—A 断面为含粉末气液流动图

图 6-8　改进型二次旋风分离器

回收粉末的处理有两种方法：①利用喷室底部下的抽屉存贮回收，该法多见于小型喷室。②借助于压缩空气造成喷室底的积粉呈紊流状态，然后被安全气流吸走回收，该法多见于大、中型喷室。在生产线大喷柜作业的情况下，散落在喷室内的粉末量是很大的，有的生产线不得不人工从喷粉室中回收清理粉末。为了强化这部分粉末的回收，开发了滤带式回收器。

在自动流水线上目前多采用旋风分离器和袋滤器或集尘筒相结合的回收体系。

2）滤带式回收器　在整个喷室的底部，有一条用滤布制成的做快速循环运动的传送过滤带。含有粉末的空气流（粉末含量在安全线下）被抽吸到织物滤带上，粉末被截留在滤带表面。清洁过滤带的粉末回收系统可以是集粉筒和静电鼓风机，也可以是旋风分离器。

3）龙卷风除尘器　又名旋流式除尘器。含粉末的气流作为一次风被送入反射型龙卷风除尘器的一次分离室中，向下旋转，旋转气流下旋到达反射板，反转成为上升的气流。在此处，旋转气流中所含的粗粉末由于离心力和重力的作用，从气流中分离出来，而上升气流中的细粉末向旋转气流的外周汇集。在二次分离室外周，由二次风喷嘴以 60m/s 的速度喷入二次风，成为向下旋转流，在上升气流外侧同方向旋转，使细粉末加速向外周汇集，并被二次风强制带到灰斗，见图 6-9。

由于采用二次气流，加速了气流的旋转速度，增强了分离尘粒的离心力，分离粒径可小于 5μm，而且气流的湍流扰动影响小，消除了旋风除尘器的返混、紊流等缺点，除尘效率比一般旋风除尘器要高。

4）滤芯技术回收器　脉冲滤芯式回收是目前比较流行的粉末回收方式（见图 6-10）。由于布袋除尘器中的布袋容易吸水，使得布袋的纤维膨胀，降低了通风量。采用羊皮纸代替布袋做成的滤芯，并配以 5Pa 以上的脉冲反吹装置，可以大大提高粉末回收率。

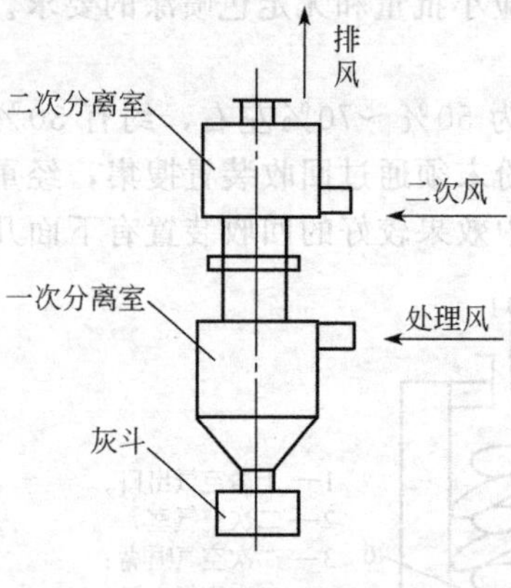

图 6-9　反射型龙卷风除尘器示意

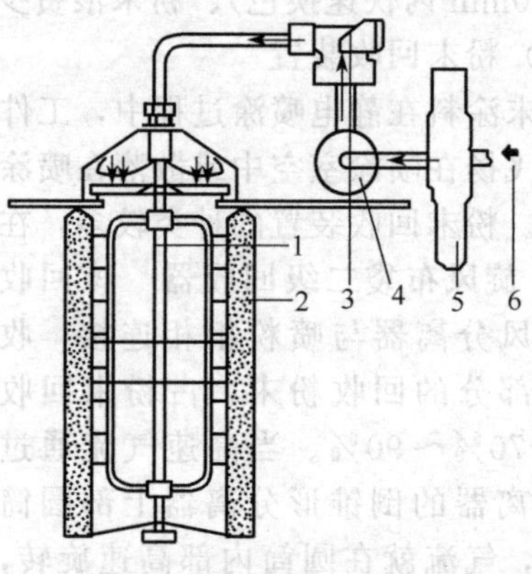

图 6-10　转翼式脉冲反吹滤芯工作原理
1—转动喷嘴；2—滤芯；3—电磁阀；4—贮气包；5—减压阀；6—压缩空气

滤芯中的羊皮纸做成扇形，增加了通风面积，其通风量可达 $800m^3/h$。每个芯的顶端都有一个连通储气罐的喷气口，储气罐内净化的压缩空气通过脉冲控制器可使每个滤芯有均等的被高压空气反吹的机会，这样就可以保证清除滤芯外表面的积粉，使它保持畅通的回收能力。

6.4.1.3　高压静电粉末喷涂工艺

（1）粉末涂料

粉末涂料的粒子呈球状得到的涂布效率最为理想。粒度小、密度小的粉末涂料受重力影响小，涂布效率较高。粉末的电阻越小，粉末粒子越易放出电荷，吸附力越小，越易脱落。粉末的电阻大，粉末在喷涂时不易带上负电荷，涂覆效率不高。一般涂料的体积电阻在 $10^9 \sim 10^{13}\Omega \cdot cm$。未荷电的粉末粒子不可能被涂到工件上，但荷电量过高，会使涂膜变薄。

粉末粒子呈球形时，涂着效率高，粉末粒子间存气量最少。粉末粒径应比膜厚稍小，最大的粒径应不大于两倍膜厚。粉末粒子带电后受三个力的影响：静电场、空气流动和重力。大粒径的颗粒主要是重力在起作用，而很细粒子则受空气流动的影响很大，在料斗和供给线上不能正确流动。粉末过喷料中含有很多粒径在 20μm 以下和 60μm 以上的粉末，20～60μm 的粒径很有效地被涂布。施工膜厚为 30～60μm，粉末的粒径 20～60μm 最好。很细的粒子（直径小于 10μm）一般仅有 6%～8%。很细（＜1μm）粒子尘吸入时对人体有危害。小粒子有较大表面积/体积比，从而获得较高电荷/质量比。细粒径且粒径分布较狭的粉末形成的汽车清漆涂层平整性最高。

细粒子（平均 10μm）粉末需要在粉末供料体系中控制温度和湿度，并且在体系中安装一个搅拌器来达到粉末进料稳定。喷嘴也需要重新设计，使粒子聚集体的疙瘩减至极少。提高带电效率，尽量减少游离的离子，并且在近涂装部件处增设一个中等电荷的电极，可增强电场强度，从而提高涂覆效率。工件的接地电阻要小。如果接地不良，工件表面积聚了由粉末带来的电荷，就使涂装效率下降，甚至涂不上。

(2) 喷涂操作

使用手提式静电喷粉枪时，先开静电发生器，再开供粉装置的开关。设定静电电压和喷粉量，并保证粉末连续不断地喷到工件上。喷涂大工件时，根据工件的形状，尽量使枪头与工件表面（尤其是曲面体）保持等距离，并且进行往复、连续的喷涂动作。有些形状比较复杂的工件，为了使各个部位都能喷涂均匀，一般要上下、左右交换位置再喷涂一遍。当机电产品的壳体要进行内壁喷涂时，应将专用喷枪头部伸进壳内腔进行操作，同时要防止边角和台阶堆积过多的粉末。自动喷枪通常安装在自动往复喷涂机上，能自动平稳运行。

装饰性涂层一般采用较薄的涂层，而防腐性能要求高的工件则需要涂膜较厚，喷涂时可适当加厚，但一次喷涂不宜太厚，否则涂膜容易发生麻点和流挂现象，可以采用多次喷涂的方法，获得适当厚度的涂膜。采用多次喷涂工艺时，喷涂次数一般不超过两次。增加涂膜厚度一般采用火焰喷涂法、流化床法等粉末热熔施工方法或工件加热后喷涂。

(3) 工艺参数

喷枪与工件之间的距离为 150～300mm，喷涂电压 60～80kV。喷涂工件时最好转动，使涂层均匀。供粉气压指供粉器中输粉管的空气压力，压力不宜过大，过大粉末沉积效率反而下降，一般为 0.05～0.15MPa。喷涂一些形状较复杂的工件及涂装边角时，压力可适当大些。喷粉量是指单位时间内喷枪口的出粉量，一般喷粉量为 70～120g/min。目测供粉状况以喷出的粉末呈均匀的雾状为合适。

(4) 涂层固化

涂层固化通常采用常规对流烘房或以红外（IR）灯加热，其中 IR 最经济并固化速度较快。近红外加热固化技术采用的红外波长为 0.76～12μm，用作热源的卤素灯丝工作温度达 3500K。由于它的辐射密度和深度高，所以只需 5s 即可使涂层均匀加热到固化温度，因此可使底材受热极大降低，可应用于木材和塑料之类热敏感材料的粉末涂装。

某些快速固化粉末涂料（又称节能型粉末涂料）在热喷涂后，可以利用工件的余热进行固化，不必进入烘炉专门固化，只要工件贮存的热量能够满足此种粉末要求的固化条件即可。

工件置于烘箱内必须让工件与工件之间留有足够的空隙以保证热空气的流通，从而防止工件涂膜固化不均匀。烘箱或供道中上半部温度总是高于下半部的温度，只有配备了热风循环装置后，才可以使整个烘箱或供道内温度均匀。

工件在喷涂完毕后，通过传动设施工件自动进入烘道，避免发生工件间相互碰撞。采用流水线作业不仅提高生产效率，产品质量也可以得到保证。工件在固化后要进行冷却处理，冷却的方法有气冷、水冷和油冷等。工件从烘箱取出后自然冷却或随炉冷却称为气冷。工件从烘箱取出后随即放到水中或油中冷却的方式称为水冷或油冷。

生产中应该根据粉末品种和不同规格的工件来选择相应的冷却方法。有些粉末品种成膜后冷却速度不宜过快，如采用急剧冷却，涂膜边缘会收缩变形，影响涂膜整体外观和质量。

6.4.2 其他粉末涂装方法

(1) 摩擦静电喷涂

① 原理　两物体摩擦时，弱电阴性材料产生正电，强电阴性材料则产生负电。枪体通常使用强电阴性材料（如聚四氟乙烯等）。粉末在压缩空气推动下与枪体内壁和输粉管内壁发生摩擦，使粉末带正电荷，带电的粉末粒子离开枪体，飞向工件并吸附于工件表面上。该方法不需要高压静电发生器。喷涂时粉末粒子带上正电荷，枪体内壁则产生负电荷，此负电荷通过接地电极引入大地。带正电的粉末粒子在气流作用下，飞向工件并被吸附在工件表面上，经固化后形成涂膜，从而达到涂装的目的。

通常喷枪和接地的工件间没有很大电荷差，没有建立显著的磁场线，屏蔽效应最少，便于进行不规则工件空心处的涂装，并得到较平滑的涂层，但生产率较低，而且空气流使喷枪和工件间的粒子易飞散。摩擦起电和电晕充电相结合的喷枪也已商品化。摩擦静电喷涂适宜于高压静电喷涂难以涂装的外形复杂且对外观要求较高的物品。通常用于摩擦静电喷涂的粉末是环氧粉末涂料和聚酯/环氧粉末涂料，其他粉末涂料，尤其是聚乙烯的带电效果不理想。

② 摩擦喷枪　没有外部供电，电场位于喷枪前端。摩擦喷枪的带电方法解决了法拉第屏蔽效应。粉末颗料在喷枪内失去电子，带上正电，使粉末颗粒移动至底材表面，在喷嘴和气流的作用下，粉末可以进入底材的凹陷处或其他难以涂覆的部位。由于带电过程是在喷枪里进行的，没有电场的电力线，粉末颗粒就不会在喷涂工件的边缘堆积，从而基本消除了"肥边现象"。不需要高压静电发生器的摩擦静电喷涂也已成功地应用于生产过程。摩擦喷枪的荷电量一般比电晕喷枪的少，延长粉末通过喷涂设备的路径能增大荷电量。摩擦喷枪对粉末粒径要求严格，需要严格控制粒径。

"SFC"（超级供料控制体系）是一种螺杆式供料器，依靠探杆的转速来调节涂料的吐出量，而与向枪内输送的空气量和粉末涂料的吐出量无关，供料量能自由地设定。"SFC"供给体系能适用于摩擦带电枪，也能用做电晕放电枪的定量供给装置。但和一般的涂料供粉装置相比，其成本较高；换色时清扫较费时间，在多色小批量的涂装时难以发挥其特长。

（2）流化床涂装

流化床是最早的粉末涂料施工方法。设备包括一个浸渍槽，槽底部是一块多孔板。压缩空气通过多孔板吹起粉末，并使粉末悬浮在浸渍槽中。粉末空气悬浮的流动行为和流体相似。涂装工件首先挂在传送带上，通过温度远高于粉末 T_g 的烘道，加热工件，然后传送带将工件带入流化床槽。悬浮的粉末粒子碰到工件并熔融在工件表面。当熔融粒子达到一定厚度时，涂层成为热绝缘层，涂层表面温度就变得较低，粒子不再黏附到表面。最后附着在表面的粒子没有完全熔融，因此传送带必须将工件带入另一烘房，在那里完成熔融。该方法最常用于热塑性涂料施工。涂膜厚度取决于部件预热温度和粉末的 T_g，但不能得到薄漆膜。

静电流化床与此相似。在流化床内增加了在空气中产生离子的电极，使悬浮的粉末粒子带上负电荷。被涂工件接地，粉末以静电力吸附到工件。需要厚膜时，工件可加热，但加热不是必需的。该方法可用于施工热塑性和有些热固性粉末，如电绝缘涂料。静电流化床没有过喷，粉末损耗最小，换色也较容易，能施工较薄涂膜，但难于施工很薄的涂膜，且屏蔽效应（法拉第笼蔽效应）强，难于均匀地涂装大工件。

流化床涂装工艺主要应用于机电产品，涂覆小电机的绝缘涂层和防腐涂层。目前，已能设计 2m×2m 以上的大型流化床，用于涂覆高速公路隔离栅、商场货架及各种钢制家具、钢结构件等。高速公路隔离栅浸塑用的主要是聚乙烯、聚氯乙烯等粉末涂料。工艺流程：金属隔离栅或立柱—预热—浸粉末流化床—塑化—冷却—修整—检查—包装。涂层厚度在 0.4～0.7mm 范围内，外观平滑有光泽。

粉末卷材涂装在有些情况下采用静电喷涂，也可采用静电流化床法，带有静电荷的带材通过粉末云，然后到烘房熔融。静电流化床法能涂装多孔或压花金属，并且无 VOC 排放，基建成本较低，但流水线速度比常规卷材涂装稍低。

（3）电场云粉末涂装

空气吹动的粉末涂料送入两个垂直方向排列的电极之间，使粉末涂料带电。通过电极之间的工件吸附粉末涂料而完成涂粉过程。电极之间使用低电压。工件棱角部位不会出现涂膜过厚现象。这种方法比静电喷枪喷涂的效率高，涂着的粉末层致密，可获得薄而平整的优良涂膜表面，因此涂料使用效率高，比喷涂法可少用 1/3～1/2 的粉末。这种方法的设备成本低，占地空间小，缺点是不能适应大型被涂工件的涂装。

(4) 火焰喷涂

火焰喷涂最常用于热塑性涂料施工。在火焰喷枪里，将粉末推送通过火焰，在那里停留到刚刚熔化，然后将熔化粉末喷向涂装物件。火焰加热和熔融聚合物，并加热底材到高于聚合物熔融温度，使涂料流到表面的不规则点。必须小心综合平衡火焰温度（在 800℃上下）、火焰里停留时间（几分之一秒）、涂料 T_g、粒径分布和底材温度。粒径分布必须相当狭窄，在较大粒子熔融前，很小粒子已在 800℃焦化。

火焰喷涂允许现场施工，不只是在工厂里。因为不靠静电施工，可施工到不导电底材上，如混凝土、木材和塑料。涂层不需烘烤，因此只要能经得起来自冲击喷涂温度的底材都能用此法涂装。因为涂料是热塑性的，不是静电喷涂施工的，损伤处可修补。

火焰喷涂施工的缺点包括：用热塑性涂料涂装的工件使用温度的限制，需要小心控制施工变量。聚合物过度加热导致热降解，从而不利于涂层性能。钢铁上附着力也受施工变量影响。羧酸基增加附着力，但使涂料易发生阴板脱层。

对于同一种粉末涂料，涂装方法不同，采用的粉末涂料的等级和品质也有差别。表 6-1 所列为各种粉末涂料的施工工艺特点。

表 6-1 各种粉末涂料施工工艺特点

涂装方法	工件预热	后加热	膜厚控制	涂装效率	涂装速率	优 点	缺 点
火焰喷涂法	不需要	多数需要加热	难以精确控制，膜厚100～500μm	中等，未涂上的粉末不能回收	0.2～0.5 m^2/min	可现场施工、设备便宜	形状复杂工件内壁无法施工
流化床法	须预热	不需要，但加热改善外观	薄膜控制困难，膜厚150～500μm	良好	浸入时间 5～20s	适合小型工件自动化生产，一次涂装	须预热，不适合薄板、大型复杂工件
静电粉末喷涂	不必须	喷涂后加热固化	膜厚精度可控制，预热后可得厚涂层	良好，未涂上的粉末可以回收	1～3m^2/min	适合大批量生产，与工件热容量无关	烘干温度高，设备复杂
静电流化床法	不必须	涂装后加热固化	上下膜厚差别大，40～200μm，厚涂层时可加热	良好	通过时间 2～10s	应用于带或线状物自动化连续生产	膜厚不均匀，不适用于大型工件

6.4.3 粉末涂装的特点

涂料不含有机溶剂，也无需用稀释剂调整黏度，改善了劳动条件，减少火灾的危险，而且有利于保护环境。

① 易得厚漆膜，涂料利用效率高　粉末涂装一次便可得到厚度为 100～300μm 的涂层，而采用普通涂料需 4～8 次的施工，所以提高了施工效率，缩短了生产周期。过喷粉末可以从喷漆柜收集在过滤袋回收再利用，不仅增加涂料利用率，也消除了使用溶剂型涂料时，从水洗喷漆柜取得的淤渣的处理费用和困难性。

② 降低能耗，不需要大量换空气　尽管粉末涂料的烘温高于大多数溶剂型烘干涂料，但因为只有很少挥发物排放到烘房中，烘房空气可以再循环，几乎不需补充新空气。溶剂型涂料烘房空气中溶剂的浓度必须远低于爆炸下限，大量稀释溶剂用的空气需要加热，而且空气流通量大。在冬季，通过喷漆室气流的加热费用很高。

③ 涂装机械投资成本高　悬浮在空气中的粉末会爆炸，制造和施工设备必须按防止粉末爆炸设计。摩擦起电系统不像电晕充电喷枪那样易引起爆炸。

④ 装饰性有限　有些用液体涂料能达到的外观效应，用粉末涂料难于或不能达到。金属闪光涂料形成独特的几何条件等色漆膜时，需要靠溶剂挥发，漆膜具有一定程度的收缩。而含有铝粉颜料的粉末涂料也能闪光，但不能显示几何条件等色。粉末涂料边角覆盖较好，涂膜的流平性就差，会产生一些橘皮，通常采用流平性和边角覆盖性的折中。涂膜越薄，这个问题就越突出。低和中等光泽粉末涂料的制造和控制较难，而且精确配色也比常规型涂料困难。

⑤ 换色限制　粉末涂料换色之间的清洗很费时，最适用于一种颜色的粉末长时间生产。生产中如需换色，就必须停止操作，清理喷漆柜和过喷回收装置。用不带静电荷的玻璃粉末喷涂柜（室）代替传统的塑料或金属喷涂柜，不吸引粉末，光滑而且较易清洗。

⑥ 材料限制　因为所有主要组分必须是固体，可利用的原料范围较小。涂膜的 T_g 低且力学性能好的热固性粉末涂料品种有限。常规热固性粉末的应用领域几乎完全限制在金属底材上。UV 固化粉末涂料能用于有些热敏底材上，火焰喷涂有一些其他应用。

6.4.4 新型粉末涂层

（1）复合粉末涂料技术

复合粉末涂料技术是用环氧/丙烯酸复合粉末涂料，通过一次涂装和一次加热形成具有两面特性的复合涂层。其接触空气的一面是具有优良耐候性的丙烯酸树脂体系，而与基材金属相接的是防腐性优良的环氧树脂体系，因环氧树脂与钢铁等金属的相互作用强，结合力好。

将特殊的热固性环氧树脂粉末涂料与特殊的热固性丙烯酸树脂粉末涂料混合成复合粉末涂料涂覆于钢铁上，经 80℃烘烤固化。当烘烤温度为 100℃时，丙烯酸层与环氧层开始分离，铁红色的环氧树脂移动到钢铁表面，而蓝色的丙烯酸树脂移向表面，在 155℃时分离停止，20min 后涂层彻底固化。

根据复合粉末涂料技术的原理，在很多基材上也可以先涂环氧粉末，再涂丙烯酸粉末，然后一起加热固化，这称为 P/P 粉末涂装技术（powder on powder）。

在金属表面上将热喷铝与聚酯/TGIC 粉末涂料相结合，形成超耐蚀涂层体系。将阴极电泳漆与丙烯酸粉末涂层相结合，形成户外耐候性和耐蚀性俱佳的复合涂装优质涂层。

（2）潜固化剂

目前低温固化粉末除 UV 固化粉末外，还可以使用潜固化剂。1,1,2,2-四（4-酚基）乙烷与甲醇形成的复合物（TEP）和环氧树脂的固化催化剂胺、咪唑类能形成潜固化剂。TEP 这种特殊的化合物把常温下活性极强的催化剂封闭起来，使之在常温下失去活性，而后在特定的温度下进行解封闭，重现反应活性。TEP 在 113℃以上解封闭。该技术能使原本固化温度在 180℃的环氧粉末涂料的固化温度下降到 130℃也能充分地固化，并且粉末的贮存稳定性和涂膜物性都能满足涂装的要求。

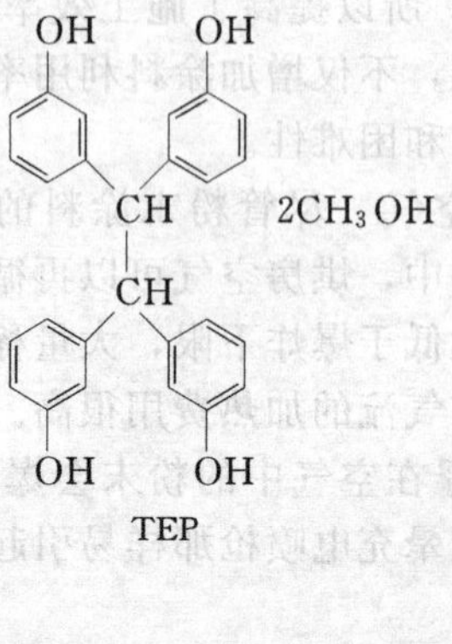

TEP

练 习 题

1. 乳胶漆和水稀释型涂料中是否使用有机溶剂？为什么？

*2. 乳液聚合的机理是什么？表面活性剂对乳液聚合和漆膜性能有什么影响？

*3. 什么是热固性乳胶？它的交联机理是什么？

*4. 为什么乳胶漆不容易得到高光泽的漆膜？如何才能提高其漆膜光泽？

5. 解释乳液的最低成膜温度、成膜助剂。

6. 常用的乳胶漆有哪几类，各有什么特点？叙述热塑性乳胶漆漆膜形成的机理。

7. 水稀释型涂料在用水稀释的过程中有什么异常现象？产生这些现象的原因是什么？

*8. 常用的水稀释型涂料有哪几类，各有什么主要特性？

9. 常用的水稀释型涂料是如何获得水溶性的？它们在形成漆膜的过程中是如何交联的？

10. 水稀释型涂料在应用中存在那些问题？如何克服起泡和爆孔？

11. 电泳涂装的原理是什么？超滤和隔膜极罩各起什么作用？

*12. 电泳涂装要求控制的主要工艺参数有哪些，各有什么要求？

13. 常用的粉末涂料有哪几类，各有什么特性？交联固化机理各是什么？

*14. 热塑性和热固性粉末涂料各有什么特性？

*15. 如何才能使粉末涂料具有好的流平性，且涂膜具有高光泽？

16. 静电粉末喷涂的原理是什么？如何回收过喷的粉末？

*17. 粉末涂装的优、缺点是什么？常用的几种粉末涂装方法的特点是什么？

第7章 涂装施工方法

涂料施工技术的发展可以分为三个时期。

① 古典涂装期　这时的涂装主要是手工刷涂油性漆。尽管这方面的手工艺类型很多，有的装饰效果也很好，如各种漆器，但涂装效率低下。

② 涂装工程期　随着汽车工业的发展，20世纪20年代硝基漆被开发出来用于涂装汽车。硝基漆干燥快，通常十几分钟内就可以干燥，手工刷涂是不行的，当时就只能采用空气喷涂的方法涂装。因此，硝基漆当时被称为汽车喷漆。后来随着高分子树脂涂料不断被开发出来，涂装方面的静电喷漆、高压无空气喷涂、电泳涂装、各种烘干技术（热风对流烘干、辐射烘干、远红外烘干、光固化）获得大量的应用。涂装的手工艺色彩逐渐淡薄，变为具有完整工艺流程的流水线涂装。这一时期还研究了涂料和应用涂装技术的配合是否合理的问题，即花费最小的涂装成本，取得最大的涂装效果，如延长漆膜的使用寿命以延长漆膜的服役期、缩短涂装时间、减轻涂装的劳动强度等。

③ 涂装社会化时期　随着现代社会工业的高速发展，资源紧张和三废污染成为世界性的问题。涂料生产和涂装过程中都涉及这两个问题。溶剂型涂料中有机溶剂的挥发既造成资源浪费，又污染大气。因此，涂装的发展目标是能够高效率利用资源，而且能够尽量减少环境污染。如水性漆静电喷涂、厚膜阴极电泳涂装、薄层静电粉末喷涂技术。在不降低涂层性能的前提下，水性涂料和粉末涂料不仅对涂料的研制提出新的要求，同时也对涂装设备和工艺提出新的要求。

涂布是涂料施工的核心工序，工业上朝着机械化、自动化和连续化的方向发展。先进的涂布方法和设备可以提高涂层质量、涂料利用率和涂料施工效率，并且改善施工的劳动条件和强度。涂布方法可分为以下3种类型：

① 手工工具涂漆　是传统的涂漆方法，包括刷涂、擦涂、滚筒刷涂、刮涂、丝网涂和气雾罐喷涂等方法，在一些场合还在应用。

② 机动工具涂漆　应用较广，主要是喷枪喷涂，包括空气喷涂、无空气喷涂等。

③ 器械设备涂漆　现在已从机械化逐步发展到自动化、连续化和专业化，有的方法已与漆前表面处理和干燥前后工序连接起来，形成专业的涂装工程流水线。这类方法包括浸涂、淋涂、辊涂、抽涂，从喷涂发展的静电喷涂和自动喷涂、电泳涂装、粉末涂料涂装等。

涂布方法一般依据被涂物的条件、对涂层质量的要求和采用涂料的特性来选择。

7.1 手工施工方法

(1) 刷涂法

刷涂是人工利用漆刷蘸取涂料对工件表面进行涂装，适用于涂装任何形状的物件。除了初干过快的挥发性涂料（硝基漆、过氯乙烯漆、热塑性丙烯酸漆等）外，可适用于任何涂料。刷涂法涂漆很容易渗透进金属表面的细孔，因而可加强对金属表面的附着力，但生产率低、劳动强度大、装饰性能差，有时涂层表面留有刷痕。

① 刷涂工具　刷涂可采用各种漆刷：窄漆刷、宽漆刷；长柄漆刷、短柄漆刷。猪鬃漆刷适合溶剂型涂料，但不适合水性涂料。尼龙毛漆刷适合水性涂料，但碰到某些溶剂会发胀。聚酯毛漆刷对这两类涂料均可适用。现在有一种背负式的手泵装置，利用手泵打气，可将罐中的漆沿一软管压送到刷子上，在刷端装有控制阀，可通过手指控制供漆量。

② 刷涂原理　漆刷都有大量的刷毛，涂料就被容留在这些刷毛间的空隙里。当涂刷涂料时，压力就使涂料从这些刷毛间挤出来。漆刷向前移动将涂料层摊开，这样一部分涂料就涂装在表面上，另一部分则遗留在漆刷上。

当用漆刷刷涂时，湿漆膜表面的刷痕是由漆刷对湿膜施加作用力而产生的。这就要求涂料有足够好的流平性，以便刷痕在漆膜干燥前消失。低黏度的涂料促进流平，但增加流挂的可能性。触变性的涂料在涂刷后流动性降低，既能使涂料流平，又不会产生流挂。

③ 涂料的选择　刷涂适用氧化聚合型涂料（油基涂料）、双组分涂料和热固性涂料。

虽然从理论上说紫外线固化涂料也可以用于刷涂，但由于刷涂的漆膜平整性差、效率低，因此对于高档的紫外线固化涂料，这种涂布方法不经济。刷涂不适用于溶剂挥发性涂料，因为当刷涂已干的漆膜时，就会被新涂涂料中的溶剂重新溶起干漆膜，而使刷涂涂料的黏度骤然增加，产生严重的刷痕，甚至粘住漆刷。

④ 刷涂施工　漆刷最先接触到工件的部分涂料是最多的，再刷别的地方时涂料就少了，因此必须重复刷，以将涂料刷匀，一个平面涂好后还应横向和竖向再刷一次，以防涂层流挂，尤其在刷涂垂直面时更应该注意。

刷涂时最适宜的温度是25℃±5℃。温度过高造成漆膜面干加快，重涂时形成刷痕；温度过低，尤其在低于10℃以下时，涂料黏度增大，难以刷匀，也容易产生流痕。这是因为由于涂料黏度大，刷涂时往往看起来湿漆膜十分均匀光亮，但长时间不干，几小时后就会产生流痕。较高温度时不宜多次重刷，较低温度时需用劲将涂层刷匀。

外表面形状复杂的零件或零部件采用的刷涂方法不是刷，而是戳。这时刷会使漆刷上的涂料被刮下来，造成堆漆或流挂，而戳更有利于对复杂凹凸面的涂布。

氧化聚合型涂料刷一道，不宜刷二道或二道以上，否则湿漆膜太厚，氧气进入不到漆膜的内部或底部，造成涂层长时间不干。双组分涂料需要间隔8h以上再刷第二道。

（2）其他手工施工方法

① 擦涂　简单的擦涂是利用柔软的棉花球裹上纱布成一棉团，浸漆后进行手工擦涂。硝基清漆、虫胶清漆等涂饰木器家具时即采用此法。装饰性要求不高的金属或木材表面可擦涂作底涂层。因尼龙丝团不容易结块，使用弹性好的旧尼龙丝团擦涂，涂料可从尼龙丝缝隙中比较均匀地流出，而且尼龙丝团耐擦、耐洗，比废棉纱头经久耐用。

擦涂更多使用的是擦涂器。普通擦涂器是由复合在泡沫上的尼龙绒面纤维片所组成的，此泡沫固定在带柄的平整塑料上，也有用纱布或丝绢包的。涂料倒在浅盘中，用擦涂器蘸着涂料施工。低黏度涂料如着色剂使用羊毛擦涂器。这种擦涂器持有的涂料量要比同样宽度的漆刷多，并且涂装的速度能快两倍，而且涂层比刷涂的光洁。用带长柄的擦涂器还可以减少搬动梯子。擦涂器需要使用浅盘，这就会造成一些涂料损失和溶剂挥发，而且清洗也比漆刷困难。

② 滚涂法　房屋建筑用乳胶漆和船舶漆可用滚涂法涂布墙壁和滚花。滚筒是一个直径不大的空心圆柱，表面粘有用合成纤维制成的长绒毛，圆柱两端装有两个垫圈，中心带孔，弯曲的手柄即由这个孔中通过。使用时先将辊子浸入漆中浸润，然后用力滚涂到所需的表面上。现在发展有用空压机压送涂料的滚涂装置。

③ 刮涂法　使用金属或非金属刮刀，如硬胶皮片、玻璃钢刮刀、牛角刮刀等，用手工刮涂各种厚浆涂料和腻子。

④ 丝网法　丝网法可在白铁皮、胶合板、硬纸板上涂饰成多种颜色的套版图案或文字。

操作时将已刻印好的丝筛（包括手工雕刻、感光膜或漆膜移转法等）平放在要涂刮的表面，用硬橡胶刮刀将涂料涂刮在丝网表面，使涂料渗透到下面，形成图牌、标志等。丝网法适用于涂饰文具、日历、产品包装、书籍封皮以及路牌、标志等。

⑤ 气雾罐喷涂法　将涂料装在含有气体发射剂，如三氯氟甲烷或二氯二氟甲烷的液化气的金属罐中，使用时揿开按钮后，漆液随液化气的汽化变成雾状从罐中喷出。这种喷涂方法仅适于家庭用小物件和交通车辆车体的修补等，不适用于大面积连续生产的产品。

7.2 喷　涂

喷涂是将液体涂料全部雾化形成液滴，施工到工件表面上，与其他涂料施工方法区别的核心是雾化。喷涂是工业上广泛应用的涂料施工方法，涂布速度比刷涂或手工滚涂快得多。喷涂适用于各种形状的工件，既可以喷涂于平面上，也适用于形状不规则的工件。

目前在涂料施工中应用的喷涂方法，根据雾化原理主要分四种：①靠压缩空气雾化的空气喷涂和高容量低压空气雾化的空气喷涂；②高压无气喷涂；③空气辅助无气喷涂；④静电雾化喷涂。其中静电雾化喷涂可以和上面三种喷涂方法结合，进行静电喷涂。

7.2.1 空气喷涂

空气喷涂在20世纪20年代因汽车和家具行业涂装的需要进入生产领域，虽然涂料利用率不高，但设备简单，操作方便，迄今仍然是广泛应用的施工方法。

7.2.1.1 空气喷涂的原理和特点

空气喷涂是利用压缩空气作为动力，将涂料从喷枪的喷嘴中喷出，压缩空气的气流在喷嘴处形成负压，涂料自动流出并在压缩空气气流的冲击混合下被充分雾化，漆雾在气流的带动下射向工件表面沉积，形成均匀的涂膜。

空气喷涂时，涂料的雾化颗粒细，雾化效果就好，漆膜外观质量就好。雾化程度可以用公式表示：

$$d=(3.6\times10^5/Q)^{0.75}$$

式中，d表示漆雾颗粒的平均粒径，μm；Q表示空气耗量与出漆量的比值。

当Q较小时，空气耗量与出漆量的比值对雾化效果影响很大，提高空气耗量或降低出漆量将明显地改善雾化效果。增加空气量可通过提高空气压力来实现，但更高的空气压力会使漆雾飞散更严重，因为压缩空气在工件表面的反冲作用增大，使细小的漆雾颗粒“反弹”更严重，涂料损失更多。由于喷涂用的压缩空气是与涂料一起喷向被涂物的，当压缩空气中有油和水时，就会在漆膜上产生缩孔，因此喷涂用的压缩空气必须无油无水。

空气喷涂最初是为硝基漆等快干涂料开发的涂装方法，快干涂料的刷涂性能差，采用喷涂方法很容易涂布，而且空气喷涂设备简单，操作容易，维修方便。

7.2.1.2 空气喷涂装置

空气喷涂装置（见图7-1）包括：①喷枪；②压缩空气供给和净化系统（油水过滤器、贮气缸、空气压缩机），供给清洁、干燥、无油的压缩空气；③ 输漆装置（涂料加压缸、涂料加压缸内桶），贮存涂料，并连续供漆；④胶皮管；⑤喷漆室，室内温度18～30℃，相对湿度小于70%。

喷漆工位还需要备有除尘空调供风系统、排风清除漆雾的设施等。

(1) 空气压缩机

空气压缩机的最大气压为0.7MPa（空载）。用于涂装的空气压缩机一般分为气泵型和螺旋型。螺旋型的噪声、能耗和油水杂质均较低，而且大多带有压缩空气冷却、除油水功

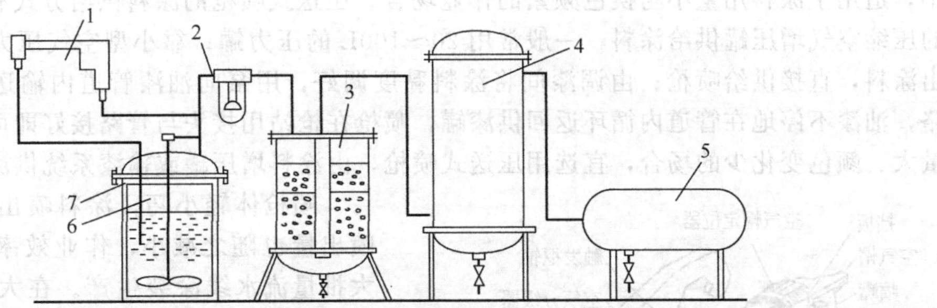

图 7-1 空气喷涂系统示意图

1—喷枪；2—二级油水分离器；3—一级油水过滤器；4—贮气缸；5—空气压缩机；6—加压缸内桶；7—涂料加压缸

能，因此，螺旋型的一级油水分离器和贮气缸可以省略。气泵型则需要加油水分离器。

大型空气压缩机由气泵活塞产生压缩空气，温度较高，内含的油水杂质较多，需要通过贮气缸降到室温，使高温时溶解在空气中的油、水、杂质析出并沉到缸底。贮气缸还能起到稳压的作用，但造成气压惯量变大，气压上升慢，下班后贮气缸内的压缩空气要放空，浪费能源。小型空气压缩机（0.6m^3、1m^3 以下的），在非连续作业时，可不用贮气缸。

贮气缸内的压缩空气先进入一级油水过滤器滤去油、水，再进入二级过滤器进一步除去油、水以及杂质微粒，然后进入喷漆枪完成空气喷涂。二级过滤器一般采用冷冻式压缩空气干燥器。经过二级净化后的压缩空气含油量小于 10^{-7}。

（2）喷枪

喷枪是使涂料和压缩空气混合后，将涂料雾化和喷射到基材表面的工具。

1）喷枪的分类

① 喷枪分为内部混合型和外部混合型。如图 7-2 所示，喷嘴为两个同心圆，构成涂料和空气通道，内圆是涂料出口，内外圆的间隙仅约 0.3mm。

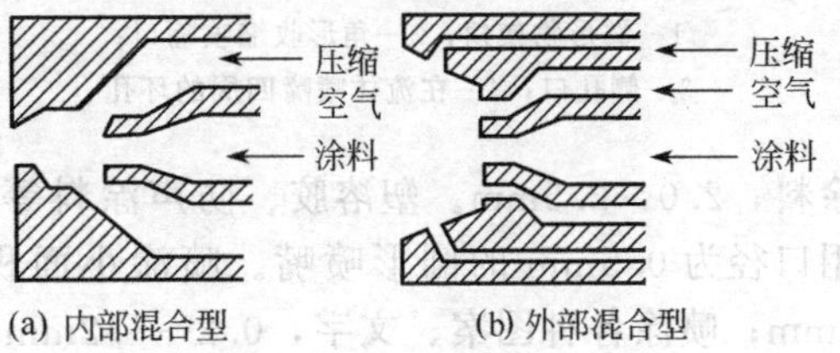

图 7-2 喷枪分类方式

内部混合型喷枪是涂料与空气在空气帽内侧混合，适用于较高黏度、厚膜型涂料，也适用于黏结剂、密封胶等。内部混合型的喷雾图形仅限于圆形，适用于小物件和多彩涂料的喷涂，这种喷枪喷的漆雾较柔和，但生产能力不大。外部混合型是涂料与空气在空气帽外侧混合，适用于黏度不高、易流动雾化的涂料，而且喷雾形状可以调节，适用于大、小及各种形状的工件，因此，一般采用外部混合型喷枪。

② 喷枪分为吸上式、重力式和压送式，详见表 7-1。

表 7-1 空气喷涂喷枪的特点与型号

喷枪类型	结构特点	优 点	缺 陷	主要用途	主要型号
吸上式	涂料罐安在喷嘴的下方	操作稳定性好，涂料颜色更换方便	水平面的喷涂困难，受涂料黏度的影响大	小面积物面的施工	PQ-1、PQ-2、GH-4、KP-30
重力式	涂料罐安在喷嘴的上方	喷枪使用方便，黏度影响小	稳定性差，不易作仰面操作	小面积物面的施工	KP-10
压送式	另设增压箱，自动供给涂料	可几支喷枪同时使用，涂料容量大	涂料更换快，清洗麻烦	连续喷涂大面积物面	KP-20

吸上式喷枪漆罐的容量一般在 1L 左右，适用于小批量非连续作业及修补漆。重力式喷枪的出漆量比相应的吸上式喷枪大，漆罐的容量一般在 250～500mL。这种喷枪的漆罐容量

小，适用于涂料用量小与换色频繁的作业场合。压送式喷枪的涂料供给方式有三种：从外置的压缩空气增压罐供给涂料，一般常用 20～100L 的压力罐；靠小型空气压力泵从涂料罐压出涂料，直接供给喷枪；由调漆间将涂料黏度调好，用泵向油漆管道内输送，形成循环回路，油漆不停地在管道内循环返回供漆罐，喷枪在枪站用接头与管路接好即可使用。涂料用量大、颜色变化少的场合，宜选用压送式喷枪，由涂料增压罐或输漆系统供漆。

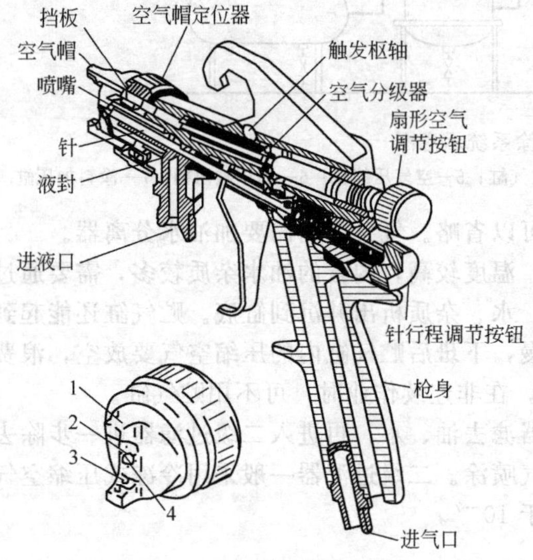

图 7-3 空气喷枪的剖视截面和喷枪喷嘴的剖视略图

1—翼形物或角；2—角形收缩喷嘴口；3—侧孔口；4—在流体喷嘴四周的环孔

喷枪体轻小巧，涂料喷出量和压缩空气喷出量也随之减小，作业效率下降，不适于大批量流水线涂装生产。在大批量流水线上采用大型喷枪，而凸凹很悬殊的被涂物宜用小型喷枪。

2）喷枪的结构　常用的喷枪由枪头、调节部件和枪体三部分组成。枪头由空气帽、喷嘴、针阀等组成（见图 7-3）。空气帽、喷嘴、针阀是套件，不能随意组合，应整套更换。

① 枪头　涂料喷嘴易被喷出的涂料磨损，一般采用合金制造。喷嘴的口径越大，喷出的涂料就越多，如果空气压力不够，雾化颗粒就变粗，漆膜质量变差。常用喷嘴的口径是 0.8～1.6mm，适用于硝基漆、合成树脂漆等。

口径 0.5～0.8mm 的仅适用于着色剂等易雾化的低黏度涂料。面漆，1.0～1.6mm，底漆、中涂漆等雾化粒子稍粗和黏度稍高的涂料，2.0～2.5mm。塑溶胶、防声涂料等粒粗黏稠的涂料，3.0～5.0mm。喷修补漆时采用口径为 0.5mm 的圆形喷嘴。喷涂小面积，喷嘴口径 1～1.5mm ；喷涂大面积，2.5～3mm；喷涂各种图案、文字，0.2～1.2mm。

② 喷枪的调节装置　空气帽有中心孔、侧面孔、辅助空气孔。中心孔用于雾化涂料，侧面孔用于改变漆雾图案的形状（见图 7-4），辅助空气孔使涂料漆雾颗粒更细，粒径分布更均匀，喷幅更宽。

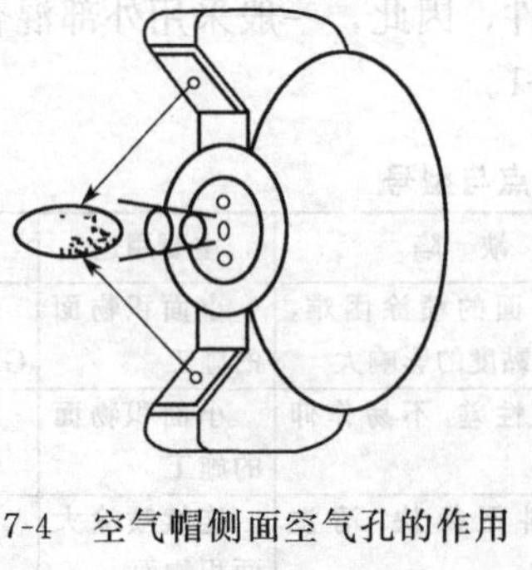

图 7-4 空气帽侧面空气孔的作用

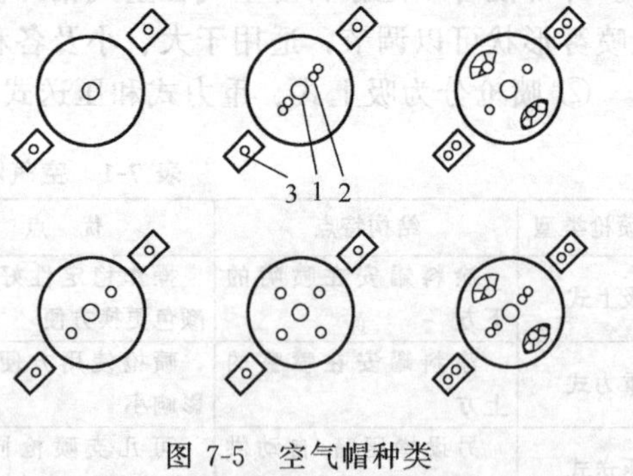

图 7-5 空气帽种类

1—中心孔；2—辅助空气孔；3—侧面空气孔

空气帽分为少孔型和多孔型两种（见图 7-5）。少孔型的有一个中心孔，两角部各有一个角部孔。中心孔与涂料喷嘴是同圆，它们之间的间隙为 0.15～0.30mm，经此间隙喷出的压缩空气，在涂料喷嘴的前端形成负压区，使涂料喷出雾化，并形成圆形的喷雾图样，两侧面角部孔喷出的压缩空气对呈圆形的喷雾图样起压扁的作用，呈椭圆形喷雾图样。

多孔型空气帽的角部孔周围有多个对称布置的辅助空气孔，这些孔喷出的压缩空气使空气帽喷出的空气量与压力均衡，协助调节喷雾图样大小并保持稳定，促进涂料雾化较细且分布均匀，并使涂料喷嘴周围不易积存涂料等。多孔型空气帽的空气孔数有 5、7、9、11、13、15 个等多种。

a. 空气量的调节装置　喷枪前的空气管路上都装有减压阀，用以调整合适的喷涂空气压力。旋转喷枪手柄下部的空气调节螺栓，就可以调节喷出的空气量和压力。

b. 涂料喷出量的调节装置　旋转枪针末端的螺栓就可以调节涂料喷出量的大小。扣动扳机，枪针后移，移动距离大，喷出的涂料就多，而移动距离小，喷出的涂料就少。

c. 喷雾图样的调节装置　旋转喷枪上部的调节螺栓就可以调节空气帽侧面气孔中的空气流流量。关闭侧面空气孔，喷雾图样呈圆形；打开侧面空气孔，喷雾图样就变成椭圆形。随着侧面空气孔的空气量增大，喷雾图样由圆形到椭圆形，再到扁平形。

③ 枪体除支承枪头和调节装置外，还装有扳机和各种防止涂料、压缩空气泄漏的密封件。

④ 喷枪的操作　喷嘴的内壁呈针状，与枪针组成针阀。当扣动扳机使枪针后移时，喷嘴即打开，涂料喷出。喷嘴与枪针闭合时应配合严密，涂料才不泄漏。

使用喷枪时，以手扣压扳机，使压缩空气的通道首先开放，继而使漆嘴通道开放。压缩空气由管道通向喷头，此时涂料从喷嘴流出，将涂料吹散到工件上。放松扳机时，出漆嘴的小孔被顶针封闭，压缩空气通道也被堵住。应在喷枪移动时开启喷枪扳机，同样也应在喷枪移动时关闭喷枪扳机，如此可避免造成在工件表面过多的涂料堆积而流挂。

喷涂完毕后，应将多余可回收的涂料倒回原有的涂料桶，然后将喷枪清洗干净，不允许喷枪内残余涂料。清洗喷枪时，可将涂料相应的稀释剂倒入漆罐中。扳动扳机，溶剂由喷枪口喷出，使输漆管道得以清洗。然后关闭压缩空气，取下喷枪，用溶剂擦拭干净。用带溶剂的毛刷仔细洗净空气帽、喷嘴及枪体。当空气孔被堵塞时，需用软木针疏通。

7.2.1.3　空气喷涂的操作方法

喷漆施工的质量主要决定于涂料的黏度、工作压力、喷枪与被涂面的距离，以及操作者的技术熟练程度。为了获得光滑、平整、均匀一致的涂层，喷漆时必须掌握正确的操作方法。

① 喷枪准备　首先选择喷枪并调整到合适的工作条件，如选择好喷枪的类型、喷嘴口径、喷雾图样等。涂料喷出量大的喷枪，其喷雾图样也大。通过喷雾图样调节装置可将喷雾图样从圆形调到椭圆形。由于椭圆形涂装效率高，应用于大物件和流水线涂装。圆形喷涂一般应用于较小的被涂物和较小面积上的涂装。

② 喷涂压力　空气压力过高，雾化虽细，但涂料飞散多，损失大。反之，若压力不足，喷雾变粗，漆膜产生橘皮、针孔等缺陷。在达到要求的条件下，压力应尽可能低。

雾化程度通常靠观察刚喷的湿漆膜的干湿来判断，过干表明雾化过度，过湿表明雾化不充分，尤其漆膜是带麻点的粗糙面时，就表明雾化程度太差。黏度高的涂料采用较高的压力，如腻子喷涂时压力一般为 0.35MPa；高黏度涂料为 0.25～0.30MPa；低黏度涂料为 0.1～0.15MPa。

③ 喷涂距离　喷枪与被涂物面的距离太近，湿漆膜太厚，易产生流挂、橘皮等现象；距离太远，漆膜变薄，涂料损失大，漆膜易脱落，而且漆膜不平整，严重时大大降低光泽。喷涂距离一般为 200～300mm，小口径喷枪为 150～250mm，大口径喷枪为 200～300mm。

④ 喷枪运行　喷枪要匀速运行，且与被涂物面呈直角。喷枪的移动要求速度恒定，速率一般在 30～60cm/s 内，当运行速度低于 30cm/s 时，漆膜太厚，易产生流挂；当运行速度大于 60cm/s 时，漆膜太薄，不易流平。如果喷枪呈圆弧状态运行或不垂直于被涂物体表面，漆膜厚度将不均匀。开关枪时不应朝向工件，即使喷枪 0.1s 的停顿也会造成严重的流挂。

⑤ 喷雾图案搭接　喷雾图案中间厚，外围薄。喷涂幅度的边缘应当在前面已经喷好的幅度边缘上重复，圆形搭界 1/2，椭圆搭界 1/3，扁平搭界 1/4，而且搭界的宽度应保持一致。如果搭界宽度多变，膜厚不均匀，可能产生条纹或斑痕。在喷涂第二道时，应与前道漆膜纵横交叉，即若第一道采用横向喷涂，第二道就应采用纵向喷涂。

喷涂顺序为：先内表面，后外表面；先次要面，后主要面。最注目的地方放在最后喷，可防止涂层的喷毛和擦伤，以确保注目面的外观。因为已经干燥的漆膜表面再有少量漆雾颗粒喷上时，这些漆雾颗粒不能流平。

⑥ 涂料准备　涂料应在喷涂前准备妥当。原桶装的油漆必须搅拌均匀，使用前涂料需过滤。双组分涂料应混合均匀，有半小时的活化期。涂料黏度需用稀释剂调整。黏度过大，雾化不好，漆膜粗糙无光；过稀，则产生流挂。涂料的黏度越大，涂料喷出量就越少。适宜的涂料黏度为 16～35s（涂-4 杯），不同的涂料喷涂黏度也有差别（见表 7-2）。装入贮漆罐时，不要过满，以 2/3 为宜，把松紧旋钮拧紧。

表 7-2　常用涂料的适宜喷涂黏度

涂料种类	s(涂-4 杯,20℃)	cP(10^{-3}Pa·s)
硝基漆、热塑性丙烯酸等挥发性涂料	16～18	35～46
氨基漆、热固性丙烯酸涂料	18～25	46～78
自干型醇酸涂料等	25～30	78～100

7.2.1.4　空气喷涂的特点

空气喷涂的特点为：①涂装效率高，每小时可涂装 150～200m^2（约为刷涂的 8～10 倍），尤其适用于大面积涂装；②正确操作，空气喷涂能够获得美观、平整、均匀的高质量涂膜；③适应性强，对缝隙、小孔及倾斜、曲线、凹凸等各种形状的物体表面部位均可施工，而且各种涂料和各种材质、形状的工件都适用，不受场地限制（但环境中不允许有灰尘，需要有电源），特别适合快干涂料的施工。

与其他喷涂方法相比较，空气喷涂有两个突出的优点：①可调控性。有经验的操作者能够控制喷涂图案，从一个细小的斑点状到生产上应用的各种大的图案，不必更换喷枪和喷嘴就能进行大面积或小面积喷涂。雾化程度可以调控，能达到手工喷涂中可以达到的最细的雾化程度。②适应性。可以喷涂各种各样的涂料，很容易操作和维护，配件也易购买。

空气喷涂法的缺点是涂料损耗大，涂料利用率最高仅达到 50%～60%，小件只有 15%～30%，飞散的漆雾造成作业环境空气恶化。为提高涂料的利用效率，发展了静电喷涂的方法。

因为空气喷涂法要求的涂料黏度低，所以稀释剂用量大。有机溶剂大量挥发，污染作业环境，作业环境必须有良好的通风设施。因此，为在喷涂中能够使用高黏度的涂料，减少有机溶剂的用量，就发展了高压无气喷涂方法。

7.2.2　高压无气喷涂

高压无气喷涂机最早产于美国，20 世纪 50 年代中期，高压无气喷涂机在美国得到迅速发展并被广泛地应用。50 年代末期，日本引进了高压无气喷涂机的制造技术，此后成为负有盛名的高压无气喷涂机制造国。60年代中期，我国研制成功高压无气喷涂机，并迅速得到应用。

7.2.2.1 高压无气喷涂的原理和特点

“无气”就是“无空气”，这里指的是空气不起雾化作用，“高压”起雾化作用。

高压无气喷涂是使涂料通过加压泵（10～40MPa）被加压，通过特制的硬质合金喷嘴（口径1.7～1.8mm）喷出。当高压漆流离开喷嘴到达大气后，随着冲击空气和高压的急剧下降，涂料中的溶剂剧烈膨胀而分散雾化，射到被涂物件上。因涂料雾化不用压缩空气，所以称为无气喷涂。它是利用高压产生雾化，故又称之为高压无气喷涂。高压无气喷涂与空气喷涂的主要区别在于压力大，没有压缩空气所带来的油、水、灰尘等，而且喷射力强。

高压无气喷涂具有如下特点。

① 喷涂效率高　喷枪喷出的完全是涂料，喷涂流量大，施工效率约是空气的3倍。每支枪可喷3.5～5.5m^2/min。超高压无空气喷涂设备最多可供12支喷枪同时操作。喷嘴孔径最大可达2mm，适用于各种厚浆涂料。

② 涂料回弹少　空气喷涂机喷出的涂料含有压缩空气，因此碰到被涂物表面时会产生回弹，漆雾又会飞散，而高压无气喷涂喷出的漆雾因没有压缩空气，所以没有“回弹”现象，减少了因漆雾飞散而造成的喷毛，提高了涂料的利用率和漆膜的质量。

③ 可喷涂高、低黏度的涂料　由于涂料的输送与喷射是在高压作用下进行的，可以喷涂高黏度的涂料。选用压力比较大的无气喷涂机，甚至可以喷涂无流动性的涂料或含有纤维的涂料。高压无空气可喷涂的涂料黏度可高达80s（涂-4杯）。由于可以喷射黏度高的涂料，涂料的固体分高，一次喷涂的涂层比较厚（干膜厚度可达300μm以上），减少喷涂次数。

④ 形状复杂工件适应性好　由于涂料的压力高，能进入形状复杂工件表面的细微孔隙中。涂料在喷涂过程中不会混入压缩空气中的油水和杂质等，消除了因压缩空气含有水分、油污、尘埃等引起的漆膜缺陷，即使在缝隙、棱角处也能形成良好的漆膜。

⑤ 高压无气喷涂的不足　高压无气喷涂的漆雾液滴直径为70～150μm，而空气喷涂的为20～50μm，漆膜质量比空气喷涂的差，不适用于薄层的装饰性涂装；操作时喷雾的幅度和喷出量不能调节，必须更换喷嘴才能达到调节的目的；喷漆的速率非常高，需有保护措施。

7.2.2.2 高压无空气喷涂装置和设备

无空气喷涂装置的类型一般有以下3种：①固定式，应用于大量生产的自动流水作业线上；②移动式，常用于工作场所经常变动的地方；③轻便手提式，常用于喷涂工件不太大而工作场所经常变换的场合。常用高压无空气喷涂设备示意图见图7-6。

（1）高压无空气喷枪

高压无空气喷枪的外形与普通喷漆枪相似。空气喷枪有输气和输漆两个通道，而高压喷枪则只有一个输漆通道，没有输气通道。高压喷枪有普通式、长柄式和自动高压喷枪。

高压喷涂由于工作压力较高，涂料流过喷嘴时，产生很大的摩擦阻力，使喷嘴容易磨损，故一般采用硬质合金钢。为了保证涂料均匀雾化，喷嘴口的光洁度要求较高，不允许有毛刺，为了适应不同施工要求，应配有多种型号喷枪和喷嘴。喷嘴的材料为硬质合金（如WC）、金刚石等，喷嘴口径的形状一般加工成橄榄形，非常光洁。喷嘴口径0.17～1.8mm，小口径适用于黏度小的涂料，大口径适用于黏度高的涂料。

（2）高压泵

高压泵根据高压产生方式分类。

① 电动　电动高压无空气喷涂机的工作原理见图7-7。因不用压缩空气，不需配置空压机等设备。电动机驱动比压缩空气驱动少一次能量转换，经济性强，适用于有三相交流电源的地

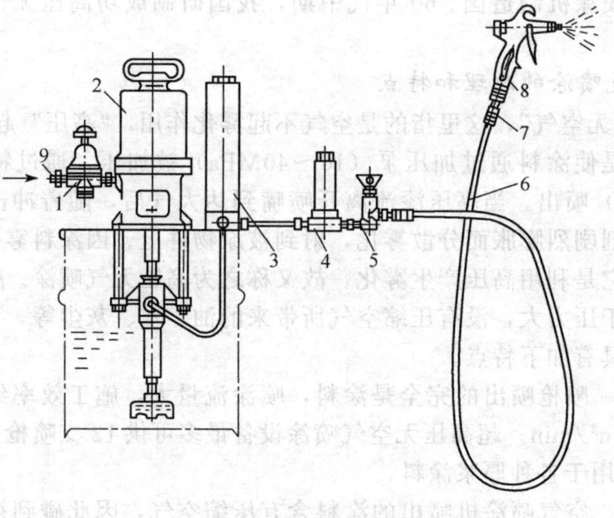

图 7-6　无空气喷涂设备示意图

1—调压阀；2—高压泵；3—蓄风器；4—过滤器；5—截止阀门；

6—高压软管；7—旋转接头；8—喷枪；9—压缩空气入口

方，能在气温较低的环境下工作，但这类泵容量小，喷出最高压力 20 MPa，1.3L/min。

② 气动　压缩空气驱动的高压无气喷涂机体积小、重量轻、操作容易、使用期长，但噪声大、动力消耗大，是目前最广泛应用的高压动力源。

采用压缩空气驱动泵，通过减压阀调整空气压力来控制涂料的输出压力。图 7-8 为 GP2A 型气动高压无空气喷涂设备的结构。以该设备为例，高压无空气喷涂设备主要由高压泵、高压过滤器、高压喷枪等组成。利用压缩空气驱动活塞和活塞杆作往复运动，活塞杆带动高压泵内的活塞，产生同样的往复运动。根据需要的工作压力来选择活塞的有效面积与高压泵内的活塞有效面积之比，涂料压力可达输入气压的几十倍。涂料压力与气压之比称为压力比。

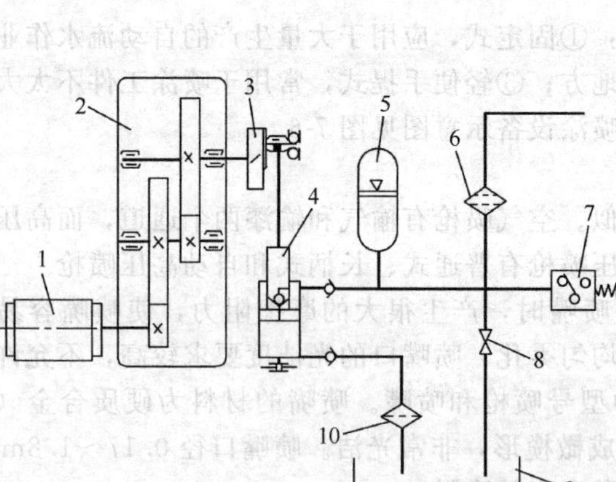

图 7-7　电动高压无空气喷涂机工作原理图

1—电动机；2—齿轮减速箱；3—曲柄；4—高压泵；

5—蓄压器；6—过滤器；7—压力继电器；

8—球阀；9—涂料桶；10—过滤器

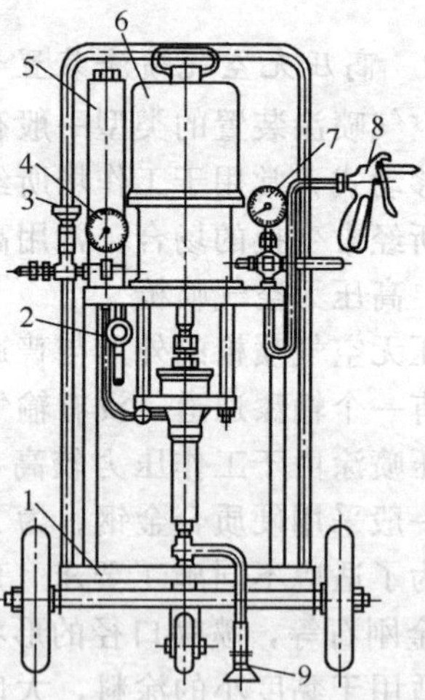

图 7-8　气动高压无空气喷涂设备的结构

1—小车；2—放泄阀；3—高压阀；4—高压表；

5—蓄压过滤器；6—高压泵；7—压力表；

8—吹屑枪；9—吸漆器

常用的压力比有16：1、23：1、32：1、45：1、56：1、65：1等多种，一般在(26：1)～(32：1)之间，分别适用于不同材料和不同黏度的涂料。

③ 其他高压泵还有电机驱动的油压泵、小型汽油机驱动的高压泵。

(3) 蓄压过滤器

蓄压过滤器的作用是稳定由高压泵输入的高压涂料，使之保持恒定的喷涂压力，同时还可以过滤杂质，避免堵塞喷嘴。蓄压器为一筒体，涂料由底部进入，进口处为单向阀，进漆压力低于筒内压力时，阀门关闭。当高压喷枪开启时，涂料再通过100目的滤网过滤，进入高压管，到达高压喷枪。

(4) 高压软管

涂料的通路上使用的软管都必须耐压。它是钢丝网或纤维织物加强管壁的尼龙或聚四氟乙烯管，常用的内径为6mm或9mm，耐工作压力在3×10^7Pa以上。高压软管的长度应尽可能短，以免产生较大的压力损失。

加涂料前必须以溶剂清洗漆路，升压到150×10^5Pa左右时，要检查蓄压过滤器软管以及喷枪接头等连接处有无泄漏现象，一切正常方可进行喷涂。短时间中断施工时，应停止加压泵的运转，并排出管路中部分涂料以降低管路内压力，同时将枪头浸入溶剂中。排放余漆后，吸入溶剂作循环清洗，以免高压无气喷枪发生故障。

(5) 高压无气喷涂机分类

1) 按涂料输出压力分类　按被喷涂料等介质工作压力分类：低压型（<10MPa）喷涂机、中压型（10～20MPa）喷涂机、高压型（20～30MPa）喷涂机、超高压型（30～40MPa）喷涂机。

2) 按涂料输出量分类　按被喷涂料的排量分类：小型（<5L/mim）喷涂机、中型（5～15L/mim）喷涂机、大型（15～25L/min）喷涂机、超大型（>25L/min）喷涂机。

3) 按功能分类　①普通型高压无气喷涂机：涂料不需要预加热，适用于单组分普通涂料。②热喷型：有加热装置，使涂料温度升高，从而降低涂料的黏度，可用于喷涂高固体含量及高黏度的涂料。③高黏度型：将压入高压涂料缸中的涂料，再通过安装在活塞上的单向阀进行增压，同时，压缩空气接入特制喷枪，具有一定压力的涂料和喷枪中的空气流混合并雾化喷出。高黏度喷涂机适用于喷涂无流动性涂料、超高黏度涂料及含有短纤维或细颗粒状物的涂料。④双组分涂料专用型：专用于喷涂双组分涂料（如双组分聚氨酯涂料、环氧涂料等）。

7.2.2.3 高压无气喷涂法的方法及技巧

① 喷涂压力和流量　对某一型号的无气喷涂设备，当使用的涂料黏度不变、输入的压缩空气压力一定时，流量增大，喷涂压力降低。当输入的压缩空气的压力升高时，喷涂压力和流量便相应增加。

② 涂料黏度与喷涂压力　黏度越高，施工时需要的喷涂压力越大。各种涂料的施工说明书上都注明了涂料的黏度和无气喷涂施工所需的压力比。一般低黏度涂料的压力比选择23：1和32：1，而高固体分涂料的施工压力比一般在45：1左右。

③ 喷嘴的选择　涂料喷出量与喷嘴口径、涂料压力和涂料密度有下列关系：

$$Q=kd^2(P/S)^{1/2}$$

式中，Q为涂料喷出量，L/min；d为喷嘴口径，mm；P为涂料压力，MPa；S为涂料密度，g/cm³；k为常数。

喷涂前应选择一定孔径和形状的喷嘴，喷嘴的孔径决定了流量的大小，喷嘴的形状则决定了喷雾的幅度。对于黏度较高、所需施工面积较大的涂料，应选择孔径较大的喷嘴。要获得较薄的涂层，应选小孔径喷枪。高压喷涂非常适合于防腐蚀涂料和高黏度涂料的施工。

虽然提高涂料压力能增加涂料喷出量，但完全依靠涂料压力来大幅度调高喷出量是不可取的，这会降低设备的使用寿命。当达到所要求的雾化效果时，应使用最低的喷涂压力，以延长喷嘴的使用寿命。最好的调高喷出量的方法是更换较大孔径的喷嘴。

④ 喷射幅宽 喷涂时喷枪与被涂表面垂直，喷流的幅宽 8～75cm，喷流的射角 30°～80°。在喷涂大平面时，选定喷流幅宽为 30～40cm；物件较大、凹凸表面的大量涂装选用 20～30cm；一般小物件选用 15～25cm。相同的喷幅宽度，孔径越大，成膜越厚。相同的喷嘴孔径，喷幅宽度越大，成膜越薄。

⑤ 喷枪操作 喷枪应与工件相距 30～40cm。喷枪应以合适的速率均匀移动，以 30～40cm/s 为宜，并与工件表面平行，以免产生流挂和涂层不匀。喷枪与物面的喷射距离和垂直角度由身体控制，喷枪的移动同样要用身体来协助肩膀移动，不可移动手腕，但手腕要灵活。

每一道喷漆作业就在前一道喷漆作业上搭接约 50%，以便获得完整、均匀的涂层。喷拐角时，喷枪可对准拐角的中心，以确保两侧能得到均匀的喷涂。喷涂时先水平移动，然后再垂直移动，如此有利于涂层完整覆盖，减少流挂。每次喷涂时应在喷枪移动时开启和关闭喷枪扳机，以避免工件表面过多的涂料堆积而流挂。

几乎所有涂料都可以采用高压无气喷涂，非常适合防腐蚀涂料和高黏度涂料，如各种富锌底漆、厚浆涂料、氯化橡胶漆、环氧树脂漆等。高压无气喷涂技术促进了触变性厚浆涂料的发展和应用，重防腐蚀场合要求的漆膜厚度数百微米，用厚浆涂料容易达到厚度要求。

在汽车行业用 PVC 车底涂料涂覆汽车底盘和车身密封，参数如下：密度 1.55～1.65g/cm^3，细度 50μm，黏度 0.25Pa·s。汽车底盘喷涂选用压力比 45∶1，空气压力（进气压）0.3～0.6MPa，喷嘴口径 0.17～0.33mm，图幅宽 10～12cm，耗漆量约 4kg/min，涂膜厚度 1～2mm，不会流挂。

7.2.3 静电喷涂

空气喷涂和高压无气喷涂都存在涂料利用率低的问题。静电喷涂技术就是为提高涂料的利用率而开发的，是 20 世纪 60 年代兴起且被大力推广的技术，具有高效率、高质量、环保、自动化的特点。静电喷涂又称为高压静电喷涂，是利用高压电场的作用，使漆雾或粉末带电，并在电场力的作用下吸附在带异性电荷的工件上的一种喷漆方法。静电喷涂的应用范围从大型的铁路客车、汽车、拖拉机，到小型的工件、玩具以及家用电器等，是目前家用电器如电冰箱、洗衣机、电风扇等的重要涂装手段。

7.2.3.1 静电喷涂的原理和特点

在静电喷涂施工中，几乎都将电喷枪体作为阴极，被涂工件作为阳极。这是因为阴极放电的临界电压低、不容易产生电火花，生产较安全。高压静电发生器产生的负高压加到喷枪上有锐边或尖端的金属放电电极上，依靠电晕放电，放电电极的锐边或尖端处激发产生大量电子，形成一个电离空气区。工件（带正电）接地，使阴电极与工件之间形成一个高压静电场。喷枪产生的漆雾进入该电离空气区。涂料漆雾微粒与带负电荷的空气分子发生接触而获得电子，成为带负电荷的漆雾微粒，并进一步雾化。这些带负电荷的漆雾微粒在电场力和惯性作用下，迅速移向工件的表面，成为湿漆膜，经过干燥，形成一层牢固的涂膜。

除由于电荷不同造成的相互吸引外，环抱效应也增加涂料的附着。以链索栅栏为例，通过金属栅栏孔眼的漆雾微粒被吸引，重新回到栅栏的背面进行附着。这种环抱效应可使涂料只从一面喷涂，就能涂装到栅栏的两个面，减少涂料过喷造成的损失。

静电喷涂有如下优点：①由于漆雾很少飞散，可大幅度地提高涂料的利用率，涂料利用率可达 80%～90%；②适用于大批量流水线的生产，能成倍地提高劳动生产率，而且改善了施工劳动条件；③涂料微粒带负电荷，在相互引力作用下被吸附到工件上，形成的涂膜均匀丰满，附着力强，装饰性好，耐磨性优良，提高了涂膜的质量。

该方法的不足在于：由于静电屏蔽作用，不适于喷涂复杂形状的工件，因为工件凹陷部位不易涂上漆。对所用涂料和溶剂有一定的要求，尤其是涂料的电性能。由于使用高电压，火灾的危险性较大，必须具有可靠的放电安全措施。

静电喷涂方法可以很方便地组成连续的生产流水线，也可与电泳涂装配套应用，即以电泳涂装法涂底漆，再以静电喷涂法涂面漆，并实现涂装作业的连续化、自动化。这种配套施工已在汽车制造业和自行车制造业中采用。

7.2.3.2　静电喷涂涂料

降低静电喷涂的过喷损失，赋予良好的环抱效应，需要漆雾微粒多带负电荷，而漆雾微粒的荷电性能又受涂料电阻率的控制。如果电阻率太低，那么漆雾微粒就不会从电离空气中带上充足的电荷。所用涂料应该容易带电，在静电场中雾化要好，黏度要低，固含量要高，粒度要细。溶剂型涂料的电阻率一般在 5～50MΩ·cm 较为适宜。

如果电阻过高，可适当添加低电阻的溶剂，如二丙酮醇、甲乙酮、乙酸乙酯、乙酸丁酯等。酮类与醇类的导电性最好，酯类次之，烃类差。对只有烃类溶剂，特别是脂肪族烃类的涂料难带上充足的电荷，需要用硝基烷烃或醇类溶剂取代一部分烃类。

降低电阻需要加入大量的极性溶剂，可改用加入很少量（实践中采用 0.5%～3%）的季铵化合物（以 80%丁醇溶液的形式使用），就可获得很低的电阻，而且对漆膜性质（均匀性、总体外观、硬度、防腐蚀性等）影响极小。季铵盐与多数涂料相溶，不必改变涂料配方，在涂料中能够快速溶解，不会造成漆膜泛黄。

涂料的黏度一般在 33～40s（涂-4 杯），黏度越高，喷涂效果越差。在不影响涂装质量的前提下，黏度应尽可能高些，以提高固体分，增进漆膜的光泽和丰满度。

涂料中树脂是主要的成膜物质，各种树脂和溶剂的带电能力不同，如三聚氰胺甲醛树脂的导电性比较好，醇酸树脂次之，环氧树脂较差。目前，国内已经广泛使用的静电喷漆有硝基、过氯乙烯、氨基、沥青、丙烯酸漆等品种。

7.2.3.3　静电喷涂设备

静电喷涂的主要设备是静电发生器和静电喷枪。附属设备有供漆系统、传送装置、烘干设备以及给漆管道、高压电缆等。图 7-9 给出空气雾化静电喷涂的示意图。

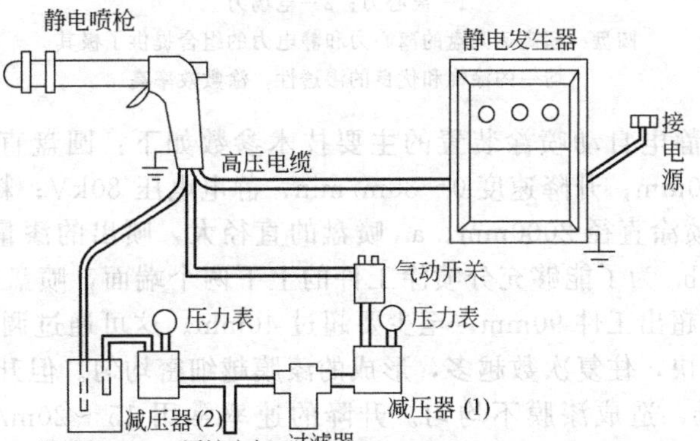

图 7-9　空气雾化静电喷涂示意图

(1) 静电发生器

目前较为常用的是高频静电发生器，一般由升压变压器、整流回路、安全回路等组成，输出直流电压为 40～120kV，电流约 300μA，消耗功率 200W，具有体积小、质量轻、成本低、安全可靠等特点。

高压静电发生器有内置式和外置式两种。现在一般手提式空气雾化静电喷枪均采用内置式高压静电发生器。固定式静电喷枪则采用功率较大的外置式高压静电发生器。高频高压静电发生器正向微型化发展，美国 GRACO 公司推出的静电发生器装在手提式喷枪内，外接 12～20V 电源即可，它采用微型气轮机带动摩擦轮发电，安全可靠。

(2) 静电喷枪

静电喷枪既具有涂料雾化器的功能，使涂料分散和充分雾化，又带有放电极形成负离子空气电离区的功能，使漆雾充分带上负电荷。静电喷枪主要应用的有空气雾化静电喷枪和离心式静电喷枪。

1) 离心式静电喷枪　这类喷枪首先靠高速旋转的杯形或盘形喷头产生离心力，使涂料分散成细漆滴，在离心力的作用下，通过喷头的电晕锐边附近的电离空气区时得到负电荷，这些负电荷使带电的漆滴进一步雾化，随后在电场的作用下，沿离心力和静电引力的合力方向飞向接地的被涂表面上。这种类型的喷枪可使用较高的电压（150kV），因此可以使用电阻较大的涂料，而其他类型的则不超过 90kV。

① 旋盘式静电喷枪　喷头是盘状，涂料从高速旋转的盘的圆周边上靠离心力甩出。圆盘转速一般 4000r/min，最高的达 60000r/min。旋盘安置在上下往复升降的装置上。涂装时，工件围绕喷盘的四周通过，运输链围绕旋盘式喷枪弯曲成“Ω”形。旋盘式喷涂适用于中小型工件自动化、大批量生产，是工业上广泛应用的一种装置。图 7-10 给出圆盘式静电喷涂示意图。

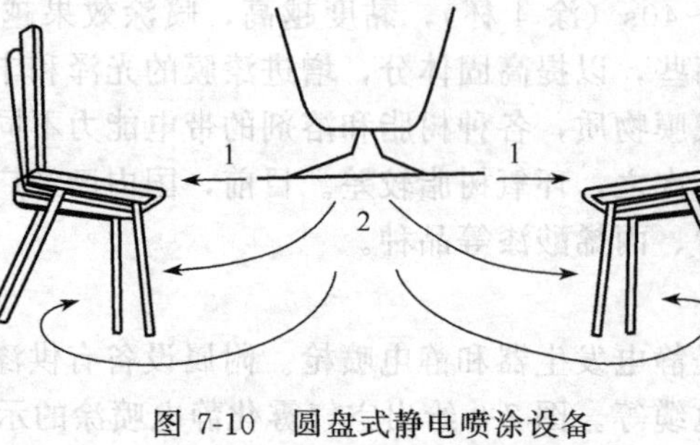

图 7-10　圆盘式静电喷涂设备

1—离心力；2—电场力

圆盘：超高速圆盘的离心力和静电力的组合提供了极其均一的涂饰和优良的渗透性，涂敷效率高

PJQ-1 型圆盘式静电自动喷涂装置的主要技术参数如下：圆盘直径 135mm、200mm、300mm；行程 ＜1500mm；升降速度 0～30m/min；静电电压 80kV；耗气量 60m^3/h；静电电流 150～250μA；喷涂直径 2000mm。a. 喷盘的直径大，喷出的漆量大，形成的漆膜厚，但均匀性不易控制。b. 为了能够充分喷涂工件的上下两个端面，喷盘的上下行程必须大于工件的高度。每端应超出工件 90mm，至少要超过 40mm。这可通过调节限位电磁阀的距离来完成。升降速率越快，住复次数越多，形成的漆膜越细密均匀。但升降速率过快，喷盘喷漆的稳定性就将降低，造成漆膜不均匀。升降的速率常用 15～20m/min，一般不宜超过 25m/min。c. 喷盘和工件的距离直接影响电场强度，在保证安全和质量的前提下，尽量使距离近些，一般以 25～30cm 为宜，超过 40cm 时涂覆效率显著下降。

② 旋杯式静电喷枪　旋杯的杯口尖锐，作为放电电极电子密度高，使漆雾容易荷电。涂料离开旋转喷头的锐边时，漆滴的离心力与静电力方向不一致，带电漆滴沿两者合力的方向（呈抛物线）飞向并涂着在工件上，形成中空漆雾图案（环状），飞散的漆雾比盘式多。

为改进中空漆雾图案，通常使用两种方法，设置辅助电极，使漆雾向中心压缩；在旋杯后设置二次进风雾化装置，调节漆雾图案并抑制漆雾飞散。生产上还采用精心布置多把旋杯式喷枪同时喷涂，不同口径的旋杯组合使用，使漆膜厚度均匀。

常规圆盘式和旋杯式静电喷枪使用涂料的黏度 0.05～0.15Pa·s，极高速旋杯式静电喷枪使用涂料的黏度可达 1.5～2.0Pa·s。因此，静电喷枪的喷头正在向小型化和高转速化方向发展，采用涡轮风动马达，可使旋杯转速达到（3～6）$\times 10^4$ r/min，负荷时为 4×10^4 r/min。旋杯式喷枪的转速不小于 1000 r/min。极高速率的旋杯，达到 60000r/min，可容许黏度高达 1.5～2Pa·s 的涂料涂装，但用高速静电旋杯涂装色漆，漆膜的光泽较低，而且高速产生的离心效应导致漆雾微粒中的颜料含量的差异，形成颜料含量不均匀的漆膜。

旋杯静电喷涂操作程序：

开机程序　先开旋杯电动机，使旋杯转动，观察旋杯转速是否正常；开高压静电发生器低压开关，然后开高压开关，这时高压指示灯亮，高压发生器中绝缘油有轻微振动。喷枪上的高压目前都不能测量，根据工厂的经验，若需要判断喷枪是否有高压，操作者可手持一良好的绝缘棒，在棒的一端绕上接地电线，当电线逐渐靠近喷枪时，即产生火花放电，拉弧 1cm 估计电压为 10kV，拉弧一般为 8～12cm；打开高压发生器后，人不要进入喷漆室，以免电击，开动输漆泵，这时旋杯上就有漆雾喷出，判断一切正常后可关掉输漆泵，待工件进入时再打开输漆泵。

停机程序　先关掉输漆泵，停止输漆；关闭高压发生器；将输接管接到稀料筒上，灌入稀料清洗管道；关闭旋杯的动力。

2）空气雾化静电喷枪　空气雾化静电喷枪的涂料雾化主要靠压缩空气，高压静电仅起促进雾化的作用，枪体由绝缘塑料制成，枪头前端有与高压静电相接的针状放电极。由于压缩空气的向前冲力，使其荷电效率和涂料利用效率较离心力静电雾化喷枪低。它的涂料利用效率介于空气喷涂和离心力静电喷涂之间。这种喷枪适应性强，轻便耐用，多用于中、小批量或外形复杂工件的喷涂。

3）液压雾化式静电喷涂　这种方法是将高压喷涂和静电喷涂相结合。由于涂料压力高，涂料从枪口喷出的速度很高，漆雾的荷电率差，雾化效果也差，因此这类静电喷涂效果不如空气，但它适合于复杂形状工件的喷涂，且涂料喷出量大、涂膜厚、涂装效率高。高压加热静电喷涂把涂料加热到约 40℃，涂料压力约 5MPa。由于涂料压力有大幅度的降低，涂料荷电率得到提高，静电喷涂效果得到改善，涂膜有较好的外观质量。各种静电喷枪示意图见图 7-11。

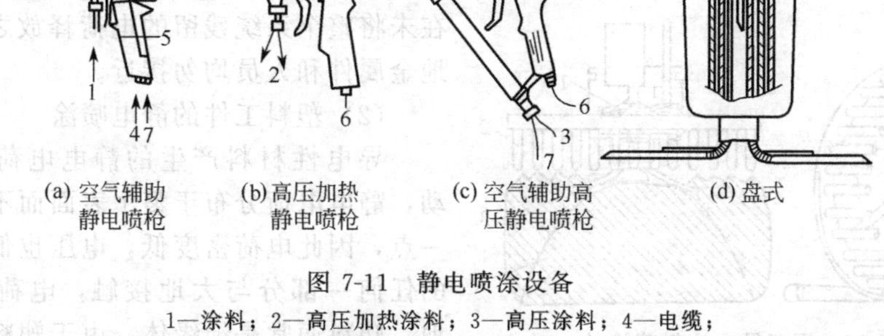

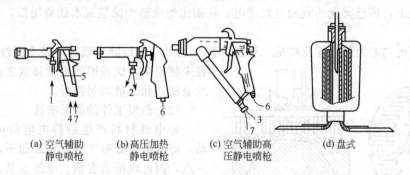

图 7-11　静电喷涂设备

1—涂料；2—高压加热涂料；3—高压涂料；4—电缆；
5—静电发生器在枪柄中；6—高压电缆；7—空气

（3）静电喷涂方式

静电喷涂的操作方式分为固定式和活动式。固定式静电喷涂是在固定的静电喷涂室中，被涂工件通过传动装置以一定的传动速度通过喷涂室，完成喷涂过程。静电喷涂室的设计很重要，包括喷枪的排列布置、喷枪与工件的距离确定、工件移动速度、离地尺寸、涂料的黏度、涂料供给量以及喷涂室的通风装置等，都需要精心设计。

活动式静电喷涂设备主要包括手提式静电喷枪、可移动的静电发生器等。该设备灵活性大，适应性强，但涂料利用率较低，需用手工操作。手提式静电喷枪除可单独使用外，也可与固定式静电喷枪配合作为补漆之用。

7.2.3.4 静电喷涂工艺

根据被涂物的形状、大小、生产方式、涂装现场的条件、所用涂料品种、漆膜质量要求等因素选择和设计好静电涂装设备的前提下，为保证良好的涂装效率，在涂装过程中，如下几个工艺参数影响涂装质量。

① 静电场的电压 电压高，涂覆效率就高，即涂料的利用率高，一般选择60～90kV。提高电压，涂料利用率虽有所提高，但对设备的绝缘性能要求提高，投资也大，并不经济。固定式采用80～90kV，手提式60kV。

② 工件悬挂 在工件转动或爬坡运行相互不碰撞的原则下，尽量缩短挂具间的距离，可降低涂料的损耗。工件距离地面和喷漆房传送带的距离至少在1m以上。工件距离地面过近会使雾化涂料部分吸向地面。工件距传送带过近会使传送带滴漆，影响产品质量，降低涂覆率。传送带的移动速率为0.8～1.8m/min。

③ 静电喷枪的布置 在同时使用几只静电喷枪喷涂时，喷枪之间的距离十分重要，应以两支电喷枪的漆雾喷流及其图案不相互干扰为原则，因为带同性电荷的漆雾相遇会产生相斥，使漆雾乱飞，影响涂布效率和漆膜质量。因此，两支喷枪的距离至少要有1m。

在喷枪的对面，安装上用漆包线绕成的电网，并把电网接上负的高电压，大部分穿过工件的漆雾接近电网时被弹回工件，但电网与喷枪不宜太近。

7.2.3.5 特殊静电涂装

(1) 水性涂料

溶剂型涂料需要完善的涂料接地系统，即涂料的供给和在喷枪规定的范围内所有设备都必须很好地接地，只有喷枪本身不接地，维持一个电压使涂料荷电。水稀释性涂料的静电喷涂系统通常为一个完全孤立体系：涂料的供给和喷涂设备都不接地，但工件接地，带正电荷。这是因为水性涂料的导电性比溶剂型涂料的要高，需要将涂料流水线进行电绝缘，否则电荷将会散逸，漆雾就不会带电，而且电击的危险会很高。另一种方法是将雾化装置接到一种特殊装置上，使已雾化的液滴有效带电，从而比绝缘整个涂装流水线费用低，并减少电击危险。

外部荷电离心力静电雾化喷枪（见图7-12）也可以进行静电喷涂，整个系统需要绝缘，在未将整个系统残留的电荷释放之前，任何接地金属件和人员均勿接近。

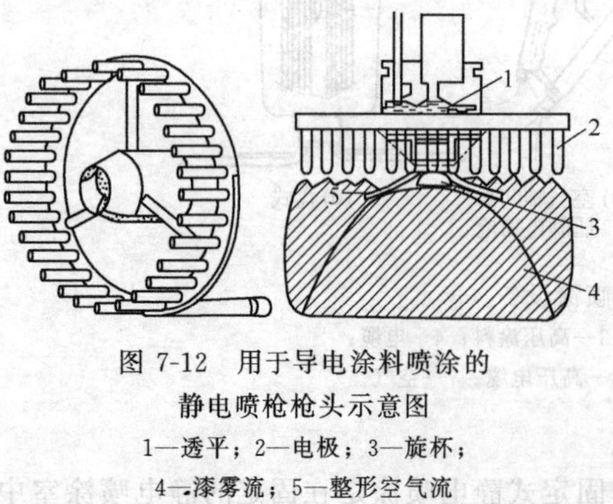

图7-12 用于导电涂料喷涂的静电喷枪枪头示意图

1—透平；2—电极；3—旋杯；4—漆雾流；5—整形空气流

(2) 塑料工件的静电喷涂

导电性材料产生的静电电荷可以自由移动，静电电荷分布于整个表面而不是集中到某一点，因此电荷密度低，电压也低，而且材料的任何一部分与大地接触，电荷立即导入大地。塑料通常是绝缘体，由于塑料表面的不导电性，造成塑件表面某些部位静电电荷积累，一方面使喷嘴处静电压下降，涂料荷电和雾化性不良，而且静电电荷还使某些涂料根据其分布而发生极化，在干后漆膜上出现不希望的花纹，另外静电电荷对漆雾产生反电场作用力，使漆雾沉积率进一步下降，而且静电电荷分布不均匀，造成涂膜厚度均匀性差。

静电电荷易吸附灰尘，在喷涂前要除尘，擦、刷、洗涤的过程中都产生静电，需要用离子化空气吹风机把空气裂解为正离子和负离子，吹向塑料表面，中和塑料表面的电荷。

要解决塑料表面的电荷积累问题，就必须提高塑件静电电荷的消散速度。漆雾从喷枪到达塑件表面的时间，旋杯式静电喷涂为 0.1s，空气辅助静电喷涂（手提式）为 0.01s，一般认为松弛时间 $Q(t)<10^{-4}$s 可防止静电电荷积累。电荷松弛释放有如下关系式：

$$Q(t)=Q_0\exp(-t/\tau)$$

$$\tau=\rho\varepsilon_0\varepsilon_\tau$$

式中，τ 为松弛时间，s；ρ 为电阻率，$\Omega\cdot$cm；ε_0 为空气介电常数，8.8×10^{-14}；ε_τ 为塑料介电常数，2～10，其中大部分 $\varepsilon_\tau\approx2$。

松弛时间 $\tau=10^{-4}\sim10^{-6}$s 时的电阻率 $\rho=10^5\sim10^7\Omega\cdot$cm。反应注射聚氨酯、塑料表面涂导电底漆或涂覆表面活性剂进行调湿处理，都能使 $\rho=10^5\sim10^7\Omega\cdot$cm，这样才能采用静电喷涂。塑件涂漆方法都采用空气喷涂，要采用静电喷涂，一般先涂覆1%～2%的表面活性剂异丙醇溶液。有些使塑料导电的涂料是些无机盐溶液，干燥以后使塑料产生一层导电表面，而对塑料表面的黏合力无影响。

在塑料上涂导电涂料或过渡底漆，导电涂料用浸涂或喷涂的方法涂布。过渡底漆既能牢固黏合塑料，又能黏合漆膜，常用的过渡底漆有聚氯乙烯共聚物、丙烯酸酯、偏二氯乙烯共聚物。当被涂件上同时有塑料和金属时，即使塑料上涂有导电底漆，涂料的沉积也不均匀，因为金属能使接近塑料-金属界面的静电场扭曲。

(3) UV 涂料涂装

摩托车油箱的罩光通常使用双组分聚氨酯清漆或紫外线光固化 UV 清漆罩光。UV 清漆的涂装工艺为：油箱底面涂→烘干→打磨→ 除尘→喷 UV 清漆→(红外) 流平→UV 固化→检验。

喷涂 UV 涂料的条件：手工空气喷涂施工黏度为 18～22s（涂-4 杯黏度计，25℃），静电喷涂为 14～16s。UV 涂料原则上不加任何稀料，在特殊情况下需要加稀料时，只能加入 5%以下的专用活性稀释剂，而且必须保证 3min 的流平时间，否则，稀料挥发不完全，会影响涂膜的硬度和耐候性，而且流平时间过短，容易出现气泡和针孔。UV 喷漆室的空气必须净化，地面保持一定的湿度，以免空气中的尘埃沾上工件，造成表面麻点，同时所用压缩空气必须不含油和水。

7.2.3.6 静电涂装设备的维护和安全措施

①涂装作业完成后，应用棉纱蘸溶剂将放电极擦拭干净，定期清洗喷嘴及内部，但严禁将内部装有保护电阻的喷枪浸在溶剂中。②涂装室内所有物件都必须良好地接地，工件接地是涂装的必备条件，要求大地与被涂物之间的电阻值不得超过 1MΩ。但喷涂导电性涂料时，采用整个系统绝缘喷漆方式时，输漆系统不能接地。③电喷枪的高压部位、高压电缆等高电压系统离接地物体的距离，应保持在大于该产品制造厂所指定的间隔距离。④进入涂装室内人员必须穿导电鞋（电阻值 $10^5\Omega$ 以下），操作手提式静电喷枪时须裸手。⑤涂装室内不应积存废涂料、废溶剂，地面清洁。喷漆室内的电灯应为防爆式或罩灯式。⑥涂装作业停止，应立即切断高压电源。

7.2.4 其他喷涂方法

空气、高压无气方法和静电喷涂方法是基本的喷涂方法，但还有根据其基本原理发展的新方法。这些喷涂方法中既有加热喷涂（空气、高压无气和静电喷涂中都采用），又有高压无气方法中的双组分涂料喷涂，还有从空气喷涂发展出来的HVLP法、超临界液体喷涂法、机器人喷涂法，以及空气辅助高压无气喷涂法。

(1) 加热喷涂

加热喷涂是利用加热来使涂料的黏度降低，主要适用于稀释剂用量多的硝基漆，也可用于乙烯系、氨基树脂系及高固体涂料的涂装，但不适合双组分涂料和水性涂料等受热稳定性差的涂料。热喷涂装置使涂料加热至较高温度（一般70℃），采用0.5～0.6MPa、30℃的压缩空气，采用空气喷涂法或静电喷涂法进行施工。

家用电器面漆使用圆盘式静电喷涂进行施工时，用加热器加热，涂料的固体分可从55%增加到65%。热喷涂中高固体分涂料的黏度一般比常规型涂料下降得更明显。温度下跌是在离开喷枪口和到达工作件之间发生，导致涂料的黏度增加，可减少高固体涂料的流挂性。

加热喷涂时，稀释剂的消耗量比一般喷涂方法减少1/3左右；一次喷涂漆膜的厚度增加，可减少涂装道数，提高劳动效率；漆膜的流平性得到改善，光泽提高，不易泛白；施工不受季节的影响，不同季节无须调整涂料黏度。

(2) 双口喷枪喷涂法

双口喷枪喷涂法是专供双组分涂料施工配套而设计的（见图7-13），可避免涂料的两种组分在短时间内发生化学反应而凝胶，以致造成施工中的操作困难。各种催化固化型涂料、胺固化环氧、不饱和聚酯、聚脲、双组分聚氨酯及酸催化氨基树脂漆等，均可使用双口喷枪进行喷涂。

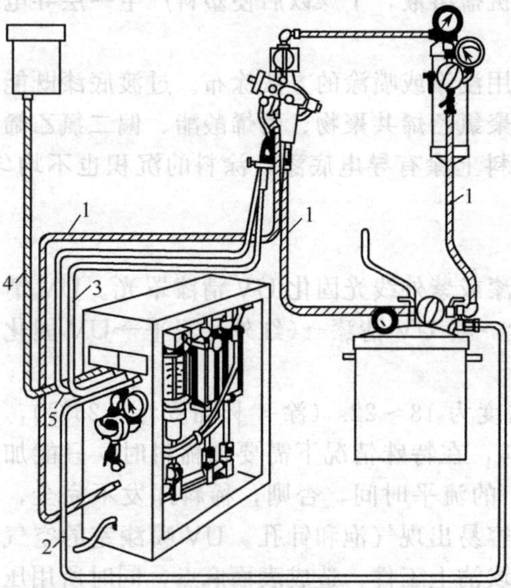

图7-13 双口喷枪喷涂设备示意图

1—空气压缩管；2—涂料液体进口处；3—涂料液体出口处；4—固化剂液体进口处；5—固化剂液体出口处

内混式双组分高压喷涂采用液流分割器使两组分均匀混合，然后由喷枪喷出，适用于配比1∶1左右的双组分涂料。外混式采用双口喷枪，两组分在雾化过程中混合。启动扳机后，固化剂就会与中部气流相互混合喷出，并且与来自漆管的涂料在枪外预混，用量可以按比例计量，在喷出过程中混合，并发生化学反应，使涂层在工件表面固化。

双组分用高压喷涂设备包括双组分涂料专用高压喷涂设备、富锌涂料专用高压喷涂设备、水性涂料专用高压喷涂设备等。富锌涂料由于锌粉沉降快，易结块，需要采用带搅拌装置和更耐磨损的设备及更大口径的喷枪。水性漆高压喷涂设备采用抗腐蚀良好的不锈钢制造。

(3) 机器人喷涂

喷漆机器人是20世纪70～80年代发展起来的，首先流行于日本。现在机器人喷涂属于空气喷涂范畴，因此空气喷涂系统的各个组成部分如空气压缩机、油水分离器、涂料加压罐等也是机器人空气喷涂的组成部分。

机器人喷涂的喷枪由能够在一定空间移动的机器人来操纵。机器人喷涂机械有顶喷机（喷枪作水平方向往复运动，从上往下喷涂）、侧喷机（喷枪作垂直方向往复运动，喷涂物件侧面）和机械手自动喷涂机等不同形式。它们的组成都包括喷枪、运动和升降结构、自动控制系统、涂料供给控制机构和枪体等部分。利用自动喷涂实现了喷漆作业的连续化、程序化，可节约人力和涂料，提高涂漆质量和效率，改善作业环境，减少公害，实现安全生产。

现在国际上汽车涂饰中间涂层和面漆多用机器人喷涂。

机器人喷涂的优点：①用示教方法输入。输入方法简单，通过模拟熟练工人的操作过程，将机器人各轴对应于圆点位置的数据，各点的工件移动、转动、翻转和喷枪闭启的联机数据的设定，能精确地确定喷涂时每一点位置的状态。示教程序调用方便，能适用于多品种产品的生产。②能全自动独立进行操作。示教操作台、油漆加压罐和输漆管均可设在喷涂室之外，尤其适用于在超净环境下喷涂高装饰要求的涂层，如手机、照相机等外壳生产，也可运用于对人体损伤性能较大的工种，以防止有害气体与光照射对人体的损伤，可用于高低焊、电焊、搬运等其他工种。③具有自身诊断的功能。每当机器出错时就会在显示屏上出现编码，根据出错编码在使用说明中能查阅到出错原因及处理方法。④自动化程度高、产量高、喷漆的产品一致性高，质量稳定。

缺点：①与手工喷漆相比，机器人喷漆油漆罐大、输漆管长、一次喷漆的喷涂量大，因此不宜在一天时间里多次换漆，否则造成工时和材料浪费。②由于机器人喷漆是固定式的，因此适用的零件不宜过大，形状也不宜太复杂。对于大型形状较为简单的零件，宜用链条台车或道带方式运输。③机器人喷漆一次性投入大，适用于大批量生产。

(4) 高容量低压喷涂 (HVLP)

通常空气喷涂的压力为 0.4MPa 左右，最大空气流量为 500L/min。由于气流的反弹作用，漆雾沉积率低，漂散的漆雾造成严重的环境污染。空气喷涂时，涂料的雾化程度的公式 $d=(3.6\times10^5/Q)^{0.75}$，$Q$ 为空气耗量与出漆量的比值。在降低涂料压力的情况下，要想获得细的雾化颗粒，就需要增大空气的压缩用量。因此，采用一个减压增量控制器，在低压下产生高容量气流，空气压力仅为 0.07MPa，就大大减弱气流的反弹作用，该喷涂方法用 HVLP 缩写表示，其中 HV 代表高容量，LP 代表低压，也把该方法称作“精细喷涂”。

HVLP 雾化过程是利用大容量、低压力（$<$0.07MPa）的空气将液体物质雾化成一种软、低速的雾束。因为漆雾的前冲力小，容易在工件上的凹陷部位进行喷涂施工。比起常规喷雾方法 0.3～0.5MPa 的空气压力，这种空气流速的降低使喷出的雾束更容易控制，产生的雾化颗粒更少，并且提高了涂装效率，减小了涂料的损耗。HVLP 空气喷涂的涂着效率为 75%～80%。空气压力降低也使气源功耗减少 50%，设备的磨损大大减轻，喷漆室内的清洁工作量大大减轻。

HVLP 系统是由一个大容量的空气源、一个涂料供给系统和一个特殊的 HVLP 喷枪组成的。空气源能为多个喷枪服务，或供单个喷枪使用。涂料通过常规的供给系统来提供。

HVLP 系统有三种 HVLP 空气供给装置：①由涡轮发生器产生空气流。涡轮发生器轻便，可以随意移动，易于操作，而且空气供给量能得到保证，但涡轮产生的空气温度控制不方便，压力也不大，不能使涂料充分雾化，而且通常需要较高水平来维护。②通过空气转换设备来转换工厂的压缩空气（如空气喷涂时的供气系统）。空气转换设备在空气到达喷枪之前就把空气压力降到 0.07MPa 或更小，可调节空气转换设备来输送稳定的压力。当装有空气加热器时，能调节热量或排出热量。这种装置比涡轮发生器更可靠，但需要较大内径的空气软管和转换装置。③也利用工厂的压缩空气。它是在喷枪内将空气压力降低至所需的 0.07MPa 或更小，能控制气体压力，而且省去了独立的空气转换设备。这种喷枪利用现有的供气系统，易于操作，成本低。

喷枪有手动和自动两种，可满足各种生产方式的需要，适合水性和溶剂性涂料及高黏度涂料的施工。这种喷涂方法能使钢圈、散热器、发动机等形状复杂工件的死角部位很容易均匀地涂上漆膜，获得高光泽薄涂层，特别适合闪光漆、氟涂料等薄涂层的施工，要获得厚涂层也非常方便。HVLP 的缺点是一些 HVLP 喷涂的涂层质量不如常规空气喷涂的。如果涂层质量要求高，就需要进行抛光处理。涡轮机供气的HVLP空气喷涂设备价格较贵，操作要求较高。喷枪体内装有降压装置的HVLP空气喷涂装置需要的压缩空气量很大。在生产批量大的生产线上采用HVLP空气喷涂生产效率低。操作HVLP喷枪与操作常规空气喷枪有所不同，HVLP的涂装效率较高。因为漆雾颗粒速率较慢，HVLP喷枪与被涂物的距离保持在15～25cm，而通常使用的喷枪与被涂物之间的距离是20～25cm。HVLP喷枪产生的噪声比空气喷枪小得多。

HVLP通常只能使用低到中等固体分的涂料，如双组分涂料，聚氨酯类、丙烯酸类、环氧树脂类以及硝基漆、磁漆、色漆和底漆。一些HVLP的施工设备可以对较高黏度的涂料或较高流动速率的涂料进行雾化。HVLP系统的评价是由雾化质量、涂装质量、产品可靠性和技术服务决定的。

(5) 空气辅助高压喷涂

空气喷涂雾化效果好，控制供漆压力和供气压力可对喷雾图形实行全面控制，但涂料利用率较低。高压无气喷涂虽然涂料利用率有所提高，但喷涂压力高，改变喷雾图形需要换喷嘴。因此，一些涂装设备公司综合两者的优点，研制出一种空气辅助无气喷枪。首先用较低的漆液压力（1～5.5MPa）将漆液从喷嘴中心孔喷出进行预雾化，从空气喷嘴和空气帽上喷出的空气完成对预雾化的涂料进一步雾化并控制喷雾图形。

一些公司又将无气喷涂与大流量低气压（HVLP）喷枪结合，研制出带有HVLP雾化效果的新一代空气辅助无气雾化系统，称为液压辅助HVLP。它具有空气辅助无气喷涂的输漆速度、HVLP的雾化和涂着效率。

空气辅助无气喷涂的雾化压力低，对于大多数涂料来说，这种方法得到的涂层在装饰性上接近空气喷涂，而没有过量的漆雾反弹，涂着效率比空气喷涂提高约30%，但高压无空气喷涂喷嘴易堵塞的问题仍然存在，对操作者要求更高。

与高压喷涂相比，空气辅助高压喷涂有以下特点：①涂料压力低。施加到涂料上的仅4～6MPa，远比10MPa以上的高压喷涂低得多，提高设备的使用寿命。②良好的雾化效果。高压喷涂的漆雾粒径约120μm，空气辅助高压喷涂漆雾粒径仅为70μm，漆雾更细，涂膜外观装饰性更好。③漆雾利用率提高。④喷雾图形可调。针对大小和形状不同的工件，可及时调整图幅。

(6) 超临界液体喷涂

超临界液体是临界温度为3℃、临界压力为7.4MPa的二氧化碳。在超临界状态，二氧化碳液体表现出类似于烃类溶剂的溶解作用。施工时用双面进料喷枪，其中一面进料用低溶剂含量的涂料，另一面用超临界二氧化碳液体，必须对温度加以控制，压力必须在7.4MPa以上。该工艺已与多种溶剂型涂料一起使用，可减少VOC 30%～90%而无需改变树脂的分子量，水性涂料可采用此工艺涂覆。

超临界液体喷涂使用的喷枪为高压喷枪。当涂料离开喷枪口时，二氧化碳迅速汽化并且打碎喷出的雾化液滴，使之粒径更小，粒径分布变窄。此液滴大小与空气喷枪所获得漆雾液滴大小相类似，比无空气喷枪所获得的明显小得多。喷涂图案是扇形，类似于空气喷枪所获得的图形。二氧化碳在漆雾液滴到达工件表面前已经挥发，因此，湿涂膜的黏度相当高，使流挂降至最小程度。这种涂装方法还提高了涂覆效率，减少了过喷和废物处理。

(7) 几种空气喷涂方法比较

几种常用的空气喷涂方法都有各自的优缺点（见表7-3），根据需要选择特定的方法。

涂覆效率是漆雾离开喷枪后实际沉积在工件上涂料的百分比。高的涂覆效率减小涂料的使用量，也减少有机溶剂向空气中的排放。影响涂覆效率的因素中，除涂装方法外，对手工喷涂，操作工的技术很重要，而自动化喷涂中系统设计是关键，如喷枪与工件表面之间的距离、喷枪的角度、喷枪运行速率的均匀性、搭接程度和一致性、喷枪开关的精确性。

ASTM（美国材料试验学会）对比较不同喷涂方法的涂覆效率有一个标准程序 D 5009—96。根据该方法测得的不同喷涂方法的典型涂覆效率如表 7-4 所列。

表 7-3 几种常用空气喷涂方法的优缺点比较

喷涂方法	优 点	缺 点
空气喷涂	投资成本低，输漆流量和喷涂图形容易控制，低压、安全，对操作工不需要大量培训，涂装质量好	涂着效率低
高压无空气喷涂	产量高，输漆量大，适用于厚膜喷涂和大面积喷涂，涂着效率高	高压，应注意操作安全，整个系统投资成本较高，喷涂质量一般，操作工需要较高的操作技术
HVLP 喷涂	投资成本低，操作工可以最大限度地控制喷枪，涂着效率高	生产能力低，操作压力提高后与普通空气喷涂相当
空气辅助无气喷涂	产量高，漆液压力低于无气喷涂，延长了设备的使用寿命，设备适用于现有的无气喷涂系统，涂着效率高	喷涂质量高于无气喷涂，但低于空气喷涂

表 7-4 不同喷涂方法的典型涂覆效率

喷 枪 类 型	涂覆效率/%	喷 枪 类 型	涂覆效率/%
空气喷枪	25	大容量低压空气喷枪(HVLP)	65
高压无空气喷枪	40	静电空气喷枪	60～85
空气辅助无空气喷枪	50	静电旋转离心喷枪	65～94

涂覆效率受很多因素影响，涂装大面积工件时这些涂装方法的涂覆效率都很高。美国为减少有机溶剂的排放，规定喷涂方法的涂覆效率要高于 65%。很显然，只有大容量低压空气喷枪（HVLP）和静电喷涂才能满足至少 65%的涂装效率。大多数无空气和气助式无空气喷除的方法不能满足最小涂装效率 65%的要求。在许多情况下，无空气喷涂不能提供足够小的漆雾颗粒来满足漆膜质量要求。气助式无空气喷涂能改善粒子大小，但可能满足不了最小涂装效率的要求。HVLP 和静电喷涂被看成是符合环保法规的技术。通常静电喷涂比 HVLP 的涂着效率高。

7.3 喷 漆 室

喷漆室是涂装作业的场所。在喷涂过程中，若不及时排除飞散的漆雾和挥发的溶剂，影响被涂表面的质量，危害操作工人的健康，易产生火灾爆炸的危险。

喷漆室将飞散的漆雾、挥发的溶剂限制在一定的区域内，并进行过滤处理，确保环境中的溶剂浓度符合劳动保护和安全规范的要求。一般配置给排风系统在喷漆室中形成一定的风速，将漆雾和挥发出的溶剂带走。手工喷漆室风速为 0.4～0.6m/s，自动静电喷漆区为 0.25～0.3m/s。带有过滤送风装置的喷漆房还能确保室内达到高度净化，如无人入内的机器人无尘喷漆房。喷漆室内应具备良好的照明和适宜的温度，有足够的灭火、防爆器具，确保工作人员和设备的安全。

喷漆室属非标准设施，随着生产形式、产量、产品尺寸不同而各异，按其生产情况可分为连续生产和间歇生产。连续生产的喷漆室为通过式，用于大批量工件的连续喷涂，通常由悬挂输送机、表面处理设备、喷涂设备和烘道等组成喷漆生产线。间歇生产的喷漆室可分为台式、死端式和敞开式。台式是把工件直接放到位于喷漆室内转盘的台上进行喷漆，适宜于较小工件。死端式和敞开式都是将工件放到台车或单轨吊车上，送入喷漆室内。与敞开式相比，死端式开口较小，一般只有一个工件进口，封闭较好，但室体不宜做得过大，用于中小型工件的喷涂。敞开式喷漆室只有送风、抽风和漆雾过滤装置，而无室体，用于大型工件（如车厢）的喷涂。喷漆室按气体流动的方向分为横向抽风、纵向抽风和底部抽风三种类型。横向和纵向抽风的气体流动与工件的移动方向处于同一平面，底部抽风与工件移动方向垂直。

7.3.1 喷漆室的结构

7.3.1.1 室体结构

室体由围壁、顶棚和地方面格等组成，把漆雾限制在其范围内，再由通风装置使漆雾流至过滤装置进行处理。①围壁一般用普通钢板或不锈钢板制作。小型喷漆室不需要骨架，中、大型的喷漆室则用型钢焊成骨架，骨架焊在钢板的外部，让内壁保持平整，以便在喷漆室内壁张贴防粘纸、塑料膜，使内壁黏附的漆雾能方便地除去。②顶棚设置在围壁之上。对悬挂链输送的生产线，为减小漆雾污染悬链，一般在顶棚的轨道处设置保护罩。为了便于采光，顶棚上可安装较大的玻璃窗。玻璃与顶棚宜用橡皮条做防振固定，以防因风机振动而损坏。③地面栅格多用于底部抽风的室体，设置在地下水槽之上。它能使漆雾及操作者带入的尘土直接掉入水槽，经常保持操作地面的清洁。栅格的间隙为 40～60mm，焊接或铸造制成，成拼装结构，以便于取出进行清理。

7.3.1.2 漆雾过滤装置

（1）干式漆雾过滤装置

根据漆雾处理装置分为折流板型、过滤网型、二者混合型和蜂窝过滤型。

① 折流板型过滤装置设置在喷漆室排气口前面，含漆雾的空气通过时，折流板改变空气流动的方向。漆雾颗粒碰到折流板后被捕集，折流板的板面用黄油粘贴纸张，使黏附其上的废漆容易剥落，以便定期清理。横截面及空气流动如图 7-14 所示。折流板过滤装置间隙之间的空气流速为 5～8m/s，间隙宽度为 30～50mm，压力损失为 60～120Pa。折流板式过滤装置结构简单，但由于该类过滤器对失去黏性的涂料颗粒，如硝基漆、热塑性丙烯酸等的过滤效率很差，因此往往与滤网型过滤器结合起来用。

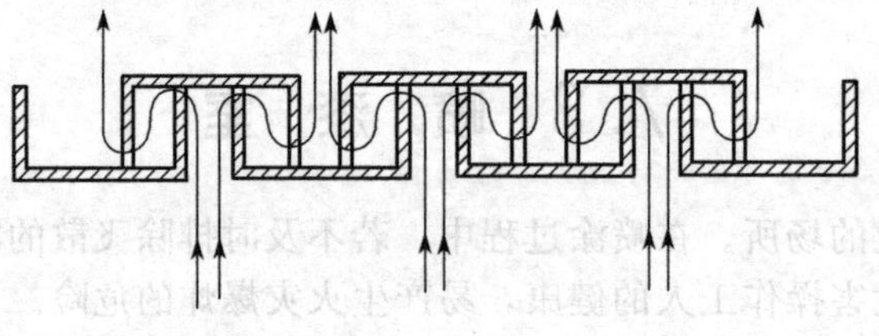

图 7-14 折流板过滤装置结构

② 滤网型过滤器是把滤网固定在柜架两面，吸入面网孔的目数较大。滤网能过滤黏性的和非黏性的颗粒，但滤网的孔会因为过滤量的增加而被阻塞，需要更换新网。设计时可将过滤网空气流速定为 1m/s，滤网的压力损失为 100～150Pa。这种方式过滤材料更换的频率较高，漆雾的捕集效率比折流板型的高。

③ 折流板和过滤网混合型。漆雾先通过折流板后，再通过过滤网，过滤网更换频率较低，也降低运行成本。漆雾捕集效率在 90%以上。

④ 蜂窝过滤型是一种新型的干式喷漆室，其漆雾处理是靠蜂窝纸质漆雾过滤器。蜂窝形滤纸是一种专用漆雾过滤材料，具有防火、抗静电、空气阻力小、容漆量大、使用周期长的特点。漆雾捕集率 92%以上。

干式喷漆室的优点是结构简单、通风量小、能耗小、运行费用低，但排风管道和折流板易积漆，需要经常清理，过滤材料消耗多，仅适用于小批量生产和试验室涂装，在对喷漆环境达不到要求或对漆膜质量要求较高时，需将喷漆室放置在隔离间内，将处理过的空气送入隔离间内使用。

(2) 湿式漆雾过滤装置

常见的湿式漆雾过滤装置一般分为两级过滤。第一级过滤一般用溢流装置，第二级一般在清洗室内进行，室内装有喷淋式或水帘式过滤装置。带水的漆雾气流在风机的抽吸下经过滤水装置放空。

溢流装置设置在水帘喷漆式的漆雾清理室的正前上方，图 7-15 的 1、2、3、4 部分是溢流式水帘装置。由水泵把水注入溢流槽并沿溢流槽上沿向外溢出，沿淌水板向下流淌，形成水帘。为确保水帘的均匀，溢流槽上沿要保持水平。淌水板用光滑的不锈钢板制成。溢流槽内设有隔板，既防止溢流槽溅水和漂浮物的溢出，又使液面保持平稳，确保水幕均匀。

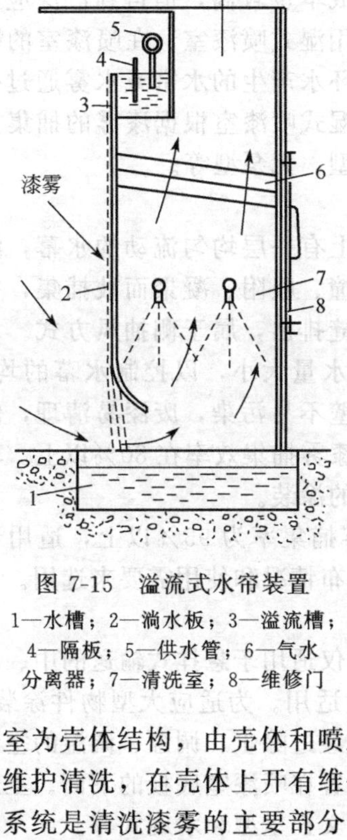

图 7-15 溢流式水帘装置

1—水槽；2—淌水板；3—溢流槽；4—隔板；5—供水管；6—气水分离器；7—清洗室；8—维修门

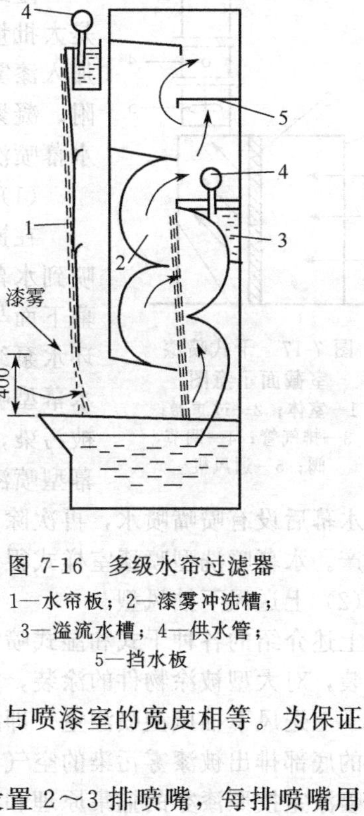

图 7-16 多级水帘过滤器

1—水帘板；2—漆雾冲洗槽；3—溢流水槽；4—供水管；5—挡水板

清洗室为壳体结构，由壳体和喷水系统组成，其长度与喷漆室的宽度相等。为保证对喷水系统的维护清洗，在壳体上开有维修门。

喷水系统是清洗漆雾的主要部分。在清洗室壳体内设置 2～3 排喷嘴，每排喷嘴用挡板隔开，进行多级清洗。喷水方向和漆雾的流动方向相反时，清洗的效果较好。为了使相邻喷嘴所形成的水雾相重叠，喷嘴之间的距离为 150～200mm，喷管之间距离不大于 350mm。喷淋式过滤装置容易堵塞，清理工作量较大，但结构较为简单。

水帘系统是用密实的水帘来清洗漆雾。同喷淋式相比较，结构简单，不需要喷嘴和管道，不会堵塞。但安装水平度要求较高，此种过滤装置有多级水帘和蜗形水帘两种结构。

图 7-16 为多级水帘过滤器的结构，由水帘装置和漆雾冲洗槽两部分组成。水帘装置是在几块活动悬挂的金属板上部设置溢流槽，使水溢流在水帘板上，以形成密实的水膜，并在水槽吸风口处形成第一道水帘。

漆雾冲洗槽是由固定在外壳上的四个半圆弧筒相对构成，在圆筒上部设置溢流水槽，注满水后就在半圆筒间隙之间形成四级密实的水帘。半圆筒的圆弧能减小气体流动的阻力。槽内的气体流速为 5～6.5m/s，含漆雾的空气吸过过滤器时，首先经过吸风口处第一级水帘冲洗，然后到漆雾冲洗槽内，再经过四级水帘冲洗。

多级水帘过滤器处理漆雾效率高达90%～95%，过滤器的高度尺寸较大，适用于除纵向抽风之外的各类喷漆室。当用于上部送风、下部抽风及敞开式喷漆室时，可去掉水帘装置。

7.3.2　喷漆室的类型

7.3.2.1　干式喷漆室

干式喷漆室由室体、排风装置和漆雾处理装置组成，属于侧抽风式喷漆室（见图7-17），一般为台式、死端式。干式过滤不使用水，没有废水产生，运行费用低，但过滤漆雾不彻底，设备污染严重，火灾隐患大，目前应用较少。

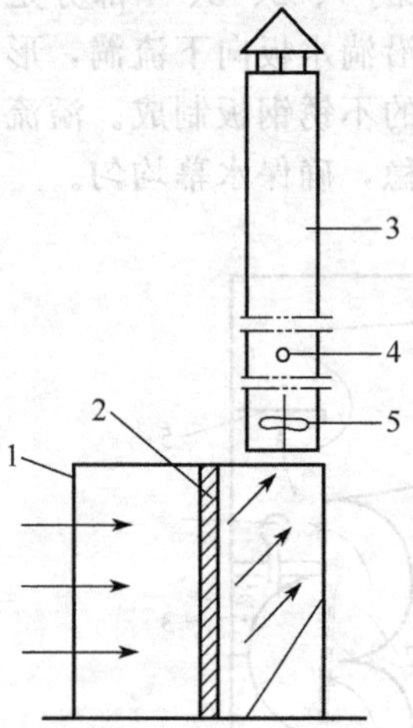

图7-17　干式喷漆室截面示意图
1—室体；2—过滤器；3—排气管；4—调节阀；5—通风机

7.3.2.2　湿式喷漆室

湿式设备较复杂，运行成本也较高，但得到广泛应用，尤其是大批量生产，基本上都采用湿式喷漆室。在喷漆室的循环水内加入漆雾凝聚剂，漆雾与循环水产生的水帘或水雾通过碰撞、吸附、凝聚，在水中被捕集。湿式喷漆室根据漆雾的捕集方式分为水幕喷洗型、上送风下抽风型、无泵型等。

(1) 水幕喷洗型

在操作者对面的金属壁上有一层均匀流动的水幕，漆雾气流喷到水幕上，漆雾与水幕碰撞、吸附、凝聚而被捕集，并通过水幕下面与水槽液面形成的狭缝排出，属于侧抽风方式。水幕由循环水泵维持，由调节阀调节水量大小，以控制水幕的均匀完整。水幕型喷漆室结构简单，室壁不易污染，废漆易清理，但循环水被污染，需要进行再处理。漆雾捕集效率在80%以上。单独的水幕型喷漆室适用于中小工件的涂装。水幕后设有喷嘴喷水，再次除去剩余的漆雾，漆雾捕集率为95%以上，适用于较大批量生产。水幕喷洗型喷漆室样式很多，应根据漆雾的分布情况和使用需要来选用。

(2) 上送风下抽风型

上述介绍的各种干式和湿式喷漆室均为侧抽风型，仅适用于悬挂式输送的中、小型工件的涂装，对大型被涂物件的涂装，如汽车车身等就不太适用。为适应大型物件涂装的要求，开发了上送风下抽风型喷漆室，即从喷漆室的顶部送入经过除尘、调温、调湿的空气，从喷漆室的底部排出被漆雾污染的空气，而漆雾捕集装置设置在喷漆室底板的下面。上送风下抽风型喷漆室按照漆雾的捕集原理和结构的不同，可分为文丘里型和水旋式等。

1）文丘里喷漆室　文丘里喷漆室如图7-18所示。含漆雾的空气被层流状的气流提高，通过上送风下抽风被送到喷漆室格栅板的下面。溢流槽中溢出的水在抽风罩的表面上形成流动的水帘，部分漆雾落入该水帘中，部分漆雾随空气和水一同流向抽风罩的间隙中。在下面的强力抽风作用下，抽风罩的间隙处形成高速气流，水被雾化形成水雾。被抽的气流在经过槽下水面与折流板的间隙时又将水卷起形成水雾。从抽风罩的间隙处被抽进的漆雾粒子与形成的水雾粒子经过多次碰撞、吸附，凝聚成含漆雾的水滴，再经过折流板的作用，含漆雾的水滴被分离落入水槽，而净化了的空气经排风管道排出室外。

文丘里喷漆室的漆雾捕集率在97%以上。对送入的空气需要经过预先除尘、调温、调湿处理，使喷漆室的温度、湿度、洁净度达到工艺要求，能够满足装饰性要求较高的大型工件的涂装，如汽车车身的涂装。

老式文丘里喷漆室的设备有耗能高、用水量大、地坑深等缺点。为了充分地利用空间，现在通常采用三层厂房结构方式。第一层安排漆雾捕集循环水系统、抽风系统、废漆清除系统等，第二层为喷漆室、烘箱、打磨室等涂装作业空间，第三层安装喷漆室空调供风系统的装备。

图 7-18 为新型文丘里喷漆室示意图。

2）液力旋压喷漆室　液力旋压喷漆室分为水旋喷漆室和 E. T 喷漆室，如图 7-19 所示。

① 水旋喷漆室　水旋喷漆室是英国 20 世纪 70 年代后期由 Drysys 涂装设备公司开发的技术较为完备的喷漆室。地面上部的结构与文丘里喷漆室相似，差别在于漆雾捕集循环水系统由水旋器承担。

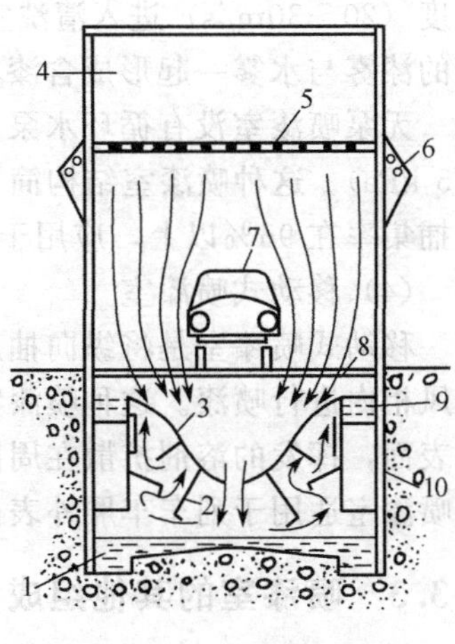

图 7-18　文氏管型喷漆室的结构示意图

1—水槽；2—折流板；3—喇叭形抽风罩；4—给气室；5—滤网；6—照明灯；7—工件；8—栅格板；9—溢流槽；10—排气管道

水旋器由溢水底板、管子、锥体和冲击板等组成（见图 7-20）。溢水底板上面流动的水是收集漆雾的一道水帘，初步收集落到上面的较大的漆粒。在抽风机的作用下，水和空气按一定的比例同时进入水旋桶，形成螺旋柱水面，水雾化与空气中的漆雾充分接触、凝聚，漆雾被捕集在水中，通过除渣装置，收集水中的废漆。通过溢水底板上的水帘和中间的水旋器将漆雾收集后，把废气排出。这种喷漆室的捕集效率达 98%以上，而且结构简单，地坑浅（1～1.4m），用水量小，应用较广泛。

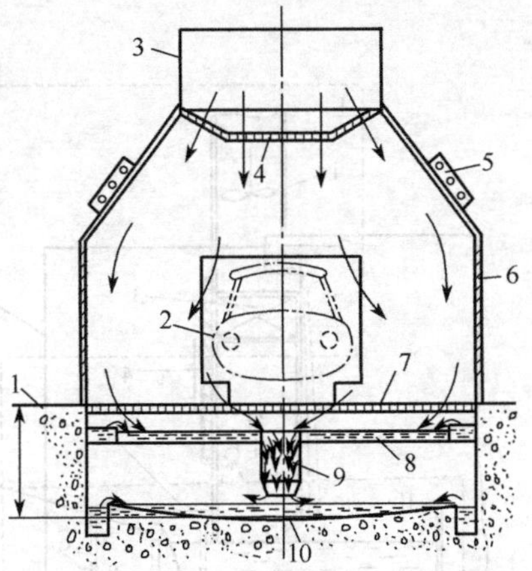

图 7-19　液力旋压喷漆室的原理图

1—车间地坪；2—工件；3—供气室；4—曲面给气顶棚；5—照明装置；6—玻璃窗；7—栅格工作面；8—洗涤板；9—液力旋压器；10—冲击板

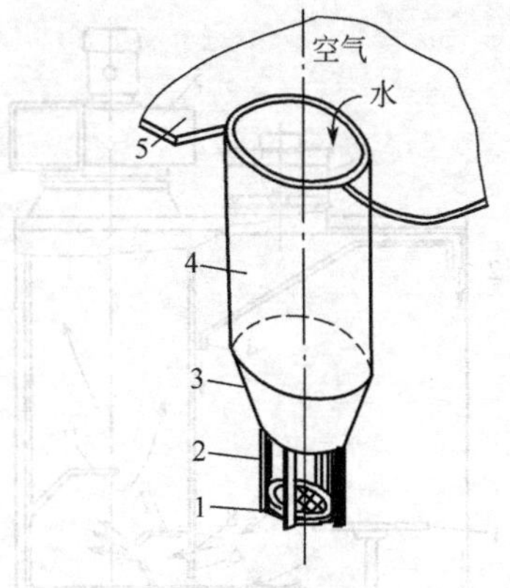

图 7-20　水旋器

1—冲击板；2—冲击板支架；3—锥体；4—管子；5—洗涤板

② E. T 喷漆室　由美国 Binks 公司开发的 E. T 喷漆室工作原理与水旋喷漆室的工作原理相似。E. T 喷漆室与水旋喷漆室的主要区别是水旋器的水幕不是溢流形成的，而是用喷嘴喷出的伞形水幕。E. T 喷漆室能保证每个水旋器的漆雾捕集率都很高，达到 99%以上，而水旋喷漆室的溢水波动和每个水旋器口的水平精度都能够影响漆雾的处理效果。

（3）无泵型

无泵喷漆室是一种新型湿式喷漆室。图 7-21 为冲击式无泵喷漆室的工作原理图。

在风机引力的作用下，在水槽液面与壁板间的狭缝处形成高速气流，利用高速气流所产生的冲击作用将水卷起来并雾化。含漆雾的空气在通风机引力的作用下，边旋转边以很高的速度（20～30m/s）进入清洗室时，大部分漆雾在离心力的作用下，被挡板的水膜捕集。其余的漆雾与水雾一起形成含漆雾的水滴，落入清洗室下部的水槽中。空气由风机排出室外。

无泵喷漆室没有循环水泵，仅用风机将水卷起来雾化，所以，风机的静压高（为 1.2～2.5 kPa）。这种喷漆室结构简单，处理漆雾效率高，废水量少，但噪声高。无泵喷漆室的漆雾捕集率在 95%以上，应用于小批量涂装。

(4) 移动式喷漆室

移动式喷漆室是将纵向抽风的抽风柜置于小车上，并相对于工件作平行移动，操作者在抽风柜内进行喷漆。这种喷漆室能减小漆雾的扩散和空气的使用量，但不能遮蔽已喷漆的工件表面，挥发的溶剂扩散在周围的环境之中。工件外形复杂时，会降低漆雾处理效果。移动式喷漆室适用于列车车厢外表面的喷漆。

7.3.3 喷漆室的其他组成系统

7.3.3.1 通风装置

喷漆室的通风装置可分为普通通风装置和带送风的通风装置。

(1) 普通通风装置

普通通风装置用在不带送风装置的喷漆室中，由气水分离器、通风机、风管等组成（见图 7-22）。气水分离器是用来防止清洗漆雾的水滴吸入通风管道的，设置在通风装置的吸口处，有挡板器和折流板分离器两种形式。当水雾和空气在折板缝隙之间曲折流动时，水雾被凝聚成较大的水滴从折板流下来，与空气分离。折板弯曲的角度为 30°～45°，折板之间的距离为 25～50mm。分离器的高度不小于 250mm。

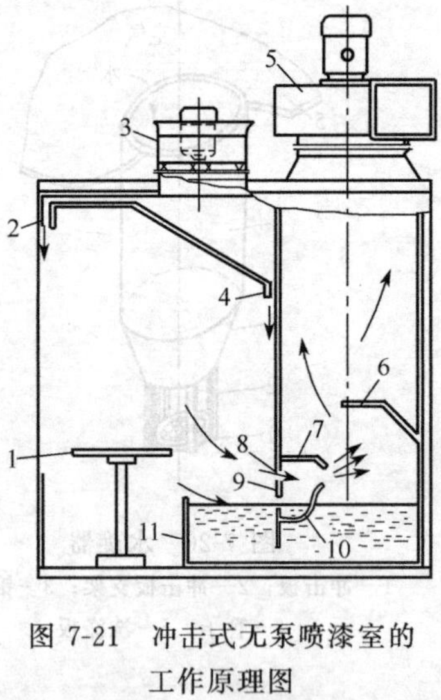

图 7-21 冲击式无泵喷漆室的工作原理图

1—转台；2—风幕；3—轴流风机；4—除雾气帘；5—离心风机；6—挡水板；7—挡板；8—上狭缝；9—上叶片；10—下叶片；11—水槽

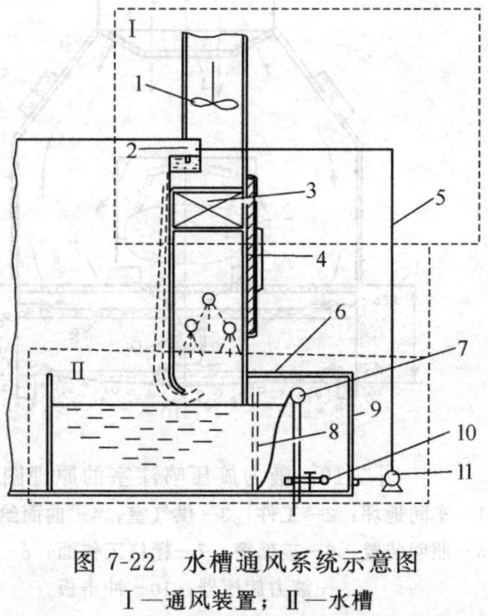

图 7-22 水槽通风系统示意图

Ⅰ—通风装置；Ⅱ—水槽

1—风机；2—注水管；3—气水分离装置；4—维护门；5—水泵出水管；6—水槽盖；7—溢水孔；8—过滤器；9—水槽壳体；10—放水孔；11—水泵

带送风的通风装置用于顶部送风、底部抽风的喷漆室中，提高排出漆雾的效果和提供没有灰尘的喷漆环境，以满足装饰性很高的精密涂层喷漆的要求。

(2) 空调供风系统

空调供风系统是向喷漆室提供经过调温、调湿、除尘的洁净新鲜空气，送风量的大小取决于喷漆室内所需风速和喷漆室的大小等。温度、湿度和除尘程度取决于所喷涂料的品种、涂层的外观质量和喷涂环境等。高档喷漆室空气温度 15℃以上，恒湿（相对湿度 60%～70%），无尘（3μm 以上的尘粒 95%以上被除去）。

固体物质如空气中的尘埃、砂磨屑、地坪垃圾、揩布或操作者衣服上的纤维和烘道垃圾等，落在湿膜上都使漆膜产生缺陷，防止这类缺陷要求喷漆场所清洁：喷涂室供应的空气和喷枪必须清洁；烘道应仔细并经常地清洁；操作工穿无毛的保护衣，用无毛揩布，以减少短毛杂物。在某些施工场所，这些注意事项无法执行，就要用快干涂料。

空气中的尘埃是涂装的大敌，要得到优良的涂膜必须采取适当的防尘措施。大气中的尘埃不仅指粗粒，还包括附着在涂膜影响外观的各种有机物。现代化涂装车间在工艺设计时不仅按温度分区布置，更主要的是按所需的清洁度等级分区布置，并要求清洁区维持微正压，以防止外界含尘空气进入。操作人员带入也是尘埃的重要来源，工作人员进入高清洁度的工作区前，先进行风浴，除去身上的灰尘，而且不允许穿戴易脱落纤维的服装，在静电涂装区更应注意。为保证某些工作区为微正压，供风量要大于排风量。涂装车间尘埃许可程度列于表 7-5。

表 7-6 是国外某汽车厂对轿车车身涂装车间各区提出的含尘粒（粒径小于 3μm）量的基准，而且对不同洁净区域划分不同的要求。

表 7-5　涂装车间尘埃许可程度

涂装类型	实　例	粒径/μm	粒子数/(个/cm^3)	尘埃量/(mg/m^3)
一般涂装	建筑、防腐涂装等	10 以下	600 以下	7.5 以下
装饰性涂装	公共汽车、重型车辆等	5 以下	300 以下	4.5 以下
高级装饰性涂装	轿车等	3 以下	100 以下	1.5 以下

表 7-6　轿车车身涂装车间各区的含尘粒量的基准

级别		区域范围	尘粒含量上限/(万个/m^3)	正压状况
1	超高洁净区	喷漆室内	158.6	＋＋＋＋
2	高洁净区	喷漆室外围 调漆间	352.5	＋＋＋ ＋
3	洁净区	中涂、面漆前的准备区	881	＋＋
4	一般洁净区	烘干室、前处理区等	2819.6	＋
5	其他区	仓库、空调排风设备间	4229.4	0

涂装车间要求气温最高不超过 35℃，生产时最低不低于 15℃，停产时最低温度 12℃。

为排除有害气体的积聚，创造一个安全、卫生的工作环境，涂装车间内必须进行适当的通风换气。涂装车间适宜的通风换气量为室内总容积的 4～6 次/h，调漆间为 10～20 次/h。

典型的喷漆室空调供风系统的组成安装在一个通道式的镀锌板制成的室体内，按照下面的顺序排列组成：防鸟栅栏（进风口）→吸风调节百叶窗→初过滤器→预加热器→水洗段及挡水板→后加热器→风机→后过滤器→消声器。

喷漆室内的风速可通过调节风道内百叶窗的开启角度来控制。加热器一般只具备加热升温功能，而不设降温装置。因供风量大，夏季温度高，所需制冷量大，运行成本高，一次性投资也较大。加热一般采用热水或蒸汽通过加热器加热，装有自动温控装置，通过调节热水量或蒸汽量把空气温度保持在规定的范围内。加热段需根据当地气候通过计算而选定。水洗段增加所洗空气的湿度。挡水板是将喷淋的水雾挡住，防止水滴进入送风管道和喷漆室的顶部。去湿、增湿段一般不设置，特殊环境下或要求特别严格的情况下才配置。过滤除去空气中的灰尘。高级涂装设置粗过滤、中过滤直至精密过滤，中档涂装配置粗过滤和中过滤。一般用涤纶无纺布织成的袋式过滤器，它的通风面积大，存储灰尘量大，更换周期较长。过滤器前后装有压差计，当压力差达到一定数值时，应该更换过滤袋。空调吸风口一般选择在厂房外、风沙少的场所，要远离喷漆室排风口，不能在其风向的上侧处，以防吸入喷漆室排出的废气。吸风口处要安装金属网，以防止吸入异物。为减少噪声，风机后的风道内可装消声器。

送风系统送来的风通过风道进入动压室，室内设有一定数量的导流板，使气流和气压均匀分布，然后，风通过动压室下部的多元调节阀和袋式过滤器进入静压室，通过调节多元调节阀满足喷漆室各工作段对风速的不同需求。袋式过滤器不仅再次净化送入的空气，而且能使静压室的气流均匀分布。

在静压室与喷涂操作室之间（即喷漆间的顶棚上）是用镀锌铁网制成的框架结构，在它上面铺一层涤纶无纺布，进行最后一次过滤。室顶过滤无纺布要求厚度均匀，透气量一致，底面不易掉纤维，铺放要严实夹紧，不能有漏缝，以保证喷漆室内空气的净化程度和均匀程度。

当工件（如汽车车身）进入喷涂操作室内时，室内气流速度发生变化，靠近工件附近的空气流速增加。工件周边流速较高的气流能够保证飞散的漆雾被气流带走，限制漆雾的飞扬，保护室壁、照明装置、室顶及消防探头等不被漆雾污染。但如果工件周边的气流速度太小，漆雾飞散严重，达不到室内空气的卫生要求；若气流速度太大，又会带走太多的漆雾，增加涂料的消耗，要控制适当的气流速度。喷漆室两侧装有向外开的门。大型喷漆室还装有自动关门装置，靠近喷漆室的顶部一般装有自动灭火装置的温感和烟感探头、灭火用的喷头。喷漆室的底部是格栅板和驱动工件运行的传递机构。喷漆室的上部、玻璃窗的下部外侧都装有日光灯。光通过密封的玻璃照射到室内。

7.3.3.2 废漆清除装置

循环水装置是用来保证湿式喷漆室清洗漆雾水的正常循环，由水槽、水泵组成。水槽贮存循环时所需要的水，并将水中的涂料淤渣沉淀过滤除去。

侧向抽风和纵向抽风喷漆室的水槽设置在漆雾过滤装置下的地坪上。底部抽风喷漆室的水槽设置在喷漆室体下部的地坪下，槽沿铺设栅格板。水槽中有溢流管和过滤器。

水槽过滤装置用来过滤水槽中漂浮的漆渣，一般用过滤网，分为2～3级过滤。第一级网目为15～20目，第二、三级网目数可适当增大，过滤网结构简单，但容易堵塞，需要经常更换。为确保循环水和放出水的清洁，进水口、放水口、溢流口和水泵吸口在水槽的一边，使清洗漆雾的水必须经过过滤网。

废漆清除装置是为了除去喷漆室中的漆渣，分为简易式和自动式。简易式在喷漆室附近或室外设置废漆沉淀槽，浮渣过滤后水被泵回喷漆室循环使用，废漆浮渣人工打捞处理。

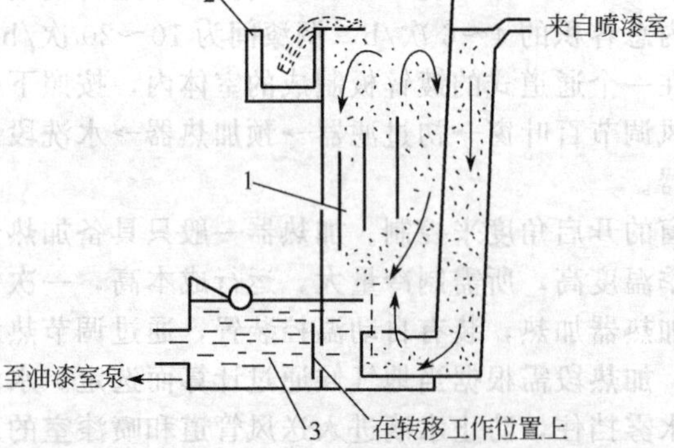

图 7-23 常压式废漆清除装置

1—蓄水器；2—收集器；3—含处理剂循环机

自动式漆渣处理系统目前多采用英国海登公司的漆渣处理装置。它由漆雾充分混合池、反应浮凝装置、自动滤渣装置、浮渣干挤装置组成，分为常压式和真空式两种。图 7-23 所示的为常压式废漆清除装置。从喷漆室流到混合池中的含漆污水通过泵打至浮凝装置，经与漆雾凝聚剂充分反应，废漆达到一定高度后，通过电气控制自动将渣排至过滤装置。当过滤装置装满漆渣后，便自动挤压过滤将漆渣排掉。过滤后的清水经水泵重新返回喷漆室使用，此类漆渣处理装置的去渣率达 95%以上。

7.3.3.3　喷漆室循环水的处理

在水旋式喷漆室及水帘式喷漆室等水循环系统中需要加入漆雾凝集剂，该药剂加入循环水中，能很快破坏油漆黏性，使漆雾凝集剂为疏松的漆渣，使其上浮，便于打捞与清除，从而保证了喷漆系统的正常运行。

漆雾凝聚剂分为上浮型和下沉型。上浮型凝聚处理过程快，除渣系统体积小。下沉型下沉过程非常慢，需要较长反应时间；槽体体积大，很难得到完全沉降；必须避免任何泡沫，需要使用消泡剂；槽体内的湍流要保持非常低。

漆雾凝聚剂的作用：①"捕捉"进入循环水的过喷漆，包裹并穿透漆滴，破坏油漆的功能基团，使其完全消除黏性，并带动被包裹的漆滴上浮或下沉。因为漆雾凝聚剂电荷极高，对漆滴能产生很强的吸引力，当漆滴被吸附后，它利用两极不同的亲和性将漆滴完全包裹，并通过化学作用穿透和破坏漆滴中的功能基团。②聚集被破坏的油漆颗粒和杂质成较大的基团，使其坚固和黏合，增强机械脱水的效率。中和系统电荷，保持系统中的离子平衡。因为分子量较大，可根据系统的要求，增大质量、表面积疏松密度，使凝集基团在系统中上浮或沉降速度加快。

7.3.3.4　涂装废气处理

涂装废气的常用方法有固体表面吸附法、液体吸附法、催化燃烧法和直接燃烧法。

直接燃烧法将含有有机溶剂的气体加热到 700～800℃，使其直接燃烧分解为二氧化碳和水。由燃烧炉处理后的燃烧气体温度约 500～600℃，为回收热能，需热交换器。福特汽车公司在密歇根州的工厂中把收集的挥发性有机物则通过燃气发电机转化为电能。

涂装车间废气以活性炭作为吸附剂已有许多年的应用经验。采用粒径在 5mm 左右的活性炭在吸收塔内做成厚度 0.8～1.5m 吸附炭层，来自喷漆室和烘干室的废气，经过滤器和冷却器后，除去废气中的漆雾，并降低到所需的温度。由吸收塔下部进入吸收塔，吸收废气中的有害气体，净化后的干净气体被排放到大气中。活性炭吸附达到饱和状态后，需要脱附，恢复活性炭的活性。

治理涂装废气时，高浓度小排量的废气采用燃烧法比较适宜，而从喷漆室、挥发室和烘干室排出的废气因换气量大，其中所含的有机溶剂浓度极低，对于这种低浓度大排量的废气，采用活性炭吸附法或液体吸收法适宜。

7.4　其他机械施工方法

浸涂主要适用于小型的五金零件及结构比较复杂的器材或电气绝缘材料等的涂装；淋涂主要用于平面材料的涂装；辊涂适用于织物、卷材、塑料薄膜、纸张等的涂装。它们可与机械化、自动化生产配套进行连续生产，最适宜单一品种的大量生产。

7.4.1　浸涂

浸涂就是将被涂物浸没于涂料中，然后取出，让表面多余的漆液滴落，除去过量涂料，干燥后形成涂层。

(1) 浸涂的特点和应用

浸涂的优点：①浸涂的涂料利用效率高，达到 90%～100%。②浸涂很省工，除上、卸架外，过程可全部自动化。生产效率高，设备与操作简便，可进行连续生产，最适宜单一品种的大量生产。③在同一浸涂生产线上，可以同时涂布外形差别很大的工件。浸涂特别适用于小型的五金零件、钢质管架、薄片以及结构比较复杂的器材或电气绝缘材料等。这些物件采用喷涂方法会损失大量的涂料，用刷涂等方法费工费时，有些部位难以涂装到，浸涂则省工省料。④利用浸涂可在工件的涂布区域和未涂布区域之间得到清楚的分界线。

浸涂的局限性：①工件所有暴露在外的表面都被涂布，湿漆膜经常有泪滴、流痕、淌流或料滴。按照涂料的滴落情况来仔细考虑吊挂方式，控制好涂料的黏度和温度，以及从槽中取出工件的速度，可最大限度地减少上述缺陷。②被涂物件不宜过大，工件不应有积存漆液的凹面，被涂物不能在漆液中漂浮。③仅能浸涂表面同一颜色的产品，对易挥发和快干型涂料不适用，安全防火措施应完善等。浸涂方法主要应用于热固性涂料的涂装，自干型涂料也有应用的实例。

挥发性或快干型涂料不宜采用，由于溶剂挥发等，漆液的黏度增加较快，不易控制槽液的黏度。含有重质颜料的涂料由于颜料易沉底，引起漆膜颜色的不一致，也不宜应用。双组分涂料因有一定的活化期和固化时间，不宜采用浸涂的方法。

离心浸涂法适用于形状不规则的小部件，如螺管、弹簧、手轮等的整体涂饰。将零件放在金属网篮中，并将它浸入涂料贮槽中，取出后立刻送入离心滚桶中，经短时间高速旋转（约 1～2min，转速约在 1000r/min 左右），甩去多余的涂料，然后进行干燥。

大型浸漆槽装有加热或冷却设施、连续循环泵和过滤器等附属设备。

(2) 浸涂的方法

漆膜的厚度主要决定于物件提升的速率以及漆液的黏度。

① 因为浸涂形成有梯度的涂层，工件上部比下部的薄。如果从槽中取出工件的速度慢，而溶剂的挥发迅速，就可以形成厚度接近均一的漆膜。实际生产中因为兼顾效率，取出的速度不会太慢，漆膜的上下部有一定的厚度差。实验确定合适的提升速率。提升速率快，漆膜薄；速率慢，漆膜厚。浸涂操作有时造成工件上、下部的漆膜具有厚度差异，尤其是在被涂物的下边缘出现肥厚积存。在小批量浸涂时可用刷子手工除掉多余积存的漆滴，也可用离心力除去这些漆滴。

② 浸涂要使涂层厚度均匀，涂料的配方要合适，生产过程要稳定。涂料用一种混合溶剂，把高、中、低挥发速度不同的溶剂复合起来，以得到外观光滑、均匀的涂层。在色漆中，需要加入触变剂以防止颜料沉淀和流挂，这些弊病常见于工件的角落和直角处。浸涂槽中另一种常加的成分是消泡剂，消除因搅拌或工件浸入产生的气泡。

涂料黏度在溶剂挥发时会增加，涂料各组分之间发生化学反应时也会增加，需要补加溶剂调整黏度。要抑制涂料组分间发生化学反应，中长油度涂料要加入抗氧化剂，以避免在槽中的氧化交联形成漆皮，烘烤期间要挥发出去，对丙烯基邻甲氧基苯酚就是浸渍用醇酸树脂涂料的一种抗氧化剂。

每班要测定 1～2 次黏度，若黏度增高超过原黏度的 10%，就应及时补加溶剂。添加溶剂时，要停止浸涂作业，搅拌均匀后，测定黏度，然后再继续作业。因为涂料黏度过稀，漆膜太薄；黏度过高，漆膜外观差，浪费严重，余漆滴不尽。涂料黏度控制在 20～30s（涂-4杯）或 20～100mPa·s。

浸涂的工作温度为 15～30℃，一次浸涂的厚度控制在 20～30μm，在干燥过程中不易起皱的热固性涂料厚度可到 40μm。浸漆时不能进行搅拌，以免涂料中出现气泡。工件在浸涂时，其最大的平面应接近垂直，其他平面与水平呈 10°～40°，使余漆在涂装面上能够流尽，尽量不产生兜漆或“气泡”现象。

③ 木制品浸的时间不能太长，以免木材吸入过量的涂料溶剂，造成慢干和浪费。

④ 大型物件浸涂后，需等溶剂基本挥发后，再送入烘房。检查时以较厚涂装部位的涂料不粘手、无手指印为准。

⑤ 为防止溶剂在车间内的扩散和尘埃落入漆槽内，浸漆槽应保护起来。作业以外时间，小的浸漆槽应加盖，大的浸漆槽需将涂料排放干净，同时用溶剂清洗。浸漆槽上需要有通风设备，防止溶剂蒸气的危害。

7.4.2 淋涂

淋涂也称流涂或浇涂，是将涂料喷淋或流淌过工件表面。淋涂是浸涂法的改进，虽然淋涂需增加一些装置，但适用于大批量流水线生产方式，是一种比较经济和高效的涂装方法。

淋涂可分为人工淋涂和自动淋涂。人工淋涂是由人工操作，工具是盖有过滤网的槽子、盛漆桶、软管等。自动淋涂又分为帘幕淋涂和喷淋淋涂。其中，帘幕淋涂是将涂料以连续幕帘的形式流出，工件从涂料幕帘下的传送带上通过，进行涂装，传送带速度 50～100m/min，帘幕淋涂广泛用于涂装平板类产品。喷淋淋涂以压力或重力通过喷嘴，使漆洒浇到物件上，与喷涂法的区别在于漆液不是分散为雾状喷出，而是以液态流过传送装置上的被涂物件，被涂物件以一定速率通过，多余的涂料回收于漆槽中，用泵抽回，重复使用。

7.4.2.1 淋涂的特点

淋涂的优点为：①淋涂法的涂料利用效率高，可达 90%～95%。淋涂在同一线上可涂布各种形状不规则的工件，如因漂浮而不能浸涂的中空容器或形状复杂的被涂物，对大型物件、长的管件和结构复杂的物件涂覆特别有效。②淋涂设备可以自动操作，装置简单，停机时间少。③淋涂槽中的涂料无需浸没工件，涂料的量较少，一般比浸涂少 15%。④淋涂设备系统具有封闭性，带有过滤装置，和浸涂相比更加清洁，无尘粒。⑤能得到比较厚而均匀的涂层，膜厚偏差可控制在 1～2μm 以内。⑥双组分和快干涂料也可以用淋涂施工，双组分涂料需要前后设置两个涂料幕，快干涂料可缩短干燥设备长度。

淋涂的缺点为：不适合经常需要更换涂料的多品种小批量作业；主要用于平面涂装，不能涂装垂直面；软质物件，如纸、皮革等需绷在钢板或胶合板上才能施工，难以形成极薄的涂膜；特别只适合厚涂，帘幕涂的膜厚一般在 30μm 以上；需要完善的安全防火设施。

触变涂料和金属涂料较难操作。金属涂料中的铝粉易产生泛色和浮色而使色泽不均匀。植物油氧化聚合类涂料由于涂料在空气中连续循环使用，易聚合成凝胶颗粒，需要多加抗结皮剂，抗结皮剂太多，漆膜又不易干。

7.4.2.2 淋涂的设备和工艺

(1) 喷淋淋涂

喷淋淋涂的主要设备由淋漆室、滴漆室、涂料槽、涂料泵、涂料加热或冷却装置、自动灭火装置等组成，工件靠运输链运送，循环系统包括储槽、泵、过滤器、涂料收集器及管道。

在淋涂室侧壁、底部、上部安装喷嘴，大多使用圆形的固定喷嘴，尽可能使漆不要雾化，以减少溶剂损失，较完善的装置还可调节流速。淋涂设备喷出涂料的压力为 0.15～0.35MPa。喷嘴的直径为 1.5～2.5mm，一般采用扇形、圆形或扁平形喷头。

涂料经过喷嘴后得到一个平稳、低压、连续的涂料流，淋在工件表面。工件通过充满溶剂的隧道，防止生成漆皮，使漆膜干透，另外还使涂料滴落均匀，回收过量的涂料。因此，在涂饰的表面上没有泪滴、淌流和流痕。在炉内预热也可防止在较厚涂层上产生针眼。

工件通过流涂机和蒸汽隧道时，不断地转动，可进一步使涂层均匀。较小的工件按一定角度在架上悬挂起来，使过量的涂料滴落，然后再置于旋转轮上。

(2) 帘幕淋涂

过去小批量物件是用手工向被涂物上浇漆，又称浇漆法，现在发展为帘幕淋涂。

帘幕淋涂是将涂料贮存于高位槽中，当工件通过传送带穿过时，涂料从高位槽下喷嘴细缝中以帘幕状不断淋在被涂工件上，然后通过通道，通道中有溶剂蒸气，使涂料很快流平，然后经过烘道干燥。帘幕淋涂适用于各种平板、自行车前后挡板、金属家具、仪表零件等。

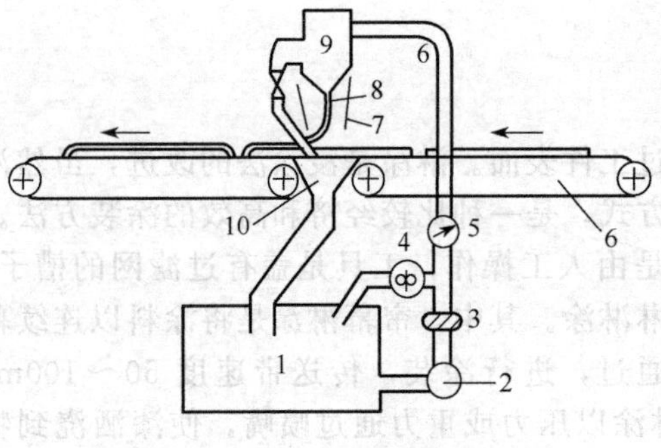

图 7-24　帘幕涂设备

1—涂料槽；2—泵；3—过滤器；4—调节阀；5—压力表；6—输送机；7—防风玻璃；8—狭缝；9—帘幕头；10—涂料接收器

帘幕淋涂设备由涂料槽、涂料循环装置、涂料帘幕头和带式输送机四部分组成（见图 7-24）。涂料槽采用夹套通换热介质，维持涂料温度恒定，容积一般为 40～50L。涂料循环装置设置溢流调节阀，使帘幕头内涂料压力恒定，高黏度涂料需要加压形成连续的涂料幕。帘幕头由两条高精度的刃形锐边构成，一边固定，另一边可调，以便形成一条狭缝，宽度 0.1～2mm。防风板用于防止气流对帘幕的干扰。

影响帘幕涂的主要工艺参数有涂料黏度、涂料压力、狭缝宽度及输送机速度，其中对帘幕稳定性和涂布量影响最大的是狭缝宽度。

① 涂料黏度　涂料太稀时，帘幕易断开，在 30～150s（涂-4 杯）范围内可保证各种涂料有稳定的帘幕。硝基漆和一般涂料的黏度为 25～30s，聚酯高固体分涂料为 30～50s。金属表面应采用 30～50s 的涂料涂布，但多孔性的木材表面应采用 70～100s 的涂料，以保持良好的外观装饰性。

② 狭缝宽度　狭缝的可调范围为 0.3～1.2mm。涂料压力恒定时，随着狭缝变宽，帘幕降落速度变慢。当狭缝过窄时，涂料流出量少，造成帘幕断开；狭缝过宽时，帘幕降落速度与快速输送机速度不相适宜，造成涂布不均匀。狭缝的适宜范围一般在 0.5～0.8mm，并根据涂料黏度大小，调节狭缝宽度使之有适宜的流出量。

③ 涂料压力　涂料压力对流出速度影响很大。帘幕头内涂料压力一般控制在10～20kPa。

④ 输送机速度　可调整输送机速度来改变涂布量。输送机在 0～150m/min 内无级可调，但速度过快涂膜不连续，太慢涂膜太厚，一般在 70～90m/min 内进行调节，对应的涂布量在 100～70g/m^2。

帘幕涂工艺参数按以下程序进行调整：根据涂层质量要求选定涂料品种→依涂膜厚度及材质确定涂料黏度→确定狭缝宽度→适当提高涂料压力，保证帘幕连续→调节输送机速度，使之有适宜的涂布量。帘幕涂必须配备干燥设备，并且特别适合于快干涂料，这可大大缩短输送链长度。

7.4.2.3　淋涂注意事项

淋涂施工的主要工艺参数基本与浸涂施工的相同，也是涂料的品种和黏度。选择涂料时，主要选择靠烘烤干燥成膜的涂料。双组分涂料可预先混合均匀，也可前后设置两个涂料格，使双组分涂料在先后落下的两层漆膜混合后反应固化。对于皱纹漆、锤纹族等具有美术效果的涂料以及含有较多金属颜料的涂料，不宜用此法涂装。涂料的黏度较浸涂高，由于淋涂时溶剂的挥发较快，应加强黏度的检测，注意添加溶剂。传送带的移动速率要求匀速，以免出现涂料厚薄不均的现象。使用时按产品要求调节好涂料的黏度。淋涂的漆液温度全年保持在 20～30℃，有条件需要对涂料冬季加热和夏季冷却。淋涂室内充满溶剂蒸气，一定要加强通风，注意防火防爆。

对于大批量车辆顶板等平板型零件，宜帘幕涂工艺，淋涂速度快。为了缩短生产线的长度，一般不留溶剂挥发段，所以最好选用紫外光固化涂料，应用于机车车辆顶板、公共汽车车辆顶板、拼装家具的侧板及门板等。

7.4.3 辊涂

辊涂是利用蘸有涂料的转动辊筒在工件表面涂覆涂料的施工方法。辊涂适用于平面状金属板、胶合板、纸张的涂布，尤其适合于金属卷材的高速涂装。

该方法的优点是有利于自动化流水生产，特别适用于大批量、大面积平板件的涂装，胶合板、金属板几乎都采用辊涂法涂装。可涂一面，也可双面同时涂布。辊涂法适用于各种黏度的涂料，涂膜可厚也可薄，且厚度均匀，对涂料的要求是涂料在辊子运转中不干燥，即涂料的固含量高而且不易挥发，而且涂料的流平性要好，否则漆膜会起毛刺。工件的运行速度一般为5～25m/min，预涂卷材的在40～100m/min。

辊涂法可分为手工辊涂和自动辊涂。手工辊涂的工具为辊子和辊涂盘。手工辊涂是手工施工最快的方法，被广泛用来涂装墙壁和天花板上的建筑涂料。辊涂施工时对涂料黏度的要求类似于刷涂。当用辊筒施工时也会产生起棱的漆膜表面，而且涂料还会飞溅，需要掩蔽和覆盖不需要涂布的地方。自动辊涂适用于板材、卷材、塑料薄膜、胶合板、纸张等的表面涂装，具有高效、低耗、成本低、漆膜质量好等特点。

自动辊涂的设备为自动辊涂机，有单面辊涂机和双面辊涂机。辊涂设备由前处理、辊涂机和烘烤设备组成，辊涂机则由涂敷机构（取料辊、涂敷辊和涂料盘）、转向支撑机构和驱动电机组成。辊涂机又有以下多种类型，以适合各种应用。

① 同向辊涂机（见图7-25） 适用于低黏度涂料薄涂，干膜厚度为10～20μm，线速度不超过100m/min。涂膜厚度通过调节转辊之间的间隙来调整。

② 逆向辊涂机（见图7-26） 可涂布高黏度涂料以获得厚涂层，湿膜厚度为50～100μm，涂料黏度可在120s以上。涂膜厚度靠取料辊与涂敷辊之间的间隙来调整。高黏度涂料易造成取料不足，应采取顶部供料方式，靠涂料自身重力保证有充足的供料量。涂布效果靠涂敷辊和支持辊之间的转速比来调节。同向辊涂时，涂敷辊与支持辊的转速比应小于1，提高涂膜外表质量。逆向辊涂时，转速比应稍大于1，以便涂敷辊涂料均匀地转移到卷材上。

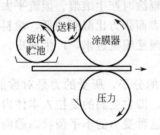

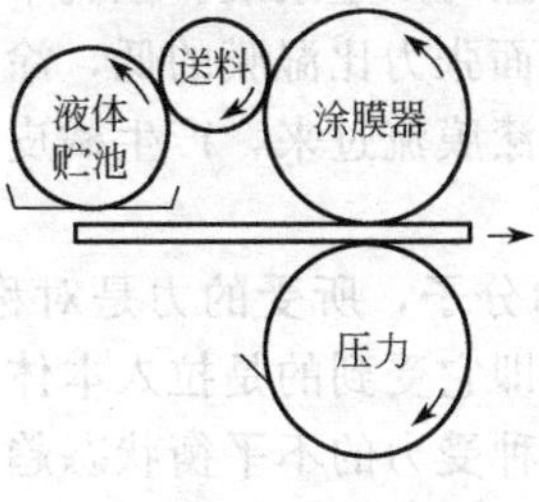

图7-25 同向辊涂机

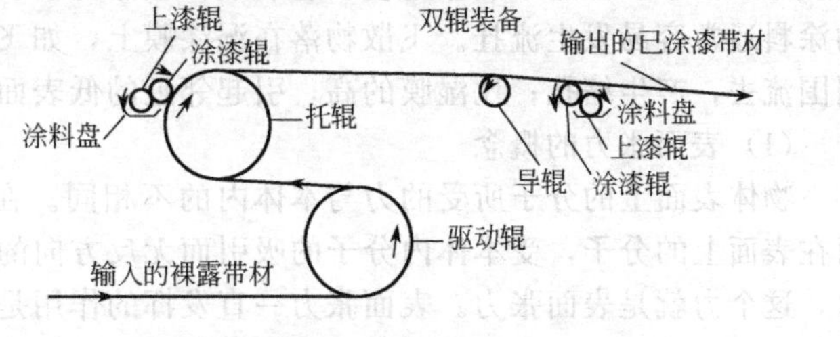

图7-26 涂装卷钢坯料两面的逆向辊涂机

练 习 题

1. 比较空气喷涂、高压无气喷涂、静电喷涂的原理和特点，并比较它们对涂料的要求。

*2. 如何调整空气喷枪才能得到适当的漆雾粒径和喷雾图案？

3. 空气喷涂时，如何操作才能得到厚度均匀、光滑、美观的漆膜？

4. 比较旋盘、旋杯、空气、高压无气静电涂装的特点。

*5. 空气喷涂法中发展出哪些新方法？这些方法的原理是什么，各有什么特点？

6. 湿式喷漆室是如何除去漆雾的？上送风下抽风型喷漆室分为哪几类？

7. 比较浸涂、淋涂和辊涂的特点、适用对象。

第 8 章　漆膜的形成及性能

本章根据表面张力原理讨论漆膜形成过程中容易出现的弊病及其控制技术、漆膜的力学性能及其检测技术的原理，最后介绍了漆膜的老化及控制技术。

8.1　漆膜的形成过程控制

涂料不管用什么涂装方法施工后，都有一个流动及干燥成膜的过程，然后逐渐形成一个平整、光滑、均匀的涂膜。在涂料施工中或施工后会产生许多种其他的缺陷或不完整，而避免这些缺陷需要在理论指导下加入相应的助剂。表面张力以及由表面张力引起的流动理论是理解这些缺陷形成原因的基础。为形成平整、光滑、均匀的漆膜，通常可能用到流平剂、触变剂、颜料分散剂，在乳胶漆中常用消泡剂。

8.1.1　表面张力

表面张力理论可用来理解漆膜形成过程中出现的问题。表面张力推动湿漆膜流动，一方面努力减少湿漆膜的表面积（由粗糙变平滑），另一方面以低表面张力液体流动去覆盖高表面张力的表面（涂装时要控制，以使涂料的表面张力低，基材的高，湿漆膜自动地在基材表面流平）。回缩就是由于涂料的表面张力高，基材的低，湿漆膜不能在基材表面流平引起的。

漆膜流平性不好，刷涂时会出现刷痕，喷涂时出现橘皮，辊涂时产生滚痕。但流平太好的涂料通常容易发生流挂。飞散物落在湿漆膜上，如飞散物的表面张力比湿膜的低，涂料向周围流去，产生缩孔；比湿膜的高，引起邻近的低表面张力的湿漆膜流过来，产生橘皮。

（1）表面张力的概念

物体表面上的分子所受的力与本体内的不相同。在本体内的分子，所受的力是对称的。而在表面上的分子，受本体内分子的吸引而无反方向的平衡力，即它受到的是拉入本体内的力，这个力就是表面张力。表面张力一直发挥的作用是力图使这种受力的不平衡状态趋向平衡状态。

表面分子具有更高的自由能，相当于每单位面积上移去表面层分子所需的能量更多。表面张力也用表面自由能来表示，就是形成单位面积的表面所需的最低能量。

当体系达到平衡时，也就是体系的表面自由能达到最小时，使单位体积的液体表面积变得最小，如使液滴变成球形，这就是表面张力作用的结果。表面张力是漆膜流平的推动力，有两个原因：①涂装时首先使涂料的表面张力低，基材的表面张力高。在形成漆膜时，涂料覆盖基材，降低体系总的表面自由能。②涂料的表面张力越高，漆膜越易流平，因为平滑的湿漆膜表面比粗糙的湿漆膜表面与空气的接触面积更小，能降低漆膜的表面自由能。

为降低体系总的表面自由能，表面张力一方面努力减少表面积，另一方面以低表面张力液体流动去覆盖高表面张力的表面。如果流动是以低表面张力液体去覆盖高表面张力液体的表面，这种流动是由液态体系的表面张力梯度推动的。

液体分子中能将表面张力降至最小的链段趋向于在表面取向。全氟烷基（$—CF_3$）在表面上有最低的表面张力，次之是甲基。聚二甲基硅氧烷的表面张力低，因为硅氧烷链很柔软，可容易地在主链上旋转而允许大量的甲基在表面上取向。亚甲基的表面张力比甲基的大，因此线性脂肪烃的表面张力随链的延长而增大。表面张力依次增大的次序为：脂肪链、芳香环、酯、酮、醇、水。水的表面张力最高，水中加少量表面活性剂能降低水的表面张力，因为表面活性剂的疏水部分表面张力低，在水与空气的界面取向，伸展到空气中去了。在有机溶剂中加聚二甲基硅氧烷能降低表面张力，因为甲基在溶液表面取向。

(2) 动态表面张力

施工时的强烈搅动会造成各种不同表面张力的分子均匀混合，体系内的表面张力分布不平衡，所以涂装时会引起暂时的表面张力梯度，不同表面张力的分子就进行移动，而且不同的分子移动的速度是不同的。碳氢链短或有支化碳氢链的表面活性剂因为能够快速扩散达到平衡，降低体系表面张力的效果较好。聚合物到达扩散平衡需要的时间较长。若聚合物的分子量中等，主链柔性好，则到达表面平衡较快，如聚二甲基硅氧烷（硅油）和低分子量的聚丙烯酸辛酯，它们就用于降低涂料成膜时的表面张力。

8.1.2　形成平滑漆膜的问题

(1) 漆膜的流平

涂料大多数的施工方法所得的湿漆膜是粗糙的，需要流平。漆膜流平性不好，刷涂时会出现刷痕，喷涂时出现橘皮，辊涂时产生滚痕。因为喷涂在工业上很重要，橘皮就显得重要。漆膜表面由漆雾颗粒形成的隆起，有些像橘子皮，这些隆起比喷雾的点大，称为橘皮。含有高挥发性溶剂的涂料在喷涂中最易出现橘皮。涂料常用挥发快和挥发慢的混合溶剂。

喷涂施工的烘漆常用挥发快和挥发慢的溶剂组合，有两方面的作用：①喷涂时漆雾到达工件前，挥发快的溶剂大多已挥发掉，提高涂料的黏度，降低湿漆膜的向下流淌；挥发慢的溶剂使湿漆膜有足够时间流平，混入湿漆膜的空气也能逸出，烘烤时发生爆孔的可能性就减至最小。②溶剂的挥发性很低，湿漆膜能长时间保持低黏度，涂料靠表面张力推动能充分流平，得到平滑的漆膜，但粗糙底材表面凸处的漆薄膜就太薄。因为表面张力随温度下降而提高，溶剂通常比树脂的表面张力低，所以溶剂挥发时，漆膜表面温度降低、浓度提高都使表面张力增大，溶剂的挥发性高时，漆雾滴外围的易挥发，中心的黏度仍然低，就靠涂料的表面张力梯度推动，低表面张力的涂料去覆盖高表面张力的底材表面，达到漆膜均匀，但漆膜随底材表面的凹凸而相应凹凸，即不平滑。用挥发快和挥发慢溶剂的组合，就可以获得既有合理的平整度，又没有很薄处的漆膜。

溶剂挥发过程中表面张力的变化影响流平，因为表面张力越高，漆膜越易流平。水稀释涂料含挥发快的溶剂（如异丁醇），因为水的表面张力大而异丁醇的小，异丁醇挥发比水快，就使水在混合溶剂中所占的相对比例增加，体系的表面张力逐渐增大，能促进流平。含挥发慢的溶剂（如乙二醇单己醚）时，溶剂挥发使水的相对比例逐渐降低，表面张力也相应降低，对流平不利。

实际漆膜的流平是一个动力学过程，除表面张力外，湿漆膜表面粗糙度越小，涂料黏度越低，湿漆膜越厚，流平就越快，但流平快的涂料通常容易发生流挂。流挂是湿漆膜受自身重力作用向下流，即湿漆膜的向下流淌。

(2) 回缩

涂料施工时的机械作用力能把表面张力高的涂料涂覆于表面张力较低的底材上，但涂料并不能润湿底材表面，湿漆膜就倾向于收缩成球状，而溶剂挥发造成湿漆膜黏度增大，在被拉成球之前，黏度已高到使流动基本停止，这样就形成厚度不均的漆膜，这种行为称为回缩。

油和有机分子的表面张力通常很低，在有油污的钢材上涂漆会造成漆膜回缩。赤手接触底漆膜，然后再涂表面张力较高的面漆，指印留下的油污就会将面漆的湿膜推开，面漆漆膜表面出现手的图案，这称为透印。大多数塑料的表面张力通常很低，在塑料上涂漆就更容易出现回缩。在含有硅油或氟碳表面活性剂的漆膜上重新涂漆时，表面活性剂的疏水端（即低表面活性剂部分）排列在漆膜的表面上，也使新的湿漆膜产生回缩。

为消除漆膜回缩，得到厚度均匀一致的漆膜，涂料涂布前通常需要对工件进行预处理。金属等材料的表面张力大，需要清除其表面的有机污物（主要是各种油污，包括工件加工后涂的防锈油），这称为除油。塑料等材料本身的表面张力小，需要在它们的表面上引进极性大的基团（如羟基、羧基等），以增加其表面张力。

常用金属（钢铁、铝、锌等）的表面实际上覆盖的是它们的氧化物，这些自然形成的氧化物的性质并不均匀一致，需要进行化学处理，使金属表面的性质均匀一致，如通常对钢铁表面进行磷化，生成均匀的磷化膜。

总之，为提高涂料对底材的润湿性，涂装时底材表面通常需要预处理，使底材表面的表面张力高、性质基本一致，然后再涂布涂料，既可避免回缩问题，又能增大附着力。

高固体分涂料比常规涂料的表面张力高。因为要达到高固体分，就需要降低树脂的分子量，需要增加树脂中极性官能团的数量，如羟基和羧基，这类官能团具有高极性，会产生更高的表面张力。为降低黏度，就要用氢键受体型溶剂，而不用烃类溶剂。氢键受体型溶剂为醇、醚、酯、酮、羟基等强极性化合物，能产生更高的表面张力。溶剂的表面张力也较高，所以高固体分涂料因表面张力高，更易回缩，通常需要加表面活性剂以降低表面张力。

(3) 缩孔

缩孔是由低表面张力的小颗粒或小液滴产生的。这些低表面张力物质存在于底材上、涂料中或飞落在刚涂布好的湿膜上，就产生表面张力梯度，低表面张力的部分流动试图去覆盖周围高表面张力的部分，而溶剂的挥发增大黏度，阻碍流动，最终低表面张力处形成凹缩孔，外观是小圆形，像火山口。在缩孔的中心一般可看到杂质颗粒。

喷涂平板时，漆膜在边上最厚，稍离边处则较薄，这就是厚边现象。因为在边上，空气流最大，溶剂挥发也最快，导致边上树脂浓度增大，温度降幅也大，从而使边上的表面张力增大，引起邻近的低表面张力的涂料流过来。

喷涂时空气中的飞散物落在湿膜上，如飞散物的表面张力比湿膜的低，产生缩孔；比湿膜的高，引起邻近的低表面张力的湿膜流过来产生橘皮。

漆膜的装饰性要求越高，涂装场所要求的清洁度就越高。现代化涂装车间通常按所需的清洁度等级进行分区布置，以保证需要的清洁度。然而，在大多数工厂中总有些杂物颗粒存在，而实际的涂装环境条件并不好，要避免形成缩孔，可采取下列措施：①增加湿漆膜厚度。湿漆膜被表面张力低的尘粒沾污，若漆膜厚，不会有明显的缩孔形成；若漆膜较薄，底部不会有涂料补充则会形成缩孔。②增大湿漆膜的黏度。若湿漆膜的黏度增加到足以阻止涂料流动时，即使涂料中有缩孔的可能，也不会产生缩孔，所以添加触变剂能提高湿漆膜的黏度，也能防止缩孔。③低表面张力的涂料较少形成缩孔，因为比这种涂料更低表面张力的杂物少。醇酸涂料的表面张力很低。聚酯涂料的表面张力比丙烯酸类涂料的高，缩孔问题较大。④涂料配方要合理。不能出现涂料中各个组分相互溶解性能不好，干燥过程中因溶剂挥发造成某些树脂溶解性不良而析出的现象。

涂料贮存中树脂中少量大分子反应，产生不溶于溶剂的颗粒，以及干燥过程中溶解性差的树脂析出不溶的小胶粒，都可能造成缩孔。表面活性物质与涂料不相溶，就析出少量液滴。干燥过程中表面活性物质的浓度超出了它的溶解度，产生不相溶的液滴。涂料中加入过量硅油或黏度过大，就容易产生缩孔，所以设计配方时，必须尽量减少缩孔的可能。

幕帘淋涂施工时，漆幕须完整。若有比漆幕表面张力低的颗粒或液滴落在漆幕上，表面张力差驱动的流动会在幕上产生一个洞。幕帘淋涂需要使用低表面张力的涂料。

漆膜对底材的附着力主要是分子间力。在极小的间距内（约 0.5nm），分子间力才发挥作用，涂料对底材没有良好的润湿就不可能有良好的附着力。在实际涂装过程中，一方面提高底材的表面张力，另一方面若涂料的表面张力太高，就要降低涂料的表面张力，以使涂料能充分润湿底材表面，同时避免回缩和缩孔。高固体分涂料总是有较高的表面张力，比常规涂料更可能产生回缩和缩孔。粉末涂料很容易回缩和缩孔，常需使用流平剂。流平剂可将涂料的表面张力降低到大多数会引起缩孔的杂物的表面张力以下，同时能促进涂料流平，因此又称防缩孔流平剂。

（4）流平剂

涂料的主要作用是装饰及保护，如果涂膜不平整或有不规则的缩孔，不仅起不到装饰效果，而且将降低或损坏其保护功能。

传统的油基涂料的表面张力较小，通常很少出现漆膜缺陷。聚氨酯涂料、环氧-胺涂料、粉末涂料、水稀释涂料、高固体分涂料等的表面张力大，需要考虑由表面张力引起的弊病，需要提高这些涂料的流平性，克服缩孔。从涂料方面采取的措施是：首先需要对涂料的配方、制造、工艺等进行优选，其次采用防缩孔流平剂。

防缩孔流平剂的作用：使溶剂具有均匀的挥发速度；降低涂料黏度，延长流平时间；在涂膜表面形成极薄的单分子层，以提供均匀的表面张力；降低涂料的表面张力，既使涂料与底材之间具有良好的润湿性，又使涂料与引起缩孔的物质之间不形成表面张力差。

防缩孔流平剂有两类：高沸点混合溶剂和有限混溶的树脂，二者作用机理不同。

第一类是采用芳烃、酮类、酯类等的高沸点溶剂混配而成的，具有强的溶解力，始终保持对成膜物质的溶解，而且靠溶剂降低涂料黏度来改善漆膜的流平性，但使涂料的固含量下降，导致流挂，延长干燥时间。

在常温干燥涂料中，因溶剂蒸发快，用高沸点溶解力强的混合溶剂作流平剂是很有效的。F-1 硝基漆防潮剂、F-2 过氯乙烯漆防潮剂都具有这种功能。溶剂类流平剂不仅具有流平作用，也是颜料良好的润湿剂。

第二类是有限混溶的树脂，包括醋丁纤维素类、聚丙烯酸酯类、硅树脂。这类物质可移向湿漆膜表面，因为混溶性小，在漆膜表面富集，从而在湿膜上形成了一层“壳”，阻碍溶剂的挥发，延长流平时间，同时还减弱漆膜表层的流动，因而减弱流动的“痕迹”，使漆膜变得更光滑。这类流平助剂抑制溶剂的挥发而延长了湿膜的流动时间，也加剧了流挂，而且有限混容性影响漆膜的力学性能和光泽，故通常采用最小用量。

醋丁纤维素的丁酰基含量越高，流平效果越好，用于聚氨酯涂料和粉末涂料。

用作防缩孔流平剂的聚丙烯酸酯是共聚物，平均分子量 6000～20000，65℃时黏度 4～12Pa·s。如果黏度更高，涂膜就几乎没有流平性。反之，如果黏度过低，聚丙烯酸酯就会迁移到漆膜表面，引起涂膜物性的变化。聚丙烯酸酯的 T_g 一般在 -20℃以下，保证树脂在常温下具有一定流动性，表面张力很小，在 $(2.5\sim2.6)\times10^{-5}$ N/cm 范围。这类流平剂的用量：环氧树脂为成膜物质的 0.5%～1.0%（质量），聚酯树脂约 1.0%，丙烯酸树脂 1.0%～1.5%，可应用于粉末涂料、溶剂型涂料和水性涂料中。随聚丙烯酸酯流平剂用量的增加，表面张力达到一个最小值，并随后保持基本恒定，而且流平剂用量太大，经常会在漆膜表面产生雾状，降低漆膜的再涂性，故不宜过量。

硅油及有机硅改性树脂是涂料行业使用最早、最广泛的一种流平剂。硅油有聚甲基硅氧烷、聚甲基苯基硅氧烷。二甲基聚硅氧烷与涂料树脂的相容性差，通过苯基改性，增加相容性，但效果有限，所以多使用有机树脂改性的聚甲基硅氧烷。

根据有机改性基团的类型，可分为聚醚改性和聚酯改性。m 越大，与树脂的亲和性越好。用 n 控制流平性。这种流平剂与树脂的相容性是有一定限度的，目的是使其能够迁移至涂膜的表面，降低表面张力。聚醚改性的有机硅应用广泛，但它在高温和有水存在下发生降解，这时需要使用聚酯改性的有机硅类流平剂。为了均匀地将流平助剂混入粉末涂料中，常将它载在二氧化硅等载体上或与树脂制成母粒。

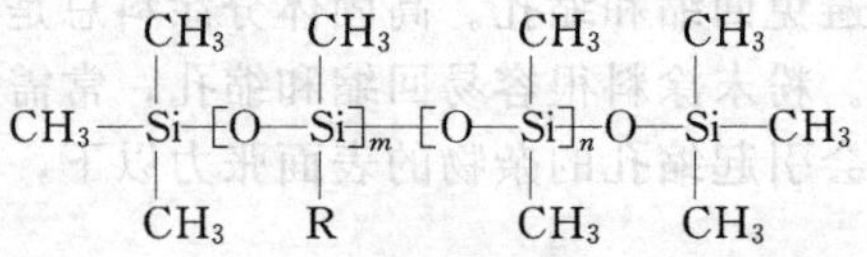

R＝聚酯或聚醚

8.1.3 泡沫和消泡

水性涂料广泛应用消泡剂，传统溶剂型涂料的泡沫问题不很突出，但也用消泡剂，特别是木器漆中必须加消泡剂。在目前涂料助剂的销售中，消泡剂占很大的比重。

(1) 泡沫的形成

泡沫形成会产生大量的表面积，表面张力越低，产生给定量泡沫所需的能量越少。水的表面张力高，应该不容易产生泡沫，但表面活性剂的存在不但降低水的表面张力，促进泡的形成，还会移动到气泡表面，形成一个有取向的高黏度表面层来稳定气泡。

乳胶漆中因表面活性剂残留在乳液中，易产生大量气泡，聚集在液面上形成泡沫。溶剂型涂料产生的气泡多为单个球型的微小空气泡，分散在高黏度介质中。泡沫在溶剂型涂料中很少见。在木材或水泥上涂装，经常会出现气泡，因为在这类有孔隙底材上直接涂布涂料，孔隙内的空气自涂膜内部上溢，因黏度作用气泡上升不到表面，留在涂膜中就形成鱼眼；若气泡上升到表面，就会在漆膜上形成缩孔和针眼。

(2) 消泡的机理

表面活性物质吸附于液膜表面，有反抗液膜表面扩张或收缩的能力，这种稳定液膜表面的能力被称作表面弹性，也称吉布斯弹性。当外力（机械力或热冲击）作用于泡沫时，表面活性物质便会移动，迅速改变泡沫膜的表面张力，以抵消该外力。

由于重力作用，膜内液体马上开始向下流动，使泡沫膜不断变薄。但液体的流动也带动表面活性物质向下移，膜下部活性物质的浓度大于膜上部的，下部的表面张力低于上部的，下部的液体沿膜壁向上移动，使上部变薄的泡沫膜又恢复了厚度，这称为 Marangoni 效应。这种泡沫叫湿泡或动态泡，易被消泡剂消除。

理想的消泡剂应具有较低的表面张力，不溶于发泡的液体，而应以极细的颗粒均匀地分布于发泡液体之中。消泡剂可分消泡剂（defoamer）和抑制泡沫产生的抑泡剂（antifoamer）。

抑泡剂的表面张力很低，能分散但不溶于发泡液体中。起泡时抑泡剂分子不规则地分布于泡沫表面，破坏膜壁的弹性，抑制泡沫形成。消泡剂消除已形成的泡沫，在泡沫膜面形成一个低表面张力的点，这个点上的液体就流向邻近较高表面张力处，气泡壁本来就薄，物质外流使壁更薄，导致泡沫破裂。

消泡剂的表面张力越小，消泡效果越好，实际应用时还要求消泡剂迁移至液膜表面的速度快，在泡沫表面扩散的能力强。

泡沫越稳定，涂料的黏度越高，消泡越不容易。除动态表面张力梯度外，消泡还与乳化剂的类型和黏度有关。形成泡沫膜的乳化剂分子链的链越长，链间分子间力越大，膜的弹性越好，机械强度也越大，离子型乳化剂使气泡膜壁带电，电荷间的斥力使气泡不易聚集，这都有利于泡沫的稳定。乳胶漆的黏度太低，不易施工，使用增稠剂后同时也增大泡沫膜的表面黏度，导致气泡间的液体不易流走，膜壁能保持一定的厚度，气泡就难以破裂。涂料的黏度高，消泡剂不易分散，而且小气泡会长期悬浮于其中不破灭。

(3) 消泡剂

能起消泡作用的物质非常多。消泡剂分为低级醇类、极性有机化合物系、矿物油系、有机硅系四大类。实际应用的消泡剂大多数是由几种材料组合而成的。

① 矿物油消泡剂　乳胶漆中可用矿物油消泡剂，由矿物油、憎水颗粒和少量乳化剂、杀菌剂和其他增强成分组成。憎水颗粒一般用气相二氧化硅，也有用脂肪酸金属盐或其衍生物的。少量乳化剂使消泡剂易于均匀地混入涂料中。矿物油可取代泡沫膜上的表面活性剂，减弱泡沫壁的弹性和内聚力，还作为载体，将憎水颗粒输送到泡沫壁上，吸收或捕捉泡沫壁上的表面活性剂。

矿物油消泡剂不适用于溶剂型涂料，因为在这类膜壁上散布开的速度不快。溶剂型涂料需要用表面张力更低的聚硅氧烷消泡剂。

② 聚硅氧烷消泡剂　好的消泡剂因表面张力极低而容易使漆膜产生缩孔，弱的消泡剂产生的缩孔少，但消泡效果差。聚硅氧烷的分子链短，在涂料中的混容性好，但起的是稳定泡沫而不是消泡的作用；聚硅氧烷的链太长，混容太差，虽能消泡，但产生缩孔等缺陷。需要用有机基团改性聚硅氧烷以控制在涂料中的混容性，既起消泡作用，同时不会产生缩孔。聚醚侧基改性可提高聚硅氧烷消泡剂的亲水性，全氟有机改性的有机硅，既有很低的表面张力又有强力的消泡作用，但含氟化合物通常价格高。

消泡剂与流平剂配合使用会获得相辅相成的效果，但应分别添加，不能混合后添加。

消泡剂有两个作用：一是保证生产能顺利进行，泡沫使生产操作困难，泡沫中的空气不仅会阻碍颜料或填料的分散，使设备利用率不足，而且装罐时也需多次灌装。二是保证涂料施工时不产生泡沫，得到一个良好的涂膜。水性乳胶漆生产时，消泡剂可以分两次添加。第一次是在颜料分散过程中加入，另一次是调漆时加入。生产高光泽乳胶漆时，研磨时加入强消泡剂，调漆时加消泡能力弱一点的消泡剂。溶剂型涂料在调漆时只需一次加入。

8.1.4　流挂

良好的涂膜流平性要求在足够长的时间内，使黏度保持最低，涂膜充分流平，但这样就往往会出现流挂问题。

过去采用颜料絮凝法来使涂料获得触变性，但絮凝程度大，涂料的遮盖力、光泽、流动性、流平性变差，通常控制颜料处于轻微絮凝状态。现在颜料絮凝法已被使用流变助剂所取代。

流变助剂能使流挂和流平达到适当的平衡，即施工时涂料黏度暂时降低，在黏度回复期间黏度逐渐缓慢增大，使涂膜有时间流平。流平后漆膜的黏度很大，防止了流挂。高效流变助剂能恰到好处地控制黏度回复速度，使漆膜流平性良好，并有效控制流挂。

溶剂型涂料喷涂施工时，只要控制溶剂挥发速度并正确使用喷枪，就可达到足够的流平而不流挂。热喷涂有利于控制流挂。漆雾颗粒碰到冷的底材表面温度就下降，黏度提高，减少流挂。采用在超临界条件下的二氧化碳喷涂，对控制流挂特别有帮助，因为漆雾在途中二氧化碳几乎全闪蒸掉了，故黏度大幅度增大。高速静电旋杯施工时可用较高黏度的涂料，故也有助于控制流挂。

刷涂和辊涂涂料采用的溶剂挥发慢，涂料需要有触变性，需要加流变助剂。乳胶漆具有触变性，比溶剂型涂料较少发生流挂。

(1) 高固体分涂料的流挂

高固体分涂料溶剂挥发较慢有三种原因：①由于涂料的表面张力较高，漆雾的直径比常规涂料大，表面积对体积比较小，挥发掉溶剂也就较少，然而操作者能够通过可调节喷涂设备和条件而获得相同的雾化。②高固体分涂料的树脂分子量较低，浓度较高，因而溶剂分子数目与树脂分子数目之比要比常规涂料的低，降低溶剂的挥发速度。③高固体分涂料的 T_g 随浓度变化更快，溶剂稍挥发后，就达到溶剂挥发速度受控于扩散的阶段，使挥发速度大幅度降低。

高固体分涂料因溶剂挥发较慢，易发生流挂，不仅如此，还易发生烘道流挂（也称为热流挂）。因为高固体分涂料进入热烘道后，黏度下降幅度比常规涂料的大，湿膜在将进烘道前很好，在烘道内发生流挂。烘道分区在一定程度上可控制热流挂，低温度区使溶剂挥发时间更多，可能还发生些交联，湿膜在进入高温区前，就达到较高的固含量和分子量。

调整溶剂组成不足以控制许多高固体分涂料的流挂，必须使用触变剂，如用细粒度的二氧化硅、季铵化合物处理的膨润土或聚酰胺凝胶等。

程度小的流挂在白色漆膜上显示不出来，但会影响漆膜中金属片的取向，在金属漆的漆膜上很显著，因此，高固体分汽车金属色涂料流挂问题就显得特别严重。这种涂料中不能使用 SiO_2 来获得触变性，因为 SiO_2 的散射影响漆膜的随角异色效应（flop），通常使用丙烯酸微凝胶形成溶胀胶体颗粒来获得触变性，微凝胶的折射率很接近已交联的丙烯酸聚合物，对随角异色没有干扰，而且微凝胶也会改进漆膜的强度。

(2) 水稀释涂料的流挂

水稀释树脂涂料的溶剂是水-有机溶剂的混合物。水-乙二醇丁醚作溶剂的水稀释涂料，在某个 RH（相对湿度）下，水和乙二醇丁醚的相对挥发速度相等，使残余溶液的组成不变，这个 RH 称为临界相对湿度（CRH）。水稀释树脂溶于有机溶剂而不溶于水，树脂颗粒内乙二醇丁醚浓度高，在连续水相中乙二醇丁醚浓度实际低，水占的比例高，而挥发的是水相，因此，含 10.6%乙二醇丁醚涂料的 CRH 为 65%，因为要挥发的水多；同样比例但没有树脂的水与乙二醇丁醚混合物的 CRH 则是 80%。

水和溶剂挥发时，水挥发得快，有机溶剂富集，使涂料黏度下降而流挂。

(3) 防流挂助剂

目前世界上主要流变助剂有下列体系：①氢化蓖麻油系，触变性强，易受温度影响。溶解时能重结晶，造成粗粒，有些产品拼入酰胺蜡来改进。②氧化聚乙烯系，分散入非极性溶剂里。触变性较弱，对基料选择性少。③有机膨润土系，在低级醇、酮、酯类溶液中溶胀性下降。④气相二氧化硅，分散应进行完全，最好用母料法。⑤酰胺蜡系，触变性，加后即有效。⑥超微沉淀 $CaCO_3$，表面以脂肪酸处理，平均颗粒直径为 25～50μm，结构黏度高，过量要影响光泽。⑦二亚苄基山梨醇，山梨醇和苯甲醛的反应物。⑧金属皂系，硬脂酸铝、锌和钙盐。结构黏度是由于在非极性溶剂中形成的胶束造成的。由于溶液极性和添加温度不同，效果大不相同。⑨共聚油系，干性油和共聚单体进行共聚，再与胺或二聚酸的缩合物和多元醇反应，对颜料有选择性。⑩表面活性剂系，蓖麻油的硫酸或磷酸酯。

① 氢化蓖麻油 是由蓖麻油加氢制得的一种熔点 85～87℃、粒径小于 10μm 的粉末，即 12-羟基硬脂酸三甘油酯。氢化蓖麻油分子中含有极性的羟基，而脂肪酸结构在非极性溶剂中又很容易溶剂化，在溶胀时，粒子间形成微弱的氢键，以胶体状分散形成触变结构。使用时先将其与溶剂和树脂在要求的温度下搅拌形成预凝胶，调漆时加入，也可在研磨前加入，与颜料一起研磨。

氢化蓖麻油适用于脂肪烃和芳香烃溶剂体系，但在醇系的极性溶剂中较易溶解，而且低温下析出，形成白色的晶粒，不宜使用。氢化蓖麻油可用于氯化橡胶、乙烯型、环氧和醇酸漆等，通常不与涂料其他组分起反应，不影响有机涂料的抗水性，对涂料耐久性无不良影响，不泛黄。

② 有机膨润土　膨润土是 2∶1 的层状结构黏土，上下两层为硅氧四面体，中间一层是八面体，由铝或镁与 6 个氧原子或氢氧基团配位而成。若八面体中的高价带正电荷离子被低价带正电荷离子取代，造成正电荷不足，负电荷过剩，会在表面吸附其他阳离子来补充。在水中，这些低价阳离子容易与其他阳离子进行等当量交换。因天然黏土是亲水的，若用有机阳离子进行交换，就能使亲水的黏土变成亲油的黏土，用季铵盐改性的黏土就吸附着带长链的有机化合物。

膨润土是片状结构，使用时必须使这些薄片分散在涂料中。片状结构的边缘含有氧和氢氧基团，分散在漆料中的薄片借助这些基团能够形成氢键，在涂料中形成触变结构。在不同极性溶剂中，使用不同种类的有机膨润土。一些有机膨润土因薄片较难分离，需在分散时加少量的极性添加剂，如 95%的甲醇水溶液。

③ 聚乙烯蜡　由乙烯和其他单体在高压下经自由基聚合制得，有的也采用高分子量聚乙烯降解生产，相对分子质量大多控制在 1500～3000 左右，在制造时氧化引入羧基、羟基、醛基、酮基和过氧化基等极性基团，分子上的极性基团定向吸附在颜料表面，碳链伸展在漆料中，形成触变的凝胶体结构。粉状的蜡可加入一部分溶剂中，共同加热溶解，待冷却到 60℃左右，再加入其余的溶剂，迅速搅拌制成糊状的分散物。若是糊状物，可直接加到研磨色浆中。

这种蜡是一种非溶解性的溶胀分散体，对涂料的黏度影响甚微，与其他类型的增稠防沉剂在本质上不同，不易受颜料和漆基等因素的影响，可用于大多数涂料中。这类蜡的改性产品还可用作消光剂。

④ 超细二氧化硅　又称气相二氧化硅，粒径 7～14nm，属于胶体粒子，比表面积 50～380m^2/g，表面有硅醇基。将二氧化硅加入漆中，经充分搅拌分散，硅醇基间形成氢键，产生立体网状结构，增加分散体系的黏度。剪切下可以破坏立体网状结构，使黏度下降。静止时，键合恢复，黏度再度上升。在不同极性介质中黏度恢复速度不同，在烃类、卤代烃类的非极性溶剂中，黏度恢复极快，有的只要几分之一秒。在能形成氢键的极性溶剂，如胺类、醇类、羧酸类、醛类、二醇类中，恢复时间相当长，有时甚至达数月之久，为降低极性溶剂的影响，可使用含有 16%氧化铝的二氧化硅。在使用这种助剂时，必须进行充分的分散，根据树脂类型及分散设备，选择适当浓度的气相二氧化硅制成母料，再将母料分散到涂料中去。因为分散不好容易产生沉淀，可选用有机物处理过的二氧化硅。

气相二氧化硅可用于防锈材料、厚浆涂料、装饰涂料、胶衣涂料、塑溶胶等，用量控制在 0.5%～3%之间，但在贮存中黏度和触变性有下降趋势。

8.1.5　流平流挂性能测试

涂料过去大多采用手工施工，对涂料施工性能要求不高。现代化流水线施工对涂料施工性能的要求项目增多，规定也严格。涂料施工性能包括将涂料施工到被涂表面上，形成涂膜的过程，其中包括施工性（刷涂性、喷涂性或刮涂性）、双组分涂料的混合性能、活化时间、使用量和标准涂装量、湿膜和干膜厚度、流平性和流挂性、干燥时间等。电泳漆、粉末涂料则各有其特定的施工性能。这里介绍施工性、流平性和流挂性的检测方法。

（1）施工性

施工性用来检测涂料产品施工的难易程度。液体涂料施工性良好，即指涂料用刷、喷或刮涂等方法施工到被涂物件表面上时，容易施工，而且所得到的涂膜很快流平，没有流挂、缩边、起皱、渗色或咬底等现象。

施工性依据施工方法分别称为刷涂性、喷涂性或刮涂性（对腻子的施工）等，用实际施工效果给出定性的结论，最好用与标准样品比较得出结果。我国国家标准 GB 6753.6—86

《涂料产品的大面积刷涂试验》规定的方法主要用于评价在严格规定的底材上大面积施涂色漆、清漆及有关产品的刷涂性和流动性，并且还要观察在有凸出部位和锐角部位涂料收缩的倾向。所用试板面积较大，钢板的尺寸不小于1.0m×1.0m×0.00123m，木板尺寸不小于1.0m×0.9m×0.006m，水泥板尺寸不小于1.0m×0.9m×0.005m。对刷子尺寸和刷涂工艺有具体规定。评价内容包括与标准样品相比较施工性能的差异和涂膜刷痕消失、流挂、收缩等现象。

(2) 流平性

流平性是指涂料施工后，涂膜由不规则、不平整的表面流展成平坦而光滑表面的能力。国家标准 GB 1750—79 (88)《涂料流平性测定法》中规定，流平性的测定方法分为刷涂法和喷涂法两种，以刷纹消失和形成平滑漆膜所需时间来评定，以分表示。

刷涂法的测定方法是将试样按《漆膜一般制备法》中的规定，将试样调至施工黏度，涂刷在马口铁板上使之平滑均匀，然后在涂膜中部用刷子纵向抹一刷痕，观察多少时间刷痕消失，涂膜恢复成平滑表面，合格与否由产品标准规定，一般流平性良好的涂膜在10min之内就可以流平。喷涂法则观察涂漆表面达到均匀、光滑、无皱、无橘皮的时间，以产品标准规定评定是否合格。

美国 ASTMD 2801—69 (81) 检测涂料流平性方法规定使用有几个不同深度间隙的流平性试验刮刀，将涂料刮成几对不同厚度的平行的条形涂层，观察完全和部分流到一起的条形涂层数，与标准图形对照，用0～10级表示，10级表示完全流平，0级表示流平最差，适用于白及浅色漆。

(3) 流挂性

液体涂料涂刷在垂直表面上，受重力的影响，湿膜的表面有向下流坠，导致漆膜上部变薄、下部变厚的现象，严重时形成球形、波纹形。漆膜流挂有三个原因：涂料的流动特性不适宜；涂层过厚，超过涂料可能达到的厚度的极限；涂装环境和施工条件不合适。

我国国家标准 GB 9264—88《色漆流挂性的测定》规定，采用流挂试验仪对色漆的流挂性进行测定。在试板上涂上一定厚度的涂膜，将试板垂直放置，观察湿膜的流坠现象，进行记录，检查是否符合产品标准规定。

8.1.6 发花和浮色

漆膜在漆膜干燥过程中由于颜料分布不均匀而产生发花和浮色。发花漆膜的颜色是斑驳、不均匀的，而浮色漆膜的颜色均匀，但比应该有的颜色深些或浅些。发花和浮色是由表面张力梯度驱动的对流，造成颜料分离的结果。

干燥过程中，溶剂挥发，浓度增大，温度降低，都使湿漆膜表面的表面张力增加，这样就形成表面张力梯度，然后下面的涂料向上流，形成对流。对流就造成明显的湍动，湍动的图案近似圆形，它们扩展时遇到相邻的流动图案就压缩了，形成接近六角形的贝纳德旋涡。贝纳德曾指出六角形图像在大自然的普遍性。随着溶剂继续挥发，黏度增高，带着颜料颗粒一起流动变得困难，密度高的大颗粒最先停止流动，密度低的小颗粒能保持流动的时间长些，这样颜料就分离产生发花。

絮凝通常造成发花，一个颜料是絮凝的，另一个颜料不絮凝、颗粒细，就很可能发生发花。细颜料的流动保持的时间长，并在对流返回膜底部时，陷入与相邻旋涡形成的边界中，就造成边界上富集细颗粒颜料，而旋涡中心富集较粗的颜料。恰当地稳定颜料分散体，使两种颜料都不絮凝，可减少发花。

浅蓝色有光磁漆板发花就会在更浅的蓝色背景上出现深蓝色的斑驳条纹图案，图案近六角形，但完整的少见，这通常是由于浅蓝漆膜中的白颜料絮凝而蓝的不絮凝造成的。若蓝颜料絮凝而白的不絮凝，就在深蓝的背景上形成浅蓝的条纹。

没有絮凝有时也发花，这是由于所用的颜料在粒度和密度上相差太多。用高色素炭黑和钛白制灰漆，TiO_2 粒径比炭黑大几倍，密度也大 4 倍，就容易发花；用粒径较大的灯黑可减少发花。

浮色是指表面颜色一致，但与应有的不一样。浮色造成随施工条件不同，漆膜颜色不一，同一个工件上颜色不同。颜料密度大小不同，沉降速度也不同，导致颜料在湿漆膜中分层，一种或几种颜料在表面上富集，就产生浮色。湿膜厚、基料黏度低和溶剂挥发速度慢，都会使湿漆膜在低黏度下保持时间更长，颜料沉降更多，加剧浮色。

调整涂料配方，不用低密度很细的颜料，用挥发快的溶剂和黏度较高的基料，都能减少浮色。用颜料分散剂来减少颜料絮凝，用流平剂在漆膜表面形成低表面张力的单分子层，阻止涡流的流动，都能防止发花。触变剂也通过控制黏度防止浮色和发花。

有意识地利用发花，可制成美观的锤纹漆图案，就像圆头锤子在金属板上敲击出来的花纹。过去曾经大量使用锤纹漆，在铸铁件上用来掩盖粗糙的表面。锤纹漆中使用大颗粒非浮型的铝粉和细颗粒透明的颜料（如酞菁蓝），快速挥发的溶剂和快速干燥的树脂（如苯乙烯改性醇酸树脂），无须喷溅溶剂，就可给出锤纹图像。另一方法是通过施工操作来获得：先喷涂蓝色铝粉漆，然后喷溅少量溶剂，溶剂落点处的表面张力最低，就导致发花，形成更蓝的条纹，而铝粉在中心富集，中心的蓝色较浅。现在平滑的模塑塑料部件替代过去粗糙的金属铸件，锤纹漆的使用已减少。

8.1.7　起皱

起皱是指漆膜表面皱成许多小丘和小谷，有些细得肉眼看不出，漆膜只是光泽低而不是皱，有些皱纹宽、粗，肉眼清楚可见。形成皱纹是由湿膜表层已成高黏度而底层仍有一定的流动性造成的，表层溶剂挥发并且交联，底层溶剂后挥发或后固化，仍然黏度低，就造成收缩，收缩将表层拉成皱纹图样。漆膜厚比薄更易起皱。

过去皱纹漆曾大量应用于办公设备，与锤纹漆一样，用来掩盖不平的金属铸件，由于模塑塑料件替代了许多金属铸件，所以用量下降了。

现在起皱是不希望的漆膜缺陷。最常遇到的是在配方不妥或施工不妥的 MF 交联涂料中，以胺来中和涂料中的酸，或以胺封闭磺酸催化剂，随胺的挥发性增大，起皱的可能性增加，如用二甲氨基乙醇不起皱，用挥发性大的三乙胺却起皱了。增厚漆膜和增加封闭催化剂浓度都会增大起皱。

UV 自由基固化的丙烯酸酯涂料，含颜料时会起皱，因为颜料吸收 UV 光，使漆膜表层快速交联，而底层交联很慢，导致起皱。起皱在惰性气氛中比在空气中更严重，空气中氧的阻聚作用减小了固化速度差。阳离子聚合的 UV 固化涂层因氧不阻聚，更倾向于起皱。

桐油用钴盐催化时，表层先固化，下层不干而形成表层起皱。决定皱纹粗细的是油基涂料中桐油与其他干性油的比例、钴催干剂与其他催干剂（如铅和锆盐）的比例。

8.2　漆膜的力学性能

漆膜的力学性能非常重要，要求耐用而不能轻易损坏，而力学性能主要取决于漆膜中高分子树脂的性能，而树脂的性能是由其结构决定的。聚合物的结构影响漆膜的柔韧性，也决定聚合物的黏弹性，通常根据漆膜性能的要求选择具有适当结构和组成的聚合物。

8.2.1　聚合物的黏弹性

理想的弹性体能定量贮存和释放机械能而无损耗，即形变后立即恢复原状。理想的弹性体用模量来度量其刚性，表示对形变的阻抗。理想的黏性体会将所受的机械能全部以热能的形式消耗。既具有弹性体性质，又具有黏性体性质的物质称为黏弹体。聚合物就是典型的黏弹体，由聚合物组成的漆膜也具有黏弹性。

聚合物分子在瞬时或在短暂的时间内受到外力，没有足够的时间作相对的移动，只能改变键长和键角而伸长或变形。在时间持续下，有些聚合物分子的链段能作相对移动，改变相对的位置。当外力作用时间短，外力移去后可以恢复原来的形态，同时释放贮存的能量，犹如弹性体。外力作用时间长，则所受的外力逐渐耗散于聚合物链段的相对移动中，不再能恢复为原来的形态。聚合物的分子量越大，链就越长，相互缠绕程度越大，对链相对移动的阻碍也越大。

黏弹体受外力变形后，部分机械能以势能贮存在体内，部分以热能消散（如用于聚合物链段的相对移动）。黏弹体的应力应变曲线与温度和时间都有关系，如会发生蠕变和应力松弛。蠕变是指在恒定应力下，形变随时间的延长而逐渐增加。应力松弛是指在恒定应变下，应力随时间的延长而逐渐减少。黏弹体的蠕变或应力松弛在高温下则时间缩短，在低温下则时间延长，时间与温度的作用效果相同。

由于黏弹体的蠕变和应力松弛特性，如果应力是正弦式交变的形变，应变也同样变化，但应力滞后于应变一个相位角（δ）。这滞后于形变的应力分为两个分力，一个与形变同相，即 $\tau\cos\delta$，另一个与形变成 90°，即 $\tau\sin\delta$，并由此可分为同相模量或实数模量（E'），以及滞后 90°的模量或虚数模量（E''）。

实数模量是黏弹体的“弹性”部分，又称为贮存模量，因为该模量可以定量地贮存在物体内。虚数模量是黏弹体的“黏性”部分，又被称为消散模量。因为该模量完全以热量消散，而相角与它们的关系是：

$$\tan\delta = E''/E'$$

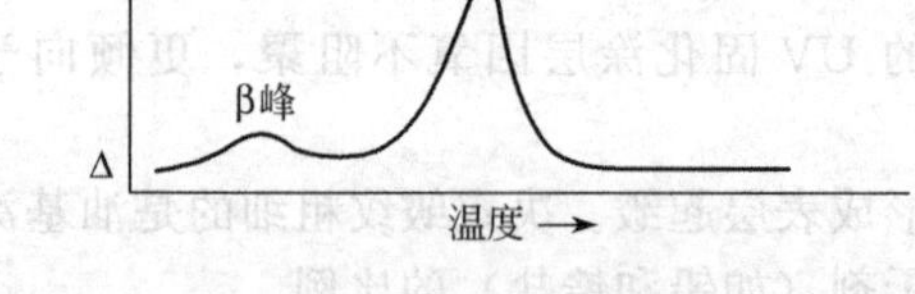

图 8-1　动态力学谱图

$\tan\delta$ 是黏弹体的“黏”与“弹”之比，常称为消散正切，内部摩擦或阻尼，并且是动态力学分析可以测得的数值。

用动态力学分析仪可测得动态力学图（如图 8-1），在高温侧有一个峰（α 峰），该峰值的温度相当于 T_g，是黏弹体物理和其他许多性质的突变点。α 峰的低温侧有一峰（β 峰），它处于玻璃态区内，是聚合物链段局部运动的响应。β 峰显示着玻璃态下的应力松弛，有 β 峰的漆膜在低温下（玻璃态下）要比没有 β 峰的有更好的柔韧性，更适宜用于较低温度。柔韧性和抗冲击性优良的漆膜可见到 β 峰的出现。

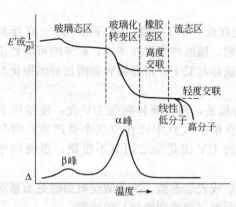

动态力学谱中的 α 峰对漆膜的微细结构有很强的分辨力，用来指导成膜聚合物的合成和涂料的配方。热塑性涂料中含有两个互不混容的聚合物时会显示出两个 α 峰，每个峰值各相当于各自的 T_g。两个聚合物相互混容时，会显示出一个较宽的、比两个单独峰的任何一个更宽的 α 峰。无规共聚物有一个宽的 α 峰。嵌段或接枝共聚物会显示出两个 α 峰，表示漆膜中相同链段聚集而成微细的相域，分散在连续相中。两种不混容的聚合物以梯度滴加工艺制成的乳液聚合物，只显示一个 α 峰，而分段滴加工艺则显示出两个 α 峰。

消声减振涂料要利用消散模量与贮存模量比值最大的 α 峰段，也就是放宽 α 峰，使之覆盖整个使用温度范围。可用几种不同 T_g 的相互混容的聚合物共混，或使用具有适当的交联密度并能覆盖整个使用温度范围的橡胶类物质作漆膜。

某一轿车面漆在不同温度下烘烤 15min 而制得的漆膜，做动态力学谱。在 130℃烘烤，T_g 很低，贮存模量也很小，硬度等机械强度很低，这是交联密度过低的表现。140℃烘烤，T_g 提高，贮存模量也增大。150℃烘烤，T_g 和贮存模量与 140℃烘烤的基本相同。再在 140℃烘烤，T_g 和贮存模量大大下降，这是过烘烤而降解的表现。因此最佳烘烤温度为 140℃。

8.2.2　漆膜的力学性能

漆膜是一层黏附于底材上的薄膜，影响漆膜力学性能的因素很多，不仅有涂料自身的性能、漆膜的薄厚，还有施工的好坏，是否有缺陷，以及底材的性质和使用环境、使用时间的长短。因此研究漆膜的力学性能与其他类型的材料不同，相应的测试方法也不同。

这里首先回顾一下漆膜形成连续薄膜的原理，后两章中结合具体情况要介绍这些涂料的应用。

8.2.2.1　漆膜成膜的原理

(1) 自由基聚合反应成膜

① 氧化聚合　植物油吸收空气中的氧气，形成过氧化氢基团，分解生成自由基，引发植物油中的双键聚合，形成网状大分子结构。如室温干燥的长或中油度醇酸树脂、酯胶漆、松香改性酚醛漆、纯酚醛树脂漆、环氧酯漆、氨酯油等都是采用这种机理，在目前使用的涂料中占相当大的比例。

这类涂料价格低，应用广泛，但烘烤保色性较差，户外耐久性有限，气干时间长，即使加入催干剂，室温下也需要较长时间才能彻底干燥。

② 自由基引发剂引发的聚合　不饱和聚酯树脂和溶剂苯乙烯中都含有双键，引发剂分解产生的自由基引发双键聚合，形成交联的涂膜。

③ 能量引发聚合　采用紫外光或电子束能引发含双键的化合物聚合。光固化涂料中的光敏剂在紫外光照射下，产生自由基或阳离子，使含双键的化合物聚合。利用电子辐射产生自由基成膜的涂料为电子束固化涂料。

(2) 缩合聚合固化涂料

① 常用氨基树脂作交联剂，需要烘烤固化。氨基树脂作固化剂的主要有氨基漆、饱和聚酯漆和热固性丙烯酸漆。在成膜时生成的小分子化合物从膜中逸出。封闭型聚氨酯涂料在加热条件下释放出封闭剂而交联成膜。

② 常见的双组分有胺-环氧树脂涂料和双组分聚氨酯涂料。氢转移聚合反应中还有湿固型聚氨酯涂料，涂布后湿膜吸收外界环境中的水分发生反应而成膜。

(3) 聚合物粒子凝聚成膜机理

聚合物粒子在紧密堆积过程中发生变形，粒子内和粒子间的聚合物分子相互扩散，跨越粒子边界，高分子之间缠卷形成连续的薄膜。一个粒子表面的高分子只需相互扩散到另一个粒子表面内非常小的距离就能形成高强度的膜。该成膜机理用于水性聚氨酯分散体、有机溶胶、乳胶漆、粉末涂料。有机溶胶、乳胶漆在成膜过程中不需要交联，水性聚氨酯分散体和热固性粉末涂料在成膜过程中还发生交联。

(4) 聚酯粉末涂料

聚酯粉末涂料是目前应用最多的粉末涂料。羧基聚酯树脂与环氧树脂（固化剂）配合而成环氧/聚酯粉末涂料产量很大，用其他交联剂如 TGIC 也可交联固化羧酸官能或羟基官能聚酯树脂，后者耐候性也好。

(5) 溶剂挥发型涂料

为得到满意性能的漆膜，热塑性聚合物的分子量通常很高，要达到施工所要求的溶液黏度，需要加入大量的有机溶剂，有机溶剂在成膜后挥发到空气中，既造成大气污染，又浪费大量的资源。这类涂料主要用于室外施工，不能烘烤，而且对漆膜性能有特殊要求的场合。应用的主要品种有硝基漆、卤化聚合物漆（如氯化橡胶漆、过氯乙烯漆、氯醋共聚树脂漆、偏二氯乙烯共聚树脂漆、有机氟漆）、热塑性丙烯酸树脂漆。

8.2.2.2 其他影响漆膜性能的因素

漆膜是涂在底材上的薄膜，底材决定了漆膜的形变程度，而且漆膜附着力好时，底材吸收外来冲击的能量，减少对漆膜的作用。漆膜薄比厚更耐冲击，但漆膜较薄，遮盖力也较差。

预涂外墙板的漆膜常折中采用 20～25μm 厚的漆膜，可使漆膜硬度提高而不开裂。为了减少鱼罐头内壁漆膜被鱼油溶胀，就要用交联度较高的酚醛漆，涂预涂平板用于制鱼罐头盒。这种漆膜因交联度高而很脆，为加工预涂平板时不开裂，膜厚要 5μm 或更薄些。

漆膜的柔韧性往往随时间而变差，尤其是气干涂料，因总有些溶剂残留在漆膜内。大多数漆膜的 T_g 总是接近或稍高于室温，这时溶剂挥发会很慢。溶剂一般有增塑作用，所以溶剂挥发，T_g 增大，漆膜柔韧性下降。

烘烤交联的漆膜还常能观察到随时间而进行的硬化现象。当一聚合物加热到高于其 T_g，然后快速冷却（淬冷），它的密度往往比渐渐冷却的小。快速冷却的比缓慢冷却的有更大的自由体积被冻住，因而有更多分子运动的机会。在贮存中，即使温度比 T_g 低，淬冷漆膜中的分子也会渐渐地移动，使自由体积缩小而密度增加，这个过程并无化学变化发生，故称为物理老化。随自由体积下降和密度增大，后加工时更可能开裂。经高温烘烤，出炉后快速冷却的金属上的漆膜可能会发生这种现象。这也可能是烘漆漆膜老化中发脆的普遍原因。在180℃烘烤，然后在30℃淬冷的聚酯/MF 漆膜在30℃发现模量增大。老化速度（即模量增大的速度）随时间而下降。将样品重新在180℃加热并重新淬冷至30℃，模量重新回到较低值，并重新进入物理老化。

8.2.3 漆膜力学性能测试

涂料检测是推行全面质量管理的一个重要环节，不论是涂料生产还是涂料施工，都需要推行全面质量管理，以适应社会发展的需要。在当前强调建立质量保证体系的前提下，涂料检测更具有重要的意义。涂料产品本身的检测主要是考察产品质量的一致性。涂料的性能是通过涂膜体现的，检测的重点是涂膜的性能。涂料的成膜过程中和成膜后的性能是涂料产品品种质量评判的基础，也是考核涂料质量的主要内容。

涂膜性能的检测尽量模仿其实际漆膜制备或应用的条件，大多是在相应的底材上进行，而且试验涂膜在底材上的制备工艺和质量又影响测试结果。因此，在国家标准中，对涂料性能、漆膜制备、施工性能、漆膜各方面的性能都有详细的规定。

世界各国分别选用不同的涂料检测方法和仪器，制定了各国独自的检验方法的标准，并颁布执行。如美国 ASTM 标准、德国 DIN 标准、日本 JIS 标准中都制定了多项涂料检测方法标准。国际标准化组织 ISO 也制定了许多检测方法，向各国推荐实施，以求国际的标准化。我国陆续制定和多次修订了涂料检测方法的国家标准、行业标准，并颁布实施。其中有些标准等同、等效或参照 ISO 标准。原化学工业部标准化研究所 1991 年 12 月出版的《化学工业标准汇编　涂料与颜料》第 9 册中，汇编了在 1991 年 6 月以前经过批准的涂料检测方法的国家标准、部颁标准和专业标准共有 122 个。现在随着产品的发展，还有企业标准级的检验方法，如有关粉末涂料、电泳涂料以及特种涂料的检验方法。

8.2.3.1　漆膜力学性能测试

漆膜在不同的湿度下贮存，从大气中吸收水分的量也不同，性质也会不同。漆膜中含有氨酯键时，会与水强烈作用生成氢键，在潮湿的条件下贮存时，水的作用犹如增塑剂，会大大影响漆膜的性质。贮存期内温度的变化会影响残留溶剂的挥发，漆膜会发生化学变化或物理老化。所以，贮存条件很关键，样品对比性能时，必须在同一温度和湿度下贮存。

Instron 试验机是用于测试张力（非动态）的。把剥离的漆膜样品置于两夹具间，漆膜必须与拉的方向在一直线上。可用不同速度拉开，但即使在最大的速度也比许多实际情况下施加应力的速度慢，在低温进行试验可部分地克服这个问题。这个方法的应力可增加到漆膜断裂，故可测得抗拉强度、抗拉模量、断裂时伸长和断裂功，但不能分离出力学性质中的黏性和弹性部分。

热机械分析仪（TMA）可测定压痕深度与时间和温度的关系。TMA 有一加热器和温度程序编制器，可以升温、冷却和等温操作。该仪器既可测量剥离的漆膜，又能直接测试涂在底材上的漆膜。TMA 测定的软化点与漆膜固化交联的程度相关。图 8-2 是在固化不足和固化完全条件下，厚 25μm 的丙烯酸卷材漆膜的探头针入深度与温度的关系，两个样品的软化点表示在图上。软化点常作为柔韧性指数，与 T_g 相关，但不是 T_g。

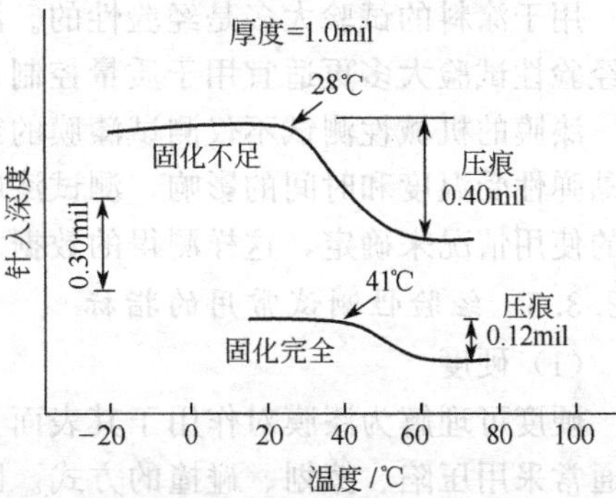

图 8-2　固化不足和充分固化的丙烯酸卷材涂层的压痕深度对温度的 TMA 曲线（1mil＝25.4μm）

动态力学分析仪（DMA）最通用的是：样品一端系于固定夹具，另一端系于以张力施加振荡形变的夹具上，给予样品以振荡应力，采用一个范围内的频率，可在广阔范围的温度下测定漆膜性质。用电脑分析数据能给出贮存和损耗模量、$\tan\delta$ 数值，以及它们对温度的曲线。

另一类型的动态力学分析仪是扭摆。将样品的一端系在上面的夹具上，另一端系于下面可加重物的圆盘上，扭转圆盘作扭摆运动，从衰变分析来给出动态性质。扭摆大多不用剥离膜，而用纤维辫浸涂料，吸饱可交联聚合的液体，跟踪从液态涂料开始的动态性质。但样品不是膜，纤维/聚合物的界面面积大，不一定能精确反映漆膜的性质。改进过的扭摆可同时测得体积收缩和力学性质。而体积的收缩大致与固化程度成正比，故可用作固化进程的量度。不改变扭摆的质量则可测定的抗拉模量的范围有限，而且用共振频率测定黏弹行为时，测得的模量与频率相关。这需要在 DMA 仪器上来解决。

8.2.3.2　涂层应用性能

通常测试涂层性能的方法不能用来计算基本力学性质，而是测试漆膜的某些性能的组合。这些方法分两类：一类适用于预测实际使用性能，另一类适用于质量控制。漆膜的测试分三大类：户外暴露、实验室模拟和经验性测试。

(1) 户外暴露测试

了解漆膜性能的可靠途径是在大量使用中观察。但在大量使用之前，需要预测其性能。一般在特别严酷的条件下实际使用，以加速损坏来观察漆膜的使用性能。试验范围越小、数量越有限、加速程度越大，预测的可靠性就越差。

多种道路标志漆可同时涂在较短的道路上，受到同样的车辆驶过后，来对比它们漆膜的性能。已知性能的漆膜与新涂料一起试，并且在一年的不同季节中试，在不同材料（混凝土或沥青）路上试。涂有新漆的汽车要在碎石路上行驶，越过水滩，在不同气候条件下估价。

罐头漆要在贮存中检验内壁漆膜的损坏和罐装物的气味。

（2）实验室模拟试验

实验室模拟评估漆膜的已知性能时，需要建立从差到优良的一系列标准，还需要检验实验中所得到的信息是否可应用，重复试验给出的置信度如何。

汽车工业用抗石击仪评估漆膜抗石击性，用压缩空气在标准条件下将标准砾石或弹丸射在漆膜的表面上。这些试验与实际结果相对比，可给出合理的实际性能预测。更精密的抗石击仪，可改变冲击的角度和速度以及温度。

模拟试验大多是用于性能的预测而不是质量控制，因为生产中产品的检测，要求在非常短的时间内完成。漆膜性能的模拟试验一般只能检验一个或几个性质，预测漆膜的全面性能还需其他试验协助。

（3）经验性试验

用于涂料的试验大多是经验性的。漆膜的试验结果可用作预测漆膜性能的部分数据。这些经验性试验大多更适宜用于质量控制，但它们一般都有相当大的误差，需要重复多次。

漆膜的机械性测试不仅测试漆膜的黏弹性，同时也测试漆膜对底材的附着力。由于漆膜的黏弹性受温度和时间的影响，测试漆膜时，温度变化的速度和形变的速度需要根据漆膜实际的使用情况来确定，这样测得的数据才具有指导意义，也是测试的目的。

8.2.3.3 经验性测试常用的指标

（1）硬度

硬度可理解为漆膜对作用于其表面上的另一个硬度较大的物体所表现出的阻力。这种作用通常采用压陷、擦划、碰撞的方式。因此涂膜的硬度测定方法也相应分为压痕硬度法、划痕硬度法、摆杆阻尼硬度法。这三种方法表达涂膜不同类型的阻力，各代表不同的应力-应变关系。硬度的单位与模量相同，是单位面积上的力（N/m^2）。在说明硬度和模量数值时，要注明力是怎样施加的（伸长、剪切、弯曲或压缩），施加应力的速度和温度。

① 压痕硬度　压痕硬度是黏弹性的静态测试法。压痕硬度-温度曲线和拉伸模量-温度曲线的形状十分相似，并且所表示的 T_g 也相同。这充分说明压痕硬度测试实际上是漆膜的模量-温度行为。

压痕硬度的测试方法用压痕头在一定重量下压漆膜一定时间。升起压痕头，用标定过的显微镜测量膜上留下的长度或面积。彩色漆的压痕长度易于判断。有多种型号的试验仪器。

我国的国家标准 GB 9275—88《色漆和清漆　巴克霍尔兹压痕试验》规定使用巴克霍尔兹（Buchholz）压痕试验仪测试涂膜硬度。测得的压痕长度表现了涂层对压痕器压入的抵抗能力，其结果以抗压痕性表示，计算公式为：

$$H=\frac{100}{L}$$

式中，H 为抗压痕性；L 为压痕长度，mm。

美国 ASTM D 1474—68（79）则规定，可使用 Knoop 压头和 Pfund 压头。Knoop 压头为金钢石角锥；Pfund 压头为透明无色石英半球状体。用 Knoop 压头的检验结果称为 Knoop 硬度值，简称 KHN，是质量除以压痕面积。按以下公式计算得出：

$$\mathrm{KHN}=\frac{L}{l^2 c_p}$$

式中，L 为压头上的负荷质量，kg；l 为压痕长度，mm；c_p 为压头常数，7.028×10^{-2}。

用 Pfund 压头的检验结果称为 Pfund 硬度值，简称 PHN，其公式为：

$$\mathrm{PHN}=\frac{L}{A}=\frac{4L}{\pi d^2}=1.27\left(\frac{L}{d^2}\right)=\frac{1.27}{d^2}$$

式中，L 为压头负荷质量，规定为 1.0kg；A 为压痕面积，mm^2；d 为平均压痕直径，mm。

压痕硬度对同一涂料来说，薄膜的压痕硬度值要高于厚膜。压痕试验对有弹性的如橡胶涂层结果不准确。只有高 T_g 漆膜得到的测试结果才有意义，中等 T_g 的漆膜在实验操作过程中部分压痕恢复了，橡胶态（低 T_g）的漆膜可能留不下压痕。这并不表明橡胶态的漆膜很硬，而实际上很软。压痕硬度最宜用于烘漆，因为烘漆漆膜的 T_g 一般高于测试温度。

② 划痕硬度　在漆膜表面用硬物划出痕迹或划伤涂膜的方法来测定涂膜硬度，常用的有铅笔硬度法和划针测定法。常用的划痕硬度是铅笔硬度，这是个快速的测试方法，常用于现场在刚性底材上的漆膜。

铅笔硬度法有手工操作和仪器试验两种方法，是采用已知硬度的铅笔测定涂膜硬度，以涂膜不被犁伤的铅笔硬度（手工操作），或犁伤涂膜的下一级硬度的铅笔硬度（仪器试验）作为涂膜的硬度。铅笔应采用规定的生产厂制造的符合标准的高级绘图铅笔。铅笔芯并不含铅而是石墨和瓷土，不像书写的那样削尖，而是用砂纸垂直地磨成平头，测试时，与样板成45°角，用刚好不折断笔芯的力向前推。结果以恰好不起划痕的硬度表示。有经验的人可重现±1档硬度的结果。

各国采用的铅笔硬度分级不同。我国国家标准 GB 6739—86《涂膜硬度铅笔测定法》中规定，使用的铅笔由 6H 到 6B 共 13 级，6H 最硬，6B 最软。作为仲裁试验要用仪器试验方法，通用仪器型号有 QHQ 型铅笔法划痕硬度仪。

划针测定法系用仪器的针尖划伤涂膜，划针在漆膜上推动时所产生的应力超过漆膜伸长强度而断裂，用涂膜抗划针划透性来代表涂膜硬度，在规定负荷下是否被针划透，或划针划透涂层所需最小负荷来表示。现在使用的仪器有自动型和手动型两种，自动型可以依靠导电性从电工仪表中直接显示结果，我国国家标准 GB 9279—88《色漆和清漆　划痕试验》规定用自动型仪器作为仲裁试验的仪器。

划痕硬度反映的是模量、抗拉强度和附着力的组合。测定硬度时，涂膜不仅受压力的作用，而且受剪力的作用，对涂膜的附着力也有所体现，因此它所测定的涂膜硬度特征是与摆杆阻尼试验法有所不同的。

③ 摆杆硬度　摆杆硬度是黏弹性的静态测定法之一，在不同温度下测量的硬度值是不能对比的。摆杆硬度测定中的阻尼主要来自漆膜对机械能的吸收，即损耗模量。损耗模量在玻璃区和橡胶区中都较低，在 T_g 处较高。摆杆硬度与漆膜厚度相关，过薄时，底材有影响。摆杆阻尼试验方法测试的优点是不破坏涂膜。

摆杆阻尼试验仪通用的有科尼格（Konig）摆，简称 K 摆；珀萨兹（Persoz）摆，简称 P 摆。这两种试验仪都已被我国国家标准 GB 1730—88《漆膜硬度的测定　摆杆阻尼试验》采用。

摆杆阻尼硬度法是通过摆杆横杆下面嵌入的两个钢球接触涂膜样板，摆杆摆动时，摆杆的固定质量压迫涂膜，使涂膜产生抗力，根据从较大角度开始摆动阻尼到较小角度所需的时间（s）来判定涂膜的硬度，K 摆从 6°到 3°，P 摆从 12°到 4°。K 摆在抛光平板玻璃板上的标准时间为 250s±10s，P 摆为 420s。这两种试验仪都附有光电控制的计数装置，自动记录阻尼时间。

用摆杆阻尼试验仪测定涂层时，摆动衰减的主要原因是涂层对机械能的吸收，摆动衰减时间和损耗模量成反比，损耗模量用来表示涂层吸收机械能的能力。损耗模量在 T_g 转变区最高，在远高于 T_g 和低于 T_g 的两个区都低。因此，在玻璃态区域和橡胶态区域的损耗模量都比较低，在这两个区域内摆动衰减时间长，软的橡胶涂层的衰减时间就变长。漆膜一般越硬，衰减时间越长；但要注意，软的、橡胶般漆膜衰减时间也较长。

这两种摆的测定结果之间不能建立起通用的换算关系。在产品检测时通常只规定使用其中一种摆杆仪器。摆杆阻尼试验的结果与测试时的环境有关，应在控制温、湿度条件，无气流影响的情况下进行。涂膜厚度及底材材质也对阻尼时间有影响。

美国 ASTM D 2134—66 (80) 所规定的斯华特硬度计 (Sward rocker) 与摆杆阻尼试验仪的原理相同。由两个相距 25mm 的扁平金属环连成的圆形，两环间有玻璃的水平计。环与涂膜样板接触，沿环的边缘可固定重物。测定时，环滚过一定的角度然后释放，在涂膜上摆动，摇摆到一定的、较小的角度所需摇摆次数的 2 倍值表示涂膜的硬度。用在抛光的平板玻璃上摆动 50 次作为校正标准，即玻璃的硬度值为100，涂膜的硬度值小于100，以数值表示涂膜硬度。

斯华德硬度计的摆动衰减是由滚动摩擦和机械损耗引起的，与膜厚和表面平滑度相关。这种硬度计观察比较方便，相对误差较少，测试速度较快，但灵敏度较差。它适于较软的涂膜的测定。Sward 摇摆仪宜用于跟踪气干涂料在干燥过程中的硬度，但对于不同涂料进行硬度对比的有效性有限。

(2) 冲击强度

冲击试验是漆膜承受快速形变而不开裂的能力，一个重物沿导管坠落到置于样板上的半球面压头上，使样板变形。样板下面，对着压头有凹孔座。将重物逐渐升高直至漆膜开裂。如果漆膜向上直接受压头冲击，称为正冲。漆膜向下的，称为反冲。反冲比正冲严酷，因为反冲是伸展而正冲是压缩。如果底材足够厚，不因受冲击而变形，则几乎任何漆膜都能通过。同一类型、不同批号底板微小的表面差别也会影响试验结果。涂膜的厚度、底材厚度和表面处理都会影响冲击强度的结果，因而需要标准化。

冲击强度表现了漆膜的柔韧性和对底材的附着力。耐冲击性实际是一个冲击负荷造成的快速变形，与漆膜的静态负荷下冲击的性能不同，后者还要受到塑性和时间等的影响，而在冲击负荷的情况就不存在这个问题，所以 ISO 6272—1993 改称落锤试验。

耐冲击性所用仪器为冲击试验仪，以一定质量的重锤落在涂膜样板上，使涂膜经受伸长变形而不引起破坏的最大高度，用重锤质量与高度的乘积表示涂膜的耐冲击性，通常用 N·cm (kgf·cm) 表示。最常用仪器的最大值是 18.08N·m。

现在各国通用的冲击试验仪形状基本相同，但重锤质量、冲头尺寸和滑筒高度有不同规格。我国国家标准 GB 1732—79 (88)《漆膜耐冲击测定法》规定重锤质量 1000g±1g，冲头进入凹槽的深度为 2.0mm±0.1mm，滑筒刻度等于 50.0cm±0.1cm，分度为 1cm。现在有可变式冲击试验器，滑筒刻度增至 120cm，重锤及冲头有多种规格，可按不同标准更换测试。

漆膜一般是在玻璃态区内使用的。在冲击试验中，漆膜形变速度很大，应力松弛速度是通过冲击强度测试的关键。位于玻璃态区内的二次转变温度 (β 峰) 是主链局部的和侧基运动的开始温度，β 峰的温度越低，则受冲击后的松弛速度越大。然而冲击造成的形变是程度较大的链移动，在玻璃态区内是不会发生的。还有一种解释认为：动态机械谱中的二次转变温度是在低频率形变下测得的 (高频下分辨变差)，而冲击频率极高。按时温等效，那就是向高温侧移动。在冲击速率下可能激发主链的移动，从而带动较大程度的链移动。

从实践上，二次转变 (β 峰) 温度是与冲击强度非常相关的。冲击试验对漆膜的整体性很敏感，所以还可以分辨水分散涂料聚结成膜的程度。

(3) 柔韧性

当漆膜受到外力作用而弯曲时，弹性、塑性和附着力等的综合性能称为柔韧性。涂膜的柔韧性由涂料的组成所决定，与检测时涂层变形的时间和速度有关。耐冲击性和后成型性也是柔韧性的一种反映。柔韧性的测定方法为：通过涂膜与底材同时弯曲，检查漆膜破裂伸长的情况，其中也包括涂膜与底材的界面作用。

漆膜的弯曲试验是漆膜的拉伸和拉伸时对底材附着力的试验。测试前应将样板放在规定的温度下，经历一段时间，使之达到平衡状态（温度和松弛），并以规定的速度弯曲。ASTM D 1737 规定，恒温恒湿下放置 1h，以 1s 的速度弯曲，否则，测试数据重现性不好。

厚漆膜比薄漆膜容易开裂。样板弯曲处的边要用放大镜观察，并应隔天再次观察，有时开裂较晚。

目前涂层柔韧性的测定主要有以下 5 种仪器。

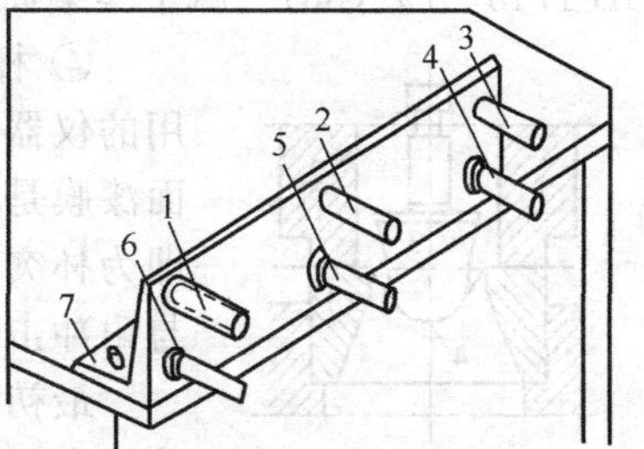

图 8-3 柔韧性试验器

1～6—轴棒；7—底座

① 轴棒测定器 国家标准 GB 1731—79《漆膜柔韧性测定法》规定使用轴棒测定器（见图 8-3）。它由粗细不同的 6 个钢制的轴棒所组成，固定于底座 7 上，底座可用螺丝钉固定在试验台边上。每个轴棒长度均为 35mm，曲率半径分别为 0.5mm、1mm、1.5mm、2mm、2.5mm、5mm 和 7.5mm。测试时是将涂漆的马口铁板在不同直径的轴棒上弯曲，以弯曲后不引起漆膜破坏的最小轴棒直径（mm）表示。

漆膜在不同直径的轴棒上弯曲时，轴棒直径与漆膜的相对伸长率的关系如表 8-1 所示。

表 8-1 轴棒直径与漆膜相对伸长率的关系

轴棒直径/mm	1	2	3	4	5	10	15
漆膜内表面的伸长率/%	20.00	11.10	7.69	5.88	4.76	2.44	1.64
漆膜外表面的伸长率/%	23.20	12.90	8.92	6.82	5.52	2.83	1.90

以上伸长率如马口铁板厚度为 0.25mm、漆膜厚度为 0.02mm（20μm）的条件下计算所得，其计算公式如下：

$$\varepsilon_1=\frac{h_2/2}{r+h_2/2}\times 100\% \qquad \varepsilon_2=\frac{h_1+h_2/2}{r+h_2/2}\times 100\%$$

式中，ε_1 为漆膜内表面的伸长率，%；ε_2 为漆膜外表面的伸长率，%；h_1 为漆膜厚度，mm；h_2 为底板厚度，mm；r 为轴棒半径，mm。

在其他条件相同时，若增加漆膜厚度（或底板厚度），则漆膜相对伸长率也将随之增大。

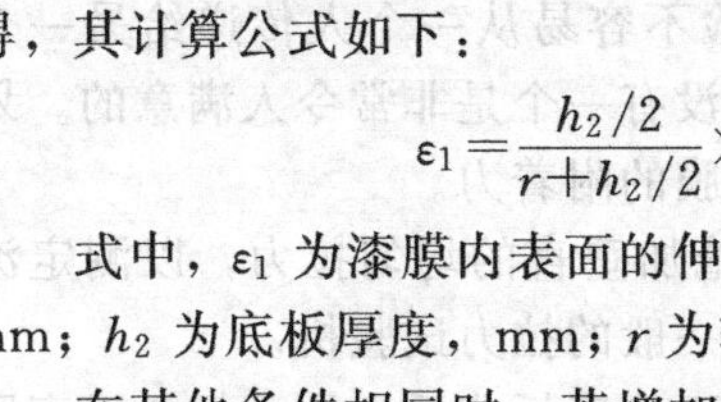

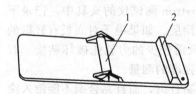

图 8-4 圆柱轴弯曲试验仪

1—轴；2—相当于轴高的挡条

② 圆柱轴弯曲试验仪 国家标准 GB 6742—86《漆膜弯曲试验（圆柱轴）》中规定使用圆柱轴弯曲试验（如图 8-4）。它适用于 0.3mm 厚度以下的试板，轴的直径分别为 2mm、3mm、4mm、5mm、6mm、8mm、10mm、12mm、16mm、20mm、25mm 和 32mm。测试时，插入试板，并使涂漆面朝外，平稳地合上仪器，使试板在轴上弯曲 180°，然后观察漆膜是否开裂或被剥离。此法的优点是可以采用整板试验，且手掌不接触漆膜，消除了人体对试板温度升高的影响。

③ 锥形挠曲测验仪 国家标准 GB 11185—89《漆膜弯曲试验（锥形轴）》中规定使用锥形挠曲测试仪。它的中心轴是个圆锥体，长 203mm，直径从最大 38mm 延伸至最小 3.2mm。把试验样板插入固定后，转动上部手柄，使试板紧贴圆锥体表面挠曲，观察引起漆膜破坏的最小直径（mm），即代表该漆膜的柔韧性。这种仪器的特点也是可以采用整板试验，且避免了用一套常规轴棒结果的不连续性。在漆膜厚度已知的情况下，同样可以求得漆膜的百分伸长率。

此外，腻子柔韧性的测定另有一项标准方法，使用柔韧性测定仪测定，具体方法参阅 GB 1748—79（88）《腻子膜柔韧性测定法》。

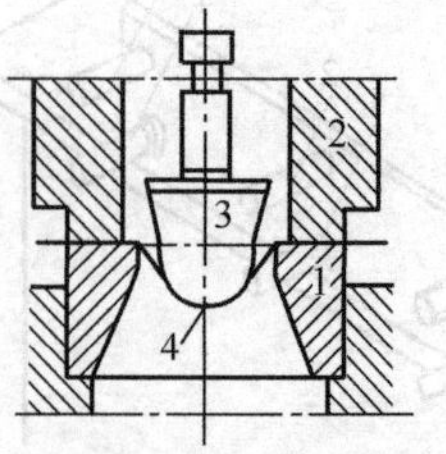

图 8-5 杯突试验机
1—冲膜；2—试板夹紧器；3—冲头；4—试板

④ 杯突试验机 杯突试验（也有叫顶杯试验或压陷试验）所使用的仪器头部有一球形冲头，恒速地推向涂漆试板背部，以观察正面漆膜是否开裂或从底材上剥离。漆膜破坏时冲头压入的最小深度即为杯突指数［也称为艾利克逊（Erichsen）数］，以 mm 表示，它与耐冲击性所表现的性能不同。杯突试验机的主要结构见图 8-5。

最初，杯突试验主要用于测定金属板材的强度和变形性能。若冲压出现裂纹，其压入深度即为该金属板材的强度。试验金属底材上的漆膜，实际上就是在底材伸长的情况下，测定它的强度、弹性及其对金属的附着力。这在卷涂工业和制罐工业中需进行后成型的那些涂料，如卷钢涂料、罐头漆等是必不可少的测试项目。

按 GB 9753—88《色漆和清漆杯突试验》的规定，测试涂漆样板时，仪器的球形冲头直径为 20mm，且试板应是平整、无变形、厚度不小于 0.3mm 及不大于 1.25mm 的磨光钢板。而在实际测定中，若采用厚度小于 0.3mm 的马口铁板时，当冲压深度达 8mm 时，漆膜虽未破坏或脱落，但底材马口铁板已经裂开。杯突试验是在规定的标准条件下进行的。

⑤ T 型弯曲试验 T 型弯曲广泛用于卷材涂料，漆膜向外侧将样板对折，如折叠处不开裂，为 0T，表示对折金属的内侧没有金属板。如果漆膜开裂，再加入一个金属板板后进行弯曲，这次没开裂为 1T，如此进行 2T、3T 等。试验受温度和折转速度的影响，应严格控制，并应相隔一段时间后再观察。

（4）附着力

涂料设计师评估附着力的常用方法是用铅笔刀将涂层从底板上刮开的难易程度。这需要有经验的人来操作，作为一种测试方法并不合适。因为经验不容易从一个人传递给另一个人，而且该法缺乏数值表达。用来评估附着力的测试方法中没有一个是非常令人满意的。划痕硬度、冲击强度、柔韧性等试验方法可以间接地表现出漆膜的附着力。

① 直接拉开法 在规定的速度下，在试样的黏结面上施加垂直的均匀拉力，以测定涂层间或涂层与底材拉开时单位面积上所需的力。试验可采用一般的拉力试验机。

操作时用黏合剂将一根棍子垂直固定在涂层样品的上表面，底板背后也用一棍子垂直固定，两根垂直的棍子背对背呈直线状态。将这个组件放入 Instron 测试仪的夹具中，记录下涂层从底板上拉开时的拉力。棍子必须相互呈直线并垂直于涂层。如果棍子对底板有轻微的角度，则应力就只集中于底板-涂层界面的一部分，那么，只需较少的力就能破坏粘接。有时最薄弱的部分是底材，这时就不能采用这种方法进行粘接强度的测量。

黏合剂将棍子黏合到涂层上的力必须大于涂层对底板的黏合力，而且黏合剂不能渗入涂层，进入涂层-底板界面。可用 502 胶黏剂或环氧双组分胶黏剂、氰基丙烯酸酯黏合剂。

测定时拉力机夹具以 10mm/min 的速度进行拉伸，直至破坏，考核其附着力和破坏形式。

由于这一步骤存在相当多的实验误差，必须测试多次。有经验的操作者可获得±15%的精度。涂层的附着力按下式计算：

$$P=\frac{G}{S}=\frac{G}{\pi r^2}$$

式中，P 为涂层的附着力，Pa；G 为试件被拉开破坏时的负荷值，N；S 为被测涂层的试柱横截面积，cm^2；r 为被测涂层的试柱半径，cm。

GB 5216—85《涂层附着力的测定法　拉开法》规定破坏形式有 4 种：附着破坏、内聚破坏、胶黏剂破坏、胶结失败，分别以 A、B、C、D 表示。试验结果用附着力与破坏形式表示。

当涂层内聚力失效（即漆膜本身的强度较小）时，在测量误差范围内，附着力的强度大于能够测得的值。样品在底板-涂层界面上出现附着失效，又有这样几种可能：测试后底板上无涂层，但留有一个单层（或薄层）的物质，这时的附着失效是发生在表面吸附物质与涂层其余部分之间，需要采用表面分析测出附着失效的具体位置和验明吸附物质。通常是附着失效和漆膜内聚力失效同时发生。在涂膜的一些地方出现微隙，并且扩展到界面上时，测得样品的张力值与附着失效样品的张力值不同。

漆膜直接拉开测试的方法可用于现场的直接测试，这方面的设备被广泛地用于高性能维护涂料和船舶涂料的质量控制。该测试法是破坏性的，被测区域需要修补。

附着力受应力施加角度的影响。现已设计开发出名为 STA-TRAMⅡ的仪器，用来对被测样品施加正常负载和边拉伸力，以测试摩擦引起的破坏。这一测试用来研究汽车塑料保险杠在相互摩擦或被固体刮划引起的脱落。

② 划格测试法　最早采用保险刀片在漆膜上切 6 道平行的切痕（长约 10～20mm，切痕间的距离为 1mm），应该切穿漆膜的整个深度，然后再切同样的切痕 6 道，与前者垂直，形成许多小方格，过后用手指轻轻触摸，漆膜不应从方格中脱落，而仍与底板牢固结合者为合格。此法比较简单，不需特殊的仪器设备，适合在施工现场中应用，但保险刀片较软，对于漆膜较厚或硬度较高的并不适用，为此又发展了单刀或多刀的手工切割刀具和机械切割仪器。此为按国家标准 GB 9286—88《色漆和清漆　漆膜的划格试验》的结果分级法。目前涂层的附着力一般均较好，单纯使用划格法不能区分出优劣，这时就必须使用胶带法相配合，以得到满意的结果。胶带一般是 25mm 宽的半透明胶带，背材为聚酯薄膜或醋酸纤维，将胶带贴在整个划格上，然后以最小角度撕下，结果可根据漆膜表面被脱落面积的比例来求得，0 最好，5 级最差。

美国 ASTM D 3359—78 中的 B 法规定的分级方法与我国国家标准相反。划格附着力测试用一个有 6 把或 11 把锋利刀片的装置，在样板上划出线条标记，接着又垂直于第一次划线再划。用一条压敏胶带紧贴于方格线条之上揭起。通过与一套照片对比，从划痕处的微量破碎到区域中大部分脱落，可将附着力质量评定为 5～0 级。

划格的速率影响测试结果。如果划得较快，在较高速率的应力作用下，涂层就比较脆，有可能裂纹就从切割处向外扩展。压敏胶带、作用于涂膜上的压力、胶带揭离表面时的角度与速率、底板在测试时的弯曲、被胶带粘贴的涂层表面等都影响测试结果。该测试方法对区分附着力较差和附着力相当好的样品有用，但对区分更高级别的附着力等级不是很有用。

③ 划圈法　国家标准 GB 1720—79（88）中规定采用附着力测定仪。针尖在漆膜上划出一定长度、依次重叠的圆滚线图形，使漆膜分成面积大小不同的 7 个部位，见图 8-6。凡第一部位内漆膜完好者，则附着力最好，为 1 级；第二部位完好者，则为 2 级；依次类推，7 级的附着力最差。

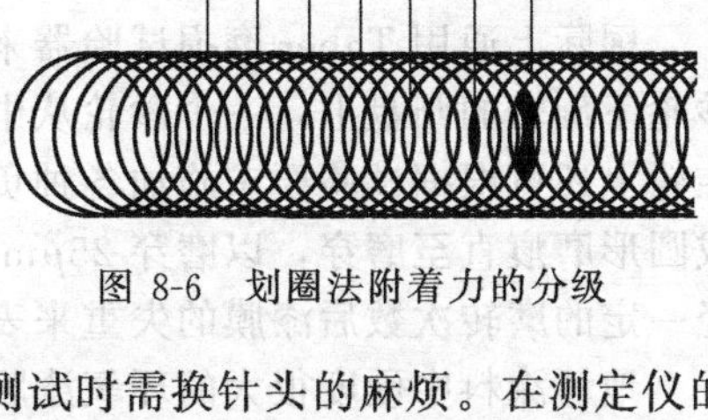

图 8-6　划圈法附着力的分级

目前划圈法附着力测定仪的改进是采用一个硬度很大的可长期使用的耐磨针头来代替唱针，以减少每次测试时需换针头的麻烦。在测定仪的底座下还安有几节电池及一个蜂鸣器，当针尖在刺透漆膜真正达到底板时，蜂鸣器就发出响声，然后就可进行测试。这样可避免因漆膜厚度不匀或针尖有时并未真正接触底板而造成实验误差。

8.2.4 漆膜的表面损坏

磨损是深入膜层，而擦伤仅及浅表，深度一般小于 0.5μm，但可使外观变差。磨损和擦伤是漆膜使用中经常碰到的两个问题，如啤酒罐外壁的漆膜必须抗铁路运输时的相互摩擦；擦伤是汽车涂料的主要问题，尤其是最后一道罩光清漆。耐擦伤性也是地坪以及透明塑料涂料如用于聚碳酸酯窗玻璃或眼镜片的重要要求。

(1) 漆膜耐磨蚀性

氨酯涂料一般既有优越的耐磨性又能耐溶剂性。这个组合性质来自链段间的氢键和共价键。受低应力时，氢键的行为类似交联而降低了受溶剂的溶胀。受较高应力时，氢键脱开而使分子伸长不致断裂共价键。当应力释放时，分子松弛，新的氢键形成。氨酯涂料可用于地坪的耐磨蚀层以及航天器的面漆，因其需要这个组合的性质。

啤酒罐外壁的漆膜在运输中易磨伤，可以在涂料中加入少量不混容的蜡或氟表面活性剂，降低漆膜的表面张力，从而降低摩擦系数，当两罐漆膜相擦时就减小了磨损。用于塑料镜片的有机硅涂料中加入少许细粒度 SiO_2，以增进涂膜的耐磨效果。细粒度的 SiO_2 降低了与另一表面的接触面积，从而更容易滑过去。在织物印花浆中加入橡胶胶乳已用了多年。橡胶胶乳粒子不溶于树脂并与颜料粒子一起凸起，显著地改进了耐磨性。较软的橡胶胶粒在漆膜中可耗散应力，降低由应力集中而导致漆膜的开裂。加入玻璃微珠也可提高环氧漆膜的耐磨性。

通常在涂料中加入固体润滑剂来减少磨损，用于液体润滑剂不能胜任的场合，如高真空和重负载时的润滑。固体润滑剂包括无机物（石墨、二硫化钼、高温用 LaF_3 和 CeF_3）、有机物（PTFE、尼龙、酞菁化合物）、软金属及其化合物（如 Ag、Au、Al 等）。它们或用于提高耐磨性，或大幅度地降低摩擦系数。涂料的漆基种类包括有机质（如聚氨酯、环氧、丙烯酸等）、无机质（如硅酸盐、硼酸盐、磷酸盐等）和金属基料（如 Cu、Ag、Pb、Ni、Sn 等）。在 200℃以上高温时，有机质应选用耐高温树脂（如 PTFE、聚酰亚胺等）。润滑涂料也分金属型、有机型和无机型（耐 800～1000℃高温），可分别应用于飞机、仪器钟表、车辆、船舶等众多领域。

热固性聚合物型耐磨蚀涂料的共同特点是高度交联，这类涂层的热固化需要很长时间。UV 固化的丙烯酸酯类涂料不需要长时间热固化。①三聚氰胺甲醛树脂或三聚氰胺甲醛树脂交联的聚丙烯酸酯涂料的耐磨蚀性一般。②氟硅酸涂料由一种含氟高聚物和含多硅酸的聚醚黏结剂所组成，当硅含量为 25%～40%时，涂料有良好的耐磨蚀性和对基材的黏附能力。这种涂料主要是为处理聚丙烯酸酯表面而开发成的，也用于眼镜透镜。氟硅酸涂料以溶液施工，先干 10～60min，然后在 60℃固化 15h，170℃固化 45min。该涂料也可在室温固化，但需时数天。聚甲基丙烯酸片材表面可用醋酸处理，以改进涂料对基材的黏附性。

(2) 漆膜耐磨蚀性的测试

国际上通用 Taber 磨损试验器来测定耐磨蚀性。仪器有两个橡胶砂轮，被试样板固定在砂轮下旋转的圆盘上，一个砂轮从中心向外磨损样板，另一个砂轮则从外向中心磨损样板，在轮上还可根据试验要求施加各种负荷。试验可以干磨也可以湿磨。砂轮在样板上转动，形成圆形磨痕直至磨穿，以磨穿 25μm 所需的转数表示，以漆膜正好被磨透所需的磨转次数或经一定的磨转次数后漆膜的失重来表示漆膜的耐磨蚀性，但其结果往往与实际应用不符。

地坪涂料中硬度很大的环氧漆膜在使用中耐磨性最差，但在 Taber 测试中最佳。一般来说，较软漆膜的 Taber 试验结果较差，可能因为砂轮以等速转动，传递给较软漆膜的能量会多些。但太软的漆膜会嵌入砂轮而给出假的结果。

我国国家标准 GB 1768—79（88）规定采用 JM-1 型漆膜耐磨仪，经一定的磨转次数后，以漆膜的失重来表示其耐磨性。因失重法可不受漆膜厚度的影响，同样的负荷和转数，失重越小则耐磨性越好，此法对主要是受重荷摩擦的路标漆、地板漆等最为适用，并发现与实际的现场磨耗结果有良好的关系。

落砂试验是将砂从漏斗通过管子以 45°角落在样板上，以磨穿单位厚度漆膜所需砂的体积（L）表示。使用气体喷砂侵蚀装置时，当粒子流垂直于漆膜形成圆形的疤，疤的半径能表示磨损，该装置的粒子流速和冲击角度均能变动。另一个测定磨损的方法是用一球蘸细磨料浆在漆膜上转动，形成小面积磨损，30μm 以上的漆膜有好的重现性。

(3) 擦伤

氨酯漆有优越的耐磨性，然而耐擦伤性差。MF 交联的丙烯酸树脂清漆比异氰酸酯交联的耐擦伤性好，但前者耐环境酸蚀性较差。MF 交联的聚氨基甲酸酯兼具耐酸蚀和耐擦伤性。丙烯酸聚氨酯清漆膜上有一可变形的塑性薄层，而 MF 丙烯酸清漆膜是一弹性层。

提高涂料耐擦伤性有两条途径：可做得足够地硬，使擦伤物不能穿入表面太深；或做得有足够的弹性，在擦伤应力消除后反弹。在用 MF 交联的丙烯酸树脂漆中，用有机硅改性的丙烯酸树脂耐擦伤性有进一步的改进。

在较硬的漆膜上，金属的边擦过漆膜，有时会有一条黑线留在漆膜上。降低漆膜的表面张力而使摩擦系数降低，如加入改性聚硅氧烷等助剂可增加漆膜滑爽，可避免该现象。

8.3 漆膜的老化

高分子主链在不改变其化学组成的条件下发生断裂，使其分子量降低的化学反应称为高聚物的降解。涂膜在使用过程中，经受各种不同因素的作用而发生一系列化学及物理变化，使其失去使用价值的现象称为涂膜的老化。高聚物的降解是造成涂膜老化的主要原因。涂料的户外耐久性是指涂料暴露于户外，抵抗外界各种变化的性能，户外耐久性又称耐候性。

芳香族聚氨酯（Ar-NH-COOR）和双酚 A 环氧树脂吸收太阳光中波长小于 290nm 的紫外线，通过直接的光裂解作用产生自由基，引起聚合物的氧化降解。芳香族异氰酸酯制备的涂料曝晒不久便会严重泛黄。双酚 A 环氧树脂制备的涂料曝晒后会很快粉化。因为酮能吸收紫外线，因此应避免使用酮溶剂。当丙烯酸在酮类溶剂（如甲基戊基酮）中聚合时，酮基就通过链转移进入树脂中，因此，丙烯酸聚合最好选用酯类或甲苯作溶剂，以避免酮基引入到树脂中。

高氯化树脂如氯乙烯共聚物、偏氯乙烯共聚物和氯化橡胶在受热或紫外线照射的环境中，经自动催化作用，脱去氯化氢而降解，这类涂料在配制时应加入稳定剂。

其他聚合物的降解作用是通过在聚合物中形成的过氧化物和酮基团吸收太阳光中波长小于 290nm 的紫外线进行的。这些聚合物的降解是一个链反应的过程，聚合物吸收紫外线后处于高能量的激发态，发生化学键断裂而产生自由基。自由基与 O_2 经过自动氧化作用产生过氧化物自由基（POO·），POO·一方面夺取聚合物中的氢原子形成新的自由基或过氧化氢（POOH）和过氧化物（POOP），进入链传递阶段，另一方面 POO·裂解为酮类和较低分子量的聚合物自由基，使聚合物降解。过氧化氢（POOH）和过氧化物（POOP）不稳定，它们在光的照射和适度加热的条件下离解生成烷氧自由基（PO·）和羟基（HO·）自由基，因此降解反应是在自动催化下完成的。这些自由基的活性很高，非常容易夺取氢原子，生成新的聚合物自由基，进入聚合物降解的链传递阶段。聚甲基硅氧烷树脂和氟树脂中缺乏容易被夺取的氢原子。因此，聚甲基硅氧烷和有机硅改性树脂对光氧化作用稳定，其稳定性一般与有机硅的含量成正比。氟树脂有极好的户外耐久性。

紫外线吸收剂作用的机理是它在聚合物吸收的波长范围内有强烈的吸收作用。常用的紫外线吸收剂有取代的2-羟基二苯甲酮、2-(2-羟基苯基)-2H-苯并三唑、2-(2-羟基苯基)-4,6-苯基-1,3,5-三嗪、丙二酸亚苄基酯和*N*,*N*′-二苯基乙二酰胺等。这些紫外线吸收剂通过分子内氢原子的转移或顺反异构化作用将紫外线能量转换成热能。

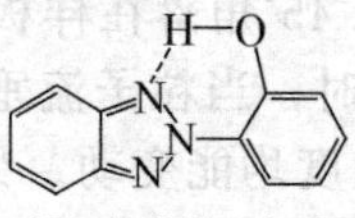

邻羟基苯并三氮唑

紫外线吸收剂必须溶于涂料漆膜中，不同类型、不同规格稳定剂的芳环上可有不同的取代物，以满足不同聚合物体系对溶解性的要求。稳定剂通常是加在复合涂层的面漆中，但是，由于迁移的作用，稳定剂往往被分布于整个涂层，从而减少了在面漆中的浓度，这种现象在烘漆中尤为显著。要求紫外线吸收剂在漆膜中有持久的稳定性。羟基苯基三嗪的蒸气压非常低，能够在漆膜中保持较长时间。使用低聚物形式的光稳定剂以及聚合物结合的稳定剂可使漆膜获得更长时间的物理稳定性。

位阻胺光稳定剂（HALS）是在两个α碳原子上分别带有两个甲基基团的胺，大多数是2,2,6,6-四甲基哌啶的衍生物。四个甲基基团能防止附着在氮原子上环碳结构的氧化。

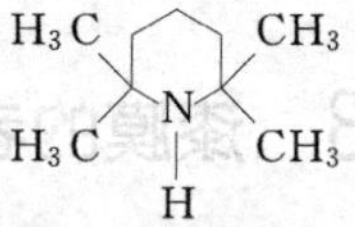

位阻胺光稳定剂衍生物经光氧化作用后转化成硝酰基（$R_2NO\cdot$）。硝酰基（$R_2NO\cdot$）与自由基反应生成羟胺或醚。羟胺和醚再与过氧基反应重新生成硝酰基。因此，位阻胺光稳定剂衍生物对自由基的链传递反应起到干扰作用。在户外曝晒的涂料中，位阻胺光稳定剂的衍生物必须经过快速光氧化作用形成硝酰基后，才能有效地发挥作用。在漆膜中，硝酰基仅占很小一部分（约1%），主要成分是相应的羟胺（R_2NOH）和醚（R_2NOP），要保持持续的稳定性，仍需要硝酰基的存在。硝酰基一旦消失，马上会发生聚合物的降解。

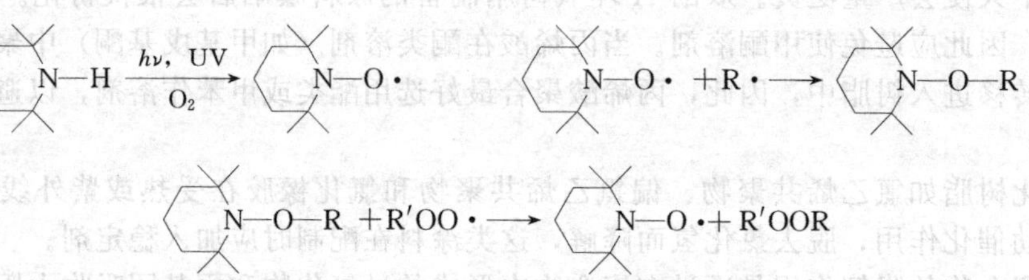

紫外线吸收剂和位阻胺光稳定剂能够一起产生协同效应，紫外线吸收剂可以减慢自由基的生成速度，位阻胺光稳定剂可减慢自由基氧化降解的速度，而且位阻胺光稳定剂能够有效地清除漆膜表面的自由基。

位阻胺光稳定剂（HALS）对丙烯酸聚氨酯涂料的稳定作用较丙烯酸三聚氰胺涂料更有效。聚氨酯涂料和三聚氰胺涂料都会发生氧化降解。三聚氰胺中过氧化氢的含量明显低于聚氨酯交联的涂料，而且自由基形成的速度较慢，因此HALS对三聚氰胺的稳定作用不明显，这一结果与三聚氰胺分解过氧化物的能力有关。

炭黑既是强的紫外线吸收剂，又是抗氧化剂。加入炭黑的涂料耐候性优异。透明氧化铁着色的涂料，几乎能全部吸收波长在420nm下的辐射。这种涂料特别适用于木器着色，防止漆膜的光降解。

练 习 题

1. 为什么说表面张力是漆膜流平的推动力？漆膜流平不好产生的弊病是什么？如何克服？
2. 根据表面张力理论，回缩和缩孔是怎么产生的？如何克服？
3. 有哪几类防缩孔流平剂？它们起作用的原理各是什么？
4. 涂料中泡沫产生的原理是什么？消泡剂是如何起作用的？
5. 发花和浮色产生的原因是什么？如何消除？
6. 测量硬度、冲击强度、柔韧性、附着力应用的那些指标分别代表涂料哪方面的性能？它们测试的结果分别能说明什么问题？
7. 如何提高漆膜的光稳定性？

第 9 章　涂装工艺

涂料和涂装的共同目的是为了得到具有要求性能的涂膜。为了保证涂层质量，同时又能取得最大的经济效益，需要精心设计。涂装材料（主要是涂料）、涂装设备和方法、涂装管理是涂装的三个基本要素。优质涂料和先进涂装设备是获得优质涂层、实现高效经济涂装的保证，但涂层的最终质量要靠工艺和管理来实现。涂装工艺包括选用涂料、漆前表面处理和设备、涂装方法和设备、涂膜干燥的方法和设备以及涂装的实现过程。本章首先介绍设计涂装工艺的基本知识，然后介绍工业上广泛应用的涂装工艺和设备。

9.1　涂装工艺概述

涂装工艺的基本要素是选择适当的涂料和施工方法，以及如何组织来实现这样一个工业过程。涂装作为通用的技术，国家制定和颁布了大量的国家专业标准，既提出技术要求，又便于规范地管理。

设计涂装工艺的依据是涂层的性能要求和质量。汽车、轻工产品、建筑、电器、飞机、船舶等都有统一的涂装技术要求（见表 9-1）。但有些产品的涂层还没有制定相应的标准，可根据产品的功能和使用条件，借鉴类似产品的标准，来确定涂装的工艺过程和质量要求。

表 9-1　一些涂装技术标准

标准号	名　称	标准号	名　称
JB/Z 111—86	汽车油漆涂层	ZBJ 50012—89	出口机床涂漆技术条件
GB 11380—89	客车车身涂层技术条件	CB/Z 231—89	船体涂装技术要求
JT 3120—86	客运车辆车身涂层技术条件	QB/T 1218—91	自行车涂装技术要求
TB 1572—84	铁路钢桥保护涂层	QB/Z 279—83	木家具涂饰
JB/T 5946—91	工程机械涂装通用技术条件	JB 4238.9—86	电工专用设备 涂漆通用技术条件
ZBJ 50011—89	机床涂漆技术条件	SG 286—82	灯具油漆涂层

这里以汽车涂层（JB/Z 111—86 行业标准）为例来说明涂装技术标准的内容和如何使用。按 JB/Z 111—86 行业标准，汽车涂层分成 10 个组，其中 TQ 1 为卡车车身涂层，TQ2 为轿车车身涂层。汽车零部件包括车架、底盘、发动机、车轮等，采用 TQ4～TQ10 的标准，不要求装饰性，但要求防护性。TQ2 有高级（高级轿车用）和优质装饰保护性涂层（中级轿车用），而 TQ1 有优质和一般装饰保护性涂层两个等级。表 9-2 给出 TQ2 和 TQ 1 的性能要求。耐水、耐油和耐化学性要求在表 9-2 中未列。

在表 9-2 中，TQ2（甲）、TQ2（乙）、TQ1（甲）涂层的耐盐雾性都要求达到 700h 以上，这个防腐蚀指标要求很高。为达到这个要求，大批量的流水线生产选用阴极电泳涂料；小批量生产时宜选用溶剂性环氧烘漆；若不具备烘烤条件，可选用双组分的环氧底漆。TQ1（乙）卡车涂层 240h 以上的耐盐雾性则只需采用聚丁二烯阳极电泳底漆就行。

轿车涂层外观上要求涂层光亮如镜、镜像清晰（鲜映性≥0.8），这就要求在涂面漆之前表面应有较高的平整度，因此轿车涂层就须有 1～2 道中间层涂料，通过打磨以获得高平整

表 9-2　汽车车身涂层的主要性能指标

涂层分组、等级		TQ2(甲)	TQ2(乙)	TQ1(甲)	TQ1(乙)
应用		高级轿车车身	中级轿车车身	卡车、吉普车车身、客车车厢	卡车、吉普车车身、客车车厢
耐候性(天然曝晒)		2 年失光≤30%	2 年失光≤30%	2 年失光≤30%	2 年失光≤60%
耐盐雾 / h		700	700	700	240
涂层厚度/μm	底漆	≥20	≥20	≥15	≥15
	中涂	40～50	≥30		
	面漆	60～80	≥40	≥40	≥40
外观		平整光滑、无颗粒,光亮如镜,光泽大于 90	光滑平整无颗粒,允许极轻微橘纹,光泽大于 90	光滑平整无颗粒,允许极轻微橘纹,光泽大于 90(平光＜30)	光滑平整无颗粒,允许极轻微橘纹,光泽大于 90(平光＜30)
力学性能	冲击强度/N·cm	≥196	≥294	≥294	≥392
	弹性/mm	≤10	≤5	≤5	≤3
	硬度	≥0.6	≥0.6	≥0.5	≥0.4
	附着力/级	1	1	1	1

度。中间层涂料主要是溶剂型或水性的聚酯、聚氨酯、环氧酯，也可采用氨基、热固性丙烯酸涂料。封底漆涂在面漆之前，还可消除底涂层对面漆漆基的吸收，提高面漆的光泽和丰满度。

汽车涂层的耐候性和外观装饰性要求很高，主要用氨基烘漆、热固性丙烯酸烘漆和双组分脂肪族聚氨酯漆。通常流水线生产用漆量大，宜采用烘漆；小批量或修补作业宜采用双组分脂肪族聚氨酯漆，免去固化设备的投资和减少固化能耗。

TQ 1（乙）卡车组涂层的耐候性和硬度要求较低，可采用自干的醇酸磁漆或硝基漆、过氯乙烯漆。自干性醇酸漆的干燥性差，硝基和过氯乙烯漆的丰满度较差，在小批量生产时使用比较适合，大量生产时用氨基烘漆。

农机产品涂装按 JD/T 5673—1991《农林拖拉机及机具涂装通用技术条件》的分类标准选择涂料。拖拉机、收获机、农用车的车身、机罩、挡风板等部件的涂层要求几乎与载重汽车的相同。

9.1.1　涂层等级（涂装类型）

涂层的一个重要功能是外观装饰性，通常根据产品设计对外观装饰性的要求，将涂层分为五种类型。前四种代表涂层外观装饰性的四个等级，确定涂层等级后，为达到涂层的质量要求（即检测标准），就需要有相应的工艺过程来保证。因此，确定涂层等级就确定了涂层检测标准和工艺过程（见表 9-3）。第五种是特种保护性涂层，用于有特殊要求的涂层，工艺过程和涂层的质量要求（即检测标准）是根据具体的需要来制定的。

① 高级装饰性涂层［或称一级涂层（Ⅰ）］ 具有最佳的涂层外观，依据被涂物件的要求具备最好的装饰效果，涂膜表面无肉眼能见的缺陷。既需要优质的涂料，又需要精心的施工，甚至施工的质量起着决定性作用。这种涂层由底漆、中间涂层和多道面漆的涂膜组成，一般由底漆、中间涂层、3～9 道面漆配套组成。被涂制品有高、中级轿车车身，精密仪器仪表、高级乐器、家用电器，以及高档木器家具等。

② 装饰性涂层［或称二级涂层（Ⅱ）］ 虽较一级涂层水平稍低，仍具有很好的装饰效果。按二级涂层涂装的有载重汽车和拖拉机驾驶室与覆盖件、客车和火车车厢、机床、自行车等。二级涂层由底漆、2～3 道面漆配套组成。

表 9-3 涂装等级及其质量要求、工艺过程

涂装等级	装饰性质量要求	工艺过程
高级装饰性涂层(Ⅰ涂层)	涂膜面平滑,光亮如镜,无细微颗粒、擦伤、裂纹、起皱、起泡及其他肉跟可见的缺陷,并有足够的机械强度,外观美丽	表面处理→涂底漆→局部或全部填刮腻子→打磨→涂装 3～9 层面漆→抛光→打蜡
装饰性涂层(Ⅱ涂层)	涂膜平滑,光泽中等,中等机械强度,外观美丽,允许有细微的擦伤、轻微的刷纹及其他细小缺陷	表面处理→涂底漆→局部填刮腻子→打磨→涂装 2～3 层面漆
保护装饰性涂层(Ⅲ涂层)	除具有一般装饰作用之外,主要是防止金属腐蚀。涂膜不应有皱皮、流痕、露底、外来杂质及其他降低保护和装饰的污浊等,允许有轻微的擦伤和刷纹等	表面处理→涂底漆→涂装 1～2 层面漆
一般综合性涂层(Ⅳ涂层)	供一般防腐蚀用,对装饰性无要求。适用于外观无要求、使用条件不十分苛刻(室内、机内)的制品或部件涂装	涂 1～2 层漆,厚度在 20～60μm

③ 保护装饰性涂层［又称三级涂层（Ⅲ）］ 偏重保护性、对装饰性要求较低的涂层，当然涂层的表面所起的外观装饰效果仍然不能忽视。三级涂层用于工厂设备、集装箱、农业机械、管道、钢板屋顶、汽车和货车的零部件等。

④ 一般保护性涂层（Ⅳ） 主要是供一般防腐蚀用，对装饰性无要求或要求较低，如用于使用条件不十分苛刻的（室内或机内）制品或部件、管道的涂层。

⑤ 特种保护性涂层（Ⅴ） 对物件起特种保护作用，如绝缘、耐酸、耐碱、耐油、耐汽油、耐热、耐化学药品、防污、防霉以及水下、地下防腐蚀等。它的主要功能是保护底材，抵抗或隔绝某种介质或因素的侵蚀，有的还具备特殊的功能。这种涂层要求漆膜的完整性，通常由多道涂膜组成。它要求完善的涂料施工工艺，而漆膜的装饰性参考以上四级涂层。

此外，还有涂层外表面具有各种花纹的美术装饰涂层；具有特殊功能的特种功能性涂层。在每一类型涂层中，由于被涂物件要求不同而有档次差异。

9.1.2 设计涂装工艺

涂装工艺的设计步骤包括明确涂装目的、选择涂料、选择涂装方法、确定涂装工艺（即编制工艺过程及有关技术文件）四步。

(1) 明确涂装目的

明确涂装标准或类型；查清被涂物的使用条件（包括使用目的、使用环境条件、使用年限、经济效益等)、生产方式（单个生产、批量生产、大批量流水线生产），被涂物的自身条件（材质、大小及形状、被涂物的表面状态等)。

(2) 选用涂料

选用涂料时，漆膜性能应当满足被涂产品的设计要求，如果是复合涂层还应考虑涂层的配套性，即从工艺与管理的角度，考察涂料在涂装过程中的配套性和作业性，涂料是否容易施工和管理。如果涂料的配套性存在问题或作业性差，涂层质量难以达到预期要求。

① 选用原则 涂料的选用原则为：颜色、外观和漆膜机械强度应满足产品设计要求；对被涂表面应具有优良的附着力；涂料的施工性、干燥性能、涂装性能等与所具备的涂装设施相适应；选用价廉物美的涂料品种；尽可能选用毒性小、低污染或无污染的涂料。

涂料的选用直接影响涂层性能，作为涂装设计人员，应像中医熟悉各种中药那样，熟知各种涂料的特性、用途、配套性和施工性能，才能正确合理地选用好涂料。

涂料的配套设计就是按照施工要求，选择最合适的涂装材料和涂装方法。所谓涂料的配套性，就是涂装底材和涂料以及各层涂料品种之间的适应性，既要求基材表面和涂层之间、

前后道涂层之间有足够的结合力，又要求后涂布的涂层不能大幅度溶解前道涂层。

② 复合涂层　为了满足对涂层性能的要求，一般采用底漆、中间层及面漆等组成复合涂层，但复合涂层之间的配套要合理，否则，会产生漆层脱落、起泡、咬底等弊病。

过氯乙烯漆用含醇量较多的溶剂稀释时，过氯乙烯树脂会析出。硝基漆因为使用醇作助溶剂，过氯乙烯漆喷在硝基涂层上，会产生漆层大面积脱落；硝基漆喷在过氯乙烯漆膜或过氯乙烯腻子层上，有时也会产生脱层现象。

底漆层漆膜很软，面漆层硬脆，这样的复合涂层会由于气温变化等因素产生龟裂。

溶剂根据溶解能力由弱至强可排列为：脂肪烃→芳香烃→醇→酯→酮→醇醚。同类溶剂的涂料可以互相配套。底漆用强溶剂的涂料，如环氧、聚氨酯类高性能涂料；面漆用弱溶剂涂料，如氯化橡胶、沥青、醇酸、酚醛等，这种配套不会产生咬底现象。但是底漆、面漆所用溶剂的强弱反差不能太大，否则底面漆层之间的结合不牢。以环氧涂料作为高性能防腐底漆，就以氯化橡胶涂料为中间层，以醇酸类涂料作为耐候面漆进行配套，不会产生“咬底”。

挥发型涂料溶剂的溶解力很强，容易溶解油基涂料的漆膜。在油基涂层上面不宜喷涂挥发型漆类，否则容易出现“咬底”现象，而且这种涂层由于底软面硬，日久面漆层容易龟裂。铁红酯胶底漆、各种红丹防锈漆都不宜与烘烤和强溶剂挥发型面漆配套使用。铁红环氧酯底漆干透后与大部分面漆可配套，但实际施工中往往会因干燥不彻底，喷涂强溶剂的面漆出现“咬底”。

（3）选择涂装方法

涂装设备不仅要求高效价廉，还应安全可靠，操作维护简便。如果设备的安全性、可靠性差，就易发生事故；如果设备操作繁琐，技术要求高而苛刻，质量管理的可行性就差，涂层质量难以保证。涂装工艺和管理存在问题，就使产品返修率和废品率居高不下，增加运行费用和成本。涂料施工的方式虽然较多，但各有其优缺点，应根据具体情况来正确选用施工方法，以达到最佳涂装效果，见表9-4。

涂料施工方法既有刷涂、辊涂、擦涂、刮涂、浸涂、淋涂、喷涂等传统工艺，又有流化床、静电喷涂、电泳涂装等现代技术。采用适当的施工方法能对任何尺寸的工件进行涂装；既可对工件整体一次涂装，又可将其多道涂装以形成性能优异的复合涂层；既可以工厂化集中进行高效的涂装，又可在工件现场就地涂装。

选择涂装方法时需要注意以下事项。

① 产品形状　形状简单的零件涂装适应性好，能够采用的涂装方法也多。形状复杂的零件，特别是具有箱式结构的产品要特别注意选择合适的施工方法。

喷涂汽车驾驶室时，门板夹缝处不容易喷上漆，使用一年后，车身门板就会出现从里往外烂的现象。采用电泳涂装后，经解剖车身后测量，车身外表面电泳漆膜厚度16μm以上，内表面13μm以上，门板夹层处也达到了9μm以上，从而有效地保证了车身夹缝处不发生腐蚀作用。电风扇叶片涂层要求耐摩擦性好，可选择粉末涂装来满足其产品性能要求。

② 生产批量　大批量生产多采用静电喷涂或电泳涂装，小批量生产可采用喷涂、浸涂等。

奥地利斯太尔公司生产重型汽车的驾驶室，因产量小，不宜采用电泳涂装，而用半浸半淋的方式浸涂水性漆，以保证涂层的完整性。

③ 底材　产品的材质有钢板、镀锌钢板、塑料及铝合金等，它们要求的漆前表面处理方法不同，喷涂用的底漆也不同。锌铝件要采用锌黄底漆才起到防腐作用，若喷涂红丹底漆，反而会加速腐蚀。

④ 涂层配套性　轿车涂层多选用金属闪光漆，在喷涂金属底色时，如采用静电喷涂，

表 9-4 各种涂装方法适用的涂料及特征

涂装方法	溶剂挥发速率	黏稠度	涂料种类	涂装特性	适用范围	作业效率	设备费用
刷涂	挥发慢的好	稀稠均适用	调和漆、磁漆其他水性漆	一般	一般都适用	小	小
刮涂	初期挥发慢的好	塑性流动大的涂料	腻子	一次能涂得较厚	平滑的物体	小	小
空气喷涂	挥发快的好	触变性小的涂料	一般涂料都可以	膜厚均匀，稀释剂用量大	一般都适用	大	中
高压无空气喷涂	挥发稍慢的好	触变性小的涂料	一般涂料都可以	喷雾返弹少	一般都适用	大	中
高压无空气热喷涂	挥性稍慢的好	加热时流动好的涂料	一般涂料都可以	能厚膜涂装，节约稀释剂	中型物体	大	中
热喷涂	挥发稍慢的好	加热时流动好的涂料	一般涂料都可以	能厚膜涂装，白化少	一般都适用	大	中
淋涂	挥发稍慢的好	有塑性流动的涂料	磁漆、底漆沥青漆	涂料用量比浸涂小，漆膜易厚薄不均	中型物体	大	中
幕式淋涂	挥发较快的好	触变性小的涂料	磁漆硝基漆	涂料损失少，能得到一定厚度的漆膜	平面被涂物，如胶合板	大	大
静电涂装	挥发慢的好	触变性小的涂料	磁漆	涂料损失少，突出的角、锐边漆膜厚	金属制品	大	大
电泳涂装	无关系	无关系	电泳涂料	涂料损失少，漆膜特别完整	金属制品	大	大
浸涂	挥发稍慢的好	有塑性流动的涂料	磁漆沥青漆	作业简单，有流痕	复杂工件小型物体	大	中
抽涂	挥发慢的好	塑性流动稍大、高黏度	硝基漆清漆	膜厚均匀	棒状被涂物如铅笔	小	小
转鼓涂装	挥发快的较好	低黏度、有塑性流动性	磁漆	均匀地厚涂	形状复杂的极小型工件	中	小
滚筒涂装	挥发稍慢的好	较大的黏度	磁漆	涂料损失少，膜厚均匀，两面同时涂装	胶合板、彩色镀锌钢板	大	大
粉末涂装	无关系	加热时有流动性	粉末涂料	能厚膜涂装，涂料损失少	金属制品	中	大

片状铝粉材料在静电场作用下，铝片呈垂直状态，与空气喷涂时铝片呈水平状态的颜色不同，从车辆的修补考虑，最后一道金属色漆不允许采用静电喷涂。

(4) 确定涂装工艺

漆前表面处理、涂料涂布操作在整个涂装工程费用中所占的比例很大，一般比涂料本身的费用高一倍以上，所以设计涂装工艺时要考虑涂装施工的总成本核算。选择涂装工艺的各工序和设备后，经过多种方案的比较和价值工程的计算，最后确定涂装工艺。

使用的涂料品种不同，需要的施工工艺和方法也不同。同一品种的涂料采用不同的施工工艺，得到的涂装效果也不同。涂料施工方法及设备、工艺条件、参数等都需要精心选定。

现代的涂装工艺过程相当复杂，有的多达几十道工序，而每种工序又有很多种操作方法，条件和参数也不相同，工序间有最佳配合方式，认真选择以达到要求的施工效果。

9.1.3 制订涂装工艺

涂装工艺是集中表现涂装设计的结果，要根据被涂物对外观装饰性和漆膜性能的要求来制订，是工厂设计和涂装施工的技术依据。涂装工艺由若干道工序组成，工序多少取决于涂层的装饰性及功能，要求高时工序多达几十道。但从工序的内容和实质来看，涂装工艺可分为三个基本工序：漆前表面处理、涂料的涂布和涂层的干燥。

编制工艺过程的步骤：①零件划分为工艺组；②每个工艺组的零件按输送机、挂具或按小车配套；③计算每个工艺组总的涂装面积，④确定每个工艺组的工艺过程顺序；⑤选择涂装工艺和设备；⑥选择干燥工艺和设备；⑦确定工艺过程每一个工序的时间定额。

在实际生产中，涂装工艺通过下列技术文件来表示。

（1）涂装零件（或部位），设计图纸

（2）涂装工艺卡

涂装工艺卡是记载涂装工艺操作顺序的技术文件，包括以下内容：①漆前表面处理的技术要求（即验收质量标准）；②按工序顺序编写操作内容，包括工艺参数、用料名称及规格、涂装工具和设备的型号、辅助用料名称、对操作人员的技术等级要求等；③技术检查工序，包括检查方式、检查数量（全检或抽检）、质量标准等。在关键工序前后要设中间技术检查工序和最终验收检查工序。

工艺主管部门按照生产要求制订适合的工艺，并按规范的格式填写工艺卡，作为指导生产的工艺文件和岗位责任指标。

涂装工艺卡的格式和编写实例参见表 9-12，这是国内外汽车涂装普遍采用的涂装工艺卡实例，适用于中级轿车和轻型载重汽车车身涂装，其质量标准介于一、二级涂层之间，内容和编写方式在工业涂装中具有代表性。

（3）操作规程

操作规程是涂装工艺卡的补充文件，详细记述某关键工序或设备的工作原理、操作顺序、注意事项，以确保该工序的操作质量和安全生产，并指导使用和维护关键设备。漆前清洗、磷化处理、电泳涂漆、喷漆、烘干等工序及其主要设备，一般都编操作规程。

工艺管理人员必须定期或不定期地对涂装工艺文件及其执行情况、涂装车间的技术状况和涂装质量进行检查，一般由工艺主管部门、涂装车间工艺人员、质量检查人员和生产现场管理人员具体负责。①工艺文件。检查涂装车间工艺文件是否齐全、编写质量、更动情况及审批程序是否合法。②工序。按工艺文件对工序进行逐道对照检查，工艺参数是否合格，以工艺参数合格率表示。在检查中对发现的问题和返修率高的工序进行技术分析，制订改进措施，限期解决。如果是操作者主观原因造成的质量问题，则应将检查结果作为奖惩依据。③涂层质量。现场目测或用仪器进行测试，还应取样送到实验室或有关检测机构按涂层标准进行全面性能检测。

每次检查后应写出报告，进行评分，作为涂装车间（线或组）考核的依据，并总结经验，分析并解决出现的问题。

9.1.4 涂料的涂覆标记

对于要求涂装的各类制品，应在图纸上标明与涂装有关的内容，以便按图纸要求进行涂装。图纸中都用涂覆标记来标注。涂料的涂覆标记详见 GB 4054—83，主要内容如下。

（1）涂覆标记的组成

[1]·[2]·[3]·[4]

涂料的涂覆标记有涂覆符号、涂料颜色（或代号）、型号（或名称）、外观等级、使用环境等五项内容，共分为四部分，每部分之间以圆点分开。排列如下：第1部分为涂覆符号，以字母“T”表示。第2部分为涂料颜色（代号）和型号（或名称）。涂料颜色可用汉字表示，也可用代号表示，见 GB 3181—82（88）《涂膜颜色标准样本规定》。涂料型号见 GB 2706—81《涂料产品分类，命名和型号》的规定。第3部分为外观等级，分为四级，即上述的涂装等级，用罗马数字Ⅰ、Ⅱ、Ⅲ、Ⅳ表示。第4部分为涂层的使用环境条件，用 Y、

E、H、T 分别表示一般、恶劣、海洋、特殊等四类。

一般（Y）—— 常指在室内及室外非暴露条件下的工作环境。

恶劣（E）—— 常指在室外暴露条件下的工作环境。

海洋（H）—— 常指在海水及海洋气候条件下的工作环境。

特殊（T）—— 常指在上述工作环境中有特殊要求的工作环境和特殊作用的涂覆层、耐酸碱、耐高低温、绝缘、耐油等。

外观等级和使用环境条件的规定详见 GB 4054—83《涂料涂覆标记》。

(2) 涂覆标记示例

［例 1］使用一般环境条件下的制品，表面涂深绿色（G05）A04-9 氨基烘干磁漆，并按Ⅳ级外观等级加工。标记为：T·深绿 A04-Ⅳ9。

［例 2］外表面涂层处于一般环境条件，内表面涂层需要耐油性能的制品，外表面涂淡灰色（B03）G04-9 过氯乙烯磁漆，Ⅱ级外观等级加工，内表面涂铁红色（RO1）C54-31 醇酸耐油涂料，并按Ⅳ级外观等级加工。标记为：

$$T\cdot\frac{\text{淡灰 G04-9}\cdot Ⅱ\cdot Y}{\text{铁红 C54-31}\cdot Ⅳ\cdot T}$$

［例 3］使用于一般环境条件下的制品，表面涂淡黄色（Y0 6）C04-42 醇酸磁漆，外表面按Ⅱ级外观等级加工，内表面按Ⅳ级外观等级加工。标记如下：

$$T\cdot(Y06)C04\text{-}42\cdot\frac{Ⅱ}{Ⅳ}\cdot Y$$

［例 4］使用海洋环境的制品，内外表面均涂天蓝色（PB10）G52-31 过氯乙烯防腐漆，并按Ⅲ级外观等级加工。如前处理采用喷砂并必须加以表示时，其标记为：

PS/T·(PB10)G52-31·Ⅲ·H

［例 5］使用于恶劣环境下的制品，内外表面均涂奶油色（Y03）B04-9 丙烯酸磁漆，用 B01-3 丙烯酸清漆罩光，并按Ⅱ级外观等级加工。其标记为：

T·(Y03)B04-9/B01-3·Ⅱ·E

9.2 漆前表面处理

钢铁具有优良的力学性能。普通的碳素钢在大气中容易腐蚀，在湿热、海洋环境中更容易腐蚀，在这些场合普通的钢铁如果不保护，并没有应用价值。但事实上人们通过在普通的钢铁上涂装，不仅可以制造陆地使用的汽车、机器设备，而且还能够制造漂浮在海洋上的轮船、海上石油钻井平台等。因此，从这个意义上说，漆膜所起的作用不仅仅是简单意义上的保护，而是使钢铁及许多金属以可接受的成本，在工业上获得广泛应用，构成现代工业文明。

本节重点介绍具有重要工业意义的金属，尤其是钢铁的漆前表面处理方法。其他的如木材、塑料，因为它们在化学成分上以及结构上与金属有巨大的差异，其漆前表面处理方法、要求与金属的完全不同，具体内容在第 10 章的相关章节讨论。

漆膜是一层很薄的膜，首先要牢固地附着在被涂物的表面上，才能发挥其功能。因此，漆膜的附着力是涂装中要解决的首要问题。本节首先讨论影响漆膜附着力的因素，根据讨论的结果，采取必要的措施以保证漆膜具有良好的附着力。这些措施通常在涂料涂布前进行，又被通称为漆前表面处理。

(1) 影响漆膜附着力的因素

① 粗糙度　被涂表面有一定的粗糙度，就能增大与涂层的接触面积，获得更好的附着

力，但涂料要能够完全润湿，并彻底地渗透和覆盖粗糙的被涂表面，否则，水透过涂层到达涂层未覆盖处时，就在那里聚集，引起金属腐蚀。

② 润湿 涂层首先要润湿被涂表面，才能形成附着力，否则，被涂表面与涂层之间没有分子水平的接触，就没有相互作用，对漆膜的附着没有贡献。润湿需要涂料的表面张力比被涂表面的低。但需要注意的是，润湿好并不能保证漆膜的附着就一定好。

在钢板上直接用带某些助剂（含有单个极性基团和长碳氢链）的涂料时就比较复杂。这类助剂（含有单个极性基团和长碳氢链）影响的原理以正辛醇来说明。将正辛醇置于一块清洁的钢板表面，正辛醇的表面张力比钢板的低，在钢板上自发地层布。然而，如果将正辛醇在钢板上涂布成膜，会发现正辛醇在钢板表面收缩成液滴。这是因为正辛醇的低表面张力是由它的线型碳氢链引起的，当它在钢板的极性表面上展布之后，羟基就与钢板表面接触并被吸附，而线型碳氢链在钢板表面向空中伸展，形成一个脂肪烃表面。该表面比正辛醇的表面张力更低。因此，正辛醇在该脂肪烃表面不能润湿，就收缩成液滴。同理，涂料用十二烷基苯磺酸作催化剂时，会导致对钢板的附着不良，乳胶涂膜的附着力也受涂层与被涂表面之间表面活性剂层的影响。涂料中应避开这些影响因素，如涂料中常用的催化剂是对甲苯磺酸。

③ 涂料渗透 涂料渗进被涂表面微孔缝隙的行为，与液体渗入毛细管的行为类似。这里借助毛细管的公式来分析影响渗入的因素。在时间 t(s) 内，液体进入半径为 r(cm) 的毛细管的长度定义为渗透值 L(cm)，γ 为液体的表面张力（mN/m），θ 为接触角，η 为黏度（Pa·s）：

$$L=2.24\left[\left(\frac{\gamma}{\eta}\right)(r\cos\theta)t\right]^{\frac{1}{2}}$$

这里毛细管半径可比作被涂表面的微孔缝隙的尺度，即被涂表面的粗糙度。增大渗透值 L 的因素都能提高液体渗透进微孔和缝隙的程度。接触角 θ 为 0 时，其余弦为 1，这时 L 大。涂料的表面张力小于被涂表面的表面张力时，接触角 θ 的余弦只能为 1。涂层表面张力 γ 高，也增大 L，但 γ 也影响 θ 和涂层的其他性能，因此，γ 缺乏调整余地。能控制的是黏度，黏度要尽可能低。

涂层中的颜料颗粒一般比微孔和缝隙的尺寸要大，不能进入被涂表面微孔缝隙中，因此，起决定作用的是涂层连续（外）相的黏度（基料的黏度），而不是涂料的总体黏度。连续（外）相的黏度越低，渗透就越快。

施工后基料的黏度随溶剂挥发而增大，湿漆膜要保持足够长时间的低黏度才能够彻底渗透。树脂溶液的黏度随分子量的增大而增大，较低分子量的树脂因黏度小，能够彻底渗透而赋予涂层优异的附着力。烘烤涂层通常比在室温下干燥形成的涂层具有更好的附着力。因为在烘炉中温度上升，涂层外相黏度下降，增加了对被涂表面不规则处的渗透。

漆料黏度低、溶剂挥发慢和交联速率较低、需要烘烤的涂层通常有更好的附着力。

总之，为使漆膜具有好的附着力，要求底材表面有一定的粗糙度，而且涂料要能够充分润湿，并渗透进入底材表面的微孔和缝隙中。

(2) 漆前表面处理

不同的材质需要不同的漆前表面处理方法，不同的使用环境和涂料对表面处理的方法和质量的要求也不尽相同。但总的来说，漆前表面处理要达到的目的是：

① 使被涂表面达到平整洁净，即无油、无水、无锈蚀、无尘土等污物。

② 赋予合适的表面粗糙度。喷砂抛丸和磷化是形成表面粗糙度常用的方法。为确保涂层的保护性能，最大粗糙度应控制在干漆膜总厚度的 1/3 以下。防腐涂料涂层的厚度通常为 250～300μm，合适的粗糙度为 40～75μm，最大不得超过 100μm。

③ 增强涂层与被涂表面的相互作用。被涂金属表面经过氧化、磷化、钝化等化学转化

后，能够形成具有一定粗糙度的结构，使附着力增加。磷化层还具有显著的防腐蚀功能。

金属表面通常有油、锈，即指待处理工件表面的有机污染物和无机污染物。目前通常采用的方法有化学处理和喷砂（或抛丸）两大类方法。化学处理通常为除油、除锈、磷化、钝化。本节首先介绍钢铁的化学处理，以及浸渍和喷射设备，再介绍喷砂抛丸的方法和设备。

9.2.1 金属表面的化学处理

金属表面的化学处理通常是除油、除锈和磷化三道重要工序，生产上常用浸渍和喷射两种方法来进行。本节介绍这三个工序常用的方法和原理，浸渍和喷射设备的构造、原理，以及化学处理方法的新进展。卷材涂装的表面清洗和处理很快，所用全部时间大约为1min或更少，具有挑战性。本节就作为例子介绍卷材涂装工艺过程的原理。

9.2.1.1 钢铁的化学处理

尽管有把前处理工序合在一起的“二合一”、“三合一”的商品处理剂，但除油、除锈、磷化通常是分步进行的，这样便于生产过程的控制，能够保证产品的质量以及质量的稳定。

(1) 除油

清洁金属表面（通常是金属氧化物）的表面张力比涂层的高，但金属表面常被油脂沾污，表面张力就变得非常低，涂料不能润湿金属表面，在涂料施工之前需要除油。除油的方法一般采用有机溶剂清洗、水基清洗剂清洗、碱液除油。流水线上主要采用水基脱脂剂来除油和有机溶剂清洗。水基脱脂剂以表面活性剂为基础，辅助以碱性物质和其他助剂配制而成，表面活性剂在清洗过程中起主导作用。

1） 碱液除油　碱液除油是用碱和碱性盐的水溶液使油脂皂化或乳化，以除去工件表面的油脂。提高溶液的浓度能加快除油速度，碱液温度控制在50～80℃，该类设备都有加热和搅拌装置。

槽液处理一段时间后，油污上浮于槽液上面，致使处理后的工件表面重新黏附油污，大大降低除油效果。除去槽内上浮油污，可采用活性炭或活性硅藻土吸附处理。

2） 水基脱脂剂

① 水基脱脂剂的组成和原理　水基脱脂剂是利用表面活性剂的润湿、乳化、增溶、分散等能力，去除工件表面上的油污和尘垢。水基脱脂剂又称水基清洗剂、净洗剂、清洗剂等。

表面活性剂分子上既具有亲水基团，又具有亲油基团。亲油和亲水的相对强度用亲油亲水平衡值（HLB）来表示。HLB越大，亲水性越强；HLB越小，亲油性越强。作为清洗剂的表面活性剂的HLB值要求在13～15之间。良好的清洗剂必须同时具有润湿渗透、增溶、乳化、分散能力。单一的表面活性剂不可能同时具有润湿和乳化增溶性能，因为这些性能对分子结构方面的要求是正好相反的。润湿剂的HLB值在7～9之间，亲油性较强；增溶剂的HLB值在15～18之间，亲水性较强。

把具有润湿性和具有乳化分散增溶性的两种表面活性剂进行复配。表面活性剂的HLB值具有加和性，复配后表面活性剂的HLB应为13～15。0.25%润湿剂聚氧乙烯脂肪醇醚(JFC，HLB值为12）和0.25%聚氧乙烯脂肪醇醚磺酸盐（AES，HLB值>15）对机油的清洗能力分别是68.2%和9.6%，清洗能力的总和是77.8%。复配以后，清洗能力达99.9%，显示出较强的协同效应。表面活性剂复配可以清除多种类型的污垢，而且使清洗剂具有低泡、稳定和防锈性。

助洗剂和表面活性剂复配，能使去污能力增加。水基脱脂剂中通常还有以下几种助洗剂：a. 三聚磷酸钠，对钙离子有络合作用，软化水质，提高清洗剂在硬水中的去污能力。三聚磷酸钠在水中为带电荷的胶团结构，能够吸附于污垢微粒上，具有乳化、分散作用，有明显的助洗能力。b. 正硅酸钠、偏硅酸钠，硅酸钠溶液呈胶体性质，胶团带负电荷，吸附于污垢微粒上而使它带电荷，受同性排斥作用使污垢微粒分散，而且对铝有较强的缓蚀性。c. 碳酸钠，使溶液的 pH>10，对油脂起皂化作用。氢氧化钠由于碱性太强，而且使铝等金属表面腐蚀，对后面磷化处理产生不良影响，一般不用。d. 络合剂 EDTA 可软化水质，也有一定的助洗能力。

② 水基脱脂剂的应用 水基脱脂剂除油在工业上通常采用浸渍或喷洗的方式。浸渍法对复杂形状工件也适用，设备构造简单，槽液允许有稍多泡沫，但清洗效果较差，需要较高的浓度和处理温度。

在连续化生产线中，由于生产量大，清洗时间短，就采用喷洗方式。喷射时的冲击力有助于污垢脱落。喷射法由于有强的喷射作用力（0.1～0.2MPa），除油效果较好，处理时间也短，但不适合复杂形状工件的除油，不允许有很多泡沫。为了降低泡沫，必须选用不含阴离子表面活性剂的低泡清洗剂，并在 60℃左右的较高温度下清洗。

有些部件上油污黏附量较大，为了保证清洗效果及其随后的磷化处理质量，应人工擦洗预除油；为了保证内腔的清洗效果，在喷洗以后，再经浸渍清洗。

铝在 pH>9、锌在 pH>10 都会腐蚀，应选用由弱碱碳酸钠、磷酸钠和偏硅酸钠等配成的弱碱清洗剂，洗涤剂的 pH 要在 10 以下，否则，应加缓蚀剂并控制碱度。

第二汽车制造厂车身厂引进的 Haden 公司阴极电泳涂装线，前处理部分工艺为：a. 手工擦洗（水基清洗剂）；b. 喷脱脂液（55℃，1%，0.1～0.2MPa 压力喷 60s，槽液每周更换）；c. 浸脱脂液（55℃，2.5min，前后设置 0.1～0.15MPa 压力喷洗，以免槽面油污沾附工件上，槽液两个月更换一次）；d. 水浸洗（每周更换）；e. 水喷洗（0.1MPa，1min，每周更换）。

汽车涂装前处理使用的水基脱脂剂，除要求低泡外，脱脂液还要求 pH≤10（低碱度），中温（≤60℃）先喷射后浸渍的程序。脱脂液碱性过高，使后面的磷化工序中磷化结晶粗大。

为减小除油废水对环境造成的影响，应当采用适当的表面活性剂和喷浸结合的方法以提高除油效果；应采用低碱除油溶液替代高碱除油溶液以减少碱的消耗；把除油废水进行循环使用，可以大幅度减少除油废水排放量。采用适当的清洗设备，可以实现清洗废水的回收循环使用，清洗设备中采用过滤器把悬浮固体除去，再用超滤技术实现清洗废水的回收循环使用。除油溶液在被处理的过程中再补充一些有效成分，就可以继续使用。

3）溶剂除油 溶剂除油首先可以用有机溶剂润湿的布揩拭，常用汽油、煤油、200 号溶剂汽油。手工除油因溶剂是易燃易爆品，使用时必须严格注意消除火灾隐患。

流水线上用于除油清洗的含氯有机溶剂主要是三氯乙烯、四氯乙烯，除油装置见图 9-1。

三氯乙烯是当前除油清洗的主要溶剂，价格较低，应用广泛。三氯乙烯具有较低的沸点（87℃），易汽化冷凝，而且蒸气密度较大，不易扩散，难燃，溶解油污力强。

将工件挂在传送装置中，传送至密闭的充满三氯乙烯蒸气的空间。当溶剂蒸气与工件接触后，在工件表面冷凝成液体，将油脂、污垢溶解而冲洗掉。当工件接受溶剂蒸气传递的热量时，温度逐渐上升，达到与溶剂蒸气温度相同时，冷凝作用停止。冷凝在工件的溶剂将油脂溶解后流回设备加热槽内，再汽化为蒸气，如此不断循环使用，而与工件接触的都是清洁的三氯乙烯。

工件表面的油脂不断溶在三氯乙烯之中，造成溶液沸点升高，当沸点超过 92℃时，就需要蒸馏再生回收三氯乙烯。再生回收装置由蒸馏釜、冷却器、液水分离器和贮存箱组成。

三氯乙烯受到光、热、水汽、潮湿空气和金属的催化作用，能分解成光气和盐酸而腐蚀工件和设备，需要加入微量的稳定剂，如添加 0.01%～0.02%的三乙胺、二苯胺等。铝、

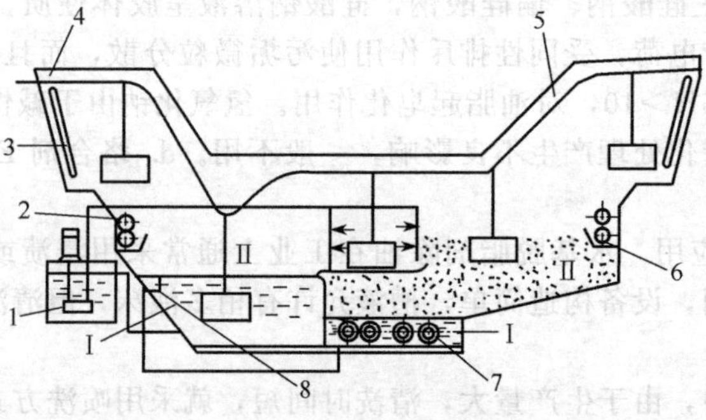

图 9-1 三氯乙烯除油设备系统示意图

Ⅰ—液相区；Ⅱ—工作区

1—喷射装置；2—冷凝装置；3—通风装置；4—槽体；

5—输送器；6—积液槽；7—加热装置；8—溢流槽

镁等溶剂除油最好使用四氯乙烯。四氯乙烯的沸点高（121℃），汽化耗热量大，溶脂能力比其他含氯有机溶剂强，主要用于去除高沸点的油污（如蜡等），或高精度复杂工件的除油清洗。

有机溶剂除油采用的方法有气相清洗、浸渍和喷射清洗三种方式。气相清洗适用于清洗一般油脂污垢；液浸渍-气清洗型适用于清洗形状较为复杂的工件；气清洗-液喷射型适用于黏附力较强的油脂污垢；液浸渍-液喷射-气清洗可提高清洗质量，并可循环组合使用。

(2) 酸洗除锈

钢铁酸洗除锈是利用强酸对钢铁及其氧化物的溶解作用，而且溶解钢铁产生的氢气对锈层、氧化皮有剥离作用，最常使用的酸是盐酸、硫酸、磷酸。

硝酸在酸洗时产生有毒的二氧化氮气体，很少应用。盐酸是挥发性酸，适合在低温（不宜超过 45℃）下使用，浓度为 10%～20%。盐酸的溶解速度快，成本低，生产上应用最广泛。硫酸在低温下酸洗速度很慢，宜在中温（50～80℃）使用，浓度为 10%～40%，在除重锈和氧化皮时使用硫酸。磷酸不会产生腐蚀性残留物（如盐酸、硫酸酸洗后残留的 Cl^-、SO_4^{2-}），生成的磷化膜有防腐蚀性，但成本较高，酸洗速度较慢，有特殊要求时才用磷酸。其他酸不单独使用，有钝化膜的铝和锌需加氢氟酸辅助；加柠檬酸、酒石酸等，能络合铁离子，大幅度增强溶锈能力。

工件在酸液中经过浸泡除锈以后，再经冷、热水冲洗，并用弱碱溶液中和（大部分中和溶液是碳酸钠或氢氧化钠的稀溶液，浓度在 2%以下），再用水冲洗、干燥。化学除锈不适合局部作业，维修时只有零部件整体需要进行除锈时，才能使用此法。

酸洗槽中必须加入适量的缓蚀剂，抑制金属过量腐蚀和防止“氢脆”。氢脆是生成的氢原子渗入金属原子的间隙中，使金属使用过程中受较大的力时发生突然断裂。酸洗选择缓蚀剂应小心，因为某些缓蚀剂（如 $AsCl_3$、$SbCl_3$ 等）抑制 2 个氢原子变为氢分子的反应，即 $2H \longrightarrow H_2\uparrow$，使金属表面氢原子的浓度提高，增强渗氢。

缓蚀剂分为无机物和有机物。无机物的缓蚀机理是 $AsCl_3$、$SbCl_3$ 等的阳离子在阴极区被还原，还原产物（As、Sb）沉积于阴极区，使氢离子放电的还原难以进行，也使阴极共轭反应——铁的溶解反应放慢。有机缓蚀剂中需要含有孤对电子原子（S、N 等）或不饱和 π 键（炔基）基团，硫、氮原子的孤对电子和炔基的不饱和 π 键，都能与金属原子的 d 轨道形成 d-d、d-π 配位键，吸附于金属表面，而有机缓蚀剂的疏水性基团在金属表面指向溶液作定向排列，形成单分子层疏水薄膜，隔离酸液，抑制金属溶解。添加少量缓蚀剂就能起到缓蚀作用。

按形成的保护膜，缓蚀剂可分为三种：①吸附型，像有机胺类、硫醇、炔醇等在酸中吸附于腐蚀反应的阴极区域；硅醇、乙炔醇都呈弱酸性，电离后带负电荷的基团将吸附于阳极区；有些缓蚀剂在阴极和阳极区域都能吸附。②氧化型缓蚀剂，酸性介质中的 $K_2Cr_2O_4$、$KClO_3$ 等强氧化剂，能在金属表面反应，形成不溶膜（钝化膜）。③成膜型缓蚀剂，$AsCl_3$、$SbCl_3$ 等，这类缓蚀剂促进渗氢，有一定的毒性，一般不用。

不同的酸选择不同的缓蚀剂。①盐酸，有数百种商品缓蚀剂，一般用乌洛托品（六亚甲基四胺）、若丁（硫脲类缓蚀剂）、$SbCl_3$、$AsCl_3$ 等。②硫酸，主要用若丁、硫脲及其衍生物。使用含硫缓蚀剂酸洗后会引起金属发脆。卤素类也有缓蚀作用，硫酸酸洗时可用 1% HCl 作缓蚀剂，或添加 4% NaCl。$SbCl_3$、砷化合物同样也是较好的硫酸缓蚀剂。

酸洗后，钢铁工件表面难以磷化成膜，或者磷化膜晶粒粗大。这就需要增加草酸洗涤工序，进行表面调整，然后再磷化。

喷砂抛丸除锈，表面粗糙，不适合装饰性要求高的场合。装饰性要求高的场合只能采用酸洗除锈。酸洗后若水洗不充分，则易在涂膜下发生早期腐蚀。有缝隙的工件，如点焊件、铆接件或盲孔的工件，采用酸性溶剂酸洗后，浸入缝隙和孔穴中残余的酸，难以彻底清除，若处理不当，将成为腐蚀隐患。因此，最好的办法是避免防锈或加强工序间防锈，如涂防锈油，避免锈蚀工件进入油漆车间。

(3) 磷化

用磷酸和磷酸二氢盐（如锰、锌、铁盐）溶液在一定温度下处理金属工件时，金属与氢离子反应，消耗工件表面的氢离子，使工件表面 pH 上升，沉积一层磷酸盐覆盖层，称为磷化膜。该过程称为磷化。实施磷化处理的金属有钢铁、锌和铝合金等，因此磷化处理剂有钢铁用、锌及铝合金用之分，形成的磷化膜组成也不同，但磷化处理主要用于钢铁和镀锌板的表面处理。磷化能非常显著地提高漆膜的附着力和防腐蚀性，属于化学处理。作为涂层基底，要求磷化膜细致、均匀、孔隙率低。

磷化可分为铁盐磷化、锌盐磷化、锰盐磷化。铁盐磷化析出磷酸铁/亚铁膜，其上漆膜的附着力可明显提高，但防腐蚀性只有轻微的改进。锌盐磷化共同沉积形成磷酸锌铁膜，附着力和防腐蚀性都得到了提高。锰盐磷化膜主要起减磨润滑作用。

磷化自从 20 世纪 30 年代以来，作为涂料底层在工业上广泛应用。锌盐磷化能够显著增加复合涂层的耐久性和服役期：磷酸锌膜层与基体金属（钢铁、镀锌件、铝合金）结合很好；有机漆膜与微孔的磷酸锌膜层结合很好；磷化膜能减小有机涂层下的腐蚀电流；磷酸锌膜层本身具有耐化学药品性；磷酸锌膜层能抑制氧和水的扩散。

锌盐磷化因使漆膜的附着力和防腐蚀性都得到了提高，得到广泛应用。根据处理液槽中锌离子的浓度，可以沉积出不同的晶体：锌的浓度较高，则以水合磷酸锌［$Zn_3(PO_4)_2\cdot 4H_2O$］为主；锌的浓度低，析出的为 $Zn_2Fe(PO_4)_2\cdot 4H_2O$。磷化膜薄，漆膜附着力好；磷化膜厚，耐蚀性好。涂装前处理所需膜层的厚度：锌盐磷化膜 1～4.5g/m^3，铁磷酸磷化膜 0.2～1.0g/m^3，与阴极电泳或粉末涂料配套时的磷化膜 1～3g/m^3。

磷化分喷磷化、浸磷化、涂覆磷化等。喷磷化成膜快，磷化膜薄而细致，主要用于涂漆；浸磷化成膜慢，磷化膜可薄可厚，晶粒可细可粗，能满足各种应用；涂覆法为免水漂洗法，其中的刷涂法用于大型结构件表面处理，辊涂法用于卷材的高速生产线。用磷化液喷或浸钢板，有轻微的酸蚀作用，钢板锈蚀不明显时，可不进行除锈工序，直接进行磷化。

磷化处理的一般过程为：脱脂→水洗→表面调整→磷化处理→水洗→封闭→去离子水洗→干燥，其中重点是水洗、表面调整和封闭。

① 脱脂后的水洗　脱脂后水洗时，漂洗性较差，如 5%碱溶液，用循环水漂洗干净的次数大致为：Na_2CO_3 2～4 次、Na_2SiO_3 5～7 次、NaOH 9～10 次。常用的聚氧乙烯辛基酚醚

(OP-10) 较难漂洗。先喷后浸的漂洗性最好，简单形状的工件也采用喷-喷的方式漂洗。为了能够漂洗干净，需要控制漂洗水的水质。第一道漂洗水的电导率约 2000μS/cm，相当于水中含 10%脱脂液。第二道漂洗水的约 200μS/cm，相当于含 1%脱脂液。第三道 0.1%脱脂液浓度，接近自来水的电导率。水漂洗时间约 10s，但沥水时间需 30s，以防滴落到下道工序槽液中。

漂洗水温度一般为常温。当需要提高漂洗性或减少漂洗水泡沫时，第一道漂洗水可采用 60℃热水；希望加快工件表面干燥时，最后一道漂洗水温度需 60～80℃。

② 表面调整　金属的表面状态可以用化学整理剂（如磷酸钛胶体液）进行调整，使磷化膜晶粒细而致密。机械方法（如砂纸打磨、擦拭）可提高成膜速度，打磨后得到的磷化膜细致。

脱脂后的金属采用钛胶表调。钛胶由 K_2TiF_6、多聚磷酸盐和磷酸一氢盐组成，配成 10^{-5}g/cm^3 Ti 的磷酸钛胶态溶液。磷酸钛沉积于钢铁表面作为磷化膜增长的晶核，使磷化膜细致。钛胶表调液浓度很低，胶体稳定性差，故将溶液 pH 控制于 7～8 之间，并采用去离子水配制，尽管如此，该液的老化周期为 10～15 天。

金属酸洗后，表面难以磷化成膜，需要用草酸进行表面调整，形成的草酸铁结晶沉积物作为磷化膜增长的晶核，加快磷化成膜速度。酸洗后有时也用吡咯衍生物进行处理，能明显地提高磷化成膜速度。表调也可以用相应的磷酸盐悬浮液进行浸渍处理，如锰盐磷化前常采用磷酸锰微细粉末的悬浮液浸渍，使磷化膜晶粒细而致密。

③ 磷化处理　磷化膜外观应结晶细致、连续、致密、均匀。表 9-5 给出典型的磷化工艺。

表 9-5　金属磷化处理工艺

磷化液	铁盐磷化液	锌盐喷磷化液	锌盐磷化液
组分/(g/L)	NaH_2PO_4 88 FeC_2O_4 7.9 $H_2C_2O_4$ 39.7 $NaClO_3$ 5 $K_2Cr_2O_7$ 10.5	ZnO 0.6 85%H_3PO_4 7.8 $NaNO_3$ 9.4	$Zn(H_2PO_4)_2$ 4.0～5.0 $Zn(NO_3)_2$ 8.0～10
处理温度/℃	50	50～55	50～70
处理时间/min	10～15	2	10～15
总酸度及游离酸度/点	pH＝2	pH＝3.4±1.0 总 10～12	总 50～80 游 5～7

锌系磷化膜呈灰白色到灰黑色，不应出现红色或彩色。铁系磷化膜为灰黑色，可以带彩色。磷化膜表面有光亮斑点，是裸露金属，说明磷化膜不完全、孔隙率高；如果有色斑，说明磷化膜不均匀；如果磷化膜粗且疏松，膜表面暗淡。磷化膜结晶细致，膜就有光泽，尤其是磷酸铁无定型膜有较高的光泽。GB 11376—97《金属的磷酸盐转化膜》和 GB 6807—86《钢铁工件涂漆前磷化处理技术条件》给出了磷化膜应达到的标准。

生产上靠以 0.1mol/L NaOH 标准溶液滴定 10mL 磷化液，来检测溶液中磷酸及磷酸二氢盐的消耗。磷化液中同时加甲基橙和酚酞两种指示剂。甲基橙变色表示游离酸度，酚酞变色表示总酸度，每消耗 1mL NaOH 溶液称为 1“点”。

生产上还常用 $CuSO_4$ 点滴试验定性测量磷化膜的孔隙率和厚度。$CuSO_4$ 点滴试验的点滴液由 40mL0.25mol/L 的 $CuSO_4$ 溶液、20mL 10%NaCl 和 0.8mL 0.1mol/LHCl 混合而成，滴 1 滴点滴液于磷化膜表面，记下析出红色（金属铜）的时间，以时间的长短来表示孔隙率和厚度。

④ 封闭处理　磷化膜的孔隙率为 0.5%～1.5%，孔隙深处“裸露”的金属容易因腐蚀

介质渗入而腐蚀，磷化后还需封闭处理。

早期采用铬酸溶液氧化金属表面，形成钝化层，孔隙则被 $CrPO_4$ 充填封闭，但在磷化膜表面会残留铬酐，铬酐易吸水，漆膜在高湿环境中，水渗入造成涂膜起泡。为了解决这个问题，可采用 $Cr^{3+}/Cr_2O_7^{2-}/H_3PO_4$ 浸渍进行封闭，$Cr_2O_7^{2-}$ 用于形成钝化层，Cr^{3+}/H_3PO_4 用于填充孔隙。

由于含铬废液对环境污染很大，现都在尝试采用非铬处理剂进行磷化膜封闭。这类处理剂由氧化剂、络合剂、水溶性树脂封闭剂组成，如亚硝酸钠-三乙醇胺、亚硝酸钠-水溶性聚丙烯酸树脂、单宁-水性氨基树脂等，但钝化和封闭效果还不是很理想。磷酸锌结晶用含有0.5%甲基三甲氧基硅烷液（用足够的 H_2ZrF_6 将 pH 控制在 4）封闭，比铬酸封闭具有更好的性能，但磷酸铁用（硅烷＋H_2ZrF_6）封闭效果比铬酸封闭的差。

9.2.1.2 化学处理用设备

实现除油、除锈、磷化及钝化等工序使用的设备有浸渍设备和喷射设备。浸渍式是将工件浸渍在盛有槽液的表面处理槽中，进行除油、除锈、磷化及钝化。喷射式是用水泵将处理液通过喷嘴喷射到工件表面，借助于机械冲刷的力量，加速溶解（溶剂除油时），加速化学作用（碱液除油、化学除锈、磷化、钝化时）。浸渍和喷射设备、干燥及其他设备，在选择和使用中有一些重要参数需要计算，作为工程技术人员，这些计算很重要，但本书并未涉及，请参考有关的专业书籍（如冯立明，牛玉超，张殿平编著．涂装工艺与设备．北京：化学工业出版社，2004：8）。

(1) 浸渍式设备

浸渍式表面处理设备按生产性质和工件输送方式分为通过式和固定式。通过式的槽体容积大，仅适用于大批量生产。固定式的槽体容积小，生产效率较低，适用于中小批量生产。

通过式浸渍设备是用悬挂输送机将工件连续地输入浸渍槽，进行表面处理，这种设备易实现工艺过程的机械化，一般不单独使用，而是和油漆车间的其他设备共同组成涂漆作业流水线。

图 9-2 为目前常用的通过式浸渍设备结构示意图，由槽体、槽液加热装置、槽液搅拌装置、槽液温度控制装置等组成。磷化槽还附有槽液配料和过滤沉淀装置。

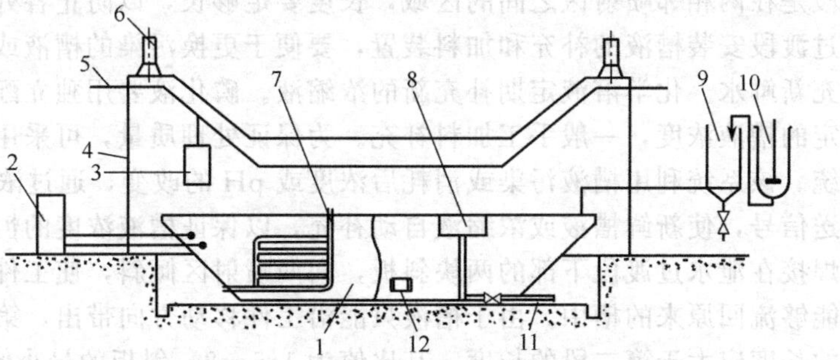

图 9-2 通过式浸渍设备结构示意图

1—主槽；2—仪表控制柜；3—工件；4—槽罩；5—悬链输送机；6—通风装置；7—加热装置；8—溢流槽；9—沉淀槽；10—配料装置；11—放水管；12—排渣阀盖

固定式浸渍设备通常是用单轨电葫芦（手动遥控器），通过手工操作将工件间歇地输入浸渍槽进行表面处理。为了减轻劳动强度，也可采用悬臂式或垂直升降式设备，根据生产节拍，还可通过自动程序控制，实现工艺过程的机械化操作。该设备大多单独组成间歇式的漆前表面处理生产线，有时也和其他设备共同组成间歇式生产线。

(2) 喷射设备

漆前处理喷射设备可分为单室多工序式、垂直封闭式、垂直输送式和通道式等类型。通道式是最常见的类型，可分为单室清洗机和多室联合清洗机组等类型，而单室清洗机是联合机组的基本单元。多室联合清洗机组具有占地面积小、热能损耗小、设备投资低的优点，设计表面处理生产线时，应尽可能采用多室联合清洗机组，将各表面处理工序合并在同一设备内，但酸洗工序宜单独分开，以防止酸雾污染其他槽液，腐蚀设备其他部分。各种喷射表面处理设备的主要结构大致相同，可用通道式表面处理设备作为代表。

多室联合清洗设备参见图 9-3。设备的主要结构包括壳体、槽体、喷射系统、槽液加热装置、槽液过滤沉淀装置、通风装置、悬链保护装置等。此外，还包括设备的控制装置，供操作管理者使用。

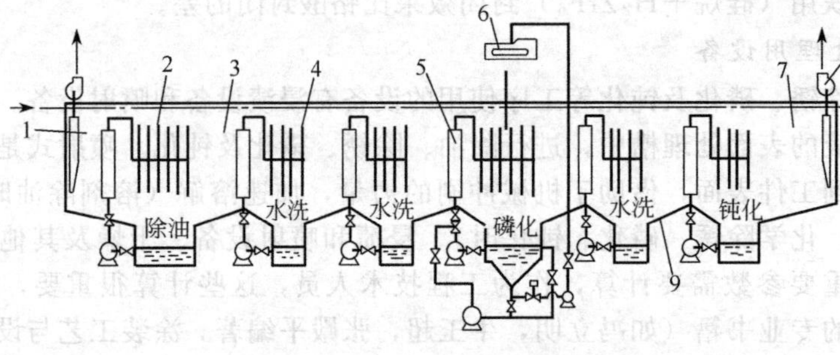

图 9-3　通道式六室联合清洗机原理图

1—工件入口段；2—喷射处理段；3—泄水过渡段；4—喷管装置；5—外加热器；6—磷化液过滤装置；7—工件出口段；8—抽风装置；9—淌水板

在设备的每个处理区内均设置有独立的喷射系统和水槽。每个处理区的基本结构是相同的，但喷嘴形式、水泵型号、加热方式及配料过滤等辅助设备可以不同，要根据工艺要求选择。

喷射系统是完成喷洗的主要工作部分，包括喷管和水泵装置等。喷管是按工件的外廓尺寸组成的环形管道，按一定的排列安装若干喷嘴，将工件包围，使经过喷射区的工件表面能被槽液喷洗。喷嘴的种类很多，根据用途不同，选用不同的喷嘴，见表 9-6。

泄水过渡段是在两相邻喷射区之间的区域，长度要足够长，以防止各处理区的槽液串水相混。在泄水过渡段安装槽液的补充和加料装置，要便于更换污染的槽液或补偿其损耗。水洗工序直接补充新鲜水。化学溶液定期补充新的浓缩液。磷化液要用独立配料装置进行定期补充。根据测定的槽液浓度，一般手工加料补充。为保证处理质量，可采用能补充槽液的自动加料控制系统。该系统利用槽液污染或消耗后浓度或 pH 的改变，通过浓度调节器和污染程度监测仪输送信号，使新鲜槽液或浓缩液自动补充，以保证槽液浓度的恒定。

淌水板是焊接在泄水过渡段下部的两块斜板，向两喷射区倾斜，使工件带出及从挡板出入溅出的槽液能够流回原来的槽中。由于槽液只能沿工件移动方向带出，第一段（沿移动方向）淌水斜板的长度应大于第二段的长度，其比值为 1.5～2。斜板的最小倾角为 6°～10°。

加热一般采用 0.3～0.4MPa 饱和水蒸气加热。蒸汽加热分为直接加热（即用热蒸汽直接加热槽液，蒸汽的冷凝水也进入槽液）和间接加热（用套管式、列管式加热器，冷凝水不会进入槽液），间接加热可在槽内，也可在槽外进行。浸渍式表面处理设备采用槽内加热。槽外加热在喷射处理工艺中用得较多，用于酸、碱等溶液的加热，用于磷化液加热时，在外加热器的进出口处，还需要设置常闭式进出口，供循环清理沉淀物时使用。

设备抽风系统要防止槽液蒸气扩散到车间，而并不是将其全部排除。常用上吸风式和外吸风式抽风罩，以及风幕。①上吸风式抽风罩。抽风罩的 1/3 在设备外，抽风时，不仅将出入口的气体抽出，同时也将设备外的部分空气吸入。设备外的气体还有阻碍槽液蒸气逸出的

表 9-6　常用喷嘴的结构及适用范围

名　称	喷嘴结构简图	材　料	性能特点	使用说明
V形喷嘴	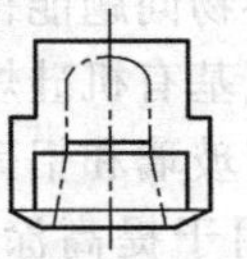	不锈钢、尼龙	喷口为V形条缝，射流呈带状，冲刷力较强，不易阻塞，但扩散角度较小，雾化差	用于酸洗、综合除油、除锈、碱洗
强射流喷嘴	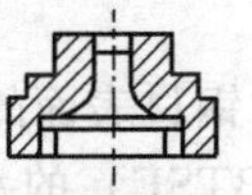	铸铁	射流呈圆锥形，锥角小，冲刷力强	用于油腻污垢清洗
扁平喷嘴	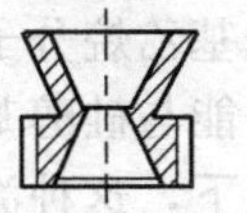	铸锡青铜	喷嘴出口为扁形条缝，射流呈带状，扩散角较大，制造较困难	用于碱洗、水洗
扁平可调喷嘴	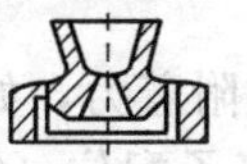	铸锡青铜	安装角度可调，其他同扁平喷嘴	用于碱洗或水洗
Y-1 型雾化喷嘴	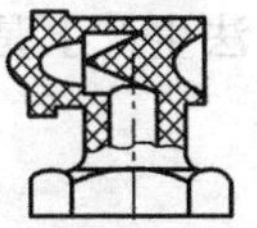	不锈钢尼龙	射流呈圆锥形，锥角大，水粒细密，均匀、雾化好，容易清理	用于磷化、钝化、表调等
莲蓬头喷嘴	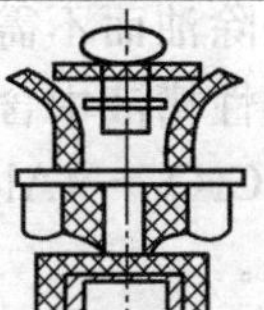	不锈钢尼龙	射流呈圆锥形，水粒粗，喷水量大，安装角度、喷水量可调	用于工序间的热水和冷水喷洗

作用。这种方法结构简单，对于较低矮的门洞较有效。②外吸风式抽风罩。抽风罩安装在工件出入口的两侧，抽风时将设备外部的空气较多地吸入门洞，该气流能阻碍槽液蒸气的逸出，减少槽液蒸气的排出量。③风幕装置。设置在工件的出入口。由风机经空气喷管在靠近喷射区喷出压缩空气，形成空气幕，将槽液蒸气封闭在喷射区内，风幕的吸风口设置在出入口处，可将少量槽液蒸气的空气混合气排出。

喷射表面处理设备中，有渣的、需配料的、有腐蚀性的溶液还需要有配料搅拌装置、槽液过滤装置、溶液沉淀槽、槽液过滤装置和悬挂输送机的保护装置。

处理批量较大的多室联合清洗机一般采用悬挂输送机，与涂漆烘干设备等组成流水生产线。不便吊挂的小型工件可以采用网式输送带。较重工件的处理批量不大而工序又较少时，可采用辊道输送。

(3) 浸-喷除油比较

浸渍式除油所用设备简单，对复杂工件、有空腔结构等的工件均能清洗干净，但占地面积大，处理时间长。喷淋式除油由于机械力的作用，温度可降低到 40～50℃左右，处理时间一般为浸渍式处理时间的 1/10～1/3，对外表面清洗效果好，对内表面清洗效果较差，特别是内腔、箱体等不易清洗干净，因此仅适于形状简单的工件。喷淋室体要求密封好，不漏水，不串水。喷淋式设备管路多、喷嘴多，维护工作量大，要使喷淋式清洗达到最佳效果，必须加强管理。

9.2.1.3　其他漆前处理方法

(1) 钢铁处理新方法

等离子处理作为一种新方法正探索用于对冷轧钢表面的清洗和处理。在等离子室中导入了三甲基硅烷，用等离子放电使之聚合成一层薄薄的聚合物层。与传统方法处理过的镀锌钢板相比，等离子方法处理的冷轧钢对电沉积漆具有更为优异的附着力，而且冷轧钢比电镀锌钢板更便宜、更易于回收循环，且伴随电镀和磷化而来的废弃物问题能得以解决。

活性有机硅烷加入到涂料中提高对钢材表面的附着力。氨基有机硅烷的氨基能优先吸附在钢铁上，三烷氧基甲硅烷基能与钢铁表面的羟基反应，但与玻璃和铝等其他金属相比，活性有机硅烷与铁之间形成的化学键稳定性较低，因此没被用于提高涂层与钢材之间的附着力。

双（三烷氧基甲硅烷基）烷烃与钢铁表面反应用于提高对钢材表面的附着力。用水冲淋干净钢板，再将湿钢板浸入双（三甲氧基甲硅烷基）乙烷（BTSE）的水性溶液中，BTSE在水中水解，然后吸附于钢板上，与羟基反应并与其他甲硅烷基乙烷分子交联，形成多重共价键的涂层，即使浸入水中该涂层也十分稳定。然后，表面用能与硅醇基反应的活性有机硅烷处理，同时也提供了与涂料反应的活性基团。在有水的情况下，这种涂层也具有优异的附着力和良好的防腐蚀性。

用含有能与铁生成配位化合物的树脂来提高对钢材表面的附着力，如可用乙酰醋酸酯来合成树脂，这种树脂能烯醇化，并能与包括铁盐在内的金属离子配位（络合），改善漆膜的附着力和防腐蚀性能。由于乙酰醋酸酯潜在的水解性，这个方法生产上是否可行还需要进行评估。

（2）铝

铝材表面附着了一层薄、密、牢的氧化铝，一般只需清洗除油而不需要其他处理就可涂装。暴露在盐分的涂层需要加强表面处理，大多用铬酸盐。酸性槽液中含有铬酸盐、氟化物和作为催化剂的铁氰酸盐，形成膜的组成为：$6Cr(OH)_3 \cdot H_2CrO_4 \cdot 4Al_2O_3 \cdot 8H_2O$。现在已开发出与含铬层性能相当的无铬、无氰化物专有铝转化涂层。

当铝和铁组合成一个组件时，通常在普通的磷化液中加入适量的氟化物，同时在铁铝表面生成磷化膜层，通常用浸渍法处理。铝的磷化层中只有 $Zn_3(PO_4)_2 \cdot 4H_2O$，而 Al^{3+} 并不在磷化层中出现。氟化物控制 Al^{3+} 的浓度，通过生成 Na_3AlF_6 沉淀，除去磷化液中的 Al^{3+}。

（3）锌

建筑业和汽车行业中广泛采用镀锌钢材，镀锌钢材表面会形成碱性的 ZnO、$Zn(OH)_2$ 和 $ZnCO_3$，镀锌钢板上直接涂漆时，底漆要用抗皂化的树脂。醇酸等有皂化倾向的底漆在使用中附着力较差。汽车车身上的镀锌钢材在涂覆阴极电泳底漆前，都经过磷化处理，磷化时由于镀锌层腐蚀严重，形成的磷化膜粗糙，需要采用铬酸后处理液细化和稳定化。为减少磷化时镀锌层侵蚀，得到细的磷化膜，应采取喷磷化处理，磷化后应用铬酸钝化。为了降低电泳时磷化膜电阻分布不均匀造成的影响，磷化膜宜薄不宜厚。

9.2.1.4 卷材涂装

预涂卷材是由轧钢厂或轧铝厂运出的金属带材，0.2～2.0mm 厚，0.6～1.8m 宽，600～1800m 长，质量最高可达 25000kg，主要是冷轧钢板、热镀锌或电镀锌钢板和铝板，也有用不锈钢板、镀锡钢板或其他金属薄板。

由于金属卷材以 100～200m/min 的速度移动，表面清洗和处理所用的全部时间约 1min 或更少（见图 9-4），比一般金属的预处理时间短得多，这对表面前处理和卷材涂料都提出了新的挑战。

（1）卷材涂装的特点

卷材涂料本身需要极严密的配色，要保证高速度流水线上 400℃空气和 30s 固化程序对漆膜颜色不产生影响。漆膜的柔韧性要好，卷材金属必须能经得住机械加工，而漆膜不发生

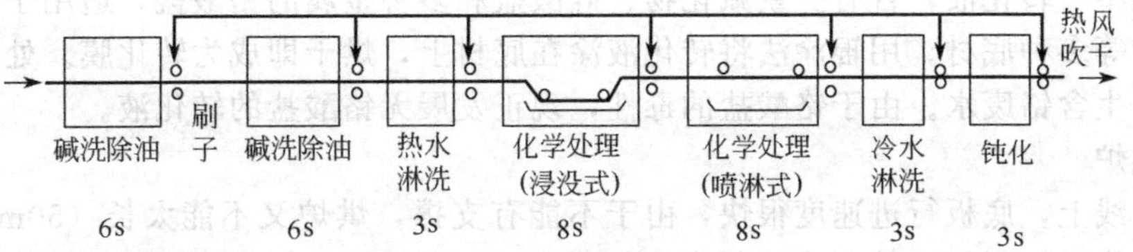

图 9-4 典型的预处理段流程

卷板速度 65m/min；预处理段长 31.4m

断裂或脆裂。卷材涂料辊涂施工，涂料利用率基本上达 100%。漆膜固化烘烤时，挥发的溶剂能收集并引入燃烧炉焚烧，将热能再利用，因此涂装的总能耗只有成品涂装的 1/6～1/5。烘炉废气经焚化后，溶剂含量小于 50×10^{-6}，VOC 排放很低。

卷材涂装金属用作居住用的墙板、移动房屋墙板、活动百叶窗、雨水槽和落水管、荧光灯反光板、家电产品的壳、水果和蔬菜用听盖和罐体等。

(2) 预涂卷材生产工艺

卷材涂装生产包括四大部分：引入段、预处理段、涂装段和引出段。

① 引入段　有开卷、剪齐、缝接及贮料活套等设备。将原料卷材松开，并将它们相互之间焊接起来，以便连续、匀速地为机组供应。

② 预处理段　清洗金属板，并进行化学处理，以提高防腐蚀性和对上层漆膜的附着力。

③ 涂装段　大多采用逆向辊涂施工，这样可得到各种厚度的漆膜，通常采用正、反两面同时涂装的二涂二烘工艺，即涂底漆—烘烤—涂面漆—烘烤。因为是双面涂装，涂漆后的金属板在炉内不能有支撑，一般用悬垂式或气浮式烘炉。当然还可以一涂一烘或只涂单面。

除涂装涂料外，在面漆烘炉后加层压设备就可在底板上层压塑料薄膜，这时可利用面漆辊涂机和烘炉来涂布和活化黏合剂。附加其他辅助装置后，可在涂层上印花或压花。为防止漆膜在运输、加工、安装过程中被损坏，在已制成的预涂板上还要加一层可剥性保护膜或上一层蜡。

④ 引出段　将产品分卷或按要求尺寸重新切成单张。

(3) 底材的预处理

金属卷材在轧制过程中表面有润滑剂，有的在出厂前还涂防锈油脂。预处理时首先要除去大量的油脂及其他黏附物，如用尼龙刷刷除黏附物，镀锌板必须经过刷洗，而铝板则不刷洗。除油一般用热碱液加压喷淋，用 60℃含少量多聚磷酸钠的 0.5%～1.5%氢氧化钠水溶液，以 3×10^5Pa 的压力喷淋，也有用电解除油的。

冷轧钢板一般用铁盐磷化，转化膜厚在 0.3g/m² 左右。

铝板一般用铬酸盐/氧化物型转化液，是含有氟化物和钼酸盐作促进剂的铬酸溶液，生成黄色的无定型转化膜 $Cr(OH)_2HCrO_4$，控制膜厚约 0.25g/m²。这种转化膜中含有六价铬离子，带这种转化膜的铝板不能用来制造食品和饮料罐。在上述转化液中加入磷酸，形成从无色到绿色的铬盐/磷酸盐转化膜 $CrPO_4+AlPO_4$，控制转化膜厚 0.3g/m² 左右。

镀锌板常用复合氧化物型和磷酸锌型转化液。①复合氧化物转化液是含铁、钴或镍等重金属螯合物的碱性溶液，锌受碱蚀，并形成由氧化钴、氧化锌、氧化铁等的螯合物组成的转化膜，控制钴或镍含量 0.005～0.01g/m²。这种转化膜对锌表面没有屏蔽作用，但它本身十分稳定，而且对涂层也有很好的附着性。建材用预涂镀锌板多用这种转化液。②磷酸锌型转化液主要用来处理制造家用电器的镀锌板，膜厚约 0.2g/m²。磷酸锌转化膜有很好的防腐蚀性，但对涂层的附着性较差，并随时间的推移进一步下降。

预处理工艺要求严格控制处理液的各项指标，并在使用中不断进行调整。目前研制成功了“不淋洗型”转化液，含有少量氟化物、硅酸盐和多种金属的铬酸盐，适用于钢板、镀锌钢板、铝板等多种底材。用辊涂法将转化液涂在底材上，烘干即成为转化膜。处理后不需淋洗，也不产生含铬废水。由于铬酸盐的毒性，现正发展无铬酸盐的转化液。

(4) 烘炉

在生产线上，底板行进速度很快，由于不能有支撑，烘炉又不能太长（50m 左右），涂料在炉内烘烤时间很短，就要求涂料在底板温度 260℃以下 30～60s 内完全固化。卷材在烘炉中经过的时间大多在 15～40s，有些情况下可低至 10s。温度高达 400℃的热空气高速度吹在涂料表面上，漆膜温度可高达 270℃。涂料烘烤后，卷材带就通过出口贮存器，到达重绕装置上。重绕辊中心的压力极高，涂料的 T_g 必须很高并进行适当交联，以避免漆膜粘连。涂漆机的排气罩处排放的空气含有溶剂，用于燃烧加热烘炉用空气。

(5) 卷材涂料

溶剂型涂料以 40～150s（涂-4 杯）为宜，水性涂料以 28～35s 为宜。辊涂时涂料受到很大的剪切力，这就要求涂料黏度不受或很少受剪切力的影响，否则，涂料黏度随所受剪切力的增加而明显下降，就会使辊上附着不住要求的涂料量。涂漆后的晾干时间很短，约 20s，要选用挥发速度合适的溶剂，以免起泡、有针孔或流平性不好。

钢材上广泛使用的是底-面漆系统，在铝材上的涂料往往是单涂层。钢材上的底漆是双酚 A 环氧、环氧酯和环氧/MF 树脂，但聚氨酯、聚酯和水性乳胶底漆的使用在不断增长。

面漆中氨基漆成本最低，有时用于卷材背面，也用作对耐腐蚀性要求以及户外耐久性要求不高的表面涂层。聚酯-MF 基料广泛使用，特别可作为单种涂层，所得户外耐久性和防腐蚀性优于用醇酸涂料。聚酯-封闭型异氰酸酯涂料在一定程度上也在使用，尤其是对耐磨性和韧性特别重要的场合。热固性丙烯酸-MF 树脂也使用，常用在底漆上面。背面用涂料含有少量不相容蜡，可避免因摩擦卷材而造成表面涂层的金属印痕。

为了获得较好的户外耐久性，可使用有机硅改性聚酯和有机硅改性丙烯酸树脂类，30%有机硅改性聚酯树脂并用少量 MF 树脂作为补充交联剂，用作高性能住宅或工业墙板用着色面漆基料。用氟碳涂料在曝晒于户外超过 25 年之后只显出略有变化的迹象。

某些卷材涂料还使用有机溶胶和塑溶胶，低黏度有机溶胶涂装厚度约 25μm，高黏度塑溶胶漆膜厚度为 50μm 或更高，漆膜有较好的户外耐久性和优良的加工性能，而且不需要交联，在烘炉中只停留 15s，可用于作饮料容器罐盖的卷材金属上。乳胶漆作卷材涂料的应用正在增加，分子量高而且不需要交联，但不能制成高光泽涂料，且有流平问题。

粉末涂料也正在用作卷材涂料。采用自动喷枪对卷材静电喷涂，流水线速度慢。另一个正在引入的工艺是通过带电荷粉末粒子“云”对卷材进行涂装，然后将此卷材条通过一台感应加热炉进行熔融并固化，由于辊筒与卷材不接触，这样可涂装压花或多孔金属，可设计成比常规卷材涂料高的流水线速度。

9.2.2 喷抛处理

金属表面物理除锈的方法指用机械（如冲击、砂磨、铲力）等方法将铁锈或其他污物除去，可用手工和机械方式进行，这种方法除锈的同时也起到除油的作用。手工方法是指使用不同的手工工具，如砂纸、凿子、锤子、刮刀、钢丝刷、砂轮等进行除锈，这种方法成本低廉，能同时除去其他污物、胶黏剂等，但劳动强度大，除锈效率低。小型机械工具主要指用电（多为 220V）或高压空气（0.4～0.6MPa）为动力的小型电动或风动除锈工具。机械方法有喷丸、水喷砂、高压水清理等。金属表面的喷砂（或抛丸）需要相应的设备使高速粒料冲向工件表面，切削去表面的有机污染物和无机污染物，露出金属，并在金属层表面形成细致的麻面。其中喷砂（或抛丸）劳动强度较低、机械化程度高、除锈质量好，可达到适合涂装的粗糙度，被广泛采用。

(1) 喷砂

金属表面可以用喷射磨料颗粒来清理，使用压缩空气或机械动力将丸料高速喷（抛）到工件表面，刮削表面，除锈的同时还能去掉工件的毛刺、飞边、焊渣等，形成金属麻面，使工件的表面获得粗糙度，提高涂层的结合力。常用的方法有喷丸、水喷砂、高压水清理等，优点是效率高，劳动强度低，除锈质量明显提高。

喷砂是以压缩空气为动力将砂粒加速，经喷嘴喷射到钢铁表面，通常采用压力 0.4～0.6MPa 的压缩空气，钢丸或砂的出口速率可达到 50～70m/s，除除锈作用外，还具有消除应力等表面强化作用。喷砂被广泛用于诸如船舶、桥梁和槽罐之类的钢结构上，但这种表面用于汽车及家用电器等上，就显得过于粗糙。

喷砂常用的是石英砂，喷砂的沙尘浓度很高，达 200～300mg/m³，而且能耗较大。因吸入沙尘危害工人的健康，一些替代喷砂的技术在迅速发展，如采用钢砂或水溶性摩擦剂（如碳酸氢钠和盐取代砂）；真空喷射法；以 175MPa 以上的压力进行超高压喷水，以去除油腻和表面污物。清洗铝之类的软金属，可用喷射塑料丸的方法。密闭喷砂室包括除锈、回收分离和除尘系统，可防止污染，喷砂室的有效工作面积从 2m×2m 的操作台到能容纳大型船体分段的空间。

喷丸和喷砂的原理一样，区别是砂便宜，可以用石英砂、黄沙等，处理质量高。喷丸采用结实的钢丸，污染较小，但价格较高。

喷丸装置是由喷丸（砂）器和喷枪组成的。喷丸（砂）器是贮存丸（砂）料，并通过压缩空气给丸（砂）以喷射能量，分为连续式的双室喷丸（砂）器和间隙式的单室喷丸（砂）器。双室式喷丸（砂）器的结构见图 9-5。当三通阀处于图（a）的位置时，带孔滑块下移，上室通大气（无压缩空气的作用），加丸漏斗中丸料的重量使上伞形阀的内支撑弹簧被压缩，阀门打开，丸料漏到上室。同时，下室处于压缩空气之中，压缩空气顶住丸料，使丸料保持在上室。当三通阀逆时针转至图（b）的位置时，滑块被压缩空气顶起，同时滑块的另一通道与压缩空气接通，使上、下室均处在同一压缩空气气压之下。此时，下伞形阀受丸料重量作用呈开启状态，弹丸从上室漏到下室。而上室由于压缩空气的作用将上伞形阀关闭。因此，靠选转三通阀，弹丸由上室流至下室，使下室永远有丸料，可供连续喷射。

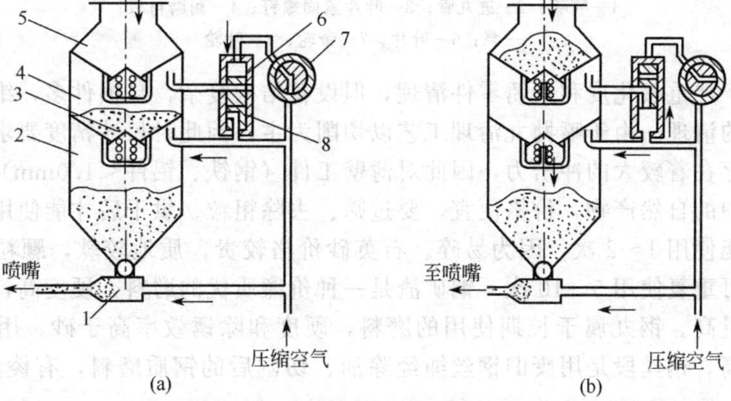

图 9-5　双室式喷丸（砂）器结构图

1—混合室；2—下室；3—伞形阀门；4—上室；5—加丸漏斗；6—带孔滑块；7—三通阀；8—转换阀

单室喷丸（砂）则没有下伞形阀门和转换阀。当室内通入压缩空气时，使伞形阀关闭可喷丸（砂）。当关闭压缩空气阀门时，室体与大气相连，则伞形阀受砂重量的作用而下压，使伞形阀打开，可补充丸料。一般单室喷丸（砂）器都有料位指示器，用以指示缸内弹丸的位置。

喷枪是用来将喷丸器中的弹丸（砂）进一步加速，并导向所需清理的部位。喷枪由软管连接段和喷嘴等组成。喷枪中的软管用来连接喷枪和喷丸器，连接段用来连接软管和喷嘴，喷嘴用来将丸流集成束状喷向工件。

(2) 抛丸

抛丸除锈是靠叶轮在高速转动时的离心力，将磨料（砂、丸、钢丝段）沿叶片以一定的扇形高速抛出撞击锈层，使其脱落。在除锈的同时，还使得钢件表面被强化。常用的球形弹丸效率高，冲击力大，能耗较省，而且容易实现生产自动化。抛丸彻底改变了人工操作的喷丸（砂）除锈，完全由机械操作，劳动强度低，除锈质量高，但当磨料和抛射角度不对时，会使钢板变形。抛丸除锈是当今的发展方向。

抛丸装置是以抛丸器为主体，按进丸方式分为机械进丸和鼓风进丸。机械进丸是直接通过传输设备把丸料加进去。鼓风进丸（见图 9-6）是通过进入喷嘴的高速气流，将落入进丸管的弹丸从喷嘴吹向以 60～80m/s 高速旋转的叶片上，再由叶片将弹丸抛向工件。

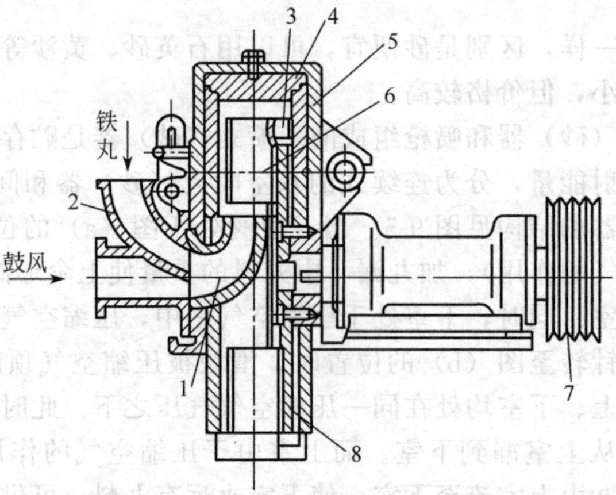

图 9-6 鼓风进丸式抛丸器结构示意图

1—喷嘴；2—进丸管；3—叶片紧固螺钉；4—耐磨衬板；5—泵；6—叶片；7—带轮；8—叶轮

抛丸适用于严重氧化皮和铁锈零件清理，但设备结构复杂，易损件多，维修费用高，不适用于精细件的清理。由于喷抛丸清理工艺以切削为主，因此对尺寸精度要求较高的零件慎用。由于局部存在着较大的冲击力，因此对薄壁工件（钢铁、铝件＜1.0mm）应该慎用。

黄沙是河中的自然产物，价格便宜，要过筛、去除粗粒、烘干后才能使用，一般用于大面积除锈，只能使用 1～2 次，因为易碎。石英砂价格较贵，质地较软，颗粒均匀，一般用于小件处理，可重复使用 5～10 次。铜矿渣是一种价廉质优的磨料，硬度高，有棱角，因此除锈速率和质量高。钢丸属于长期使用的磨料，硬度和除锈效率高于砂，用于可回收的场合，但价格较高。钢丝段是用废旧钢丝绳经除油、切割后的钢质磨料，有棱角，磨削力强，除锈效率高。

铸铁丸在喷抛丸工艺中应用最广泛，但易碎，而且设备磨损快。虽然铸铁丸的价格低，但综合经济指标不如钢丸。当喷射压力大于 0.3MPa 时，石英砂的消耗量约为金属弹丸的 20 倍。

弹丸硬度高，刮削作用强，清理效果好，但硬度过高的弹丸，容易碎裂成小块，减少弹丸的打击力。由于破碎快，不仅不能充分利用弹丸反弹后的第二次打击力量，还加快设备的磨损。弹丸硬度过低时，弹丸容易变形，反弹性能也不好，虽然使用寿命较长，但清理效果不好。

总的清理效果不仅要看每次打击力量的大小，还要看总的打击次数。弹丸直径大，打击力也大，清理作用强，但工件表面弹痕深，所形成的工件表面不平，而且单位时间内对工件的打击次数也较少。理想的弹丸应是大、中、小粒度弹丸的组合。大弹丸用来击碎坚硬的皮层，小弹丸用以清扫工件的表面。这样，单位重量的弹丸才具有最多的打击次数和最大的打击力。

底材质越硬，厚度越大，表面锈蚀越严重，则要求的弹丸或型砂的粒度越大，压缩空气的压力也越高。钢丸中常用直径 0.5～1.5mm。为防止变形，当钢丸直径超过 1mm 时，钢板厚度不能小于 6mm。喷枪与钢板的距离一般为 200～400mm，角度为 45°～75°。

(3) 高压水及其磨料射流除锈技术

高压水及其磨料射流除锈技术由于彻底改变喷砂粉尘污染的问题，除锈效率提高了 3～4 倍，得到越来越广泛的应用，但除锈后易返锈、表面及环境湿度大，对普通涂料影响较大。

纯高压水要达到除锈的目的，要求压力达到 70MPa 以上，通常为 70～250MPa，典型的产品为 140MPa。设备主要由高压泵、高压管和喷枪组成。

当高压水中加入磨料后，除锈能力大约可提高 10 倍，压力只需 10～35MPa 就可达到除锈目的。通常采用 30MPa 的高压泵以及磨料输送系统、高压管、喷枪。采用高压水磨料射流除锈，比使用纯高压水的效果好，但需要清理砂，可采用的磨料很多，如河沙、海沙、石榴石、刚玉（金钢砂）、钢丸、玻璃珠等。刚玉、钢丸硬度大，除锈效果好；石榴石和河沙价廉。如果能回收，可采用效果更好的金刚砂、碳化硅。磨料以 30～60 目（250～600μm）的粒子最好。

水射流除锈比干喷砂费用低，但要解决金属表面的返锈问题。解决返锈的措施：①可加入 1%的亚硝酸钠等缓蚀剂；②返锈后重新用砂布磨掉锈；③使用适当的涂料作底漆，如双组分环氧-胺类涂料，不但能带锈、带湿涂装，而且具有很好的防锈性能，可以代替原配套用的底漆。

为了便于掌握，表 9-7 把这几种喷抛工艺进行了分类归纳总结。

表 9-7 喷抛工艺分类

分类		原理	清理材料	优点	缺点
喷式清理	干式	以压缩空气为动力将砂粒加速，喷向工件并刮削表面	石英砂，氧化铝	常用的石英砂价格较低，有坚硬的棱角，刮削作用较强。石英砂处理的工件表面纹理细腻、光亮，多用于要求较高的工件的清理，若与电镀结合可形成带有装饰纹理的表面	干式喷砂的沙尘浓度很高，达 200～300mg/m^3，能耗较抛式大。湿式喷砂需要防锈
	湿式	用高压水泵在喷嘴处将水与之相混，喷射向工件，刮削表面			
抛式清理		用高压力将弹丸加速	铸铁或钢、钢丝	常用的球形弹丸效率高，冲击力大，能耗较省，易实现生产自动化，适用于严重氧化皮和铁锈的清理	设备结构复杂，易损件多，维修费用高，不适用于精细零件的清理

(4) 喷抛处理设备分类

完整的喷抛丸设备基本上由喷抛丸装置、丸料、循环输送装置、丸料净化装置、室体、工件运载装置和通风除气装置组成。其中，丸料净化装置是利用丸料的大小和密度的差别，在气流中需要不同的悬浮速度，需要粒径的弹丸与其他的分选，达到净化的目的。室体一般是密闭操纵空间，防止弹丸飞出和粉尘外逸。工件运载装置有台车、辊道（辊子按一定间距排列组成的地面输送带）、悬挂链。通风除气装置用于设备排出的粉尘。

喷抛处理设备的种类很多，根据生产需要选用。根据清理生产方式可分为连续式作业和间歇式作业；根据被清理工件的运载方式又可分为转台式、车式、输送带式、悬挂式、组合式；根据工件翻转形式又可以分为转筒翻滚、履带翻滚、摇摆器翻滚、转台转动式、辊道翻转式、转盘吊钩旋转式等。

①转筒式翻滚设备以转动转筒的形式来翻滚工件，适用于清理单件质量在35kg以下的、容易翻转而又不怕碰撞的工件。小型的转筒式翻滚设备人工装卸料，间歇式生产，大型的为连续式作业，机械连续自动装卸料，用于大批量生产。②履带翻滚式的工件在一个中部下陷的履带上，随履带移动而翻滚。摇摆器翻滚的工件在一个兜形的摇摆器中，随摇摆器摆动而翻滚，从摇摆器上部喷抛入粒料。这两种方式用于清理中、小型不怕碰撞的工件，易实现机械化装卸料，生产效率比转筒式高，但设备密封性稍差，维修工作量较大。③转台转动式工件转动不翻动，用于清理质量从几千克到5t的中小型或扁平形状的工件。双转台在工作时，一个转台用于清理，另一个则用来装卸工件，故可节省时间；多转台生产效率高，清理效果好，但结构复杂。④平车式：装工件的车在转台上转动，工件也一起转动，对工件进行喷抛操作，多用于清理大而长的工件，如重型机床床身，船体和大而长的钢结构焊件。其他车式：台车转动但不翻转，同样在车上进行喷抛操作，死端式用于单件小批生产的大型和重型工件；通过式多用于特长工件的清理；浅坑式主要用于要求地坑深度小的情况下的工件清理；无坑式用于喷砂清理，清理时，工件需翻转一次。⑤输送带式与淋涂类似，抛丸器从上、下或其他方向抛丸到输送带上的工件上。输送带式中的通用辊道式用于板材和型材的清理；特种辊道式用于管材、线材和其他特种形状的工件清理；随行容器式用于清理形状复杂的工件；鳞板输送带式用于大批量生产中的小型不适用于翻滚的工件清理。⑥悬挂式把工件悬挂到输送带上，适用于大批量生产中的中、小型工件，生产效率高，易于组成连续自动生产线。悬挂式中的单轨吊车式多为间歇式，用于多品种、小批量的工件清理。⑦组合式由悬链台车组合而成，用于单件小批量多品种生产，悬挂部分用于轻工件，台车用于工件。

(5) 喷抛工艺

① 磨料入射角度是指磨粒射向工件时与工件表面形成的角度，当入射角＞30°时，磨料主要起锤击作用；当入射角＜30°时，则主要起切削和冲刷作用；而当入射角等于90°时，因垂直投射的磨粒与反射回来的磨料碰撞的机会最多，磨粒的锤击作用被部分抵消，降低了除锈效率。通常对于较坚硬的氧化皮层，用70°的入射角或＞70°的入射角，可获得较佳的清理效果，一般锈层采用＜70°的入射角。

② 喷砂清理中，磨粒直径大，初速度就小，清理能力也降低，因此，喷砂除锈用小直径的磨料在近距离内进行清理工作。

抛丸清理时，磨粒速度因空气阻力而下降，磨粒质量越小，速度降低越快。空气阻力对带棱角磨粒的影响较圆形磨粒的大，而且使磨粒的飞行距离每增加1m，动能损失10%，当磨粒速度小于50m/s时，便不能有效地清除工件表面的氧化皮。大型抛丸器常选用粒径较大的磨粒。抛丸器叶轮直径为500mm，且铁丸离开叶轮的初速度为80m/s时，用12mm的铁丸，有效射程达5m，在此射程内，可获得良好的除锈效果。

③ 喷砂设备的喷管内径过小，风速过高；喷管过长，管内阻增加，压缩空气的压力损失大，且管子磨损也大，喷管要合理选择，尽可能短，使喷嘴附近维持较高的压力，以保证清理效率。喷嘴用耐磨材料制造。普通喷嘴的口径为4～15mm，最大可达20mm，喷嘴磨损后应及时更换，口径8～9mm，磨损到13～14mm时就应更换。喷嘴有多种，除了普通喷嘴外，还有超音喷嘴、高速喷嘴以及用来清理管形工件内壁的喷嘴，如90°弯头喷嘴、可旋

转的喷嘴等。

(6) 除锈质量等级

表面除锈处理质量标准，其中最有名的是瑞典的SIS 055900—1967 标准，用一系列彩色照片来表示锈蚀等级和除锈等级。钢材原始锈蚀程度分为A、B、C、D四级，依次加重，手工除锈等级分为St2、St3两级，喷射除锈分为Sa1、Sa2、Sa2.5、Sa3四级，除锈程度依次提高。造船在涂底漆前，通常要求Sa2.5的喷砂除锈等级。

我国有自己的标准，喷砂抛丸除锈、手工除锈、火焰除锈等的除锈等级参照GB 8923—88《涂装前钢材表面锈蚀等级和除锈等级》，而且该标准还根据钢材表面氧化皮覆盖程度和锈蚀状况将原始锈蚀程度分为四个等级，分别以A、B、C、D表示。

A 全面地覆盖着氧化皮而几乎没有铁锈的钢材表面。

B 已发生锈蚀，并且部分氧化皮已经剥落的钢材表面。

C 氧化皮因锈蚀而剥落，或者可以刮除并且有少量点蚀的钢材表面。

D 氧化皮已因锈蚀而全面剥落，而且已普遍发生点蚀的钢材表面。

各类涂层依其性能要求选择相应的除锈等级，该标准对喷抛除锈、手工和动力工具除锈、火焰除锈后的钢材表面清洁度规定了相应的除锈等级，分别以字母Sa、St、F1表示，字母后的阿拉伯数字则表示清除氧化皮、铁锈和涂层等附着物的程度。详见表9-8。

表 9-8 钢铁表面除锈等级

等级符号	除锈方式	除锈质量
Sa1	轻度的喷射或抛射除锈	钢材表面应无可见的油污，没有附着不牢的氧化皮、铁锈和油漆涂层等附着物
Sa2	彻底地喷射或抛射除锈	钢材表面应无可见的油污，并且氧化皮、铁锈和涂层等附着物基本清除，残余的附着物应牢固附着
Sa2.5	非常彻底地喷射或抛射除锈	钢材表面应无可见的油污、氧化皮、铁锈和油漆涂层等附着物，仅残留点状或条状轻微色斑的可能痕迹
Sa3	使钢材表面洁净地喷射或抛射除锈	钢材表面应无可见的油污、铁锈、氧化皮和油漆涂层等附着物，表面应显示均匀的金属色泽
St2	彻底地手工和动力工具除锈	钢材表面应无可见的油污，无附着不牢的氧化皮、铁锈和油漆涂层等附着物
St3	非常彻底地手工和动力工具除锈	钢材表面应无可见的油污和附着不牢的氧化皮，钢材表面应无可见的油污和附着不牢的氧化皮、铁锈及油漆涂层。除锈比St2更彻底，部分表面显露出金属光泽
F1	火焰除锈	钢材表面应无氧化皮、铁锈和油漆涂层等附着物，任何残留的痕迹应为表面变色

9.3 涂料的施工

没有一种涂料能同时满足防锈、填嵌、装饰等各方面的要求，通常需要采用复合涂层：采用具有良好附着力和防锈能力的涂料作底漆；在工作表面的不平整处刮涂腻子，以取得均匀平整的表面；使用具有良好装饰性和稳定性的面漆。根据复合涂层的概念，从漆膜附着力的原理出发，漆前需要进行表面处理，底漆既要对基材有适当的附着力，又要对后道涂层有结合力，涂层的层与层之间要保证适当的结合力，这些都对涂料施工提出了要求。做复合涂层通常的施工程序为：涂底漆、刮腻子或涂中间涂层、打磨、涂面漆和清漆，以及抛光打蜡、维护保养。每个工序繁简根据需要而定。本节根据复合涂层中对各层性能的要求以及附着力（或结合力）的要求，来介绍施工的原理和方法。

9.3.1 涂料施工前的准备工作

① 涂料性能检查 各种不同包装的涂料在施工前要进行性能检测，一般要核对名称、

批号、生产厂和出厂时间。双组分涂料应核对其调配比例和适用时间，准备配套使用的稀释剂。涂料及稀释剂还需要测定其化学和物理性能是否合格。最好在需要涂装的工件上进行小面积的试涂并检测，以确定涂料的性能。此外，还要准备好施工中必要的安全措施。

② 涂料要充分搅拌均匀　涂料贮存日久，漆中的颜料、体质颜料等容易发生沉淀、结块，涂装前要充分搅拌均匀。双组分包装的涂料，要根据产品说明书上规定的比例进行调配，充分搅拌，经过规定的停放时间，使之充分反应，然后在活化期内使用。

调漆时先将包装桶内大部分漆料倒入另一容器中，将桶内余下的颜料沉淀充分搅匀之后，再将两部分合在一起充分搅匀，使色泽上下一致。涂料批量大时，可采用机械搅拌。

③ 调整涂料黏度　在涂料中加入适量的稀释剂进行稀释，调整到规定的施工黏度。喷涂或浸涂时涂料的黏度比刷涂时的要低。稀释剂（也称为稀料）是稀释涂料用的一种挥发性混合液体，由一种或数种有机溶剂混合组成。优良的稀释剂应符合如下的要求：液体清澈透明，与涂料容易相互混溶；挥发后，不应留有残渣；挥发速度适宜；不易引起分解变质，呈中性，毒性较少等。

稀释剂的品种很多，选用稀释剂时，要根据涂料中成膜物质的组成加以配套，没有“通用的”稀释剂。如果错用了稀释剂，往往会造成涂料中某些组分发生沉淀、析出，或在涂装过程中发生出汗、泛白、干燥速度减慢等弊病，造成涂料成膜之后附着力不良、光泽减退、疏松不坚牢。

④ 涂料净化过滤　小批量施工时，通常用手工方式过滤，使用大批量涂料时可用机械过滤方式。手工过滤常用过滤器是用 80～200 目的铜丝网筛漏斗。机械过滤采用泵将涂料压送，经过金属网或其他过滤介质，滤去杂质。

⑤ 料颜色调整　一般不需要施工时调整颜色。大批量连续施工所用的涂料，生产厂应保证供应涂料的颜色前后一致。在以涂料施工为专业的工厂中，涂料颜色可能需要调整。

施工前的颜色调整是以成品涂料调配，必须用同种涂料；尽量用色相接近的涂料调配。配色时要用干膜对比检查，一般采用目测配色，现在向用色差仪测定、使用微机控制的方向发展。

9.3.2　涂底漆

涂底漆是紧接着漆前表面处理进行的，两工序的间隔时间应尽可能地短。

9.3.2.1　底漆的性能及要求

对底漆有如下要求：①在工件表面附着牢固，即在金属、木材表面有良好的附着力。②适当的弹性，能随着工件材料的膨胀和收缩而不致脆裂脱落，能满足面漆耐久性的要求。③具有一定的填充性能，能填没工件表面的细孔、细缝、洞眼等。④底漆涂层应成为没有光泽的细致毛糙表面，使上层涂料易于附着。⑤要便于施工，底漆在施工中应易于流平而不流挂；干燥迅速；干后坚硬并易于打磨；打磨时不沾砂纸。

正确地选择底漆品种及其涂布、干燥工艺，就能提高涂层性能，延长涂层寿命。各种不同材质的被涂物件都有专门适用的底漆。用于同一材质的底漆也从通用型向专用型发展。依据选用底漆品种和被涂物件的条件确定施工工艺。

底漆要获得对基材适当的附着力，又要对后道涂层有结合力。根据提高附着力的原理：底材表面有一定的粗糙度，而且涂料要能够充分润湿，并渗透进入底材表面的微孔和缝隙中，通常采取以下措施：

① 基材表面粗糙度　必须对基材加以清洗，最好为均匀的粗糙表面。钢铁表面一般进行磷化处理，磷化膜提高底漆的附着力。

② 涂料的表面张力　底漆的表面张力必须低于基材的表面张力，这样底漆才能在基材

表面很好地润湿，形成漆膜。否则，在基材上形不成均匀的漆膜。底漆的黏度应尽可能低，以便促使其涂料渗透进基材表面中的毛孔和缝隙里。使用慢挥发性溶剂、慢交联涂料就可以增加渗透润湿时间。使用烘烤底漆也能增进渗透。

③ 树脂极性基团和氢键　底漆用基料必须有极性基团，这样就能与基材表面相互作用，形成较强的附着力。金属有防腐蚀要求时，基料与基材之间的相互作用应该使涂料在水分子渗透入涂层而进入界面时不会被水所排挤，即具有湿附着力。

底漆漆膜与底材形成氢键，能够促进附着。树脂分子上的官能团在形成氢键时起的作用为：羧基为强氢给予基团，氨基为强氢接受基团，羟基、氨酯基、酰氨基既是氢给予基团，又是氢接受基团。

干净的钢材表面不是铁，而是以单层形式存在的含结晶水的氧化铁。树脂分子上的羟基基团和钢材表面的氧化物生成的氢键促进附着。在磷化后的钢材上，树脂分子上的羟基与磷酸盐形成氢键。从氢键的角度来看，双酚A（BPA）环氧树脂和它们的衍生物通常在钢材上具有优异的附着力。这些树脂的分子链上有羟基和醚基。它们既能同钢材表面反应，也能与涂层中的其他分子反应。分子主链由柔韧的1,3-丙三醇醚和刚性的双酚A组成，这种组合能提供钢材表面羟基多重吸附所必需的柔韧性，同时又提供能阻止全部羟基被吸附的刚性，剩余羟基可参与其余涂层中的交联反应，或与涂料其余部分发生氢键作用。

根据上述要求，下面就底漆用高分子树脂和底材、颜料及其用量，分别进行讨论。

(1) 底漆漆基

底漆要求有很好的润湿性能，成膜后有理想的机械强度，通常选用酯胶、酚醛、醇酸、环氧、聚氨酯等。金属基材以及碱性表面如砖石建筑上，底漆需要有耐皂化性。

环氧树脂固化时，没有副产物产生，不会产生气泡，而且收缩性小，这些特点都符合制造底漆的要求，是理想的底漆漆基。双酚A环氧树脂对清洁金属呈现出优良的附着力，加入少量环氧磷酸酯类能进一步增强附着力，尤其是湿附着力。烘烤型涂料可选用环氧酚醛涂料，气干型涂料一般可选用环氧-胺涂料。它们均具有优良的湿附着力和耐皂化性，这是长效防腐蚀的关键。

醇酸和环氧酯底漆的湿附着力通常不如其他环氧-胺底漆的好，但价格较低，也得到广泛应用。醇酸树脂的耐皂化性有限，环氧酯的耐皂化性介于醇酸和环氧-胺之间，而其价格也在二者之间。金属底漆中价格最低的是气干型的苯乙烯改性醇酸底漆。

纯酚醛和松香改性酚醛与植物油配合后，漆基耐水性好，附着力很强，是通用型的底漆。

(2) 基材的影响

① 镀锌钢材　镀锌钢材的表面有一层氢氧化锌、氧化锌和碳酸锌，它们呈现相当强的碱性，如果直接在上面涂底漆，则底漆中的基料必须耐皂化。醇酸底漆用在镀锌钢材上，初期效果很好，时间长通常会发生零星的附着力破坏。室温干燥时，选择丙烯酸乳胶漆料要比醇酸树脂更为适宜。镀锌钢材磷化处理后电泳涂装环氧阴极电泳漆，其漆膜的防腐蚀性很好。

② 塑料　塑料表面（尤其是聚烯烃）的表面自由能通常很低，需要对基材表面进行处理，产生诸如羟基、羧基和酮基等极性基团，以提高其表面自由能，使涂料容易润湿基材表面。

聚烯烃可以用火焰处理法氧化其薄膜、平片和圆柱体制品表面，产生的氧化性物质与涂料中的成分形成氢键，以增加附着力。聚烯烃表面通过在电晕放电的空气电离区，靠电子释放产生的离子和自由基使塑料表面氧化，形成极性基团。最为广泛使用的聚烯烃处理剂是重铬酸钾/硫酸的水溶液，但存在有害废弃物的处置问题。聚烯烃塑料可使用氯化聚合物的底漆来提高附着力，如氯化聚烯烃或氯化橡胶的稀溶液，形成薄粘接层。它们的树脂分子结构与塑料基材的分子结构十分相似时，树脂分子在塑料中有一定的可溶性，通过相互扩散加强相互之间的作用。

溶于塑料的涂料溶剂能增加附着力，溶剂能使塑料膨胀，降低它的 T_g，并且使涂料树脂分子更容易渗入塑料表面内。溶剂的挥发必须慢，有足够的渗透时间。丙酮之类的快速挥发溶剂会导致聚苯乙烯和聚甲基丙烯酸甲酯等高 T_g 塑料表面出现细微裂纹（crazing）。

涂料中采用能溶胀底漆的溶剂是一种普遍运用的提高层间附着力的技术。在一些施工场合，底漆干燥时仅低程度交联，然后施工面漆，当面漆固化时再让底漆一起完全固化。

③ 木材　新木材表面多孔，容许涂料渗透进入，附着力几乎没有什么问题，但木材的多孔性不均匀。如果人们将溶剂型涂料直接涂在木材表面上的话，那么更多的漆料渗透进较多的多孔表面，造成在此表面部位上的涂料 PVC（颜料体积浓度）增加，改变漆膜的光泽。乳胶漆的乳胶粒子比木材表面上的孔隙大，不会渗透进木材，所以其 PVC 基本不变。

④ 混凝土和其他砖石建筑表面为碱性，常用盐酸或磷酸洗涤，酸洗不仅能中和表面碱性，而且也能酸蚀表面，可使用耐皂化性底漆，如像环氧-胺或乳胶底漆。混凝土表面多孔，溶剂型涂料由于渗透需要大量的涂料，乳胶粒子比较大，不会渗入，通常使用乳胶漆。

（3）底漆用颜料

底漆中使用的颜料主要是要求防锈性和对金属的钝化作用，其次是具有良好制漆稳定性，不要求耐光性和颜色鲜艳度，因此，以铁红色、灰色、黑色、黄色为多。底漆所用的颜料品种有锐钛型钛白粉、氧化锌、含铅氧化锌、铁红、炭黑等，在专用底漆中也使用锌黄、锶黄等防锈颜料。

铁红的遮盖力和着色力强，吸油量不高，是底漆中用量最多的颜料。体质颜料使用滑石粉、硫酸钡和碳酸钙，滑石粉的针状和纤维结构能增强底漆的冲击强度和附着力。为改善底漆的贮存稳定性和施工性能，使用气相二氧化硅作为触变剂。

面漆和底漆具有相似的颜色，底漆颜色对最终面漆的颜色几乎无影响，但为施工时容易区分，通常面漆和底漆有明显的颜色差异。几种不同颜色的面漆涂在同一底漆上，要使用浅灰色底漆，因为灰色底漆遮盖力要比白色底漆高，而且对面漆颜色的影响很小。用氧化铁红颜料配制的底漆价格低，遮盖力也很好，但面漆掩蔽该漆的颜色较困难，需要面漆层较厚。

在金属防腐蚀涂料中，采用屏蔽涂料以降低水和氧的渗透性。漆膜中的颜料含量越高，气体和水的渗透性就越低，通常采用的 PVC 与 CPVC 之比约为 0.9。片状颜料云母和云母氧化铁广泛用于金属底漆中，能对氧和水渗透产生良好的屏蔽作用。金属防腐蚀涂料还要求树脂被强烈地吸附在颜料表面上，如果颜料和树脂之间吸附作用弱，则水透过漆膜取代颜料表面上的树脂，导致透水性增加。若氧化锌用于底漆中，氧化锌就会溶解于透过漆膜的水中，造成漆膜起泡，但在油基涂料中，氧化锌、含铅氧化锌与羧基皂化生成锌皂、铅皂，能增加漆膜的强韧性。不完整或漆膜破裂情况下，使用钝化颜料，钝化颜料必须微溶于水中，以便使钢材钝化。因此，在大多数烘漆中最好不使用钝化颜料，而是依赖于颜料屏蔽性来防腐蚀。桥梁、贮槽、船舶和海上钻井平台的涂料因为不能烘烤，就需要含有钝化颜料或金属锌粉的底漆。

底漆中的颜料含量通常在 CPVC 附近，因此，漆膜粗糙，能改进层间附着力。颜料含量略大于 CPVC 的底漆漆膜有些多孔，让面漆漆料渗透进孔内，可以获得优异的层间附着力，而且不易塞住砂纸，更容易被打磨，成本也低。如果颜料含量大于 CPVC 较多，面漆的漆基渗进孔内，就会提高面漆漆膜的 PVC，降低漆膜的光泽。

底漆因为颜料含量高，几乎总是低光泽涂料，但颜料仍然需要很好地分散。由于底漆的颜料含量在 CPVC 附近，如果颜料分散不好，则 CPVC 就下降，设计的颜料含量略大于

CPVC，而实际的颜料含量可能比CPVC大得多，从而导致面漆光泽的损失。

9.3.2.2 底漆的干燥

在刚性底材上成膜时，涂层无法收缩，就会产生内应力（应力是单位面积上受的力），而涂层中的内应力能抵消附着力，只需较小的外力就能破坏漆膜的附着。

当溶剂从热塑性涂层上挥发时，聚合物链能移动填补溶剂挥发后的空位。随着涂膜形成的继续，玻璃化温度上升而自由体积减小，聚合物链通过移动填补溶剂挥发后的空位变得困难，就形成有内应力的不稳定结构。这一现象容易出现在漆膜 T_g 接近于成膜温度的涂层中。因为在漆膜 T_g 附近，聚合物链移动的难度显著增加。在某些情况下，应力将累积到足以使涂层自发脱落。

涂膜暴露于高湿环境或浸在水中，引起膨胀，也能产生应力。在热固性涂层中，交联反应形成共价键，导致体积收缩，产生内应力，不饱和聚酯漆在金属上的附着力就差。环氧—胺和双组分聚氨酯涂料固化时体积收缩很小，附着力就很好。双键进行自由基聚合时体积收缩较大，漆膜产生的内应力就大，尤其是当交联速率足够高时，由于没有足够的时间让聚合物链移动而消除应力，内应力就显著上升。

丙烯酸树脂室温下用紫外线固化时，只需要不到1s的固化时间。热机械分析（TMA）显示，树脂的体积收缩大大滞后于树脂分子的聚合，因内应力大，漆膜在平滑金属表面的附着力就差。在紫外线固化之后，加热能够使聚合物链移动而消除应力，改善附着力。

在漆膜固化的后阶段，由于固化的不均匀、涂膜中的缺陷或固化不完全，导致产生局部应力，影响漆膜的附着力。涂膜中有局部缺陷时，任何施加在涂膜上的力都会集中在该缺陷上，导致更大的应力，更容易形成裂纹，一旦裂纹发生，应力便集中在开裂点上，导致裂纹扩展。如果裂纹扩展到涂层与底材的界面，应力集中能使漆膜剥离。具有锋利晶体棱角的颜料颗粒和气泡都是潜在的应力集中点，可掺入橡胶颗粒来消除应力。

9.3.2.3 选择底漆

（1）常用底漆

国内常用的铁红醇酸底漆、铁红酚醛底漆和纯酚醛底漆能与大部分面漆配套使用，环氧类底漆通常用于防腐蚀要求高的场合。锌黄/铁红环氧酯底漆干后与大部分面漆都可配套使用。铁红过氯乙烯底漆和铁红硝基底漆由于在高温下易分解，不能与高温烘烤面漆配套使用。铁红酯胶底漆、红丹防锈漆不宜与烘烤和强溶剂挥发涂料配套使用。氨基底漆可与氨基面漆或其他需烘烤的面漆配套。要注意的是，磷化底漆不能代替一般的底漆，其涂层上面必须再涂一道与面漆相配套的底漆。

（2）磷化底漆

磷化底漆又称洗涤底漆，不仅适用于钢铁，铝、锌、铜、锡等有色金属也适用。磷化底漆对海洋性气候下，甚至在海水下长期浸泡的工件，都具有优良的耐腐蚀性能。在光滑的铝（如飞机蒙皮）、铬、锌等表面，因不宜喷砂，底漆的附着力不好，用磷化底漆有优异的湿附着力。

磷化底漆由两个部分组成，甲组分主要由聚乙烯醇缩丁醛树脂的酒精溶液和碱式铬酸锌组成，同时还含有滑石粉、异丙醇、丁醇等，称为漆基。乙组分主要是磷酸溶液，同时还含有异丙醇等，称为磷化液。磷化底漆的成品分两罐包装，在施工时，甲乙两组分按4∶1的比例混合调匀即可。若在施工中需要调节黏度，则可把乙醇与丁醇按3∶1的比例混合后作稀释剂。磷化底漆的施工可用刷涂法或喷涂法，膜厚8～12μm，在空气中15～20min干燥后，即可涂覆其他底漆。

磷化底漆在使用时，必须注意到磷化液不是稀释剂，用量不能任意增减。漆基与磷化液混合30min后即可使用，现配现用，并应在12h内用完，否则磷化底漆会变色变质，不能使用。磷化底漆不能放入金属容器中，以免磷酸与金属作用而影响性能。

磷化底漆施工环境要干燥，在潮湿环境下施工时漆膜易泛白而影响防锈性能。

(3) 带锈底漆

带锈底漆能直接涂于带锈的钢铁件表面，只适用于不重要或腐蚀不严重的场合。带锈底漆可减去繁重的表面除锈工作，或除锈不彻底的场合，大型工件使用带锈底漆施工，具有效率高、投资少等优点。带锈底漆按其作用原理可分为转化型、渗透型和稳定型三种。

① 转化型带锈底漆含有铁氰化钾或亚铁氰化钾、磷酸等，能与铁离子反应生成不溶物。有些配方中使用单宁，单宁酸分子上的邻羟基可与 Fe^{3+} 络合，与锈反应生成不溶的蓝黑色螯合物。转化型带锈底漆对薄锈工件有一定的防锈效果，但不很理想。

② 渗透型带锈底漆的渗透性能很好，漆料通常使用加工后的植物油（如鱼油），以及环氧酯等油基树脂，加入非离子表面活性剂作渗透剂，加少量的醇、醇醚溶剂等用于排除锈中的水。鱼油能渗进锈层内部（最深达 125μm），把锈层内的湿气、空气置换排除，把疏松多孔的锈层密封。颜料常用红丹、铁红、钙铁粉（$Ca_4Al_2Fe_2O_{10} \cdot 2CaO \cdot Fe_2O_3$）等。常用的亚麻油红丹防锈漆，适合于腐蚀不严重的大气暴露和潮湿环境金属表面。

③ 稳定型带锈底漆常用油基树脂如醇酸等基料，磷酸锌、铬酸二苯胍、铬酸盐等颜料，成膜后颜料能水解与铁锈形成难溶的杂多酸络合物，使铁锈处于稳定状态，适用于要求不高的场合。

9.3.2.4 *底漆施工*

(1) 涂底漆的方法

涂底漆的方法通常有刷法、喷涂、浸涂、淋涂或电泳涂装等。刷涂效率虽低，但对单个生产的工件或大型结构件、建筑物等仍在使用。喷涂效率虽高，但对形状复杂的工件不易喷匀，致使涂膜不完整，影响整个涂层性能，因而逐渐为其他涂漆方法取代。浸涂用于形状复杂的工件，淋涂多用于平面板材。电泳涂装是近年来在金属工件大批量流水生产中最广泛应用的涂底漆方法，世界各国的汽车车身打底，几乎全部采用阴极电泳涂装。

(2) 涂底漆时的注意事项

① 底漆颜料分较高，易发生沉淀，使用前和使用过程中要注意充分搅匀。

② 底漆涂膜厚度根据底漆品种确定。涂漆应均匀、完整，不应有露底或流挂现象。

③ 注意遵守干燥规范。在加热干燥时要防止过烘干。在底漆膜上如涂含有强溶剂的面漆时，底漆膜必定要干透，用烘干型底漆较好。

④ 要在漆前表面处理以后严格按照规定的时间涂底漆，还要根据底漆品种规定的条件在底漆膜干燥后的规定时间范围内涂下一道漆，既不能提前，也不能超过。

⑤ 一般涂底漆后，要经过打磨再涂下一道漆，以改善漆膜粗糙度，使与下一道漆膜结合更好。近年开发的无需打磨底漆可节省涂底漆后的打磨工序。

9.3.3 涂中间涂层

中间涂层是在底漆与面漆之间的涂层。腻子层，包括喷涂的腻子层，都是中间层。中间涂层中目前还广泛应用二道底漆、封底漆。

(1) 刮（喷）腻子

涂过底漆的工件表面不一定很均匀平整，往往留有细孔、裂缝、针眼以及其他凹凸不平的地方。刮（喷）腻子可使涂层修饰得均匀平整，改善整个涂层的外观。

腻子颜料含量高（超过 CPVC），刮涂较厚时，漆膜弹性差，虽能改善外观，但容易造成涂层收缩或开裂，以致缩短涂层寿命。刮涂腻子效率低，费工时，一般需刮涂多次，劳动强度大，不适宜流水线生产。目前多从提高被涂物件的加工精度、改善物件表面外观入手，力争不刮或少刮腻子，喷涂中间涂层的方法来消除表面轻微缺陷。

腻子要有良好的施工性能：良好的涂刮性和填平性；厚腻子层要能干透；收缩性要小；对上层涂料吸收要较小；腻子层要既坚牢又易打磨；有相应的耐久性。

腻子品种多，应用于钢铁、金属、木材、混凝土和灰浆等表面分别有不同品种，有自干和烘干两种类型，分别与相应的底漆和面漆配套使用。性能较好的有环氧腻子、氨基腻子和不饱和聚酯腻子等，现在不饱和聚酯腻子应用较广。建筑物多用乳胶腻子。腻子按使用要求可以分填坑、找平和满涂等品种。填坑腻子要求收缩性小、干透性好、刮涂性好。填坑时多为手工操作，以木质、玻璃钢、硬胶皮、弹簧钢刮刀刮涂，其中以弹簧钢刮刀使用最方便。

刮腻子时要用力按住刮刀，使刮刀和工件表面倾斜成 60°～80°，顺着表面刮平，不宜往返涂刮，以免腻子中的漆料被挤出而影响干燥。硬刮具（如钢皮、嵌刀、胶木、刮板等）使腻子层易于达到平整。软刮具（如橡胶刮板、油漆刷等）使腻子容易黏附于工件表面，虽不易刮涂平整，但适合施工工件的曲面部位。

找平腻子用于填平砂眼和细纹。满涂腻子的稠度要小，机械强度要好。局部找平或大面积满涂时，可用手工刮涂，或将腻子用稀释剂调稀，用大口径喷枪喷涂。

精细的工程要涂刮好多次腻子，每刮完一次均要充分干燥，并用砂纸进行干或湿打磨。腻子层刮涂一次不宜过厚，一般应在 0.5mm 以下，否则，容易不干或收缩开裂。刮涂多次腻子时应按先局部填孔，再统刮，最后刮稀。为增强腻子层，最好刮一道腻子，涂一道底漆。腻子层在烘干前，应有充分的晾干时间。烘干时宜采取逐步升温烘烤，以防烘得过急而起泡。

（2）常用的腻子

① 醇酸腻子由醇酸树脂、颜料及大量填充料、适量的催干剂及溶剂等研磨制成。

醇酸腻子的涂层坚硬，耐候性较好，附着力较强，不易脱落、龟裂，易于刮涂，适用于车辆、机器等金属或木材表面的铁红醇酸底漆层上。

醇酸腻子可用 200 号溶剂汽油、松节油或二甲苯调到合适的黏度施工。醇酸腻子可自干，也可烘干。醇酸腻子烘干时严禁直接高温烘烤，以免造成腻子层起泡。涂刮后在室温下晾干 30min，进入 60～60℃烘干室 30min，最后升温到 100～110℃烘 1h 即可。施工中如需刮几道腻子，则每道腻子均需按照此法进行烘干。醇酸腻子自干时，25℃下一般间隔 24h，再涂后一道腻子，其中最后一道腻子层干燥后，湿打磨平滑，揩去浆水后，在 60℃时烘干 30min 或在室温下干燥 12h，再涂一层底漆，干燥后用水砂纸打磨平滑，干燥后方可涂面漆。

② 环氧腻子是由环氧酯与颜填料等混合研磨而成的。环氧腻子可刮涂，也可以喷涂，喷涂时可加入适量的二甲苯调节到需要的黏度。环氧腻子与底漆的结合力良好，易于刮涂，腻子层牢固坚硬，打磨后表面光洁，但干后坚硬不易打磨，适合涂有底漆的金属等表面。环氧腻子分为自干型和烘干型，烘干型的干燥方法同醇酸腻子，自干型适宜于刮涂面积较大或无条件烘烤的工件表面，室温下达到完全干燥的时间较长。

③ 过氯乙烯腻子由过氯乙烯树脂、增塑剂，各色颜料、填充料和溶剂等组成。过氯乙烯腻子干燥快、结合力好，但不宜多次重复涂刷，主要用于填平各种车辆、机床等钢铁或木质表面的醇酸底漆或过氯乙烯底漆上。

④ 不饱和聚酯腻子（原子灰）由不饱和聚酯树脂、多种体质颜料及适量助剂配制而成。此腻子为双组分，使用时需按比例加入固化剂调配均匀，发生自由基聚合，固化剂用量为腻子的 2%～4%，在常温下 2h 即干燥。该腻子使用的溶剂为苯乙烯，参与聚合反应，不需要从腻子层中挥发出来，因此干燥快、收缩性极微小、几乎可填补任意厚度，特别适用于补缺陷，用于填平机床、汽车等表面。

(3) 二道底漆和封底漆

二道底漆（又称二道浆）的颜料含量比底漆的多，比腻子的少，既有底漆性能，又有一定填平能力，并且具有良好的打磨性。

腻子打磨后，往往表面有许多针孔、磨痕，而二道底漆用于腻子层表面，可使这些缺陷得到补救。二道底漆的附着力较差，涂二道底漆后，必须把大部分的二道底漆磨去，否则会影响后层涂料的附着力，并造成浮脆、起泡。喷涂用腻子有腻子和二道底漆的作用，颜料含量较二道底漆的高，可喷涂在底漆上。

二道底漆和表面封闭底漆（封底漆）是颜料与树脂的比例不同造成的。封闭底漆颜料含量较低，主要用于填平打磨的痕迹，给面层涂料提供最大的光滑度，使面漆层丰满，并可防止涂层失光或产生斑点。封底漆具有腻子与二道底漆的功能，是现代流水线广泛推行的中间涂层。封闭底漆直接涂在木材表面，而在金属表面，大多用于二道底漆上面。

封底漆较多地应用于表面经过细致精加工的工件表面，用于代替腻子层。封底漆涂层有一定光泽，可显现出被涂底层的划伤等小缺陷，既能充填小孔，又比二道底漆减少对面漆的吸收性，能提高涂层丰满度，具有与面漆相仿的耐久性，又比面漆容易打磨。封底漆大多采用与面漆相接近的颜色和光泽，可减少面漆的道数和用量，甚至有些工件的内腔可以省掉涂面漆的工序。封底漆通常用与面漆相同的漆基制造，涂两道时可采用“湿碰湿”工艺喷涂。

中间涂层的厚度应根据需要而定，一般干膜厚约35～40μm。底漆的漆膜不能太厚，否则损害漆膜的附着力。当需要涂层很厚时，可增加中涂层的厚度。中涂层可用厚浆涂料，采用高压无气喷涂，一次施工就可得厚膜。

9.3.4 打磨

打磨能清除工件表面上的毛刺及杂物，清除涂层表面的粗颗粒及杂质，平滑的涂层或底材表面进行打磨，能得到需要的粗糙度，可以增强涂层间的附着性，但打磨费工时，劳动强度很大，现在正开发不需打磨的涂料，以便能在流水线生产中减少或去掉打磨工序。

腻子干燥后形成的腻子层必须经过打磨，磨去腻子层表面的突起处，才能达到光滑、平整、细腻。打磨磨料常用的有水磨石、砂皮等，除腻子层外，也可应用于砂磨底漆和面漆层。

砂皮是将磨料用黏合剂粘在纸或布上制成的。磨料粒子的粗细直接影响砂磨效果，磨料粒度用“目”表示。“目”是指筛内每平方英寸（in^2，$1in^2=6.4516\times10^{-4}m^2$）上的孔数，120目指通过120目筛的磨料的细度。目数相同的磨料制成不同形式的打磨材料，砂磨效果是相似的。

砂皮根据应用场合可分为三种：①木砂纸。将玻璃屑粉粘于纸上制成，浅黄色的纸作基材，主要用于木制品表面的磨光。②水砂纸。用刚玉（氧化铝）作磨料，采用耐水的醇酸清漆作黏合剂，粘于纸上制成。习惯上用墨绿至灰色的纸作基材。蘸水（或肥皂水）砂磨腻子或其他涂料层，主要用于较精细的施工。水砂纸先用温水泡软后，才能折叠。③铁砂布。由氧化铝颗粒、黏合剂和布制成，习惯上使用棕褐色的棉布或化纤织物，应用于砂磨底层腻子或底漆层，也常用于清除铁锈和旧漆膜。各种砂皮的规格列于表9-9。

表 9-9 砂皮的规格

木砂纸	代号	3/0	2/0	0	1/2	1	1½	2	2½	3	4							
	粒度/目	180	160	140	120	100	80	60	56	46	36							
水砂纸	代号	150	180	200	220	240	260	280	300	320	360	400	500	600	700	800	900	1000
	粒度/目	100	120	140	150	160	170	180	200	220	240	260	320	400	500	600	700	800
铁砂布	代号	4/0	3/0	2/0	0	1/2	1	1½	2	2½	3	4	5	6				
	粒度/目	200	180	160	140	120	100	80	60	46	36	30	24	18				

(1) 打磨方法

① 干打磨法 采用砂纸、浮石、细石粉进行磨光。此法适用于硬脆涂层或装饰性要求不太高的表面。操作过程中产生很多粉尘，影响环境卫生，打磨后要打扫干净粉尘。

简易打磨机适用于打磨小而形状规则的产品，如电表罩壳、小五金零件等，在能自由弯曲的弹簧连杆头上连接一个软的泡沫轮，由砂纸包起来供旋转打磨，当砂纸磨平后，随时更换。

② 湿打磨法 比干打磨快，质量好。湿打磨法是在砂纸或浮石表面蘸清水、肥皂水或含松香水的乳液进行打磨。

浮石可用粗呢或毡垫包裹，并浇少量水或非活性溶剂润湿。精细表面可用少量细浮石粉或硅藻土，蘸水均匀地摩擦。打磨后所有表面用清水冲洗干净，擦干，再进行干燥。

③ 机械打磨法 生产效率高。采用电动打磨，或在抹有磨光膏的电动磨光机上进行操作。

(2) 砂磨的要求与注意事项

① 进行砂磨前，要把工件的非涂饰面沾附的腻子或底漆清除干净。非涂饰区的镀铬层、发黑层（即 Fe_3O_4 层）以及经磨床加工或钳工刮削的表面，不准砂磨。

② 必须要在涂层完全干燥后方可进行，腻子层或底漆层未干燥前，不准砂磨。

③ 头道腻子层可干磨，也可水磨，水磨时可用180号的水砂纸，干磨可用2～2½号的铁砂布，要使腻子层基本平整，棱角分明，但砂磨时，在工件的隆起处由于腻子层较薄，常磨穿见底，须补涂底漆。最好在头道腻子砂磨干燥后，喷一层底漆，以封闭腻子和补涂底漆。

二道腻子可用220～240号的水砂纸水磨，或用1～1½号铁砂布干磨。打磨后腻子层必须平整，边角清晰，保持工件的几何形状。

三道腻子可用320～360号的水砂纸水磨，同时对不涂腻子处也一并打磨，打磨后的表面应平整、光滑、细腻，分界线清晰，不应有不平、缺损以及磨穿见到下层腻子的现象。砂磨后应洗净腻子浆水，并揩净擦干，进行干燥后，涂二道底漆。

④ 腻子在打磨后，发现有疏松脱落处，要铲除后再局部重新补嵌腻子。

打磨操作时应注意：a. 打磨时用力要均匀，磨平后应成为平滑的表面；b. 湿打磨后必须用清水洗净，然后干燥，最好烘干；c. 打磨后不允许有肉眼可见的大量露底。

9.3.5 涂面漆

面漆是制品的外衣，应符合产品对涂层外观的要求，具有较好的耐环境侵蚀的能力，起保护底漆的作用。面漆层的优劣直接影响制品的商品价值、装饰性和涂层的使用寿命。选择面漆及其涂装道数的依据是制品的外观装饰性和使用条件。涂层的总厚度要根据涂料的层次和具体要求来决定。在第2章和第6章中介绍的涂料都在不同的场合下作面漆，常用的如氨基、醇酸、丙烯酸酯、硝基、聚氨酯、氯化橡胶漆、乳胶漆等。

(1) 涂面漆

工件经过涂底漆、刮腻子、打磨修平后，就要涂装面漆，这是完成涂装工艺的关键阶段。面漆层一般要求薄而均匀。除厚涂层外，涂层遮盖力差时，要多涂布几次，而不能一次涂得很厚。面漆应涂在确认无缺陷和干透的中间涂层或底漆上。原则上应在第一道面漆干透后方可涂第二道面漆。涂面漆一般采用空气喷涂、无空气喷涂、静电喷涂等方法。建筑中也常用到刷涂、辊涂。

面漆应涂布在干燥的底层上，然而，涂面漆常用的“湿碰湿”工艺却是在涂第一道面漆后，晾干数分钟（通常5min左右），接着涂第二道面漆，然后一起烘干。“湿碰湿”适用于缩合型烘漆，如环氧、氨基和热固性丙烯酸漆等，但不适用于氧化聚合型涂料，如醇酸漆等。

“湿碰湿”工艺是多层涂装中经常采用的工艺，不仅用于面漆与中涂层，还用于电泳底漆和水性中涂层，能增强涂层间的结合力，节省能源并大大缩短工时。

为达到高级装饰性的要求，消除面漆层的橘皮、颗粒，使漆面达到光亮如镜、平滑清晰的效果，有时采用“溶剂咬平”和“再流平”技术。

“溶剂咬平”技术适用于热塑性面漆（如硝基磁漆），喷完最后一道面漆并干燥后，用400#或500#水砂纸打磨，擦洗干净，然后喷涂一道溶解力强、挥发较慢的溶剂或用这种溶剂调配得极稀的同一面漆（一般为1份面漆加3份溶剂），晾干展开，进行流平，这样不仅能获得平整光滑的漆面，而且能显著减轻抛光工作量。

“再流平”技术又称“烘干、打磨、烘干”工艺，先使热塑性或热固性丙烯酸面漆硬化，随后用湿打磨法消除涂层的缺陷，再在较高的温度下使其熔融，彻底固化。

热塑性丙烯酸涂料的典型“再流平”工艺如下：涂面漆（使干漆膜厚度≥50μm），晾干1min，置107℃干燥15min，用600#水砂纸和溶剂汽油打磨掉橘皮、颗粒等，检查，修补，最后在135～149℃下烘干15～30min，彻底固化。“再流平”在北美汽车工业中广泛应用。

涂层的装饰可采用印花和划条。印花（又称贴印）是把胶纸上带的图案或说明，转印在工件的表面（例如缝纫机头、自行车车架等）。先涂一薄层颜色较浅的罩光清漆（如酯胶清漆），待表面略感发黏时，将印花的胶纸贴上，然后用海绵在纸片背面轻轻地摩擦，使印花的图案胶黏在酯胶清漆的表面，并用清水充分润湿纸片背面，待一段时间后小心地把纸片撕下即可。如发现表面有气泡时，可用细针刺穿小孔，并用湿棉花团轻轻研磨表面，使之平坦。为了使印上的图案固定下来，不再脱落，可再在器材表面喷涂上一层罩光清漆，加以保护。某些装饰性器材，需要绘画各种图案或彩色线条，可采用长毛的细画笔进行人工描绘，或用可移动的划线器进行涂装。

为保护色漆层（或贴花），提高面漆层的光泽及装饰性，面漆的最后涂层为清漆，即罩光。有时为了增强涂层的光泽、丰满度，可在涂层最后一道面漆中加入一定数量的同类型的清漆。有时再涂一层清漆罩光加以保护。

以油箱贴花为例来说明：涂完面漆后，以800#～1000#水砂纸对其表面进行细打磨，打磨后应平整、光滑，不允许有砂纸纹和露底等弊病。经打磨合格的油箱用专用划线板，在油箱两侧指定位置划线，线条要清晰、准确，不允许划伤涂膜，将彩条一端的硬纸揭开，以涂有胶黏剂的一面对准油箱划线位置，边揭边贴，直到平整贴完为止。彩条位置必须粘贴正确，不允许有皱纹、气泡等，否则应重新贴或用钢针修正。然后用双组分聚氨酯清漆或紫外线光固化UV清漆罩光。

根据涂装等级的不同，面漆可以涂在底漆上，也可直接涂在底材上。涂在底漆上时，底漆提供了对底材的附着力，并主要承担在金属上涂料防腐蚀的作用，面漆必须良好地黏结在底漆上并提供所需要的外观及其他性能。一般来说，最好是采用底漆/面漆系统。但是，对多次涂装来说，一道涂可能也会起作用，且要比多道系统费用低。面漆直接涂在底材上的单道涂层用于基本上不要防腐蚀性能和湿附着力的产品。当外观和户外耐久性要求不高时，可使用具有优异防腐蚀性能的底漆而不用面漆，例如工件的内表面。

(2) 层间附着

涂层相互之间的附着叫层间附着。与提高底漆附着力采用的方法是同样道理，层间附着与在塑料上涂布涂料的情况更相似，因此本小节的内容可结合“8.2中以及“9.2漆前表面处理”这两部分的相关内容来学习。

提高层间附着的途径有以下几种：①涂料的表面张力必须低于底材上涂层的，以便润湿。②两种涂料中的极性基团形成氢键可以提高附着力。③树脂中有较少量氨基能赋予涂层以优异的层间附着力。像甲基丙烯酸-2-(N,N-二甲氨基)乙酯和甲基丙烯酸-2-氮丙啶基乙酯那样的共聚单体用来制造丙烯酸树脂，能提高层间附着力。④高于 T_g 的固化温度，能够提高涂层相互之间的附着力。热固性涂层之间形成的共价键也可加强层间附着力。⑤底漆与面漆采用配套的树脂，能相互溶解，提高层间附着力；也可采用能溶胀底漆的溶剂，交联密度较低的涂层被溶剂溶胀得厉害，比交联密度较高的涂层更容易附着。有时底漆固化不足，交联密度低，施工面漆，当面漆固化时再让底漆一起完全固化。⑥高光泽涂层的表面比较光滑，经过交联的有光涂层上再涂布涂料时，附着尤为困难，要通过打磨来提高表面粗糙度。低光泽底漆形成的漆膜表面较为粗糙，较易附着。如果可能的话，可以将底漆的PVC提高到超过CPVC，干漆膜有孔，当施工面漆时，面漆中的基料会渗入底漆中的孔内，提供了机械锚固，促进层间附着力，但不要使PVC过分超过CPVC，否则损失面漆的光泽。

9.3.6 抛光上蜡

抛光打蜡是高装饰性面漆彻底干燥后进行的修饰作业，包括磨光、抛光和打蜡三个步骤。未经磨光的漆膜表面均有不同程度的加工痕迹和微粒，经过磨光后呈无光的暗色；然后进行抛光使漆膜表面取得实光；最后打蜡使漆膜更光亮，并持久保持，同时反射太阳光，以保护涂层。经常抛光上蜡可使涂层光亮耐水，延长涂层的寿命。

汽车面漆中能抛光的有氨基漆、硝基漆、丙烯酸漆、聚酯漆和过氯乙烯漆等。

① 磨光前用400号水砂纸进行手工湿打磨，消除漆膜的纹浪、橘皮、垂流等现象，然后用清洁的软布擦拭干净，干燥后再用法兰绒擦拭干净。

磨光分手工磨光和机械磨光。大表面的可用机械方法，如用旋转圆盘来磨光。手工磨光是用易被溶剂润湿和软化的布包裹脱脂棉、绒线、尼龙丝或泡沫塑料等制成棉团，手握棉团，蘸少许磨光膏（也称砂蜡），平缓连续、有规律、有顺序地从漆面一端到另一端，一行挨一行磨光。使用砂蜡磨光之后，涂层表面基本上平坦光滑，但光泽还不太亮。

砂蜡是一种有溶剂气味的软膏状物，专供各种涂层磨光和擦平漆膜表面的凸凹用，可消除涂层的橘皮、污染、泛白、粗粒等弊病。砂蜡可由氧化铝粉末、凡士林、蓖麻油和水等组成，也有用硅藻土、铝土、矿物油、蜡、乳化剂、溶剂、水等组成的。在选择磨料时，不能含有磨损涂层表面的粗大粒子，也不应使涂层着色。

② 抛光。抛光与磨光程序完全一样，不同的是采用比磨光膏更细的抛光膏，使漆膜呈现出镜面光泽。用机械抛光时采用布质或绒质的抛光球、抛光盘、抛光辊等抛光。

③ 打蜡。打蜡能增强漆膜表面光亮度，使光亮持久，并起防潮、防水、防污染的作用。打蜡操作类似磨光，比磨光操作更细致、更轻巧。打蜡后表面应光亮如镜。

上光蜡为石蜡、蜂蜡、硬脂酸铝等溶于200号溶剂汽油或松节油制成，冷凝成胶冻，很像猪油。上光蜡的质量主要取决于蜡的性能。较新型的上光蜡，系一种含蜡质的乳浊液，由于其分散粒子较细，并且其中还存在着乳化剂或加有少量有机硅成分，在抛光时可以帮助分散、去污，因此可得到较光亮的效果。

工件表面涂装完毕以后，必须注意涂层的保养，绝对避免摩擦、撞击以及沾染灰尘、油腻、水迹等，根据涂层的性质和使用的气候条件，应在3～15天以后方能出厂使用。

抛光上蜡无论使用砂蜡或上光蜡，蜡都是核心。蜡在涂料中的应用不仅只限于抛光上蜡，还起消光等作用。这里介绍蜡的基础知识及发生作用的机理。

(1) 蜡的定义和分类

1975年，德国技术协会对蜡的定义为：下面6个性质中至少满足5个才能称为蜡。

①20℃时为可捏和固体至硬脆性固体；②粗晶至微晶，半透明至不透明；③40℃以上融化，但不分解；④稍稍高于熔点以上的温度时，具有相对较低的黏度；⑤温度变化对黏度和溶解性影响大；⑥较小压力下可以被抛光。

从蜡的定义可以看出，蜡本身分子量较小，抛光时能受热或摩擦变形，填充表面的凹陷处，而且把磨料黏合在一起，形成膏状，因此能够用于抛光是蜡本身的特性。

蜡分为动物蜡、植物蜡和矿物蜡三种基本类型。动物蜡有两个不同的来源，一个是动物产生的副产品（如蜂蜡，由长链脂肪酸和长链伯醇组成），第二个来源是动物本身的脂肪酸衍生物（含有C_{16}和C_{18}的甘油酯，典型的成分是硬脂酸、甘油三硬脂酸酯和甘油单硬脂酸酯）。植物蜡来源于植物的叶子、茎或果实，这些蜡主要由烷基酯类组成，如叶蜡，叶蜡有时指棕榈蜡。巴西棕榈蜡的主要成分是烷基（C_{24}～C_{34}）醇和烷基（C_{18}～C_{30}）酸的酯类，以及大量的双酯和羟基酯。这些羟基酯保证了该物质具备特殊的膏状性质，并且能够形成巴西棕榈蜡微乳液。蓖麻油蜡是蓖麻油的双键加氢后得到的氢化蓖麻油。矿物蜡是由石油和煤炭制得的，如石蜡、微晶蜡、褐煤蜡。石蜡是由石油中提取出来的；微晶蜡是石蜡抽取物中较高分子量的馏分，其硬度和熔化性质取决于分子量分布和支化程度，这些高熔点蜡不是无定形的，而是具有高度的微晶结构，所以称为微晶蜡。合成蜡主要包括聚乙烯蜡、聚丙烯蜡、通用合成蜡。聚乙烯蜡的乙烯链与聚乙烯树脂相似，但是相对分子质量低很多（2000～10000）。这种蜡可以通过一系列的方法氧化，制备成可以乳化的产品。聚丙烯蜡由丙烯的控制聚合制得。通用合成蜡有 Fischer-tropsch 蜡、聚乙二醇蜡和氧化烃类。聚乙二醇蜡是具有氧化乙烯链的高分子量产品。氧化烃类（石蜡、微晶蜡和聚乙烯蜡）是由碳氧化合物蜡的氧化（一般鼓入空气）制得的，具有可乳化性质。Fischer-tropsch 蜡是一种通过一氧化碳（来源于煤气化过程）与氢气反应制得的烃类化合物。

(2) 蜡在涂料中的作用

蜡的功能一般基于两个基本机理：“滚珠轴承机理”和“迁移”机理。滚珠轴承机理是指蜡的单一粒子在涂料基料中分散的机理。从膜的表面渗出的蜡粒子避免了漆膜表面与磨蚀介质的接触，当其他物体从渗出蜡的涂层表面滑过时，对涂层表面的损伤很小。迁移机理是蜡向涂层表面迁移，因为蜡具有可塑性，有助于填充由于溶剂蒸发或者树脂状组分在固化过程中造成的微孔，有助于在涂层表面形成有光泽的漆膜。

① 上光　利用蜡的迁移机理可获得高光泽漆膜。蜡迁移到表面，填补涂料干燥过程中形成的微孔，从而得到光滑连续的漆膜。只需少量（固含量 0.5%～2%）的蜡即可使漆膜表面得以改进，过量的蜡会导致在漆膜表面形成固体蜡粒，使漆膜暗淡无光。这就需要通过抛光才能使表面具有高光泽，但是大多数情况下抛光并不理想，因为蜡过量，迁移作用数日或几周后，漆膜表面又会重新变得暗淡。

② 消光　无光（平光）表面与高光表面相反，但是两者均可以用蜡得到。为了得到平光表面，需要选择蜡的类型和使用方法，最大限度地利用“滚珠轴承”机理。蜡过量，漆膜表面渗出的蜡粒使光发生漫散射，光泽减弱。因此，光滑的丝光平光涂料（摸上去不觉得粗糙，看上去既不暗淡又不炫目）对蜡粒的尺寸要求苛刻，而且在漆料中的分散性要好。

二氧化硅常作消光剂，但它的密度高，会导致涂料出现沉降结底。二氧化硅与蜡联用，就可达到最优的效果。使用折射率不同的复合消光剂可进一步增强消光效果。

③ 润滑　蜡从涂层中渗出有助于形成光滑的漆膜表面，从而减小摩擦系数，“滚珠轴承机理”表明，在蜡颗粒表面滑过，能减少接触点。油类柔软剂（软微晶蜡或聚硅氧烷）能在漆膜表面上形成光滑的摩擦膜，但漆膜的抗划伤和防黏性能一般较差。蜡靠提高润滑能力，从而提高涂层的耐磨性。

④ 抗粘接性　加入硬蜡颗粒可以减少漆膜接触，减少漆膜的粘连性，但常常降低涂层

的光泽。一些硬蜡减少粘连是通过吸收油性物质，减少其他柔软性粘接剂向表面的转移来实现的。

⑤ 防沉降/防流挂剂　许多蜡能够使涂料具有触变性，使涂料具有防沉降和防流挂功能。

(3) 蜡的加入方法

蜡加入涂料的方式影响产品的最终性能。蜡颗粒的大小和分散的均匀性至关重要。加入的方法取决于蜡的种类和期望的最终性能。

① 蜡的复合物　将蜡在适当的溶剂中（最理想的是与涂料配方中原料相同）加热，然后在高速搅拌下快速冷却至室温，得到溶剂分散浆料。迅速冷却和高剪切速率的目的在于防止大晶体形成，避免涂料在使用时产生表面缺陷。在蜡复合物的生产过程中，细微的变化会导致颗粒大小分布的变化。正是由于蜡复合物质量对制备条件的敏感性，大多数用户宁愿外购而不愿自己生产。

② 超微细粉　通过空气粉碎和分级，可使蜡颗粒的大小得到最好的控制。生产超微细粉要用坚硬和高熔点的蜡，如聚乙烯蜡、聚酰胺和聚四氟乙烯。聚四氟乙烯不是蜡，但是由于它与蜡的用处相似，在讨论蜡的应用时，常常将其包括进去。

③ 研细　粗粉末蜡可与颜料一起进行研磨。这种方法成本最低，但需要占用时间和设备。

④ 乳化　仅限于水基系统。最常用的是可乳化的氧化乙烯蜡和改性的蒙坦蜡。

9.3.7　质量控制与检查

制定涂料施工各个工序和最后成品的质量标准。每道只要工序完成后，都要严格检查和控制，以免影响下一道施工以及最后产品的质量，具体见9.6节的讨论。

9.4　漆膜的干燥

本节首先介绍涂料的干燥方式和干燥过程，以及漆膜干燥程度的测量方法，然后介绍了烘干室的构造，随后重点介绍对流干燥和辐射干燥的原理、特点和设备。

9.4.1　涂料的干燥方式

① 自然干燥　也称为空气干燥，是指漆膜可在室温环境下干燥。其干燥条件是15～35℃，相对湿度不大于75%，包括溶剂挥发型涂料、氧化聚合型涂料、室温固化型涂料、乳胶漆等。室内施工时要加强通风，加速溶剂挥发，约6～10次/h。室外风速宜在3级(3.4～5.5m/s)以下。冬季露天作业时，常发生漆膜干燥缓慢现象。露天作业时不要使表面未干的漆膜过夜，防止潮气侵袭漆膜。

空气干燥的涂料，适用于建筑用漆和工程维护用漆，如汽车修理、船舶、桥梁、港埠建筑的涂漆等，还可用于不宜烘烤的物件如纸张、皮革、塑料等。

② 加速干燥　在工业涂漆中，为了缩短油漆施工周期，加快生产速度，常常将自干型漆在一定温度（一般为50～80℃）下加速干燥。例如：醇酸磁漆在常温下完全干燥需24h，而在70～80℃仅需3～4h。加速干燥的涂料催干剂的用量可较少。由于加速干燥的漆膜固化彻底，涂层在硬度、附着力等力学性能方面比自然干燥更好。酚醛磁漆、酯胶磁漆和醇酸漆等自干漆都可采用加速干燥的方法。

③ 烘烤干燥　这是工业涂饰中经常采用的方法，因为许多高质量的涂层是不能自然干燥的，而必须采用烘烤的方法才能固化。例如，氨基醇酸漆、沥青烘漆、有机硅耐热漆等都

需在一定温度（一般为120～130℃）条件下固化。烘烤干燥的涂层在硬度、附着力、耐久性、耐油、耐水、耐化学药品等方面的性能，比自然干燥的涂层要好得多。

在制定烘干规范时，要考虑到热容量大的被烘干物升温慢，一般烘干时间应从被烘干物升到预定的温度算起。涂料的颜色深浅不同，其烘干条件也有所差别，深颜色的烘干温度高，时间短，而浅色的烘干温度低，时间长。在烘干前要有充分的晾干时间，让溶剂挥发掉(尤其是腻子层)。

④ 辐射干燥　利用紫外线或电子束进行快速引发、聚合，硬化速度很快，紫外线固化在木材、塑料、纸张、皮革等平表面上涂膜的固化得到相当的应用。电感应式干燥的能量直接加在金属工件上，故树脂膜是从里向外被加热干燥，溶剂能快速彻底地散发逸出并使涂膜固化，粘接强度很高，在粘接领域得到较好的应用。微波干燥是特定的物质分子在微波(1mm～1m)的作用下振动而获得能量，产生热效应。微波干燥只限于非金属材质基底表面的涂膜，这一点正好与高频加热相反。微波干燥设备投资较大，但干燥均匀、速度快，干燥时间仅为常规方法的1/100～1/10。

9.4.2 漆膜的干燥过程

(1) 干燥过程

液体涂料涂于物件表面从流体层变为固体涂膜的物理或化学变化过程通称涂膜的干燥。涂料往往均要求一定的干燥时间，才能保证成膜后的质量。干燥的时间短，就可以避免涂饰工件沾上雨露尘土，并可缩短施工周期。

干燥过程依据涂膜物理性状主要是黏度的变化过程可分为不同阶段，习惯上分为表面干燥、实际干燥和完全干燥3个阶段，由于涂料的完全干燥所需时间较长，故一般只测定表面干燥（表干）和实际干燥（实干）。

漆膜的干燥过程一般分为以下三个阶段：

① 触指干燥或称表面干燥（或表干燥）　即涂膜从可流动的状态干燥到用手指轻触涂膜，手指上不沾漆，此时涂膜还感到发黏，并且留有指痕的干燥程度。

② 半硬干燥　涂膜继续干燥达到用手指轻按涂膜，在涂膜上不留有指痕的状态。从触指干燥到半硬干燥中间还有些不同的称呼，如不沾尘干燥、不黏着干燥、指压干燥等，在不同地区或行业中使用。在此阶段，涂膜还不能算完全干燥。

③ 完全干燥　用手指强压漆膜也不残留指纹，用手指急速捅漆膜，在漆膜上也不留有伤痕的状态，也用硬干（涂膜能抗压）、打磨干燥（涂膜干燥到能够打磨）等名词。不同的被涂物件对涂膜的完全干燥有不同的要求，如有的涂膜要求能经受打磨，有的涂膜要干燥到能经受住被涂物件的搬运、码垛堆放，因而它们的完全干燥达到的程度也就不同。一般涂料性能中规定的干燥时间的指标并不能表示涂料施工时对涂膜干燥的实际要求，因此对涂膜的干燥要求要依据被涂物件的条件而定。标准方法是用测试涂膜的力学性能如硬度来判断涂膜的干燥程度，达到规定的指标就可认为涂膜干燥。

美国ASTMD 1640—69（74）把干燥过程分成8个阶段，见表9-10。

(2) 干燥时间测定

① 表面干燥时间测定　常用的方法有吹棉球法、指触法［GB 1728—79（88）］和小玻璃球法（GB 6753.2—86）。

吹棉球法是在漆膜表面上放一脱脂棉球，用嘴沿水平方向轻吹棉球，如能吹走而膜面不留有棉丝，即认为表面干燥。指触法是以手指轻触漆膜表面，如感到有些发黏，但无漆粘在手指上，即认为表面干燥或称触指干。小玻璃球法是将约0.5g的直径为125～250μm的小玻璃球于50～150mm的高度倒在漆膜表面上，当漆膜上的小玻璃球能用刷子轻轻刷离，而

表 9-10　漆膜干燥程度的区分

编　号	名　称	干 燥 程 度
1	触指干燥	发黏但不粘手指
2	不粘尘干燥	漆面不粘尘
3	表面干燥	漆面无黏性，不粘棉花团
4	半硬干燥	手指轻捅漆膜不留指痕
5	干透	手指强压漆膜不留指痕，手指急速捅漆膜不留痕迹
6	打磨干燥	干燥到可打磨状态
7	完全干燥	无缺陷的完全干燥状态，漆膜力学性能达到技术指标
8	过烘干（烘烤温度过高或时间过长）	轻度过烘干，漆膜失光、变色、机械强度下降 严重过烘干，漆膜烤焦、机械强度严重下降

不损伤漆膜表面时，即认为达到表面干燥，记录其时间。按产品规定判断是否合格。

② 实际干燥时间测定　常用的有压滤纸法、压棉球法、刀片法和厚层干燥法。我国国家标准 GB 1728—79（88）有详细规定。在 ISO 9117—1990 标准中用对涂层施加负载以测定完全干燥程度的方法。

压滤纸法是在漆膜上用干燥试验器（如图 9-7 所示）压上一片定性滤纸，经 30s 后移去试验器，将样板翻转而滤纸能自由落下，即认为实际干燥。同样，压棉球法采用 30s 后移去试验器和脱脂棉球，若漆膜上无棉球痕迹及失光现象，即为实际干燥。

刀片法使用保险刀片，适用于厚涂层和腻子膜。厚层干燥法主要用于绝缘漆。

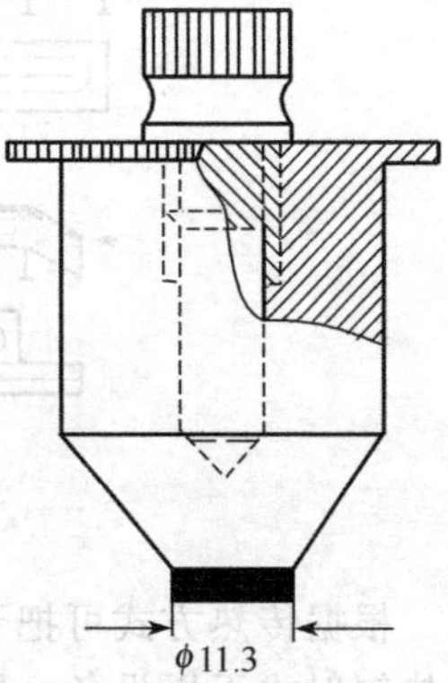

图 9-7　干燥试验器

涂料的干燥和涂膜的形成是一个进行得很缓慢的和连续的过程，因此为了能观察到干燥过程中的整个变化，可以用自动干燥时间测定器。利用电机通过减速箱带动齿轮，以 30mm/h 的缓慢速度在漆膜上直线走动，全程共 24h。随着漆膜的逐渐干燥，齿轮痕迹也逐步由深至浅，直至全部消失。另一种是利用电机带动盛有细沙的漏斗，在涂有漆膜的样板上缓慢移动，沙子就不断地掉落在漆膜上形成直线状的沙粒痕迹，以测定干燥的不同阶段所需要的时间。较先进的有利用针尖缓慢地在漆膜上画出半径 5cm 的圆，画一圈需 24h，这样就可在较小的试板面积上观察漆膜随时间而变化的干燥程度。

9.4.3　涂料的干燥设备

涂料干燥设备按外形结构可分为室式（烘房）、箱式（烘箱）、通道式（烘炉）。烘干室分为连续式和间歇式。连续式一般又称为烘道，又可分为直通式和桥式两种。连续式的干燥室适宜大批量的流水作业生产，涂漆工件置于传送装置上，由干燥室的一端以一定速度通过干燥室，从另一端出来。这种干燥设备的利用率较高。间歇式一般称为烘箱、烘房，适用于单件或小批量生产，干燥时用人工或传送装置将工件送入烘房内，干燥完全后再取出。

间歇式烘干室用于连接清洁室与外室，在外室将工件水磨清洁后，通过此烘干室干燥，再送入清洁室，清洁室喷好漆后，重新进入该烘干室烘烤，干燥后的工件送到外室进行检查后，包装或返工。除面漆以外的其他烘干工序也可作为一般的间歇式烘干室使用。

工件在连续式烘干室中是在传输链上边运动边烘干，为了有足够的干燥时间，烘干室往往是一个很长的通道。为了适应厂房的结构，往往设计为双行程和多行程。为了防止热空气溢漏，往往设计成为桥式的或半桥式的，因为热空气较轻，聚集在烘道上部，不易外溢。

图 9-8 为各种连续式烘道的结构示意图。图中（a）、（b）、（c）均为普通式烘道，其中（a）为单程式，工件分别由烘道的两端进出；（b）为双程式，工件的进口和出口均在烘道的同一端，而另一端则是封闭的；（c）为三程式，工件的进出口在烘道的两端。（d）和（e）均为半桥式，由于半桥式烘道烘干段的位置较高，有利于保持热量，因此半桥式烘道的另一端往往为封闭的，而工件的进出口均在同一端，故是双程或是四程的；（f）和（g）均为桥式的，桥式烘道的两端均低于烘干室底部，热量的溢出较少，桥式烘道的工件出入口一般在烘道的两端，设计为单行程、三行程等；（h）和（i）是双层式，（h）是桥式的双层式，（i）则是三行程双层式。

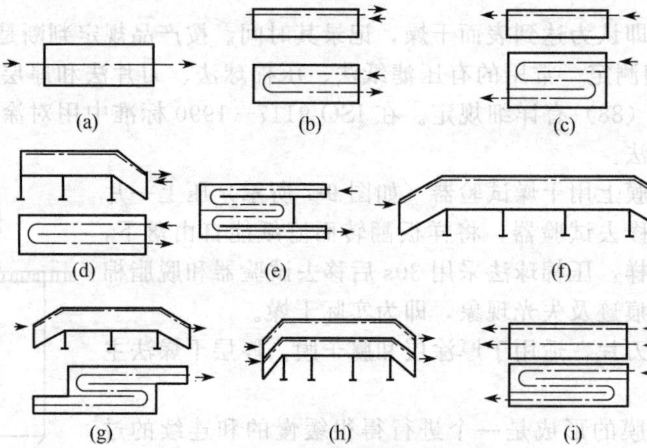

图 9-8 各种连续式烘道的结构示意图

根据传热方式可把干燥设备分为三类：借热空气加热的对流式干燥设备；借热辐射加热的热辐射式干燥设备，即红外线干燥设备；借电磁感应加热的感应式干燥设备。紫外光固化设备和电子束固化设备见 2.2.3 辐射固化涂料。

9.4.3.1 对流式干燥

对流式干燥设备是以对流方式传递热量。对流是加热后的流体的流动。热源首先加热传导介质空气，然后靠自然对流或强制对流将热量传递给被涂漆的工件。对流式干燥为热风烘干，热源为热水、蒸汽、电热燃油、燃气。利用间接对流如蒸汽、电热等是目前最普遍采用的加热方法。

（1）对流式干燥的特点

对流式干燥设备是最简单而又经济的干燥方法，加热均匀，适用范围广，缺点是升温速度慢、热效率低，而且操作温度不易控制。

对流式干燥的特点为：①热量的传导方向和溶剂蒸发的方向相反。漆层的表面受热后干燥成膜，使漆层下面的溶剂蒸气不易跑出，干燥速度变慢，如果溶剂蒸气的压力克服不了漆膜的阻力而留在里面，会使漆膜起泡或不干。溶剂的蒸气压力大于漆膜的阻力，冲破漆膜表面而产生针孔，因此漆膜的质量受到影响。②烘干时，必须将烘房内的空气加热，热消耗量大。③由于空气的导热性差，漆层的导热性也差，故对流式干燥速度不快。

（2）热风循环固化设备

热风循环的方法以空气为媒介，加热均匀，适合于各种形状和各种尺寸的工件，因此热风循环固化设备在目前应用最广泛。热风循环烘干室有各种类型，通常按生产组织分为间歇式和连续式（即通过式），按照使用的热源分为热水、室温、电及燃气等。图 9-9 是通过式热风循环烘干室的结构示意图。

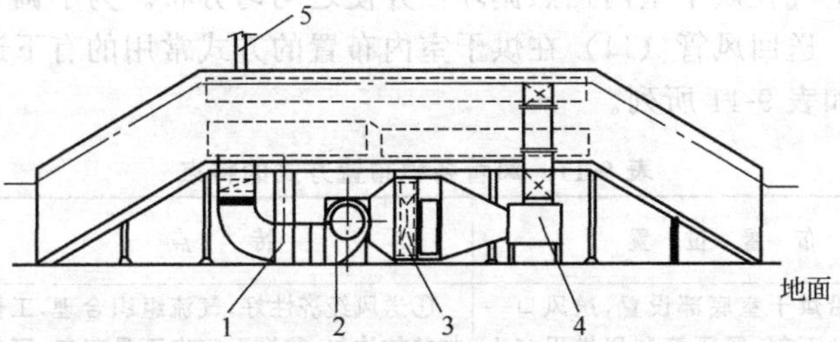

图 9-9 间接加执通过式热风循环烘干室

1—排风分配室；2—风机；3—过滤器；4—电加热器；5—排风管

(3) 设备主要系统的结构

热风循环固化设备由室体、加热器、空气幕和温度控制系统等部分组成（见图 9-10）。

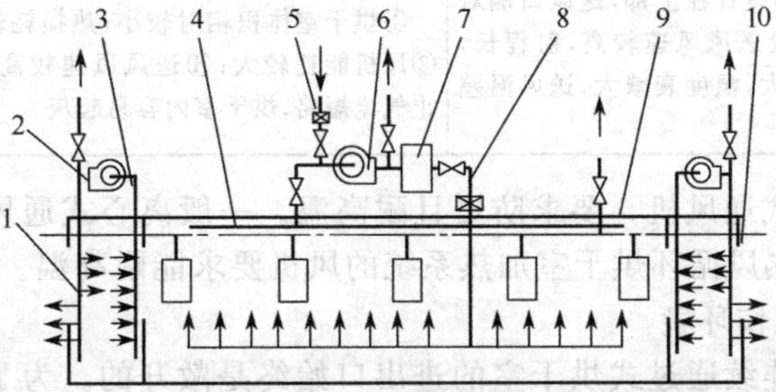

图 9-10 热风循环烘干室

1—空气幕送风管；2—空气幕送风机；3—空气幕吸风管；4—循环回风管道；5—空气过滤器；6—循环风机；7—空气加热器；8—循环空气过滤器；9—室体；10—悬挂输送机

1）室体　室体隔绝烘干室内的热空气，使之不与外界交流，使室内温度维持在一定的工艺范围内。室体是由骨架（槽轨）和护壁（护板）拼装成的箱式封闭空间结构。骨架是用钢板做成槽轨式，护板是预先制好的，一般用双层铁皮制成，中间填充矿渣、石棉等保温材料，在安装现场拼装为烘干室。

2）加热系统的组成　加热系统将进入烘干室的空气加热至一定的温度，通过风机将热空气引入烘干室，在烘干室的有效加热区内能形成热空气环流，连续加热工件。为使室内溶剂蒸气浓度处于安全范围内，烘干室需要排除部分热空气，同时吸入部分新鲜空气来补充。

① 空气加热器　用来加热烘干室内的循环空气以及烘干室外补充的新鲜空气，分为燃烧式、蒸汽（或热水）式以及电热式，其中电热式空气加热可控性好，结构紧凑，应用较多。

② 空气过滤器　分为干式纤维和黏性填充滤料过滤器。

干式纤维过滤器由内外两层不锈钢（或铝合金）网和夹在中间的玻璃纤维或特殊阻燃滤布组成，过滤层通过接触阻留、撞击、扩散、重力及静电作用进行滤尘，过滤精度较可靠。黏性填充滤料过滤器由内外两层不锈钢（或铝合金）网和中间填充带黏性油的玻璃纤维、金属丝或聚苯乙烯纤维制成，当含尘空气流经填料时，沿填料的空隙通道进行曲折运动，尘粒碰到黏性油被粘住捕获。黏性油要求能耐烘干室的工作温度，而且不易挥发和燃烧，一般用于烘干温度低于80℃的涂料，温度过高黏性油易挥发，常用于油性漆、溶剂挥发性涂料或双组分聚氨酯涂料。

③ 风管是引导热空气在烘干室内对流循环的系统，由送风管和吸风管组成。进出风口的位置应能促使热空气在烘干室内强烈循环，并使之均匀分布。为了调节进出风量，在进出风口处需设置闸板。送回风管（口）在烘干室内布置的方式常用的有下送上回式、侧送侧回式和上送上回式，如表 9-11 所列。

表 9-11 风管各种布置方式的特点

送回风管布置方式	布置位置	特点	适用范围
下送上回式	送风管沿烘干室底部设置，送风口一般设在工件下部；回风管利用烘干室上部空余空间设置；利用热空气的升力，送风风速低，送风温差较小	①送风经济性好，气流组织合理，工件加热较均匀；②烘干室内不易起灰，可保障涂层质量；③需占用烘干室底部的大量空间，烘干室体积相对较大	工件悬挂式输送，涂层质量要求较高，桥式烘干室更适用
侧送侧回式	单行程烘干室送、回风管沿保温护板设置；多行程烘干室送、回风管沿保温护板和工件运行中间空间布置	①送风经济性好，工件加热较均匀；②烘干室内不易起灰，可保证涂层质量；③气流组织设计要求较高	涂层质量要求较高，多行程烘干室可使其体积设计得较小
上送上回式	送、回风管均设计在上部，送风口侧对工件送风；一般送风风速较高，射程长，卷入的空气量大，温度衰减大，送风温差也大	①烘干室体积相对较小，热损耗较小；②风机能耗较大；③送风风速较高以防止气流短路，烘干室内容易起灰	不能在烘干室下部布置风管的场合，桥式烘干室应用较少

④ 风机　用离心式通风机，要求防爆且耐高温。一般离心式通风机输送介质的最高允许温度不超过 80℃，热风循环烘干室加热系统的风机要求能耐高温。风机的外壳要求保温，以减少热损耗和改善操作环境。

⑤ 空气幕系统　连续通过式烘干室的进出口始终是敞开的。为了减小烘干室的热量损失，除了把烘干室设计成桥式或半桥式外，通常在烘干室进出口处设置空气幕。空气幕是用风机喷射高速气流而形成的。烘干式通常使用双侧设置的具有两个独立通风系统的空气幕，并分别设置在烘干室的进出口处。空气幕出口风速为 10～20m/s。空气从空气幕出口射出的方向与门洞横截面的夹角为 30°～45°，向门洞内吹。

⑥ 温度控制　电热空气加热器的电热元件可分为常开组、调节组和补偿组。常开组和补偿组一般在开关烘干室时，由手工启闭接触器开关，在非常情况下也能通过电气线路连锁切断，通常要求常开组单独开启时，烘干室的升温量为设计总升温量的 50%～70%。调节组需通过温控仪自动控制，调节组的温度控制主要有两种方法：开关法和调功法。a. 开关法。采用带控制触点的温度控制仪表，当被控参数烘干室温度偏离设定值时，温控仪输出“通”或“断”两种输出信号启闭接触器，使调节组电热元件接通或断开，从而使烘干室温度保持在一定的范围内。b. 调功法。调节组接线完成后，调节组电热元件的电阻就是一个固定值。这时调整电热元件的输入电压，可以方便地调整它的输出功率。

9.4.3.2 辐射式干燥

(1) 辐射式干燥的原理

辐射式干燥的能源是从热源辐射出来呈电磁波在空气中传播，辐射到被涂物件后被直接吸收转换成热能，使涂膜和底材同时加热。

以红外线为辐射热源的干燥设备称为红外线干燥设备。波长 0.35～0.75μm 的辐射是可见光，0.75～1000μm 的辐射属红外线。目前在涂料干燥设备中广泛使用远红外线辐射加热方式。远红外就是指在红外线波长的范围内波长较长的一段红外线，一般为 5.6～1000μm。远红外辐射器的表面温度可大大低于近红外辐射器，辐射器的自身耗能低，表面升温快。远红外线可引起成膜聚合物的共振，所以远红外辐射干燥的效果要比近红外辐射更好。

辐射式干燥的特点是辐射热不需任何中间介质（空气、液体），靠电磁波传递热量。由辐射器发出的红外线（辐射能）直接辐射到物体表面，被吸收后转变为热能，它不受周围介质的影响，具有升温速度快、热效率高和烘干效率高的优点，但有照射盲点，温度不易均匀。

远红外线干燥有以下特点：①干燥速度快，由于自内层向外干燥，溶剂易于挥发，因而可大大缩短干燥时间，一般可提高效率 1～2 倍。②漆层干燥均匀，可避免或大大减少由于溶剂蒸发而产生的针孔、起泡现象。③升温迅速，大大缩短了烘干设备的占用时间。④远红外线干燥设备结构简单，效率高，节约设备投资和占地面积。⑤远红外线辐射具有方向性，可用于局部加热。⑥远红外线以直线运行，因此要尽量使工件表面受到红外线的直接照射，才能取得良好效果。

远红外线干燥可节约电力 30%～50%，产量提高 2 倍以上，缩短干燥时间 50%左右，大大提高和改善了劳动条件等。

(2) 远红外线辐射器

各种类型的远红外线辐射固化设备归纳起来一般由烘干室的室体、辐射加热器、空气幕和温度控制系统等部分组成。红外辐射烘干室的室体、空气幕与热风烘干室的相似。

1) 辐射加热器　远红外线辐射材料通常选用辐射率较大，在远红外区域单色辐射率也较高的材料，如氧化铬、氧化钴、氧化锆、氧化钇、氧化钛、氧化镁、氧化铁红及碳化铬、碳化硅和碳化钛等，以及其氧化物和硼化物。将一种或数种材料和高温黏结剂按一定比例混合磨细烧结，就成为辐射源的涂料。

① 辐射加热器的构造　辐射加热器根据热源分为电热式和燃气式。电热式又分为旁热式、直热式和半导体式。

a. 旁热式。电热体的热能经过中间介质传给远红外线辐射层，被间接加热的辐射层向外辐射远红外线，按外形可分为管式、板式和灯泡式三种。

管式辐射器（见图 9-11）是在不锈钢管中装一根镍铬电阻丝，用导热性及绝缘性好的氧化镁粉填充电阻丝与管壁之间的空隙，管壁外涂覆一层远红外线辐射涂料。通电加热后，管子表面温度 500～700℃，远红外线辐射涂层会发出远红外线。若采用石英管或陶瓷管，电阻丝与管壁间可不填充导热绝缘材料。陶瓷管一般由碳化硅、铁锰及稀土金属氧化物烧结而成，其中铁锰稀土金属氧化物在远红外线区有非常高的辐射能力（不必在表面涂覆远红外线涂层），可显著提高效率。

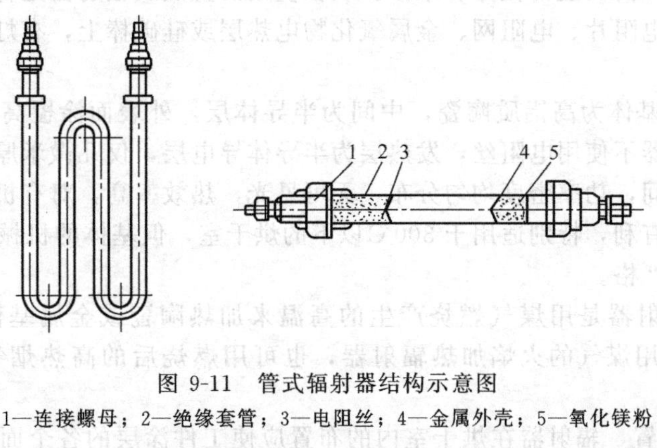

图 9-11　管式辐射器结构示意图

1—连接螺母；2—绝缘套管；3—电阻丝；4—金属外壳；5—氧化镁粉

管式辐射器在管子背面通常安装抛物线形反射装置，开口大小可根据工件的形状及大小设置，通常采用抛光铝板，其黑度小（0.04 左右），反射率较高。烘干室内的尘埃及涂料烘干时的挥发物污染，会影响反射装置的反射效率，要经常进行清理。

板式辐射器（见图 9-12）是用涂有远红外线辐射涂料的碳化硅板，板内有预先设计好安装电阻丝的沟槽回路，板的厚度为 15～20mm，板的背面是绝缘保温材料。板式辐射器的温度分布比较均匀，适用于平板状工件，但背面的热能不能充分利用，热效率不高，而且板内的电阻丝直接暴露在空气里，容易氧化损坏。

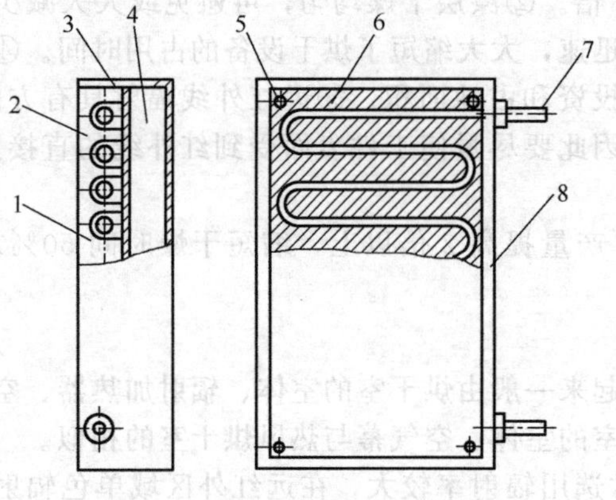

图 9-12 板式辐射器结构示意图

1—远红外辐射器；2—碳化硅板；3—电阻丝压板；4—保温材料；5—安装螺母；6—电阻丝；7—接丝装置；8—外壳

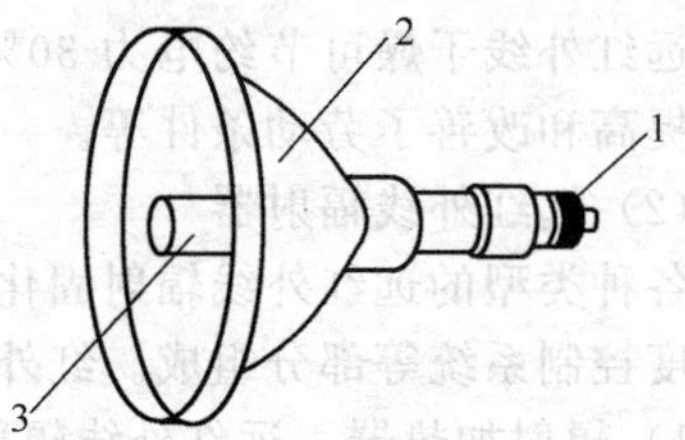

图 9-13 灯泡式辐射器结构示意图

1—灯头；2—发射罩；3—辐射元件

灯泡式辐射器（见图 9-13）外形与一般红外线灯泡相似，但不是真空或充气式发热器，通常由电阻丝嵌绕在碳化硅或其他金属氧化物的复合烧结物内制成。灯泡式的远红外线更容易通过反射装置汇聚，而且受照射距离影响较小，照射距离为 200～600mm 处的温差小于 20℃，适用于较大和形状相对复杂的工件，在同一个烘干室内能够处理大小不同的工件。

b. 直热式。目前采用较多的是电阻带直热式远红外线辐射器。电阻带是电热体，以镍铬不锈钢制成，厚度为 0.5mm 左右，在其表面采用等离子喷涂法或搪瓷釉涂料烧成远红外线涂层。远红外线涂料直接涂覆在电阻带上面，不需要中间介质的传热，升温速度快，热惰性小，适用于间歇加热的场合。这种辐射器的涂层容易脱落，而且电阻带在使用中热变形较大，有时容易短路，需要经常检查和维修。现在使用的直热式辐射器是将远红外辐射涂料直接涂覆在电阻线、电阻片、电阻网、金属氧化物电热层或硅碳棒上，有灯式、带式、板式和异型等。

c. 半导体式。基体为高铝质陶瓷，中间为半导体层，外表面涂覆高辐射能力的远红外线涂层。这种辐射器不使用电阻丝，发热层为半导体导电层，仅几微米厚，以薄膜形式固熔于基体和辐射层之间，功率密度均匀分布，无可见光，热效率高，对有机高分子化合物以及含水物质加热非常有利，特别适用于 300℃以下的烘干室，但基体的机械强度没有金属管的高，使用要求比较严格。

煤气远红外辐射器是用煤气燃烧产生的高温来加热陶瓷或金属基体以及远红外辐射涂层来实现的，可用煤气的火焰加热辐射器，也可用燃烧后的高热烟气在辐射器内流动来加热。

② 辐射器的布置　辐射器在烘干室内的布置应使工件涂层的各个面受热均匀。烘干室内布置辐射加热器时，由下而上加热器数量递减，尽量保证工件同时加热。高度超过 1.5m 的烘干室沿垂直方向一般分为三个区：下区辐射器的功率为总功率的 50%～60%，中区为

30%～40%，上区为5%～15%，因为上部有对流热，不需要太高的辐射能量。辐射器不能距离工件过远，常用的距离为120～300mm。

2）通风系统　辐射烘干室的通风系统主要有三个作用：①保持室内溶剂蒸气的浓度在爆炸下限以下；②加速水和溶剂蒸气的排出；③使室内气体在通过式烘干室的两端开口处不外逸，即使有少量外逸，也应使溶剂蒸气浓度符合劳动卫生的要求。

通风系统可分两类：一类为自然排气，不用机械强制通风，而是利用排气烟囱排出，适用于水性涂料、低溶剂涂料及干燥水分的烘干室。另一类为机械强制通风系统，有机溶剂型涂料均用这类系统。机械强制通风系统由主风机、主风管、支风管及蝶阀组成。工件进入烘干室5～8min时，溶剂急剧挥发，10min后，涂料中溶剂的95%已挥发。烘干室支风管应在进入烘干室后5～8min的长度内适当多些。支风管吸风口的风速0.8～2.3m/s，过大影响室内温度的均匀。每个支风管上可设置插板式调节装置，以控制风量及风速。支风管与主风道连接，主风道在室体做成变截面，使各支风管流量均匀，主风管风速为4～6m/s。要采取适当的措施防护风机噪声（80～100dB）。高温烘干室的排气温度为80～120℃，为了减少对车间的散热，排气管表面应包一层绝热材料。

3）温度控制系统　温度控制系统要保证室内各段温度场达到工艺要求，由测量、显示及控制仪表组成。

测量仪表大多采用热电偶感温和热电阻感温，简易低温烘干室也有采用玻璃温度计的，目前多采用热电偶感温元件。温度检测点的布置可根据工艺对升温段及保温段的温度要求来设置。横断面较小的烘干室可在中部设一个检测点，横断面较大时，最好在每节的上、中、下部均设温度检测点。热电偶不应装在辐射器、烘干室进出口、支风管附近。热电偶的接线盒距室体侧壁约200mm，若太近就影响测量精度。热电偶插入室体的深度须大于其保护管外径的8～10倍，热端应尽量接近工件又不致被碰撞。

（3）远红外辐射的应用

用各种辐射器组装成各种辐射烘炉，在涂上涂膜的被涂物件通过烘炉时，远红外线可穿透到涂层内部，故涂膜干燥时是上下均匀一致的，远红外线能量很容易吸收到金属表面，并且转化为热量，从而促进了涂层的干燥，一般比对流式干燥可缩短干燥时间1/3～2/3。远红外线板式加热器在与被涂有白色丙烯酸粉末涂料的电冰箱外壳距离250mm时照射6min即能干燥，而在间接式热风炉中则需在180℃烘烤20min。

在使用辐射式干燥涂膜时，除了要注意辐射器的选型外，还要注意以下几个问题：

① 辐射强度与距离的平方成反比，烘道式加热炉的设计辐射距离一般为125～500mm，距离太近容易造成加热不均匀。平板工件与辐射源的距离为80～100mm，形状比较复杂的工件为250～300mm。

② 使被照面与加热器表面之间的距离尽量一致，以保证各点均匀照射。有效利用远红外线的直射性，异型被照物的加热要考虑炉内加热元件的合理匹配和造型，尽可能使整个表面均得到辐射。管式辐射器则应该安装反射率高、黑度低的反射板，使远红外线通过反射板汇聚后向工件反射，安装抛物线形反射装置的管式远红外线辐射器的辐射能力较安装反射平板的同类辐射器高出30%～50%。

③ 辐射器的辐射能力与其表面热力学温度的4次方成正比，即表面温度少量增加，就能显著提高辐射的能量，但热力学温度越高，其峰值波长就越短，即波长向近红外线和可见光方向移动，不利于涂层利用辐射能。任何辐射烘干室的传热都有对流，而对流的传热量同辐射器表面温度与烘干室内温度之差成正比，要提高涂层吸收辐射热的比例，但又不能将辐射器表面温度升得过高，即在满足辐射器峰值波长在远红外线范围内的条件下，尽可能升高其表面温度。辐射器的表面温度为350～550℃。

④ 物质的颜色不同，对红外线的吸收率不同。深色的比浅色的干燥快。用红外线吸收率最低的抛光铝板作干燥室的反光装置，可更有效地利用辐射能。为了提高效率和获得均匀分布，采用抛物线状反射板材，以使辐射线断面集中被照物上，成平行射线垂直于辐射面上。涂层材料的黑度越大，则吸收的辐射能也越多。辐射烘干的涂料应尽量选择黑度大的。黑度不仅因材料的种类而异，而且还因材料的表面形状及温度而异。

⑤ 可采用可控硅元件调压来控制温度。为防爆，必须将接线端头安放在炉体外面。支架及接头部分要用耐热绝缘材料绝缘。

⑥ 涂料中的高分子树脂在远红外波长范围内有很宽的吸收带。水及绝大多数溶剂均为极性分子，它们的固有振动频率或转动频率大多位于红外波段内，能强烈吸收与其频率相一致的红外辐射能量。辐射器的辐射波长应处于中红外或远红外辐射范围内。在烘干室内的水分及溶剂的蒸气使辐射通量衰减，漆膜得到的辐射能量减少，对烘干是不利的，需要排除，排除溶剂的蒸气需有良好通风，以利于炉内清洁。辐射器表面的积尘也影响辐射能的发射，因此，烘干室的工作环境要求比较干净，辐射器表面要定期清理。

(4) 高红外辐射

高红外辐射是辐射固化的新发展。通电后，2200～2400℃的钨丝发出短波高能的近红外线；钨丝外罩石英管，管外表温度约800℃，辐射中波红外线；背衬定向反射屏，温度可达500～600℃，辐射低能量远红外线。各波段红外线成分的比例并不均等，以达到对被加热物的吸收有最佳的能量匹配。高红外加热元件的表面功率为15～25W/cm^2，启动时间仅3～5s（远红外辐射元件的表面功率是3～5W/cm^2，启动时间需5～15min），热惯性小。因此高红外加热的最大特点是瞬间快速加热到烘干温度。

钨丝产生红外线几乎全部透过透明石英管向外辐射，近红外线波段（0.75～2.5μm）辐射能量高达76%，中（2.5～4.0μm）、远红外线（4～15μm）辐射能量仅占24%，高能量的近红外线将穿透涂膜直接对底材加热，升温时间只需几十秒，比对流加热的升温时间（约十几分钟）短得多。若用乳白色石英管，热源产生的红外线几乎被石英玻璃吸收而产生二次辐射，管表面温度仅450℃，这样，近红外线辐射能量仅4%，远红外线占96%，能被涂膜中的有机物有效吸收。石英管规格分为ϕ12和ϕ20两种，长度1.0m、1.2m和1.5m，功率3～5kW，使用寿命5000h以上。

含有慢挥发溶剂的涂料，如水性漆，为防止急速升温时产生的爆孔，可用低辐照能量密度；形状复杂或厚薄悬殊的工件也应降低辐照密度，防止局部过烘烤。在保温段，由于对流热的存在，上部辐照密度应比下部低，并且最好能适当地配置循环风。在高红外加热烘道内，可用8～12μm红外光导纤维传感器来非接触测量工件表面温度，或用铂薄膜测温仪直接测量，由此精心调整各部位的辐照密度，保证烘道内温度均匀一致。

不同种类涂料的红外线辐照密度如下：水性涂料10～15kW/m^2；溶剂性烘漆15kW/m^2；粉末涂料35kW/m^2。辐射元件与工件距离250～300mm。

钢瓶生产线上每分钟单产1只，按传统加热方式，烘干时间20min，加热区要20m，引桥为7m，烘道总长27m，占地总面积400m^2，装机功率要120kW。采用高红外加热，烘烤时间仅55～58s，加热区1.7m，引桥为2m，烘炉总长3.7m，占地面积仅35m^2，装机容量为80.5kW。

9.4.3.3 辐射对流式干燥

辐射对流烘干是将辐射和对流两种传导方式相结合，适用于形状复杂的大型被涂物件。辐射烘干设备虽然有热交换效率高、升温速度快、干燥时间短、涂层固化质量好等优点，但也存在着烘炉内温度不均匀、对形状复杂的工件有照射阴影等缺点，因而影响整个涂层干燥的质量。对流烘干时，涂层由外向内传导换热进行干燥，所以干燥时间长、升温速度慢、效率低、质量也较差。但对流传热烘炉内温度均匀，没有照射阴影的缺点，而且还能吹散吸附于被涂表面的气膜，并使溶剂或水蒸气能迅速排出烘炉，有利于漆膜的干燥。

辐射对流烘干兼有辐射烘干和对流烘干的优点，并克服彼此的缺点，因而是一种较理想的烘干方法。这种烘干方式适用于各种底材和形状的被涂物，对形状复杂的大型被涂物及水性涂料的固化更为有利。辐射对流烘干设备按能源不同，分为电加热辐射热风对流和燃气辐射热风对流两类。辐射和对流的电源控制分开设置时，也可作为辐射和对流两种固化设备使用，可分别运用于平板和结构复杂的工件的涂层固化使用，但辐射对流烘干设备价格较贵，结构比普通固化设备复杂，目前使用较少。

9.4.3.4 电感应干燥

电感应干燥又称高频加热，将涂有涂膜的金属物件放入线圈内，线圈通 300～400Hz/s 的交流电，产生电磁场，电磁能在导电物件内部转化为热能，使金属物件本身先受热，然后把热能传向涂层，使涂层干燥。干燥过程是由底部开始的，所以能促进涂层中溶剂完全蒸发，并且加快化学交联的进行。干燥后的涂层具有较好的性能。电感应烘炉的最高温度可达 250～280℃，以电流强度来调节温度，但耗电多。

感应加热已用于粉末涂料和液态涂料的施工，突出的特性是工厂的规模紧凑，并大幅度缩短固化反应时间，即从传统的 20min 缩短为几秒。一个传统烘炉约占 $200m^2$ 的加热区，而感应加热区只占约 $0.5m^2$，固化周期约为 17s。感应加热工艺十分灵活，工件可在涂料施工之前、之中和之后来加热。流化床施工热塑性粉末涂料时，导电性工件能在流化床涂装室内用感应法加热，工件只在表面上受热，对不导电的粉末材料没有什么影响。

9.5 涂装工艺举例

汽车车身涂装既要求外观装饰性，又要求防腐蚀性及其他保护性能，因此其涂装工艺要求较高，具有代表性。自行车、家用电器等各种钢铁制备的轻工产品的涂装工艺通常比汽车的涂装工艺简单，熟悉和理解汽车涂装工艺后，就很容易理解很多工业产品的涂装工艺。

表 9-12 是国内外汽车涂装普遍采用的涂装工艺卡实例，适用于中级轿车和轻型载重汽车车身涂装，其质量标准介于一、二级涂层之间，内容和编写方式在工业涂装中具有代表性。

中级轿车和轻型载重汽车由于产量大、质量要求高，都采取大批量的流水线生产方式在现代化的涂装车间中进行生产。整个生产过程，由一整套机械化运输系统实施工件在各工序中的传送和在各工段间的调剂，保证流水线的正常有序进行。采用自动喷涂设备，减轻工人劳动强度，保证涂膜厚度的均匀性和优良外观。车间洁净度高，特别是在喷漆室、闪干区和烘道中，为高洁净区，防止漆膜表面产生颗粒。各工段的工艺条件实施自动化控制和管理，保证整个涂层质量最佳。

从涂层厚度来看，汽车涂层是复合涂层。高级轿车一般采用 4C4B（“C”代表 coat，“B”代表 bake 即烘干）或 5C5B 涂层体系，即分别涂底漆、中涂漆、面漆和罩光清漆共 4～5 次，并烘 4～5 次；一般轿车则采用 3C3B 涂层体系，分别涂和烘底漆、中涂和面漆；卡车、吉普车车身和覆盖件及客车车厢采取 2C2B 涂层体系，即分别涂和烘底漆与面漆。厚度 $40\mu m$ 的面漆都采用“湿碰湿”工艺，喷两道后一并烘烤。对于厚度 $50\mu m$ 的中涂层，可采取喷一道、烘干、打磨，再喷一烘一打磨工艺，使之表面有足够平整度，也可采用湿碰湿工艺方式，减少烘干能耗。

表 9-12　涂装工艺卡举例

厂	分厂＿＿＿ 车间＿＿＿ 组(或线)＿＿＿	工艺卡组号 车漆艺1#		更改	工序号 更改依据 签名日期		
工序号	涂装及检验工序内容	设备、夹具和工具			材料		备注
		名称	图号	数量	名称	型号	
	进入涂装车间的白车身表面应无锈、无坑凹等						
1	将验收合格的白车身挂到漆前表面处理专用的运输链上	悬挂式运输链		1			
		气动升降台		1			
2	手工擦洗不易清洗掉的拉延油、密封料、富锌底漆等				溶剂汽油		
3	进行去油、磷化处理	7室联合磷化机		1			
	去油:用60℃的清洗液冲洗或浸洗1.5～4min				清洗剂		
	温水洗:用40℃的温水冲洗0.4～0.5min						
	水洗:用室温水冲洗0.4～0.5min						
	磷化:用50～60℃的磷化液喷射(或浸喷结合)处理1～2min,浓度为12～17点				磷化液	2#	
	水洗:用室温水冲洗0.5min						
	水洗:用室温水冲洗(或浸洗)0.5～1min						
	纯水洗:用室温的去离子水冲洗0.1min						
4	热风吹干:气温100℃,3min	热风吹干室		1			
5	自然或强制冷却						
6	用电泳法涂底漆	电泳槽		1	阴极电泳底漆	U-30型	备有超滤装置
	电泳时间:3min;电泳电压:200～350V;pH值6.4～6.7	直流电源		1			
	固体分18%～20%;槽液温度27℃±1℃;	调温装置		1			
7	电泳后水洗,分四次清洗:	四段水洗室		1			
	(1)在槽上用循环超滤液清洗,流入溢流槽中						
	(2)用循环超滤液第二次清洗						
	(3)用新鲜的循环超滤液第三次清洗						
	(4)用去离子水淋洗	去离子水装置		1			
8	在170～180℃烘干15～25min	烘干室		1			
9	冷却,用目测法检查表面缺陷						
10	修正缺陷				水砂纸	240#	
	车身底板下表面喷涂防声、耐磨、耐腐蚀涂料,在车身焊缝处压涂密封胶	喷漆室		1	防声涂料		
11	擦净车身外表面	高压无气大口径喷枪		1	密封胶		11工序后车身转放在地板式运输链上
		压涂枪		1			

续表

厂	分厂____ 车间____ 组(或线)____	工艺卡组号	更改		工序号		
		车漆艺1#			更改依据		
					签名日期		
工序号	涂装及检验工序内容	设备、夹具和工具			材料		备注
		名称	图号	数量	名称	型号	
12	在车身外表面喷涂二道浆，黏度(20℃)22～24s(涂-4杯)	静电喷漆室电喷枪		1 4	环氧-胺二道浆		
13	在140℃下烘25～30min	烘干室		1			
14	冷却后进行湿打磨(手工和机动结合)，擦净	旋转打磨机			水砂纸	360～400#	
15	用去离子水清洗	水洗装置		1			
16	烘干水分，140℃，7min						
17	擦净待涂面漆的表面	擦净室		1	能粘灰的砂布		
18	采用"湿碰湿"工艺喷涂面漆 本色氨基面漆两道，黏度(20℃)22～24s(涂-4杯)，膜厚30～40μm 金属闪光丙烯酸面漆三道(两道色漆加一道罩光清漆)膜厚50～60μm	上送下抽风喷漆室		1	各色氨基磁漆或闪光丙烯酸磁漆		
19	晾干5～10min	晾干室		1			
20	在140℃烘25～30min	烘干室		1			
21	自然或强制冷却						
22	最终技术检查						
	(1)不允许有尘埃、流痕、颗粒、凹坑、色不均匀等缺陷(目测法)						
	(2)漆膜硬度和厚度应符合技术要求，合格品发往装配内饰车间。外观不合格品返回或送往修补涂漆线返修，工艺为：湿打磨消除缺陷→烘干水分→修补部位补喷面漆→最终技术检查						
拟订	技术科长	检查科长	厂长		共 页 第 页		

汽车车体一般由钢材制成。冷轧钢因引起腐蚀的因素多而不适合用于汽车车体。冷轧钢导致腐蚀主要是由退火工艺所引起的。钢冷轧时需要用油作润滑剂，冷轧后进行退火。退火工艺有两种：一种是将钢卷材放入退火炉并加热至500℃，以消除在轧制期间所引起的应力，如果钢卷材卷得紧，油不能从钢材表面上挥发出去，而是部分分解，形成的碳化物嵌在钢表面内，清洗除不去，造成涂层不均匀。另一种为带材退火，即将钢材作为一单层经过退火炉，油会被烤熔结在钢材表面上，尤其在卷材退火工艺中更甚。为使腐蚀降低到最小程度，通常选用镀层钢，如电镀锌、电镀镍-锌合金以及镀铝-锌合金层的钢，用作汽车车体。

9.5.1 漆前表面处理

制成钢质汽车车身后，将门、发动机罩和行李箱盖固定上，然后将车身除去油污，进行锌盐磷化，磷化层约2g/m^2，厚度约5μm。磷化后须充分漂洗，以除去残留的可溶盐和疏松的结晶，因为可溶性盐类会促进腐蚀。最后的漂洗水含有铬酸，能沉积出少量铬酸盐，起钝化剂的作用。

9.5.2 电泳涂料底漆

绝大多数汽车都用阴极电泳底漆打底，漆膜具有优良的湿附着力。电泳漆能形成均匀完整的覆盖，凹入部位如车门下，通常的喷涂喷不上。电泳漆厚度相当均匀，约为25μm，虽然具有优良的防腐蚀性能，但缺乏对粗糙表面的填平能力，且面漆与电泳漆膜表面之间的附着力不好。

9.5.3 中间层

采用底漆二道浆（也称为过渡层、底漆）来解决面漆在电泳底漆表面上附着力不好的问题。二道浆采用聚酯或环氧酯，比丙烯酸面漆和环氧电泳底漆之间的附着力好。有时用双组分聚氨酯二道浆，它比电泳底漆的交联密度低，面漆里的溶剂渗入到二道浆漆膜中以提高附着力。二道浆的 PVC 一般要比 CPVC 高，面漆中的少量漆料能渗入到二道浆漆膜中，其漆膜表面的粗糙度也增进面漆的附着，而且能相当容易地被打磨，过分粗糙的部位可以打磨光滑。现在某些汽车上使用粉末二道浆，可减少 VOC，改善抗碎裂性。电泳底漆通常采用150℃的烘烤，粉末二道浆的烘烤温度也是这个温度。在电泳底漆表面上涂封闭底漆可改进面漆的附着力。封闭底漆是一种用强溶剂的低固体分面漆，在面漆前涂装，其溶剂可使底漆表面略微软化，以增强面漆附着力。现行的趋势是使用色彩协调的二道浆，当面漆较薄而且遮盖力不好时，能改善漆膜外观，但这种二道浆须具有良好的户外耐久性，否则面漆较薄的地方，紫外线辐射会使底漆降解，此二道浆中加入紫外线吸收剂和 HALS（位阻胺）稳定剂，能改善耐紫外线性能。

抗碎裂性底漆也称为防石击漆，抗击道路上抛来的石子对车体的冲击，涂装在汽车整个外部壳体的电泳底漆上。防石击漆为有机溶胶或封闭型异氰酸酯作交联剂的聚氨酯类。

9.5.4 面漆

面漆要求的主要是外观装饰性。高光泽的面漆必须长期保持其光泽。涂料使用的树脂要具有耐光氧化和耐水解性，颜料要求耐久性。实际应用中还有许多其他要求，如耐洗刷性、耐鸟粪、耐酸雨、烈日下耐暴雨、耐砾石块对汽车的冲击、耐汽油溅落等等。在20世纪80年代初，所有的面漆均为单种涂层，即以几道涂装单一组分，现在大部分由底涂层-清漆系统所取代，即含有着色颜料的底涂层覆以透明清漆层。底涂层-清漆系统比单种涂层具有更高的光泽和保色性。

(1) 金属闪光色

无论是单种涂层还是底涂层-清漆复合涂层面漆，大多都采用金属闪光色或其他彩色。金属闪光型漆膜的颜色随视角的变化而变化，当以接近法线的角度观测时，颜色明亮，而以较大角度观测时，颜色较暗。要达到好的金属闪光效果，就要求除铝片外，漆膜的光散射最低，且铝片平行于表面产生定向作用。为降低光散射，就需要在无铝片情况下，其他颜料分散后形成的涂膜是透明的，且涂料中所有的树脂和助剂必须相容，确保涂膜无浑浊。现在没有搞清为何铝片会定向。涂料的固体分越低，铝片的排列一般就越好，雾化条件、溶剂挥发速率、喷涂距离都会对铝片排列产生实质性影响。静电喷涂不易获得有良好表面粗糙度及金属定向的漆膜。

(2) 面漆类型

1) 单种涂层 大多数单种涂层采用热固性丙烯酸和三聚氰胺甲醛（MF）树脂配制。为了达到高光泽，颜料含量要低。在单色类中使用8%～9%的 PVC；在金属色类情况下，PVC 要小得多，为2%～4%。由于颜料含量低，要遮盖就需要相当厚的涂膜（约为

50μm），采用喷涂，一些部位干膜的厚度要超过 50μm，如在风挡与前门开口之间的部位。在 20 世纪 80 年代初，日本把粉末涂料用作非金属光泽的单种涂层，因为粉末涂料难以得到金属闪光色。现在主要研究粉末清漆层，细粒径的粉末能使清漆层达到所需要的粗糙度，如平均粒径 10μm 且粒径分布狭窄的环氧官能丙烯酸树脂，用粒径约为 3μm 的十二烷二酸配制成的粉末涂料，具有良好的表面粗糙度。高性能溶剂型单种涂层的最高固体分大约为 45NVV（不挥发分体积分数）。

2）底涂层-清漆复合涂层

① 复合涂层　清漆层因缺乏颜料的遮盖吸收作用，通常户外耐久性不好，需要采用耐光性好的基料，并且加入光稳定剂（HALS 与紫外线吸收剂合用），这样的清漆层有长效户外耐久性。

底涂层-清漆复合涂层总的漆膜厚度略大于单种系统的膜厚。复合涂层中的底涂层 PVC 比单种涂层的多一倍，干膜厚度 20～30μm 就可达到 50μm 厚单种涂层的遮盖力。清漆层厚度须在 40～50μm，因为薄清漆层（30～35μm 以下）尽管外观满意，但耐久性不足。

为使清漆在高的固含量下能进行喷涂，而又不引起流挂，就必须添加触变剂，常规型触变剂由于光散射而降低了光泽，会使涂料起雾，因此，就需要设计与丙烯酸基料具有相同折射率的触变剂，如丙烯酸微凝胶，它是略微交联且能高度溶胀的凝胶粒子，不溶于涂料中。

采用“湿碰湿”涂装底涂层-清漆复合涂层，清漆层涂在湿底涂层上，整个体系只需烘烤一次就可。湿底涂层的溶剂需要闪干，再喷下一道，闪干时间一般 2min，不过这个时间随喷漆室通风条件以及涂料配方而变。为缩短闪干时间，有时需要在底涂层涂料中加入少量蜡、硬脂酸锌或醋丁纤维素，而且这也有助于铝片定向并使涂层变形降到最低程度，但加得太多就影响漆膜的层间附着力。

② 底涂层　一般用 MF 交联的热固性丙烯酸树脂或羟基聚氨酯改性聚酯，还可使用水性底涂层与高固体溶剂型清漆层。底涂层较薄，晾干时间较长，这都减少了爆孔，但水性底涂层需要除水烘烤。水性底涂层的低固体含量（15～20NVV）使铝粉定向容易，基料有水稀释丙烯酸树脂、水稀释聚酯-聚氨酯和丙烯酸乳胶，从流变性与铝片定向来看，宜使用丙烯酸乳胶。

③ 清漆层　除要求高光泽外，清漆层还要考虑 VOC、耐环境腐蚀、耐磨损性和费用等。大多数清漆层均为采用不同交联剂的丙烯酸树脂，但不能获得很高的体积固体分，现在研究用低分子量聚酯和聚氨酯多元醇与丙烯酸树脂混合提高固体分。

羟基丙烯酸可用 MF 树脂、多异氰酸酯交联；环氧官能团的丙烯酸树脂可用双羧酸进行交联；三烷氧基硅烷官能团的丙烯酸树脂可通过与大气中的水反应进行交联，使用辅助交联剂如像封闭型多异氰酸酯类和/或 MF 树脂可进一步增强用硅烷功能丙烯酸类所获得的性能，以 3,5-二甲基吡唑或 1,2,4-三唑封闭的多异氰酸酯为佳，因为它们可以在稍微低一点的温度下固化且没有甲乙酮封闭的异氰酸酯类的泛黄问题。

④ 耐环境腐蚀性　底涂层-清漆复合涂层在某些场所经过几天或几星期之后，在清漆层中出现浅薄而隐蔽的麻坑，这是由于涂料在酸性条件下的水解稳定性差造成的。MF 交联涂料可通过提高 T_g 来改进耐环境腐蚀性，高 T_g 可以减少水汽对清漆层的渗透。聚氨酯更耐酸性条件下的水解，异氰酸酯交联的丙烯酸树脂一般具有优良的耐环境腐蚀性。

MF 交联树脂的漆膜摩擦系数低，改善了耐擦伤性，但一般耐环境腐蚀性欠佳，因为羟基丙烯酸树脂-MF 漆膜中的活化醚基耐水解较差。聚氨酯交联的涂料具有良好的耐环境腐蚀性，但耐擦伤性不良。将聚氨酯和 MF 结合在一起进行交联，以及用辅助交联剂交联的硅烷基丙烯酸树脂，同时具有耐擦伤和耐环境腐蚀性。耐擦伤性还可通过在丙烯酸树脂中加入一些丙烯酸氟化烷酯大体来减少摩擦系数进行改进。羧酸交联环氧官能丙烯酸类的耐擦伤性不好。水性清漆层也在使用，如 H_{12}MDI 封闭异氰酸酯作带羟基苯丙乳胶的交联剂。

大多数聚氨酯清漆层为双组分涂料，需要使用双组分喷涂系统。由二异氰酸酯与二元醇（如新戊二醇）反应所产生的低分子量羟基聚氨酯，用 MF 树脂交联可得到性能良好的清漆层。潮气固化的三烷氧基硅烷丙烯酸树脂可获得优良的耐蚀性。MF 树脂与三烷氧基硅烷都参与交联的清漆层比单独用 MF 交联的清漆层有更好的耐环境腐蚀性。用双羧酸或酸酐交联的环氧丙烯酸树脂也能获得优良的耐环境腐蚀性。由于降低水在漆膜中的溶解度就能增加耐环境腐蚀性，高度氟化的树脂就改善了耐环境腐蚀性，但价格贵。

封闭型异氰酸酯一般固化温度太高，而三（烷氧基羰基胺）三嗪（TACT）在常规烘烤温度下反应并达到耐环境腐蚀性。使用 MF 树脂来交联聚氨酯树脂能获得较高固体分，如用氨基甲酸羟丙酯与由 IPDI 产生的异氰酸酯预聚体、MF 树脂和催化剂（十二烷基苯磺酸）制成的涂料，固体分 85%，就具有优良的耐环境腐蚀性与优良的耐擦伤性。

塑料和橡胶用作汽车外部的零件时，有时在装配之前就已涂漆，有时在涂装面漆之前已打上底漆并固定在车体上。

9.5.5 工厂修补程序

在汽车装配期间，涂层受到损坏或由污物引起沾污，都需要修补。需要减少修补次数和费用。修补工作通常发生在这几个环节：在底漆二道浆涂装到车体以后；在底涂层和清漆层涂装后；在装配后及在装运到销售商处之后。一旦玻璃、蒙皮材料、轮胎或诸如此类物件已安装后，那么汽车就不能再在所设计的正常产品涂料的温度下烘烤，但整车可在80℃下烘烤或在修补区用红外灯在略高于 80℃下加热。

汽车用热塑性丙烯酸挥发漆涂装时，修补相当简单，因为修补漆的溶剂可溶面漆，不存在附着力问题。然而，热固性磁漆则较难修补，在已交联的涂层表面附着困难，发生损伤的整个表面就需要重涂。除去面漆层，将裸露的金属进行打底，将专门的修补底涂层和清漆层进行涂装。由于此涂层不能在高温下烘烤，则必须添加另外的强酸催化剂到涂料中，以便与 MF 树脂在较低温度下进行固化，过量的催化剂留在此涂膜里，就会引起水解。这样的修补涂层不及原来的涂层好。推荐使用双组分聚氨酯涂料，因为它们可在相当低的温度下固化，却不影响涂层的长效耐久性。因为电泳涂层在修补过程中往往被磨穿，修补部位的耐腐蚀性不如未修补的部位。

9.6 涂装质量评价和管理

以上介绍涂装工艺的基本过程原理和常用的设备，而在实际应用中还需要掌握这些过程的评定方法，用于指导和实施实际生产。这就涉及涂装管理方面的内容。

钢材除油程度的评定方法有许多，可参考有关的专业书籍（如曹京宜，付大海编著．实用涂装基础及技巧．北京：化学工业出版社，2002：2），根据情况选用，其中还有国家标准 GB/T 13312—91《钢铁件涂装前除油程度检验方法（验油试纸法）》。

钢铁在喷射除锈后，由于磨料的冲击磨削作用，表面变得粗糙，如果粗糙度过大，则会引起局部漆膜过薄，导致漆膜过早失效。为了定量描述和比较喷射除锈后钢材表面的粗糙度，我国制定了相应的国家标准 GB/T 13288《涂装前钢材表面粗糙度等级的评定（比较样块法）》，评定时与四个不同粗糙度的部分组合而成的标准样块进行比较，得到粗糙度等级。

涂装管理包括劳动组织、工艺管理、操作规程的执行、质量检测和记录等方面。涂料施工管理是影响漆膜施工质量的重要因素，被认为是涂装的三个要素（涂料、涂装技术和涂装管理）之一，而且这三要素是互为依存的关系，忽视哪一个都不能获得优质漆膜。

涂装质量评价体系包含以下几个方面：①先进的涂装质量标准；②先进的测试方法和检测规则；③完善合理的涂装生产操作规章制度；④质量监控管理队伍与测控体系。其中②③④属于企业组织生产方式，即企业管理的问题。这里重点介绍质量标准制定需要考虑的因素。

9.6.1 涂装质量标准制定

企业为实现涂装生产，首先需要制定出既具有先进性又有可操作性的企业生产标准。先进性就是所制定的标准能够为用户所接受，按此标准生产又有适当的利润空间，如果要参与国际贸易，就必须采用国际标准生产。可操作性就是要有广泛的通用性和互换性，所制定的标准首先能够以合理的成本实现，而且能够满足企业内不同产品的需要。因此在制定过程中，可根据产品应用层面的差异制定不同等级的标准，这就要求搜集以下技术资料：①用户对本企业产品的涂装质量要求；②国家标准或行业标准与规定；③国际标准与国外先进标准；④本企业的涂装设备；⑤有关标准编写的基本规则。

涂装质量标准应包含以下几个方面的内容：①漆前处理质量要求，如清洁度、表面粗糙度、化学转化膜的要求等；②涂层质量要求，包括外观质量、光泽、色彩、厚度、附着力、硬度等；③涂料选用要求，如涂料品种与配套性等、施工性与施工条件（如涂装方法，涂装温度、湿度与涂装间隔及干燥条件）；④检验方法与检测规则，检测规则是指对某项性能进行抽检还是全检，检查范围与检查频率，对某项性能判断合格或不合格的规定等。

有关可供参考的各类标准如下：GB 8923—88《涂装前钢材表面锈蚀等级和除锈等级》；GB/T 13312—91《钢铁件涂装前除油程度检验方法》；GB 6807—86《钢铁工件涂漆前磷化处理技术条件》；GB 11376—89《金属的磷酸盐转化膜》；GB 11380—89《客车车身涂层技术条件》；JB/2111—86《汽车油漆涂层》；GB/T 13492—92《各色汽车用面漆》；GB/T 13492—92《汽车用底漆》；JB/T 5946—91《工程机械涂装通用技术条件》；GB 6745—86《船壳漆通用技术条件》；GB 6745—86《船用防锈漆通用技术条件》；ZB J 50011—89《机床涂漆技术条件》；ZB J 50011—89《出口机床涂漆技术条件》；HG/T 2243—91《机床面漆》；G/T 2244—91《机床底漆》；GB/T 1218—91《自行车涂漆技术条件》；HG/T 2005—91《电冰箱用磁漆》；HG/T 2006—91《电冰箱用粉末涂料》。

涂料在购进入库之前，应对其进行相应的检查和验收，以避免在涂装过程中可能产生的质量事故，产品取样按 GB 3186—88 执行。

企业中最常使用的检测仪器有：①温度计，空气温度计和表面温度计；②湿度计；③表面轮廓仪或比较仪；④涂料黏度计；⑤测厚仪，湿膜厚度仪和干膜厚度仪；⑥闪光灯和小型放大镜；⑦涂膜光泽、颜色检测设备；⑧附着力试验仪。

9.6.2 涂装质量管理

为了保证涂装质量，这里从技术角度重点强调以下五个基本要求。

(1) 要求有严格而完善的表面处理

涂装前基材（钢铁、塑料、木材、织物等）都必须进行严格而完善的表面处理，否则，达不到预期涂装效果。钢铁结构和设备一般要经过除油、除锈、磷化等表面处理。大型钢铁结构常采用喷砂除锈，并要达到要求的标准。

(2) 要求达到必要的涂装厚度

为了充分发挥涂层的作用，涂层由多道不同性能的涂膜组成，一般由底漆、中间涂层和面漆（或再加清漆）等多道涂膜配套组成。一般由同类型成分漆料制成的各层涂料配套组合的涂层效果较良好。涂层的层次多少，依据涂层的质量标准而定。如达不到需要的层次和涂层的厚度，会使涂层不能抵抗外界因素的侵蚀而降低涂层的使用寿命。例如涂装船底防污漆一般是：先涂底漆，然后涂防锈漆，再涂防污漆，每种漆均需涂装两道，形成6道以上总厚度达到150～200μm的涂层，才能真正起到防锈、防污作用。

在各种腐蚀环境中使用的涂层一定要达到必要的厚度，才能有效地发挥其防腐蚀作用。通常把必须达到的最小厚度称为临界厚度。防腐蚀涂层的厚度通常要比临界厚度大，一般以150～200μm为宜，而耐磨蚀涂层的厚度应在250～300μm。

如何控制涂层厚度呢？从前人们习惯上总是凭涂料使用量来控制涂膜厚度，但往往因施工方法或其他条件的不同，尽管油漆使用量相同，涂膜厚度却相差甚远。所以还需测定干燥涂膜的厚度，不过其值只能统计地反映涂膜的厚度而不能用来控制涂膜的厚度。为了准确地控制涂膜的厚度，在施工中可测定湿膜的厚度。它是用湿膜测厚仪直接测定的，若发现其厚度不够，可再涂上一道漆直至达到要求的厚度。为了确保防腐蚀工程的涂层质量，可采用漆膜探伤仪检查漆膜是否有微细的空隙。不同用途的涂层应控制的厚度大致如表9-13所示。

表 9-13 不同用途的涂层应控制的厚度

涂层用途	应控制的厚度/μm	涂层用途	应控制的厚度/μm
一般性涂层	80～100	有盐雾的海洋环境涂层	200～300
装饰性涂层	100～150	含侵蚀液体冲击的涂层	250～350
保护性涂层	150～200	超重防腐蚀涂层	300～500
厚浆涂层	350以上	耐磨蚀涂层	250～350

在施工应用时，涂装的漆膜厚薄不匀或厚度未达到规定要求，均将对涂层性能产生很大的影响。因此如何正确测定漆膜厚度是质量检验中重要的一环。选用测定漆膜厚度方法时，应考虑待测漆膜的场合（实验室或现场）、底材（金属、木材、玻璃）、表面状况（平整、粗糙、平面、曲面）和漆膜状态（湿、干）等因素，以合理使用检测仪器和提高测试的精确度。

1）湿膜厚度的测定 湿膜的测量必须在漆膜制备后立即进行，以免由于挥发溶剂的挥发而使漆膜发生收缩现象。目前使用的湿膜厚度计有下面三种。

① 轮规 由3个圆环组成，外侧两圆环直径相同且同心（即导轮），中间圆环与外侧圆环通常偏心75μm，且直径较短（150μm），使3个圆环在某一半径处相切，该处的间隙为零，在相反的半径方向上，间隔即为最大。在圆盘外侧有刻度，以指示不同间隙的读数。使用时，用拇指和中指捏住导轮，让圆环的最大刻度值接触到湿膜，然后滚动至零点，观察湿膜首先与中间圆环接触地方的刻度值，此即所测得的湿膜厚度。

测试时（见图9-14）须注意仪器必须垂直于被测表面，不能左右晃动，否则将得出不正确的结果；另外仪器在表面上的滚动，若是由零开始，则由于湿膜的被挤压而把漆推向前，得出的厚度读数将大于实际湿膜厚度，使结果产生一定的误差。

② 梳规 梳规通常由铝材或不锈钢板材制成，可放在口袋里随身携带，形状为正方形或矩形，如图9-14所示。在其4边都切有带不同读数的齿，每一边的两端都处在同一水平面上作为基准线，而中间各齿距基准线有依次递升的不同高度差。

使用时将其垂直压入湿漆膜，直到测厚仪两端与基体紧密接触为止，这样将有一部分齿被漆膜所沾湿。湿膜厚度为在沾湿的最后一齿与下一个未被沾湿的齿之间的读数。梳规是一种低值易耗的简便测量仪器，特别适用于在施工现场使用。

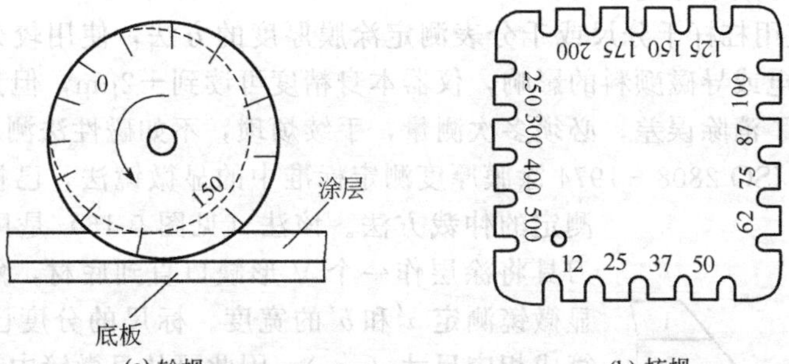

(a) 轮规 (b) 梳规

图 9-14 轮规和梳规

③ Pfund 湿膜计 仪器由一个凸面透镜 L（曲率半径为 250mm）和 2 个金属圆管 T_1 和 T_2 组成，见图 9-15。使用时用手缓慢地将管 T_1 往下压，以使装在底部的透镜 L 通过湿膜触及底板表面，量取涂料在透镜上沾附部分的直径，按下式计算即可得出湿膜厚度 h，以 μm 表示。

$$h=\frac{D^2\times1000}{16r}=0.25D^2$$

式中，D 为沾附部分直径，mm；r 为透镜的曲率半径，为 250mm。

涂膜在镜面上由于表面张力的缘故，所测得的湿膜厚度与实际的湿膜厚度稍有差别，公式是在假设这两者完全相等的情况下成立的。为使结果更可靠起见，尚需引入修正系数，详见美国 ASTM D 1212—79。

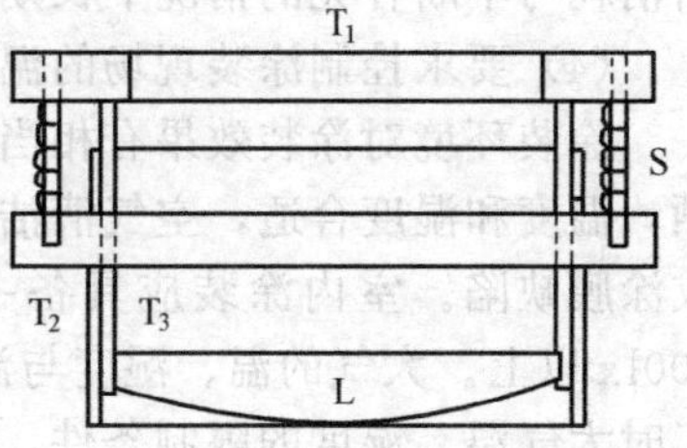

图 9-15 Pfund 湿膜计

从实际应用来看，以轮规较为理想，既能在实验室使用，也能在现场进行测定，使用简便，读数准确。Pfund 湿膜计虽然也较为精确，但操作和计算较烦琐。梳规成本低廉，携带方便，但误差较大，只能用于施工现场对湿膜厚度作估略测定。

2）干膜厚度的测定 干膜厚度的测量目前已有不少种方法和仪器，但每一种方法都有一定的局限性，能适用于所有类型样品和环境的则仅仅是少数。根据工作原理分为两大类：磁性法和机械法。

① 磁性法 分为磁性测厚仪和非磁性测厚仪。磁性测厚仪主要是利用电磁场磁阻的原理来测量钢铁底板上涂层的厚度；非磁性底材（铝、铜等）测厚仪则利用涡流测厚原理来测量诸如铝板、铜板等不导磁底板上涂层的厚度。国内外有多种型号，测量范围一般在 0～600μm，最高可达 1.5mm。需注意的是，某些涂料品种由于含有铁红、铝粉等，将对测试结果有一定的影响。磁性法目前已成为干膜厚度测定的主要方法。

操作方法为：将探头放在样板上，使之与被测漆膜完全吸合，随着指针（数字式旋钮）测定膜厚值的不断变化，当磁芯跳开，表针（数字式旋钮）数字稳定时，即可读出漆膜厚度（μm）。干膜测厚仪在每天使用前、后要进行校正，在使用过程中须保持仪表的精确度，发现异常时，可随时校正。校正时将探头直接置于经相同处理的基体上，将相应的旋扭旋到“0”位，以校正 0 点；将仪器带有的标准膜厚的校正片置于基体上，调整相应的旋扭，使标尺的读数等于标准膜片的厚度。测厚仪是数字显示式，直接读出数据，并发展成适合多种形状表面测厚的多用式仪器。国外精密的干膜厚度测定仪的校正和测量极为简便，只需将探头压在待测涂膜上，等数字稳定即可。

② 机械法　使用杠杆千分尺或千分表测定涂膜厚度的方法，使用较久，不受底材性质的限制和漆膜中导电或导磁颜料的影响，仪器本身精度可读到±2μm，但只能对较小面积的样板进行测试，为了消除误差，必须多次测量，手续烦琐，不如磁性法测厚仪简便。

③ 显微镜法　ISO 2808—1974 涂膜厚度测定标准中的显微镜法，已被推荐为涂膜厚度测定的仲裁方法。该法（见图 9-16）是用一定角度的切割刀具将涂层作一个 V 形缺口直到底材，然后用带有标尺的显微镜测定 a'和 b'的宽度。标尺的分度已通过校准系数换算成相应尺寸（μm），因此可从显微镜中直接读出漆膜的实际厚度（a、b）。

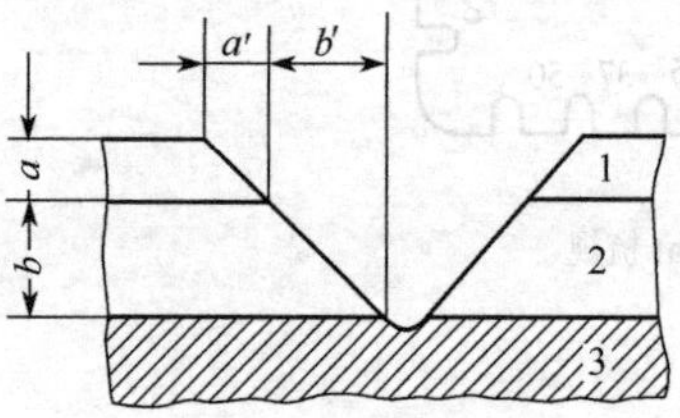

图 9-16　显微镜测厚法
1—面漆；2—底漆；3—底材

此法的最大优点是除能测定总漆膜厚度外，尚能测定多层的复合涂层的漆膜厚度，同时可以在任何底材上进行，但需要局部破坏漆膜。

(3) 要求严格执行涂装的工艺要求

在采用机械化、自动化技术的现代化涂装中，严格的科学管理更为重要。涂装管理中要强化关键工序的工艺条件、参数和操作规程的制定和执行，质量监督和检测很重要。漆前快速磷化和电泳涂装等特别要求严格控制工艺参数，执行操作程序，如果操作不当或出现误差，就极易产生严重的质量问题，影响涂层的使用寿命。

在现代化涂装流水线（如电泳涂装、淋涂、浸涂、辊涂等）的运行过程中，涂料是在不断消耗与不断补充的情况下长期使用，要使漆膜品质保持稳定，涂装管理就非常重要。

(4) 要求控制涂装现场的温、湿度等环境因素

涂装环境对涂装效果有相当大的影响。一般要求涂装场所环境条件要明亮，不受日光直晒，温度和湿度合适，空气清洁，风速适宜，防火条件好。在烈日下施工效果不好，很易造成涂膜缺陷。室内涂装应具备一定照度，特别是高级装饰性涂层施工时，光照度要高于300lx 以上。大气的温、湿度与涂料的施工和干燥性能关系很大，涂料施工性能中应规定施工时大气温、湿度的限制条件，一般当温度在 5℃以下、相对湿度在 85%以上时，施工效果都不太理想。各种涂料各有其最佳施工温、湿度，在施工时应严格遵守，雨天施工效果往往很差。

空气中尘埃对涂装效果的影响特别严重，必须采取防尘措施，不同的涂层要求不同的防尘标准。通风效果既影响涂层质量，也影响施工的安全与卫生。室外涂装应避免在风力 3 级以上时施工。溶剂型涂料在涂装时，必须特别注意防火。

(5) 要求控制各涂料的涂装间隔

涂完一层后到涂另一层的时间称为涂装间隔。每种涂料均各自具有一定的涂装间隔，时间短于此间隔，下层涂膜未干到适当程度，可能被上层涂料的溶剂所软化；时间长于此间隔，下层涂膜太硬，层间的附着性会降低。环氧树脂涂料、焦油环氧树脂涂料、聚氨酯树脂涂料、醇酸树脂涂料和油性涂料等经过交联反应进行固化的涂料，其涂装间隔过长时间，层间的附着力则明显下降。间隔时间在高温下缩短，低温时就要变长。

涂装间隔不仅与涂料品种、具体涂料有关，还与施工时的温度、湿度等气候条件有关，在冬季可适当延长，夏季适当缩短。

这里的最佳涂装间隔是指达到涂膜最佳性能时，最为适合的涂漆间隔时间。有些品种，如单组分依靠溶剂挥发的氯化橡胶、过氯乙烯、热塑性丙烯酸类涂料，在实际使用时没有最长涂装间隔的限制，只规定最短涂装间隔。涂装间隔时间过长，可在涂层表面用砂纸等打磨。为了达到最好的涂装效果，应尽可能在最佳涂装间隔内施工。详见表 9-14。

表 9-14 常用涂料干燥时间和涂装间隔

涂料类型	干燥时间(23℃±2℃)		最佳涂装间隔(23℃±2℃)	
	表干/h	实干/h	最短/h	最长/d
沥青漆	2	24	14～24	5
氯化橡胶漆	0.5	2	9	7
环氧沥青漆	8	24	20	5
醇酸漆	4	24	14	7
环氧漆	4	24	9	5
乙烯漆类	1	4	6	3
酚醛漆	5	24	9	3
聚氨酯漆	2	6	14	5
热塑性丙烯酸漆	0.5	4	6	5
硝基漆	0.4	4	4	2
过氯乙烯漆	0.5	4	6	1
无机漆	4	24	2	2

9.7 涂装安全生产概述

涂装是产品表面保护和装饰所采用的最基本的技术手段。涂装作业遍及国民经济的各个部门，其中涂装车间是环境污染严重的生产场所之一，职业危害严峻，火灾事故严重，环境污染严重。首先需要认识到涂装安全问题的严重性，才能自觉遵守国家的有关法规和专业标准，采取合理的措施把危害降低到最小程度。

9.7.1 涂装中的“三废”

在整个涂覆过程中产生的大量废水、废气和一定量的废渣见表 9-15。废水、废气和废渣不仅造成材料的浪费，同时也造成了对环境的严重污染，危及人们的健康。

表 9-15 涂装作业中有害物质的种类及来源

种类	主要来源	主要成分
废水	脱脂、酸洗、磷化等前处理 喷涂底、中、面漆时喷漆室排出废水 浸涂、打磨腻子等冲洗水	酸液、碱液及重金属盐类 颜料、填料、树脂、有机溶剂 颜料、填料、树脂、有机溶剂
废气	喷漆室和烘干室排出	均含有甲苯、酯类、醇类、酮类等有机溶剂,涂料热分解产物
废渣	磷化后沉渣 水溶性涂料产生淤渣 废旧漆渣,漆料变质	金属盐类 树脂、颜料、填料 树脂、颜料、填料

工业涂装有害物质的处理有两个途径，其一是改变产品的结构和施工方法，可从根本上消除或减少涂装作业中有害物质的产生，如生产无害和低毒涂料，逐渐减少生产严重污染环境的溶剂型涂料。开发生产水性涂料、粉末涂料、高固体分涂料、非水分散涂料和光固化涂料等，以消除和减少溶剂型涂料对大气的污染。同时采用高效涂装工艺，提高涂料的附着效率，减少涂料的飞散。采用高效低毒前处理剂及工艺，取代钝化工序以消除六价铬离子的污染等。其二是对涂装作业中产生的有害物质进行有效的、科学的、经济的处理，具体处理方法见有关著作（如虞胜安主编．高级涂装工技术与实例．南京：江苏科学技术出版社，2006.3）。

9.7.2　涂装安全管理

我国对涂装安全管理极为重视，制定了国家标准和各行业的相应标准，作为强制性措施使企业注意安全问题。这些标准涉及的内容包括涂料运输、贮存、配制、涂装前处理、涂装作业、干燥成膜等过程中的各项安全技术，同时还包括在上述过程中所采用的各种涂装设备的安全使用。涉及涂装安全的标准有：GB/T 14441—93《涂装作业安全规程　术语》；GB 6514—1995《涂装作业安全规程　涂漆安全及其通风净化》；GB 7691—87《涂装作业安全规程　劳动安全和劳动卫生管理》；GB 7692—87《涂装作业安全规程　涂漆前处理工艺安全》；GB 7693—87《涂装作业安全规程　涂漆前处理工艺通风净化》；GB 12367—90《涂装作业安全规程　静电喷漆工艺安全》；GB 12942—91《涂装作业安全规程　有限空间作业安全技术要求》；GB 14443—93《涂装作业安全规程　涂层烘干室安全技术要求》；GB 14444—93《涂装作业安全规程　喷漆室安全技术规定》；GB 14773—93《涂装作业安全规程　静电喷枪及其辅助装置安全技术条件》；GB 15607—1995《涂装作业安全规程　粉末静电喷涂工艺安全》；GB 3381—91《船舶涂装作业安全规程》；GB 8526—1997《高压水射流清洗作业安全规范》；HG/T 23001—92《化工企业安全管理标准》；HG/T 23002—92《化工企业安全处(科)工作标准》；HG/T 23003—92《化工企业静电安全检查规程》。

对涂装全过程的各项安全技术可概括为防火、防爆、防毒、防尘、防噪声、防静电以及三废治理技术等。如果从规划、设计、基建、生产、管理、教育等全局的观点，对涂装过程的各个环节及其安全逐项认真管理和要求，可将涂装作业中的人身伤害和恶性事故减少到最低程度，并达到最佳的安全状态和综合治理效果。

9.7.2.1　防爆

涂装生产向大型化流水线方向发展是效益经济驱动工业现代化的必然，随着国际加工业大量转移到中国，十多年来，我国已建成涂装流水线数千条，火灾损失亦趋向严重化。电气起火已经成为火灾事故最主要的原因。1993～1996 年四年期间，我国经济发达地区共发生涂装火灾事故约 2200 起，重大火灾事故约 252 起，特大火灾事故 27 起，烧毁厂房等建筑物 10 万平方米，设备 700 套（台）以上，伤亡 70 人以上（其中死亡 50 人以上），直接经济损失 1.13 亿元。

涂料及涂装过程中稀释所用的溶剂绝大部分都是易燃和有毒物质。在涂装过程中形成的漆雾、有机溶剂蒸气、粉末涂料形成的粉尘等，当与空气混合、积聚到一定的浓度范围时，一旦接触火源，就很容易引起火灾或爆炸事故。我国涂装物料中挥发性可燃溶剂蒸气及可燃性粉尘引起的涂装作业场所、设备爆炸事故也时有发生。在室内，当可燃物质与空气混合，达到一定温度后，遇着火源即发生突然闪光（闪光时的温度称为闪点），如果温度比闪点高，就引起燃烧。通常根据涂料的闪点来划分涂漆作业的火灾危险性。

爆炸发生在密闭空间及通风不良场所，易燃气体及粉尘积聚达到爆炸极限，遇到着火源瞬间燃烧爆炸。溶剂蒸气的最低爆炸浓度称为爆炸下限，最高爆炸浓度称为爆炸上限。当可燃气体过少，低于爆炸下限时，剩余空气可吸收爆炸点放出的热，使爆炸的热不再扩散到其他部分而引起燃烧和爆炸；当可燃气体过多，超过爆炸上限时，混合气体内含氧不足，也不会引起爆炸，但对人体极为有害。可用爆炸界限（上限和下限）作为衡量爆炸危险等级的尺度。

根据有关国家标准 GB 14443—93《涂装作业安全规程　涂层烘干室安全技术规定》、GB 14444—93《涂装作业安全规程　喷漆室安全技术规定》、GB 12367—90《涂装作业安全规程　静电喷漆工艺安全》的要求，从防火和防爆方面来说，可概括如下：

① 涂料生产和施工中应注意所处场所的溶剂蒸发浓度不能超过上述规定的范围，贮存

涂料和溶剂的桶应盖严，避免溶剂挥发。工作场所应有排风和排气设备，以减少溶剂蒸气的浓度。在有限空间内施工，除加强通风外，还要防止室内温度过高。

② 生产和施工场地严禁吸烟；不准携带火柴、打火机和其他火种进入工作场地。如果必须使用喷灯、烙铁、焊接等时，必须在规定的区域内进行。

③ 施工中，擦涂料和被有机溶剂污染的废布、棉球、棉纱、防护服等应集中并妥善存放，特别是一些废弃物要存放在贮有清水的密闭桶中，不能放置在灼热的火炉边或暖气管、烘房附近，避免引起火灾。

④ 各种电气设备，如照明灯、电动机、电气开关等，都应有防爆装置。要定期检查电路及设备绝缘有无破损，电动机有无超载，电气设备是否可靠接地等。

⑤ 在涂料生产和施工中，尽量避免敲打、碰撞、冲击、摩擦铁器等以免产生火花，引起燃烧。严禁穿有铁钉皮鞋的人员进入工作现场，不用铁棒启封金属漆桶等。

⑥ 防止静电放电引起电火花，静电喷枪不能与工件距离过近，消除设备、容器和管道内的静电积累。在生产和涂装时，要穿着防静电的服装等。

⑦ 防止双组分涂料混合时的急剧放热，要不断搅拌涂料，并放置在通风处。铝粉漆要分罐包装，并防止受潮产生氢气自燃等。在预热涂料时，不能温度过高，且不能将容器密闭，要开口，而且不用明火加热。

⑧ 烘干室内可燃气体最高体积浓度不应超过其爆炸下限值的25%，空气中粉末最大含量不应超过爆炸下限浓度的50%。烘干室要加强通风，同时排气口位置应设在可燃气体浓度最高区域。加热器表面温度不应超过工件涂层引燃温度的80%。

⑨ 大型喷漆室的内部高度不低于2m，室内出口应畅通无阻，其宽度不小于0.9m。室内设备采用阻燃材料，各种金属制件需可靠接地，喷漆室宜设置多点可燃气体检测报警仪，其报警浓度下限值应控制在所检测可燃气体爆炸下限的25%。

⑩ 生产和施工场所必须备有足够数量的灭火器具，石棉毡、黄沙箱及其他防火工具，施工人员应熟练使用各种灭火器材。

⑪ 一旦发生火灾，切勿用水灭火，同时要减少通风量，应用石棉毡、黄沙、灭火器(二氧化碳或干粉）等进行灭火。如工作服着火，不要用手拍打，就地打滚即可熄灭。

⑫ 大型烘干室的排气管道上应设防火阀，若烘干室内发生火灾时，应能自动关闭阀门，同时使循环风机和排风风机自动停止工作。

⑬ 大量易燃物品应存放在仓库安全区内，施工场所避免存放大量的涂料、溶剂等易燃物品。

9.7.2.2　防毒

有机溶剂是涂装车间经常接触的，溶剂可以通过皮肤、消化道和呼吸道被人体吸收而引起毒害。大多数有机溶剂对人体的共同毒性是在高浓度蒸气接触时表现出麻醉作用。常温下挥发速率高的溶剂浓度高，毒性大。

(1) 根据溶剂对健康的损害分类

① 无害溶剂：a. 基本无害，长时间使用对健康基本上无影响，戊烷、石油醚、轻质汽油、已烷、庚烷、200号溶剂汽油、乙醇、氯乙烷、醋酸乙酯等；b. 稍有毒性，但挥发性低，通常情况下使用基本无危险，如乙二醇、丁二醇等。

② 在一定程度上有害或稍有毒害，但在短时间最大容许浓度下没有重大危害的溶剂，如甲苯、二甲苯、环已烷、异丙苯、环庚烷、醋酸丙酯、戊醇、醋酸戊酯、丁醇、三氯乙烯、四氯乙烯、氢化芳烃、石脑油、硝基乙烷等。

③ 有害溶剂，除在极低浓度下无危害外，即使是短时间接触也是有害的，如苯、二硫化碳、甲醇、四氯乙烷、苯酚、硝基苯、硫酸二甲酯、五氯乙烷等。

(2) 根据溶剂在工厂使用条件下的危险性进行分类

① 弱毒性溶剂　如200号溶剂汽油、四氢化萘、松节油、乙醇、丙醇、丁醇、戊醇、溶纤剂、甲基环己醇、丙酮、醋酸乙酯、醋酸丙酯、醋酸丁酯、醋酸戊酯等；

② 中毒性溶剂　如甲苯、环己烷、甲醇、二氯甲烷；

③ 强毒性溶剂　如苯、二硫化碳、氯仿、四氯化碳、氯苯、2-氯乙醇等。

为了避免溶剂通过呼吸道被人体吸收，而对健康造成危害，必须严格保证生产作业场所的溶剂蒸气浓度在安全限度以下。我国1980年颁布的TJ 36—79《工业企业设计卫生标准》公布，空气中溶剂蒸气最大容许浓度是控制生产作业场所溶剂极限浓度的法规性依据。它是指多数溶剂在使用时，在每日工作8h的环境中，溶剂蒸气对健康无害的粗略极限值。这个极限值即表示工厂安全操作的最高容许浓度或称阈限值。最高容许浓度通常用空气中蒸气容量的百万分率和mg/m^3表示。为达到此标准，则要求使用溶剂的设备尽量采取密闭操作，保持车间自然通风及安装强制换气设备。

目前我国涂装作业场所最严重的是苯中毒，其次是铅中毒。我国涂装作业安全标准现在要求：①禁止使用含苯的涂料、稀释剂和溶剂；禁止使用含铅白的涂料；限制使用含红丹的涂料；禁止使用含苯、汞、砷、铅、镉、锑和铬酸盐的车间底漆。②严禁在前处理工艺中使用苯；禁止使用火焰法除旧漆；禁止在大面积除油和除旧漆中使用甲苯、二甲苯和汽油；严格限制使用干喷砂除锈。修订GB 7691时，将进一步提高和扩大限制、淘汰的范围：将含铅白的涂料由禁止提高到严禁使用；将干喷砂除锈由限制提高到禁止使用；新增限制使用含二氯乙烷的清洗液；限制使用含铬酸盐的清洗液。

防毒安全措施有如下几点：

① 在涂装车间应保持温度不低于15℃，相对湿度30%～60%，清洁无尘。

② 在涂料生产或施工时，尽量少用或不用毒性较大的苯类、甲醇等溶剂作为稀释剂，可采用毒性较小的高沸点芳烃溶剂或新型绿色芳烃类溶剂替代。对某些有害添加物质，如红丹、铅白、有机锡等，已是国际上禁用的物质，不要选用含有害物质含量高的涂料。

③ 加强涂料生产和涂装场所的排气和换气，定期检查有害物质蒸气的浓度，确保空气中的蒸气浓度低于最高允许浓度，一般最高允许浓度是毒性下限值的1/10～1/2。工作场所必须有良好的通风、防尘、防毒等设施，在没有防护设备的情况下，应将门窗打开，使空气流通。

④ 在建筑物室内施工时，尽量选用绿色水性涂料（如乳胶漆）等品种进行涂装。尽量不要使用含甲醛、有机溶剂等的涂料和胶黏剂。施工完成后，要经过一定时间，并开窗换气，待有害物质挥发完全后再进入使用期。

⑤ 在罐、箱、容器、船舱等密闭空间内从事涂漆工作要具有一定的资格和经验，穿着防护服和使用防毒面具或送风罩供给新鲜空气。加强通风，换气量需20～30回/h，并将新鲜空气尽可能送到操作人员面部，一般操作人员至少要有2人，并定期轮换人员。

⑥ 涂料对人体的毒害，除呼吸道吸入之外，还可通过胃的吸收而中毒，因此禁止在生产和施工场所吃东西。在作业时，应戴好防毒口罩和防护手套，穿上工作服，戴防护眼镜等。某些毒物皮肤吸收的含量远远大于空气中的含量，因此尽量避免有害物质触及皮肤，应将外露皮肤擦一些凡士林或专用液体防护油。在施工完毕后，此薄膜可在温水中用肥皂洗掉。

⑦ 对于毒性大、有害物质含量较高的涂料不宜采用淋涂、浸涂等方法涂装。喷涂时，被漆雾污染的空气在排出前应过滤，排风管应超过屋顶1m以上。在喷漆室内操作时，应先开风机，后启动喷涂设备；作业结束时，应先关闭喷涂设备，后关风机。全面排风系统排出有害气体及蒸气时，其吸风口应设在有害物质浓度最大的区域，全面排风系统气流的流向应

避免流经操作者的呼吸区域。

⑧ 一旦出现事故，应将中毒人员迅速抬离涂装现场，加大通风，平卧在空气流通的地方。严重者施行人工呼吸，急救后送医院诊治。

⑨ 禁止未成年人和怀孕期、哺乳期妇女从事密闭空间作业和含有机溶剂、含铅等成分涂料的喷涂作业。对涂装作业人员，应每年进行一次职业健康检查。

1966 年，美国洛衫矶首先制定 66 法规，禁止使用能发生光化反应的溶剂，其后发现几乎所有涂料用有机溶剂都具有光化反应能力，从而修改为对溶剂用量的限制，涂料的固含量需在 60%以上。自从 66 法规公布以后，世界其他地区也都先后对涂料有机溶剂的使用作了严格的规定。铅颜料是过去涂料中广泛使用的颜料。1971 年美国环保局规定，涂料中铅含量不得超过总固体含量的 1%，1976 年又将指标提高到 0.06%。乳胶漆中常用的有机汞也受到了限制，其含量不得超过总固体量的 0.2%。这些严格的规定是对涂料发展提出的挑战，因此涂料的研究必然要集中到应战这一目标上来：发展无毒低污染的涂料，研究和发展高固体分涂料、水性涂料、无溶剂涂料（粉末涂料和光固化涂料）成为涂料科学的前沿研究课题。

9.7.3 涂料的历史演变和发展

尽管涂料和涂装生产中存在环境和安全问题，但回顾涂料发展的历史，涂料可以看作人类文明的一部分。随着对物质世界认识的发展，我们发现了这些问题，但它们并非不可克服，而是属于发展中的问题。科学技术发达的国家对涂料和涂料生产中存在的环境和安全问题都非常重视，而且解决这些问题在技术上取得的进展也很显著。

涂料的应用开始于史前时代。我国劳动人民在四千年以前就掌握了生漆与矿物颜料（如赤铁矿、朱砂 HgS、磁铁矿等）制色漆并应用的技术，后来又把生漆与植物油（先是苏子油，后来为桐油）配合制漆。古代埃及人使用阿拉伯树胶、蛋白等做漆料，配制色漆用来装饰物件。因此，涂料的应用是随人类文明一起发展起来的。

我国古代把涂料称作油漆，主要是因为当时采用的漆料是桐油和生漆。桐油是由桐树的果实压榨而得的，在常见的植物油中干燥最快，漆膜坚硬，耐水耐碱性好，表现出优良的制漆性能。生漆是从漆树上割出的乳白色黏稠液体。生漆经精制配合加工后成为熟漆，熟漆用于涂装漆器。我国的生漆产量约占世界的 80%，而且质量优异。这二者都是我国的特产。

然而，现代涂料工业是随高分子科学的发展而形成的。涂料的漆料采用各种新的高分子树脂后，涂料的品种大幅度增加，而且高分子树脂赋予涂料各种优异的性能。

20 世纪 20 年代，杜邦公司开始使用硝基纤维素制作喷漆，它的出现为汽车提供了快干、耐久和光泽好的涂料。硝基纤维素发现相当早，但硝基漆的溶剂挥发太快，传统的刷涂得不到平滑的漆膜，喷涂方法的发展才使硝基漆的应用成为可能。30 年代出现的醇酸漆是现代涂料最重要的品种之一，目前仍相当大规模地应用。第二次世界大战时，由于对橡胶等战略物质的需要而大力发展合成乳胶，为后来乳胶漆的发展开辟了道路。40 年代 Ciba 化学公司等发展了环氧树脂涂料，它的出现使防腐蚀涂料有了突破性发展。50 年代开始使用丙烯酸涂料，具有高装饰性和耐候性，表现出优越的耐久性和高光泽，采用当时出现的静电喷涂技术进行涂装，使汽车漆的发展又上了一个台阶，例如出现了高质量的金属闪光漆。在 50 年代，Ford Motor 公司和 Glidden 油漆公司发展了阳极电泳漆，以后 PPG 又发展了阴极电泳漆。电泳漆是一种低污染的水性漆，提高了涂料防腐蚀的效果，在现代工业上得到广泛的应用。60 年代聚氨酯涂料得到较快的发展，它可以室温固化，而且性能优异。粉末涂料是一种无溶剂涂料，50 年代开始研制，由于受到涂装技术的限制，直到 1962 年法国 SAMES 公司成功开发静电粉末喷涂设备后才获得大规模应用。氟碳涂料具有极其优异的抗腐蚀性和耐久性，与静电喷涂技术相结合，应用越来越广。因此，涂料和涂装技术是相互协调适应，共同发展，高效率地得到优质的漆膜，满足各个部门对漆膜性能的要求。涂料和涂装技术向低污染、高性能的方向发展，水性涂料、粉末涂料、辐射固化涂料、高固体分涂料等环境友好型涂料快速发展。美国环境友好型涂料在1999年就已达到涂料总产量的80.5%。

涂料是精细化学品中的一类重要产品。从涂料行业来看，它具有附加值高、利润率高、投资少的特点。现代涂料生产由于涉及知识面广，特别是功能性涂料，需要多学科知识交叉，如高分子科学、流变学、光学、胶体化学等，而且新品种的垄断性强，更新周期短，故属于高技术密集产业。因此，涂料新产品的研究和开发充满着勃勃生机。被涂覆产品的工业化大规模生产，刺激了涂料生产技术的发展。一方面要提供更高品质的涂料和符合环境保护要求的涂料，另一方面要求所提供的涂料能满足规模化快速流水线的施工特性要求，促使涂料涂装技术不断地创新和提高。

练 习 题

1. 涂装等级是怎样划分的？各级的装饰性质量标准和工艺过程各是什么？
2. 涂装技术文件有哪些？如何应用这些文件进行管理？
3. 复合涂层中的底、中、面涂层各起什么作用？对它们的性能各有什么要求？
4. 影响漆膜附着力的主要因素有哪些？据此分析对底漆的要求？提高层间结合力的措施有哪些？
5. 钢铁漆前表面处理的工艺有哪两条？为什么要采用这样的工艺？
6. 比较钢铁漆前喷抛处理和化学处理的原理、特点、应用场合。
7. 钢铁漆前各化学处理工序的原理是什么？比较浸、喷处理的使用设备、特点。
8. 解释二道底漆、磷化底漆、封底漆、湿碰湿、溶剂咬平、再流平、贴花、罩光。
9. 蜡加在涂料配方中能起什么作用？抛光打蜡时蜡起什么作用？
10. 比较对流式干燥和辐射式干燥的原理、特点。
11. 热风循环烘干室由哪几部分构成？采用什么措施使室内安全、加热均匀，而又节省能源？
12. 如何提高远红外辐射的加热效率？
13. 涂装质量评价标准如何制定，需要考虑哪些因素？
14. 干湿漆膜厚度有哪些测定方法？
15. 分析涂装安全生产的主要内容，据此说明为什么要这些法规来强制执行。

第 10 章　涂装的实际应用

涂装在造船工业中占有极重要的地位，本章首先介绍船舶涂装的基础知识和工艺。木材和塑料涂装与金属表面的涂装有很大的区别，然后结合具体的工业过程介绍涂装在其中的应用及原理。

10.1　船舶涂装

船舶涂装的特点是：涂层对保护性要求严格，漆前表面处理非常重要；船舶构件多为大型，只能采用常温干燥，且多在露天进行，受气候条件影响很大；大型新造船舶采取分段涂装，涂装间隔时间长。

10.1.1　船舶涂装工艺

新造船舶时，钢材的表面处理方法有抛丸（喷砂）和酸洗，以水平抛丸应用最普遍。抛丸分段涂装工艺：钢材抛丸流水线预处理→涂装车间底漆→钢材落料、加工、装配→分段预舾装→分段二次除锈→分段涂装→船台合拢、舾装→船台二次除锈→二次涂装→船舶下水→码头二次除锈、涂装→交船前在坞内涂装。其中，舾装是船体的主体结构完成后，安装锚、桅杆、电路等设备和装置。因此，涂装作业贯穿了造船的全过程，须重视涂装作业的质量。

(1) 涂装车间底漆

为了在相当长的船舶建造周期内保护钢材，首先要对钢材进行表面处理，并涂车间底漆，然后在涂上保养底漆的钢材上进行放样、下料、钻孔等，加工成分段船体。

薄钢板通常化学除锈：在碱液槽中将钢板除油，经过热水冲洗后放入酸洗槽中除锈干净后，水洗、中和后进行磷化，最后涂上防锈漆。

近年来钢材除锈采用流水线作业，即自动抛丸除锈流水线，工艺如下：

① 将钢板上的水分、污泥及疏松氧化皮，通过吹风、加热或通过固定钢丝刷除去浮锈，获得一个干燥、较清洁的表面。在几分钟内即可将钢材或钢板用抛丸法将表面上的铁锈与氧化皮除尽，呈金属本色。抛丸一般达到瑞典标准 Sa2 1/2 级（瑞典标准 SIS 055900），粗糙度应在 45～75μm。

② 用自动高压喷枪涂上一层防锈漆，即车间底漆，漆膜厚度在 20～25μm 之间，具有 6 个月以上的防锈能力，具有优良的可焊性、重涂性和与阴极保护的适应性。

③ 经过一定长度的烘箱加热干燥，使钢板离开流水线滚轴时，达到可以吊吊的程度。流水线设计要求车间底漆一般是 3min 内干，干燥慢会造成车间底漆在滚道上移动时或吸吊时损伤漆膜，但也不能干得过快，否则，造成漆雾从喷枪口离开，在未到达钢材表面前就已经部分干燥，形成不连续漆膜，影响保护性能。

车间底漆（shop primer）又称钢材预处理底漆或保养底漆（prefabrcation primer）。目前世界各国采用的有以下三个类型：①环氧富锌底漆（三罐装或二罐装）；②正硅酸乙酯锌粉漆（二罐装）；③不含锌粉的底漆，磷化底漆（二罐装）、冷固化环氧底漆（二罐装）、醇酸酚醛底漆（一罐装）。

世界上 20 万吨级以上船舶的坞修间隔期为两年，船体部位采用高压水清洗以及电动、风动工具，船底人工处理或自动遥控除锈机。

（2）小合拢修补

涂有保养底漆的钢板与型钢经过机械处理后，进行小合拢，焊接成小分段。原有的保养底漆漆膜表面受到加工过程的破坏，需要立即用风动工具进行表面处理，并修补保养底漆。小合拢的分段通常在室内建造，补涂底漆也在室内进行。

（3）二次除锈和涂防锈漆

小合拢修补后的分段焊接在一起，进行中合拢后的船体分段，需要进行“二次除锈”。二次除锈的目的包括清洁油污，去除电焊飞溅物、焊渣、烧坏的漆膜，除去新产生的锈蚀、垃圾等，增加表面粗糙度。全国船舶标准化技术委员会发布有船舶专业标准 CB 3230《钢材表面二次除锈质量等级》。

二次除锈最好是在大型的喷丸和涂装车间内进行喷丸房处理，不具备条件的只好用风动打磨工具除锈。风动工具打磨的船壳、下层建筑外部和主要舱室的除锈标准应达到瑞典标准 St3 级。二次除锈一般要求当天除锈当天涂漆，以免再产生新锈。在露天进行涂漆，应在下午 3 时以前，避免由于晚间结露而影响涂装质量。涂漆主要应用高压无空气喷涂。

涂装的具体要求如下：

① 涂装前，钢板的前处理严格达到二次除锈的有关标准，除油、除污、用溶剂擦拭表面，并应尽快涂漆，避免钢铁再度氧化锈蚀。

② 根据船舶不同部位和不同的使用要求，选择合理的涂料品种及配套方案。各道涂料应按照产品使用说明书的要求进行施工。涂装前核对涂料品种、颜色、规格和型号，检查涂料的质量及贮存期限，超过贮存期的须由具备检验资格的单位检验，合格后方可使用。

③ 按照要求使用稀释剂，一般不超过涂料用量的5%，使用时应调配均匀，并根据施工方法的要求进行过滤。双组分涂料要按比例加入固化剂，并搅拌均匀，要在活化期内用完。

④ 可采用刷涂、辊除、有气喷涂、无气喷涂以及刮涂等方法，一般用高压无气喷涂。狭小舱室要采用辊涂或手工刷涂。流水孔、角铁反面以及不容易喷涂到的部位，需要用刷子或弯头刷等进行预涂。不同金属相互接触的部位，以及铆钉、焊缝和棱角处应先刷涂一遍，再喷涂。

⑤ 喷涂前要进行试喷，选择合适的喷嘴，调整适当的压力。涂膜应达到规定的干膜厚度，涂装过程中要不断测量湿膜厚度，以估计喷几道才能达到所规定的干膜厚度。

⑥ 涂防锈涂料时，每道最好采用品种相同而颜色不同的涂料，以防止漏涂，也便于质量检查。涂装完成后，要依照相应标准检验总干膜厚度，并进行涂层检漏试验。

⑦ 禁止在不宜涂漆的表面涂漆，如牺牲阳极、不溶性辅助阳极、参比电极、测深仪的接受器和发射器、螺纹、标志、橡胶密封件、阀门、钢索、活动摩擦表面等。这些不宜涂漆的表面可用胶带纸覆盖后再涂漆，涂装后揭去胶带纸。

⑧ 防污漆和水线漆不能直接涂装在裸露金属表面或舱室内壁。

⑨ 分段涂装时严禁明火作业。高压无气喷涂必须严守操作规程，并防止喷雾对环境的污染。安装适当的通风设备，避免溶剂蒸发对人体的毒害和可能造成的火灾，同时保证施工质量。狭小舱室涂装时必须人工通风，施工人员应戴防毒面具，且连续作业不应超过半小时。

⑩ 涂装施工温度 5～30℃，相对湿度低于 85%。下雨、有雾或船体蒙有水汽及霜雪时，不应在室外涂装。大风、灰尘较多时也不宜涂装。钢板温度应高于露点 3℃以上，气温不低于涂料干燥所规定的最低温度。

⑪ 铝质、镀锌表面应选用专用涂料，如锌黄底漆，不允许涂装含有铜、汞、铅颜料的底漆。

⑫ 船体的焊缝、铆钉在水密试验前，周围 10mm 内不涂漆；焊接前焊缝边 50mm 内不涂漆，涂装时应用纸或塑料薄膜掩蔽起来，涂装后清除。

⑬ 为了保证涂层质量，待涂膜充分干燥后，分段才能移动，移动时避免磨损漆膜。

⑭ 涂料施工前，施工单位要根据船舶各部位涂装面积、施工方式、基材等情况，并参照以往的施工资料，概算出所需涂料量，并制订详细的施工方案。

(4) 分段合拢涂漆

分段合拢到船舶下水前，船体分段焊缝部位及有损伤处，要进行除锈和修补涂装，全部涂上防锈漆，广泛使用厚浆触变型涂料，以环氧、氯化橡胶和乙烯类型为主，大型船舶底部防锈涂层的厚度约为 250μm。船壳在防锈漆上面再涂上第一道面漆，自然干燥后，临时性涂装船名和吃水标记。

(5) 交船最后涂漆

船体外壳全面用清水冲洗，修补损伤部位后，全面喷涂面漆，完成标记的涂装。船壳涂层一般总厚度为 250～300μm。

10.1.2 不同部位的要求

船舶种类很多，船舶上各个部位的防护要求不同：船底、水线和甲板要用特殊保护性涂层；船壳及生活用舱的涂层要求具有装饰性和保护性；货舱和机舱则根据用途不同，需要不同的保护性。船舶涂料成为多品种的专用涂料。船舶建造和维修的涂装工艺也不同。船舶涂料中主要成膜物质可分为环氧涂料、沥青涂料、环氧沥青涂料、氯化橡胶涂料、醇酸涂料、丙烯酸涂料、氯化橡胶醇酸涂料、乙烯类涂料、酚醛涂料、聚氨酯涂料、无机涂料等品种。

(1) 船底漆

船底漆由船底防锈漆和船底防污漆组成，它们的漆基一般为氯化橡胶、沥青、环氧沥青类。防锈漆提供一层屏障以防止船底钢板生锈，而防污漆则渗出毒料以驱逐或抑制微生物的附着。船底防锈族是防污漆的底层涂料，直接涂装在钢板上或用作中间层，能防止钢板的锈蚀；船底防污漆防止船舶不受海洋微生物的附着，在一定时间内能保持船底的光滑与清洁，以此提高航速并节约燃料。现各国都广泛使用长效的船底防锈漆，使用期限在5年以上；同时使用自抛光型船底防污漆，防污漆的期效一般 3 年以下。在船舶定期维修时，防锈漆依然完好时，只需用高压水冲掉残存的防污漆和微生物附着，只要重涂防污漆即可，可大大减少维修费用和周期。

环氧沥青类涂料实干要 24h，冬季更长。环氧沥青配套体系涂装间隔时间一般为 24h，最短可为 14h，最长不要超过 10 天。含有沥青类的防污漆，过长时间的曝晒和干湿交替可能造成漆膜出现龟裂和网纹等缺陷，应在涂完防污漆后 40 天之内下水（时间长，要适当浇水保养），最好在涂完末道防污漆后 1～2 天下水。

(2) 水线漆

水线漆的树脂为环氧酯型、酚醛型、氯化橡胶型和环氧-胺型。水线部位的面漆使用年限较短，要不断进行表面清洁和维修保养，底漆完好时，只需涂装 2～3 道面漆即可。面漆干透后才能下水，一般是在涂装完成 1 星期后。若水线部位与船底采用相同的涂料配套体系，可简化涂料品种，而且在造船时，分段上不必划分，便于施工和维修。

(3) 船壳漆

船壳漆在日光曝晒等大气环境中要有耐老化性能，长期在户外使用漆膜不变色、粉化、生锈、脱落。目前较为常用的船壳漆有氯化橡胶、过氯乙烯、丙烯酸、聚氨酯、醇酸等，以及它们的拼用涂料，如氯化橡胶-醇酸、丙烯酸-醇酸、过氯乙烯-丙烯酸等，这些拼用涂料汇集各树脂的性能优势，同时又降低了涂料的价格。各单组分涂料可在半小时内表干，但涂装间隔最短不应少于6h。过氯乙烯、氯化橡胶等涂料完全硬化需要14天时间，干燥期间涂膜表面应避免刻划碰撞。

(4) 甲板漆

甲板漆是涂装在船舶甲板部位的面层涂料，分为一般甲板漆和甲板防滑漆。甲板漆要具有良好的附着力、耐海水、耐曝晒及耐洗刷性，由于人员走动和设备搬运较为频繁，甲板漆还应具有良好的耐磨性和抗冲击性能。

高性能聚氨酯防滑甲板涂料作面漆使用，第一道面漆实干后（一般6h实干），24h之内涂装第二道面漆，并加防滑粒料（金刚砂、塑料胶粒、橡胶胶粒等），边涂面漆边适当地多抛撒防滑粒料，常温下3～4h后可以扫除多余防滑粒料，24h后再涂装最后一道面漆，涂毕，需经72h才能投入使用。普通甲板防滑漆是指醇酸、酚醛、过氯乙烯类甲板防滑涂料，所加防滑粒料是水泥和黄沙，用于小型船只和防滑要求不高的场所。

10.1.3 检测

① 厚度　为了达到船舶各部位的防腐要求，需要保证相应漆膜厚度。既考虑到涂装费用，又使总体上全船的防腐蚀能力相当，根据所采用的油漆，给出漆膜厚度的具体规定。船舶漆生产厂的使用说明书上，对所有船舶漆的漆膜厚度都作了规定，以保证漆膜的使用期。

测定干漆膜的厚度须待漆膜干燥或固化后才能进行，如漆膜厚度不足，就需要补涂。在涂装过程中需随时测量湿漆膜的膜厚，以保证干漆膜达到规定的厚度。湿漆膜测厚仪有滚轮式的轮规、卡板式的梳规等。干膜测厚仪中的杠杆式千分尺或千分表携带方便，磁性电子测厚仪适宜于漆膜很薄的车间底漆。

② 针孔　涂料在干燥过程中往往由于温度不当等原因，会产生肉眼难以发现的穿透涂膜的针孔。针孔的存在无疑会引起腐蚀，使涂膜达不到预期的防腐效果。

一般非厚膜型涂料要经过数道涂装才能达到规定的膜厚，这样即使每道涂膜都有个别针孔产生，经数道漆的叠加，针孔贯透整个涂膜的概率也很小，就没有必要作针孔检查。

厚膜型涂料，由于膜厚（每道涂层可在100μm以上），干燥起来比较困难，产生针孔的可能性比非厚膜型涂料大，而且往往是一道或二道涂装就能达到规定的膜厚，这样针孔贯透整个涂膜的概率就比较大，有必要使用针孔检查仪进行检查。针孔检查仪有低频高压脉冲式和直流高压放电式。仪表直接或间接与基体接触，当电极移过涂层表面，涂层中的任何不连续都会让电流形成通路，此时仪表发出信号，高电压会出现电火花。

10.2 木质家具涂装

在木材表面涂饰涂料之前，要使木材表面经过处理达到平整、干净，并且做好木材底色处理，在此基础上，涂饰涂料才会得到理想的漆膜。木材表面状态不仅影响漆膜外观，而且影响到漆膜的牢固性、耐久性，还影响到涂料干燥的快慢及涂料消耗的多少。木材表面处理一方面解决木材表面的缺陷如毛刺、裂纹、腐朽发霉、虫眼、胶合板的鼓泡、离缝等缺陷，要做到使木材表面平整；另一方面是木材表面的清洁，清除如树脂、色素、渗胶、手垢等污染，并清除油污。

10.2.1 木材

木材分为用树木直接加工成的板材和人造板材。直接加工的板材容易翘曲变形，而且幅面小，加工过程中木材损耗大，利用率低，因此目前多使用人造板材。人造板材又称二次加工木材，如胶合板、中密度纤维板、刨花板等，具有变形小、表面平整、光滑、美观耐用、幅面大等优点，深受家具行业欢迎。不同的板材材料有不同的漆前表面处理方法。

(1) 板材

传统生产家具多使用树木直接加工成的板材。这种板材需要注意木材的含水率，有些品种的木材还含有松脂或单宁等影响漆膜的物质，木材上裂缝、虫眼等应填平。

① 木材的含水率　在木材上对涂料附着力影响最大的是湿度。外用木材的含水率要求小于9%～14%；室内用木材的含水率要求小于5%～10%；地板用木材的含水率要求小于6%～9%。木材的干燥方法一般采用自然干燥（自然挥发、风吹、日晒）和低温烘干两种。

② 松脂和单宁　松树、云杉等都含有松脂，尤其是在节疤处常渗出松脂。涂漆后松脂将渗入漆膜，影响漆膜的干燥时间，使漆膜变软。单宁存在于柞木等木材的细胞腔内和细胞间隙内，为有机酸，易溶于水，遇铅、锰、铁、铝等金属盐能发生化学反应使木材变色，影响木材着色。

木材表面的松脂和油脂可用热肥皂水、碱水清洗，也可用乙醇、汽油、丙酮或其他有机溶剂擦拭掉。可涂虫胶漆、硝基清漆封闭住树脂管，以防止松脂继续向表层渗出。

③ 填平　木材上大的裂缝、虫眼等均应采用与纤维方向一致的同种木块填塞，小的裂缝可用腻子填平。以腻子填平木材的缺陷可防止涂料过分下渗，节省涂料，提高装饰效果。

(2) 胶合板

胶合板是将原木切成0.3～0.5mm厚的薄片，经拼接、胶合而成的三层、五层板材，排列时各层之间的纤维方向互相垂直。胶合板表面木毛较多，使用时必须仔细除毛。

(3) 纤维板

纤维板是用木材的碎片、碎料或其他的植物纤维经削片、纤维分离、胶黏剂黏结，并在一定的温度、压力下成型干燥，制成的一种板材。制造家具用不同厚度的中密度纤维板，这种纤维板没有木材的天然花纹，直接使用采用不透明彩色涂装。为了应用于高级家具的透明涂饰，目前采用在中密度纤维板上粘贴木材薄片、贴纸和贴塑的办法来解决。贴纸和贴塑比贴木材薄皮更节约，因为粘贴在纤维板上的纸张和塑料薄膜上都印有名贵木材的天然花纹。

贴塑多用聚乙酸乙烯乳液作黏合剂。通常贴塑后就不再涂饰涂料，但这样的塑料表面不丰满、无光泽。塑料面采用的是PVC（聚氯乙烯）膜，不耐强溶剂，但醇类、烃类等弱溶剂又不能使PVC表面有丝毫的溶解，故其附着力弱，易产生涂膜剥落。一般喷涂酸固化氨基醇酸面漆和烃类为主溶剂的单组分聚氨酯涂料进行保护。在贴纸上涂面漆时，先涂一道可砂磨的透明底漆，再涂各种性能的家具涂料，无需考虑溶剂限制。

(4) 刨花板

刨花板是将干燥后的刨花碎片与脲醛树脂胶黏剂经均匀混合后，在一定的温度和压力下压制而成。刨花板的表面比较粗糙，结构也较疏松，一般不能制作高档的卧室家具，而多用于生产办公桌等家具。刨花板多采用不透明的色漆涂饰工艺、贴塑或贴纸工艺。在喷涂面漆前，还需用稠厚的底漆填孔打底，以遮盖刨花板的粗糙表面，再喷涂或刷涂面漆。

10.2.2 木材表面前处理

使用的材料不同，表面前处理的要求也有差别，根据需要分别选用下列不同的处理工序。

(1) 除木毛

木毛是木制品表面很多细微的木质纤维，吸潮后会膨胀竖起，影响涂层的均匀和光滑性。木材和胶合板在涂漆前，使用精刨子刨，而后砂磨，即使这样，也难以除净木毛。可以采用下述方法去除木毛：①用湿布擦拭表面，使毛刺竖起后，用砂纸或研磨膏打磨；②刷稀虫胶清漆（15%乙醇溶液），使毛刺竖起，发脆后打磨；③刷上一层乙醇，用火燎一下，使毛刺发脆后打磨。④用低固体含量的聚乙烯醇溶液润湿，干燥后从表面竖起的木头纤维变硬，便于将表面砂磨光滑，上胶区将纤维的上色不匀降低到最低程度。

打磨后木材表面的灰尘可用湿布擦、压缩空气吹、棕刷清扫，还可用木砂纸砂磨去除。若砂磨不掉，可用精刨刨净。

(2) 脱色

木材本身颜色较深或深浅不一，涂饰前应进行漂白处理，即木材表面脱色。

木材用30%的过氧化氢溶液漂白，漂白溶液用氢氧化钠或氢氧化钾激活。先局部把深色部分漂白，再整体漂白，这样就使木材表面色调基本一致。

(3) 封闭（批嵌）

封闭又称批嵌，是给木头孔隙上色，并使花纹突出，同时将孔隙填充至与木头其他区域相同的水平。木材表面，尤其是横断面，存在许多吸收性极强的木质管孔等孔洞，对油漆和潮气有很大的吸收能力，必须进行封闭。根据孔眼的大小，调出不同稠度的腻子进行刷、刮，用砂纸打磨平整后，再涂刷封闭底漆（封固漆），也可以在腻子前先刷一道封闭底漆，以增强封闭腻子的附着力。

通常的操作是：整件家具用腻子喷涂一道，通过用布垫强烈擦拭，将腻子"填嵌"入木孔，过量的腻子被抹去，干燥并打磨，再涂砂（打）磨封固漆，制备面漆施工的表面。

为得到与木材本身相似的颜色，需要用彩色腻子进行批嵌，在孔隙之间的表面上不留多余的腻子，腻子通常是深棕色的，而着色用的着色剂是浅黄棕色或浅红棕色，但为了达到特殊效果，也可以用白色腻子、黑色着色剂或其他颜色的组合。腻子基料是长油度亚麻油醇酸树脂和石灰松香之类的硬树脂，并加催干剂和脂肪烃溶剂，用于深色的颜料是彩色天然颜料，并有PVC超过50%的惰性颜料添加量。

封固漆须容易打磨光滑，并且不粘砂纸。典型的打磨封固漆配方包括硝基纤维素、硬树脂（如顺酐松香），以及聚合豆油之类的增塑剂。打磨封固漆含有清漆固体分3%～7%的硬脂酸锌，以帮助打磨，用稀释剂稀释至浓度约20%（体积固体分）后，喷涂、干燥、打磨光滑。

(4) 着色

着色只针对透露木纹的颜色的漆膜。木材装饰有两种：第一种是实色，即不透明的颜色，使用需要颜色的磁漆涂饰；第二种是透露木纹的颜色，这需要选择透明的着色剂，再以适当的工艺使木材着色，最后再罩清漆即可。

常用的着色剂分为油性着色剂和水性着色剂。水性着色剂是颜料或染料与水、水性黏合剂调配而成的。油性着色剂是颜料或染料与树脂、有机溶剂、助剂调配而成的。这两种着色剂可直接涂于木材表面，也可涂于涂层之间（即所谓涂层着色）。根据产品质量要求确定只涂底色，还是在底色上涂漆后再用染料溶液着色。

木头用溶解在溶剂中的酸性染料溶液或透明颜料分散体来上色。喷涂着色需要技巧，以获得均匀的上色。在此之前，喷涂一层低固体含量（<12%不挥发分）和低黏度的清漆（硝基喷漆），使着色迁移降低到最小程度，并使木毛坚硬，便于打磨，同时为下一道工序（封闭）准备好表面。

(5) 拼色

拼色只用于着色不均匀的场合。近几年来拼色上色剂逐渐被填嵌上色剂所取代。

家具或装修涂刷底色后，由于各种木材的颜色及对底色的吸收程度不同，着色情况也不同，会出现颜色深浅不一的情况。为此，需要使着色尽量一致，即需要拼色，在选定的区域上喷涂不同的着色色调，可以改变颜色，并使木纹更加明显。拼色可在涂刷底漆前进行，也可在刷底漆后进行。拼色，一般是以浅就深，即在浅色部位的颜色上加深，使整体颜色趋于一致。用刷子或笔，由浅入深，不断地与样板对照，一笔一笔地描绘，使颜色趋于一致。

填嵌上色用相似的颜料，但含一些基料和少许挥发慢的溶剂，用被着色剂润湿的抹布进行手工操作，不需太多的施工技巧。

(6) 涂底漆

木材涂饰在着色或拼色后要涂底漆，底漆包括封闭漆和打磨漆，最后施工面漆。每一道漆涂饰后都需砂磨平整，再涂下一道漆。对腻子、底漆、面漆所形成的漆膜进行砂磨、填补和抛光，能够保证漆膜完好。普通家具对涂料要求高光泽、涂刷性好、价格便宜，可以选用酚醛清漆和醇酸清漆作为面漆，选用虫胶清漆作底漆和调腻子用。

10.2.3 涂面漆

(1) 硝基漆

硝基纤维素（NC）用作高格调家具清漆的基料有三个主要原因：①外表突出，这种清漆赋予一种其他任何涂料无法比拟的深度、丰满度和木纹清晰性。②干燥迅速，在施工后短时间内进行抛光，然后包装运输，而没有包装材料压入涂层表面所形成的缺陷。③清漆是热塑性的，方便碰伤情况下的修复。

高分子量硝基纤维素的涂膜性能好，但固体含量较低。将顺酐松香之类的硬树脂与硝基纤维素掺和能提高固体含量。短油度椰子油醇酸和增塑剂能赋予所需的柔韧性。硝基纤维素、增塑剂和硬树脂之间的平衡是关键。如果涂层太软，难以抛光；如果太硬，清漆在木头膨胀或收缩时会开裂。清漆施工在浅色木头上，需加入UV吸收剂，以减少泛黄。通常还要添加柠檬酸来螯合铁盐，以免与木头中的酚类化合物反应生成红色。硝基纤维素清漆是热塑性的，适当的溶剂溅在清漆表面上，涂层会被弄坏，可在施工之前将多异氰酸酯交联剂加入到清漆中，异氰酸酯将和硝基纤维素上的羟基交联，但所用的硝基纤维素是用增塑剂润湿的，而不是用异丙醇润湿。

施工最后一道硝基面漆后，通常在40～60℃的强制干燥炉内干燥，随后用细砂纸加润滑剂打磨，再用布和抛光膏进行抛光，得到一个柔和、光泽较低的涂层。

(2) 转化清漆

脲醛（UF）醇酸木器漆（经常被称为转化清漆或催化清漆）已广泛使用。典型的配方是妥尔油醇酸加丁基醚化脲醛树脂，通常加入颜料以得到平光，加入少量硅油以减少橘纹。使用前，加入占脲醛树脂固体含量5%的对甲苯磺酸催化剂。涂有这种面漆的家具在65～70℃的温度下强制干燥20～25min。该面漆的质量不挥发分是38.5%，大约是硝基清漆的两倍。热喷涂能进一步提高固含量，但需要注意混合涂料使用期限，以免喷涂过程中黏度大幅度提高，而且当固含量提高时，很难获得低光泽。这类涂层的耐溶剂、耐热和耐划伤性要比清漆涂层好得多，被广泛用于商用家具和厨房家具上。

醛亚胺/异氰酸酯两罐装（2K）、90%固含量的清漆，使用寿命约3h，干燥时间约半小时。

(3) 水性木器清漆

直接在木头上施工水性涂料会导致过分的表面花纹拉升，而通常希望花纹有适当的深度。木头上有溶剂型封固漆时，会影响水性涂料的应用。

将硝基纤维素清漆乳化至水中可使有机溶剂的用量大幅度减少，VOC从传统型的750g/L降到300～420g/L，烷基磷酸钠作表面活性剂，溶液内相的固含量可以通过只使用真溶剂（酯类和酮类）使之最大化，采用酯类溶剂的短油醇酸被选作增塑剂，采用水润湿硝基纤维素而不是传统的异丙醇润湿型，但干燥时间较长，耐粘连性形成较慢。

硝基纤维素丙烯酸乳液混合基料清漆的 VOC 在 240～400g/L 范围内，可作家具封固漆和面漆，涂膜物理和外观性能优于丙烯酸乳液。水稀释性丙烯酸树脂在分子量足够高时能被作热塑性涂料。水稀释性热固性丙烯酸树脂在加热固化时可用甲醚化脲醛树脂作为交联剂，还有用热固性乳胶面漆的。两罐装水性聚氨酯面漆被用得越来越多，因为它们的 VOC 排放较低，涂膜具有优异的耐磨性，但成本较高，并且需要特殊的施工设备。

(4) 印花面板

印花面板是木屑板（即经加入树脂基料压实木片和木颗粒）先用 UV 固化的腻子填嵌。UV 固化腻子由不饱和聚酯-苯乙烯（或丙烯酸酯）基料和吸收很少 UV 射线的惰性颜料组成，惰性颜料将氧气阻聚降低到最小程度。腻子用一个有刷辊的辊涂机施工，只需要一层腻子就可。木屑板腻子固化，再打磨光滑，经填嵌和打磨的底板涂上底漆，采用颜料含量很高的硝基清漆，而它的颜色又成为整个家具组件的底色，与高格调家具上的着色相当。用在实木组件上的着色剂大致上与底漆的颜色相匹配。在底涂层上进行照相凹版胶印。

照相凹版胶印滚筒用照相法来仿照经过精心染色、批嵌、拼色调整的硬木面层压板。一个滚筒印制原先涂装木头的最深色调，第二个滚筒印制中间深度的色调，第三个滚筒印制最浅的色调。三个滚筒上的印刷油墨颜色大致选择原先木头上的三个不同深度的颜色。该油墨是分散在增塑剂中的颜料，同底漆和以后的清漆涂层附着良好，再施工一薄清漆层来保护印刷层。

施工面漆时，将印花面板安装到家具上，整件家具再涂上半光硝基清漆，清漆通过加入少量（PVC 是最终涂膜平均值的 2%～4%）细粒径的 SiO_2 来获得半光效果。因为固含量低，需多喷几道，经常采用热喷涂 65℃下可将固体含量从 20%～24%提高到 28%～34%。

UV 固化丙烯酸面漆的 VOC 排放很少，在安装之前需要用辊涂法施工，但不能在家具组装后涂装，涂层有光和高半光，耐溶剂，并具有优异的力学性能。

随着 VOC 规定变得越来越严格，更多的家具面板采用人造板饰面。人造板饰面已在商用和机关用家具上使用多年，现在它们在民用家具上的应用越来越多。

10.2.4 人造饰面板

人造板饰面的优点有：装饰性能很好，板面不受水分、光和热的影响，不受霉菌类侵蚀，而且耐磨、耐热、耐水、耐化学药品污染，减少板内有害物质（甲醛、苯酚等）的挥发，提高人造板的强度和尺寸稳定性，因此目前得到广泛应用。

该板的饰面材料是热固性树脂浸渍纸，基材主要用胶合板、刨花板、中高密度纤维板。

(1) 高压饰面板

高压装饰板是用低缩聚度的三聚氰胺甲醛树脂水溶液（内加水溶性的聚乙烯醇缩甲醛、聚乙酸乙烯酯、醇酸树脂、丙烯酸树脂等增塑）浸渍的表层纸及装饰纸、酚醛树脂浸渍的芯层纸（没有施抗水剂的牛皮纸），经干燥后，制成浸渍纸。浸渍纸按照一定的要求组坯，经热压（热压温度为 135～150℃，单位压力为 6.0～8.0MPa，热压时间 20～30min，生产周期 50～60min），就制成高压装饰板。高压装饰板习惯上又称为塑料贴面板、塑面板，色泽鲜艳美观，表面光洁平整，具有很好的耐磨、耐热、耐污染腐蚀性。

1) 高压装饰板的制备　浸纸用的立式浸渍干燥机结构相对简单，加工造价低，适合小规模生产。卧式机自动化程度较高，设备庞大，结构复杂，加工要求较高。

热固性树脂浸渍纸称为原纸，主要有：表层纸（耐磨层纸）、装饰纸、芯（底）层纸。要求表层纸吸收性好，洁白干净，浸胶后透明，并有一定的湿强度。装饰纸印有木纹、花纹、石纹图案，要求有较好的吸收、印刷、覆盖等性能。芯层纸起补强作用，生产时可根据产品的不同选用若干层数，要求有一定的吸收性和湿强度。

表层纸位于具有装饰图案的装饰纸上面，除保护图案外，还提供性能优良的表面，可防止化学药品对板子的腐蚀，表层纸的透明使装饰图案美观逼真。表层纸除浸渍三聚氰胺树脂外，还加入氧化铝或碳化硅等耐磨性粒子，经干燥及热压后，高度透明，坚硬耐磨。

装饰纸印有木纹、大理石纹、布纹等各种花纹图案，或者白色、红色、黄色等单色彩，也有金黄色、银白色等金属高贵色彩。装饰纸采用精制化学木浆或棉木混合浆制成，纸浆中加金红石二氧化钛、锌钡白等，加入量一般为 15%～30%，使其有足够的遮盖力。目前多数采用轮转凹版印刷，可以多次套色，图案逼真。

芯层纸所处的位置根据产品不同而有所不同。高压装饰板的芯层纸处于装饰纸下面，用一张或几张，使高压装饰板具有一定的力学强度和厚度。芯层纸往往起平衡作用，在强化木地板中其既起平衡作用，又可防潮。

将浸渍干燥过的各层浸渍纸按设计的张数和次序叠合，外加铝板、不锈钢板等辅助性材料组合成一个个热压单元，把它们输送入热压机内，通过高温高压，树脂在浸渍纸层之间相互渗入，部分树脂仍留在原来的纸中，压机中的高压使树脂均匀而全面地流展，同时树脂受高温作用而软化，进一步完成缩聚反应，从压机卸的热压单元，移去铝板、钢板之后，浸渍纸已不可分离，形成了具有一定强度、图案丰富、光泽多样的装饰板材，就是高压装饰板。高压装饰板一般不单独使用，必须粘接到人造板等基材上。

2）人造板　当人造板作为基材时，要进行砂光处理，目的主要是：①调整基材厚度；②增加表面层强度，即降低胶合板表面空隙率，砂去刨花板表面低密度部分，提高表面平整度，除去纤维板表面石蜡层等；③提高表面层活性，人造板生产、运送和贮存过程中，油污和灰尘等易污染板面，砂除它们，可以提高表面粘接性能。

人造板使用宽带式砂光机，粗砂光使用 60～80# 砂带，精细砂光使用 100～240# 砂带。需要进行两次互相垂直方向的砂光操作，以消除砂光沟痕。

3）贴高压装饰板　人造板基材表面要求平整光洁，不翘曲。为避免翘曲变形，饰面前，高压装饰板和人造板应放在使用环境相当的温度、湿度条件下，进行调整处理。

高压装饰板可采用机械化生产贴覆到人造板基材上，使用脲醛树脂、聚乙酸乙烯乳液或两者混合物。在表面光泽要求不太高的情况下，可采用“热-热”加压工艺，但在表面光泽要求很高的情况下，仍需采用“冷-热-冷”加压工艺。一般贴面温度 135～150℃，10～20min，压力 1.5～2.5MPa。不同的组坯形式适用于不同的要求，见图 10-1。低压短周期法，热压时间可缩短到 1min 左右，热板温度 190～200℃，单位面积压力 2.0～3.0MPa。

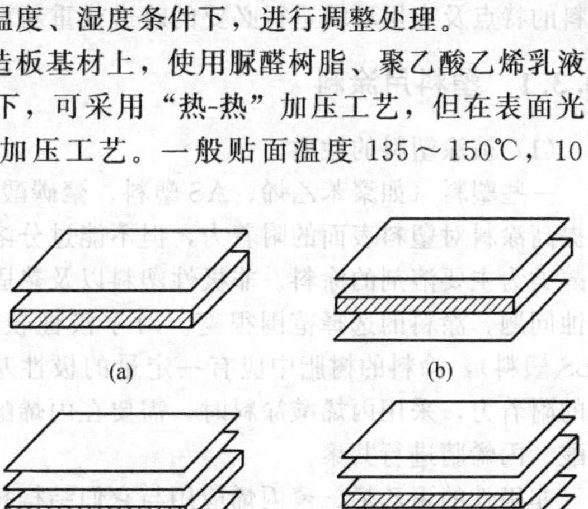

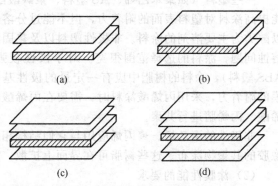

图 10-1　树脂浸渍纸饰面人造板组坯形式

(a) 一般适合纹理美观的木质薄木贴面胶合板组坯；(b) 适用三聚氰胺树脂浸渍纸饰面刨花板；(c) 适用于强化木地板；(d) 对表面不平整和有裂缝隙的人造板（如竹材胶合板）适用，加贴一层单板，再经砂光，目的是要得到十分光亮的饰面表层

强化木地板（浸渍纸饰面层压木地板）已成为一种广泛使用的地面装饰材料，可直接铺装，不需要涂漆。强化木地板具有耐磨、防潮、滞燃、抗冲击、易清洁等优良性能，而且它的图案丰富多彩，得到广泛应用。

（2）低压法浸渍纸饰面

低压法浸渍纸饰面是用一张装饰纸浸渍改性三聚氰胺树脂、一张芯层纸浸渍酚醛树脂形成浸渍纸（如果人造板基材表面平整度好，芯层纸可以不用)，经干燥后，制成胶膜纸，铺在人造板基材的正面，同时在基材的背面铺浸渍酚醛树脂的平衡纸，张数与面纸张数相同，将组合好的板坯，经采用“热-热”法工艺直接热压在人造板基材表面。热压温度为140～155℃，单位压力为2.0～2.3MPa，热压保温时间10～15minn，生产周期15～20min。这种方法是从高压装饰板面板向低压短周期浸渍纸饰面生产过渡的一种工艺。

(3) 低压短周期浸渍纸饰面

低压短周期浸渍纸饰面技术是刨花板最常用的饰面技术，将装饰纸浸渍高度改性的三聚氰胺树脂，上、下饰面胶膜纸与人造板同时进入单层压机中，这种专用设备带有特殊进板和出板装置，以每个热压周期约50s的速度，热压温度为190～200℃，单位压力为2.0～3.0MPa，“热近-热出”的工艺进行饰面加工。

高压装饰板用于高摩擦、常清洗的场合，应用广泛。低压法浸渍纸饰面和低压短周期浸渍纸饰面生产的板用于要求粗糙度低、高耐磨的场合，如计算机桌等。

10.3 塑料涂装

塑料用来代替钢铁和木材，目前得到广泛应用，在我国大多用于家用电器上，也用于汽车、摩托车，从溶剂型发展到水性。最早人们在使用塑料回收料和成型有缺陷的情况下使用涂料装饰，现在是为改善产品质感，赋予新的性能来进行涂装。

塑件一般采取反应注射成型、模压成型及注塑成型来加工。注塑成型一般采用ABS、PP、PP/EPDM、PC等热塑性塑料；模压成型如玻璃纤维增强的不饱和聚酯；反应注射成型如PUR。PP、PP/EPDM、PC属硬质和半硬质材料，PUR为软质材料，涂层的柔韧性应和材料保持一致，以免涂膜开裂、脱离。涂层需要比金属上的涂层更柔韧，断裂伸长率应该比底材的大。

用于金属、木材等的涂料都可应用于塑料表面，但大多并不是直接选来应用，而要根据塑料的特点及应用环境进行必要的改进或重新设计，满足塑料的使用要求。

10.3.1 塑料用涂料

(1) 被涂塑料的性质

一些塑料（如聚苯乙烯、AS塑料、聚碳酸酯）耐有机溶剂性很差，虽然有机溶剂溶蚀能提高涂料对塑料表面的附着力，但不能过分溶蚀塑料表面，要选醇酸涂料、氨酯油，或是以醇类为主要溶剂的涂料。非极性塑料以及热固型塑料表面耐有机溶剂性好，不必担心溶剂溶蚀问题，涂料的选择范围很宽。对于极性较强的、表面张力较高的塑料（如聚氯乙烯、ABS塑料），涂料的树脂中应有一定量的极性基团（如羧基、羟基、环氧基等），以提高漆膜的附着力，采用丙烯酸涂料时，需要在丙烯酸树脂合成过程中引入一定量丙烯酸、甲基丙烯酸、丙烯腈进行共聚。

非极性的聚乙烯、聚丙烯应用与它们结构相似的树脂，如氯化聚丙烯、石油树脂与环化橡胶的共聚物涂布。这些树脂可在界面上扩散，涂层与塑料表层互混，提高漆膜的附着力。

(2) 涂膜性能的要求

内用涂料多注重装饰效果，如电视机外壳、钟表壳体、玩具、灯具等，对理化性能有一定要求，但并不高。使用单位往往根据涂膜干燥速度、装饰效果、花色品种、价格等方面来选用，如醇酸涂料、丙烯酸涂料、丙烯酸硝基涂料等。

户外使用要求保光保色性好，要有耐湿热、耐盐雾、耐紫外线、耐划伤等性能，如汽车外壳、摩托车部件、户外监测仪器壳体、安全帽等，需要选择耐候性好的双组分脂肪族聚氨酯涂料、交联型丙烯酸涂料及低温固化氨基涂料。

双组分聚氨酯涂料的固化温度较低，对塑料产品很有吸引力，这种涂料的耐磨性和柔韧性很好。高固含量的双组分聚氨酯采用羟基聚酯，用已二酸、间苯二甲酸、新戊二醇和三羟甲基丙烷按 1∶1∶2.53∶0.19（摩尔比）制成，数均分子量为 730，平均每个分子中羟基为 2.09，用多种三官能团的脂肪族异氰酸酯按 NCO∶OH＝1.1∶1 的比例来配制。该涂料用于喷涂塑料，性能平衡，在 29℃温度下也有良好的抗冲击性。

聚苯乙烯、有机玻璃透明度很好，但表面硬度不高、易划伤，需要透明度好、硬度高的涂料来保护塑料表面。采用烷氧基硅烷和硅凝胶可以制备高耐磨性涂层，但该涂料具有较高的 VOC 含量和较长的固化时间。

现已开发出几秒内固化的低 VOC 辐射固化涂料。塑料地板上就采用 UV 固化的有光面漆。塑料地板上嵌有发泡装饰层，温度太高会破坏发泡层。UV 固化过程中的温度通常比室温高不了多少，而且还可以通过滤去红外线使温度进一步降低。

(3) 涂料的价格

塑料由于耐热性差，最多只能在 80℃以下的低烘干温度干燥，可供选择的涂料品种有限。塑料用涂料分为通用涂料和专用涂料。通用涂料性能一般价格便宜，基本上满足制品性能需要，如玩具、灯具、家用电器不需使用高性能涂料。仪器、屋顶装饰、汽车用塑料的涂料应使用性能较好的涂料，允许价格高些，可选择丙烯酸聚氨酯涂料、聚氨酯涂料、有机硅涂料等。不同塑料基材上应用的涂料类型见表 10-1。

表 10-1　不同塑料基材上应用的涂料类型

塑料类型	涂料类型	塑料类型	涂料类型
聚乙烯	环氧、丙烯酸酯	聚碳酸酯	双组分聚氨酯、有机硅、氨基
聚丙烯	环氧、无规氯化聚丙烯	聚氯乙烯	聚氨酯、丙烯酸酯
聚苯乙烯	丙烯酸酯、丙烯酸硝基、环氧、丙烯酸过氯乙烯	醋酸纤维素	丙烯酸酯、聚氨酯
		尼龙	丙烯酸酯、聚氨酯
ABS	环氧、醇酸硝基、酸固化氨基、聚氨酯	玻璃纤维增强不饱和聚酯	聚氨酯、环氧
丙烯酸酯（有机玻璃）	丙烯酸酯、有机硅	酚醛树脂	聚氨酯、环氧

近来欧洲汽车塑件用涂料品种和所占份额如下：双组分聚氨酯 37.5%，热塑性丙烯酸 25%，不饱和聚酯 20%，环氧底漆 10%，其他 7.75%，即主要是聚氨酯、丙烯酸和不饱和聚酯，其他的有硝基漆、酸催化氨基漆及醇酸树脂漆。底漆一般采用环氧、丙烯酸和聚氨酯等，不饱和聚酯则多用于 SMC 制品的填孔和坚硬耐磨涂层。

10.3.2　塑料表面前处理

ABS、PS、PMMA 等塑料的结晶程度不大，容易被一些有机溶剂所溶解，涂膜的附着并不很困难，涂饰前对塑料工件作简单去油污和除静电即可。

聚乙烯、聚丙烯、聚缩醛等的结晶度高，内聚力较强，不溶于任何溶剂，使涂膜难以溶解，就不能增进漆膜的附着。因此，需要对它们的表面进行处理，提高表面张力，有利于涂料对塑料表面附着。

(1) 塑料表面前处理的目的

① 塑料件成型后进行涂饰前的贮存和运输过程中，由于塑料表面的静电作用沾了一些灰尘，所以要用离子化风除去灰尘和消除塑料表面静电。

静电电荷易吸附灰尘，在喷涂前要除尘，擦、刷、洗涤的过程中都产生静电，重新吸引灰尘。需要用离子化空气吹风机把空气裂解为正离子和负离子，吹向塑料表面，中和塑料表面的电荷。要注意的是，喷高压空气吹或真空吸尘只对 25μm 以上的颗粒有效，因为高速空气冲击工件表面，在表面上形成缓慢流动的 25μm 厚的空气层，高速空气对 10μm 以下的颗粒不起作用。

② 塑料成型中为了便于脱模，在塑料中加了表面张力的脱模剂（如液蜡）或在模具上涂脱模剂（如硅油），这样渗出或附在塑料制品上将影响涂膜的附着，需要清洗以除去脱模剂。

与干净的钢材及其他金属相比，塑料件的表面张力很低，存在涂料对塑料底材表面进行润湿的问题。模塑塑料件上的脱模剂能影响润湿性和附着力，因此要尽可能避免脱模剂。如需用脱模剂，需要选择容易从模塑件上清除的脱模剂，如硬脂酸锌之类的水溶性皂就比较容易去除。蜡质脱模剂比较难去除，而有机硅或氟碳脱模剂因难去除，绝不能用于还要涂漆的塑料件上。

去除塑料件的表面灰尘、脱模剂一般要经过三个阶段：首先用洗涤剂清洗，接着是用水冲淋，最后是用去离子水冲淋。在洗涤之后，用压缩空气吹去水滴，并进行烘干。

③ 表面化学改性以提高表面极性，或使表面粗化，提高表面张力，为涂料附着创造条件。热固性塑料和带极性基团的热塑性塑料（如尼龙）的表面张力较高，除去脱模剂后直接就可涂漆。聚烯烃等的表面张力比大多数涂料的低，是由表面的极性基团非常少造成的，可以通过表面氧化产生诸如羟基、羧基和酮基之类的极性基团，这些极性基团不仅提高了表面张力，使大多数涂料都能够润湿聚烯烃的表面，而且还提供了与涂料分子反应的官能团。

采取的获得极性基团的方法有：a. 薄膜、平片和圆柱体表面可以用火焰处理法氧化；b. 氧化也可以通过表面在电晕放电的大气中来完成，通过电子释放产生的离子和自由基使塑料表面氧化；c. 各种化学氧化处理都是有效的，最为广泛使用的处理剂是重铬酸钾/硫酸的水溶液，但有害废弃物的处置是一个严重的问题。

（2）塑料表面前处理的方法

1）过渡底漆　喷涂一薄层氯化聚烯烃之类的底漆可提高聚烯烃的附着力。氯化聚合物部分溶解聚烯烃，与聚烯烃有很好的附着，而且氯化聚合物表面能被许多涂料附着，因此，用它作过渡底漆。该薄粘接层增进附着力也是在涂料与基材表面形成广义的酸-碱相互作用。[Yoon T H，McGrath J E. Investigation of adhesion between polypropylene/EPDM panels and urethane based paints Author（s）. Source：Korea Polymer Journal，1998，6（2）：181～187.]。

过渡底漆中有时加有颜料，以便能够判断出是否整个表面都被过渡底漆所覆盖。为了减少 VOC，已经开发出了较高固体分和水性的过渡底漆。

2）氧化　聚烯烃塑料表面可以通过氧化来产生极性基团，而无须施工特殊的底漆。

① 铬酸/硫酸法　采用铬酸/硫酸对塑料表面氧化很有效，并已使用多年。处理液的组成为：铬酸钾 4.4%，硫酸 88.3%，水 7.3%。处理聚乙烯为 70～75℃，浸 5～10min，然后，工件置于烘干室反应，再水洗去除工件上的酸液，热风吹去工件上的水，干燥，但存在水洗处理问题，需要严格控制含铬废液的排放。为了避免使用铬，可采用次氯酸钠和洗涤剂对聚烯烃聚合物表面进行处理。

② 火焰氧化法　用丙烷或丁烷产生的火焰（1000～2800℃）直接对塑料表面进行氧化，为防止聚烯烃热变形，与火焰接触的时间约为 10s，然后冷却。该方法的缺点是形状复杂的物体很难处理得全面均匀。在欧洲，火焰处理法被广泛用于汽车塑料件的表面处理。

③ 电晕处理　塑料件通过电晕放电的电离空气区时，离子能氧化聚烯烃的表面，用于

连续处理聚烯烃的薄膜、薄板表面。

聚合物表面的分子比材料本体内的分子活动性要大得多。活动分子链段层的厚度大约为2nm。经氧化处理的表面极性基团在处理后几小时或几天后，会迁移至内层。室温下在空气中进行处理，生成羰基、醚基和羟基，10天内涂布涂料，漆膜的附着力变化不大，但一个月后，羰基、醚基和羟基就逐渐从表面消失。50℃以上在氮气中处理效果好，生成NO_2、NO_3基团，但处理后附着力下降快，需要尽快涂布涂料，8h附着力就降低1/4。

④ UV处理（或USM处理） 在聚烯烃表面上喷涂二苯甲酮溶液，然后将塑料件在UV射线下照射产生自由基，引发塑料表面的自动氧化。这一工艺尤其对橡胶改性的聚烯烃有效。

聚合物表面的分子比那些材料本体内的分子要活动得多，表面层的厚度大约为2nm。因为聚合物表面是动态的，以调整适应环境。经氧化处理的表面极性基团在处理后几小时或几天后，会迁移至内层。因此，氧化处理后应尽快涂底漆。

3）粗化 稍微粗糙的塑料件表面可以提高附着力。塑料中颜料填充量高，表面就比较粗糙，容易附着。模具表面进行设计也可以使模塑件表面稍微粗糙。

用溶剂浸渍聚烯烃表面，选择性地溶去塑料的填加剂和非晶态成分，这样表面就能粗糙化。分别用四氯乙烯、三氯乙烯、五氯乙烷、十氢化萘处理聚丙烯，87℃、15s最有效，但有效时间短（48h），而且热溶剂易使制品变形。需要溶剂浸渍晾干，低温烘干后立即涂漆。

4）渗透性溶剂 溶于塑料的涂料溶剂能增加附着力。溶剂能使塑料膨胀，降低它的T_g，并且使涂料树脂分子更容易渗入塑料表面内。溶剂的挥发必须慢，以给树脂分子渗透的时间。像丙酮之类的快速挥发溶剂会导致聚苯乙烯和聚甲基丙烯酸甲酯等高T_g的塑料表面出现银纹（crazing）。银纹是大量表面微小裂纹的扩展。采用渗透性溶剂，在涂料交联反应进行到一定深度后，塑料中溶剂的释放可能引起溶剂爆泡。

10.3.3 模内处理

在高于塑料件T_g的温度下烘烤来提高附着力，但这会导致模塑件变形。在模具内涂布涂料，就可以利用塑料件模塑时的加热过程，来提高涂层的附着力，避免热变形的问题。在高于T_g的温度，有一定的自由体积，而且分子活动性增强，允许涂层中的树脂分子和塑料表面的分子相互迁移，加速相互之间的渗透。

热固型塑料可在模具内涂覆涂料。为了保证涂层对塑料的良好附着，采用与塑料组成相关的涂料组分。因为如果涂料树脂结构与塑料结构十分相似的话，树脂分子在塑料底材中有一定的可溶性，加强了相互之间的作用，提高了附着力。

玻璃增强不饱和聚酯在成型过程中，采用添加颜料的苯乙烯-聚酯树脂涂料，它能同模塑化合物中的树脂一起固化，涂料与塑料制品以化学键的形式结合。当涂层需要具有优异的耐水解和室外耐候性时，需采用间苯二甲酸新戊二醇涂料。游艇和淋浴房之类的玻璃纤维模塑品就是这样在模内涂装的。

对于RIM（反应性注塑）聚氨酯件，采用带羟基的模内涂料，涂料可以同工件中的异氰酸酯基反应，如聚氨酯方向盘，用于代替木质家具的雕刻件的刚性聚氨酯发泡件。聚氨酯发泡件生产时，在模具内壁喷涂清漆，颜色同家具的底漆相匹配。

许多模内用涂料都是溶剂型涂料，往往是低固含量的清漆。这些高VOC涂料正被更高固体分涂料、水性涂料和粉末涂料所代替。

一些塑料汽车部件安装到钢质车身上并同车体其余部分一起涂装相同的面漆，模具的内壁可以涂覆一种底漆以提供对塑料的附着和对面漆的层间附着力。有时，这种底漆用导电颜料制成，如乙炔炭黑，从而在塑料件表面可以进行有效的静电喷涂。

涂料是辊涂在耐热、光滑、高光泽聚酯膜上的，涂层上再施工一道黏结剂，然后黏合至与工件相同聚合物或相溶聚合物的塑料薄膜（该膜在模塑过程中结合到工件表面）上，涂覆后的薄膜通过抽真空在模具中成型，并进行模塑。塑料件从模具中取出，并将聚酯膜剥离，仅将涂层留在塑料底材表面。这种方法可以施工多层涂料，底色漆-清漆体系涂装的塑料件可以先用清漆涂装在聚酯薄膜上，接着涂底色漆，然后将一种与工件相同聚合物或相溶聚合物的塑料膜黏合上去。

10.3.4　塑料涂漆工艺

塑件涂漆方法都采用空气喷涂，要采用静电喷涂，需先涂覆1%～2%的表面活性剂的异丙醇溶液。

(1) 紫外线固化

紫外线固化涂料主要用于PVC塑料地板和印刷线路板，塑件也有一定的应用，如摩托车塑件的最后一道罩光清漆，紫外线可固化的填孔剂和透明色漆。

由于利用200～450nm近紫外线快固化（1～2min），塑件固化升温很小，不会造成塑件热变形，且能量利用率高达95%，能耗仅是热固化的1/10。但紫外线固化不适合复杂形状工件的涂漆，因照射不到的死角部位不能固化，遮盖力大的面漆也不适合，涂层深处会固化不完全。对于遮盖力强的色漆，若要光固化，就必须采用先进的紫外线光源，并采取不同光源组合，这样就能固化厚的色漆涂层。采用镓V型泡（420～430nm）-D型泡（350～450nm）配合，功率236.2W/cm，各照射2min，可将厚达300μm的颜基比0.3的色漆（采用吸收波长380nm的光敏剂）完全固化。

(2) VIC涂料的胺蒸气快固化工艺

VIC涂料是将普通的双组分聚氨酯涂料用叔胺组分作为催化剂构成的。施工时采用三孔专用喷枪，使叔胺在喷枪口汽化并与涂料雾粒充分混合，在喷到工件表面后的片刻时间内，涂膜即固化，低温需稍作闪干后处理，便能除去剩余溶剂，总固化时间很短，仅为几分钟，固化效率可与光固化相比，但它可用遮盖率强的高颜料分色漆，且在三维空间的任意部位都能均匀固化完全，涂层性能与光固化涂膜同样优良，特别适合于高速流水线生产，或消除环境灰尘对涂膜外观的损害。

(3) IMC涂料和模内注射涂装技术

在SMC模压成型以后，将模具稍微抬起，高压注入IMC（模内注射涂料），高压紧闭模具，使IMC充分扩展开，然后于140～150℃硬化后脱模，塑件外表非常平整光滑。此类IMC主要是不饱和聚酯型涂料，采用过氧化物引发剂，配成使用期5～15天的单包装涂料，使注射机相对比较简单，设备费较低，维护费也较少，比常规的喷涂-热固化设备费和运行费低得多。它以较低代价可得到高质量的装饰性产品，且模压件可立即包装或送去组装。

由于IMC是无溶剂涂料，作业过程无活性稀释剂散发，因而无环境污染，同时涂料利用率很高，免除繁重的涂装作业，该技术极其先进。此技术早期（20世纪70年代）用于SMC的填孔，后用来涂底漆，现在已用作SMC涂覆高装饰性面漆。除用于SMC涂漆外，也可在BMC、IPM、RIM、GMT和注塑件等方面进行应用。但对于热塑性材料，单包装的IMC的140～150℃固化温度对注射模具来说太高，因此它只能采用双组分聚氨酯的IMC，它在80℃就能硬化涂层，硬化温度与模具温度相适应。但双组分IMC的模内注入设备较复杂，价格昂贵，并带来一系列其他问题，因此注塑件的IMC涂装技术还没得到应用。

(4) 模内粉末涂装

粉末涂料的固化温度很高，若涂到塑件表面再加热固化，塑料将严重变形。先将粉末涂料涂于金属模具上，然后按常规方法把塑料成型，再在较高温度和压力下，使粉末涂料部分固化。脱模后，将塑件稍加热便使涂层固化完全。

参考文献

[1] [美] Roy S. Berns 编著. 颜色技术原理. 李小梅等译. 北京：化学工业出版社，2002.
[2] [美] Zeno W. Wicks 等著. 有机涂料科学和技术. 经桴良，姜英涛等译. 北京：化学工业出版社，2002.
[3] 涂料工艺编辑委员会. 涂料工艺（上、下册）. 第三版. 北京：化学工业出版社，1997.
[4] 洪啸吟，冯汉保编著. 涂料化学. 北京：科学出版社，1997.
[5] 虞兆年编著. 防腐蚀涂料与涂装. 北京：化学工业出版社，1994.
[6] 冯立明，牛玉超，张殿平编著. 涂装工艺与设备. 北京：化学工业出版社，2004.
[7] 刘国杰主编. 现代涂料工艺新技术. 北京：中国轻工业出版社，2000.
[8] 曹京宜，付大海编著. 实用涂装基础及技巧. 北京：化学工业出版社，2002.
[9] 姜英涛编著. 涂料基础. 第二版. 北京：化学工业出版社，2003.
[10] [美] Stats D 编. 塑料的修饰和装潢. 李树国等译. 北京：中国石化出版社，1992.
[11] 张学敏编著. 涂装工艺学. 北京：化学工业出版社，2002.
[12] 张茂根编著. 涂料与涂装. 南京：南京航空航天大学（自编教材），1993.
[13] 虞胜安主编. 高级涂装工技术与实例. 南京：江苏科学技术出版社，2006.
[14] 孙兰新等合编. 涂装工艺与设备. 北京：中国轻工业出版社，2001.
[15] 刘国杰，耿耀宗编著. 涂料应用科学与工艺学. 北京：中国轻工业出版社，1994.
[16] 刘国杰主编. 水分散体涂料. 北京：中国轻工业出版社，2004.
[17] 杨生民主编. 涂装修理. 哈尔滨：黑龙江科学技术出版社，1995.
[18] 张立芳编著. 合成树脂饰面人造板. 北京：化学工业出版社，2004.
[19] 冯素兰，张昱斐编著. 粉末涂料. 北京：化学工业出版社，2004.
[20] 戴信友编著. 家具涂料与涂装技术. 北京：化学工业出版社，2000.
[21] 吴伟卿，王二国，沈建国编著. 聚酯涂料生产实用技术问答. 北京：化学工业出版社，2004.
[22] 赵亚光编著. 聚氨酯涂料生产实用技术问答. 北京：化学工业出版社，2004.